# 微型计算机控制技术（第2版）

网络资源版

潘新民 王燕芳 编著

電子工業出版社
Publishing House of Electronics Industry
北京•BEIJING

## 内 容 简 介

本书内容全面，深入浅出，注重实用。

本书全面系统地讲述了微型计算机在嵌入式系统中的各种应用技术。主要内容有：微型计算机控制系统的组成及分类、A/D和D/A转换、数据采集、键盘接口技术、LED及LCD显示、报警技术、马达控制、步进电机控制、I/C卡接口技术、RFID技术、串行通信及其接口总线（RS-232-C、SPI、$I^2C$）、现场总线、数字滤波、标度变换、自动量程转换、非线性补偿、PID控制、模糊控制、微型计算机控制系统设计方法及实例、微型计算机控制系统抗干扰措施等。全书的介绍以目前应用最多的MCS-51系列单片机为主，也兼顾一些其他型号的单片机。书中虽然以单片机为例进行讲述，但书中所涉及的全部内容都是目前所流行的嵌入式系统所需要的，完全适用于嵌入式系统。

为了适应微型计算机控制技术发展的需要，本书在原来《微型计算机控制技术》的基础上，进行了大量的增删，去掉了一些理论推导和原理性的论述，增加一些更加实用的内容。主要有：嵌入式系统在物联网中的应用、FPGA 系统、串行A/D转换器、LED点阵显示器的设计、遥控键盘的设计、触摸式电子开关接口技术、远程报警系统的设计、IC卡和射频识别技术（RFID）以及微型计算机控制系统抗干扰措施等。

本书可作为高等院校、职业技术学院的微型计算机应用、自动化、仪器仪表、电子、通信、机电一体化等专业的《微型计算机控制技术》课程的教材，也是广大从事微型计算机过程控制系统设计技术人员的一本实用参考书。

**未经许可，不得以任何方式复制或抄袭本书之部分或全部内容。**
**版权所有，侵权必究。**

**图书在版编目（CIP）数据**

微型计算机控制技术：网络资源版 / 潘新民，王燕芳编著. —2版. —北京：电子工业出版社，2014.2（2024.8重印）
ISBN 978-7-121-22304-4

Ⅰ. ①微… Ⅱ. ①潘… ②王… Ⅲ. ①微型计算机—计算机控制—教材 Ⅳ. ①TP273

中国版本图书馆CIP数据核字（2014）第002002号

策划编辑：张月萍
责任编辑：付 睿
印　　刷：固安县铭成印刷有限公司
装　　订：固安县铭成印刷有限公司
出版发行：电子工业出版社
　　　　　北京市海淀区万寿路173信箱　　邮编：100036
开　　本：850×1168　1/16　　印张：25　　字数：770.5千字
版　　次：2014年2月第1版
印　　次：2024年8月第21次印刷
定　　价：45.00元

凡所购买电子工业出版社图书有缺损问题，请向购买书店调换。若书店售缺，请与本社发行部联系，联系及邮购电话：（010）88254888，88258888。

质量投诉请发邮件至 zlts@phei.com.cn，盗版侵权举报请发邮件至 dbqq@phei.com.cn。
本书咨询联系方式：（010）51260888-819，faq@phei.com.cn。

# 前　言

光阴荏苒，一晃本书到今年已经整整出版29年了（1985年8月第1版）。在这29年中，得到了广大师生和技术人员的厚爱，在此，对所有读者表示深深的谢意。随着微型计算机控制技术的发展，先后在不同的出版社出版了6次，本书是第7次出版，也是在电子工业出版社出版的本书的第2版。由作者主讲的以该书为内容的同名电视讲座于1989—1990年先后在湖北电视台和天津电视台举办，后来又由国务院电振办、中央电视台和国家技术监督局联合在中央电视台举办“微型计算机控制技术”讲座，听众大约十几万人之多，当时，在全国具有相当大的影响。

随着大规模集成电路的发展，微型计算机的应用愈加广泛、日益深入。其中，由单片微型计算机（简称单片机）构成的嵌入式系统已经愈来愈受到人们的关注。现在可以毫不夸张地说，作者在十几年前预言的**“没有微型计算机的仪器不能称为先进的仪器，没有微型计算机的控制系统不能称其为现代控制系统”**的时代已经到来。

嵌入式系统正是为适应这一领域的需要而发展起来的一门新技术。嵌入式系统是内部含有微型计算机用于完成智能化功能的电子系统。它是先进的半导体技术、计算机技术和电子技术与各个行业的具体应用相结合的产物。一般由嵌入式微处理器、I/O接口设备、嵌入式操作系统及应用程序4部分组成。嵌入式系统的最大特点是它的“嵌入”性，也就是它“嵌入”到仪器仪表和控制系统的内部，使用者甚至感觉不到它的存在。但是，它却在那里“默默”地工作着。

嵌入式系统的优点是体积小、成本低、功能强、智能化。现在，随着社会对嵌入式系统开发人员的需求，讲述嵌入式系统的《微型计算机控制技术》已成为我国高等院校的计算机应用、自动化、电子与电气工程和机电一体化等专业的主干课程，同时也是广大技术人员更新知识的必备参考书。

本书正是为了适应这一形式而编写的，专门讲述嵌入式系统设计的专业教科书，全书共分11章。第1章介绍微型计算机控制系统的组成及分类，这是本书的开篇，全面提出了微型计算机控制技术的主要内容及它们之间的关系，给读者以整体概念；第2章介绍模拟量输入/输出通道接口技术，主要包括采样-保持器、多路开关、A/D和D/A转换和数据采集方法，这是微型计算机沟通模拟世界的重要通路；第3章介绍人机交互接口技术，主要有键盘接口技术、遥控键盘技术、LED显示接口技术及LCD显示接口技术，这是人机交互的桥梁；第4章介绍常用控制程序设计，主要内容有报警技术、开关量输出接口技术、电机控制接口技术和步进电机控制等，这是实现微型计算机控制的关键技术；第5章是IC卡技术，主要讲述目前在物联网中广泛应用的接触式I/C卡和射频识别技术（RFID），这是现代信息社会中物联网不可或缺的重要前端接口技术；第6章介绍串行通信及其接口总线，如RS-232-C、RS-485、SPI、I$^2$C及现场总线等，这是微型计算机控制系统信息传递的动脉和纽带；第7章介绍过程控制的数据处理方法，主要讲述数字滤波、标度变换、自动量程转换、非线性补偿及DSP技术等，这是微型计算机控制软件设计的基础；第8章介绍数字PID及其算法，内容包括PID数字化、PID的发展、PID参数的整定方法等，这是微型计算机控制系统应用最多、最简单的一种控制算法；第9章介绍模糊控制，讲述模糊控制的规律及在微型计算机中的实现方法，这是解决控制算法的万能钥匙；第10章介绍微型计算机控制系统的设计方法及实例，这是本书全部知识应用的范例，通过本章的学习，可以逐步掌握微型计算机控制系统的设计真谛；第 11 章为微型计算机控制技术抗干扰技术，主要介绍各种软件、硬件抗干扰措施，这些是微型计算机控制系统从理论到实际不可忽视的知识。

本书的主要特点。

1. **以点带面**。以目前应用最多的 MCS-51 系列单片机为主，同时也兼顾其他类型的单片机。虽然以单片机为例进行讲述，但书中所涉及的全部内容都是目前所流行的嵌入式系统所需要的，完全适用于嵌入式系统。
2. **与时俱进**。为了适应微型计算机控制技术发展的需要，本书在原来《微型计算机控制技术》的基础上，进行了大量的增删，去掉了一些理论推导和原理性的论述，增加了一些更加实用的内容。主要有：嵌入式系统在物联网中的应用、FPGA 系统、串行 A/D 转换器、LED 点阵显示器的设计、遥控键盘的设计、触摸式电子开关接口技术、远程报警系统的设计、IC 卡和射频识别技术（RFID）及微型计算机控制系统抗干扰措施等。
3. **软件和硬件相结合**。本书既对硬件接口进行了详细的论述，同时又对软件的设计思想、程序流程图及汇编语言程序进行了全面的说明。
4. **实用性强**。本书很多实例都取自于作者多年的科研课题。学完本书后，只要把本书的内容稍加修改，串联起来即可构成一个实用的课题。因此，本书对学生毕业设计、首次涉足嵌入式微型计算机系统设计的人员特别有用。
5. **内容精练**。本书摒弃了一些较深的理论推导，深入浅出、言简意赅、精练实用。
6. **信息流概念清楚**。本书在编写过程中，有意识地培养和建立读者的思维能力，使读者真正建立数据流及信息流的概念，以便在控制应用中，能够使软件和硬件有机地结合。通过对各章实例进行分析，可使广大读者真正掌握微型计算机嵌入式系统的设计方法。
7. **强化练习**。每章最后都附有习题，内容包括选择题、思考题和练习题，而且书后附有部分习题参考答案及课程设计选题。
8. **网络资源**。本书配有网络资源，把我们在福建省级精品课建设中积累的一些资料与大家共享。主要内容有：教学大纲、教学进度表（参考）、用 Proteus 开发的部分章节仿真系统及课程设计范例等。同时，为了顾及熟悉 C 语言的读者，还附录了书中部分内容的 C 语言程序，详见附录中的网络资源资料索引。若需要本书教学课件和网络资源，请到 www.broadview.com.cn 下载。

本书第 2 章、第 3 章、第 4 章、第 5 章和第 7 章由王燕芳编写，其余部分由潘新民编写。潘莉、潘峰也完成了本书的部分编写工作、绘图工作及编写和调试了部分程序。此外，网络资源中部分章节的 Proteus 仿真系统和 C 语言程序在作者指导下，由冯招程、陈琼莺、杨延和陈国勇等编写和调试。对上述人员表示诚挚的谢意。

虽然我们付出了很大的努力，但书中错误和不当之处在所难免，欢迎广大读者批评指正。

作　者

2010 年 6 月

E-mail:xmppxm@163.com

# 目 录

# 第1章 微型计算机控制系统概述

**本章要点：**

◆ 微型计算机控制系统的组成

◆ 微型计算机控制系统的分类

◆ 微型计算机控制系统的发展概况及趋势

自从20世纪70年代初第一个微处理器Intel 4004 问世以来，随着半导体技术的进步，微型计算机（简称为微型机）以惊人的速度向前发展。在短短的四十几年时间里，经过了4位机、8位机、16位机和32位机等几个大的发展阶段，目前64位机已经问世。就微型机的种类而言，不但有8088、8086、80286、80386、80486、80586、Pentium这样功能齐全的高性能微处理器相继问世，而且还出现了许多小巧灵活的单片机，如Intel公司的MCS-51系列、PCI系列单片机、Motorola公司的6805系列等。近年来DSP处理器的出现，更使微型机在工业控制领域中取得了长足的进步。从20世纪90年代初的单片机，到更加实用的嵌入式系统，从结构简单、可靠性高的STD总线工业控制机，到具有更加强大功能的工业PC机，从简单的单机控制到复杂的集散型多机控制，无不体现微型计算机在工业控制中的强大生命力。特别是最近几年出现的嵌入式系统，更将微型计算机的应用推向了一个高峰。如今，作者在十几年前提出的**“没有微处理器的仪器不能称其为先进的仪器，没有微型机的控制系统更谈不上是现代的工业控制系统”**已经实现。作为现代从事工业控制和智能化仪器的研究、开发和使用的人员，不懂微型计算机，在工业控制领域内简直寸步难行。近两年来，随着物联网的发展，又赋予微型计算机控制技术以新的使命，应用范围将更加广泛（详见1.2.5节）。

在本章里，主要介绍微型机控制系统的基本概念、组成和分类。

## 1.1 微型计算机控制系统的组成

微型计算机控制系统由微型计算机、接口电路、外部通用设备和工业生产对象等部分组成，本书主要以嵌入式系统为主（关于嵌入式系统的概念将在1.2.4节讲述），其典型结构图如图1.1所示。

图1.1中，被测参数经传感器、变换器，转换成统一的标准信号，再经多路开关分时送到A/D转换器进行模拟/数字转换，转换后的数字量通过接口送入计算机，这就是模拟量输入通道。在计算机内部，用软件对采集的数据进行处理和计算，然后经模拟量输出通道输出。计算机输出的数字量通过D/A转换器转换成模拟量，再经过反多路开关与相应的执行机构相连，以便对被测参数进行控制。

下面介绍微型机控制系统的硬件结构和软件功能。

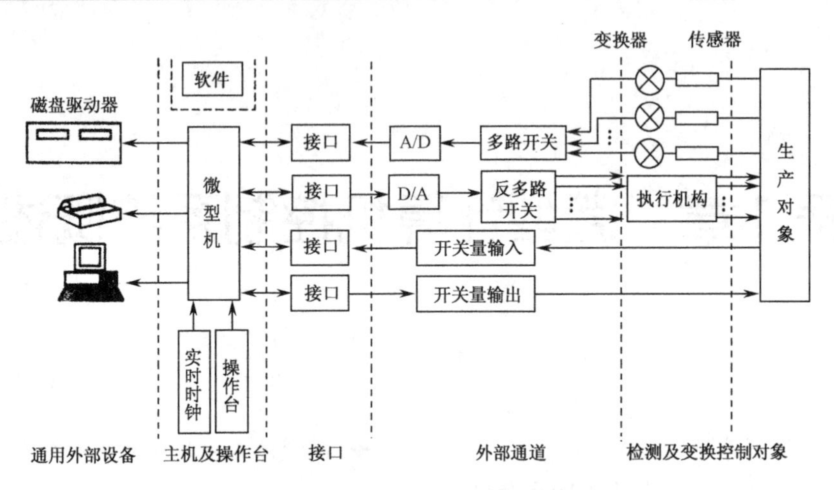


图 1.1　典型微型机控制系统的组成

## 1.1.1　微型机控制系统的硬件结构

微型机控制系统的硬件是由主机 CPU、接口电路及外部设备组成的。由于系统的不同，组成微型机控制系统的硬件也不同，一般可根据系统的需要进行扩展。现在已经生产出具有各种功能的接口板，可用标准总线连接起来。用户可根据实际需要进行挑选，使用非常方便，如 STD 总线工业控制机、PC 总线工业控制机等，都属此类工业控制机。本书主要以嵌入式系统为主，重点讲述嵌入式系统的原理与设计。

### 1. CPU

微处理器是整个控制系统的指挥部，通过接口及软件可向系统的各个部分发出各种命令，对被测参数进行巡回检测、数据处理、控制计算、报警处理及逻辑判断等操作。因此，主机是微型机控制系统的重要组成部分，主机的选用将直接影响到系统的功能及接口电路的设计等。目前最常用的 CPU 是 Intel 8051 系列单片机，如 AT89C51、8XC51 和 8XC552 等。由于单片机种类繁多，功能各异，因此，在选用单片机作为 CPU 时，对接口电路的设计必须引起高度重视。

### 2. I/O 接口

I/O 接口是主机与被控对象进行信息交换的纽带。主机通过 I/O 接口与外部设备进行数据交换。目前，绝大部分 I/O 接口电路都是可编程的，即它们的工作方式可由程序进行控制。目前在工业控制机中常用的接口有：①并行接口，如 8155 和 8255；②串行接口，如 8251；③直接数据传送接口，如 8237；④中断控制接口，如 8259；⑤定时器/计数器接口，如 8253 等。此外，由于计算机只能接收数字量，而一般的连续化生产过程的被测参数大都为模拟量，如温度、压力、流量、液位、速度、电压及电流等，因此，为了实现计算机控制，还必须把模拟量转换成数字量，即进行 A/D 转换。随着物联网的应用，一种新型的 I/O 接口——射频自动识别（RFID），被提到应用日程（详见 5.4 节）。同样，外部执行机构也多为模拟量，所以计算机在输出被调参数之前，还必须把数字量转变成模拟量，即进行 D/A 转换。因此，A/D 和 D/A 转换器也是微型机控制系统和智能化仪器的重要接口之一。

### 3. 通用外部设备

通用外部设备是为了扩大主机的功能而设置的，主要用来显示、打印、存储及传送数据。目前已有许多专业厂家生产各种各样的通用外部设备，如电传打印机、CRT 显示终端、纸带打孔机、纸带读入机、卡片读入机、声光报警器、磁带机、磁盘驱动器、光盘驱动器和扫描仪等。这些设备就像微型机的眼、耳、鼻、舌和四肢一样，大大扩充了主机的功能。

#### 4. 检测元件及执行机构

在微型机控制系统中，为了对生产过程进行控制，首先必须对各种数据，如温度、压力、流量、液位和成分等进行采集。为此，必须通过检测元件，即传感器，把非电量参数转换成电量。如热电偶可以把温度转换成 mV 信号；压力变换器可以把压力转变成电信号。这些信号经变换器转换成统一的标准信号（0～5V 或 4～20mA）后，再送入微型机。因此，检测元件精度的高低，直接影响到微型机控制系统的精度。

此外，为了控制生产过程，还必须有执行机构。它们的作用就是控制各参数的流入量。例如，在温度控制系统中，根据温度的误差来控制进入加热炉的煤气（或油）量；在水位控制系统中控制进入容器的水的流量。执行机构有的采用电动、气动或液压传动控制，也有采用电机、步进电机及可控硅元件等进行控制。关于这部分内容将在第 4 章详细介绍。

#### 5. 操作台

操作台是人机对话的联系纽带。通过它人们可以向计算机输入程序，修改内存的数据，显示被测参数，以及发出各种操作命令等。它主要由以下 4 部分组成。

（1）作用开关。如电源开关、数据及地址选择开关及操作方式（如自动或手动）选择开关等。通过这些开关，人们可以对主机进行启停操作、设置和修改数据，以及修改控制方式等。作用开关可通过接口与主机相连。

（2）功能键。设置功能键的目的主要是通过各种功能键向主机申请中断服务，如常用的复位键、启动键、打印键和显示键等。此外，面板上还有工作方式选择键，如连续工作方式或单步工作方式。所有这些功能键通常以中断方式与主机进行联系。

（3）LED 数码管及 CRT 显示。它们用来显示被测参数及操作人员感兴趣的内容。随着微型机控制技术的发展，CRT 显示的应用越来越普遍。它不但可以显示数据表格，而且能够显示被控系统的流程总图、棒状指示图、开关状态图、时序图、变量变化趋势图、调节回路指示图、表格式显示，以及报警、索引等。

（4）数字键。用来送入数据或修改控制系统的参数。

关于键盘及显示接口的设计将在第 3 章中讲述。

### 1.1.2 微型机控制系统的软件

对于微型机控制系统而言，除了上述硬件组成部分以外，软件也是必不可少的。所谓软件是指完成各种功能的计算机程序的总和，如操作、监控、管理、控制、计算和自诊断程序等。软件分系统软件和应用软件两大部分，它们是微型机系统的神经中枢，整个系统的动作都是在软件指挥下进行协调工作的。按使用语言来分，软件可分为机器语言、汇编语言和高级语言；就其功能来分，软件可分为系统软件和应用软件。

系统软件一般由计算机厂家提供，专门用来使用和管理计算机的程序。系统软件包括：①各种语言的汇编、解释和编译软件，如 8051 汇编语言程序，C51、C96、PL/M、Turbo C、Borland C 和 MS-C 等；②监控管理程序、操作系统、调整程序及故障诊断程序等。这些软件一般不需要用户自己设计，对用户来讲，它们只作为开发应用软件的工具。

应用软件是面向生产过程的程序，如 A/D 或 D/A 转换程序、数据采样程序、数字滤波程序、标度变换程序、键盘处理程序、显示程序和过程控制程序（如 PID 运算程序、数字控制程序）等。应用软件大都由用户根据实际需要自行开发，本书将在以后各章中详细讲述这些程序的设计方法。目前也有一些专门用于控制的应用软件，如 LEBTECH/CONTROL 和 ONSPEC 等。这些应用软件的特点是功能强，使用方便，组态灵活，可节省设计者大量时间，因而越来越受到用户的欢迎。

对于嵌入式系统，如中小型控制系统、专用控制系统及智能化仪器，主要使用汇编语言和高级语言，如 WAVE 和 C51 等。

## 1.2 微型机控制系统的分类

微型计算机控制系统与其所控制的生产对象密切相关。控制的对象不同，其控制系统也不同。下面根据微型机控制系统的工作特点分别进行介绍。

### 1.2.1 操作指导控制系统

所谓操作指导控制系统（Oprating Indication System）是指计算机的输出不直接用来控制生产对象，而只对系统过程参数进行收集、加工处理，然后输出数据。操作人员根据这些数据进行必要的操作，其原理方块图如图 1.2 所示。

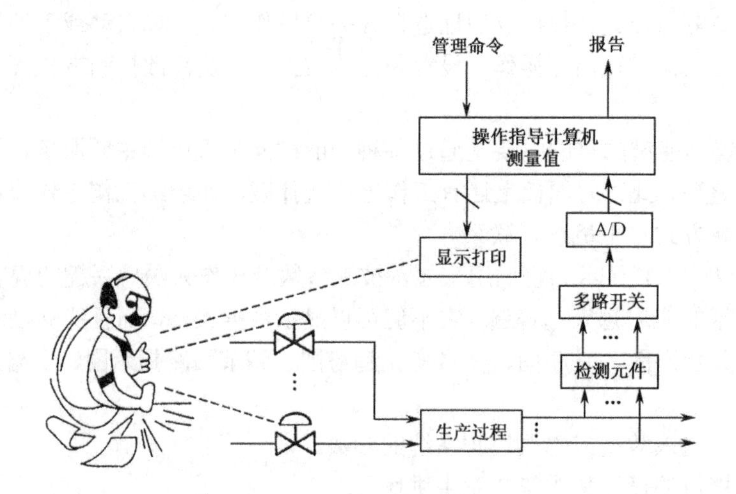


图 1.2 操作指导控制系统的原理

如图 1.2 所示，在这种系统中，每隔一定的时间计算机会进行一次采样，经 A/D 转换后送入计算机进行加工处理，然后再进行报警、打印或显示。操作人员根据此结果进行设定值的改变或必要的操作。

该系统最突出的特点是比较简单且安全可靠，特别是对于未摸清控制规律的系统来说更为适用。它常常被用于计算机系统的初级阶段，或用于试验新的数学模型和调试新的控制程序等。它的缺点是仍要进行人工操作，所以操作速度不能太快，太快了人跟不上计算机的变化，而且不能同时操作几个回路。它相当于模拟仪表控制系统的手动与半自动工作状态。

### 1.2.2 直接数字控制系统（DDC）

所谓 DDC（Direct Digital Control）系统就是用一台微型机对多个被控参数进行巡回检测，使检测结果与设定值进行比较，再按 PID 规律或直接数字控制方法进行控制运算，然后输出到执行机构对生产过程进行控制，使被控参数稳定在给定值上。其工作原理如图 1.3 所示。

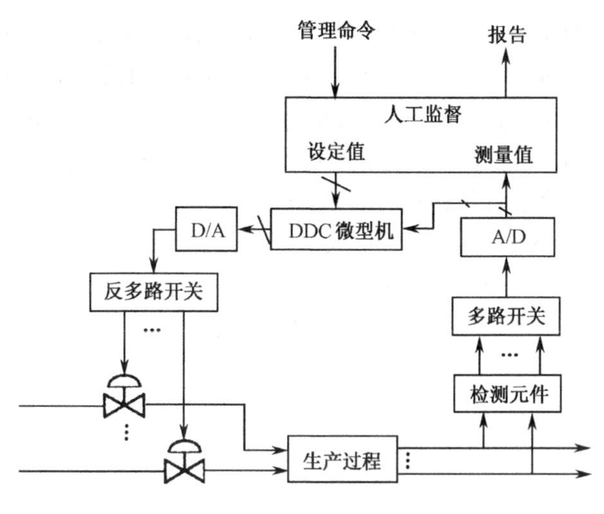


图 1.3　DDC 系统原理

由于微型计算机的速度快，所以一台微型机可代替多个模拟调节器，这是非常经济的。

DDC 系统的另一个优点是功能强、灵活性大、可靠性高。因为计算机的计算能力强，所以用它可以实现各种比较复杂的控制，如串级控制、前馈控制、自动选择控制，以及大滞后控制等。正因为如此，DDC 系统得到了广泛的应用。

## 1.2.3　计算机监督系统（SCC）

计算机监督系统（Supervisory Computer Control）简称 SCC 系统。在 DDC 系统中，是用计算机代替模拟调节器进行控制的，而在计算机监督系统中，则由计算机按照描述生产过程的数学模型，计算出最佳给定值送给 DDC 计算机，最后由 DDC 计算机控制生产过程，从而使生产过程处于最优工作状况。SCC 系统较 DDC 系统更接近生产变化的实际情况。它不仅可以进行给定值控制，同时还可以进行顺序控制、最优控制，以及自适应控制等，它是操作指导和 DDC 系统的综合与发展。

SCC 系统就其结构来讲有两种。一种是 SCC+模拟调节器，另一种是 SCC+DDC 系统。现在，主要应用的是 SCC+DDC 系统。

SCC+DDC 系统的工作原理，如图 1.4 所示。

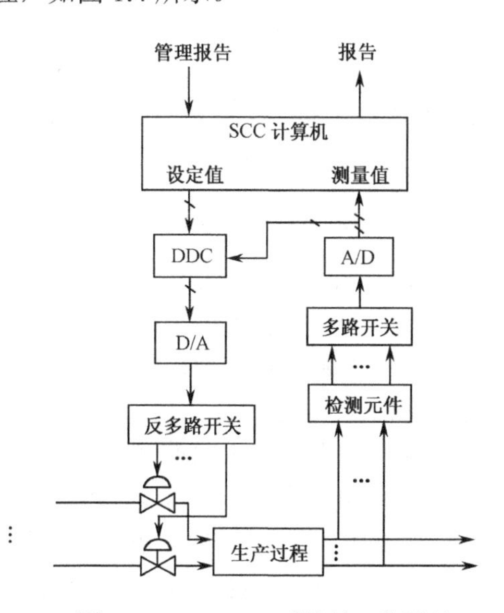


图 1.4　SCC+DDC 系统的工作原理

该系统为两级计算机控制系统。一级为监督级 SCC，一级为直接数字控制级 DDC。SCC 监督计算机的作用是收集检测信号及管理命令，然后按照一定的数学模型计算后，输出给定值到 DDC。这样，系统就可以根据生产工况的变化，不断地改变给定值，以达到实现最优控制的目的。直接数字控制器（DDC）用来把给定值与测量值（数字量）进行比较，进而由 DDC 进行数字控制计算，然后经 D/A 转换器和反多路开关分别控制各个执行机构进行调节。

总之，SCC+DDC 系统比 DDC 系统有着更大的优越性，更接近生产的实际情况。另一方面，当系统中的 DDC 控制器出了故障时，可用 SCC 系统代替调节器进行调节，这样就大大提高了系统的可靠性。

但是，由于生产过程的复杂性，其数学模型的建立是比较困难的，所以此系统实现起来难度较大。

### 1.2.4 嵌入式系统（EMS）

嵌入式系统（Embedded System）一般指非 PC 系统，有计算机功能但又不称之为计算机的设备或器材。它包括硬件和软件两部分，嵌入式系统的硬件部分，包括处理器/微处理器、存储器及外设器件和 I/O 端口、图形控制器等。嵌入式系统有别于一般的计算机处理系统，它不具备像硬盘那样大容量的存储介质，而大多数使用 EPROM、EEPROM 或闪存（Flash Memory）作为存储介质；嵌入式系统的软件部分包括操作系统软件（具备实时和多任务操作）和应用程序。应用程序控制着系统的运作和行为，而操作系统控制着应用程序编程与硬件的交互作用。简单地说，嵌入式系统集系统的应用软件与硬件于一体，类似于 PC 中 BIOS 的工作方式，具有软件代码少、高度自动化和响应速度快等特点，特别适合要求实时和多任务的体系。它是可独立工作的“器件”。

嵌入式系统的核心是嵌入式微处理器。嵌入式微处理器一般具备以下 4 个特点。

（1）对实时多任务有很强的支持能力，能完成多任务并且有较短的中断响应时间，从而使内部的代码和实时内核的执行时间减少到最低限度。

（2）具有功能很强的存储区保护功能。这是由于嵌入式系统的软件结构已模块化，而为了避免在软件模块之间出现错误的交叉作用，需要设计强大的存储区保护功能，同时也有利于软件诊断。

（3）可扩展的处理器结构，能最迅速地开发出满足应用的最高性能的嵌入式微处理器。

（4）嵌入式微处理器必须功耗很低，尤其用于便携式的无线及移动的计算和通信设备中靠电池供电的嵌入式系统更是如此，如需要功耗达到 mW 甚至 μW 级。

目前据不完全统计，全世界嵌入式处理器的品种总量已经超过 1000 种，流行体系结构有 30 几个系列，其中属于 8051 体系的占有多半。生产 8051 单片机的半导体厂家有 20 多个，共有 350 多种衍生产品，仅 PHILIPS 就有近 100 种。现在几乎每个半导体制造商都生产嵌入式处理器，越来越多的公司有自己的处理器设计部门。嵌入式处理器的寻址空间一般从 64KB 到 16MB，处理速度从 0.1 MIPS 到 2000 MIPS，常用封装从 8 个引脚到 144 个引脚。根据其现状，嵌入式计算机可以分成下面几类。

#### 1. 嵌入式微处理器（Embedded Microprocessor Unit，EMPU）

嵌入式微处理器的基础是通用计算机中的 CPU，在应用中，将微处理器装配到专门设计的电路板上，只保留和嵌入式应用有关的母板功能，这样可以大幅度缩小系统体积并降低功耗。为了满足嵌入式应用的特殊要求，嵌入式微处理器虽然在功能上与标准微处理器基本是一样的，但在工作温度、抗电磁干扰和可靠性等方面一般都做了各种增强。和工业控制计算机相比，嵌入式微处理器具有体积小、重量轻、成本低和可靠性高的优点，但是在电路板上必须包括 ROM、RAM、总线接口和各种外设等器件，从而降低了系统的可靠性，技术保密性也较差。嵌入式微处理器及其存储器、总线、外设等安装在一块电路板上，称为单板计算机，如 STD-BUS 和 PC104 等。近年来，德国、日本的一些公司又开发出了类似“火柴盒”式名片大小的嵌入式计算机系列 OEM 产品，我国也有此类产品。

嵌入式处理器目前主要有 Am186/88、386EX、SC-400、Power PC、68000、MIPS 和 ARM 等系列。

### 2. 嵌入式微控制器（Microcontroller Unit，MCU）

嵌入式微控制器又称单片机，顾名思义，就是将整个计算机系统集成到一块芯片中。嵌入式微控制器一般以某一种微处理器内核为核心，芯片内部集成ROM/EPROM、RAM、总线、总线逻辑、定时/计数器、WatchDog、并行I/O口、串行口、脉冲宽度调制输出、A/D转换器、D/A转换器、Flash RAM和$E^2$PROM等各种必要功能模块和外设。为适应不同的应用需求，一般一个系列的单片机具有多种衍生产品，每种衍生产品的处理器内核都是一样的，不同的只是存储器和外设的配置及封装。这样可以使单片机最大限度地和应用需求相匹配，功能适当，以减少功耗和成本。和嵌入式微处理器相比，嵌入式微控制器的最大特点是单片化，体积大大减小，从而使功耗和成本下降、可靠性提高。微控制器是目前嵌入式系统工业的主流。微控制器的片上外设资源一般比较丰富，适合控制，因此称为微控制器。

嵌入式微控制器目前的品种和数量最多，比较有代表性的通用系列包括8051、P51XA、MCS-251、MCS-96/196/296、C166/167、MC68HC05/11/12/16和68300等。另外，还有许多半通用系列如：支持USB接口的MCU 8XC930/931、C540、C541，支持$I^2$C、CAN-Bus、LCD及众多专用MCU和兼容系列。目前MCU占嵌入式系统约70%的市场份额。

特别值得注意的是，近年来提供X86微处理器的著名厂商AMD公司，将Am186CC/CH/CU等嵌入式处理器称为Microcontroller，Motorola公司把以Power PC为基础的PPC505和PPC555也列入单片机行列，TI公司亦将其TMS320C2XXX系列DSP作为MCU进行推广。

### 3. 嵌入式DSP处理器（Embedded Digital Signal Processor，EDSP）

DSP处理器对系统结构和指令进行了特殊设计，使其适合于执行DSP算法，编译效率较高，指令执行速度也较快。在数字滤波、FFT和谱分析等方面，DSP算法正在大量进入嵌入式领域，DSP应用正从在通用单片机中以普通指令实现DSP功能过渡到采用嵌入式DSP处理器。嵌入式DSP处理器有两个发展来源：一是DSP处理器经过单片化、EMC改造、增加片上外设等成为嵌入式DSP处理器，TI的TMS320C2000/C5000等属于此类；二是在通用单片机或SOC中增加DSP协处理器，例如，Intel的MCS-296和Infineon（Siemens）的TriCore。推动嵌入式DSP处理器发展的另一个因素是嵌入式系统的智能化，例如，各种带有智能逻辑的消费类产品、生物信息识别终端、带有加解密算法的键盘、ADSL接入、实时语音压解系统、虚拟现实显示等。这类智能化算法一般运算量较大，特别是向量运算、指针线性寻址等较多，而这些正是DSP处理器的长处所在。

嵌入式DSP处理器比较有代表性的产品是Texas Instruments的TMS320系列和Motorola的DSP56000系列。TMS320系列处理器包括用于控制的C2000系列、移动通信的C5000系列，以及性能更高的C6000和C8000系列。DSP56000目前已经发展成为DSP56000、DSP56100、DSP56200和DSP56300等几个不同系列的处理器。另外，PHILIPS公司近年也推出了基于可重置嵌入式DSP结构在低成本、低功耗技术上制造的R. E. A. L DSP处理器，特点是具备双Harvard结构和双乘/累加单元，应用目标是大批量消费类产品。

### 4. 嵌入式片上系统（System On Chip）

随着EDI的推广和VLSI设计的普及化，以及半导体工艺的迅速发展，在一个硅片上实现一个更为复杂的系统的时代已来临，这就是System On Chip（SOC）。各种通用处理器内核将作为SOC设计公司的标准库，和许多其他嵌入式系统外设一样，成为VLSI设计中一种标准器件，用标准的VHDL等语言描述，存储在器件库中。用户只需定义出其整个应用系统，仿真通过后就可以将设计图交给半导体工厂制作样品。这样除个别无法集成的器件以外，整个嵌入式系统大部分均可集成到一块或几块芯片中去，应用系统电路板将变得很简洁，对于减小体积和功耗、提高可靠性非常有利。

SOC可以分为通用和专用两类。通用系列包括Infineon（Siemens）的TriCore、Motorola的M-Core、某些ARM系列器件、Echelon和Motorola联合研制的Neuron芯片等。专用SOC一般专用于某个或某类系统中，不为一般用户所知。一个有代表性的产品是 PHILIPS 的 Smart XA，它将 XA 单片机内核和支持超过 2048 位复杂 RSA 算法的 CCU 单元制作在一块硅片上，形成一个可加载 Java 或 C 语言的专用的 SOC，可用于公众互联网，如 Internet 安全方面。

嵌入式系统几乎可以应用于生活中的所有电器设备，如掌上 PDA、移动计算设备、电视机顶盒、手机、数字电视、多媒体设备、汽车、微波炉、数字相机、家庭自动化系统、电梯、空调、安全系统、自动售货机、蜂窝式电话、消费电子设备、工业自动化仪表与医疗仪器等。

与通用型计算机系统相比，嵌入式系统功耗低、可靠性高、功能强大、性价比高、实时性强、支持多任务、占用空间小、效率高；面向特定应用，可根据需要灵活定制。

本书后面的内容主要以嵌入式系统为主，虽然本书以 8051 系列单片机为主进行讲述，但它所涉及的基本原理可适合任何一种嵌入式 CPU。

### 1.2.5 物联网系统（ITS）

物联网系统（Internet of Things System，ITS）的出现被称为第三次信息革命。该系统通过射频自动识别（RFID）、红外感应器、全球定位系统（GPS）、激光扫描器、环境传感器、图像感知器等信息设备，按约定的协议，把各种物品与互联网连接起来，进行信息交换和通信，以实现智能化识别、定位、跟踪、监控和管理。实际上它也是一种微型计算机控制系统，只不过更加庞大而已。

物联网的原理框图，如图 1.5 所示。

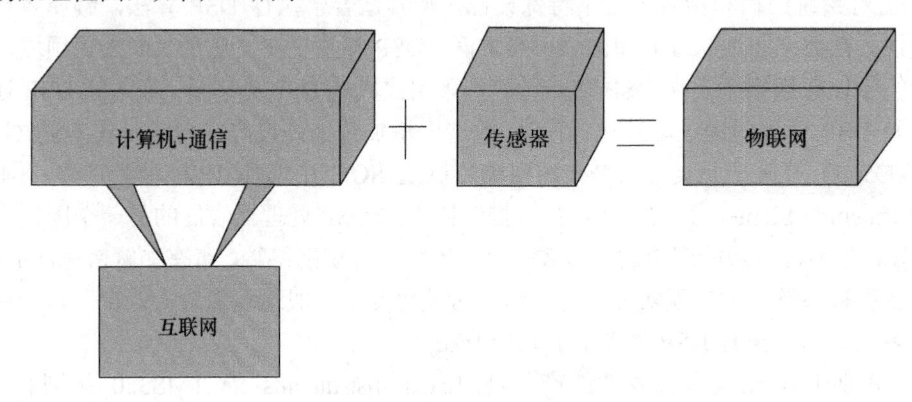


图 1.5　物联网组成原理框图

由图 1.5 可以看出，物联网=互联网+传感器。而传感器与微型计算机的接口正是微型计算机控制技术所研究的范畴。因此，本书所讲述的内容可全部应用于物联网技术中。

物联网把新一代 IT 技术充分运用于各行各业之中，具体地说，就是把感应器嵌入和装备到电网、铁路、桥梁、隧道、公路、建筑、供水系统、大坝、油气管道等中，然后将“物联网”与现有的互联网联通起来，实现人类社会与物理系统的整合，在这个整合的网络当中，存在能力超级强大的中心计算机群，能够对整合网络内的人员、机器、设备和基础设施实施实时的管理和控制，在此基础上，人类可以以更加精细和动态的方式管理生产和生活，达到“智慧”状态，提高资源利用率和生产力水平，改善人与自然间的关系。

“物联网”概念的问世，打破了之前的传统思维。传统的思路一直将物理基础设施和 IT 基础设施分开：一方面是机场、公路、建筑物，而另一方面是数据中心、个人电脑、宽带等。“物联网”时代把钢筋混凝土、电缆与芯片、宽带整合为统一的基础设施，在此意义上，基础设施更像是一块新的地球工地，世界的运转就在它上面进行，其中包括经济管理、生产运行、社会管理乃至个人生活。在此基础上，人类可以以更加精细和动态的方式管理生产和生活，达到“智慧”状态，提高资源利用率和生产力水平，改善人与自然间的关系。物联网的结构图如图 1.6 所示。

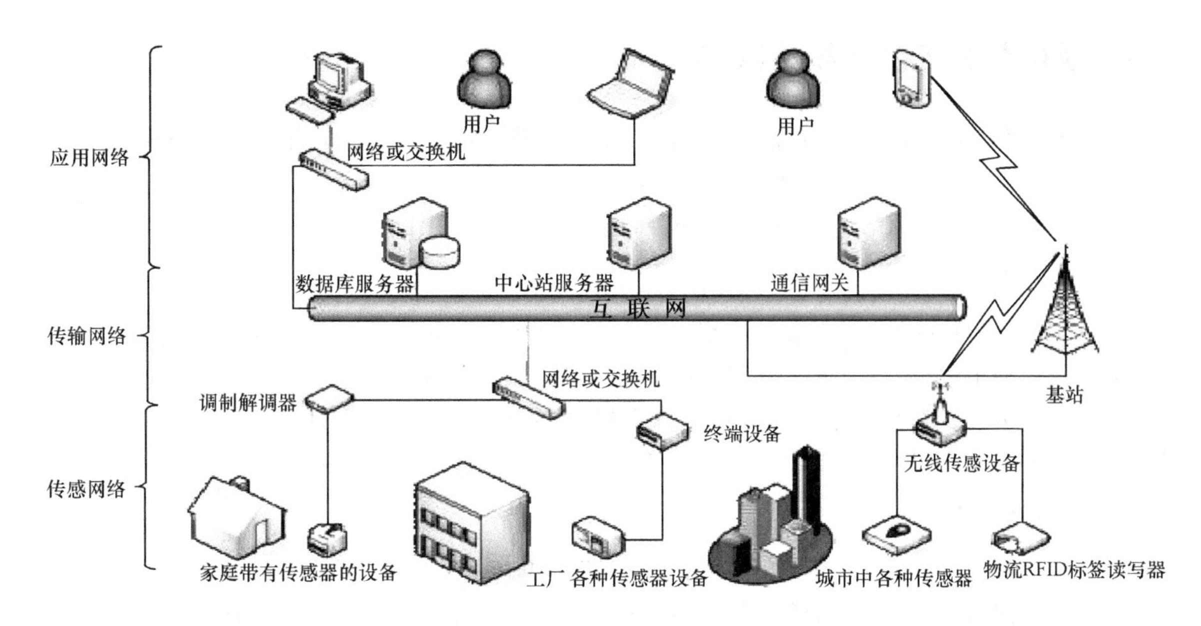


图 1.6　物联网结构图

互联网技术已经比较成熟，因此，物联网的关键技术是如何把“物”与互联网结合起来，这就需要一种所谓的“物联网终端”。物联网终端是物联网中连接传感网络层和传输网络层、实现采集数据及向网络层发送数据的设备。它担负着数据采集、初步处理、加密和传输等多种功能。物联网终端的内部结构如图 1.7 所示。

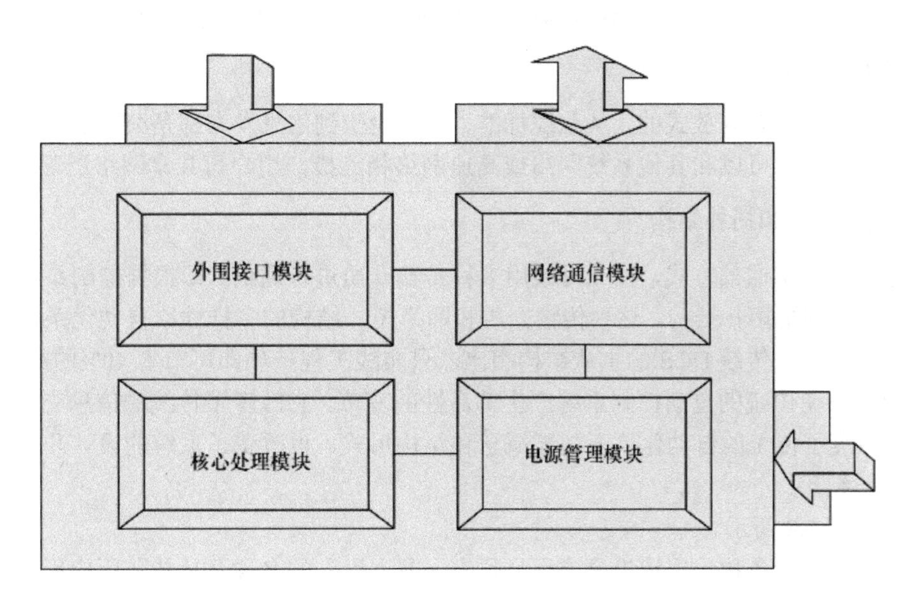


图 1.7　物联网终端的内部结构

由图 1.7 可以看出，物联网终端主要由外围接口模块、核心处理模块、网络通信模块及电源管理模块组成。通过外围感知接口与传感设备连接，如 RFID 读卡器、红外感应器、环境传感器等，将这些传感设备的数据进行读取并通过中央处理模块处理后，按照网络协议，通过外部通信接口，如，GPRS 模块、以太网接口、WIFI 等方式发送到以太网的指定中心处理平台。

物联网终端属于传感网络层和传输网络层的中间设备，也是物联网的关键设备，通过它的转换和采集，才能将各种外部感知数据汇集和处理，并将数据通过各种网络接口方式传输到互联网中。如果没有它的存在，传感器数据将无法送到指定位置，“物”的联网亦将不复存在。

## 1.2.6 现场总线控制系统（FCS）

现场总线控制系统（Fieldbus Control System，FCS）是分布控制系统（DCS）的更新换代产品，并且已经成为工业生产过程自动化领域中一个新的热点。

现场总线控制系统（FCS）与传统的分布控制系统（DCS）相比，有以下特点。

### 1. 数字化的信息传输

无论是现场底层传感器、执行器、控制器之间的信号传输，还是与上层工作站及高速网之间的信息交换，系统全部使用数字信号。在网络通信中，采用了许多防止碰撞，检查纠错的技术措施，实现了高速、双向、多变量、多地点之间的可靠通信；与传统的 DCS 中底层到控制站之间 4～20mA 模拟信号传输相比，它在通信质量和连线方式上都有重大突破。

### 2. 分散的系统结构

这种结构废除了传统的 DCS 中采用的“操作站—控制站—现场仪表”3 层主从结构的模式，把输入/输出单元、控制站的功能分散到智能型现场仪表中去。每个现场仪表作为一个智能节点，都带 CPU 单元，可分别独立完成测量、校正、调节和诊断等功能，靠网络协议把它们连接在一起统筹工作。任何一个节点出现故障只影响本身而不会危及全局，这种彻底的分散型控制体系使系统更加可靠。

### 3. 方便的互操作性

FCS 特别强调“互联”和“互操作性”。也就是说，不同厂商的 FCS 产品可以异构，但组成统一的系统后，便可以相互操作，统一组态，打破了传统 DCS 产品互不兼容的缺点，方便了用户。

### 4. 开放的互联网络

FCS 技术及标准是全开放式的。从总线标准、产品检验到信息发布都是公开的，面向所有的产品制造商和用户。通信网络可以和其他系统网络或高速网络相连接，用户可共享网络资源。

### 5. 多种传输媒介和拓扑结构

FCS 由于采用数字通信方式，因此可采用多种传输介质进行通信，即根据控制系统中节点的空间分布情况，采用多种网络拓扑结构。这种传输介质和网络拓扑结构的多样性给自动化系统的施工带来了极大的方便。据统计，与传统 DCS 的主从结构相比，只布线工程一项即可节省 40%的经费。

FCS 的出现将使传统的自动控制系统产生革命性的变革。它改变了传统的信息交换方式、信号制式和系统结构，改变了传统的自动化仪表功能概念和结构形式，也改变了系统的设计和调试方法。它开辟了控制领域的新纪元。

FCS 结构如图 1.8 所示。

现场总线的节点设备称为现场设备或现场仪表，节点设备的名称及功能随所应用的企业而定。用于过程自动化构成 FCS 的基本设备如下。

①变送器。常用的变送器有温度、压力、流量、物位和分析 5 大类，每类又有多个品种。变送器既有检测、变换和补偿功能，又有 PID 控制和运算功能。

②执行器。常用的执行器有电动、气动两大类，每类又有多个品种。执行器的基本功能是信号驱动和执行，还内含调节阀输出特性补偿、PID 控制和运算等功能，另外还有阀门特性自校验和自诊断功能。

③服务器和网桥。服务器下接节点 $H_1$ 和 $H_2$，上接局域网（Local Area Network，LAN）；网桥上接节点 $H_2$，下接节点 $H_1$。

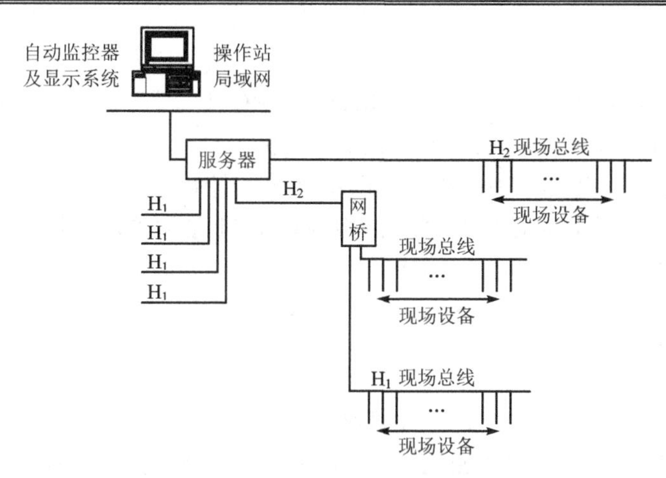


图 1.8　现场总线控制系统结构图

④辅助设备。$H_1$/气压、$H_1$/电流和电流/$H_1$转换器，安全栅，总线电源和便携式编程器等。

⑤监控设备。工程师站提供现场总线组态，操作员站提供工艺操作与监视，计算机站用于优化控制和建模。

FCS 的核心是现场总线。现场总线技术是 20 世纪 90 年代兴起的一种先进的工业控制技术，它将当今网络通信与管理的观念引入工业控制领域。从本质上说，它是一种数字通信协议，是连接智能现场设备和自动化系统的数字式、全分散、双向传输、多分支结构的通信网络。它是控制技术、仪表工业技术和计算机网络技术三者的结合，具有现场通信网络、现场设备互连、互操作性、分散的功能块、通信线供电和开放式互连网络等技术特点。这些特点不仅保证了它完全可以适应目前工业界对数字通信和自动控制的需求，而且使它与 Internet 互连构成不同层次的复杂网络成为可能，代表了今后工业控制体系结构发展的一种方向。

现场总线控制系统作为一种新一代的过程控制系统，无疑具有十分广阔的发展前景。但是，同时也应看到，FCS 与已经经历了 20 多年不断发展和完善的 DCS 系统相比，在某些方面尚存在着一些问题，要在复杂度很高的过程控制系统中应用 FCS 尚有一定的困难。当然，随着现场总线技术的进一步发展和完善，这些问题将会逐渐得到解决。有关现场总线的详细内容将在 6.5 节讲述。

## 1.3　微型计算机控制系统的发展概况及趋势

微型计算机的发展，促进了工业控制领域的进步。目前，已有各种各样的微型机控制系统在工业生产中得到应用。根据被控对象的规模，主要有下面几种。

### 1.3.1　单片微型计算机

单片微型计算机（Single Chip Microcomputer），简称单片机。它是工业控制和智能化系统中应用最多的一种模式。这种模式的最大特点是设计者可根据自己的实际需要开发、设计一个单片机系统，因而更加方便、灵活，且成本低。其基本方法是在单片机的基础上扩展一些接口，如用于模拟/数字转换的 A/D、D/A 转换接口，用于人机对话的键盘处理接口，LED 和 LCD 显示接口，用于输出控制的电机、步进电机接口等；然后再开发一些应用软件（大都采用汇编语言，近来也有不少人采用高级语言，如 BASIC、PL/M 和 C51 等），即可组成完整的单片机系统。

与微型计算机相比，单片机具有以下特点。

### 1. 集成度高，功能强

微型计算机通常由微处理器（CPU）、存储器（RAM和ROM）及I/O接口组成。其各部分分别集成在不同的芯片上，然后，再由几个芯片组成一台微型计算机。

单片机则是把CPU、ROM、RAM、I/O接口，以及定时器/计数器等都集成在一个芯片上。单片机与微型计算机相比，不仅体积减小，而且功能大大增强。MCS-51系列单片机内部还有定时/计数器、串行接口及中断系统等。甚至有些单片机还包含A/D转换器。而8088/8086微型计算机要想具有这些功能，就必须增加相应的芯片，如8253、8251、8259及A/D转换器等。

### 2. 结构合理

目前，单片机大多采用Harvard结构。这是数据存储器与程序存储器相互独立的一种结构。而在许多微型计算机中，如Z80、Intel 8085、M6800及8088/8086等，大都采用两类存储器合二为一（统一编址）的方式。单片机采用独立结构主要有以下两点好处。

（1）存储容量大。例如，采用16位地址总线的8位单片机可寻址外部64KB RAM和64KB ROM（包括内部ROM）。此外，还有内部RAM（通常为128B）和内部EPROM（一般为2～8KB）。正因为如此，使用单片机不仅可以进行控制，而且能够进行数据处理。单片机不仅设有监控程序，还可同时驻留汇编、反汇编、高级语言，以及各种函数库、子程序及图表，因此使单片机的功能大为加强，用户使用起来十分方便。

（2）速度快。由于单片机主要用于工业控制，一般都需要较大的程序存储器，用以固化已调好的控制程序；而数据存储器的容量相对来讲比较小，主要用来存放少量的随机数据。小容量随机存储器直接装在单片机内部，可使数据传送速度加快。

### 3. 抗干扰能力强

由于单片机的各种功能部件都集成在一个芯片上，特别是存储器也集成在芯片内部，因而布线短，而数据大都在芯片内部传送，所以不容易受到外界的干扰，从而增强了抗干扰的能力，使系统运行更可靠。

### 4. 指令丰富

单片机一般都有传送指令、逻辑运算指令、转移指令和加减法运算指令等，有些单片机还具有乘法及除法运算指令，特别是位操作指令十分丰富。例如，在MCS-51系列单片机中，专门设有布尔处理器，并且有一个专用的处理布尔变量的指令集。指令集中包括布尔变量的传送、逻辑运算、控制转移和置位等指令，因而使单片机能在逻辑控制、开关量控制及顺序控制中得以广泛应用。例如，要检查某开关量的状态，并根据此状态判断程序的转移地址，在8088/8086微型机系统中，至少需要3条指令。

```
IN      AL,port
AND     AL,10000000B
JNZ     rel
```

但是在MCS-51系列单片机中，只要用“JB P1.7，rel”一条指令，即可完成任务。

随着大规模集成电路技术的发展，近年来出现了各种各样功能完备的单片机，如内含有可编程计数器阵列（8XC51FX）、A/D转换器（8XC51GB）、硬件定时监视器（80C51FX）、增强型串行口（8XC52/54/58、C51FX、C51GB）、DMA（8XC152）、键盘控制器（80C51SL-BG）及全局串行通道（8XC152）等，是智能化仪器应用最多的机型。

由于单片机品种繁多、功能各异，在众多的系列单片机中总会有一种满足用户要求，因此，由单片机组成的嵌入式系统越来越受到人们的重视，是微型计算机控制系统中应用最多的一种类型。

## 1.3.2　可编程逻辑控制器

可编程逻辑控制器（Programmable Logical Controller），简称 PLC，是早期的继电器逻辑控制系统与微型计算机技术相结合的产物。它吸收了微电子技术和微型计算机技术的最新成果，发展十分迅速。如今的 PLC 几乎无一例外地采用微处理器作为主控制器，又采用大规模集成电路作为存储器及 I/O 接口，因而其可靠性、功能、价格和体积都达到了比较成熟和完美的境地，并以其卓越的技术指标和优异的抗干扰能力得到了广泛的应用，受到工业控制业界人士的瞩目。目前，从单机自动化到工厂自动化，从柔性制造系统、机器人到工业局部网络无不有它的踪影。

### 1. PLC 的功能

作为完整的微型机控制体系，它通常具有如下功能。

（1）条件控制。由于 PLC 具有很强的逻辑控制能力，所以用它可以代替继电器进行开关量控制。

（2）定时控制。PLC 具有定时功能，可提供几个定时/计数器并设置定时指令，因此可根据用户的要求完成时间长短各异的延时控制。

（3）计数控制。PLC 内部有几个计数器，且计数值可在运行中进行修改、读出，操作灵活方便。

（4）顺序控制。由于 PLC 有很强的逻辑控制功能及定时功能，所以它可以根据生产过程，对多任务进行顺序控制。

（5）模/数（A/D）、数/模（D/A）转换。部分 PLC 具有 A/D、D/A 转换功能，以便对模拟量进行检测与控制。

（6）数据处理。高档 PLC 具有较强的数据处理能力，如并行运算、并行传送、BCD 码转换和 PID 运算等。

（7）通信与联网。某些 PLC 可进行远程 I/O 控制，多台 PLC 互相之间进行同位连接，并可与上位计算机进行连接，组成分布式控制系统。

正因为 PLC 具有上述强大的功能，所以在工业控制领域中得到了广泛的应用。

### 2. PLC 的特点

（1）可靠性高。由于 PLC 大都采用单片微型计算机，因而集成度高，再加上相应的保护电路及自诊断功能，提高了系统的可靠性。

（2）编程容易。PLC 的编程多采用继电器控制梯形图及命令语句，其数量比微型机指令要少得多，除中、高档 PLC 外，一般的小型 PLC 只有 16 条左右。由于梯形图形象而简单，因此容易掌握、使用方便，甚至不需要计算机专业知识，就可进行编程。

（3）组态灵活。由于 PLC 采用积木式结构，用户只需要简单地组合，便可灵活地改变控制系统的功能和规模，因此，可适用于任何控制系统。

（4）输入/输出功能模块齐全。PLC 的最大优点之一，是针对不同的现场信号（如直流或交流、开关量、数字量或模拟量、电压或电流等），均有相应的模板可与工业现场的器件（如按钮、开关、传感电流变送器、电机启动器或控制阀等）直接连接，并通过总线与 CPU 主板连接。

（5）安装方便。与计算机系统相比，PLC 的安装既不需要专用机房，也不需要严格的屏蔽措施。使用时只需把检测器件与执行机构和 PLC 的 I/O 接口端子正确连接，便可正常工作。

（6）运行速度快。由于 PLC 的控制是由程序控制执行的，因而不论其可靠性还是运行速度，都是继电器逻辑控制无法相比的。

近年来，微处理器的使用，特别是随着单片机大量采用，大大增强了 PLC 的能力，并且使 PLC 与微型机控制系统之间的差别越来越小，特别是高档 PLC 更是如此。

### 3. PLC的分类

根据PLC的功能，可分为以下3类。

（1）低档PLC

低档PLC以开关量为主，即以逻辑量控制为主，它的输入/输出适用于开关量、继电器、接触器等场合，并可直接驱动电磁阀等元件动作。这种PLC内部通常有几百个继电器，且内部继电器并非通常所说的电磁继电器，而是内存储器中的一个单元，用来记忆中间状态。内部继电器相当于强电系统中的中间继电器，但不能直接用它来驱动接触器、电磁阀等执行机构。要想完成驱动功能，必须由I/O口输出并经驱动器放大后方可执行。

低档PLC一般还含有定时/计数器、移位寄存器、鼓形控制器等功能。这类PLC结构小巧，价格低廉，适用于单机顺序控制系统。

（2）中档PLC

中档PLC不仅可以进行开关量控制，还具有模拟量I/O接口。一般输入开关量点数在512点左右，内存在8KB以下。它不但适合开关量控制，而且还可对模拟量进行检测和调节。在这类PLC中，为了使其能与温度、压力、流量、位移等模拟参数进行接口，通常都配有A/D转换器。为了推动电动和气动执行机构，PLC内部也有多路D/A转换器。

除了硬件增加外，中档PLC在软件上也丰富很多。其内部有多种运算模块，如PID（比例-积分-微分）运算、整数/浮点运算、二进制/BCD转换、平方根和查表等功能模块。这种PLC不仅可用于开关量控制系统，而且可用于中、小型工业过程控制系统中。

（3）高档PLC

高档PLC与工业控制计算机十分接近，具有计算、控制和调节功能。这种PLC的控制点数达1000点以上，一般具有网络结构和较强的通信联网能力。和工业控制计算机一样，该系统显示器也采用CRT，因此能够显示各种参数曲线、动态流程图、PID控制条形图及各种图表，并可进行组态及打印输出等。如美国得克萨斯州仪器公司（TI）的560/565就是一个多功能可编程控制系统。它有一个开关量中央处理器68000 CPU（16位），负责顺序控制，还有RS-232C和RS-422串行通信接口。为了提高系统的可靠性，该机采用热后备控制的双CPU结构。主控制器完成系统操作，另一控制器处于备用状态，一旦主控制器发生故障，备用控制器将代替主控制器工作，因而大大提高了系统的可靠性。

## 1.3.3 现场可编程门阵列（FPGA）

现场可编程门阵列（Field Programmable Gate Array，FPGA）是美国Xilinx公司于1984年首先开发的一种通用型用户可编程器件。FPGA由可编程逻辑单元阵列、布线资源和可编程的I/O单元阵列构成，一个FPGA包含丰富的逻辑门、寄存器和I/O资源。一片FPGA芯片就可以实现数百片甚至更多个标准数字集成电路所构成的系统的功能。FPGA能完成任何数字器件的功能，上至高性能CPU，下至简单的74系列电路，都可以用FPGA来实现。

FPGA的结构灵活，其逻辑单元、可编程内部连线和I/O单元都可以由用户编程，能够实现任何逻辑功能，满足各种设计需求。其速度快、功耗低、通用性强，特别适合复杂系统的设计。使用FPGA还可以实现动态配置、在线系统重构（可以在系统运行的不同时刻，按需要改变电路的功能，使系统具备多种空间相关或时间相关的任务）及硬件软化、软件硬化等功能。设计人员利用它可以在办公室或实验室里设计出所需的专用集成电路，从而大大缩短了产品上市时间，降低了开发成本。因此，FPGA技术的应用前景非常广阔。

### 1. FPGA的特点

FPGA采用了逻辑单元阵列LCA（Logic Cell Array）这样一个新概念，内部包括可配置逻辑模块CLB

（Configurable Logic Block）、输出输入模块 IOB（Input Output Block）和内部连线（Interconnect）3 个部分。FPGA 的基本特点如下。

（1）采用 FPGA 设计 ASIC 电路，用户不需要投片生产，就能得到适用的芯片。

（2）FPGA 可做其他全定制或半定制 ASIC 电路的中试样片。

（3）FPGA 内部有丰富的触发器和 I/O 引脚。

（4）FPGA 是 ASIC 电路中设计周期最短、开发费用最低、风险最小的器件之一。

（5）FPGA 采用高速 CHMOS 工艺，功耗低，可以与 CMOS、TTL 电平兼容。

可以说，FPGA 芯片是小批量系统提高系统集成度、可靠性的最佳选择之一。FPGA 的品种很多，有 Xilinx 的 XC 系列、TI 公司的 TPC 系列、Altera 公司的 FIEX 系列等。FPGA 是由存放在片内 RAM 中的程序来设置其工作状态的，因此，工作时需要对片内的 RAM 进行编程。用户可以根据不同的配置模式，采用相应的编程方式。加电时，FPGA 芯片将 EPROM 中数据读入片内编程 RAM 中，配置完成后，FPGA 进入工作状态。掉电后，FPGA 恢复成白片，内部逻辑关系消失，因此，FPGA 能够反复使用。FPGA 的编程无须专用的 FPGA 编程器，只需用通用的 EPROM、PROM 编程器即可。当需要修改 FPGA 功能时，只需换一片 EPROM 即可。这样，同一片 FPGA，不同的编程数据，可以产生不同的电路功能，因此，FPGA 的使用非常灵活。FPGA 据有多种配置模式：并行主模式为一片 FPGA 加一片 EPROM 的模式；主从模式可以支持一片 PROM 编程多片 FPGA；串行模式可以采用串行 PROM 编程 FPGA；外设模式可以将 FPGA 作为微处理器的外设，通过微处理器对其编程。

### 2. 片上可编程系统（SOPC）

目前，FPGA 的主要发展动向是：随着大规模现场可编程逻辑器件的问世，系统设计进入“片上可编程系统”（SOPC）的新纪元；芯片朝着高密度、低电压、低功耗方向挺进；国际各知名大公司都在积极扩充其 IP 库，努力以优化的资源更好地满足用户的需求，扩大市场；特别是引人注目的所谓 FPGA 动态可重构技术的开拓，将推动数字系统设计观念的巨大转变。由于现场可编程逻辑器件集成度的进一步提高，加上其对不断出现的 I/O 标准、嵌入功能、高级时钟管理的支持，使得设计人员开始利用现场可编程逻辑器件来进行系统级的片上设计。

Altera 公司目前正积极倡导 SOPC（System on a Progrmmable Chip，系统可编程芯片）。“片上可编程系统”（SOPC）得到迅速发展，主要有以下几个原因。

（1）密度在 100 万门以上的现场可编程逻辑芯片已经面市。

（2）第 4 代现场可编程逻辑器件的开发工具已经成形，可对数量更多的门电路进行更快速的分析和编译，并可使多名设计人员以项目组的方式同步工作。

（3）知识产权（IP）得到重视，越来越多的设计人员以“设计重用”的方式对现有软件代码加以充分利用，从而提高他们的设计效率并缩短上市时间。

（4）由于连接延迟时间的缩短，片上可编程系统（SOPC）能够提供增强的性能，而且由于封装体积的减小，产品尺寸也减小了。

Altera 公司为了实现 SOPC 的设计，不仅研制开发出新器件，而且还研制出新的开发工具以对这些新器件提供支持，并且与新芯片及软件相配合的是带知识产权的系统级设计模块解决方案，它们的参数可由用户自己定义。芯片、软件及知识产权功能集构成了 Altera 完整的可编程解决 SOPC 方案——Excalibur 解决方案，如图 1.9 给出了利用这一方案实现 SOPC 的流程图。

### 3. FPGA 与单片机

FPGA 等大规模可编程逻辑器件可以取代现有的全部微型机接口芯片，实现微型机系统中的存储器、地址译码等多种功能。利用 FPGA 可以把多个微型机系统的功能电路集成在一块芯片上。

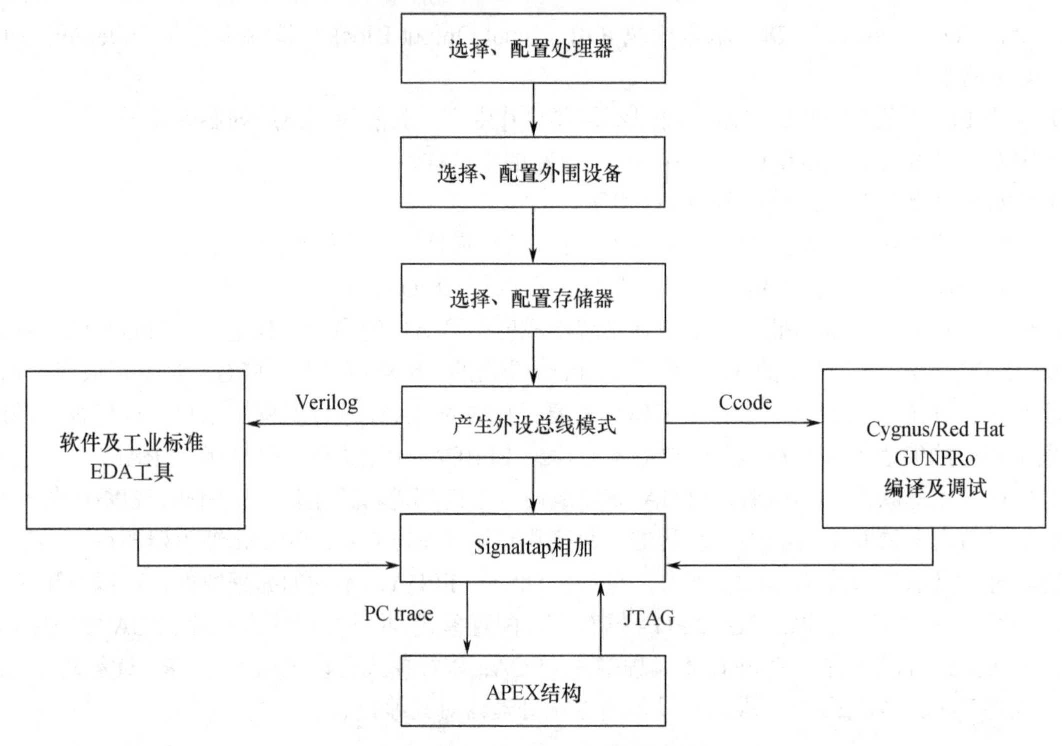


图 1.9　简化的 SOPC 设计流程图

在功能上，单片机与 FPGA 有很强的互补性，单片机具有性价比高、功能灵活、易于人机对话及全面而灵活的数据处理等特点，而 FPGA 具有高速、高可靠性，以及开发便捷、规范等优点。单片机可用总线方式和独立方式与 FPGA 接口。由于其通信工作时序是纯硬件行为，对于 MCS-51 单片机，只需一条单字节指令就能够完成所需读写时序，也就是最常用的 MOVX　@DPTR，A 和 MOVX A，@DPTR。另外，在 FPGA 中通过逻辑切换，可使单片机与 SRAM 或 ROM 接口，这种方式类似于微处理器系统的 DMA 工作方式，首先由 FPGA 与接口的 A/D 等器件进行高速数据采样，并将数据暂存于 SRAM 中，采样结束后，通过切换，单片机可以与 SRAM 以总线方式进行数据通信。

目前许多实验电路板都将 FPGA 与单片机结合在一起使用，从而完成许多复杂的设计任务。通常由单片机负责键控、显示、计算、通信、简单控制和系统协调，而 FPGA 负责高速、高精度和高稳定性等指标的实现，也就是说，通过单片机实现功能上的设计，FPGA 则负责指标上的设计。图 1.10 就是一个典型的单片机与 FPGA 通信的例子，通过 EDA 设计（原理图或硬件描述语言）和单片机汇编语言或 C 语言的设计，由 PC 机发命令码给 FPGA，并将 FPGA 系统上测得的频率显示在 PC 机的屏幕上。这里的单片机起通信桥梁作用。

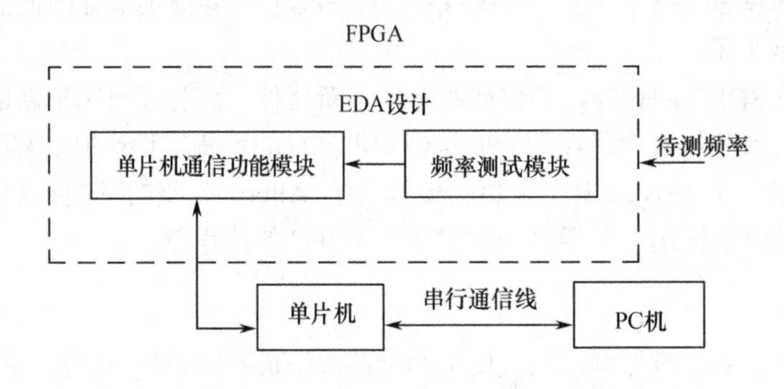


图 1.10　PC 机、单片机和 FPGA 通信图

### 4. FPGA 与 DSP

数字信号处理（DSP）在许多领域中得到广泛的应用，如雷达、图像处理、数据压缩、数字电视和数字通信机等。一般情况下，采取两种方案进行数字信号系统的设计，一种是用固定功能的 DSP 器件或 FPGA 器件，另一种是采用 DSP 处理器，如 TMS320 微处理器。

两种方法中，固定的 DSP 器件或 FPGA 器件可以提供很好的实时性能，但其灵活性较差，不适合在实验室或技术开发环境中应用；DSP 成本低且速度较快，但由于软件算法在执行时的顺序性，限制了它在高速和实时系统中的应用。目前，大规模可编程逻辑器件为数字信号处理提供了第三种解决方案，将 FPGA 与 DSP 结合，以便在集成度、速度和系统功能方面满足 DSP 应用的需要。由于 FPGA 器件内部提供了 RAM，双口 RAM 和 FIFO-RAM，所以利用 FPGA 设计 DSP 系统，同时具备 DSP 处理器的灵活性和固定功能的 DSP 芯片的实时性。

DSP 是一种具有特殊结构的微处理器。其内部采用程序和数据分开存储的哈佛结构，具有硬件乘法器电路，广泛采用流水线操作，提供特殊的 DSP 指令，可以用来快速实现各种数字信号处理算法。DSP 适用于条件进程，特别是较复杂的多算法任务。在运算上，它受制于时钟频率，而且每个时钟周期所做的有用操作的数量也受到限制。从效果上看，采用 DSP 软件更新速度快，可靠性、通用性和灵活性都很强，但 DSP 受到串行指令流的限制。

FPGA 中有很多自由的门，将这些自由的门连接起来可以形成乘法器、寄存器及地址发生器等。这些只要在框图级完成，许多块可以从简单的门到 FIR（有限冲激响应）和 FFT（快速傅立叶变换）在很高的级别完成。但它的性能受门数及运算速度的限制。

取样率超过几 MHz 时，一个 DSP 仅仅能完成对数据非常简单的运算，而这样简单的运算用 FPGA 却很容易实现，并能达到很高的取样速率。在比较低的取样速率时，整体上很复杂的程序可以使用 DSP，而这对于 FPGA 是很困难的。

在实时视频处理的应用中，由于其对系统要求极高，只具备简单功能的 DSP 无法完成。而 FPGA 利用并行处理技术实现视频处理算法，并且只需单个器件就能实现期望的性能。在中值滤波的应用中，DSP 处理器需要 67 个周期执行算法，而 FPGA 只需工作在 25MHz 频率下，因为 FPGA 能并行实现该功能，实现上述功能的 DSP 必须工作在 1.5GHz 频率下。在此应用中，FPGA 解决方案的处理能力可达到主频为 100MHz 的 DSP 处理器的 17 倍。

由于 DSP 受到串行指令流的限制，而利用 FPGA 的算术逻辑单元与外部存储器相结合，可以解决线路板面积有限和有些数据处理需要大量存储空间之间的矛盾；利用 FPGA 并行流水的特点解决了数据实时处理和有限 DSP 处理速度之间的矛盾，而 FPGA 运行模式的控制和接收上位机的命令、向上位机输出目标数据的工作由 DSP 来完成，从而达到了系统的最佳配置。图 1.11 是 FPGA＋DSP 结构典型的例子。

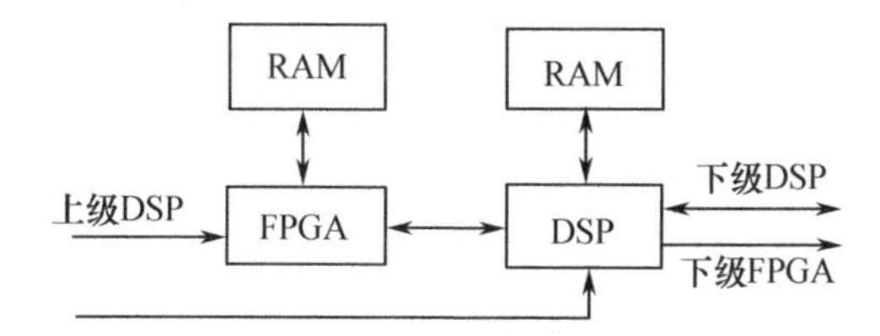


图 1.11　FPGA 与 DSP 相结合实现并行流水结构

FPGA＋DSP 结构的最大特点是组态灵活，有很强的通用性，适用于模块化设计，从而能够提高算法的效率；又由于其开发周期较短，系统易于维护和扩展，适用于实时信号处理。在实时信号处理中，低层信号预处理算法所处理的数据量大，对处理的速度要求高，但运算结构相对比较简单，适用于 FPGA 硬件实现，这样同时兼顾速度和灵活性。高层处理算法的特点是所处理的数据量较低层算法少，但算法的控制结构复杂，适合采用运算速度高、寻址方式灵活、通信机制强大的 DSP 芯片来实现。

应用一些能实现基本数字信号处理功能的 DSP 模块嵌入 FPGA 的芯片是数字电路设计的一个趋势。

有些公司已经计划把基于ASIC的微处理器或DSP 芯核与可编程逻辑阵列集成在一块芯片上。FPGA提供的性能已经超过1280亿MAC/s（乘法累加运算/秒），大大高于传统的DSP性能。QuickLogic公司推出的QuickDSP系列，提供了嵌入式DSP构件块和可编程逻辑器件。除了以前的可编程逻辑和存储模块，还包括专用的乘加模块；这些合成的模块可以实现DSP功能。

综上所述，我们可以看到，在21世纪，以FPGA为代表的数字系统现场集成技术正朝着以下几个方向发展。

（1）随着便携式设备需求的增长，对现场可编程器件的低压、低功耗的要求日益迫切。

（2）芯片向大规模系统芯片挺进，力求在大规模应用中取代ASIC。

（3）为增强市场竞争力，各大厂商都在积极推广其知识产权IP库。

（4）动态可重构技术的发展，将带来系统设计方法的转变。

## 1.3.4 工业PC机

随着生产进步的需要及电子技术的发展，STD总线工业控制机已经不能满足工业控制的需要，因此，近几年来又兴起了工业PC机。所谓工业PC机就是在原来个人计算机的基础上进行改造，使其在系统结构及功能模块的划分上更适合工业过程控制的需要。基本上可以这样讲，工业PC机一方面继承了个人计算机丰富的软件资源，使其软件开发更加方便；另一方面在结构上又采用了STD总线工业控制机的优点，实现模块化。正因为工业PC机的这些优点，使其发展十分迅速，大有取代STD总线工业控制机之势。只是目前工业PC机在价格上稍许偏高，但就其性能/价格比而言，仍然有其明显的优势。

工业PC机与个人计算机相比，差别在于：① 取消了PC中的主板，将原来的大主板变成通用的底板总线插座系统；② 将主板分成几块PC插件，如CPU板、存储器板等；③ 把原PC电源改造成工业电源；④ 采用密封机箱，并采用内部正压送风；⑤ 配以相应的工业应用软件。工业PC机与一般PC之间的差别如图1.12所示。

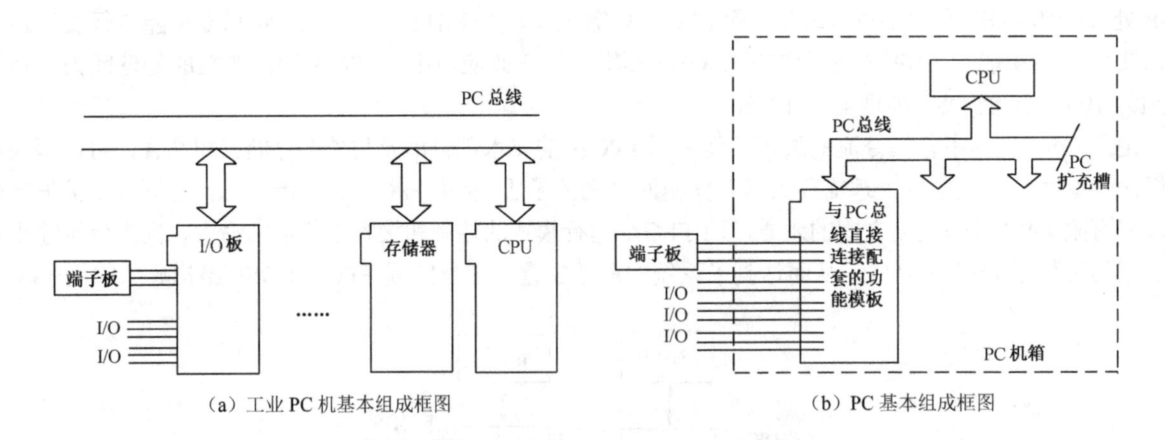


（a）工业PC机基本组成框图　　（b）PC基本组成框图

图1.12　工业PC机与一般PC之间的差别

正因为工业PC机具有与一般PC相同的功能，所以在个人计算机中所使用的软件在工业PC机中均可使用，如Windows、各种C语言、文字处理软件（如WPS、Word）等。这样，工业PC机不但可以完成STD总线工业控制机的检测、控制等各种功能，而且使得工业PC机的程序设计变得更加方便，各种报表打印程序、数据处理曲线、工业控制流程图、PID柱形图等图形处理程序的设计都变得简单。同时，随着个人计算机的不断升级，工业PC机的性能也会相应提高。

从以上分析可以看出，微型机控制系统随着应用规模的不同而可以选用不同的控制机模式，大体来讲可参考下面的原则选用。

（1）对于小型控制系统、智能化仪器及智能化接口尽量采用嵌入式系统。

（2）如果是新产品或用量较大，也尽量采用嵌入式系统开发。

（3）对于中等规模的控制系统，为了加快系统的开发速度，尽量选用现成的工业控制机，如 PLC 等，应用软件一般可自行开发。

（4）对于大型的工业控制系统，最好选用工业 PC 机或专用集散控制系统，软件可自行采用高级语言开发（如 C 语言），或买现成的组合软件（如美国 LABTECH 公司推出的 LABTECH CONTROL 软件包、美国 Automation ONSPEC Software 公司推出的 ONSPEC 控制软件包等成熟的产品）。

由于控制模式及控制机的种类繁多，无论讲哪一种机型都是挂一漏万，因此本书不偏重介绍某一单独控制机型，也不讲述某种控制软件的功能，力图讲述微型计算机控制的基本理论和技术。但为了讲述方便，并考虑到我国计算机应用的实际情况，本书将以 MCS-51 系列单片机为主，讲述微型计算机在控制系统中的应用。

## 1.3.5　微型计算机控制系统的发展趋势

微型计算机控制技术的发展，促使新的控制理论及新的控制方法的诞生。展望未来，前景喜人。下面仅从几个方面就其发展趋势进行讨论。

### 1. 大力推广应用成熟的先进技术

经过近十几年的发展，微型计算机控制技术已经取得了长足的进步，很多技术已经成熟。

下面介绍今后大力发展和推广的重点项目。

（1）普及应用可编程控制逻辑器（PLC）

近年来，由于许多中、高档 PLC 的出现，特别是具有 A/D、D/A 转换和 PID 调节等功能的 PLC 的出现，使得 PLC 的功能有了很大提高。它可以将顺序控制和过程控制结合起来，实现对生产过程的控制，并具有很高的可靠性，因而得到了普及和应用。

（2）广泛使用智能化调节器

智能化调节器不仅可以接收 4～20mA 电流信号，而且还具有 RS-232 或 RS-422/485 异步串行通信接口，可与上位机连成主从式测控系统。

（3）采用新型的 DCS 和 FCS

发展一位总线（Bitbus）、现场总线（Fieldbus）技术等先进网络通信技术为基础的 DCS 和 FCS 控制结构，并采用先进的控制策略，向低成本综合自动化系统的方向发展，实现计算机集成制造系统（CIMS）。特别是现场总线系统越来越受到人们的青睐，将成为今后微型机控制系统发展的方向。

（4）FPGA 将成为微型计算机控制技术的新宠

随着硬件成本的大幅降低，以及平台化和生态系统的逐渐完善，FPGA 正在电子设计中占有越来越重要的位置。其市场预测图，如图 1.13 所示。

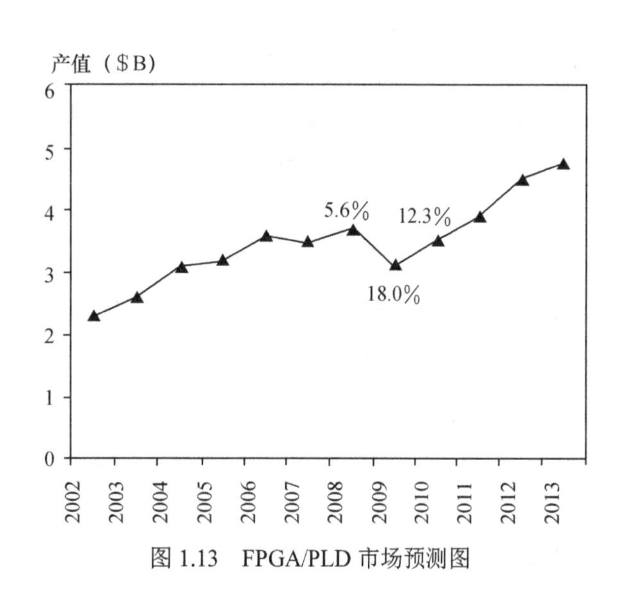


图 1.13　FPGA/PLD 市场预测图

### 2. 大力研究和发展智能控制系统

经典的反馈控制、现代控制和大系统理论在应用中遇到不少难题。首先，这些控制系统的设计和分析都是建立在精确的系统数学模型的基础上的，而实际系统一般无法获得精确的数学模型；其次，为了提高控制性能，整个控制系统变得极其复杂，增加了设备的投资，降低了系统的可靠性。人工智能的出现和发展，促进了自动控制向更高的层次，即智能控制发展。智能控制是一种无须干预就能够自主地驱动智能机器实现控制目标的过程，也是用机器模拟人类智能的又一重要领域。

（1）分级递阶智能控制系统

分级递阶智能控制系统是在研究学习控制系统的基础上，从工程控制论的角度，总结人工智能与自适应、自学习和自组织控制的关系之后而逐渐形成的。

由 Saridis 提出的分级递阶智能控制方法，作为一种认知和控制系统的统一方法论，其控制智能是根据分级管理系统中十分重要的“精度随智能提高而降低”的原理而分级分配的。这种分级递阶智能控制系统是由组织级、协调级、执行级 3 级组成的。

（2）模糊控制系统

模糊控制是一种应用模糊集合理论的控制方法。一方面模糊控制提供一种实现基于知识（规则）的，甚至语言描述的控制规律的新机理；另一方面，模糊控制提供了一种改进非线性控制器的替代方法，这种非线性控制器一般用于控制含有不确定性和难以用传统非线性控制理论处理的装置。

模糊控制具有多种控制方案，包括 PID 模糊控制器、自组织模糊控制器、自校正模糊控制器、自学习模糊控制器、专家模糊控制器及神经模糊控制器等。

关于模糊控制系统的详细情况将在第 9 章中讲述。

（3）专家控制系统

专家控制系统所研究的问题一般都具有不确定性，是以模仿人类智能为基础的。工程控制论与专家系统的结合，形成了专家控制系统。专家控制系统和模糊控制系统至少有一点是相同的，即两者都要建立人类经验和人类决策行为的模型。此外，两者都有知识库和推理机，而且其中大部分至今仍为基于规则的系统。因此，模糊逻辑控制器通常又称为模糊专家控制器。

（4）学习控制系统

学习是人类的主要智能之一。用机器来代替人类从事体力和脑力劳动，就是用机器代替人的思维。学习控制系统是一个能在其运行过程中逐步获得被控对象及环境的非预知信息，积累控制经验，并在一定的评价标准下进行估值、分类、决策和不断改善系统品质的自动控制系统。

随着多媒体计算机和人工智能计算机的发展，采用自动控制理论和智能控制技术来实现先进的计算机控制系统，必将大大推动科学技术的进步和提高工业自动化系统的水平。

### 3. 嵌入式系统的应用将更加深入

随着电子技术的发展，嵌入式微控制器（即单片机）的功能将更加完善，应用也更加普及。它们将在智能化仪器、家电产品和工业过程控制等方面得到更广泛的应用。总之，嵌入式系统的应用将深入到人们的工作与生活的各个领域。由单片机组成的嵌入式系统将是智能化仪器和中、小型控制系统中应用最多的一种模式。

# 习　题　一

## 一、复习题

1. 微型计算机控制系统的硬件由哪几部分组成？各部分的作用是什么？
2. 微型计算机控制系统的软件有什么作用？请说出各部分软件的作用。

3．常用工业控制机有几种？它们各有什么用途？

4．操作指导、DDC 和 SCC 系统工作原理如何？它们之间有何区别和联系？

5．说明嵌入式系统与一般微型计算机扩展系统的区别。

6．PLC 控制系统有什么特点？

7．微型计算机控制系统与模拟控制系统相比有什么特点？

8．什么叫现场总线系统？它有什么特点？

9．未来控制系统发展趋势是什么？

10．为什么说嵌入式微控制器是智能化仪器和中、小型控制系统中应用最多的一种微型计算机？

11．什么叫嵌入式系统？嵌入式系统与一般的工业控制系统有什么区别？

12．什么是物联网？为什么说“物联网给微型计算机控制技术”带来新的、更大的应用空间？

13．物联网终端由几部分组成？各部分的作用是什么？

14．FPGA 是什么意思？它有什么特点？在微机控制系统和智能化仪器中有着怎样的影响？

## 二、选择题

15．下面关于微型计算机控制技术的叙述，正确的是（　　）。

A．微型计算机控制技术只能用于单片机系统

B．任何控制系统都可以运用微型计算机控制技术

C．微型计算机控制技术不能用于自动化仪表

D．微型计算机控制技术可用于计算机控制系统及自动化仪表

16．计算机监督系统（SCC）中，SCC 计算机的作用是（　　）。

A．接收测量值和管理命令并提供给 DDC 计算机

B．按照一定的数学模型计算给定值并提供给 DDC 计算机

C．当 DDC 计算机出现故障时，SCC 计算机也无法工作

D．SCC 计算机与控制无关

17．关于现场总线控制系统，下面的说法中，不正确的是（　　）。

A．省去了 DCS 中的控制站和现场仪表环节

B．采用纯数字化信息传输

C．只有同一家的 FCS 产品才能组成系统

D．FCS 强调“互联”和“互操作性”

18．闭环控制系统是指（　　）。

A．系统中各生产环节首尾相接形成一个环

B．输出量经反馈环节回到输入端，对控制产生影响

C．系统的输出量供显示和打印

D．控制量只与控制算法和给定值相关

19．下列缩写表示现场可编程逻辑阵列的是（　　）。

A．PLC　　B．PLD　　C．GAL　　D．FPGA

# 第2章　模拟量输入/输出通道的接口技术

**本章要点：**

- 多路开关及采样-保持器
- 模拟量输入通道接口技术
- 模拟量输出通道接口技术

在工业生产过程中，被测参数，如温度、流量、压力、液位和速度等都是连续变化的量，称为模拟量。而微型计算机处理的数据只能是数字量，所以数据在进入微型计算机之前，必须把模拟量转换成数字量（也即A/D转换）。由于大多数执行机构都只能接收模拟量，为了控制执行机构，经微型计算机处理后的数据还必须再转换成模拟量（即D/A转换）。可见，A/D和D/A转换是微型计算机接收、处理、控制模拟量参数过程中不可缺少的环节。

另一方面，由于微型计算机的速度很快，而模拟量的变化速度一般比较慢，因此往往用一台计算机采样或控制多个参数。这样，参数需被分时地进行采样和控制。

在这一章里，主要介绍多路开关、采样-保持器、D/A和A/D转换器及其应用。

## 2.1　多路开关及采样-保持器

在微型计算机测量及控制系统中，往往需要对多路或多种参数进行采集和控制。由于微型计算机的工作速度很快，而被测参数的变化比较慢，所以，一台微型机可供十几到几十个回路使用。但是，微型计算机在某一时刻只能接收一个通道的信号，因此，必须通过多路模拟开关进行切换，使各路参数分时进入微型计算机。此外，在模拟量输出通道中，为了实现多回路控制，需要通过多路开关将控制量分配到各条支路上。

另一方面，模拟量参数经放大、滤波等一系列处理后，尚需转变成数字量，才能进入计算机系统。由于A/D转换过程需要一定的时间，为了保证A/D转换的精度，必须在A/D转换进行时保持待转换值不变，而在A/D转换结束后又能跟踪输入信号的变化。同时，在模拟量输出通道中，为使各输出通道得到一个平滑的模拟量输出，也必须保持有一个恒定的值。能够完成上述两项任务的器件叫做采样-保持器。这一节里，主要介绍多路开关及采样-保持器。

### 2.1.1　多路开关

多路开关的主要用途是把多个模拟量参数分时地接通，常用于多路参数共用一台A/D转换器的系统中，即完成多到一的转换；或者把经计算机处理，且由D/A转换器转换成的模拟信号按一定的顺序输出到不同的控制回路（或外部设备）中，即完成一到多的转换。前者称为多路开关，后者叫做多路分配器，或叫做反多路开关。这类器件中有的只能做一种用途，称为单向多路开关，如AD7501（8路）、AD7506（16路）；有些则既能做多路开关，又能当多路分配器，称为双向多路开关，如CD4051。从输入信号的连接方式来分，有的是单端输入，有的则允许双端输入（或差动输入）。如 CD4051 是单端 8 通道多路开关；CD4052 是双 4 通道模拟多路开关；CD4053 则是典型的三重二通道多路开关。还有的能实现多路输入/多路输出的矩阵功能，如 8816 等。

表 2.1 列出了几家公司产品中常用的多路开关芯片。

**表 2.1 常用多路开关芯片**

| 公司 | 型号 | 路数 | 种类 |
|---|---|---|---|
| CD 公司 | CD4051 | 8 通道 | 双向 |
| | CD4052 | 双 4 通道 | 双向 |
| | CD4053 | 三重 2 通道 | 双向 |
| | CD4067 | 16 通道 | 双向 |
| | CD4097 | 双 8 通道 | 双向 |
| AD 公司 | AD7501 | 8 通道 | 单向 |
| | AD7502 | 双 4 通道 | 单向 |
| | AD7503 | 8 通道 | 单向 |
| | AD7506 | 16 通道 | 单向 |
| | AD7507 | 双 8 通道 | 单向 |
| MAX 公司 | MAX308 | 8 通道 | 双向 |
| | MAX309 | 双 4 通道 | 双向 |
| | MAX306 | 16 通道 | 双向 |
| | MAX307 | 双 8 通道 | 双向 |

半导体多路开关的特点如下。

（1）采用标准的双列直插式结构，尺寸小，便于安排。

（2）直接与 TTL（或 CMOS）电平相兼容。

（3）内部带有通道选择译码器，使用方便。

（4）可采用正或负双极性输入。

（5）转换速度快，通常其导通或关断时间在 1μs 左右，有的已达到几十到几百纳秒（ns）。

（6）寿命长，无机械磨损。

（7）接通电阻低，一般小于 100Ω，有的可达几欧姆（Ω）。

（8）断开电阻高，通常达 $10^9\Omega$以上。

正因为半导体集成电路多路开关具有明显的优点，所以，近几年来它在计算机控制和数据采集系统中得到了广泛的应用。

### 1. CD4051

CD4051 是单端 8 通道多路开关，它有 3 个通道选择输入端 C、B、A 和一个禁止输入端 INH。C、B、A 用来选择通道号，INH 用来控制 CD4051 是否有效。INH=“1”，即 INH=$V_{DD}$时，所有通道均断开，禁止模拟量输入；当 INH=“0”，即 INH=$V_{SS}$时，通道接通，允许模拟量输入。输入数字信号的范围是 $V_{DD}$～$V_{SS}$（3～15V），输入模拟信号的范围是 $V_{DD}$～$V_{EE}$（−15～+15V）。所以，用户可以根据自己的输入信号范围和数字控制信号的逻辑电平来选择 $V_{DD}$、$V_{SS}$、$V_{EE}$ 的电压值。例如，如果 $V_{DD}$=5V，$V_{SS}$=0V，$V_{EE}$=−5V，此时数字信号为 0～5V，模拟信号的范围为−5～+5V。

CD4051 的原理电路图，如图 2.1 所示。

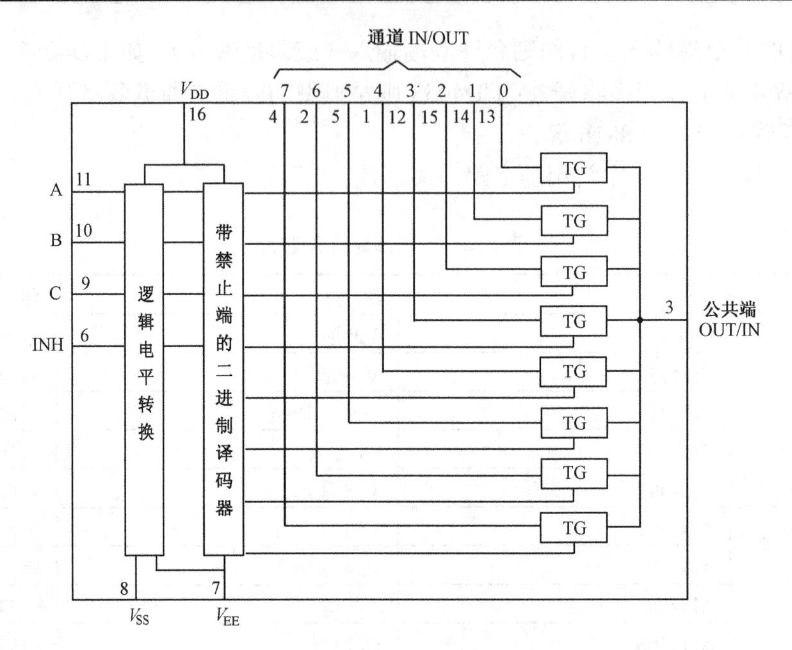


图 2.1 CD4051 原理电路图

如图 2.1 所示，逻辑电平转换单元完成 TTL 到 CMOS 的转换。因此，这种多路开关输入电平范围大，数字控制信号的逻辑 1 为 3～15V，模拟量峰-峰值可达 15V。二进制 3-8 译码器用来对选择输入端 C、B、A 的状态进行译码，以控制开关电路 TG，使某一路接通，从而将输入和输出通道接通。

如果把输入信号与引脚 3 连接，改变 C、B、A 3 个控制信号的值，则可使其与 8 个输出端的任何一路相通，完成一到多的分配。此时称为多路分配器。

CD4051 的真值表，如表 2.2 所示。

表 2.2 CD4051 真值表

| 输 入 状 态 | | | | 接 通 通 道 |
|---|---|---|---|---|
| INH | C | B | A | CD4051 |
| 0 | 0 | 0 | 0 | 0 |
| 0 | 0 | 0 | 1 | 1 |
| 0 | 0 | 1 | 0 | 2 |
| 0 | 0 | 1 | 1 | 3 |
| 0 | 1 | 0 | 0 | 4 |
| 0 | 1 | 0 | 1 | 5 |
| 0 | 1 | 1 | 0 | 6 |
| 0 | 1 | 1 | 1 | 7 |

2. CD4067B/CD4097B

CD4067B 是 16 通道双向多路模拟开关，CD4097B 为双向双 8 通道多路模拟开关。与 CD4051 一样，它们也具有两种电源输入端：$V_{DD}$ 和 $V_{SS}$，可以在–0.5～+18V 之间进行选择。所有输入信号范围是 $V_{SS} \leqslant V_i \leqslant V_{DD}$。CD4067B、CD4097B 的原理及引脚图，分别如图 2.2 和图 2.3 所示。

图 2.2 中 $IN/OUT_0$～$IN/OUT_{15}$ 为 16 个输入/输出端端口，公共端 OUT/IN 为公用输出/输入端。D、C、B、A 为选择输入端；INH 为禁止输入控制端，其作用和电平与 CD4051 的 INH 端相同。CD4067B 的真值表如表 2.3 所示。

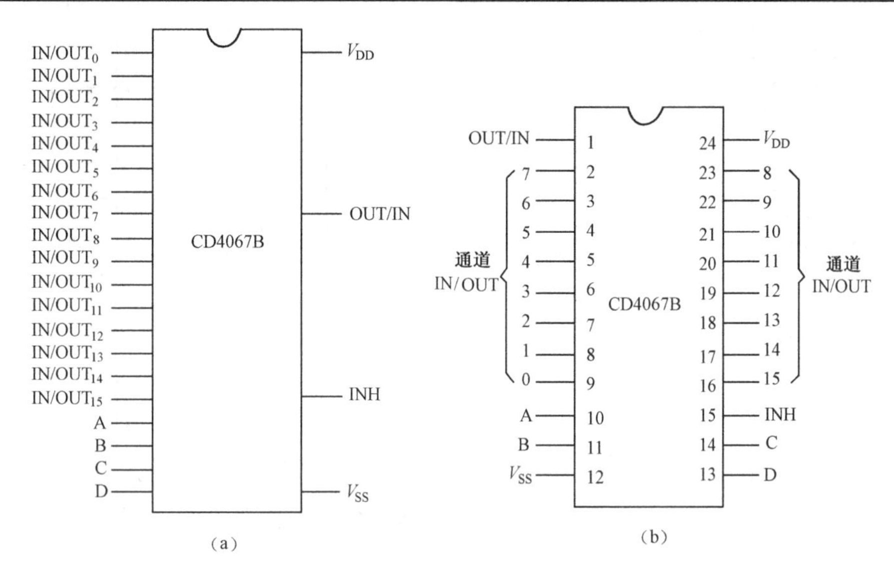


图 2.2　CD4067B 的原理及引脚图

**表 2.3　CD4067B 真值表**

| 输　入　状　态 | | | | | 接 通 通 道 |
|---|---|---|---|---|---|
| INH | D | C | B | A | CD4067B |
| 0 | 0 | 0 | 0 | 0 | 0 |
| 0 | 0 | 0 | 0 | 1 | 1 |
| 0 | 0 | 0 | 1 | 0 | 2 |
| 0 | 0 | 0 | 1 | 1 | 3 |
| 0 | 0 | 1 | 0 | 0 | 4 |
| 0 | 0 | 1 | 0 | 1 | 5 |
| 0 | 0 | 1 | 1 | 0 | 6 |
| 0 | 0 | 1 | 1 | 1 | 7 |
| 0 | 1 | 0 | 0 | 0 | 8 |
| 0 | 1 | 0 | 0 | 1 | 9 |
| 0 | 1 | 0 | 1 | 0 | 10 |
| 0 | 1 | 0 | 1 | 1 | 11 |
| 0 | 1 | 1 | 0 | 0 | 12 |
| 0 | 1 | 1 | 0 | 1 | 13 |
| 0 | 1 | 1 | 1 | 0 | 14 |
| 0 | 1 | 1 | 1 | 1 | 15 |

图 2.3 所示的双通道多路开关的原理是每当接到选通信号时，X、Y 两组通道同步切换，且受同一组选择控制信号 C、B、A 的控制。它主要用于两组通道信号的同步输入输出，如差动放大器的输入等。

### 3. 多路开关的扩展

在实际应用中，往往由于被测参数多，使用一个多路开关不能满足通道数的要求。为此，可以对多路开关进行扩展。例如，用两个 8 通道多路开关构成 16 通道多路开关，用两个 16 通道开关构成 32 通道多路开关等。如果还不够用，也可以用增加译码器的方法，组成通道更多的多路开关。下面举例说明两个多路开关的扩展方法。

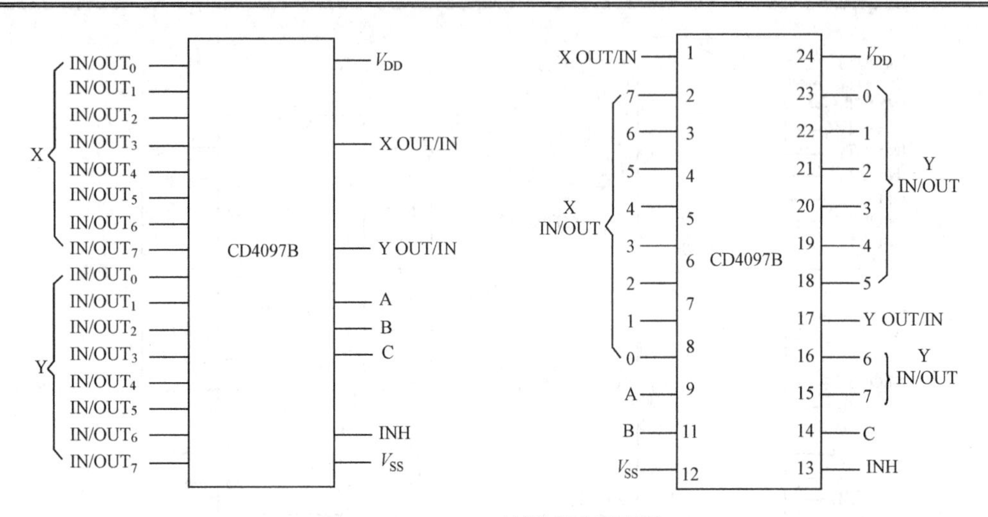


图 2.3　CD4097B 的原理及引脚图

由于两个多路开关只有两种状态，1# 多路开关工作，2# 必须停止，或者相反。所以，只用一根地址总线即可作为两个多路开关的允许控制端的选择信号，而两个多路开关的通道选择输入端共用一组地址（或数据）总线进行选通。图 2.4 所示为由两片 CD4051 构成的 16 通道多路开关的连接图。

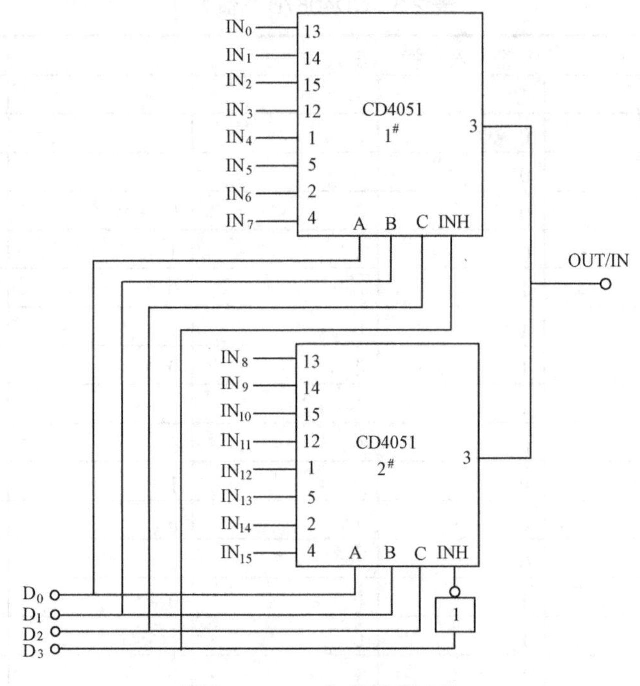


图 2.4　CD4051 的扩展电路

如图 2.4 所示，改变数据总线 $D_2$～$D_0$（也可以用地址总线 $A_2$～$A_0$）的状态，即可分别选择 $IN_7$～$IN_0$ 的 8 个通道之一。$D_3$ 用来控制两个多路开关的 INH 输入端的电平。当 $D_3$=0 时，使 1#CD4051 被选中。在这种情况下，无论 C、B、A 端的状态如何，都只能选通 $IN_0$～$IN_7$ 中的一个。当 $D_3$=1 时，经反相器变为低电平，2#CD4051 被选中，此时，根据 $D_2$、$D_1$、$D_0$ 3 条线上的状态，可使 $IN_8$～$IN_{15}$ 之中的相应通道接通。其真值表，如表 2.4 所示。

表 2.4　控制通道真值表

| 输入状态 | | | | 选中通道号 |
|---|---|---|---|---|
| $D_3$ | $D_2$ | $D_1$ | $D_0$ | |
| 0 | 0 | 0 | 0 | $IN_0$ |

（续表）

| 输 入 状 态 | | | | 选中通道号 |
|---|---|---|---|---|
| $D_3$ | $D_2$ | $D_1$ | $D_0$ | |
| 0 | 0 | 0 | 1 | $IN_1$ |
| 0 | 0 | 1 | 0 | $IN_2$ |
| 0 | 0 | 1 | 1 | $IN_3$ |
| 0 | 1 | 0 | 0 | $IN_4$ |
| 0 | 1 | 0 | 1 | $IN_5$ |
| 0 | 1 | 1 | 0 | $IN_6$ |
| 0 | 1 | 1 | 1 | $IN_7$ |
| 1 | 0 | 0 | 0 | $IN_8$ |
| 1 | 0 | 0 | 1 | $IN_9$ |
| 1 | 0 | 1 | 0 | $IN_{10}$ |
| 1 | 0 | 1 | 1 | $IN_{11}$ |
| 1 | 1 | 0 | 0 | $IN_{12}$ |
| 1 | 1 | 0 | 1 | $IN_{13}$ |
| 1 | 1 | 1 | 0 | $IN_{14}$ |
| 1 | 1 | 1 | 1 | $IN_{15}$ |

若需要通道数很多，两个多路开关扩展仍不能达到系统要求，此时，可通过译码器控制 CD4051 的控制端 INH，把 4 个 CD4051 芯片组合起来，构成 32 个通道或 16 路差动输入系统。

## 2.1.2　采样-保持器

如果直接将模拟量送入 A/D 转换器进行转换，则应考虑到任何一种 A/D 转换器都需要用一定的时间来完成量化及编码的操作。在转换过程中，如果模拟量产生变化，将直接影响转换精度。特别是在同步系统中，几个并联的参量需取自同一瞬时，而各参数的 A/D 转换又共享一个芯片，所得到的几个量就不是同一时刻的值，无法进行计算和比较。所以要求输入到 A/D 转换器的模拟量在整个转换过程中保持不变，但转换之后，又要求 A/D 转换器的输入信号能够跟随模拟量变化。能够完成上述任务的器件叫做采样-保持器（Sample/Hold），简写为 S/H。

S/H 有两种工作方式，一种是采样方式，另一种是保持方式。在采样方式中，采样-保持器的输出跟随模拟量输入电压变化。在保持状态时，采样-保持器的输出将保持在命令发出时刻的模拟量输入值，直到保持命令撤销（即再度接到采样命令）时为止。此时，采样-保持器的输出重新跟踪输入信号变化，直到下一个保持命令到来时为止。描述上述采样-保持过程的示意曲线图，如图 2.5 所示。

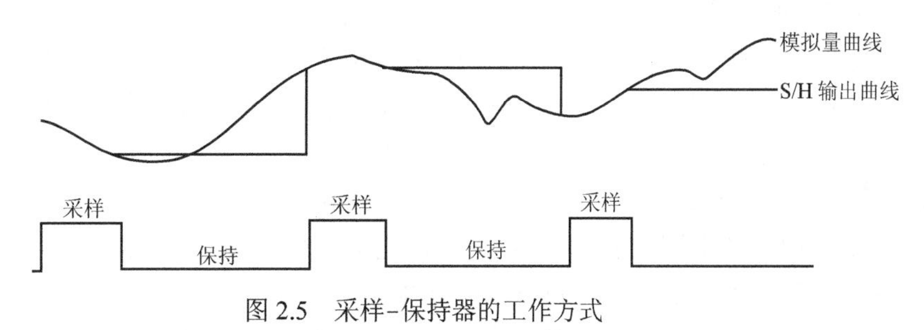


图 2.5　采样-保持器的工作方式

采样-保持器的主要用途如下。

（1）保持采样信号不变，以供完成 A/D 转换。

（2）同时采样几个模拟量，以便进行数据处理和测量。

（3）减少 D/A 转换器的输出毛刺，从而消除输出电压的峰值及缩短稳定输出值的建立时间。

（4）把一个 D/A 转换器的输出分配到几个输出点，实现多路稳定控制。

最常用的采样-保持器有美国 AD 公司的 AD582、AD585、AD346、AD389、ADSHC-85，以及美国国家半导体公司的 LF198/298/398 等。下面以 LF198/298/398 为例，介绍集成电路 S/H 的工作原理，其他 S/H 的原理与其大致相同。

LF198/298/398 是由双极性绝缘栅场效应管组成的采样-保持电路。它具有采样速度快，保持下降速度慢，以及精度高等特点。作为单一的放大器时，其电流增益精度为 0.002%；采样时间小于 6μs 时，精度可达 0.01%；采用双极型输入状态，可获得低偏差电压和宽频带。使用一个单独的端子实现输入偏置电压的调整，允许带宽 1MHz，输入电阻为 $10^{10}\Omega$。当保持电容为 1μF 时，其下降速度为 5mV/min。结型场效应管比 MOS 电路抗干扰能力强，而且不受温度影响。总的设计保证是，即使在输入信号等于电源电压时，也可以将输入馈送到输出端。LF198 的逻辑输入的两个控制端全部为具有低输入电流的差动输入，允许直接与 TTL、PMOS、CMOS 电平相连。其门限值为 1.4V。LF198 供电电源可以从±5V 到±18V。

LF198/298/398 的原理及引脚图，如图 2.6 所示。

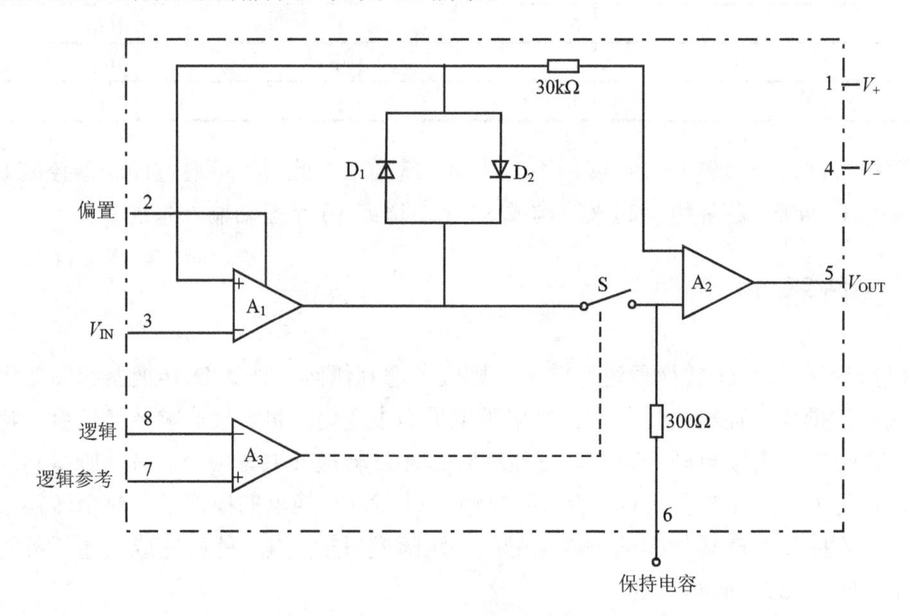


图 2.6　LF198/298/398 原理框图

LF198/298/398 芯片各引脚功能如下。

（1）$V_{IN}$：模拟量电压输入。

（2）$V_{OUT}$：模拟量电压输出。

（3）逻辑（Logic）和逻辑参考（Logic reference）：逻辑及逻辑参考电平，用来控制采样-保持器的工作方式。当引脚 8 为高电平时，通过控制逻辑电路 A3 使开关 S 闭合，电路工作在采样状态；反之，当引脚 8 为低电平时，则开关 S 断开，电路进入保持状态。它可以接成差动形式（对 LF 198 而言），也可以将参考电平直接接地，然后，在引脚 8 端用一个逻辑电平控制。

（4）偏置（OFFSET）：偏差调整引脚。可用外接电阻调整采样-保持器的偏差。

（5）CH：保持电容引脚。用来连接外部保持电容。

（6）$V_+$，$V_-$：采样-保持电路电源引脚。电源变化范围为±5V 到±10V。

## 2.2　模拟量输出通道的接口技术

模拟量输出通道主要完成数字量（Digital）到模拟量（Analog）的转换，简称 D/A 转换。D/A 转换器的输出多数为电流形式，如 DAC0832、AD7522 等。有些芯片内部设有放大器，直接输出电压信号，如 AD558、AD7224 等。电压输出型又有单极性输出和双极性输出两种形式。按输入数字量位数来分，D/A 转换器有 8 位、10 位、12 位和 16 位等。为适应各种场合的需要，现在又生产出各种用途的 D/A 转换器，如双 D/A（AD7528）、4 通道 D/A（AD7226）转换器及串行 D/A 转换器（DAC80）等。有的甚至可以直接接收 BCD 码（如 AD7525）。为了与自动控制系统中广泛使用的电动单元组合仪表配合，还生产出能直接输出 4～20mA 标准电流的 D/A 转换器（如 AD1420/1422），使 D/A 转换器的应用范围越来越广。

尽管 D/A 转换器的品种繁多，性能各异，但就其转换原理来讲基本上是相同的。现在应用最多的是 R-2R T 型解码网络，限于本书篇幅，这里不讲述它的工作原理，读者可参考参考文献[1]。

### 2.2.1　8 位 D/A 转换器及其接口技术

D/A 转换是微型计算机测控系统中典型的接口技术。现阶段 D/A 转换接口的设计，主要根据系统的要求，选择适用的 D/A 集成芯片，配置外围电路及器件，实现数字量到模拟量的转换。为此，这里介绍几种常用的 D/A 转换芯片。

#### 1. 普通型 D/A 转换器 DAC0832

DAC0832 是美国数据公司的 8 位 D/A 转换器，与微处理器完全兼容。器件采用先进的 CMOS 工艺，因此功耗低，输出漏电流误差较小，而其间的特殊的电路结构可与 TTL 逻辑输入电平兼容。

（1）DAC0832 的结构及原理

DAC0832 数/模转换器的内部，具有两级输入数据缓冲器和一个 R-2R T 型电阻网络，其原理框图，如图 2.7 所示。

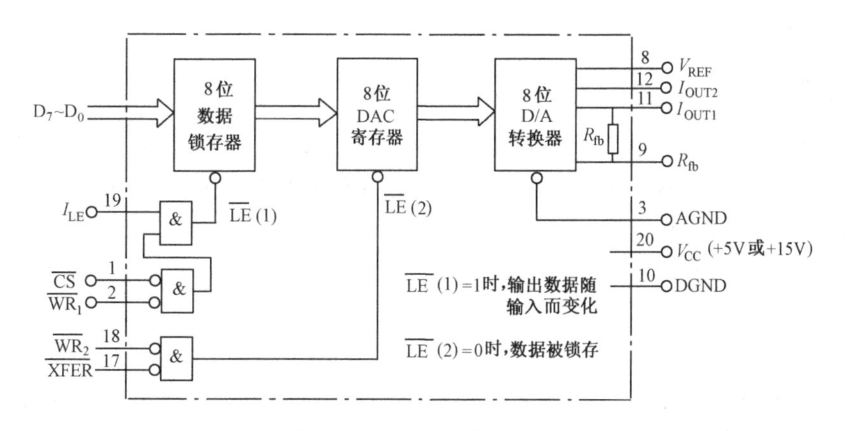


图 2.7　DAC0832 原理框图

如图 2.7 所示，$\overline{LE}$ 为寄存器命令。当 $\overline{LE}$=1 时，寄存器的输出随输入而变化；$\overline{LE}$=0 时，数据被锁存在寄存器中，不受输入量变化所影响。

由此可见，当 $I_{LE}$=1，$\overline{CS}=\overline{WR_1}$=0 时，$\overline{LE}$(1)=1，允许数据输入；当 $\overline{WR_1}$=1 时，$\overline{LE}$(1)=0，数据将被锁存。能否进行 D/A 转换，除了取决于 $\overline{LE}$(1)外，还依赖于 $\overline{LE}$(2)。由图 2.7 可知，当 $\overline{WR_2}$ 和 $\overline{XFER}$ 均为低电平时，$\overline{LE}$(2)=1，此时，允许 D/A 转换。否则，$\overline{LE}$(2)=0，停止 D/A 转换。

在使用时，可以通过对控制管脚的不同设置而决定是采用双缓冲方式（控制 $\overline{LE}$(1)和 $\overline{LE}$(2)），还是用单缓冲方式（只控制 $\overline{LE}$ (1)或 $\overline{LE}$ (2)，另一级始终直通），或者接成完全直通的形式（$\overline{LE}$ (1)= $\overline{LE}$ (2)=0），可由用户根据需要进行选择。

（2）DAC0832 的引脚功能

DAC0832 各引脚作用如下所述。

- $\overline{CS}$：片选信号（低电平有效）。
- $I_{LE}$：输入锁存允许信号（高电平有效）。
- $\overline{WR_1}$：输入锁存器写选通信号（低电平有效）。当 $\overline{WR_1}$ 为低电平时，将输入数据传送到输入锁存器；当 $\overline{WR_1}$ 为高电平时，输入锁存器中的数据被锁存；只有当 $I_{LE}$ 为高电平，且 $\overline{CS}$ 和 $\overline{WR_1}$ 同时为低电平时，方能将锁存器中的数据进行更新。以上 3 个控制信号联合构成第一级输入锁存控制。
- $\overline{WR_2}$：DAC 寄存器写选通信号（低电平有效）。该信号与 $\overline{XFER}$ 信号配合，可使锁存器中的数据传送到 DAC 寄存器中进行转换。
- $\overline{XFER}$：数据传送控制信号（低电平有效）。该信号与 $\overline{WR_2}$ 信号联合使用，构成第二级输入锁存控制。
- $D_7$～$D_0$：数字量输入线。$D_7$ 是最高位（MSB），$D_0$ 是最低位（LSB）。
- $I_{OUT1}$：DAC 电流输出 1。当输入的数字量为全 1 时，$I_{OUT1}$ 为最大值；输入为全 0 时，$I_{OUT1}$ 为最小值（近似为 0）。
- $I_{OUT2}$：DAC 电流输出 2。在数值上，$I_{OUT2}$=常数-$I_{OUT1}$。换言之，$I_{OUT1}+I_{OUT2}$=常数。采用单极性输出时，$I_{OUT2}$ 常常接地。
- $R_{fb}$：反馈信号输入线。为外部运算放大器提供一个反馈电压。$R_{fb}$ 可由芯片内部提供，也可以采用外接电阻的方式。
- $V_{REF}$：参考电压输入线。要求外接一精密电源。当 $V_{REF}$ 为±10V（或±5V）时，可获得满量程四象限的可乘操作。
- $V_{CC}$：数字电路供电电压，一般为 5～15V。
- AGND——模拟地，DGND——数字地：这是两种不同性质的地，应单独连接。但在一般情况下，这两种地最后总有一点接在一起，以提高抗干扰的能力。

### 2. D/A 转换器的输出方式

D/A 转换器的输出有电流和电压两种方式。其中电压输出型又有单极性电压输出和双极性电压输出之别。这里所说的电流输出型不是指 D/A 转换器芯片的电流输出型（因为这种形式的输出不能直接带动负载），而是指接上负载后 D/A 的输出方式。

D/A 转换器的输出方式只与模拟量输出端的连接方式有关，与其位数无关。这里，仅以 8 位 D/A 为例进行讨论。

（1）单极性电压输出

一般而言，电压输出型 D/A 转换器，即是单极性电压输出方式。在电流输出型 D/A 转换器中，一般要求 $I_{OUT2}$ 端接地。对于电流输出型 D/A 转换芯片，只要在其电流输出端上加上一级电压放大器，即可转换成电压输出。典型的 DAC0832 的单极性电压输出电路图，如图 2.8 所示。

图 2.8 中，DAC0832 的电流输出端 $I_{OUT1}$ 接至运算放大器的反相输入端，故输出电压 $V_{OUT}$ 与参考电压 $V_{REF}$ 极性反相。当 $V_{REF}$ 接±5V（或±10V）时，D/A 转换器输出电压范围为–5V /+5V（或–10V/+10V）。

单极性输出信号转换代码应用最多的是二进制码，其转换关系是：全零代码对应 0V 电压输出；全 1 代码对应满刻度电压减去一个最小代码对应的电压值，这包含了转换器有限字长所引起的误差。转换代码也有使用补码二进制数和 BCD 码的。

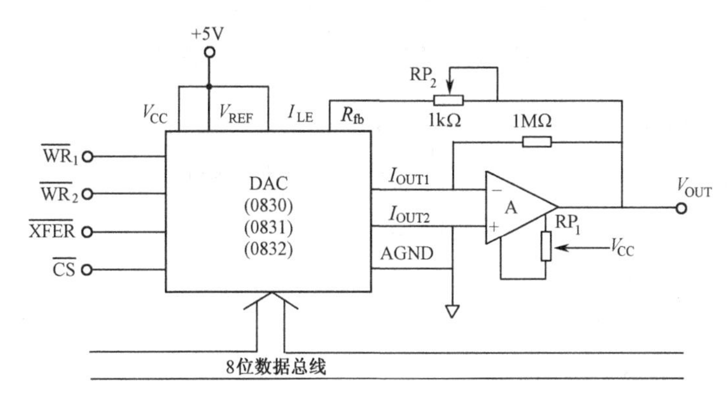


图 2.8　DAC0832 单极性电压输出电路

8 位单极性电压输出采用二进制代码时，数字量与模拟量间的关系，如表 2.5 所示。

**表 2.5　单极性电压输出时数字量与模拟量之间的关系**

| 数 字 量<br>MSB　　　　　　LSB | 模 拟 量 |
|---|---|
| 1 1 1 1 1 1 1 1 | $\pm V_{REF}\left(\frac{255}{256}\right)$ |
| 1 0 0 0 0 0 0 1 | $\pm V_{REF}\left(\frac{129}{256}\right)$ |
| 1 0 0 0 0 0 0 0 | $\pm V_{REF}\left(\frac{128}{256}\right)$ |
| 1 0 0 0 0 0 1 1 | $\pm V_{REF}\left(\frac{131}{256}\right)$ |
| 0 0 0 0 0 0 0 0 | $\pm V_{REF}\left(\frac{0}{256}\right)$ |

（2）双极性电压输出

在随动系统中（例如，电机控制系统），由偏差产生的控制量不仅与其大小有关，而且与极性相关。在这种情况下，要求 D/A 转换器输出电压为双极性。双极性电压输出的 D/A 转换电路通常采用偏移二进制码、补码二进制码和符号-数值编码。只要在单极性电压输出的基础上再加一级电压放大器，并配以相关的电阻网络，就可以构成双极性电压输出。这种接法在效果上，相当于把数字量的最高位视做符号位。双极性电压输出电路图，如图 2.9 所示。

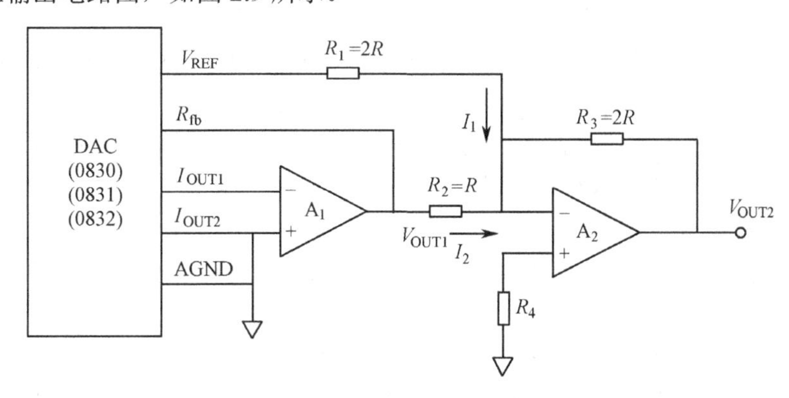


图 2.9　DAC0832 双极性电压输出电路

在图 2.9 中，运算放大器 $A_2$ 的作用是把运算放大器 $A_1$ 的单向输出电压转变为双向输出。其原理是将 $A_2$ 的输入端Σ通过电阻 $R_1$ 与参考电源 $V_{REF}$ 相连，$V_{REF}$ 经 $R_1$ 向 $A_2$ 提供偏流 $I_1$，其电流方向如图 2.9 所示。因此，运算放大器 $A_2$ 的输入电流为两支路电流 $I_1$，$I_2$ 之代数和。

由图 2.9 所示可求出 D/A 转换器的总输出电压：

$$V_{OUT2}=-R_3(I_2+I_1)=-\left(\frac{R_3}{R_2}V_{OUT1}+\frac{R_3}{R_1}V_{REF}\right)$$

代入 $R_1$，$R_2$，$R_3$ 的值，可得：

$$\begin{aligned}V_{OUT2}&=-\left(\frac{2R}{R}V_{OUT1}+\frac{2R}{2R}V_{REF}\right)\\&=-\left(2V_{OUT1}+V_{REF}\right)\end{aligned}\tag{2-1}$$

设 $V_{REF}=+5V$，则由式（2-1）可得出：

当 $V_{OUT1}=0V$ 时，$V_{OUT2}=-5V$；

$V_{OUT1}=-2.5V$ 时，$V_{OUT2}=0V$；

$V_{OUT1}=-5V$ 时，$V_{OUT2}=+5V$。

采用偏移二进制代码的双极性电压输出时，数字量与模拟量之间的关系，如表 2.6 所示。

**表 2.6　双极性输出时数字量与模拟量之间的关系**

| 输入数字量 | 输出模拟量 | |
|---|---|---|
| MSB　　　　　　LSB | $+V_{REF}$ | $-V_{REF}$ |
| 1 1 1 1 1 1 1 1 | $V_{REF}-1LSB$ | $-\lvert V_{REF}\rvert+1LSB$ |
| 1 1 0 0 0 0 0 0 | $\frac{V_{REF}}{2}$ | $-\frac{V_{REF}}{2}$ |
| 1 0 0 0 0 0 0 0 | 0 | 0 |
| 0 1 1 1 1 1 1 1 | −1LSB | +1LSB |
| 0 0 1 1 1 1 1 1 | $-\frac{V_{REF}}{2}-1LSB$ | $\frac{V_{REF}}{2}+1LSB$ |
| 0 0 0 0 0 0 0 0 | $-V_{REF}$ | $+V_{REF}$ |

### 3. 8 位 D/A 转换器与微型计算机的接口及程序设计

由于各种 D/A 转换器的结构不同，所以与微型计算机接口的方法也有差异。但在基本连接关系方面，仍然有共同之处：① 数字量输入，② 模拟量输出，③ 外部控制信号的连接。关于模拟量的输出形式前面已经讲述，下面介绍数字量输入与外部控制信号的连接方法。

（1）数字量输入端的连接

D/A 转换器数字量输入端与微型计算机的接口需要考虑两个问题，一个是位数，另一个是 D/A 转换器的内部结构。当 D/A 转换器内部没有输入锁存器时，必须在 CPU 与 D/A 转换器之间增设锁存器；若 D/A 转换器内部有输入锁存器，则可直接连接。

最常用的，也是最简单的连接要属 8 位 D/A 转换器与 MCS-51 系列单片机的接口。这时，只要将 P0 口的 8 位口线与 D/A 转换器的 8 位数字输入端一一对应相接即可。

（2）外部控制信号的连接

外部控制信号主要是片选信号、写信号及启动信号，以及电源和参考电平，可根据 D/A 转换器的具体要求进行选择。片选信号、写信号、启动信号是 D/A 转换器的主要控制信号，一般由 CPU 或译码器提供，连接方法则与 D/A 转换器的结构有关。一般来讲，片选信号主要由地址线或地址译码器提供。在单片机系统中，把 D/A 看成外部设备，与外部存储器统一编址，由 16 位地址线寻址，也可以用 I/O 口的某一位来控制。写信号多由单片机的 $\overline{WR}$ 信号提供。启动信号一般为片选及写信号的合成。对于一个 8 位 D/A 转换器，其控制方式可以是双缓冲，也可以是单缓冲。此时，D/A 转换器的工作情况不仅取决于上述信号，而且还与其内部各输入寄存器的地址状态有关。

值得一提的是，在 D/A 转换器的设计中，为简单起见，有时可把某些控制信号接成直通的形式（接地或接+5V）。

（3）D/A 转换器与单片机的接口及程序设计应用举例

由于在单片机系统中采用统一编址的方式，寻址时将 I/O 端口视为外部存储单元，所以，用访问外部存储器的指令“MOVX @DPTR, A”或者“MOV @$R_i$, A”（$i$=0,1）即可完成对 I/O 端口的访问。

下面举例说明 8 位 D/A 转换器与单片机的接口及其程序设计方法。

对于某些内部未设置锁存器的 D/A 转换器，可用增加 I/O 接口或锁存器的方法与单片机接口连接。目前，这种 D/A 转换器比较少，故本书不予讨论。绝大部分 D/A 转换器都含数据锁存器，因此，下面主要以这种 D/A 转换器为例进行讲述。

对于那些含锁存器的 D/A 转换器，可以用锁存器或 I/O 接口芯片与单片机连接，也可以直接连接。下面以 DAC0832 为例，讲述这种连接方法。其原理电路图，如图 2.10 所示。

由图 2.10 可知，DAC0832 为双缓冲 D/A 芯片，其数字输入信号 $D_7$～$D_0$ 直接与 8031 的 P0.7～P0 相连。为了得到双缓冲控制形式，用 P2.1 控制 $\overline{CS}$，用 P2.0 控制 $\overline{XFER}$，$\overline{WR}$ 信号同时控制 $\overline{WR1}$ 和 $\overline{WR2}$，输入锁存允许信号 $I_{LE}$ 接高电平。这样，当 P2.1 为 0，且执行“MOVX @DPTR, A”指令时，$\overline{CS}$ 和 $\overline{WR1}$ 两信号均为低电平，锁存允许信号 $I_{LE}$ 固定接高电平，此时打开第一级输入寄存器，把数据送入该寄存器。然后，使 P2.0=0，同样执行“MOVX @DPTR, A”指令，即可打开第二级 8 位 DAC 寄存器，进而完成 D/A 转换。在图示的连接方法中，D/A 转换器被视为 8031 的外部扩展部件。设其第一级地址为 FDFFH，第二级地址为 FEFFH，则完成如图 2.10 所示的 D/A 转换程序为：

```
START:  MOV     DPTR, #0FDFFH     ; 建立 D/A 转换器地址指针
        MOV     A, #nnH           ; 待转换的数字量送 A
        MOVX    @DPTR, A          ; 输出 D/A 转换数字量
        INC     DPH               ; 求第二级地址
        MOVX    @DPTR , A         ; 完成 D/A 转换
```

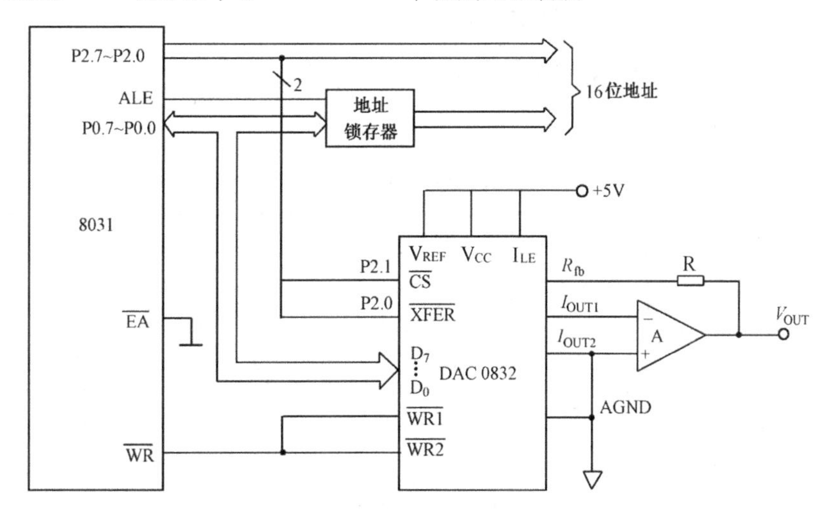


图 2.10　含锁存器的 D/A 转换器与单片机的连接

如图 2.10 所示，如果将 P2.0 接到 $\overline{CS}$ 和 $\overline{XFER}$ 两个控制端，P2.1 不用，即可实现单缓冲方式。在这种情况下，只要执行上述程序段中的前 3 条指令，便可同时打开两级数据寄存器，完成 D/A 转换。这种方法既简单又省时，在无特殊要求时，尽量采用单缓冲形式。只有在要求同时输入两个或两个以上数据的情况下，才需要采用两级缓冲的形式。

## 2.2.2　高于 8 位的 D/A 转换器及其接口技术

为了提高转换精度，可选用更多位数的 D/A 转换器，如 10 位、12 位、16 位。其转换原理与 8 位 D/A 转换器基本一样，不同的是在与数据线位数较少的微型计算机进行接口时，数据要分两次或三次输入。

### 1. 12位D/A转换器AD667

AD667是一个完整的12位D/A转换器，片内含两级数据输入锁存器，且具有建立时间短和精度高的特点。图2.11所示为AD667的原理结构。该芯片的总线逻辑由4个独立寻址的锁存器组成。它们分为两级，第一级包括3个4位寄存器，可以直接从4位、8位、12位、16位微型计算机总线获得数据。一旦全12位数据被装入第一级，便一起被置入第二级的12位D/A转换器。这种双缓冲结构避免了产生虚假的模拟量输出值。

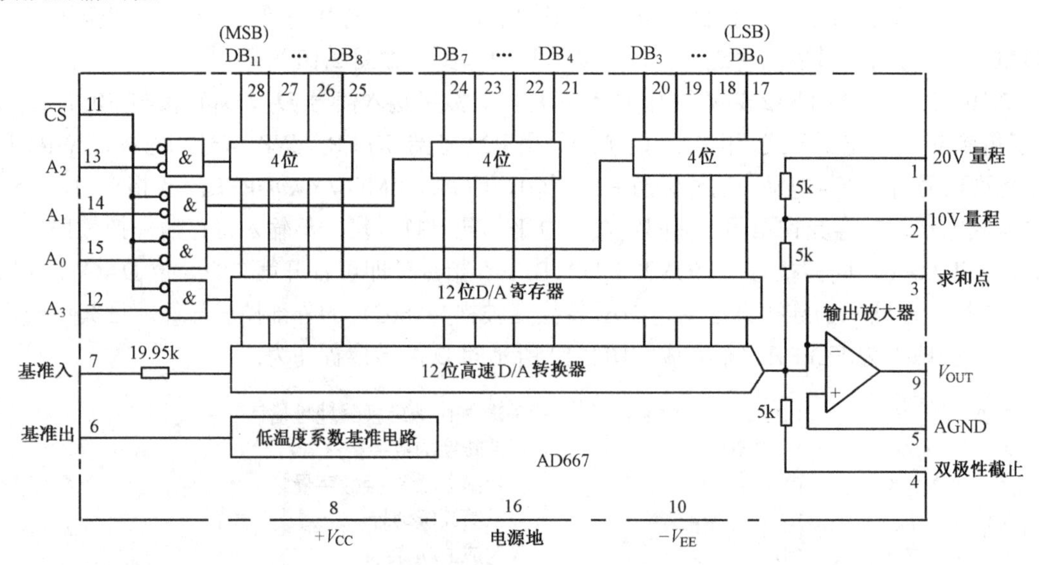


图2.11　AD667的原理结构图

如图2.11所示可知，内部锁存器分别由AD667的地址线$A_3$～$A_0$及片选信号$\overline{CS}$控制，所有控制信号均为低电平有效，见表2.7。

表2.7　AD667 真值表

| $\overline{CS}$ | $A_3$ | $A_2$ | $A_1$ | $A_0$ | 操　　作 |
|---|---|---|---|---|---|
| 1 | × | × | × | × | 无操作 |
| × | 1 | 1 | 1 | 1 | 无操作 |
| 0 | 1 | 1 | 1 | 0 | 选通第一级低四位寄存器 |
| 0 | 1 | 1 | 0 | 1 | 选通第一级中四位寄存器 |
| 0 | 1 | 0 | 1 | 1 | 选通第一级高四位寄存器 |
| 0 | 0 | 1 | 1 | 1 | 从第一级向第二级置数 |
| 0 | 0 | 0 | 0 | 0 | 所有锁存器均透明 |

AD667允许有两个以上的锁存器同时被选通，因此，它允许与4位、8位、12位和16位微型计算机接口。

### 2. 高于8位D/A转换器及其接口

下面以AD667为例介绍12位D/A转换器与8031的接口及程序设计的方法，设接口电路图如图2.12所示。

与DAC0832相似，AD667也由两级缓冲器组成。主要差别在于AD667的第一级由3个4位寄存器组成。如图2.12所示，待转换的数字量分低8位和高4位两步传入AD667。由P2口产生的高8位地址线控制D/A转换器的片选信号及输入寄存器的选通信号。由表2.7可知，在这种连接方式中，当P2.1=0，P2.0=1时，选通低8位；反之P2.1=1，P2.0=0时，选通高4位和第二级12位D/A寄存器。当然，上述

两种控制都必须在 $\overline{CS}$=0 的前提之下才生效。由此可得图 2.12 中各寄存器的地址为：

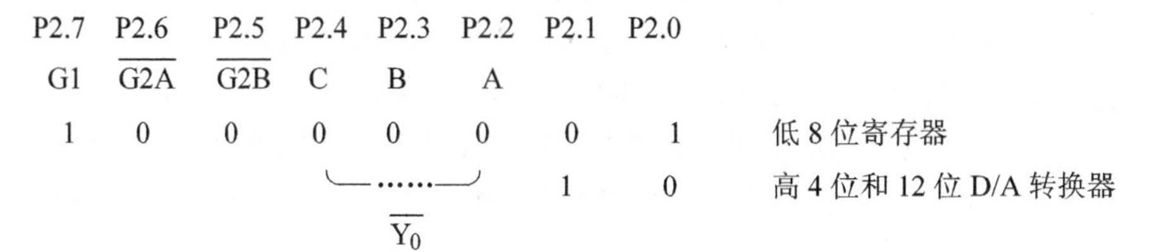


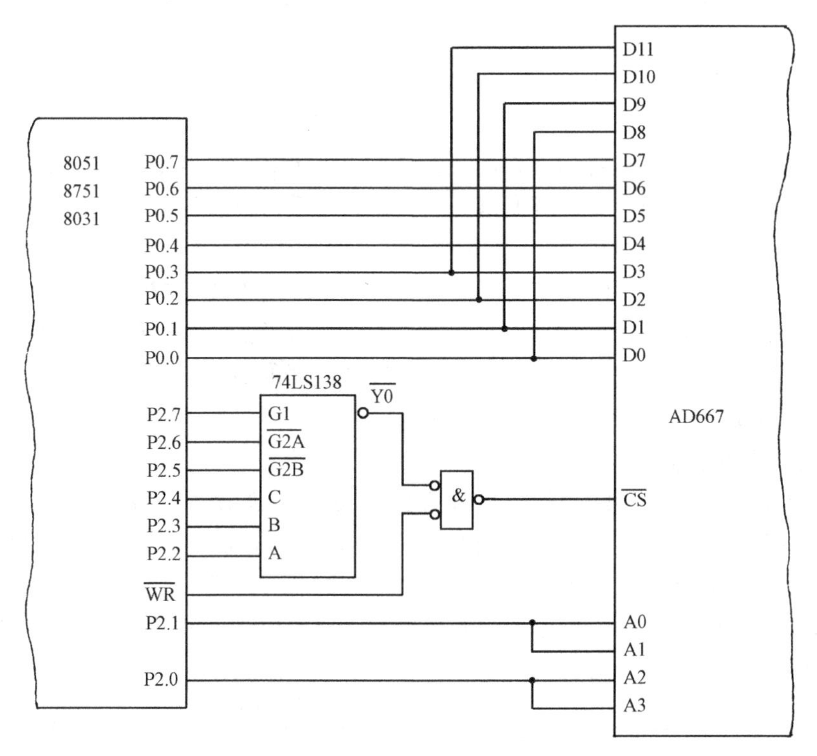


图 2.12　12 位 D/A 转换器 AD667 与 8031 的接口

由于低 8 位地址未用，故可任意设置，这里设其为 FFH。由此可知，D/A 转换器 AD667 的地址为 81FFH 和 82FFH。12 位 D/A 转换器程序设计的特点是要将数据分批传送，需将待传送的数据事先按照要求的格式排列好，并存放在以 DATA 为首地址的内部 RAM 中。如此，便可以写出如图 2.12 所示的应用的 12 位 D/A 转换程序：

```
MOV     R0,#DATA        ；建立数据存放地址指针
MOV     DPTR,#81FFH     ；建立 D/A 地址指针
MOV     A,@R0
MOVX    @DPTR,A         ；传送低 8 位数据
INC     DPH             ；修改 D/A 地址
INC     R0              ；指向高 4 位数据存放的 RAM 单元
MOV     A,@R0           ；取高 4 位数据
MOVX    @DPTR,A         ；传送高 4 位数据及进行 12 位 D/A 转换
```

## 2.3　模拟量输入通道的接口技术

在上一节中已经讲过，模拟量输入通道的任务是将模拟量转换成数字量。能够完成这一任务的器件，称为模-数转换器，简称 A/D 转换器。和 D/A 转换器一样，A/D 转换器也做成单片型双列直插式

封装芯片。

A/D 转换器的种类很多，就位数来分，有 8 位、10 位、12 位、16 位等。位数越高，其分辨率也越高，但价格也越贵。A/D 转换器就其结构而言，有单一的 A/D 转换器（如 ADC0801、AD673 等），有内含多路开关的 A/D 转换器（如 ADC0809、ADC0816 均带多路开关）。随着大规模集成电路的发展，又生产出多功能 A/D 转换芯片，AD363 就是它的一种典型芯片。其内部具有 16 路多路开关、数据放大器、采样-保持器及 12 位 A/D 转换器，其本身就已构成一个完整的数据采集系统。近年来，随着微型计算机的大量使用，出现了许多物美价廉的串行 A/D 转换器，如 MAX195 等[1]。

## 2.3.1　8 位 A/D 转换器

为满足各种不同检测及控制任务的需要，大量结构、性能各异的 A/D 转换器件应运而生。

由于微型计算机运行速度快，而许多模拟量的变化速度慢，故通常一台微型计算机可以采集多个数据。为满足系统的要求，在一些 A/D 转换器中除设有 A/D 转换电路外，还含有多路开关，用以选择模拟量输入信号的通道，使通道中的任何一个模拟信号都能直接进入 A/D 转换器。目前市售产品中，有含 8 路多路开关的，如 ADC0809、AD7581；也有含 16 路多路开关的，如 ADC0816/0817 等。下面，以国内应用最多的 ADC0808/0809 为例，讲述多通道的 A/D 转换器的原理。这是一个经典而且具有代表性的芯片。其他凡是逐次逼近型的 A/D 转换器，其原理均和它类似。

（1）电路组成及转换原理

ADC0808/0809 都是含 8 位 A/D 转换器、8 路多路开关，以及与微型计算机兼容的控制逻辑的 CMOS 组件，其转换方法为逐次逼近型。但二者的精度不同，ADC0808 为 1/2LSB，而 ADC0809 是 1LSB。在 A/D 转换器内部有一个高阻抗斩波稳定比较器，一个带模拟开关树组的 256 电阻分压器，以及一个逐次逼近型寄存器。8 路的模拟开关的通/断由地址锁存器和译码器控制，可以在 8 个通道中任意访问一个单边的模拟信号。其原理框图，如图 2.13 所示。

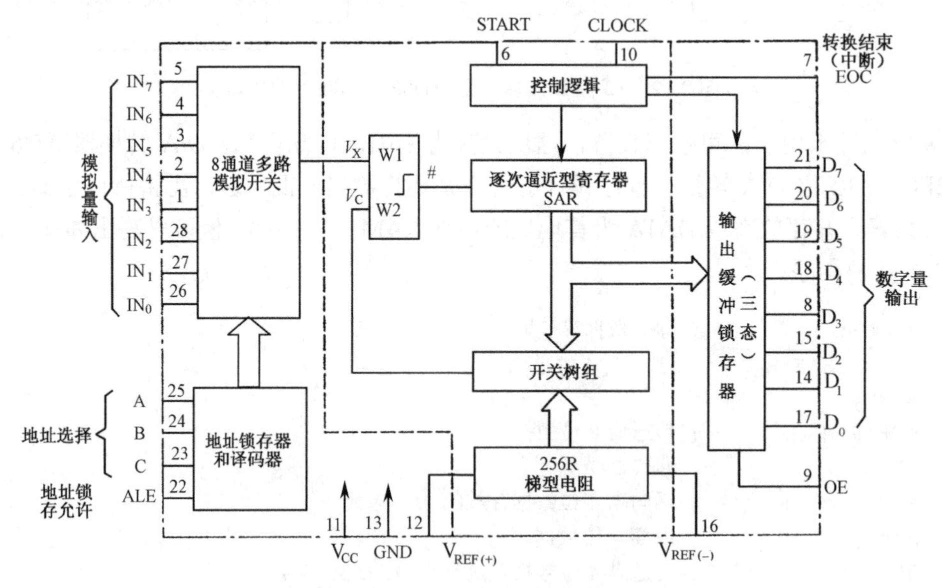


图 2.13　ADC0808/0809 原理图

这种器件无须进行零位和满量程调整。由于多路开关的地址输入部分能够进行锁存和译码，而且其三态 TTL 输出也可以锁存，所以易于与微型计算机接口。

从图 2.13 中可以看出，ADC0808/0809 由两部分组成。第一部分为 8 通道多路模拟开关，其基本原理与 CD4051 类似，控制 C、B、A 和地址锁存允许端子，可使其中一个通道被选中。第二部分为一个完整的逐次逼近型 A/D 转换器，它由比较器、控制逻辑、数字量输出锁存缓冲器、逐次逼近型寄存器及开关树组和 256R 梯型电阻网络组成，由后两种电路（开关树组和 256R 梯型电阻）组成 D/A 转换器。控制逻辑用来控制逐次逼近型寄存器从高位到低位逐次取“1”，然后将此数字量送到开关树组（8 位），以控制开关 $K_7$～$K_0$ 是否与参考电平相连。参考电平经 256R 电阻网络输出一个模拟电压 $V_C$，$V_C$ 与输入模拟量 $V_X$ 在比较器中进行比较。当 $V_C>V_X$ 时，该位 $D_i$=0；若 $V_C \leqslant V_X$，则 $D_i$=1，且一直保持到比较结束。照此处理，从 $D_7$～$D_0$ 比较 8 次，逐次逼近型寄存器中的数字量，即与模拟量 $V_X$ 所相当的数字量等值。此数字量送入后存于锁存器，并同时发出转换结束信号。

（2）ADC0808/0809 的引脚功能

- $IN_7$～$IN_0$：8 个模拟量输入端。
- START：启动信号。当 START 为高电平时，A/D 转换开始。
- EOC：转换结束信号。当 A/D 转换结束后，发出一个正脉冲，表示 A/D 转换完毕。此信号可用做 A/D 转换是否结束的检测信号，或向 CPU 申请中断的信号。
- OE：输出允许信号。当此信号有效时，允许从 A/D 转换器的锁存器中读取数字量。此信号可作为 ADC0808/0809 的片选信号，高电平有效。
- CLOCK：实时时钟，可通过外接 RC 电路改变时钟频率。
- ALE：地址锁存允许，高电平有效。当 ALE 为高电平时，允许 C、B、A 所示的通道被选中，并把该通道的模拟量接入 A/D 转换器。
- C、B、A：通道号选择端子。C 为最高位，A 为最低位。
- $D_7$～$D_0$：数字量输出端。
- $V_{REF(+)}$，$V_{REF(-)}$：参考电压端子。用以提供 D/A 转换器权电阻的标准电平。对于一般单极性模拟量输入信号，$V_{REF(+)}$ = +5V，$V_{REF(-)}$ = 0V。
- $V_{CC}$：电源端子。接+5V。
- GND：接地端。

ADC0808/0809 的典型应用，如图 2.14 所示。

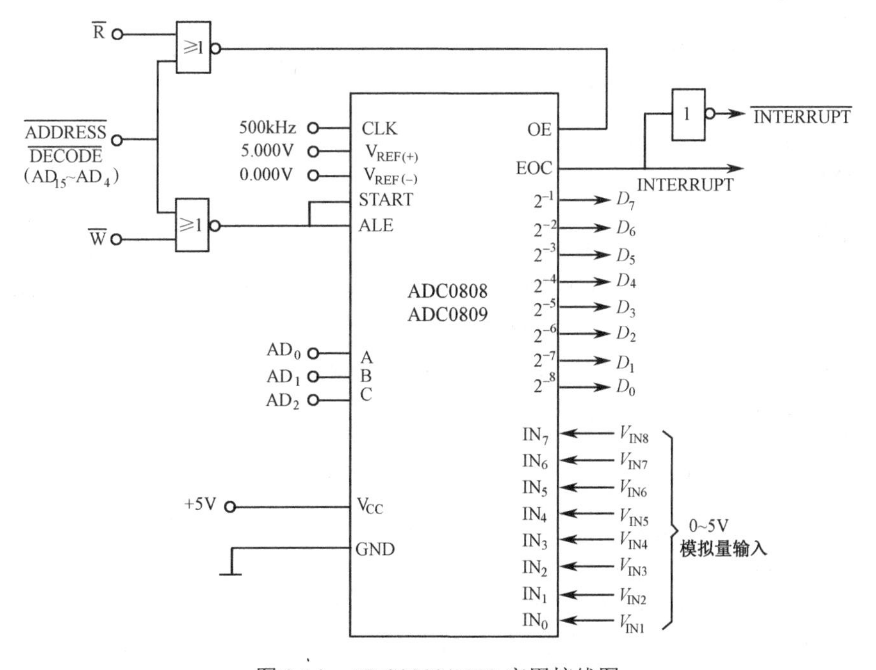


图 2.14 ADC0808/0809 应用接线图

（3）ADC0808/0809 的技术指标

- 单一电源，+5V 供电，模拟量输入范围为 0～5V。

- 分辨率为8位。
- 最大不可调误差：

  ADC0808<± 1/2 LSB（$1LSB=\frac{1}{256}$）

  ADC0809<± 1 LSB
- 功耗为15mW。
- 转换速度取决于芯片的时钟频率。

时钟频率范围为10～1280kHz，当CLOCK等于500kHz时，转换时间为128μs。

- 可锁存三态输出，输出与TTL兼容。
- 无须进行零位及满量程调整。
- 温度范围为-40℃～+85℃。

总之，ADC0808/0809具有较高的转换速度和精度，受温度影响较小，能较长时间保证精度，重现性好，功耗较低，且具有8路模拟开关，所以对于过程控制它是比较理想的器件。

## 2.3.2 8位A/D转换器的接口技术

从以上介绍的几种A/D转换器可以看出，无论哪一种型号，也不管其内部结构怎样，在将其与微型计算机接口时，都会遇到许多实际的技术问题。比如，A/D转换器与系统的接法，A/D转换器的启动方式，模拟量输入通道的构成，参考电源如何提供，状态的检测及锁存，以及时钟信号的引入等。与D/A转换器比较，A/D转换器的接口及控制的信息要多一些。下面讲述A/D转换器与微型计算机接口技术。

### 1. 模拟量输入信号的连接

A/D转换器所要求接收的模拟量大都为0～5V的标准电压信号。但是有些A/D转换器的输入除允许单极性外，也可以是双极性，用户可通过改变外接线路来改变量程。如图2.23和图2.24所示的AD574A即如此。有的A/D转换器还可以直接接入传感器的输出信号，如AD670。

另外，在模拟量输入通道中，除了单通道输入外，有时还需要多通道输入方式。在微型计算机系统中，多通道输入可采用两种方法。一种是采用单通道A/D转换器芯片，如AD7574和AD574A等，在模拟量输入端加接多路开关，有些还要接入采样-保持器；另一种方法是采用带多路开关的A/D转换器，如ADC0808、AD7581和ADC0816等。

### 2. 数字量输出引脚的连接

A/D转换器数字量输出引脚和微型计算机的连接方法与其内部结构有关。对于内部未含输出锁存器的A/D转换器来说，一般通过锁存器或I/O接口与微型计算机相连。常用的接口及锁存器有Intel 8155、8255、8243及74LS273、74LS373、8212等。当A/D转换器内部含数据输出锁存器时，可直接与微型计算机相连。有时为了增加控制功能，也采用I/O接口连接。

### 3. A/D转换器的启动方式

任何一个A/D转换器在开始转换前，都必须经过启动才开始工作。芯片不同，要求的启动方式也不同。一般分脉冲启动和电平启动两种。

脉冲启动型芯片，只要在启动转换输入引脚引入一个启动脉冲即可。如ADC0809、ADC80、AD574A等均属于脉冲启动转换芯片，往往用$\overline{WR}$及地址译码器的输出$\overline{Y_i}$经过一定的逻辑电路进行控制。

所谓电平启动转换，就是在A/D转换器的启动引脚上加上要求的电平。一旦电平加上以后，A/D转换即可开始。而且在转换过程中，必须保持这一电平，否则将停止转换。因此，在这种启动方式下，启动电平必须通过锁存器保持一段时间，一般可采用D触发器、锁存器或并行I/O接口等来实现。AD570、

571、572 等都属电平控制转换电路。

不同的 A/D 转换器，要求启动信号的电平不一样。有的要求高电平启动，如 ADC0809、ADC80、AD574；有的则要求低电平启动，如 ADC0801/0802 和 AD670 等。此时可采用如图 2.15 所示的逻辑电路来实现。

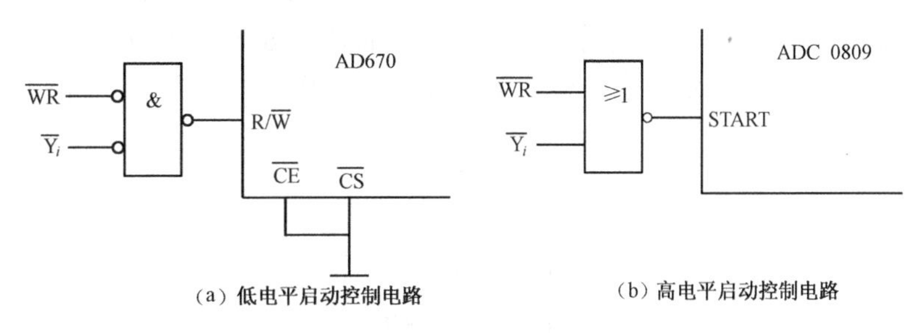


图 2.15 启动控制逻辑电路图

### 4. 转换结束信号的处理方法

在 A/D 转换系统中，当 CPU 向 A/D 转换器发出一个启动信号后，A/D 转换器便开始转换。需要经过一段时间以后，转换才能结束。当转换结束时，A/D 转换器芯片内部的转换结束触发器置位。同时输出一个转换结束标志信号，通知微型计算机，转换已经完成，可以进行读数。

微型计算机检查判断 A/D 转换结束的方法有以下 3 种。

（1）中断方式。将转换结束标志信号接到微型计算机的中断申请引脚或允许中断的 I/O 接口的相应引脚上（如 8255）。当转换结束时，即提出中断申请，微型计算机响应后，在中断服务程序中读取数据。这种方法使 A/D 转换器与处理器的工作同时进行，因而节省机时，常用于实时性要求比较强或多参数的数据采集系统。

（2）查询方式。把转换结束信号经三态门送到 CPU 数据总线或 I/O 接口的某一位上，微型计算机向 A/D 转换器发出启动信号后，便开始查询 A/D 转换是否结束。一旦查询到 A/D 转换结束，则读出结果数据。这种方法的程序设计比较简单，且实时性也比较强，是应用最多的一种方法。特别是在单片机系统中，因为它具有很强的位处理功能，因而，使用起来更加方便。

（3）软件延时方法。其具体做法是，微型机启动 A/D 转换后，就根据转换芯片完成转换所需要的时间，调用一段软件延时程序（为保险起见，通常延时时间略大于 A/D 转换过程所需的时间），延时程序执行完以后，A/D 转换业已完成，即可读出结果数据。这种方法可靠性比较高，不必增加硬件连线，但占用 CPU 的机时较多，多用在 CPU 处理任务较少的系统中。

### 5. 参考电平的连接

在 A/D 转换器中，参考电平的作用是供给其内部 D/A 转换器的标准电源。它直接关系到 A/D 转换的精度，因而对该电源的要求比较高，一般要求由稳压电源供电。不同的 A/D 转换器，参考电源的提供方法也不一样。通常 8 位 A/D 转换器采用外电源供给，如 AD7574、ADC0809 等。但是对于精度要求比较高的 12 位 A/D 转换器，则常在 A/D 转换器内部设置精密参考电源，如 AD574A 等，而不采用外部电源。

在一些单、双极性模拟量均可接收的 A/D 转换器中，参考电源往往有两个引脚：$V_{REF(+)}$ 和 $V_{REF(-)}$。根据模拟量输入信号极性不同，这两个参考电源引脚的接法也不同。当模拟量信号为单极性时，$V_{REF(-)}$ 端接模拟地，$V_{REF(+)}$ 端接参考电源正端。当模拟量信号为双极性时，则 $V_{REF(+)}$ 和 $V_{REF(-)}$ 端分别接至参考电源的正、负极性端。

### 6. 时钟的连接

A/D 转换器的另一个重要连接信号是时钟。其频率是决定芯片转换速度的基准。整个 A/D 转换过程都是在时钟作用下完成的。

A/D 转换时钟的提供方法也有两种，一种由芯片内部提供，一种由外部时钟提供。外部时钟提供的方法，可以用单独的振荡器，更多的则是用 CPU 时钟经分频后，送至 A/D 转换器的时钟端子。

若 A/D 转换器内部设有时钟振荡器，一般不需要任何附加电路，如 AD574A。也有的根据用法不同，需要改变一下外接电路。有些转换器，使用内部时钟或外部时钟均可，如 ADC80 即为一例。图 2.16 所示为内部时钟操作的一般形式。在这个电路中，A/D 转换由转换启动端脉冲上升沿来实现。只有在转换时，内部时钟才起作用。

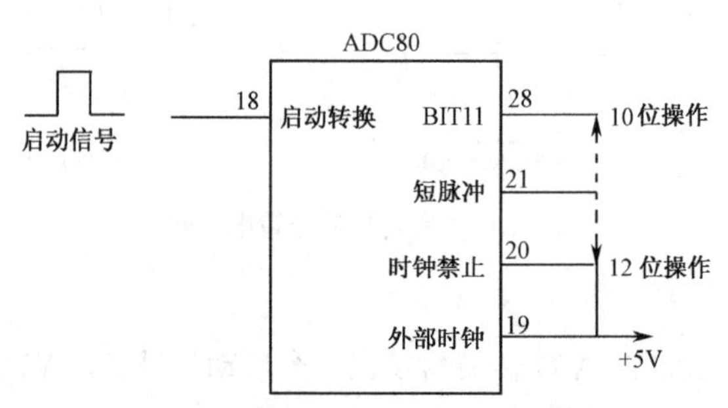


图 2.16　采用内部时钟的一般操作方法

图 2.17 所示为采用外部时钟的操作方法。该电路中，外部时钟经两个与非门加到 ADC80 的外部时钟输入端 19。此时，其内部时钟不起作用。转换工作的启动是由转换启动端的脉冲上升沿来实现的，而且必须使转换启动信号与时钟同步。此时内部短脉冲不起作用。

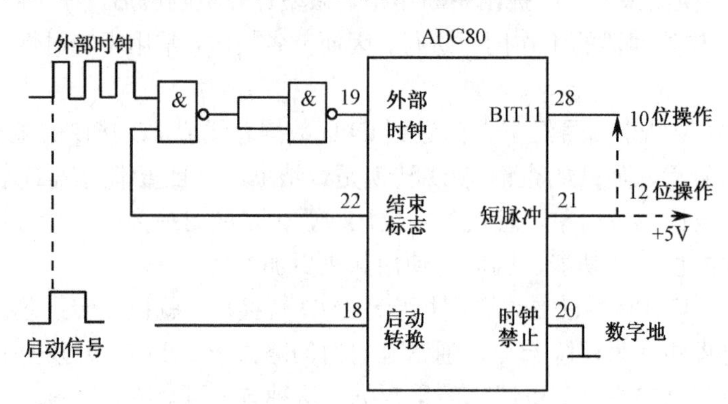


图 2.17　采用外部时钟的 A/D 转换电路图

8 位 A/D 转换器内部设有时钟发生器，但经常外接 RC 电路来提供所需的时钟，如图 2.18 所示。改变 RC 的值，便可改变时钟频率。

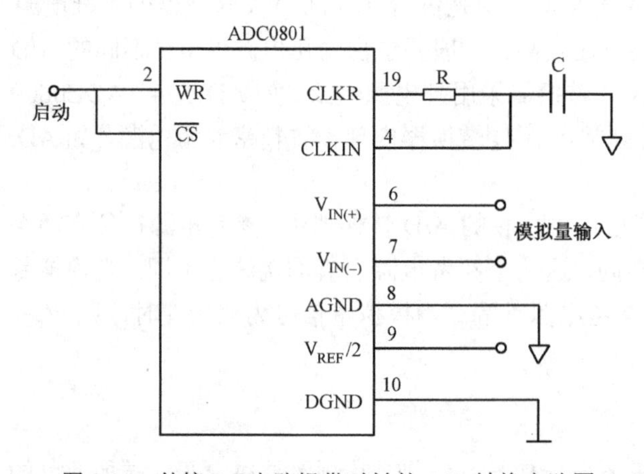


图 2.18　外接 RC 电路提供时钟的 A/D 转换电路图

### 7. 接地问题

A/D 转换器应用的设计，主要有两方面的问题：一是硬件连接问题；另一个是软件程序设计问题。在硬件设计方面，除了前面讲的几种信号的连接方式之外，还有一个需要注意的问题就是地线的连接。在包括 A/D 转换器组成的数据采集系统中，有许多接地点。这些接地点通常被看做逻辑电路的返回端（数字地）、模拟公共端（模拟电路返回端，模拟地）。在连接时，必须将模拟电源、数字电源分别连接，模拟地和数字地也要分别连接。有些 A/D、D/A 转换器还单独提供了模拟地和数字地接线端，两种"地"各有独立的引脚。在连接时，应将这两种接地引脚分别接至系统的数字地和模拟地上，然后，再把这两种"地"用一根导线连接起来。例如，ADC80 的组成包括放大器、采样-保持器在内的模拟量输入通道，各种电源及地线的连接方法，如图 2.19 所示。

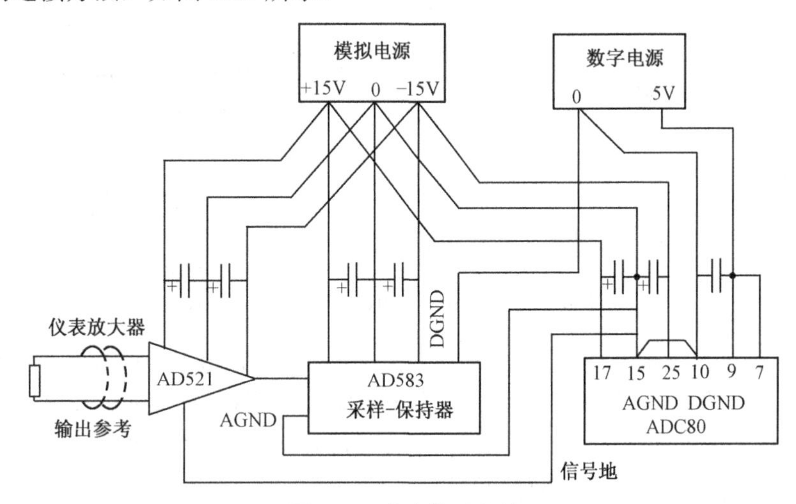


图 2.19　基本接地方法

## 2.3.3　8 位 A/D 转换器的程序设计

A/D 转换器的程序设计与具体芯片的转换时间、系统参数的多少及参数变换的速度有关。一般来讲，如果系统的参数不多，且变换速度比较快，A/D 转换器的转换时间比较短，因而多数采用查询方式。相反，如果系统的参数比较多，变换速度比较慢，所采用的 A/D 转换器的转换时间比较长，一般可采用中断方式。具体采用哪种方式好，要根据具体情况来确定。

A/D 转换器的程序设计主要分 3 步：① 启动 A/D 转换，② 查询或等待 A/D 转换结束，③ 读出转换结果。对于 8 位 A/D 转换器，一次读数即可。一旦位数超过 8 位，则要分两次（或三次）读入，此时，应注意数据的存放格式。

在设计 A/D 转换程序时，必须和硬件接口电路结合起来进行。下边结合实际例子讲一下，用中断及查询方式进行 A/D 转换的程序设计。

### 1. 中断方式

采用中断方式的 A/D 转换接口电路的关键是，把 A/D 转换器的结束标志线与 51 系列单片机的 $\overline{INT_0}$ 或 $\overline{INT_1}$ 中断请求引脚相连。若 A/D 转换器的结束标志线为高电平有效，需加一级反向器后再连接。这样，启动 A/D 转换后，单片机可以继续执行其程序。一旦 A/D 转换结束，即通过 $\overline{INT_0}$ 或 $\overline{INT_1}$ 向 CPU 申请中断，CPU 响应后，转到响应的中断服务程序，读出 A/D 转换结果。采用中断方式的 A/D 转换接口电路，如图 2.20 所示。

如图 2.20 所示，因转换结束信号 EOC 高电平有效，所以经反相器与引脚 $\overline{INT_0}$ 相连。在进行 A/D 转换之前，必须先用"MOVX @DPTR, A"指令启动 A/D 转换。此时，$\overline{WR}$ =0，$\overline{Y_0}$ 也是低电平，于是

A/D 转换开始。当 A/D 转换完成后，EOC 变为高电平，随之 8031 的 $\overline{INT_0}$ 变成低电平，向单片机提出中断申请。若中断得到响应，便进行读操作（$\overline{RD}=0$，$\overline{Y_0}=0$），读出 A/D 转换结果。这里，因 C、B、A 3 个引脚接地，所以模拟量输入通道为 $IN_0$。

完成中断方式的 A/D 转换的程序有两部分，其一是主程序，另一部分为中断服务程序。

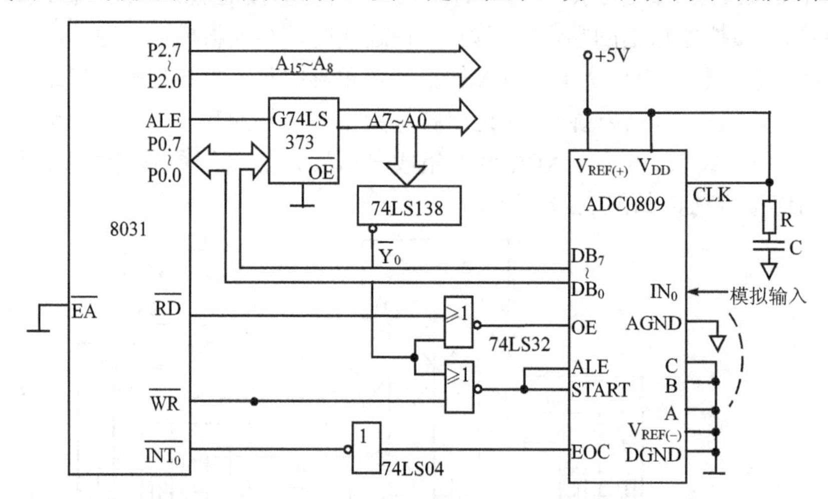


图 2.20　ADC0809 与 8031 的中断接口方式

主程序的重要任务是设置触发方式（本例是边沿触发）、中断方式、开中断等。51 系列单片机的各中断源都有一个固定的中断入口地址，$\overline{INT_0}$ 的入口地址是 0003H。它实际上在此内存中安排一条转移指令，当 CPU 响应 $\overline{INT_0}$ 中断时，会自动转向 0003H，进而转到响应的中断服务程序 ATOD。

图 2.20 所示中断方式的 A/D 转换的程序如下。

主程序：

```
            ORG     0000H
            AJMP    MAIN
            ORG     0003H
            AJMP    ATOD                ；转至中断服务程序
            ORG     0200H               ；主程序
MAIN:       SETB    IT0                 ；选择边沿触发方式
            SETB    EX0                 ；允许外部中断 0
            SETB    EA                  ；开放总中断
            MOV     DPTR,#AREAD         ；建立 A/D 转换器地址指针
            MOVX    @DPTR,A             ；启动 A/D 转换
HERE:       AJMP    HERE                ；模拟主程序
```

中断服务程序：

```
            ORG     0220H
ATOD:       PUSH    PSW                 ；保护现场
            PUSH    ACC
            PUSH    DPL
            PUSH    DPH
            MOV     DPTR,#AREAD
            MOVX    A,@DPTR             ；读 A/D 转换结果
            MOV     DATA,A
            POP     DPH                 ；恢复现场
            POP     DPL
            POP     ACC
```

```
            POP     PSW
            RETI                           ; 返回主程序
AREAD       EQU     0FF80H
DATA        EQU     50H
```

### 2. 查询方式

查询是应用最多的一种方法。下面仍以 ADC0808/0809 为例，介绍一个采用查询方式巡回检测系统。图 2.21 是 ADC0808/0809 与 8031 单片机的典型接口电路图。

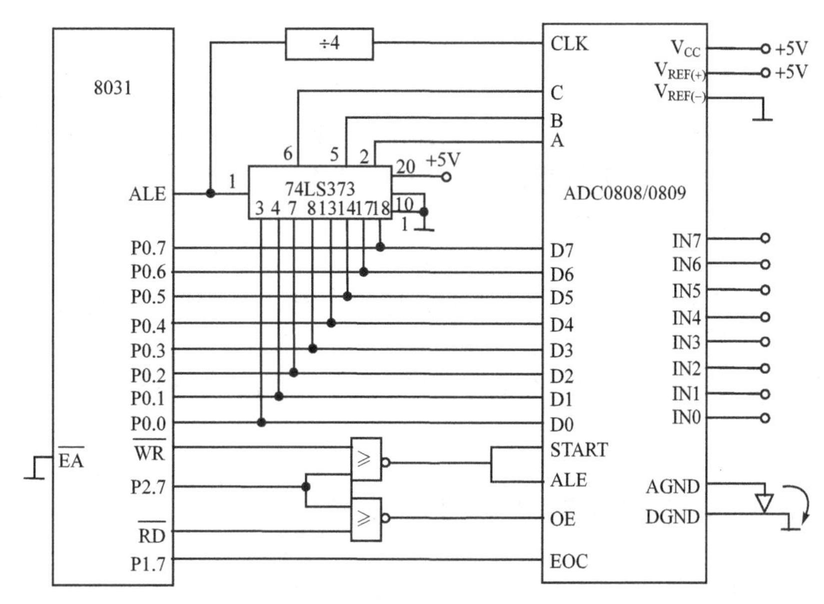


图 2.21　ADC0808/0809 与 8031 单片机的接口电路

由图 2.21 可以看出，ADC0808/0809 的时钟信号来自 8031 单片机的 ALE 信号。当 8031 采用 12MHz 时钟频率时，ALE 为 2MHz，经 4 分频后为 500 kHz 作为 ADC0808/0809 的时钟频率。用 P2.7 控制 A/D 转换的启动与转换结束后数字量的读取。ADC0808/0809 的地址锁存允许管脚（ALE）和启动管脚（START）相连。由 P2.7 和 $\overline{WR}$ 信号经或非门提供的信号使由 P0.2～P0.0 提供的 3 位通道地址送入 ADC0808/0809 中进行锁存，用以选取通道号。转换结束信号 EOC 作为查询信号。

现要求对 8 路模拟量输入参数进行巡回检测，每个通道采样 256 次，并将采样值存放在外部 RAM 的 A000H～A7FFH 区域中。

源程序如下。

```
START:  MOV     R0,#00H         ; 建立外部 RAM 缓冲区地址指针
        MOV     P2,#0A0H
        MOV     R3,#00H         ; 设置采样次数初值，00H 为 256 次
        MOV     R4,#00H         ; 通道采样计数器
        MOV     R6,#08H         ; 设置通道计数器初值
AGAIN0: MOV     DPTR,#7FF0H     ; 为通道地址寄存器设置初值
AGAIN:  MOVX    @DPTR,A         ; 启动 A/D 转换
LOOP0:  JB      P1.7,LOOP0
LOOP1:  JNB     P1.7,LOOP1      ; 等待 A/D 转换结束
        MOVX    A,   @DPTR      ; 读 A/D 转换结果
        MOVX    @R0,A           ; 存入 RAM 单元
        INC     DPTR            ; 修改通道号
        INC     P2              ; 修改 RAM 地址
        DJNZ    R6,AGAIN        ; 判断通道计数器是否为 "0"
```

```
        DJNZ    R3,DONE         ; 判断采样次数计数器是否为“0”
        RET
DONE:   INC     R4              ; 采样次数加1
        MOV     P2,#0A0H        ; 恢复数据指针
        MOV     A,R4
        MOV     R0,A            ; 存放新数据地址指针
        MOV     R6,#08H         ; 恢复通道计数初值
        AJMP    AGAIN0
```

### 3. 延时方式

由于从模拟量转换为计算机所能接收的数字量需要一定的时间，所以当A/D转换器启动之后，需要等转换结束信号生效后才能读出A/D转换结果。前面讲述的查询和中断方式都依据转换结束信号的状态选取读取结果数据的时机。如果说设计时已经将A/D芯片选定，则其转换过程所需的时间也是定值。此时，可以采用延时的办法，确定读取结果的时间。

对于单片机而言，其丰富的指令系统，且片内设有定时器，使得无论采用软件方式，还是硬件方式，提供一段时间的延时都很容易做到，这里不再赘述。通常，将延时的时间定得略大于转换时间，以确保读数准确无误。至于采用软件方式，还是通过硬件进行延时，则各有利弊。软件方式编程简单，但需花费机时；采用定时器则需要对其进行初始化编程，但延时过程中不占用机时。所以，需要根据具体情况加以选择。

## 2.3.4 高于8位的A/D转换器及其接口技术

在一些微型计算机控制系统中，往往对输入信号的精度也要求比较高，因此需要更多位数的A/D转换器，如10位、12位A/D转换器等。由于位数不同，所以，其与CPU的接口及程序设计方法也不同。

目前，有10位A/D转换器（AD571等）、12位A/D转换器（AD574、ADCl210/1211、AD578/678、MAXl96/198等）、14位A/D转换器（AD679/1679、MAXl10/111、MAX194等）、16位A/D转换器（MAX195、ADC1143等）。此外，还有一些采用双积分原理的高精度A/D转换器，如$4\frac{1}{2}$位的ICL7135、$3\frac{1}{2}$位的5G14433等。

下面主要以AD574为例，介绍高于8位的A/D转换器的原理及其与8位CPU的接口连接方法。

### 1. AD574的结构及原理

AD574是美国模拟器件公司（Analog Devices）生产的12位逐次逼近型快速A/D转换器。其转换速度最快为35μs，转换误差为±0.05%，是目前我国应用广泛，价格适中的A/D转换器。其内部含三态输出缓冲电路，可直接与各种微处理器连接，且无须附加逻辑接口电路，便能与CMOS及TTL电平兼容。内部配置的高精度参考电压源和时钟电路，使它不需要任何外部电路和时钟信号，就能实现A/D转换功能，应用非常方便。

AD574有6个等级。其中，AD574J、K和L用在0℃～+70℃温度范围内。AD574S、T和U则适用于−55℃～+125℃温度区。

AD574的原理图，如图2.22所示。

从图2.22可以看出，AD574由两部分组成，一部分是模拟电路，另一部分为数字电路。其中模拟部分由高性能的12位D/A转换器AD565和参考电源组成（AD565也是该公司产品，它速度快，单片结构，电流输出型，建立时间为200ns）。数字部分由控制逻辑电路、逐次逼近型寄存器和三态输出缓冲器组成。

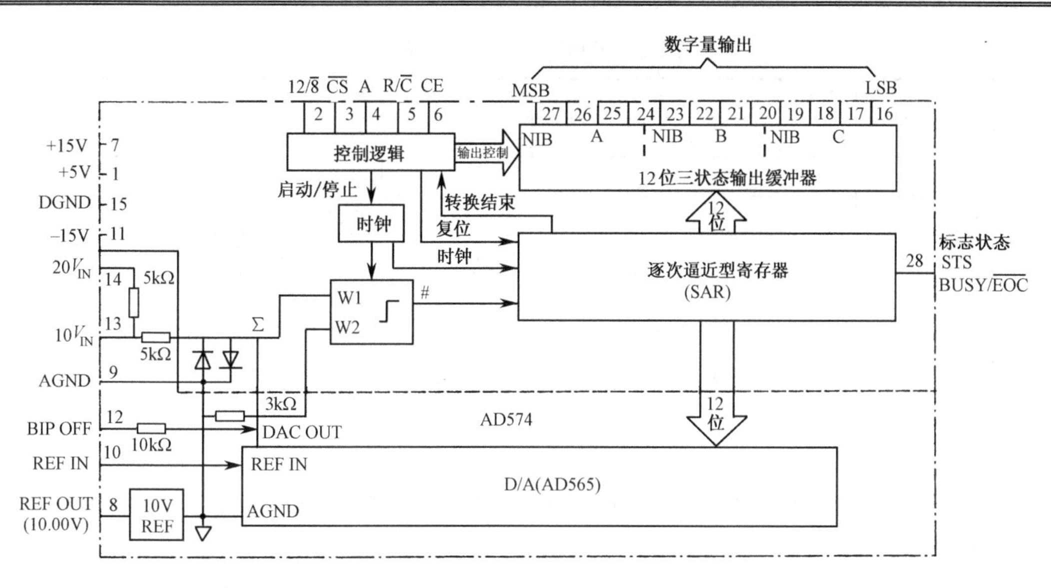


图 2.22　AD574 结构原理图

图 2.22 中所示的控制逻辑部分，用来发出启动/停止时钟信号及复位信号，并控制转换过程。此部分逻辑控制信号包括 5 个外部信号，以及内部转换结束信号。整个转换过程结束后，输出一个标志状态 STS 信号（低电平表明转换结束）。

另外，当 START 信号出现高电平时，标志状态 STS 开始变为高电平（BUSY），直到转换过程结束，才变为低电平（$\overline{\text{EOC}}$）。

### 2. AD574A 的引脚及功能

该芯片有些引脚的功能与 ADC0809 相似，如数字量输出、供电电压和接地端等。下面主要介绍几种控制引脚。

在 AD574A 芯片上有两组控制引脚，即通用控制引脚（CE、$\overline{\text{CS}}$和 R/$\overline{\text{C}}$），以及内部寄存器控制输入引脚（12/$\overline{8}$和 $A_0$）。通用控制引脚的功能与大多数 A/D 转换器相类似，主要决定装置定时、寻址、启动脉冲和读使能等功能。内部寄存器控制输入引脚是大多数 A/D 转换器所没有的，它们用来选择输出数据的形式和转换脉冲长度。

（1）转换器的启动和数据读出是由 CE、$\overline{\text{CS}}$和 R/$\overline{\text{C}}$ 引脚来控制的。当 CE=1，$\overline{\text{CS}}$=0，且 R/$\overline{\text{C}}$=0 时，转换过程开始；而 CE=1，$\overline{\text{CS}}$=0，而 R/$\overline{\text{C}}$=1 时，数据可以被读出。

（2）12/$\overline{8}$为数据格式选择端。当 12/$\overline{8}$=1 时，双字节输出，即 12 位数据线同时生效输出，可用于 12 位或 16 位微型计算机系统。若 12/$\overline{8}$=0，为单字节输出，可与 8 位 CPU 接口。AD574A 采用向左对齐的数据格式。12/$\overline{8}$与 $A_0$配合，可使数据分两次输出。$A_0$=0 时，高 8 位数有效；$A_0$=1，则输出低 4 位数据加 4 位附加 0。请注意，12/$\overline{8}$引脚不能由 TTL 电路电平来控制，必须直接接至+5V（引脚 1）或数字地（引脚 15）。此引脚只作为数字量输出格式的选择，对转换操作不起作用。

（3）$A_0$ 为字节选择端。$A_0$ 引脚有两个作用，一是选择字节长度；二是与 8 位微处理器兼容时，用来选择读出字节。在转换之前，设 $A_0$=l，AD574A 按 8 位 A/D 输出转换，转换完成时间为 10μs；设 $A_0$=0，则按 12 位 A/D 转换，转换时间为 25μs，这与 12/$\overline{8}$的状态无关。在读周期中，$A_0$=0，高 8 位数据有效；$A_0$=1，则低 4 位数据有效。注意，如果 12/$\overline{8}$=1，则 $A_0$ 的状态不起作用。

综上所述，可写出 AD574A 控制信号组合表，如表 2.8 所示。

表 2.8 AD574A 控制信号组合表

| CE | $\overline{CS}$ | R/$\overline{C}$ | 12/$\overline{8}$ | $A_0$ | 操　作 |
|---|---|---|---|---|---|
| 0 | × | × | × | × | 禁止 |
| × | 1 | × | × | × | 禁止 |
| 1 | 0 | 0 | × | 0 | 启动 12 位转换 |
| 1 | 0 | 0 | × | 1 | 启动 8 位转换 |
| 1 | 0 | 1 | 接1脚（+5V） | × | 输出数据格式为并行 12 位 |
| 1 | 0 | 1 | 接地 | 0 | 输出数据格式为并行高 8 位 |
| 1 | 0 | 1 | 接地 | 1 | 低 4 位加上尾随 4 个 0 有效 |

### 3. AD574A 的应用

AD574A 有单极性输入和双极性输入两种工作方式，可根据模拟信号的性质加以选定。

（1）单极性输入

单极性模拟量输入有两种量程，0～10V 和 0～20V。若无须进行零位调整，则将补偿调整引脚 BIP OFF（12）直接接至引脚 9。在不需要进行满量程调整时，可于引脚 8 和 10 之间加接一个固定的金属膜 50Ω的电阻，如图 2.23（a）所示。若需要进行零位和满量程调整，其电路图，如图 2.23（b）所示。为使量化误差为±1/2 LSB，先输入电压为 1/2 LSB（满量程电压为+10V 时是 1.22mV），调 $RP_1$（100kΩ），使数字输出为 000000000000B 到 000000000001B 的跳变点。在做满量程调整时，加一个低于满量程值$1\frac{1}{2}$ LSB 模拟信号，这时调 $RP_2$ 以得到 111111111110B 和 111111111111B 的跳变点。

（2）双极性输入

改变 AD574A 引脚 8、10、12 的外接电路，可使 AD574A 进行单极性和双极性模拟量输入方式的转换。双极性模拟量输入电路图，如图 2.24 所示。

和单极性输入时一样，双极性也有两种额定的模拟量输入范围：±5V 和±10V。±5V 输入接脚 13 和脚 9 之间，±10V 输入接脚 14 和脚 9 之间。

双极性校准也类似于单极性校准。其方法是：先施加一个高于负满量程 1/2 LSB（对于±5V 范围为−4.9988V）的输入电压，再调 $R_1$。调满量程时，施加一个低于正满量程$1\frac{1}{2}$ LSB（对于±5V 范围为+4.9963V）的输入电压，再调 $RP_2$。

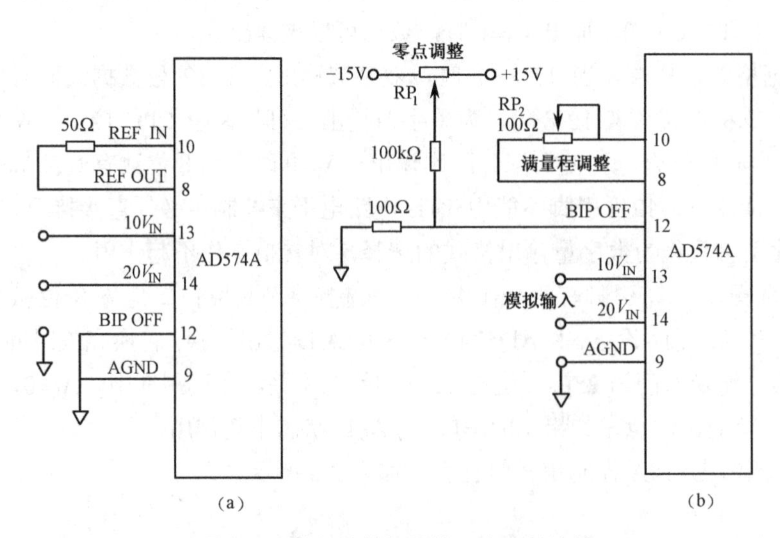


图 2.23 单极性模拟量输入电路的连接

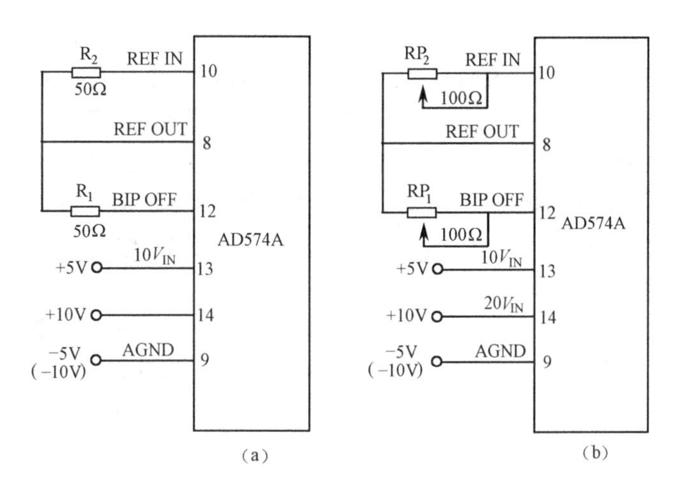


图 2.24　双极性模拟量输入电路的连接

### 4. 高于 8 位的 A/D 转换器接口技术及程序设计

随着位数的不同，A/D 转换器与微型计算机数据线的连接方式及其程序设计也不同。对于高于 8 位的 A/D 转换器，如 10 位、12 位或 16 位等，当其与 8 位 CPU 连接时，数据的传送需分步进行。数据分割形式和 D/A 转换器一样，也有向左对齐和向右对齐两种格式，这时，应分步读出。在读取数字量时，通常用微型计算机的读控制信号线和地址译码信号 $A_1$ 来控制。在分步读取数据时，需要提供不同的地址信号。

现以 AD574A 为例，介绍 12 位 A/D 转换器与单片机 8031 的接口及其程序设计的方法。设接口电路，如图 2.25 所示。

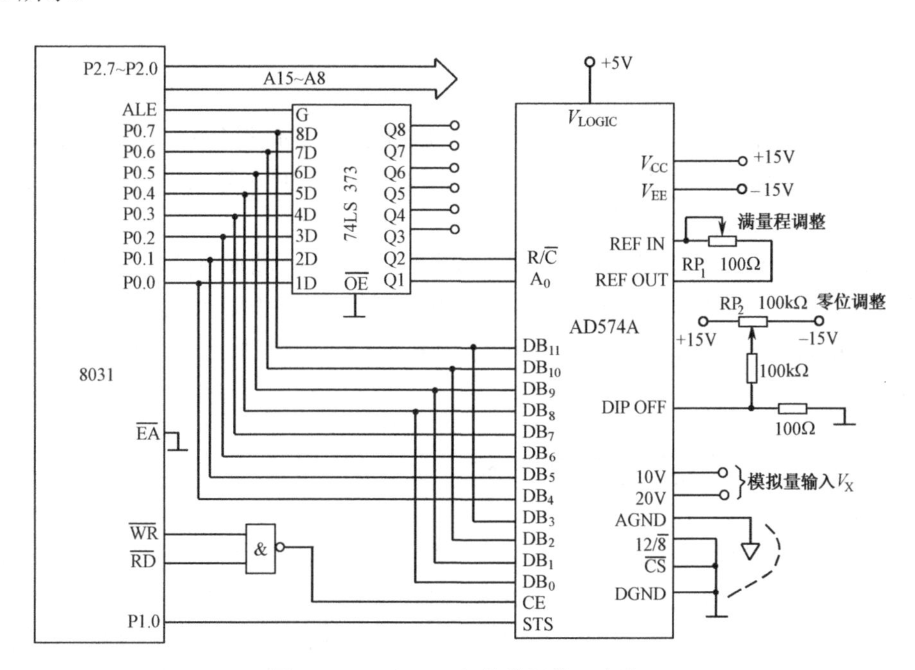


图 2.25　AD574A 与单片机接口电路

如图 2.25 所示，由于 AD574A 内部含三态锁存器，故可直接与单片机数据总线连接。本例采用 12 位向左对齐输出格式，所以将低 4 位 $DB_3$～$DB_0$ 接到高 4 位 $DB_{11}$～$DB_8$ 上。读出时，第一次读 $DB_{11}$～$DB_4$（高 8 位），第二次读 $DB_3$～$DB_0$（低 4 位），此时，$DB_7$～$DB_4$ 为 0000H。为使用直接寻位指令查询，将 AD574A 的标志位 STS 直接接到 8031 的 P1.0 位。

AD574A 共有 5 根逻辑控制线，用来完成寻址、启动和读出功能，现根据表 2.8 和图 2.25 所示说明如下。

（1）由于数据格式选择端 12/$\overline{8}$ 恒为低电平（接地），所以，数据分两次读出。

（2）启动 A/D 和读取转换结果，用 CE、$\overline{CS}$ 和 R/$\overline{C}$ 3 个引脚控制。图中，$\overline{CS}$ 接地，芯片总是被选中；CE 由 $\overline{WR}$ 和 $\overline{RD}$ 两信号通过一个与非门控制，所以不论处于读还是写状态下，CE 均为 1；R/$\overline{C}$ 控制端由 P0.1 控制。综上所述，P0.1=0 时，启动 A/D 转换；而 P1.0=1 时，则读取 A/D 转换结果。

（3）字节控制端 $A_0$ 由 P0.0 控制。在转换过程中，$A_0$=0，按 12 位转换；读数时，P0.0=0 读取高 8 位数据，P0.0=1，则读取低 4 位数据。

在图 2.25 所示的接口电路中，把 AD574A 当成外接 RAM 使用。由于图中所示高 8 位地址 P2.7～P2.0 未用，故只用低 8 位地址，采用寄存器寻址方式。设启动 A/D 的地址是 0FCH，读取高 8 位数据的地址为 0FEH，读取低 4 位数据的地址为 0FFH。查询方式的 A/D 转换程序如下。

```
        ORG     0200H
ATOD:   MOV     DPTR,#9000H     ；设置数据地址指针
        MOV     P2,#0FFH
        MOV     R0,#0FCH        ；设置启动 A/D 转换的地址
        MOVX    @R0,A           ；启动 A/D 转换
LOOP:   JB      P1.0,LOOP       ；检查 A/D 转换是否结束?
        INC     R0
        INC     R0
        MOVX    A,@R0           ；读取高 8 位数据
        MOVX    @DPTR,A         ；存高 8 位数据
        INC     R0              ；求低 4 位数据的地址
        INC     DPTR            ；求存放低 4 位数据的 RAM 单元地址
        MOVX    A,@R0           ；读取低 4 位数据
        MOVX    @DPTR,A         ；存低 4 位数据
HERE:   AJAMP   HERE
```

在上述程序中，如果 JB P1.0，LOOP 改为 ACALL 30ms（延时子程序），即构成延时方式的 A/D 转换程序。注意，在这种情况下，AD574A 的 STS 引脚可以不接。可见延时方式的 A/D 转换程序的实时性较查询方式略差一点，但其线路连接更简单。

值得说明的是，对于逐次逼近型 A/D 转换器来说，要求在转换过程中被转换的模拟量保持不变，这对于变化比较慢的参数是完全可行的。但是，如果参数变化比较快，则需要加采样-保持器，再送到 A/D 转换器。对于这种电路，在启动转换之前，先对模拟量进行采样，然后进入保持状态，在此状态下再启动和完成 A/D 转换。

## 2.3.5 串行 A/D 转换器及其接口技术

随着技术的发展，对检测参数精度的要求越来越高。因此，对高精度的 A/D 转换器的需求也越来越多。但是，精度越高，价钱越贵。为了降低成本，且又能达到一定的精度，又研究出一种新型的 A/D 转换器——串行 A/D 转换器。目前，广泛使用的有 12 位和 16 位两种。这种转换器精度与同位数并行 A/D 转换器的精度一样，但价钱却低很多。因此，串行 A/D 转换器得到了广泛的应用。下面以 MAX1224/MAX1225 系列串行 A/D 转换器为例讲述其原理及应用。

MAX1224/MAX1225 系列 12 位模/数转换器（ADC）具有低功耗、高速、串行输出等特点，其采样速率最高可达 1.5Mbps，在+2.7V 至+3.6V 的单电源下工作，需要 1 个外部基准电源；可进行真差分输入，较单端输入可提供更好的噪声抑制、失真改善及更宽的动态范围；同时，具有标准 SPITM/QSPITM/MI-CROWWIRETM 接口提供转换所需的时钟信号，可以方便地与标准数字信号处理器

（DSP）的同步串行接口连接。

MAX1224 允许单极性模拟量输入，MAX1225 允许双极性模拟量输入。该系列转换器可运行于局部关断模式和完全关断模式，能够将两次转换之间的电源电流分别降低至 1mA（典型值）和 1μA（最大值）；具有 1 个独立的电源输入，可直接与+1.8V 到 $V_{DD}$ 的数字逻辑接口。此外，该系列还具有转换速度高、交流性能好和直流准确度高等特性。

### 1.封装及引脚功能

MAXl224/MAXl225 采用小巧的 12 引脚 TQFN 封装，其引脚排列和内部结构如图 2.26 所示。

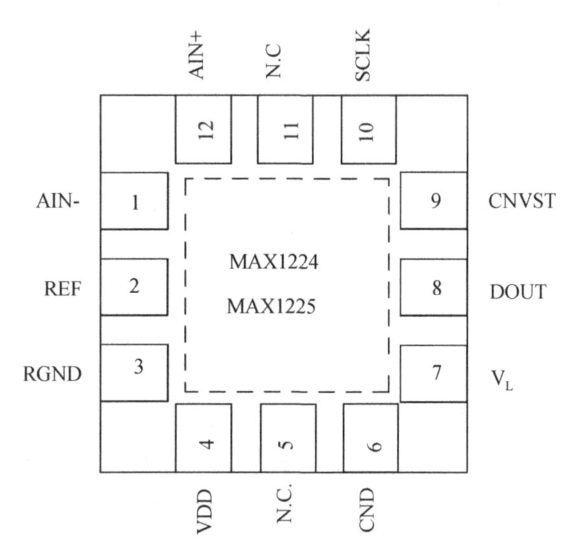


图 2.26　MAXl224/MAXl225 引脚排列图

MAXl224/MAXl225 引脚的功能如下。

- AIN-：模拟量输入负端。
- AIN+：模拟量输入正端。
- REF：外部参考电压输入，使用时加电容 0.01μF 和 4.7μF 电容器旁路 REF 至 RGND。
- RGND：参考地，通常与芯片地 GND 相连。
- CNVST：转换启动。强制 CNVST 为高电平时准备转换，下降沿时开始转换。
- SCLK：串行时钟输入。
- DOUT：串行数据输出。由 SCLK 上升沿控制。
- VDD：电源。
- GND：地。
- $V_L$：逻辑正电源电压。通常使用电容 0.01μF 和 10μF 电容器旁路 $V_L$ 至 RGND。
- N.C.：不用。

### 2. 内部结构及工作原理

MAX1224/MAX1225 是一个高速、与 SPI 兼容、3 线串行接口 12 位 A/D 转换器。串行接口仅需要 3 条连接线（SCLK、CNVST 和 DOUT），提供了与微处理器（μP）和 DSP 的便利连接。其原理结构图，如图 2.27 所示。

MAXl224/MAXl225 的输入结构由采样-保持器、比较器及开关型数-模转换器（DAC）构成。一旦上电，采样-保持器立即进入采样模式。输入电容器正极连接至 AIN+，负极与 AIN-相连。在 CNVST 的下降沿，采样-保持器进入保持状态，转换正负输入之间采样的差值。当输入信号为单极性时，AIN-

接地。采样-保持器采集输入信号所需的时间取决于其输入电容器的充电速度。如果输入信号源的阻抗较高，那么采样时间会延长。

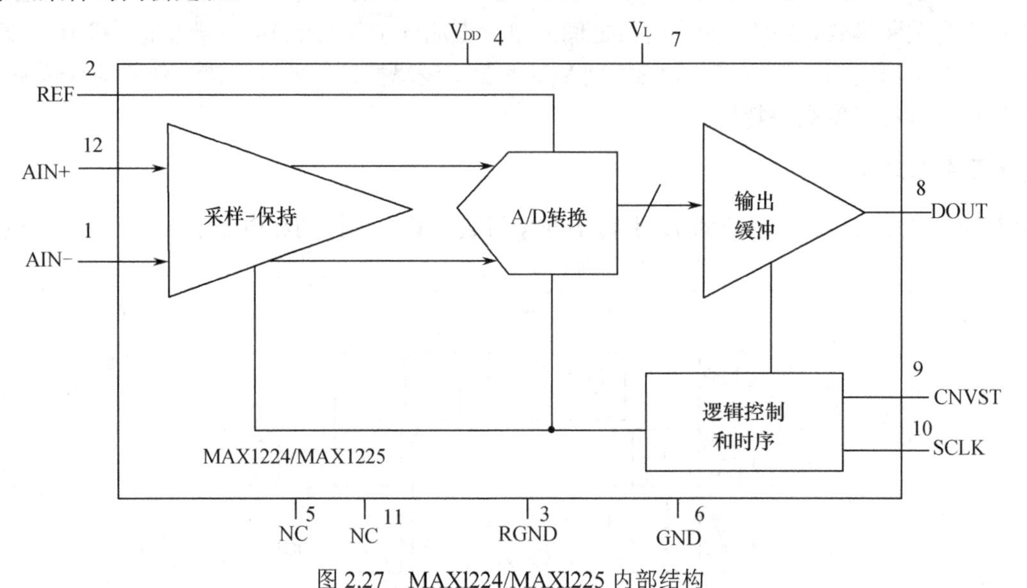

图 2.27　MAX1224/MAX1225 内部结构

（1）上电初始化与启动转换

在初始上电后，MAX1224/MAX1225 要求 1 个完整的转换周期，以初始化内部校准电路。完成初始化转换之后，准备好正常工作。仅在硬件上电后，需要进行初始化，而在退出局部关断模式或者完全关断模式之后并不需要。CNVST 拉低，将启动 1 次转换。在 CNVST 信号的下降沿，采样-保持器进入保持模式，并启动 A/D 转换。SCLK 提供转换时钟，数据随后从 DOUT 串行移出。

（2）时序与控制

启动转换和读数操作由 CNVST 和 SCLK 端的数字输入信号控制。图 2.28 所示是时序图，描述串行接口的工作方式。

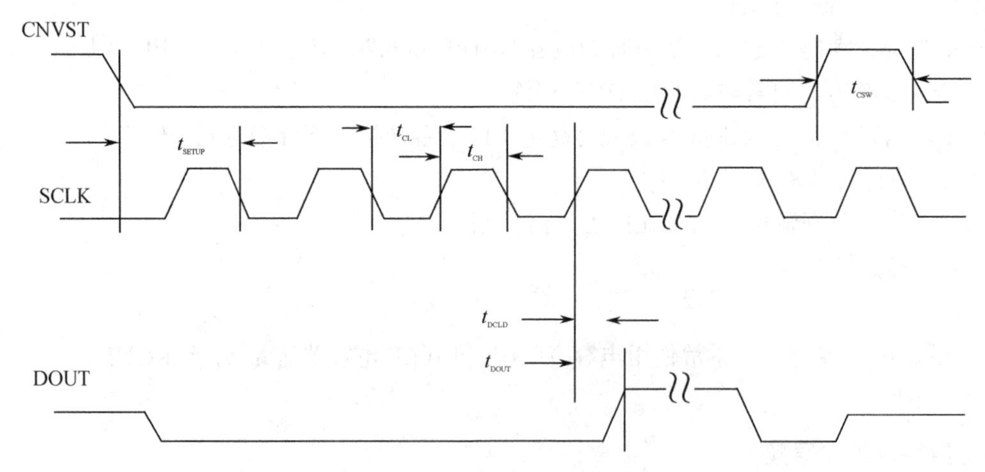

图 2.28　MAX1224/MAX1225 时序图

CNVST 的下降沿启动转换：采样-保持器保持输入电平，ADC 开始转换，DOUT 从高阻状态变为逻辑低电平。SCLK 用于驱动转换进程，并串行输出每个转换完成的数据位。

在第 4 个 SCLK 上升沿之后，SCLK 开始移出数据。在每个 SCLK 上升沿的 $t_{DOUT}$ 之后，DOUT 输出才有效，并且在下 1 个上升沿之后，还将保持 4ns（tp-HOLD）的有效时间。第 4 个时钟上升沿，DOUT 引脚输出转换结果的 MSB 位，并且 MSB 在第 5 个上升沿之后保持 4ns 的有效时间。由于共有 12 个数据位和 3 个引导零位，所以至少需要 16 个时钟上升沿才能移出所有位。为了连续工作，需要在第 14 个和第 16 个 SCLK 上升沿之间将 CNVST 拉高。如果 CNVST 信号在第 16 个 SCLK 周期的下降沿保持低电平，DOUT 端会在 CNVST 的上升沿或者下 1 个 SCLK 上升沿变为高阻态。

（3）局部关断模式和完全关断模式

将 MAX1224/MAX1225 设置为局部关断模式或者完全关断模式，会显著降低器件的功耗。局部关断模式尤其适合数据采样次数少且要求快速唤醒的应用。完全关断模式适合数据采样次数少和要求极低电源电流的应用。在局部，完全关断模式下，应保持 SCLK 信号逻辑低电平或者逻辑高电平，以尽可能降低功耗。

### 3. 典型应用电路

当被检测的模拟量是温度和液位等变换缓慢的参数或者系统对转换速度没有太高要求时，采用经济的串行 A/D 转换器最适合。

MAX1224 与 AT89C51 型单片机的接口电路图如图 2.29 所示。由于 AT89C51 型单片机没有 SPI 接口，所以我们采用模拟 SPI 总线的方法实现。MAX1224 的 DOUT 与单片机的 P1.0 脚相连，MAX1224 的转换启动端 CNVST 与单片机的 P1.1 脚相连。串行时钟输入 SCLK 可由 P1.2 脚依次发出高低电平来构成。转换过程如下：模/数转换由 CNVST 信号启动，由 SCLK 信号提供时钟，而转换结果由 SCLK 信号控制从 DOUT 引脚串行输出。当 SCLK 信号处于空闲的低电平或者高电平，CNVST 信号的下降沿用来启动 1 次转换，这使模拟输入级由采样模式转换为保持模式，DOUT 引脚由高阻状态变为低电平。完成 1 次正常的转换需要 16 个 SCLK 周期，如果 CNVST 信号在第 16 个 SCLK 信号下降沿时仍保持低电平，DOUT 引脚会在下一个 CNVST 或者 SCLK 的上升沿返回至高阻态，以使多个器件共享该串行接口。如果 CNVST 信号在第 14 个 SCLK 上升沿后并在第 16 个上升沿前拉为高电平，DOUT 引脚保持有效，以便进行连续的转换，当器件执行连续转换时，可具有最高的数据吞吐率。

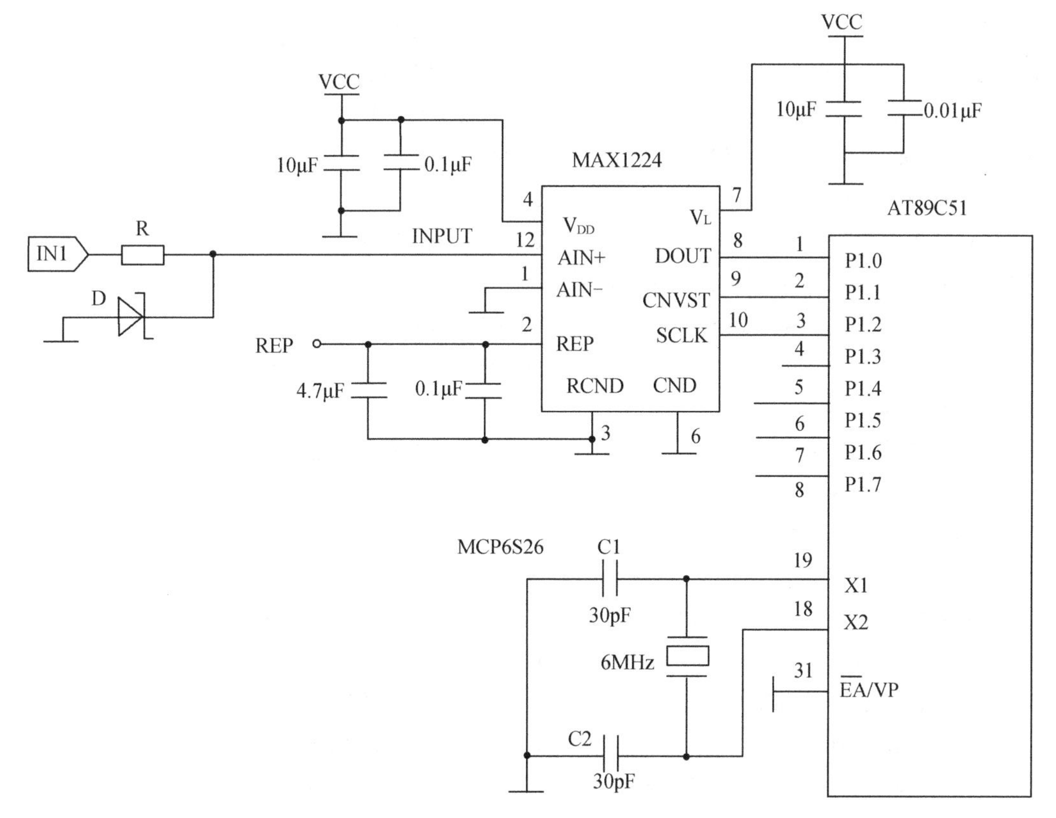


图 2.29　MAX1224/MAX1225 接口电路

关于模拟 SPI 总线程序设计方法将在 6.3 节讲述。

# 习 题 二

## 一、复习题

1．采样有几种方法，试说明它们之间的区别。

2．采样周期越小越好吗？为什么？

3．简述多路开关的工作原理。

4．多路开关如何扩展？试用两个 CD4097 扩展成一个双 16 路输入和双 2 路输出系统，并说明其工作原理。

5．试用 CD4051 设计一个 32 路模拟多路开关，要求画出电路图并说明其工作原理。

6．采样-保持器有什么作用？试说明保持电容的大小对数据采集系统的影响。

7．在数据采样系统中，是不是所有的输入通道都需要加采样-保持器，为什么？

8．采样频率的高低对数字控制系统有什么影响？试举工业控制实例加以说明。

9．A/D 和 D/A 转换器在微型计算机控制系统中有什么作用？

10．A/D 转换器转换原理有几种？它们各有什么特点和用途？

11．说明逐次逼近型 A/D 转换器的转换原理。

12．为什么高于 8 位的 D/A 转换器与 8 位的微型计算机的接口必须采用双缓冲方式？这种双缓冲工作与 DAC0832 的双缓冲工作在接口上有什么不同？

13．串行 A/D 转换器有什么特点？

## 二、选择题

14．多路开关的作用是（　　）。

A．完成模拟量的切换　　B．完成数字量的切换

C．完成模拟量与数字量的切换　　D．完成模拟量或数字量的切换

15．采样-保持器的逻辑端接+5V，输入端从 2.3V 变至 2.6V，输出端为（　　）。

A．从 2.3V 变至 2.6V　　B．从 2.3V 变至 2.45V 并维持不变

C．维持在 2.3V　　D．快速升至 2.6V 并维持不变

16．CD4051 的 INH 端接地，C、B、A 端依次接 101B，（　　）被选通。

A．IN/OUT1 至 IN/OUT4 共 5 个通道　　B．IN/OUT4 通道

C．IN/OUT5 通道　　D．没有通道

17．CD4097 的 INH 端接+5V，C、B、A 端依次接 111B，（　　）被选通。

A．X 组的 IN/OUT7 通道　　B．Y 组的 IN/OUT7 通道

C．X 组和 Y 组的 IN/OUT7 通道　　D．没有通道

18．DAC0832 的 $V_{REF}$ 端接−5V，$I_{OUT1}$ 接运算放大器异名端，输入为 1000000B ，输出为（　　）。

A．+5V　　B．+2.5V　　C．−5V　　D．−2.5V

19．在第 18 题的基础上，再接一级运算放大器构成双极性电压输出，输入 C0H 时，输出为（　　）。

A．−2.5V　　B．+2.5V　　C．−3.75V　　D．+3.75V

20．采用 ADC0809 构成模拟量输入通道，ADC0809 在其中起（　　）作用。

A．模拟量到数字量的转换　　B．数字量到模拟量的转换

C．模拟量到数字量的转换和采样-保持器　　D．模拟量到数字量的转换和多路开关

21．A/D 转换器的 $V_{REF(-)}$ $V_{REF(+)}$ 分别接−5V 和+5V，说明它的（　　）。

A．输入为双极性，范围是−5～+5V　　B．输入为双极性，范围是−10～+10V

C．输出为双极性，范围是–FFH～+FFH　　　C．输入为单极性，范围是 0～+5V

22．关于 ADC0809 中 EOC 信号的描述，不正确的说法是（　　）。

A．EOC 呈高电平，说明转换已经结束

B．EOC 呈高电平，可以向 CPU 申请中断

C．EOC 呈高电平，表明数据输出锁存器已被选通

D．EOC 呈低电平，处于转换过程中

23．当 D/A 转换器的位数多于处理器的位数时，接口设计中不正确的做法是（　　）。

A．数据分批传送　　　B．需要两级数据缓存

C．输入的所有数字位必须同时进行转换　　　D．数据按输入情况分批进行转换

## 三、练习题

24．用 8 位 DAC 芯片组成双极性电压输出电路，其参考电压为−5～+5V，求对应以下偏移码的输出电压。

（1）10000000，（2）01000000，（3）11111111，（4）00000001，（5）01111111，（6）11111110。

25．DAC0832 与 CPU 有几种连接方式？它们在硬件接口及软件程序设计方面有何不同？

26．试用 DAC0832 设计一个单缓冲的 D/A 转换器，要求画出接口电路图，并编写出程序。

27．试用 8255A 的 B 口和 DAC0832 设计一个 8 位 D/A 转换接口电路，并编写出程序（设 8255A 的地址为 8000H～8003H）。

28．设 12 位 D/A 转换器 DAC1210 与 8031 接口电路连接，如图 2.30 所示。

（1）说明电路控制原理。

（2）设数据存放在 DABUFF 为首地址的连续两个存储单元中，试编写一完成 D/A 转换的程序。

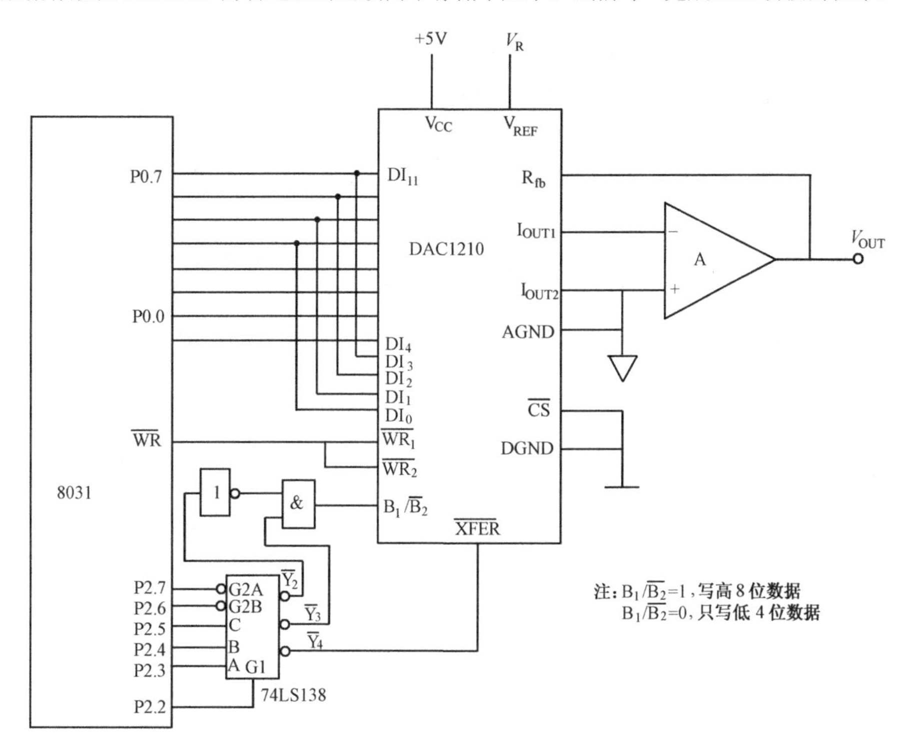


图 2.30　12 位 D/A 转换器 DAC1210 与 8031 的接口

29．试用 DAC0832 芯片设计一个能够输出频率为 50Hz 的脉冲波电路及程序。

30．试用第 26 题的电路设计出能产生三角波、梯形波和锯齿波的程序。

31．A/D 转换器的结束信号（设为 EOC）有什么作用？根据该信号在 I/O 控制中的连接方式，A/D 转换有几种控制方式？它们各在接口电路和程序设计上有什么特点？

32．设某 12 位 A/D 转换器的输入电压为 0～+5V，求出当输入模拟量为下列值时输出的数字量。

（1）1.25V，（2）2V，（3）2.5V，（4）3.75V，（5）4V，（6）5V。

33．某 A/D 转换电路如图 2.31 所示。

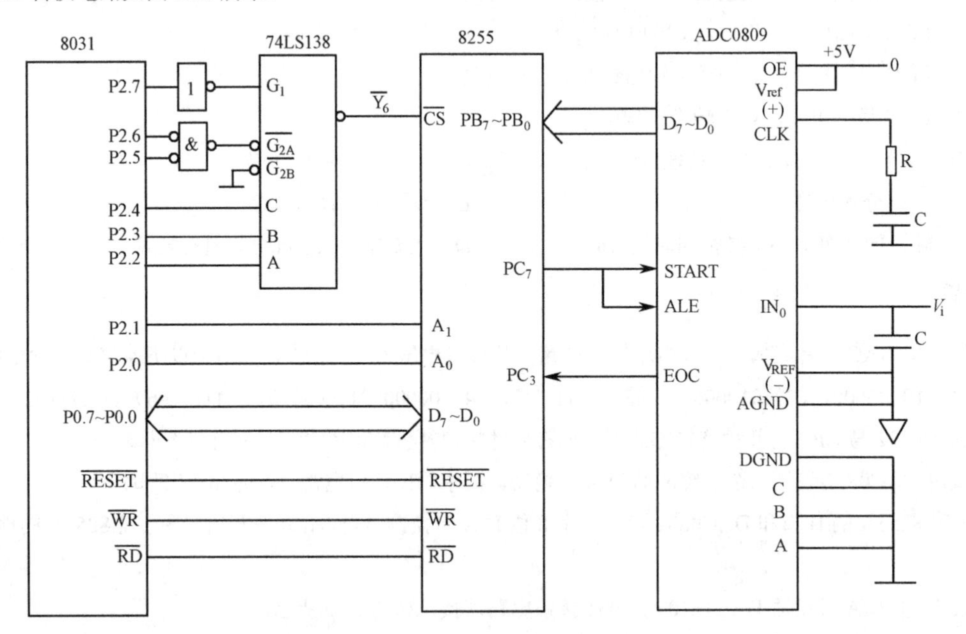


图 2.31　A/D 转换电路图

（1）试写出 A/D 转换器的地址。

（2）该电路采用什么控制方式？画出该种转换的程序框图。

（3）用 8051 汇编语言编写出完成上述 A/D 转换的程序。

34．将上述电路改成中断控制方式，试画出电路图并编写出程序。

35．设被测温度变化范围为 0℃～1200℃，如果要求误差不超过 0.4℃，应选用分辨率为多少位的 A/D 转换器（设 ADC 的分辨率和精度一样）？

36．高于 8 位的 A/D 转换器与 8 位 I/O 的微型计算机及 16 位 I/O 的微型计算机接口有什么区别？试以 A/D 转换器 AD574A 为例加以说明。

37．试编写完成图 2.29 所示的串行 A/D 转换程序。

# 第 3 章 人机交互接口技术

**本章要点：**

- ◆ 键盘接口技术
- ◆ 红外摇控键盘接口技术
- ◆ LED 显示接口技术
- ◆ LCD 显示接口技术

所谓人机交互接口，是指人与计算机系统之间建立联系、交换信息的输入/输出设备的接口。这些输入/输出设备主要有键盘、显示器和打印机等。它们是计算机应用系统中必不可少的输入、输出设备，是控制系统与操作人员之间交互信息的窗口。一个安全可靠的控制系统必须具有方便的交互功能。操作人员可以通过系统显示的内容，及时掌握生产情况，并可通过键盘输入数据，传递命令，对计算机应用系统进行人工干预，使其随时能按照操作人员的意图工作。

## 3.1 键盘接口技术

### 3.1.1 键盘设计需解决的几个问题

键盘是若干按键的集合，是向系统提供操作人员干预命令及数据的接口设备。键盘可分为编码键盘和非编码键盘两种类型。前者能自动识别按下的键并产生相应代码，以并行或串行方式发送给 CPU。它使用方便、接口简单、响应速度快，但需要专用的硬件电路。后者则通过软件来确定按键并计算键值。这种方法虽然没有编码键盘速度快，但它不需要专用的硬件支持，因此得到了广泛的应用。

键盘是计算机应用系统中一个重要的组成部分，设计时必须解决下述一些问题。

#### 1. 按键的确认

键盘实际上是一组按键开关的集合，其中每一个按键就是一个开关量输入装置。键的闭合与否，取决于机械弹性开关的通、断状态。反映在电压上就呈现出高电平或低电平，例如，高电平表示断开，低电平表示键闭合。所以，通过检测电平状态（高或低），便可确定按键是否已被按下。

在工业过程控制和智能化仪器系统中，为了缩小整个系统的规模，简化硬件线路，常常希望设置最少量的按键，获取更多的操作控制功能。

#### 2. 重键与连击的处理

实际按键操作中，若无意中同时或先后按下两个以上的键，系统确认哪个键操作是有效的，完全由设计者的意志决定。如视按下时间最长者为有效键，或认为最先按下的键为当前按键，也可以将最后释放的键看成是输入键。不过微型计算机控制系统毕竟资源有限，交互能力不强，通常总是采用单键按下有效，多键同时按下无效的原则（若系统设有复合键，当然应该另当别论）。

有时，由于操作人员按键动作不够熟练，会使一次按键产生多次击键的效果，即重键的情形。为排除重键的影响，编制程序时，可以将键的释放作为按键的结束。等键释放电平后再转去执行相应的功能程序，以防止一次击键多次执行的错误发生。

### 3. 按键防抖动技术

键盘，作为向系统提供操作人员的干预命令的接口，以其特定的按键序列代表着各种确定的操作命令。所以，准确无误地辨认每个键的动作及其所处的状态，是系统能否正常工作的关键。

多数键盘的按键均采用机械弹性开关。一个电信号通过机械触点的断开、闭合过程，完成高、低电平的切换。由于机械触点的弹性作用，一个按键开关在闭合及断开的瞬间必然伴随有一连串的抖动。其波形如图 3.1 所示。抖动过程的长短由按键的机械特性决定，一般为 10～20 ms。

为了使 CPU 对一次按键动作只确认一次，必须排除抖动的影响，可以从硬件及软件两方面着手解决。

（1）硬件防抖技术

通过硬件电路消除按键过程中抖动的影响是一种广为采用的措施。这种做法，工作可靠，且节省机时。下面介绍两种硬件防抖电路。

① 滤波防抖电路

利用 RC 积分电路对干扰脉冲的吸收作用，选择好电路的时间常数，就能在按键抖动信号通过此滤波电路时，消除抖动的影响。滤波防抖电路图，如图 3.2 所示。

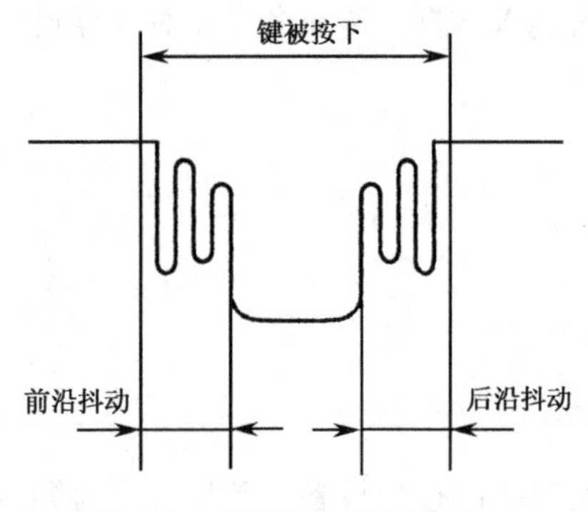


图 3.1 按键抖动信号波形

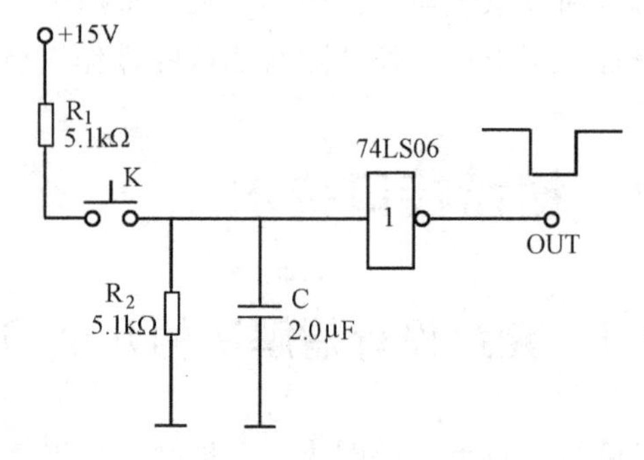


图 3.2 滤波防抖电路

由图可知，当键 K 未按下时，电容 C 两端电压均为 0，非门输出为 1。当 K 按下时，由于 C 两端电压不可能产生突变。尽管在触点接触过程中可能出现抖动，只要适当选取 $R_1$、$R_2$ 和 C 值，即可保证电容 C 两端的充电电压波动不超过非门的开启电压（TTL 为 0.8V），非门的输出将维持高电平。同理，当触点 K 断开时，由于电容 C 经过电阻 $R_2$ 放电，C 两端的放电电压波动不会超过门的关闭电压，因此，门的输出也不会改变。总之，只要 $R_1$、$R_2$ 和 C 的时间常数选取得当，确保电容 C 由稳态电压充电到开启电压，或放电到关闭电压的延迟时间等于或大于 10 ms，该电路就能消除抖动的影响。

② 双稳态防抖电路

用两个与非门构成一个 RS 触发器，即可构成双稳态防抖电路。其原理电路，如图 3.3 所示。

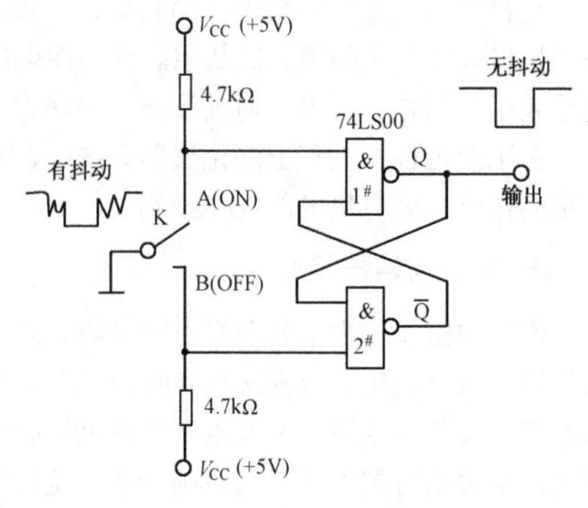


图 3.3 双稳态防抖电路图

设按键 K 未按下时，键 K 与 A 端（ON）接通。此时，RS 触发器的 Q 端为高电平 1，致使 $\overline{Q}$ 端为低电平 0。此信号引至 1# 与非门的输入端，将其锁住，使其固定输出为 1。每当开关 K 被按动时，由于机械开关具有弹性，在 A 端将形成一连串的抖动波形。而 $\overline{Q}$ 端在 K 到达 B 端之前始终为 0。这时，无论 A 处出现怎样的电压（0或1），Q端恒为1。只有当K到达B端，使B端为0，RS触发器产生翻转，$\overline{Q}$变为高电平，导致Q降低为0，并锁住门2，使其输出恒为1。此时，即使B处出现抖动波形，也不会影响$\overline{Q}$端的输出，从而保证Q端恒为0。同理，在释放键的过程中，只要一接通A，Q端就升至为1。只要开关K不再与B端接触，双稳态电路的输出将维持不变。

（2）软件防抖方法

如前所述，若采用硬件防抖电路，则 $N$ 个键就必须配有 $N$ 个防抖电路。因此，当键的个数比较多时，硬件防抖将无法胜任。在这种情况下，可以采用软件的方法进行防抖。当第一次检测到有键按下时，先用软件延时（10～20ms），而后再确认该键电平是否仍维持闭合状态电平。若保持闭合状态电平，则确认此键确已按下，从而消除了抖动的影响。

## 3.1.2 少量功能键的接口技术

在单片机控制系统中，由于其控制对象比较专一，往往只需要几个功能键，特别是在智能化仪器仪表中更是如此。

对于具有少量功能键的系统，多采用相互独立的接口方法，即每个按键接一根输入线，各键的工作状态互不影响。采用硬件中断或软件查询方法均可实现其键盘接口。设某系统需要8个功能键，采用中断方式接口的硬件电路图，如图3.4所示。

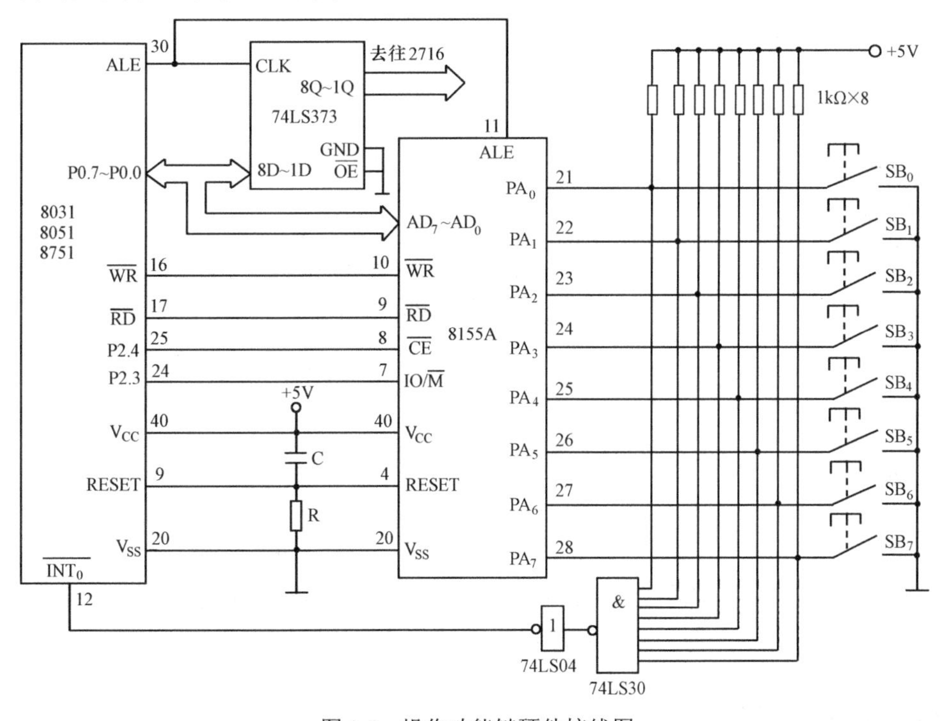

图3.4 操作功能键硬件接线图

如图3.4所示，按键$SB_7$～$SB_0$各具一种功能。当其全部打开时，对应的各条列线全部为高电平，使8输入与非门（74LS30）输出为低电平，反向后为高电平，不产生中断。当其中某个键被按下时，$\overline{INT_0}$端变为低电平，向CPU申请中断。CPU响应后，用查询的方法找出被按下的功能键，再通过软件查找出功能键服务程序的入口地址。为了把机械信号转换为电信号，图中使用了上拉电阻（1kΩ×8）。这样，当开关开启时，输出被提升到+5V。当开关关闭时，输入就被强制接地。由此，可写出相关的主程序及中断服务程序，如下所示。

主程序为：

```
        ORG     0000H
        AJMP    MAIN            ；上电后自动转向主程序
        ORG     0003H           ；外部中断0入口地址
        AJMP    KEYJMP          ；指向键处理中断服务程序
        ORG     0100H
MAIN:   SETB    IT0             ；选择边沿触发方式
        SETB    EX0             ；允许外部中断0
        SETB    EA              ；允许CPU中断
        MOV     DPTR,#0EF00H    ；指向8155命令口
        MOV     A,#02H
        MOVX    @DPTR,A         ；控制字写入命令寄存器
HERE:   AJMP    HERE            ；模拟主程序
```

中断服务程序为：

```
        ORG     0200H
KEYJMP: MOV     R3,#08H         ；设循环次数
        MOV     DPTR,#0EF01H    ；指向8155A口
        MOV     R4,#00H         ；计数寄存器清零
        MOVX    A,@DPTR         ；读入状态字
KYAD1:  RRC     A
        JNC     KYAD2           ；PA0=0，转向KYAD2
        INC     R4              ；计数器加1
        DJNZ    R3,KYAD1
        RETI
KYAD2:  MOV     DPTR,#JMPTABL
        MOV     A,R4
        RL      A
        JMP     @A+DPTR         ；转到响应功能键入口地址表指针
JMPTABL: AJMP   SB0             ；分别转到8个功能键响应入口地址
        AJMP    SB1
        AJMP    SB2
        AJMP    SB3
        AJMP    SB4
        AJMP    SB5
        AJMP    SB6
        AJMP    SB7
```

电路中如果不用中断方式，将按键直接与8031的I/O口线相接，可直接读入按键状态，然后用查询方式识别出被按下的按键。此时，查询顺序决定了键功能的优先权。

### 3.1.3 矩阵键盘的接口技术

矩阵式键盘常应用在按键数量比较多的系统之中。这种键盘由行线和列线组成，按键设置在行、列结构的交叉点上，行列线分别连在按键开关的两端。列线通过上拉电阻接至正电源，以使无键按下时列线处于高电平状态。

矩阵键盘可分为两大类，非编码键盘和编码键盘。编码键盘内部设有键盘编码器，被按下键的键号由编码器直接给出，同时具有防抖和解决重键等功能。非编码键盘通常采用软件的方法，逐行逐列检查键盘状态，当发现有键按下时，用计算或查表的方式得到该键的键值。

键盘矩阵与微型计算机的连接，应用最多的方法是采用I/O接口芯片，如8155、8255等。有时为

简单起见，也可采用锁存器，如 74LS273、74LS244 和 74LS373 等。

键盘处理程序的关键是如何识别键码，微型计算机对键盘控制的办法是“扫描”。根据微型计算机进行扫描的方法又可分程控扫描法和中断扫描法两种。

### 1．程控扫描法

图 3.5 所示为 4×8 矩阵组成的 32 键盘与单片机的接口电路。

在图 3.5 中，8255A 端口 C 为行扫描口，工作于输出方式。端口 A 工作于输入方式，用来读入列值。图中 I/O 口地址必须满足 $\overline{CS}$=0，才能选中相应的寄存器。由此可知，8255 控制寄存器、端口 A、端口 B、端口 C 的地址分别为 8300H、8000H、8100H 和 8200H。

在每一个行与列的交叉点上均接一个按键，故 4×8 矩阵组成 32 个键。为了说明各键的具体位置，事先按一定顺序给每一个键编一个号，如图中 0，1，2，3，…，1E，1F 等，称其为键值。所谓键译码就是找出每个键的键值，然后根据键值确定其是功能键还是数字键，并分别进行处理。

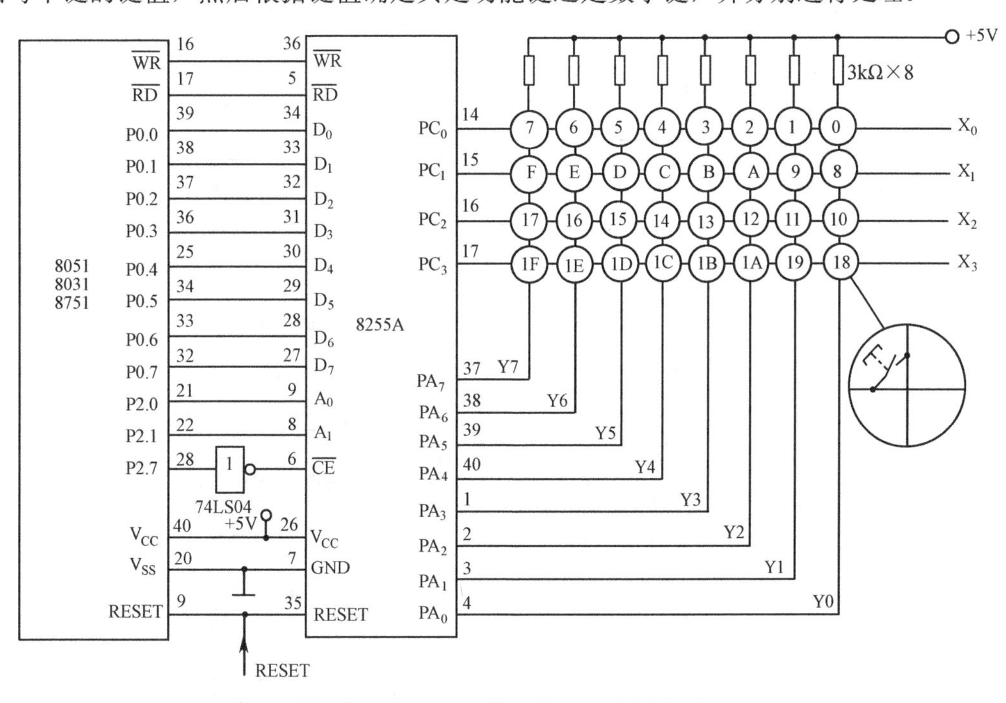


图 3.5　用 8255A 接口的 4×8 键盘矩阵

程控扫描法是由程序控制键扫描的方法。程控扫描的任务如下。

（1）首先判断是否有键按下。其方法是使所有的行输出均为低电平，然后从端口 A 读入列值。如果没有键按下，则读入值为 FFH，如果有键按下，则不为 FFH。

（2）去除键抖动。若有键按下，则延时 10～20ms，再一次判断有无键按下。如果此时仍有键按下，则认为键盘上有一个键处于稳定闭合期。

（3）若有键闭合，则求出闭合键的键值。求键值的方法是对键盘逐行扫描。先使 $PC_0$=0，然后读入列值，若等于 FFH，说明该行无键按下，再对下一行进行扫描（令 $PC_1$=0），如果列值不等于 FFH，则说明该行有键按下，求出其键值。求键值时，要采用行值、列值两个寄存器（或存储器）。每扫描一行后，如无键按下，则行值寄存器加 08H；若有键按下，行值寄存器保持原值，并转至求相应的列值。此时，首先将列值读数右移，每移位一次列值寄存器加 1，直到有键按下（低电平）为止。最后将行值和列值相加，即得到键值（十六进制数）。例如，$X_2$ 行 $Y_3$ 列键被按下，求其键值。第一次扫描 $X_0$ 行（$PC_0$=0），无键按下，行值寄存器=00H+08H；再扫描 $X_1$ 行，仍无键按下，再加 08H，即行值寄存器=08H+08H=10H；第三次扫描 $X_2$ 行，此时发现有键按下（列值不等于 FFH），则行值寄存器=10H 不变，转向求列值。具体做法是，将列值读数逐位右移，第一次移位，无键按下，列值寄存器=00H+01H=01H；第二次移位，无键按下，列值寄存器=01H+01H=02H；第三次移位仍无键按下，列值寄存器=01H+01H+01H=03H；当第四次移位时，发现有键按下（低电平），列值寄存器=03H，不变。将行值与列值相加，即行值寄存器的值加上列值寄存器的值=10H+03H=13H，故该键值为 13H。

若想得到十进制键值，可在每次相加之后进行 DAA 修正。

（4）为保证键每闭合一次，CPU 只做一次处理，程序中需等闭合键释放后才对其进行处理。

完成上述任务的程控扫描程序流程图，如图 3.6 所示。

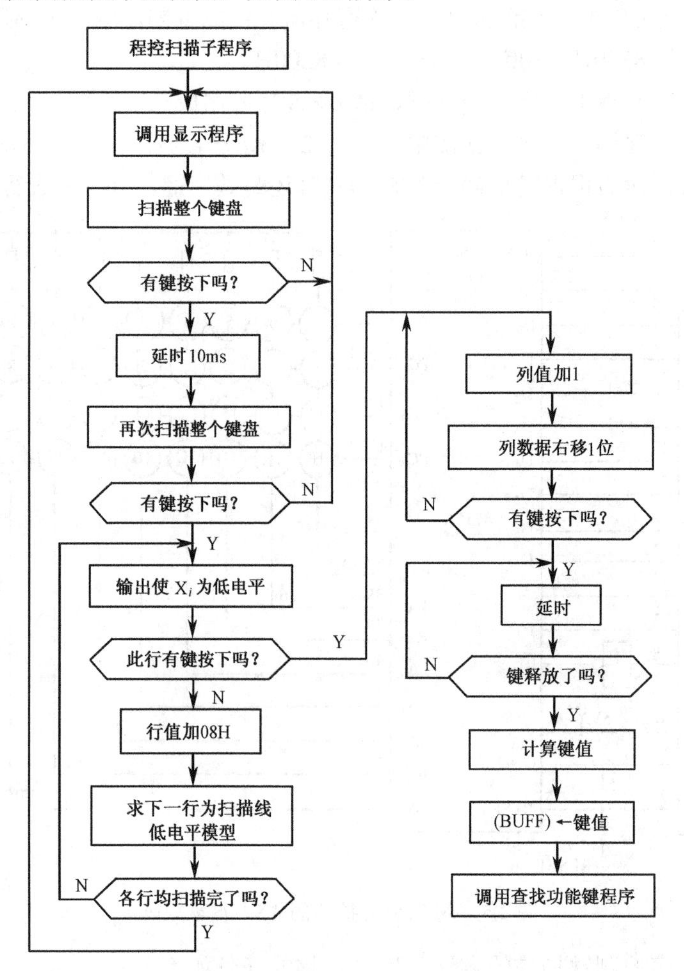


图 3.6　程控扫描法程序流程

根据图 3.6 所示可写出程控扫描法程序如下。

```
        ORG     0200H
KEYPRO: ACALL   DISUP           ；调用显示子程序
        ACALL   KEXAM           ；检查是否有键按下
        JZ      KEYPRO          ；若无键按下，则转 KEYPRO，继续等待并检查
        ACALL   D10ms           ；若有键按下，延时 10ms，以防止抖动
        ACALL   KEXAM           ；再次检查是否有键按下
        JZ      KEYPRO          ；若无键按下，则转 KEYPRO
KEY1:   MOV     R2,#0FEH        ；输出使 X0 行为低电平
        MOV     R3,#00H         ；列值寄存器清零
        MOV     R4,#00H         ；行值寄存器清零
KEY2:   MOV     DPTR,#8200H     ；指向 8255A  C 口
        MOV     A,R2            ；扫描第一行
```

```
         MOVX    @DPTR,A
         MOV     DPTR,#8000H      ; 指向 8255A  A 口
         MOVX    A,@DPTR          ; 读入列值
         CPL     A
         ANL     A,#0FFH
         JNZ     KEY3             ; 有键按下，转求列值
         MOV     A,R4             ; 无键按下，行值寄存器加 8H
         ADD     A,08H
         MOV     R4,A
         MOV     A,R2             ; 求下一行为低电平模型
         RL      A
         MOV     R2,A
         JB      ACC.4,KEY2       ; 判断各行是否全部扫描完毕，未完，继续
         AJMP    KEYPRO           ; 若全部扫描完毕，等待下一次按键
KEY3:            CPLA             ; 恢复列值模型
KEY4:    INC     R3               ; 求列值
         RRC     A
         JC      KEY4
KEY5:    ACALL   D10ms
         ACALL   KEXAM
         JNZ     KEY5             ; 若有键按下，转 KEY5，等待键释放
         MOV     A,R4             ; 计算键值
         ADD     A,R3
         MOV     BUFF,A           ; 存键值
         AJMP    KEYADR           ; 转查找功能键入口地址子程序
D10ms:   MOV     R5,#14H          ; 延时 10ms 子程序
DL:      MOV     R6,#10FFH
DL0:     DJNZ    R6,DL0
         DJNZ    R5,DL
         RET
BUFF     EQU     30H
KEXAM:   MOV     DPTR,#8200H      ; 指向 C 口
         MOV     A,#00H           ; 输出使所有行均为低电平
         MOV     @DPTR,A
         MOV     DPTR,#8000H      ; 指向 A 口
         MOV     A,@DPTR          ; 读入列值数据
         CPL     A
         ANL     A,0FFH
         RET
```

在键盘扫描程序中，求得键值只是手段，最终目的是要使程序转到相应的地址去完成键的操作。一般对数字键的处理，是将键值送至显示缓冲区进行显示。对于功能键则需先找到该功能键处理程序的入口地址，并转去执行该键的命令。因此，当求得键值后，还必须找到功能键处理程序的入口地址。下面介绍一种求转移地址的程序。

如图 3.6 所示，设 0，1，2，3，…，E，F 这 16 个键是数字键，其他 16 个键为功能键。已知各功能键入口地址标号依次是 CCS1，CCS2，CCS3，…，CCS16。当对键盘进行扫描并求得键值后，尚需做进一步处理。其方法是：首先判断被按下的键是数字键还是功能键。若为数字键，则送显示缓冲区，供显示；如果是功能键，即转到相应的功能键处理程序，完成功能操作。能完成上述任务的子程序流程图，如图 3.7 所示。

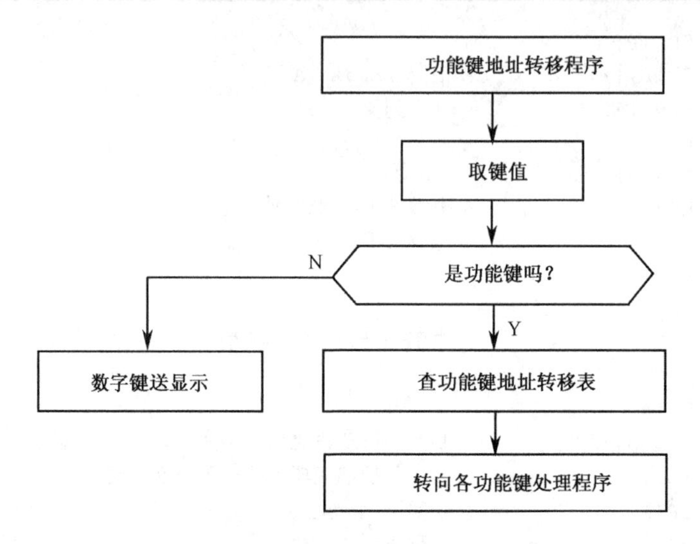


图 3.7　求功能键地址转移程序的流程图

由图 3.7 所示可编写功能键地址转移程序，如下所示。

```
        ORG     8000H
KEYADR: MOV     A,BUFF
        CJNE    A,#0FH,KYARD1
        AJMP    DIGPRO          ; 等于 F，转数字键处理
KYARD1: JC      DIGPRO          ; 小于 F，转功能键处理
KEYTBL: MOV     DPTR,#JMPTBL    ; 建立功能键地址表指针
        CLR     C               ; 清进位
        SUBB    A,#10H
        RL      A
        JMP     @A+DPTR         ; 转相应的功能键处理程序
BUFF    EQU     30H
JMPTBL  AJMP    AAA             ; 转到 16 个功能键的相应入口地址
        AJMP    BBB
        AJMP    CCC
        AJMP    DDD
        AJMP    EEE
        AJMP    FFF
        AJMP    GGG
        AJMP    HHH
        AJMP    III
        AJMP    JJJ
        AJMP    KKK
        AJMP    LLL
        AJMP    MMM
        AJMP    NNN
        AJMP    OOO
        AJMP    PPP
```

### 2. 定时扫描法

定时扫描法方式是 CPU 每隔一定的时间（如 10ms）对键盘扫描一遍。当发现有键被按下时，便进行读入键盘操作，以求出键值，并分别进行处理。定时时间间隔由单片机内部定时/计数器产生。这样可以减少计算机扫描键盘的时间，以减少 CPU 开销。具体做法是：当定时时间到期时，定时器自动输出一脉冲信号，使 CPU 转去执行扫描程序。用这种方法扫描和求键值，以及区别功能键与数字键的方法与程序扫描法类似。但有一点需要指出，即采用定时扫描法时，必须在其初始化程序中，对定时器写入

相应的命令，使之能定时产生中断，从而定时完成扫描任务。为简化设计，在比较大的系统中，也可以每隔一定长度的程序设置一次键盘查询程序。

3. **中断扫描法**

无论是程控扫描法还是定时扫描法，都占用 CPU 大量的时间。不管有没有键入操作，CPU 总要在一定的时间内进行扫描，这对于单片机控制系统和智能仪表都是很不利的。为进一步节省机时，还可以采用中断扫描法。这种办法的实质是，当没有键入操作时，CPU 不对键盘进行扫描，以节省出大量时间对系统进行监控和数据处理。一旦键盘输入，即可向 CPU 申请中断。CPU 响应中断后，立刻转到相应的中断服务程序，对键盘进行扫描，判别键盘上闭合键的键号，并做相应的处理。

图 3.8 所示为中断扫描方式硬件接线图。

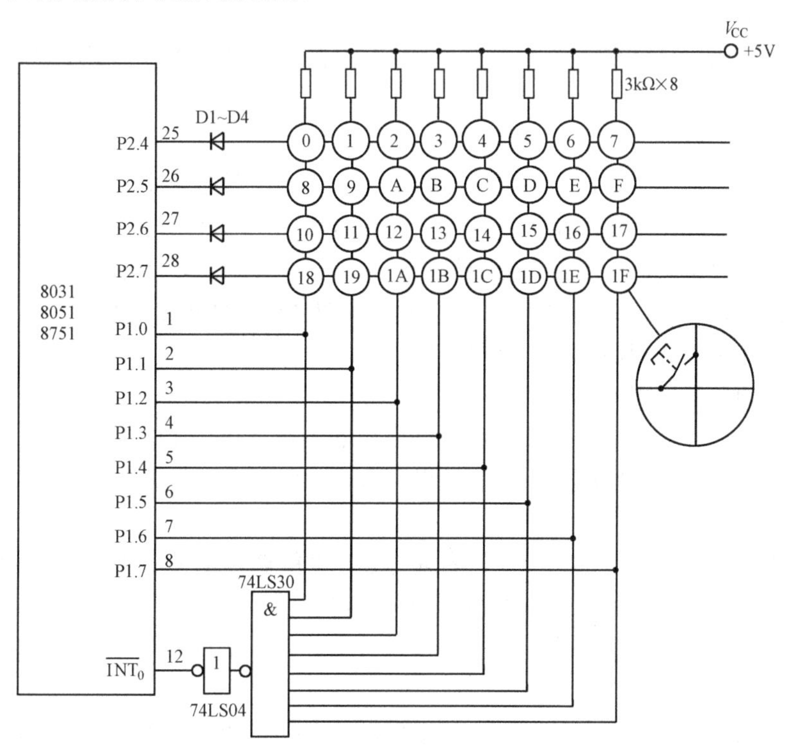


图 3.8 中断扫描方式原理图

如图 3.8 所示，没有键按下时，所有列线均为 1，经 8 输入与非门及反相器，输出一高电平到 8031 的 $\overline{INT_0}$ 引脚，此时不申请中断。一旦有键按下，则高电平通过键加到该行的二极管正端，使二极管导通。同时，该列线输出低电平，从而使 $\overline{INT_0}$ 有效，向 8031 申请中断。8031 响应后，即刻转至中断服务程序，查出键号，进一步做相应处理。扫描方法与程控扫描法相同，不同之处仅在于，此法仅在有键入操作时才对键盘扫描，若无键按下，CPU 执行主程序或处理其他事务。这样可节省大量的空扫描时间，进而提高了计算机的工作效率。

## 3.1.4 电子薄膜开关的应用

前边介绍的功能键及矩阵键盘中的开关，大都采用分立开关，这种开关大多数由机械触点组成，结构简单、可靠性高，而且寿命较长，但它不太美观，体积也较大。近年来，随着控制系统和仪器仪表的小型化，以及大宗家用电器的出现，一种外观新颖、体积小、重量轻，同时具有防尘、防水、防有害气体、防腐蚀等特点的薄膜开关面板悄然兴起，成为制造业一道亮丽的风景线。薄膜开关集功能按键、指示向导、仪器面板为一体的新型操作面板，具有操作功能和外观装饰的双重作用。

**1. 薄膜开关的特点**

（1）色彩亮丽赏心悦目

薄膜开关的面板多采用毛面聚碳酸酯（PVC），通过丝网漏印的方法，将图文印刷在该膜的反面。它可以任意选定所需的色彩，因而色彩亮丽，这是常规的机械开关面板所无法比拟的。为此，在设计面板时，可结合产品的特点及其应用领域，合理地选择色彩，以充分显示色彩的作用并反映出先进的、科学的设计理念。

色彩的应用，虽然在工艺制作时一般都能实现，但在实际应用上要有的放矢，慎重处理，最大程度上让色彩为其功能服务。例如，功能相近和互为依存关系的键组尽量为同一种颜色；文字和图案应与封底色彩有较大的反差；接近的位置色彩尽量标识明显；功能仪器宜柔和典雅，以示庄重；家用电器可华丽些，以点缀环境气氛。

通常色彩以 3~4 种为宜。色彩过多，不仅使人眼花缭乱，同时也会增加制作难度和成本，而且操作起来也不方便。

（2）文字说明一目了然

文字是操作指导，起直接向操作者指示功能的作用，或对仪器的功能做出解说。因此，所用的文字一要简洁、明了；二要尽量少，以便操作者一目了然。通常，使用色块按键的薄膜开关，其文字尽量放在色块里，如果色块中放不下，可放在靠近色块处；在同一个键盘上，所放位置和按键风格尽量一致。

此外，还要注意文字的大小及笔画的粗细。一般选用黑体或细线远圆角体，这种字体笔画横竖等宽，字形规整易辨，与整体设计适应性强，工艺再现性也好。

（3）形意图案更加方便使用

形意图案是近年来在产品面板设计上逐步得到应用的一种以图代文的解说形式。由于薄膜开关面板得天独厚的条件，使它能充分发挥形意图案的效果，为设计者提供一个施展才华的舞台，因而具有更加强烈的时代气息。

形意图案的特点是简洁明快、寓意形象、表现力强，并能增强记忆，能起到文字注释难以起到的作用，因而得到了广泛的应用，是目前操作键盘的一种趋势。

所谓形意图案是指根据仪器的操作内容特点而精心设计的一组特殊图形标志，以取代文字的叙述，如图 3.9 所示。

所用的图形除法定的部分标志性符号外，可根据需要自行设计，但要注意不要太随意，让人难以揣摩。有时为了更加明白，可采用图形和文字结合的办法，所配文字可根据使用对象选用中文或英文：如图 3.9 中的文字可用时间、上移、下移、循环、STOP、关门、开门和自锁等。

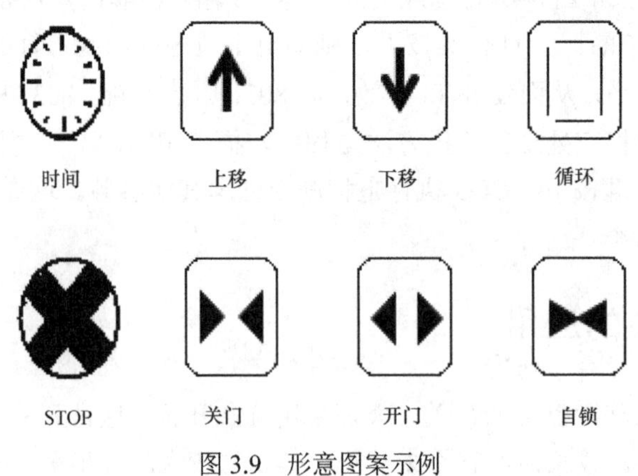


图 3.9　形意图案示例

（4）键体清秀美观

薄膜开关的面板，其按键的形体不像分立开关那样，要受到开关元件形体的限制。它可以根据整体设计的需要而确定，可以是圆形的，也可以是矩形的，因而具有更大的灵活性。一般采用矩形，这与整机的外形更加协调。

键的大小虽然目前尚无统一的标准，但设计时应考虑符合实用、美观、匀称的原则。特别是对于键数比较多的仪器，更应考虑操作的方便性，要求符合人机工程学的关系。表3.1是推荐尺寸。

表3.1　键体尺寸推荐表

| 序号 | 键尺寸 L×B/mm | 两键中心距/mm | 说　明 |
|---|---|---|---|
| 1 | 10×10 | 14 | 1. 在这些尺寸内键的形状可以是矩形的也可以是圆形的。<br>2. 最常用的为序号中的2、3。<br>3. 序号中5、6可以在每个键的左上角带指示灯透明窗口，窗口尺寸为5mm×3mm或$\phi3\sim\phi5$。 |
| 2 | 12×12 | 17 | |
| 3 | 14×14 | 17 | |
| 4 | 16×16 | 20 | |
| 5 | 18×18 | 23 | |
| 6 | 20×20 | 25 | |

（5）透明视窗画龙点睛

透明窗口有两种类型：一种是供显示器件（例如LED显示器）指示参数用，称为显示窗口；另一种是使发光二极管做指示用，以提供系统的运行情况，如正常、报警等，称为指示窗口。

各透明窗口应根据显示器（或指示灯）的大小而设计其尺寸，宜设计成透明有色的，这样可隐蔽底部元件，活跃面板气氛，区分动作的功能。

选择适当的透明色彩，还可以起到对发光显示元件的滤光作用，使数字显示更加清晰。

透明窗口在整个操作面板上起到"画龙点睛"的作用，因此，设计者应整体考虑键盘的尺寸、形状和布局。

#### 2. 薄膜开关的设计

与一般分立开关设计一样，薄膜开关的设计也分两部分：一部分是硬件电路，一部分是软件。其软件设计部分与分立元件组成的少量功能键盘及矩阵键盘的设计是完全一样的，此处不再赘述。下面只讲一下薄膜开关的硬件结构及设计方法。

（1）开关的选择

与市售的分立元件开关不同的是，薄膜开关大都要到厂家预定。设计者写好用户需求书提交给制造商，内容包括操作面板的大小尺寸、布局及键的数量等工艺资料。由于薄膜键盘是一次成形的，因此要求设计者在提交工艺资料文件之前，一定要考虑仔细、全面。

为便于设计者提交一个合格的文档，下面讲一下薄膜开关在设计中应注意的问题。

这里所谓的键盘是指开关的触点，通常由薄铜片制成。高级的也可以采用镀金触点，以减少按键电阻，键盘有以下几种。

①迷宫式

顾名思义，迷宫式薄膜键盘其下层为由金属薄片做成的像迷宫一样的触点层，称做被动电路，上层电路是一个能覆盖迷宫触点的触头。在外力的作用下，使迷宫的某两条线段接通。迷宫键盘的形式很多，常见的如图3.10所示。

设计迷宫键盘时，不相连的两线间的距离通常在0.8～1.2mm，不宜过宽，否则影响两触点的接通，迷宫部分的线段，在允许的情况下，应尽量多设几组，以便增加导通的几率。

迷宫式键盘的优点是两触点连线长，接触几率大，只需稍加用力即可接通，因而可靠性高。

②触点式

这种薄膜键盘的结构分成上下两个导通的触点，触点的形式可以是圆形的，也可以是矩形的，通常依键的形状而定。触点的大小一般比键体的周边略小1～2mm，等大或过大是没有实际意义的。

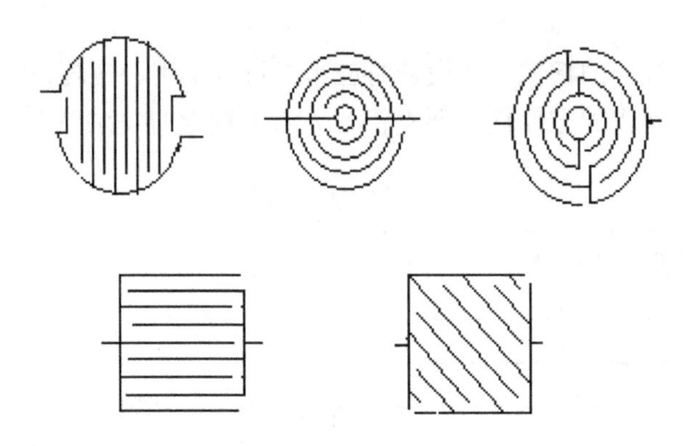

图 3.10　迷宫键盘的几种形式

上下触点分别设计成相连通的横线和竖线，或分别为左倾或右倾的形式，使叠合时构成网状结构。特别是上层电路的触点，间隔而连贯的线条对抵抗频繁的蠕动，维护面板的弹性将有很大的好处，同时也可节省贵金属材料。

（2）电路设计

薄膜键盘形状选定后，下一个重要任务就是设计键盘电路。薄膜键盘电路的设计有两种。一种是公共总线法，如图 3.11 所示。

该电路的特点是把所有薄膜开关的一端都连接在一条公共的总线上，构成键盘公共端。开关的另一端分别连出若干独立的线路。这种线路与本书图 3.4 所示的少量功能键设计类似，其公共线部分可接地（或接+5V 电源），各个独立线可分别接至 I/O 接口或单片机的 P1 口上，软件设计与图 3.4 也完全一样。该方法只适用于少量功能键系统。

薄膜开关的另一种电路就是矩阵电路。方法与前边讲过的矩阵键盘设计也基本相同，读者可参考有关部分。

薄膜开关电路的设计，作为工艺指导文件，应注意以下几个问题。

（1）引线位置

引线的出线位置，应设计在后置电路的同一轴线上，并应考虑接插时的合理性与方便性。引线位置还应考虑到矩阵连线的出线，应尽量减少弯折，并使连线为最短。

（2）线距与线数

在薄膜开关设计中，常常采用敷铜软胶片作为引线，为了能与电路中的开关元件接触更好，通常线距为 2.54mm，各尺寸关系如图 3.12 所示。

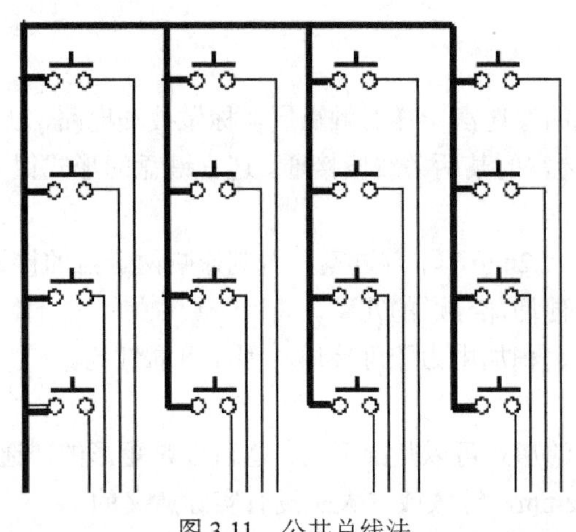

图 3.11　公共总线法

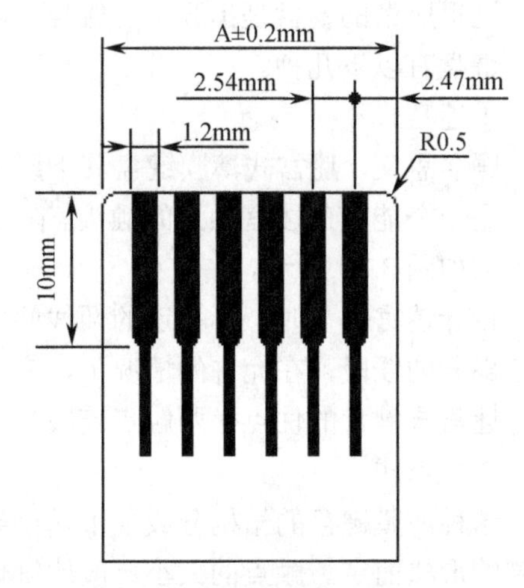


图 3.12　引线及其接口尺寸

此外，为了标准化，其引线的出线位数也有规定，详见表 3.2。

**表 3.2　专用接插件规格表**

| 位数 | 5 | 8 | 10 | 12 | 14 | 16 | 18 | 20 |
|---|---|---|---|---|---|---|---|---|
| 插口尺寸(最小)(A) | 15.5 | 23.0 | 28.0 | 33.1 | 38.2 | 43.3 | 48.4 | 53.4 |

为便于测量和寻找各线脚的接线关系，在行与列的引线之间，要空一线，公用总线与各引线之间也空一线，以便区别。

当出线位数与表 3.2 所列的线位数不相符合时，应采用“假线位”，使它与选定的接插件吻合，并与被连接的后置电路的出线保持一致，以防止错位（多余的线位空着）。这在设计电路时应统筹考虑。

（3）引线长度

由于薄膜开关的引线是与电路制作在同一薄膜片基上的，是一个柔性体，以适应弯曲的需要，因此其长度要比实际长度稍长，同时还要考虑插拔时应方便，通常为 80～100mm，可根据实际情况决定，通常比实际长 30mm 左右。

## 3.1.5　键盘特殊功能的处理

在某些场合，除了前面讲的功能键和数字键之外，还有一些特殊用途的功能键。

### 1. 键盘锁定技术

在计算机控制系统或智能化仪器中，有时为了防止无意按键给系统带来破坏性的影响，常常在键盘上加锁。

键盘锁定的方法有很多种，最常用的有两种方法。一种是设置一个标志状态位，使键盘在进行扫描之前，先对标志状态位进行分析。如果是“锁定”状态（0），不进行键处理；若为“打开”状态（1），便继续进行键扫描及分析。另一种方法是，将“锁”加在键值锁存器的控制信号上，通过改变控制信号的状态来控制键盘的“锁定”及“打开”。这两种方法的原理图，如图 3.13 所示。

如图 3.13 所示，图（a）为状态“锁定”方法。当“锁”处于水平位置时，8031 的 P1.0 位被置于“0”状态，而当“锁”为竖直位置时，P1.0 位为“1”状态。需要进行键译码时，首先检查 P1.0 位的状态，若其为“0”，则不进行译码。因此，这时虽有按键按下，但不起作用。系统调试时，如果需要用键盘，首先将“锁”打开（即放在竖直位置），用起来非常方便。

图 3.13（b）只是把缓冲/驱动器 741S244 原来由 P2.7 控制的使能信号 $1\overline{G}$ 改由“锁”和 P2.7 联合进行控制。图（b）中其他部分与图（a）完全相同。当“锁”处于锁定（垂直）位置时，与非门右输入为 1，其输出端为 1，故列值不能读出，因此键盘被锁定；若将“锁”打开，则与非门输出 0，从而打开 74LS244 的使能控制端 $1\overline{G}$。CPU 可以通过 74LS244 读入键盘列值，进而对键盘的现状进行分析。

### 2. 双功能键和多功能键的设计

为了节省功能键的数量，经常采用双功能键或多功能键。这时，可以采用设置上/下挡开关的措施来构成双功能键。当开关处于上挡位置时，按键为上挡功能；当开关处于下挡位置时，按键具有下挡功能。如图 3.14 所示为双功能键设计原理图。图中上/下挡判断信号由 8255 的 $PA_7$ 位采样。

在双挡键程序设计中有两种处理方法。一种是根据上、下挡的位置（$PA_7$ 的状态），赋予同一个键两个不同的键值，根据不同的键值转到相应的功能键入口子程序；另一种处理方法是每个功能键只赋予一个键值，但在转到功能键处理程序之前，需根据上/下挡键标志进行判断，分别转到相应的处理程序。图中的发光二极管作为指示灯，用来区别当前键盘是处于上挡键状态还是在下挡键状态。

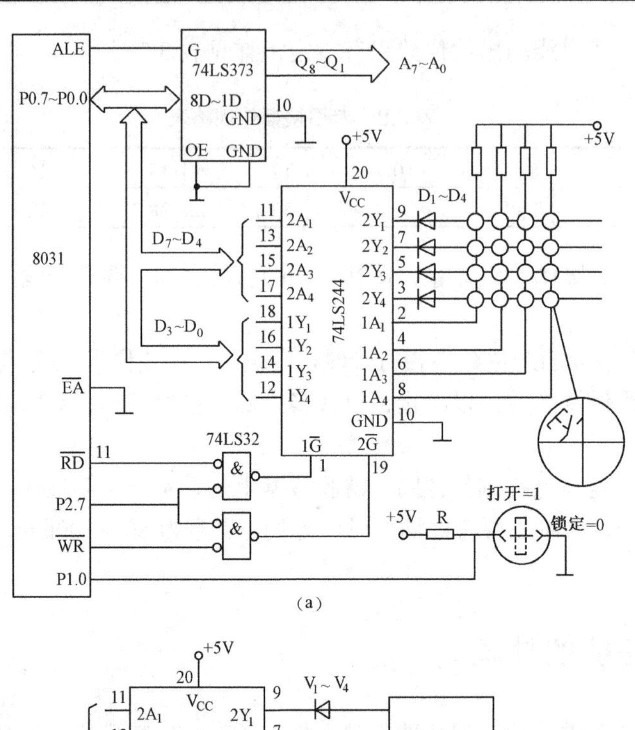


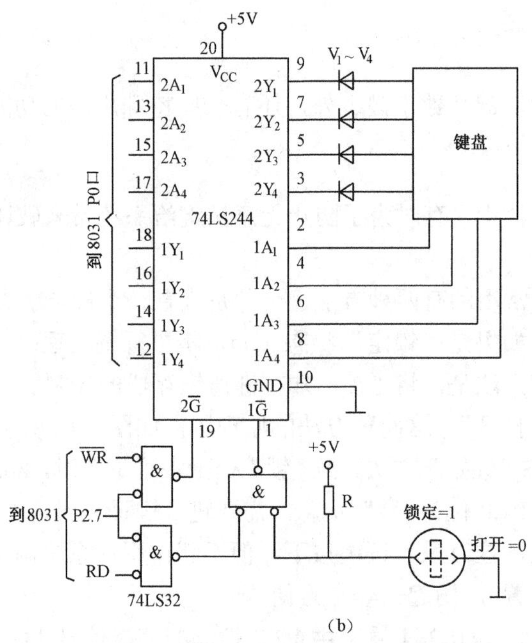


图 3.13 键盘锁定技术的原理图

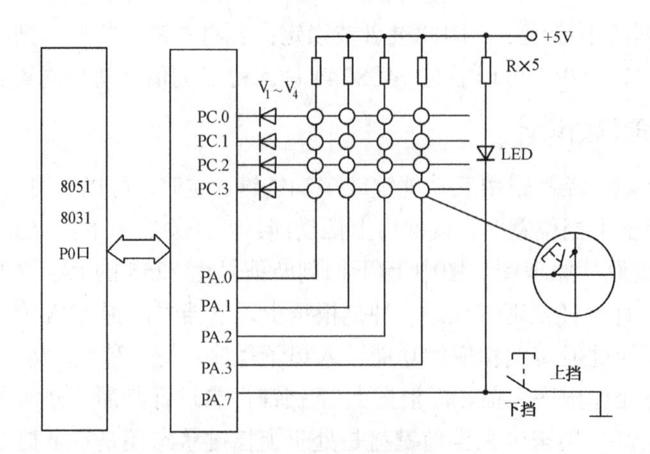


图 3.14 双功能键原理图

如果选择一个 RAM 单元对某一个键按下的次数进行计数，同时配合一个启动键，当按下启动键后，当前计数值有效，根据不同的计数值转入相应的功能程序。这样，便使一个键具有了多种功能。

使少量键具有更多控制功能的另一条途径是采用复合键，即将两个或两个以上的键联合。只有当这些键同时按下的时候，才能转去执行相应的功能程序。事实上“同时按下”是不可能的，为确保相关键的复合，可定义一个引导键。只有该键与其他键同时按下时（即按住引导键不放），才形成一个复合键，执行复合键相应的功能。单纯地按下引导键，只执行空操作。PC 的很多操作功能就是用这种方法实现的，如“Shift+#”，“Ctrl+Y”，“Ctrl+Alt+Del”等都是复合键。

## 3.2 红外遥控键盘接口技术

红外遥控技术通过光信号传递信息，红外光的波长远小于无线电波的波长，所以红外遥控不易影响临近的无线电设备和其他设备，也不容易受到其他电磁波的干扰，其频率的使用也不像无线电那样受到很多限制，而且通信的可靠性高。此外，由于红外线为不可见光，因此对环境的影响小，它有很强的隐蔽性和保密性，在防盗和警戒等安全系统得到了广泛的应用。

随着家电和智能化仪器的发展，红外线遥控器也得到了广泛的应用。而且，随着控制技术的发展，工业上也屡见不鲜。特别是一些特殊场合，如高低温、多灰尘及含有有毒气体的地方，使用红外线遥控键盘将更加方便。

红外遥控技术的缺点是传送距离近（低于 12m），而且不具有无线电遥控那样穿过障碍物去控制被控对象的能力，因此广泛应用于短距离的控制。当然，通过放大器把红外线的功率放大，也可以传送更远的距离。

随着电子技术及单片机技术的发展，现在已经研制出许多红外遥控专用芯片。使遥控键盘的设计非常方便。如 NB9148/NB9149 和 BA5048/BA5049/BA5050 多路红外遥控集成电路、BA5101/BA5201 红外遥控专用集成电路、BA5104/BA5204/BA5302 红外遥控集成电路、CX20106 红外接收专用集成电路、GL3276A 红外专用前置放大集成电路、KA2181 红外接收专用集成电路、LA7224 红外接收专用集成电路、LC2210 四功能红外遥控集成电路、LC9301/LC9305 红外遥控专用集成电路、PT2262-1R/PT2272 红外遥控发射/接收集成电路、RTS703/RTS702 九路红外遥控集成电路、UPC1373H 红外接收专用集成电路等，都是目前常用的红外遥控集成电路。用户可根据需要选用。

下面以 NB9148/NB9149 为例，重点介绍红外遥控键盘的设计方法及应用。

### 3.2.1 红外发射电路（NB9148）

NB9148/NB9149 是配对使用的多路红外发射编码集成电路，广泛应用于各种遥控器应用系统中。其中 NB9148 是发射器，采用 CMOS 电路，功耗极低，工作电压范围宽（2.2～5.5V）；内置振荡器电路，外部电路也非常简单；具有 18 种功能和 75 种指令，其中 13 个为单独触发，63 个为多键触发（最多可达 6 键）。

NB9148 采用 16 管脚的 DIP 封装，其组成及原理框图，如图 3.15 所示。

#### 1. NB9148 管脚

NB9148 管脚功能如下。

- GND、VDD：地和电源。
- XT、$\overline{\text{XT}}$：外接时钟晶体振荡器引脚，接 455kHz 的晶振。
- K1～K6：按键矩阵输入引脚 1～6。

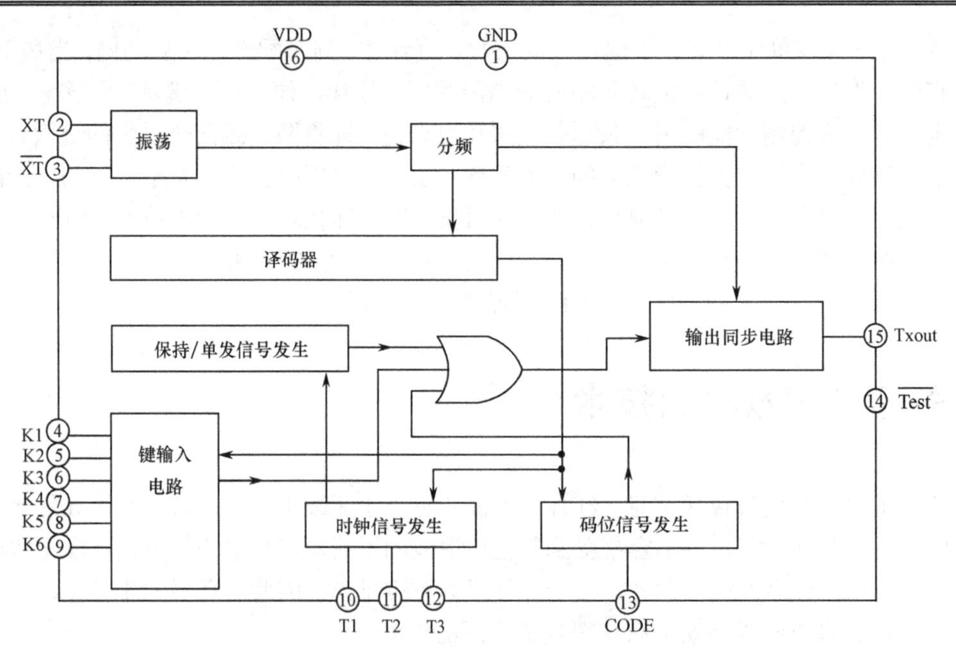


图 3.15　NB9148 组成及原理框图

- T1～T3：按键矩阵扫描引脚。
- CODE：码位输入引脚，用做传输和接收的码位匹配。
- Txout：编码输出引脚。
- $\overline{\text{Test}}$：测试引脚。

### 2. NB9148 组成及工作原理

如图 3.15 所示，NB9148 由振荡电路、分频电路、键输入电路、保持/单发信号发生电路、码位信号发生电路、时钟信号发生电路和输出同步电路等组成。

振荡电路：NB9148 内含 CMOS 反相器及自偏置电阻，通过外接晶体振荡器或 LC 串联谐振回路即可组成振荡器。当晶体振荡频率为 455kHz 时，发射载波频率为 38kHz。只有当按键按下时，才产生振荡，以降低功耗。

键输入电路：通过 K1～K6 输入和 T1～T3 扫描信号，可接成 6×3 键盘矩阵。T1 列扫描的 6 个键（编号为 K1～K6），可由任意多个键组成 63 个状态，输出连续发射。T2 和 T3 这两列扫描的键（编号为 7～18）均只能单独使用，每按一次只能发射一组控制脉冲。若一列上的几个键同时按下，其优先顺序为 K1、K2、…、K6。在同一 K 线上的键同时按下，其优先顺序为 T1、T2、T3。

### 3. NB9148 发射命令格式

NB9148 发射的命令由 12 位数据码组成，其格式见表 3.3。

表 3.3　NB9148 发射命令格式

| C1 | C2 | C3 | H | S1 | S2 | K1 | K2 | K3 | K4 | K5 | K6 |
|---|---|---|---|---|---|---|---|---|---|---|---|
| 用户码 | | | 连发/单发码 | | | 数据码 | | | | | |

其中，C1～C3 是用户码，用来确定不同的模式。不同用户码的设定方法为：当 T1、T2、T3 引脚之间连接有二极管时，分别代表 C1、C2、C3 为“1”；若它们之间无二极管连接时，则代码为“0”。当 NB9148 与 NB9150 配合使用时，T3 引脚必须接二极管；当 NB9418 与 NB9149 配合使用时，T1 引脚必须接二极管。由此可见，C1 和 C2 的组合用于与接收电路 NB9149 相配合。每种组合可以有 3 种状态：

01、10、11，00 状态表示禁用。

H、S1 和 S2 是代码连续发送或单次发送的码，且分别与 T1、T2、T3 的列一一对应。K1 和 K6 是发送的数据码。

不同的键号与键码之间的关系，如表 3.4 所示。

**表 3.4　键号与键码之间的对应关系**

| 键盘 | 键码 | | | | | | | | | 输出形式 |
|---|---|---|---|---|---|---|---|---|---|---|
| | H | S1 | S2 | K1 | K2 | K3 | K4 | K5 | K6 | |
| 1 | 1 | 0 | 0 | 1 | 0 | 0 | 0 | 0 | 0 | 连续 |
| 2 | 1 | 0 | 0 | 0 | 1 | 0 | 0 | 0 | 0 | 连续 |
| 3 | 1 | 0 | 0 | 0 | 0 | 1 | 0 | 0 | 0 | 连续 |
| …… | | | | | | | | | | 连续 |
| 6 | 1 | 0 | 0 | 0 | 0 | 0 | 0 | 0 | 1 | 连续 |
| 7 | 0 | 1 | 0 | 1 | 0 | 0 | 0 | 0 | 0 | 单发 |
| …… | | | | | | | | | | 单发 |
| 12 | 0 | 1 | 0 | 0 | 0 | 0 | 0 | 0 | 1 | 单发 |
| 13 | 0 | 0 | 1 | 1 | 0 | 0 | 0 | 0 | 0 | 单发 |
| …… | | | | | | | | | | 单发 |
| 187 | 0 | 0 | 1 | 0 | 0 | 0 | 0 | 0 | 1 | 单发 |

**4. 时序设计及波形分析**

（1）发射波形“0”和“1”的识别

正脉冲的占空比为 1/4 时，代表“0”，正脉冲的占空比为 3/4 时，代表“1”。如图 3.16 所示。

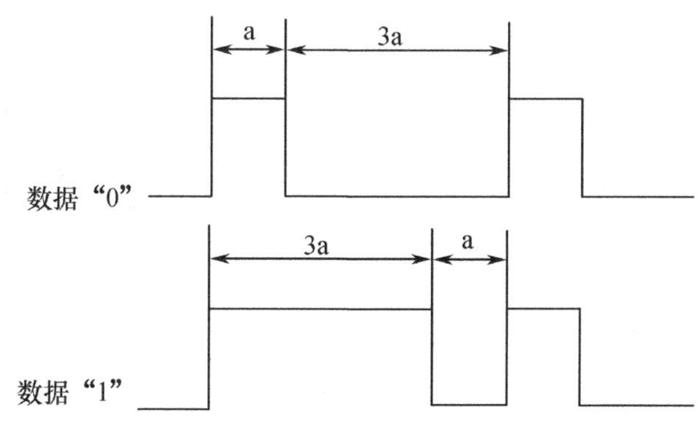


图 3.16　数据“0”和“1”的波形

（2）载波

无论“0”还是“1”，它们被发射时，正脉冲被调制在 38kHz（振荡频率为 455kHz 时）的载波上，载波的占空比为 1/3，这样有利于减小功耗，如图 3.17 所示。

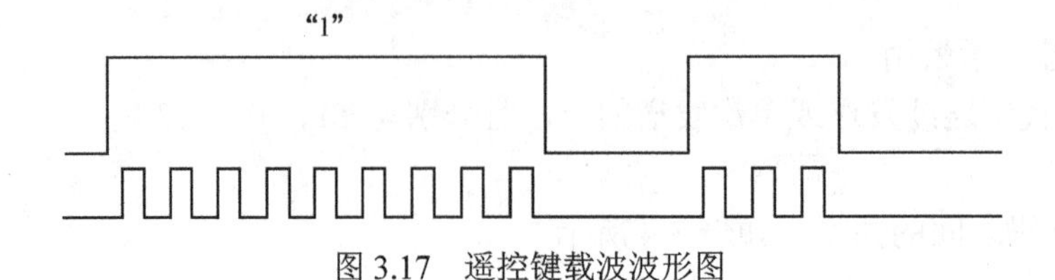


图 3.17　遥控键载波波形图

（3）基本发送波形

正如表 3.3 所示，每个发送周期按 C1、C2、C3、H、S1、S2、K1、K2、K3、K4、K5、K6 的次序串行发送，总长度为 4$a$，其中 $a=(1/f_{use})\times 192$ 秒，NB9148 芯片波形如图 3.18 所示。

图 3.18　NB9148 发送数据结构波形图

（4）单发信号

凡是按下单发信号键时，只发送两个周期输出码，如图 3.19 所示。

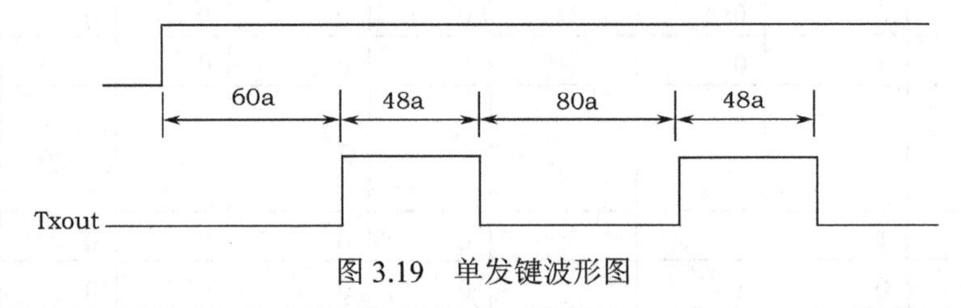


图 3.19　单发键波形图

### 3.2.2　红外接收电路（NB9149/NB9150）

NB9149/9150 是与 NB9148 配套的红外信号接收电路。其中，NB9149 有 16 个管脚，NB9150 有 24 个管脚，采用双列直插式结构。

NB9149/9150 的结构如图 3.20 所示。

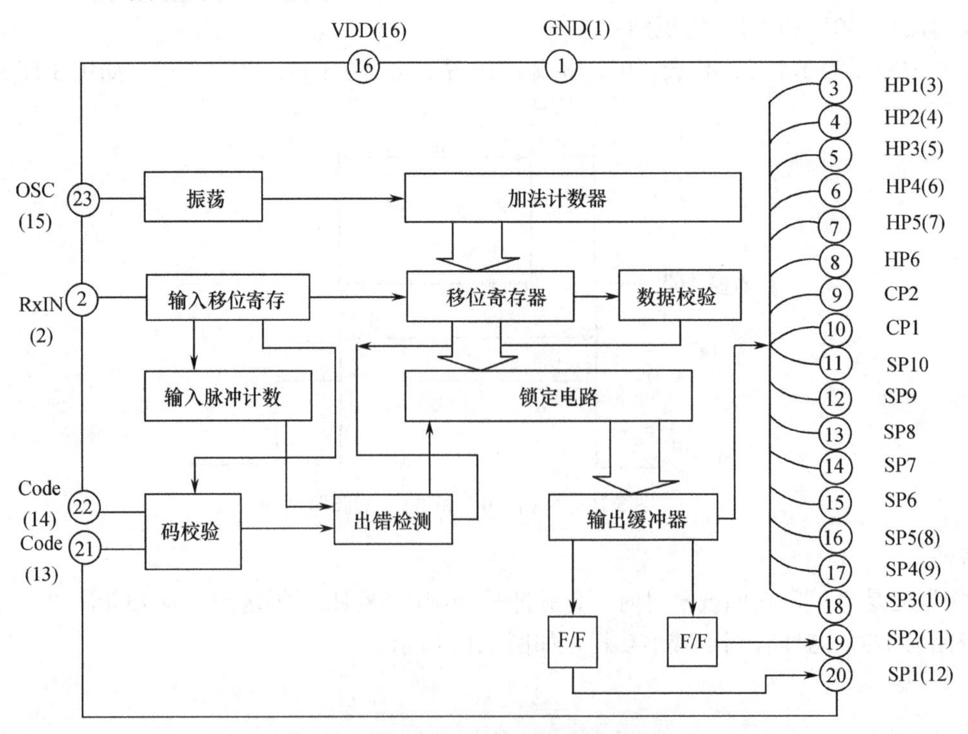


图 3.20　NB9149/9150 内部结构和管脚

与 NB9149 配对使用时组成 10 路红外遥控组件，与 NB9150 配对使用时组成 18 路红外遥控组件。

### 1. NB9149/9150 管脚

从图 3.20 可以看出，NB9149/9150 的组成结构基本相同，不同的只是 NB9150 输出管脚更多。图中，管脚带括号的为 NB9149。各管脚功能如下。

- GND、VDD：地和电源。
- RxIN：接收信号，输入。NB9148 发射信号，滤除载波信号后，以此管脚输入。
- HP1～HP6：连续信号，输出一直保持高电平。
- CP1、CP2：周期信号，输出。输入一次相应接收信号，输出重新转一次。
- SP1～SP10：单发信号，输出。输入一次相应接收信号，输出保持约 107ms 高电平。
- Code：码输入，传输码与该端设定的码比较，只有相同，输入才被接收。
- OSC：振荡。通过并联电阻和电容产生振荡。

### 2. NB9149/9150 组成及工作原理

NB9149/9150 是集成的红外信号接收芯片，其内部包含了红外信号接收所需要的全部电路，如接收寄存器、计数器、码校验、锁定电路及输出缓冲器等。现将主要电路说明如下。

（1）接收信号输入电路

来自 NB9148 发射的载波红外信号，由光接收元件接收的信号经放大、检波后，去除 38kHz 载波到信号输入端 RxIN。接收信号输入电路内部包含斯密特触发器整形电路，对接收信号进行整形，如图 3.21 所示。

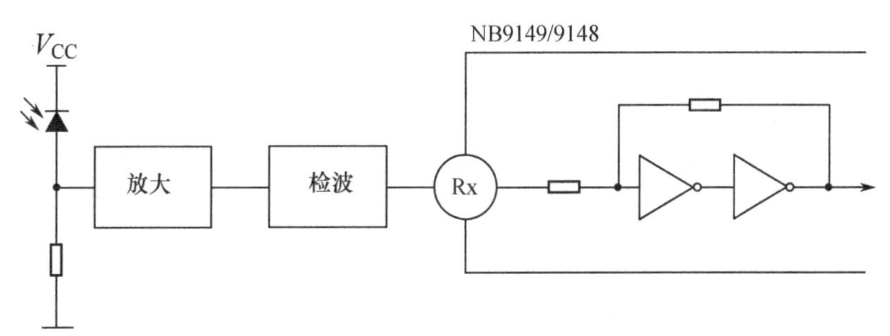


图 3.21　NB9149/9150 接收电路

（2）振荡电路

发射信号的时间检测和内部动作时钟都由此电路决定。NB9149/9150 的振荡电路比较简单，只要外接 RC 即可。其电路如图 3.22 所示。

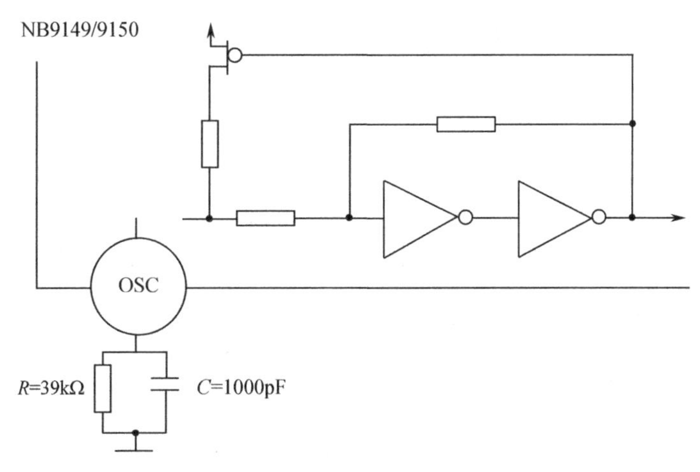


图 3.22　NB9149/9150 振荡电路

（3）接收信号的检查和比较

因为发送信号有 C1、C2 和 C3 供用户编码的码位信号，所以接收端也必须要有相应的码信号与之对应。不同的机器采用不同的编码，以便区分，详见表 3.5。

表 3.5 接收的用户码和本地用户码对照表

| NB9148 配 NB9149 | | | NB9148 配 NB9150 | | |
|---|---|---|---|---|---|
| C1 | C2 | C3 | C1 | C2 | C3 |
| 1 | 0 | 1 | 0 | 1 | 1 |
| 1 | 1 | 0 | 1 | 0 | 1 |
| 1 | 1 | 1 | 1 | 1 | 1 |

NB9149 除接收数据之外也会对接收的用户码和本地用户码进行判断，当发射和接收的用户码相同时，NB9149 会产生锁定脉冲，以便锁定输入数据；否则，无锁定脉冲产生，输出停留在低电平。

NB9149 的本地码也相应地包含 C1、C2 和 C3，其中 C1 由内部电路固定地设置为“1”，C2 和 C3 由 Code2（13）和 Code3（14）引脚上是否有接到电源上的上拉电阻来确定。当 C2 和 C3 引脚上有上拉电阻时，相应的位被设置为“1”，否则被设置为“0”。使用时，在 NB9148 未设置为“0”的 C1、C2 引脚连接一个 0.001～0.002μF 的电容，以便使两个引脚在开机时同时处于低电平状态，使内部电路产生初始化脉冲，随后 C1 和 C2 停留在设定的电平上。由于 C1、C2 不能同时为“0”，因此，这两个引脚至少有一个接电容。

在通过用户码的检验后，NB9149/9150 会利用锁定脉冲将输入数据锁存到内部寄存器单元。

前边已经讲过，从遥控发射电路 NB9148 中发射出来的信号为 12 位，每次发射两组，在检查接收信号时，首先将第一组接收数据寄存到 12 位移位寄存器内，然后将第二组数据与第一组数据进行比较。若相同，则相对应的输出从低电平上升为高电平，否则，则产生错误信号，立即使系统复位。

对于 SP1～SP5 有效的情况，当 NB9149 在 12 位接收数据检查正确后，在相应的引脚输出端产生一个脉宽为 107ms 的正脉冲，如图 3.23 所示。

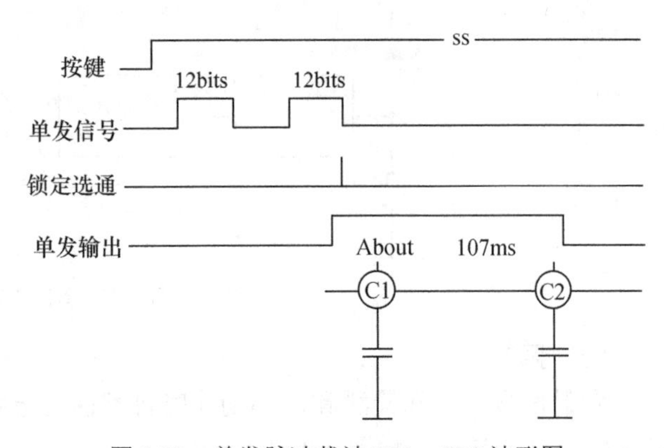


图 3.23 单发脉冲载波 SP1～SP5 波形图

对于 HP1～HP5 有效的情况，当接收到连续信号后，在第一个锁定脉冲产生的同时，在相应的输出端产生高电平，直至最后一个锁定脉冲结束后 160ms，再返回到低电平状态。当多键操作时，各相应的 HP 输入端会同时并行输出连续脉冲，如图 3.24 所示。

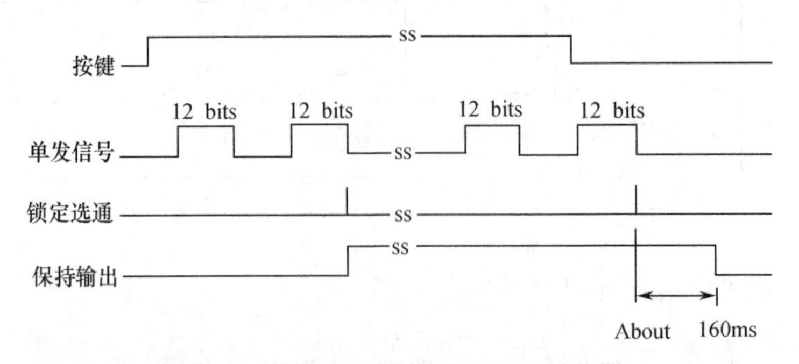


图 3.24 连续脉冲载波 HP1～HP6 波形图

## 3.2.3　红外遥控键盘系统的设计

红外遥控键盘系统由遥控发射电路、红外遥控接收电路及输出控制组成，如图 3.25 所示。

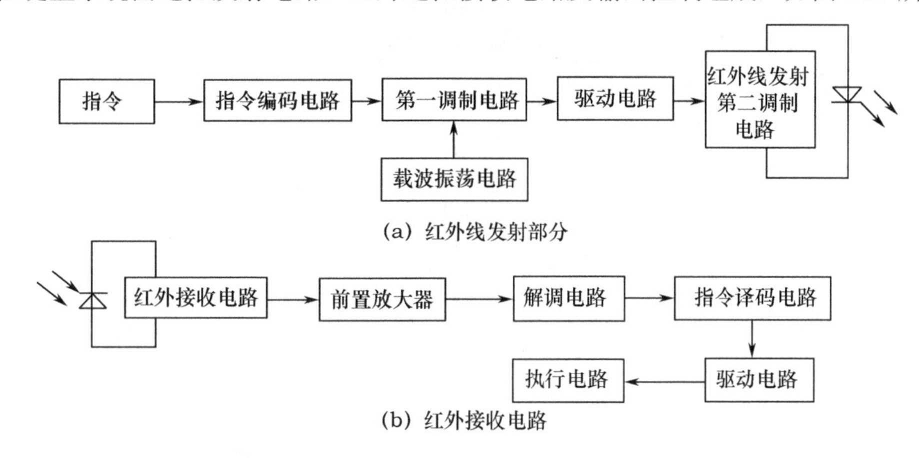


(a) 红外线发射部分

(b) 红外接收电路

图 3.25　红外遥控系统框图

红外发射电路的功能是对输入控制指令进行编码，产生遥控编码脉冲，然后驱动红外发射管输出红外遥控信号。红外接收电路的功能是接收红外遥控指令信号并将其放大、检波、整形、解调出编码脉冲。遥控编码脉冲是一组组串行二进制码，对于一般的红外遥控系统，该串行码译码后，再通过驱动器控制执行电路。在单片机遥控键盘系统中，则译码部分由单片机完成。

### 1. 硬件电路

采用 NB9148 组成的遥控发射电路如图 3.26 所示。

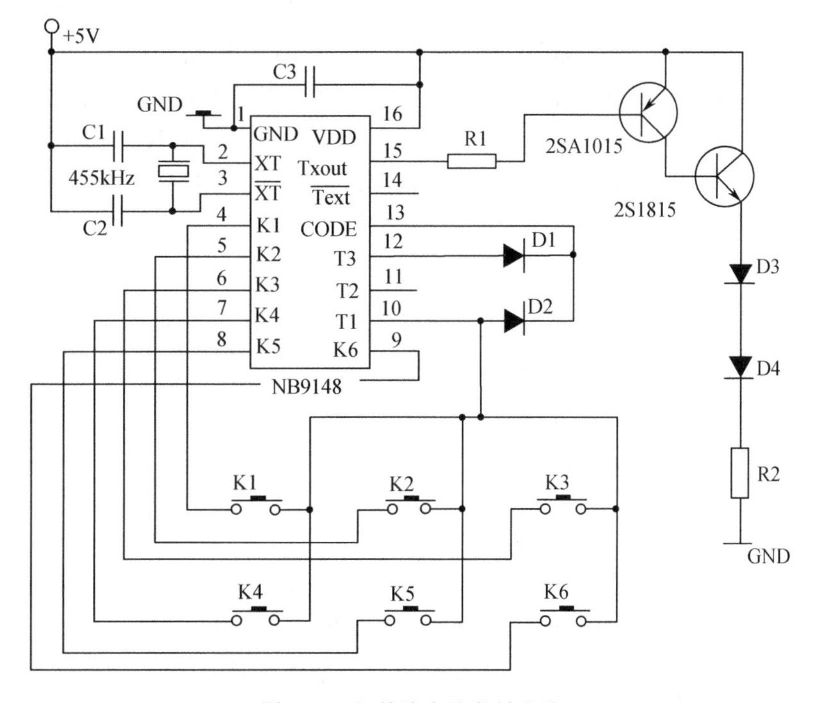


图 3.26　红外线多路发射电路

在图 3.26 中，电容 C1、C2 和晶体构成振荡电路，振荡频率为 12kHz，发射电路由复合晶体管 ISA1015 和 ISC1815 组成的驱动电路和红外线发射管 D3、D4 组成。电容 C3 用于电源耦滤波，大小为 104(0.01μF)。图中，既可与 NB9149 配合使用，又可与 NB9150 配合使用。

以上是构成红外遥控发射电路的通用部分，指令键的安排可以根据需要进行。

采用 NB9149 组成的遥控接收电路，如图 3.27 所示。

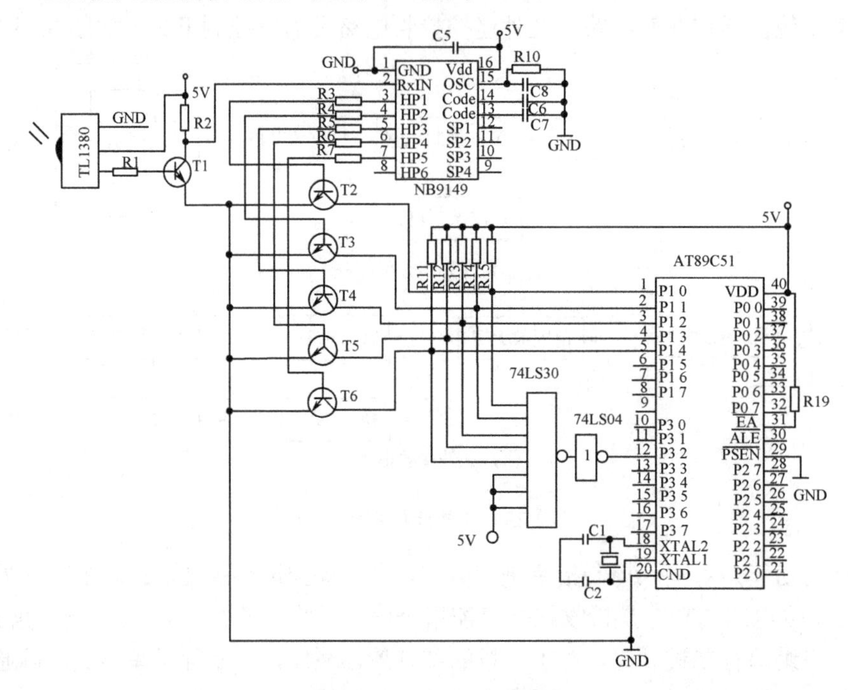


图 3.27　红外线接收电路

图中采用 TL1380 作为红外线的接收组件，它内部包含红外线接收管、前置放大器、解调电路等几部分电路。

TL1380 将接收到的红外信号经过放大后，送入 NB9149 的 RxIN 管脚，再由 NB9149 对收到的信号进行检测和判断，查表确定发送端的按键，最后由对应的 NB9149 输出引脚输出。由于 NB9149 只提供 10 个输出引脚，所以只能完成 10 种功能控制。电容 C5 用于电源滤波，电容 C6、C7 用于对 NB9149 初始化。图中 T2～T6 为开关电路，把 HP1～HP5 接到单片机的 P1.0～P1.4，以便由单片机进行检测和判断，然后输出相应的控制信号（图中未画出），或完成相应的功能，用户可根据需要进行设计。电容 C8 和电阻 R10 构成并联谐振电路，为 NB9149 提供稳定的振荡频率。

## 2. 软件设计

早期的红外遥控多采用纯电路设计，随着电子技术的发展，特别是单片机嵌入式系统的发展，用单片机控制的红外遥控键盘系统正在日益增加，特别是一些由单片机组成的智能红外遥控键盘系统得到了愈来愈多设计者的青睐。

下面主要介绍图 3.27 的程序设计方法。该程序的主要功能是图 3.26 中的某一个功能键按下，就会产生一串遥控脉冲发送出去，图 3.27 中的红外接收器收到后，将使开关 T1 打开，于是脉冲信号经 NB9149 的 RxIN 进入红外遥控接收电路，经过 NB9149 硬件分析后，将在 HP1～HP5 中产生一个与该键相对应的高电平，此高电平将使 T2～T6 某一开关打开，从而使对应的 P1.0～P1.4 中对应的管脚为低电平，并同时经与非门 74LS30 和反相器组成的电路（详见图 3.4 说明）向 $\overline{\text{INT}_0}$ 申请中断，单片机与 AT89C51 响应后执行中断服务程序。在中断服务程序中识别出某一个键（低电平），进而转到该键所对应的功能程序。

根据上述思想可写出程序如下。

```
ORG  0000H
AJMP MAIN
ORG  0003H
```

```
        AJMP INTO
        ORG  0030H
MAIN:   MOV     SP,#60H          ; 初始化
        MOV     IE,#01H          ; 开外部中断 0
        SETB    EA               ; 开中断
        SJMP    $                ; 模拟主程序
INTO:   CLR     EXO              ; 关闭外部中断
        MOV     A,#OFFH
        MOV     P1,A
        JNB     P1.0,HP1         ; 转 HP1 键(K1)
        JNB     P1.0,HP2         ; 转 HP2 键(K2)
        JNB     P1.0,HP3         ; 转 HP3 键(K3)
        JNB     P1.0,HP4         ; 转 HP4 键(K4)
        JNB     P1.0,HP5         ; 转 HP5 键(K5)
        …
        SETB    EX0
        RET1
HP1:    …                        ; HP1(K1)键处理程序
        …
        SETB    EX0
        RETI
…
…
HP5:    ……                       ; HP5(K5)键处理程序
        ……
        SETB    EX0
        RETI
GND
```

## 3.2.4　简单红外遥控键盘系统的设计

上面讲的是采用专用芯片设计的红外遥控系统，该系统的特点是占用单片机的时间短，使单片机能够有更多的时间处理其他工作。但是在一些简单的系统中，单片机的任务不是很繁忙，此时可以考虑采用简单的红外遥控系统。这种系统具有简单、成本低、灵活方便的特点。

基于 AT89S52 单片机的遥控控制系统由两部分组成，一部分为发射器，另一部分为接收器。其原理框图，如图 3.28 所示。

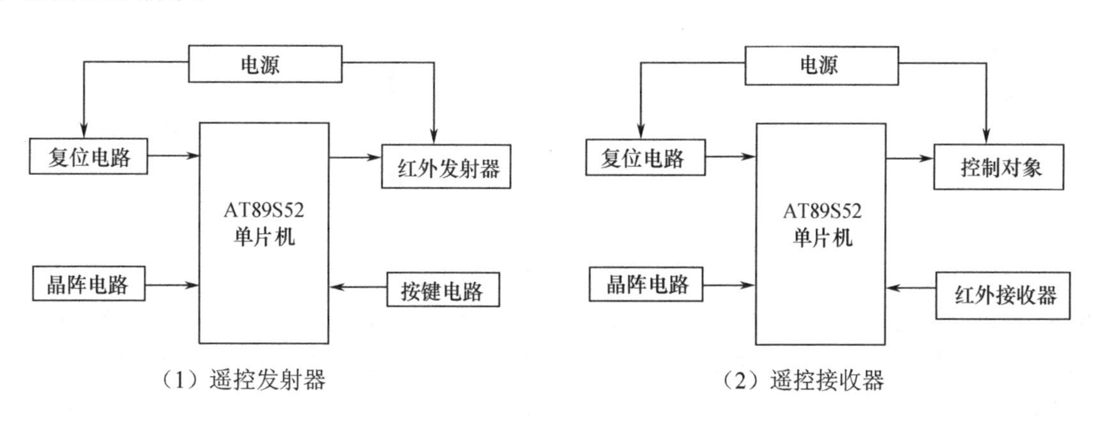


图 3.28　红外遥控发射和接收系统原理框图

### 1. 红外遥控发射电路

红外遥控发射原理电路如图 3.29 所示。

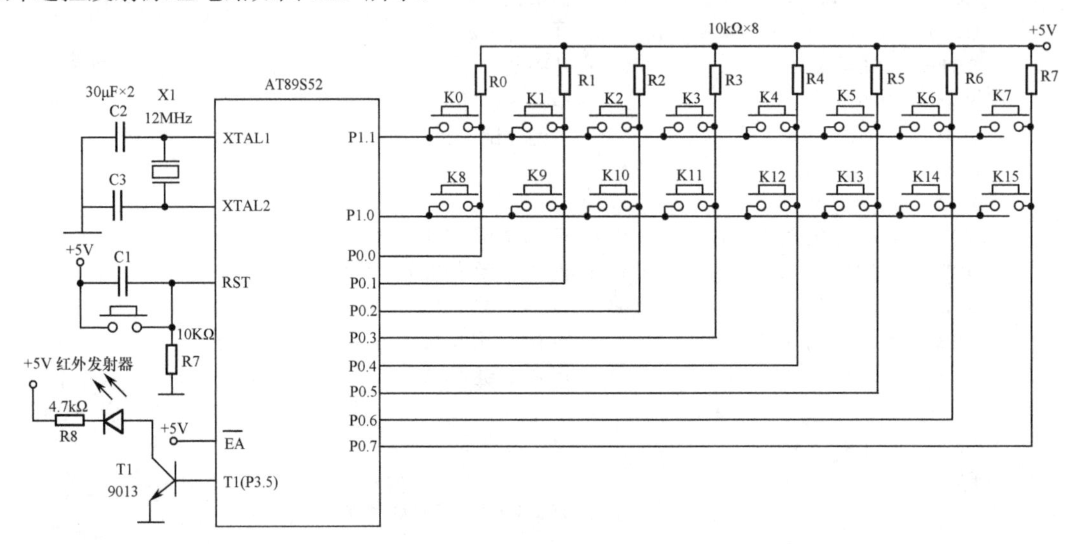


图 3.29 红外遥控发射原理电路

在图 3.29 中，主机为 AT89S52 单片机，如果是单独的遥控器，包括下面的接收电路，都可以考虑使用更加简单的 AT89C2051 单片机。此外，系统主要由红外发射器和键盘组成。其中，红外发射器是各键共用，按键数量可根据需要设计。本例为 16 个键。电路工作原理是当某个功能键按下时，便查询该功能键的键值（键号），然后根据键值从红外发射器发射相应的红外脉冲。例如，1 号键发一个脉冲，2 号键发 2 个脉冲……

### 2. 红外遥控接收电路

红外遥控接收电路如图 3.30 所示。

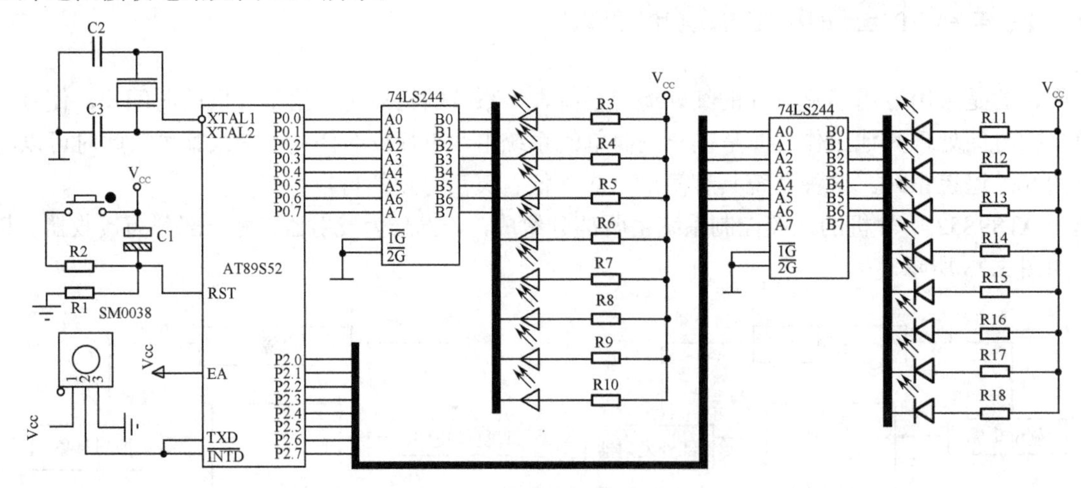


图 3.30 红外遥控接收原理电路

该电路的最重要的部件是一体化遥控接收器（如 SM0038），其内部包括红外光敏二极管、谐振电路、放大电路、解码器和滤波器等，只要加上+5V 电源，输出引脚直接输出不带负载波的负极性 RC-5 信号，具有电路简单、灵敏度高、抗干扰性能好等优点。此外，是输出控制部分。此部分可根据需要进行设计。如，可以是 LED 灯，也可以是电机（或步进电机）的开关，或者是其他功能键。为了简化，本图控制的是 LED 指示灯。当发射电路中的某一个键按下，红外脉冲通过大气传送到红外接收器，产生相应的脉冲，单片机对脉冲进行解码，然后控制相应的 LED 指示灯亮。

### 3. 红外遥控系统软件设计

本系统的程序设计分两部分，一部分是遥控发射程序，另一部分是遥控接收程序。

遥控发射程序开始对系统初始化，然后循环扫描键盘（也可以采用中断方法，此时硬件需要做一些改进），判断键盘是否有键按下，如果有键按下，就发射相应的红外信号，其发射、接收流程图，如图 3.31 所示。

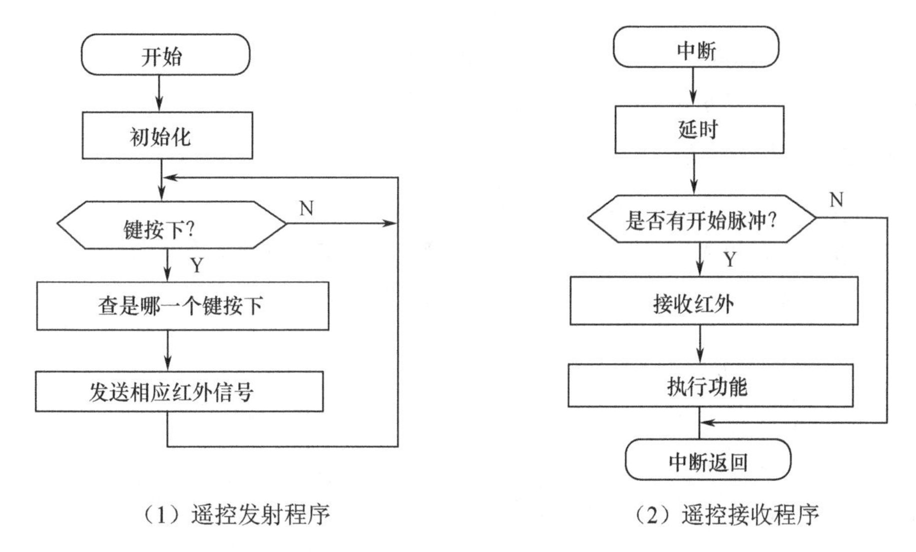


图 3.31　遥控发射/接收程序流程图

## 3.3　LED 显示接口技术

为了使操作人员及时掌握生产情况，在一般的微型计算机控制系统或智能化仪器中，都配有显示程序。

常用的显示器件有：① 显示和记录仪表，② CRT 显示终端，③ LED 或 LCD 显示器，④ 大屏幕显示器。在这些显示方法中，显示和记录仪表能连续进行显示和记录。但它的价钱比较贵，且为模拟显示，读数不方便，有一定的误差，所以它只适用于企业的技术改造，在新设计的微型计算机系统中不宜采用。LED 数码管由于具有结构简单、体积小、功耗低、响应速度快、易于匹配、寿命长、可靠性高等优点，目前已被微型计算机控制系统及智能化仪表广泛采用。而 LCD 则以其功耗极低的特点，占据了从电子表到计算器，从袖珍仪表到便携式微型计算机等应用场合，被广泛采用。CRT 终端是目前微型计算机控制系统中最常用的显示设备，它直观、灵活，不但可显示数字，而且可以显示画面及报表，如生产流程图、报警画面、动态趋势图、条形图，以及状态和回路查询画面等。例如，动态流程总图，能在一个画面上显示出系统中所有回路的简单状况、工艺流程、各参数的变化情况，并可用特殊符号和色彩表示控制的异常标记。

随着微型计算机控制技术的发展，以及生产自动化水平的不断提高，人们要求微型计算机控制系统不但能进行数字显示，而且还能进行画面显示，以便对生产过程进行管理和监视。为此，在很多微型计算机控制系统中，特别在 DDC、SCC 及 DCS 控制系统中，大都采用 CRT 操作台进行监视和控制。操作者在 CRT 屏幕前，利用键盘即可控制整个生产过程，并监视系统的运行状态。一台 CRT 操作台能代替传统的控制台、仪表盘、报警装置、开关按钮、指示灯和 LED 显示等，但系统比较复杂，价格也比较贵，所以多用于大、中型控制系统中。在小型控制系统及智能化仪器中目前还很少采用。

大屏幕显示具有显示清晰、视觉范围宽广等优点，主要用于车站、码头、体育场馆、大型生产装置的现场显示。

在一些单片机系统中，主要用LED和LCD进行显示，而且随着LCD价格的降低，LCD越来越受到人们的青睐，大有取代LED之势。

在这一节里，主要介绍LED数码管显示。

## 3.3.1 LED数码管的结构及显示原理

LED（Light-emitting diode）发光数码管是微型计算机应用系统中的廉价输出设备，它由若干个发光二极管组成，能显示出各种字符或符号，常用的器件有7段或“米”字形数码管。

### 1. LED显示器的结构及原理

LED数码管是由发光二极管组成的，由于制造材料的不同，可相应发出红、黄、蓝、紫等各种单色光。发光二极管可以有多种组成形式，其中7段数码管应用最多，其次为“米”字形数码管。根据显示块内部发光二极管的连接方式的不同，又有共阴极和共阳极两种形式，如图3.32所示。

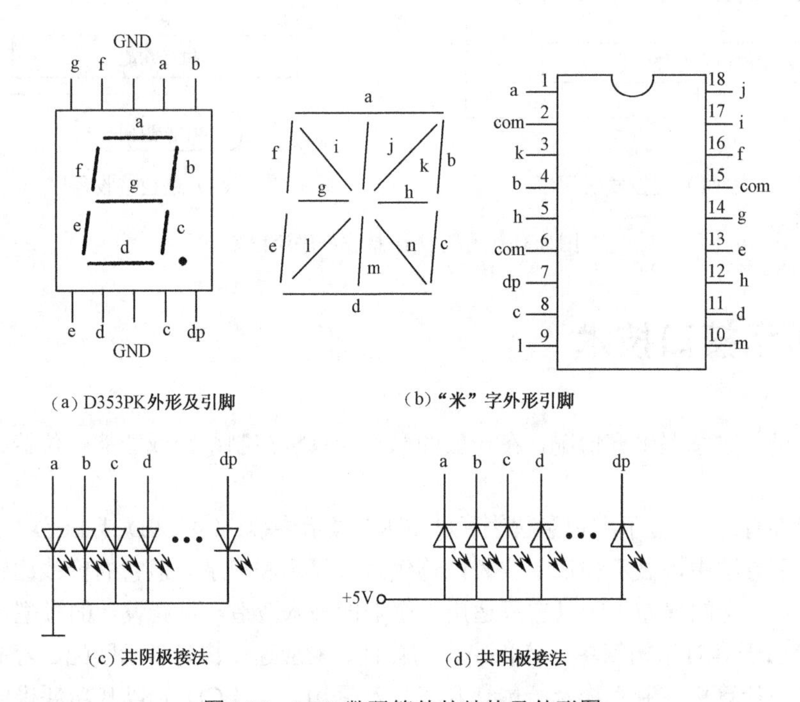


图3.32 LED数码管件的结构及外形图

由于发光二极管通常需要十几到几十mA的驱动电流才能正常发光，因此，由微型机发出的显示控制信号必须经过驱动电路才能使显示器正常工作。现在已经生产出集成电路驱动器，以及带有译码功能的多功能芯片。采用这类芯片，可同时完成BCD码至7段数码管显示模型的转换和电流驱动工作，使用起来很方便。

在图3.32中，使不同“段”的二极管发光即可构成不同的字母或数字，例如，使图（a）中的a，b，g，e和d段同时发光，则组成一个“2”字。

各种数字和字母与7段代码的关系，如表3.6所示。

表3.6 数字、字母与7段代码关系表

| 字母或数字 | 代码（十六进制） | | 字母或数字 | 代码（十六进制） | |
|---|---|---|---|---|---|
| | 共阴极 | 共阳极 | | 共阴极 | 共阳极 |
| （A） | 77 | 88 | （r） | 50 | AF |

（续表）

| 字母或数字 | 代码（十六进制） | | 字母或数字 | 代码（十六进制） | |
|---|---|---|---|---|---|
| | 共阴极 | 共阳极 | | 共阴极 | 共阳极 |
| （b） | 7C | 83 | （U） | 3E | C1 |
| （C） | 39 | C6 | （u） | 1C | E3 |
| （c） | 58 | A7 | （y） | 66 | 99 |
| （d） | 5E | A1 | （0） | 3F | C0 |
| （E） | 79 | 86 | （1） | 06 | F9 |
| （F） | 71 | 8E | （2） | 5B | A4 |
| （H） | 76 | 89 | （3） | 4F | B0 |
| （h） | 74 | 8B | （4） | 66 | 99 |
| （I） | 06 | F9 | （5） | 6D | 92 |
| （J） | 1E | E1 | （6） | 7D | 82 |
| （L） | 38 | c7 | （7） | 07 | F8 |
| （n） | 54 | AB | （8） | 7F | 80 |
| （O） | 3F | E0 | （9） | 6F | 90 |
| （o） | 5C | A3 | （-） | 40 | BF |
| （p） | 73 | 8C | （？） | 53 | AC |
| （n） | | | 空格 | 00 | FF |

另外，为了使用方便，现在已经生产出把 4 位或 5 位 LED 数码管集成在一起的多位小型 LED 数码管，有些还带有放大镜，采用双列直插式封装，因而体积小、功耗低、可靠、寿命长、使用方便。此类产品如美国 HP 公司生产的 HP5082-7414 和 HP5082-7415 等；我国也已研制出这种显示器件，如 4BS251 和 5BS251 等。

如图 3.33 所示为 5BS251 的电气原理图，若去掉一位则为 4BS251。它们的组成是每位共阴极，而各位相对应的段采用共阳极接法，因而大大减少了外引线的数目。

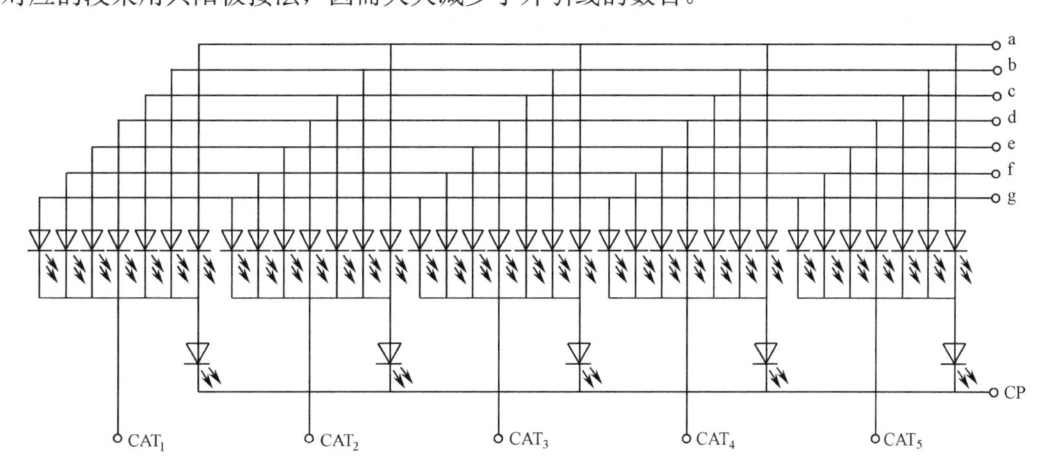


图 3.33　5BS251 电气原理图

## 2. LED 数码管的显示方法

在微型计算机控制系统中，常用的显示方法有两种：一种为动态显示，一种为静态显示。

（1）动态显示

动态显示，就是微型计算机定时地对显示器件进行扫描。在这种方法中，显示器件分时工作，每次只能有一个器件显示。但由于人的视觉有暂留现象，所以，只要扫描频率足够快，仍会感觉所有的器件都在显示，如许多单片机的开发系统及仿真器上的 6 位显示器即采用这类显示方法。此种显示的优点是使用硬件少，因而价格低、线路简单。但它占用机时长，只要微型计算机不执行显示程序，就立刻停止显示。由此可见，这种显示将使计算机的开销增大，所以，在以工业控制为主的控制系统中应用较少。

（2）静态显示

静态显示，是由微型计算机一次输出显示模型后，就能保持该显示结果，直到下次发送新的显示模型为止。这种显示占用机时少，显示可靠，因而在工业过程控制中得到了广泛的应用。这种显示方法的缺点是使用元件多，且线路比较复杂。但是，随着大规模集成电路的发展，目前已经研制出具有多种功能的显示器件，例如，锁存器、译码器、驱动器、显示器四位一体的显示器件，用起来比较方便，价格也越来越便宜。

## 3.3.2 LED 动态显示接口技术

目前国内生产的许多单板机，包括一些开发系统及仿真器，均采用动态显示。这种显示方法的最大优点就是线路简单，价格便宜，适合大批量生产。动态显示方法按单片机输出数据的方式有并行和串行两种接口方式。

### 1. 并行接口动态显示电路及程序设计

如图 3.34 所示为单板机或仿真器中常用的一种并行 6 位动态显示电路。

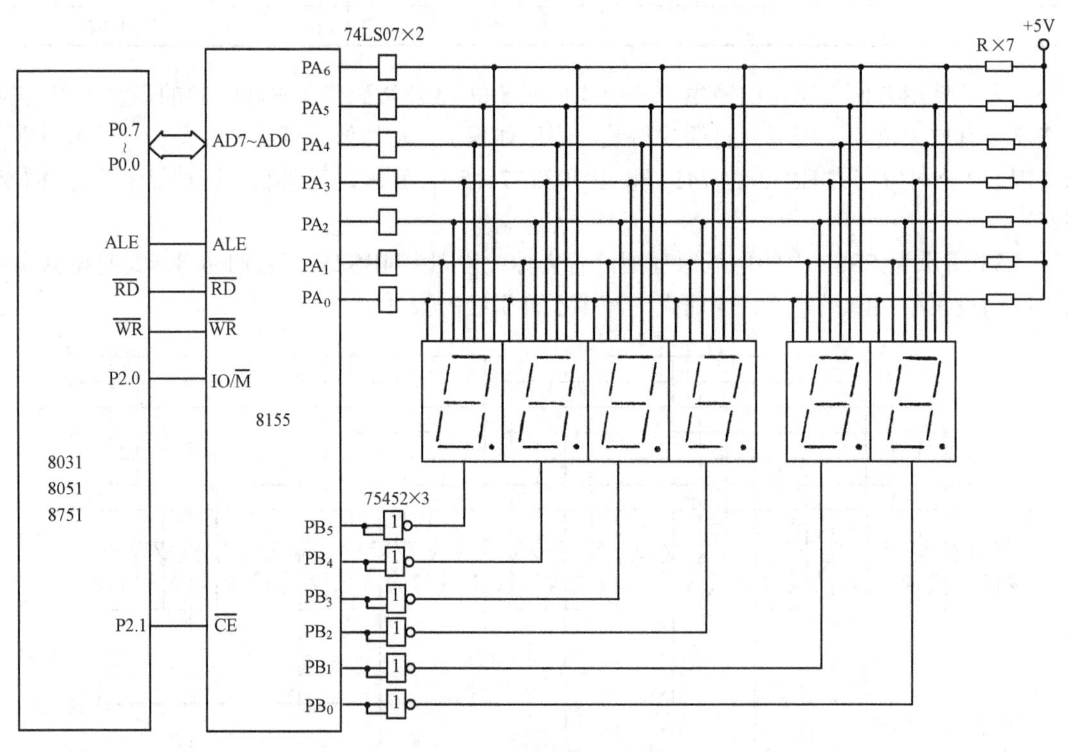


图 3.34　6 位动态显示电路

如图 3.34 所示，用 8155 的 PA 口输出显示码，PB 口输出位选码。设显示缓冲区的地址为 30H～35H，在完成 8155 的初始化后，取出一位要显示的数（十六进制数），利用软件译码的方法求出待显示的数所对应的 7 段显示码，然后由 PA 口输出，并经过 74LS07 驱动器放大后送到各显示器的数据总线上。到底哪一位数码管显示，主要取决于位选信号。当位选信号 $PB_i$=1（经驱动器变为低电平）时，对应位上的 LED 才发光。若将各位从左至右依次进行显示，每个数码管连续显示 1ms，显示完最后一位数后，再重复上述过程，这样，人们看到的是 6 位数“同时”显示。

图 3.34 中的 74LS07 为 6 位驱动器，它为 LED 提供一定的驱动电流。由于一片 74LS07 只有 6 个驱

动器，故 7 段数码管需要两片进行驱动。8155 的 PB 口经 75452 缓冲器/驱动器反相后，作为位控信号。75452 内部包括两个缓冲器/驱动器，它们各有两个输入端。所以，实际上是两个双输入与非门电路，这就需要 3 片 75452 为 6 位数码管提供位选信号。

完成上述显示任务的显示子程序流程图如图 3.35 所示。

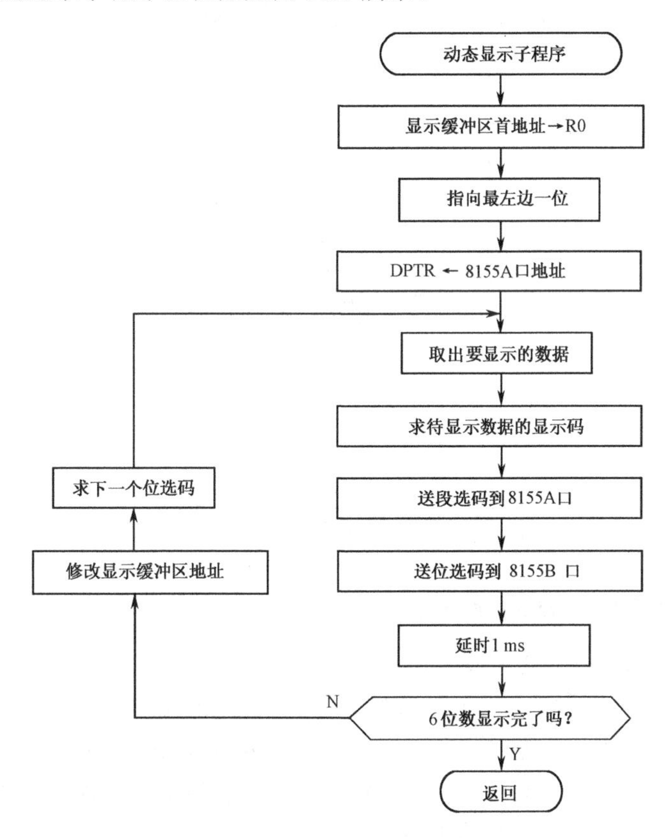


图 3.35　动态显示子程序流程

根据图 3.35 可写出动态显示子程序。

```
        ORG     3000H
DISPLY: MOV     A,#33H          ; 设 8155 A 口、B 口均为输出方式
        MOV     DPTR,#FD00H
        MOV     @DPTR,A
        MOV     R0,#30H         ; 显示缓冲区首地址送 R0
        MOV     R2,#20H         ; 位选码指向最左一位
DISPY1: MOV     A,@R0           ; 取出要显示的数
        MOV     DPTR,#SEGTAB    ; 指向换码表首址
        MOVC    A,@A+DPTR       ; 取出显示码
        MOV     DPTR,#0FD01H    ; 从 8155 A 口输出显示码
        MOVX    @DPTR,A
        MOV     A,R2            ; 从 8155 B 口输出位选码
        INC     DPTR
        MOVX    @DPTR,A
        ACALL   D1MS            ; 延时 1ms
        MOV     A,R2
        JNB     ACC.0,DISPY2    ; 6 位都显示完了吗？未完，继续显示
        RET
DISPY2: INC     R0              ; 求下一位待显示的数的存放地址
        MOV     A,R2            ; 求下一个位选码
        RRA     A
```

```
        MOV     R2,A
        AJMP    DISPY1
D1MS:   MOV     R3,#7DH         ; 延时 1ms
DL1:    NOP
        NOP
        DJNZ    R3,DL1
        RET
SEGTAB  DB      3FH             ; 对应于字符 0
        DB      06H             ; 对应于字符 1
        DB      5BH             ; 对应于字符 2
        DB      4FH             ; 对应于字符 3
        DB      66H             ; 对应于字符 4
        DB      6DH             ; 对应于字符 5
        DB      7DH             ; 对应于字符 6
        DB      07H             ; 对应于字符 7
        DB      7FH             ; 对应于字符 8
        DB      6FH             ; 对应于字符 9
        DB      77H             ; 对应于字符 A
        DB      7CH             ; 对应于字符 b
        DB      39H             ; 对应于字符 C
        DB      5EH             ; 对应于字符 d
        DB      79H             ; 对应于字符 E
        DB      71H             ; 对应于字符 F
```

**2. 串行接口的动态显示电路及程序设计**

利用单片机内部的串行接口，也可以实现动态显示及键盘处理。这样，不仅可以节省单片机的并行接口资源，而且在大多数不使用串行接口的系统中，可免去（或减少）扩展接口。

在这种设计中，串行口工作于方式 0，数据的输入输出都通过引脚 $R_XD$ 实现，移位脉冲则由 $T_XD$ 发出。每次传送一个字节数据。每输出一个字节数据，单片机自动使串行中断请求标志 TI 置位。通过测试该状态，即可确定一个字节是否发送完毕。

图 3.36 所示为串行接口的动态显示电路。

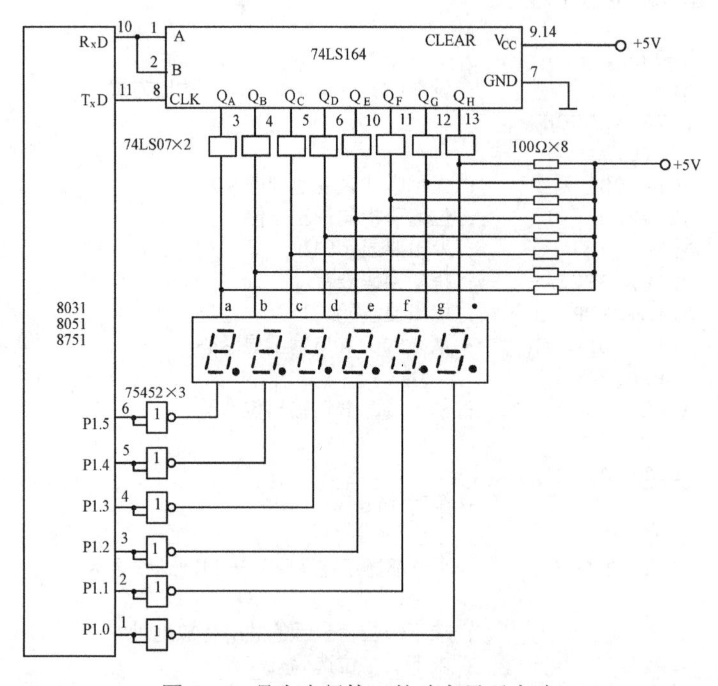


图 3.36　具有串行接口的动态显示电路

如图 3.36 所示，74LS164 是串行输入并行输出的移位寄存器，它具有两个串行输入端（A 和 B）和 8 位并行输出端（$Q_A$～$Q_H$）。图中，引脚 9 是异步清零端，当其为低电平时，可使 74LS164 清零（复位）。因本例不需要复位，所以将其接+5V。引脚 8 为时钟脉冲接收端，和 8051 单片机的 $T_XD$ 引脚相连，用以控制移位寄存器的移位节奏。

串行输入端 A、B 具有允许和禁止的功能。例如，当 A 作为串行输入数据端时，B 则作为禁止或允许输入选择端，反之亦然。图中由于不需要选通，所以，将 A、B 两端接在一起。

当被显示数据从 $R_XD$ 端输出到移位寄存器 74LS164 的输入端 A、B 时，74LS164 将串行数据转换成 8 位输出码 $Q_A$～$Q_H$，然后经驱动器 74LS07 加到 6 位共阴极 LED 数码管显示器上。究竟在哪一位上显示，还要视 P1 口各位的状态而定。当某一位为高电平时，经 75452 反相后变为低电平，该位 LED 显示，其他位不显示。通常用移位的方法对各数码管进行扫描显示。

设显示缓冲区地址为 50H～55H，根据上述显示原理，可写出 6 位串行动态显示程序，如下所示。

```
        ORG     8000H
DISPLY: MOV     SCON,#00H           ；置串口为工作方式 0
        MOV     R0,#50H             ；指向显示缓冲区
        MOV     R1,#01H             ；指向最右边一位
LOOP:   MOV     P1,R1               ；送扫描位选信号
        MOV     A,@R0               ；取被显示数
        ADD     A,#12H              ；加上到字形表的偏移量
        MOVC    A,@A+PC             ；取字形码
        MOV     SBUF,A              ；输出显示码
        MOV     R3,#02H             ；延时 1ms
DL0:    MOV     R4,#0FFH
DL1:    DJNZ    R4,DL1
        DJNZ    R3,DL0
        INC     R0                  ；指向下一个显示缓冲单元
        MOV     A,R1                ；指向下一位数
        RL      A
        MOV     R1,A
        JNB     ACC.6,LOOP          ；所有位都显示完了吗?
        RET                         ；是，返回
SEGTAB  （略）
```

这种显示方法的最大缺点是，一旦计算机不执行显示程序，则显示立即停止。因此，为了维持显示，要占有计算机很多时间。

为了克服上述缺点，在智能化仪器及控制系统中，有时也采用硬件扫描电路，如 8279 就是一种能够完成硬件扫描的接口电路。

### 3.3.3　LED 静态显示接口技术

在智能化仪器及微型计算机控制系统中，为了使操作者随时都能监视生产过程，而又不占用 CPU 很多时间，人们更喜欢采用静态显示电路。它主要用于 BCD 码显示。

#### 1. 并行接口静态显示电路及程序设计

如图 3.37 所示为 6 位 BCD 码静态显示电路原理图。

如图 3.37 所示，8031 为最小系统，为简化起见，系统中扩展的 RAM 及 EPROM 芯片未画出。

该显示电路中的 74LS244 为总线驱动器。6 位数字显示共用同一组总线。每个 LED 显示器均配有一个锁存器（74LS377），用来锁存待显示的数据。当被显示的数据由 MOVX 指令从 P0 口经 74LS244

传送到各锁存器的输入端后，到底哪一个锁存器选通，取决于地址译码器 74LS138 各输出位的状态。

总线驱动器 74LS244 由 $\overline{WR}$ 和 P2.7 控制。当 $\overline{WR}$ 和 P2.7 同时为低电平时，74LS244 打开，将 P0 口线上的数据传送到各个显示器的锁存器 74LS377 中。

在图 3.37 所示的显示系统中，从左到右各显示位的地址依次为 4000H、4100H、4200H、4300H、4400H、4500H。

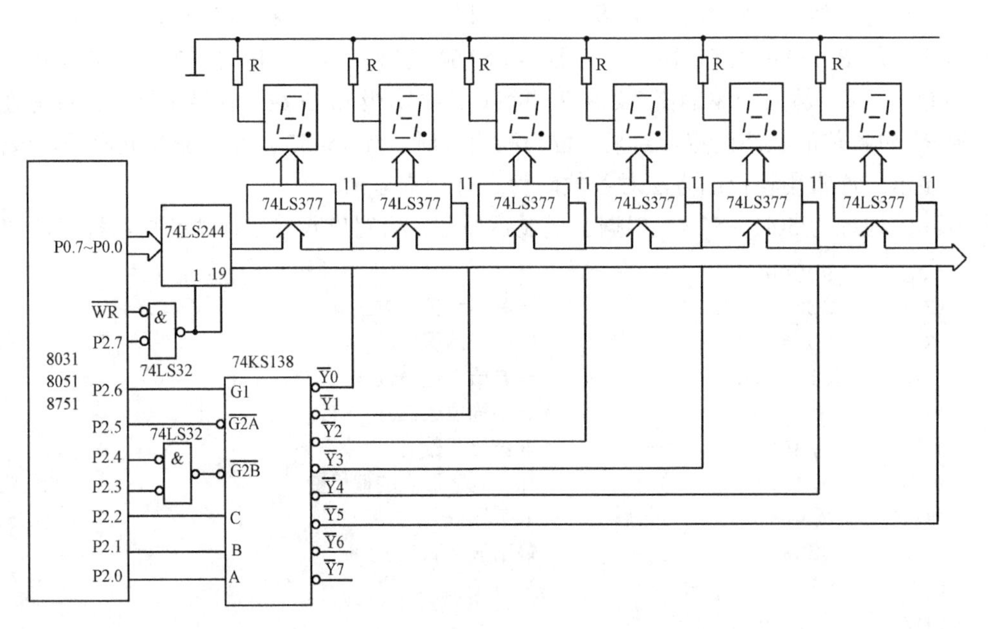


图 3.37　用锁存器连接的 6 位静态显示电路

静态显示电路的最大优点是只要不送新的数据，则显示值不变。且微型计算机不用像动态显示那样不间断地扫描，因而节省了大量机时，适用于工业过程控制及智能化仪器。

根据图 3.37 所示的电路可写出 6 位静态显示源程序。由于接口电路中显示模型输出地址和位选信号可一次选中，故只要一次输出即可显示一位。

```
        ORG     8000H
SIXDPY: MOV     R0,#30H             ; 建立显示缓冲区地址指针
        MOV     33H,#03H            ; 设置循环次数
        MOV     DPTR,#4000H         ; 指向最左边一位
LOOP:   MOV     A,@R0               ; 取 BCD 码高 4 位送去显示
        ANL     A,#0F0H
        RR      A
        RR      A
        RR      A
        RR      A
        ADD     A,#10H              ; 加到字形表的偏移量
        MOVC    A,@A+PC             ; 取字形码
        MOVX    @DPTR,A
        MOV     A,@R0               ; 取 BCD 码低 4 位送去显示
        ANL     A,#0FH
        INC     DPH                 ; 求下一个显示位地址
        ADD     A,#08H
        MOVC    A,@A+PC
        MOVX    @DPTR,A
        INC     R0                  ; 求下一个要显示的 BCD 码存放地址
        INC     DPH                 ; 求下一个显示位地址
        DJNZ    33H,LOOP            ; 判断 6 位显示模型是否已送完
```

```
                                          ；未完， 继续
        RET                               ；已送完，返回
SEGTAB  DB   3FH,06H,5BH,4FH              ；0、1、2、3
        DB   66H,6DH,7DH,07H              ；4、5、6、7
        DB   7FH,6FH,77H,7CH              ；8、9、A、b
        DB   39H,5EH,79H,71H              ；c、d、E、F
        DB   80H,40H,00H,73H              ；.、-、空、P
```

### 2. 串行接口静态显示电路及程序设计

除了前面介绍的用锁存器及并行接口设计的静态显示电路外，也可以仿照下面图 3.38 所示的电路设计串行接口静态显示电路。

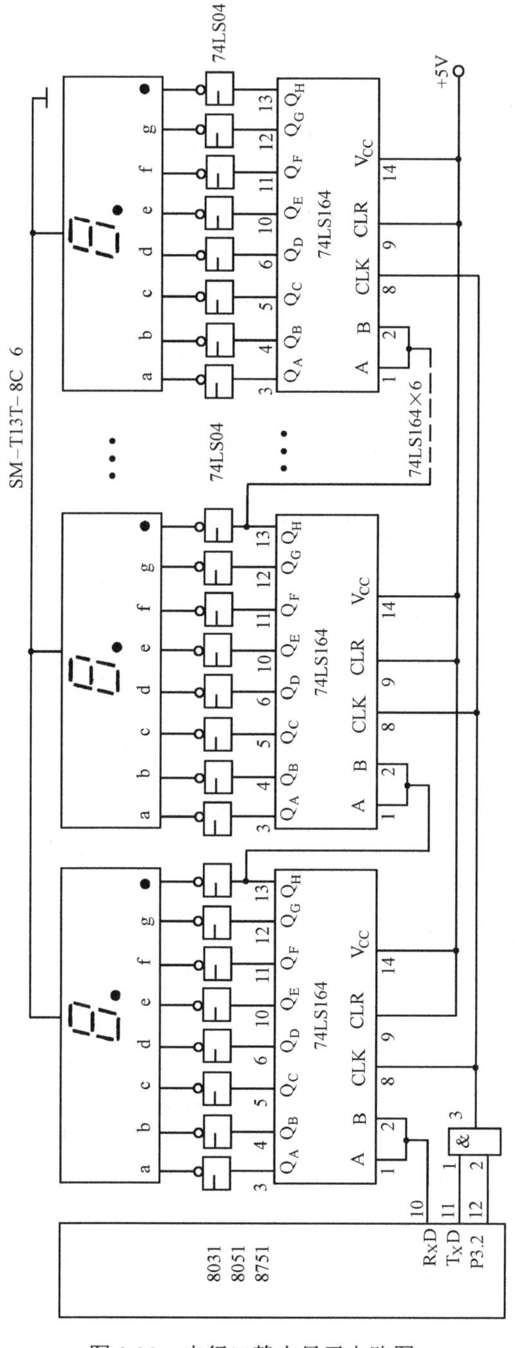


图 3.38　串行口静态显示电路图

### 3.3.4 硬件译码显示电路

前边介绍的两种显示电路，无论动态显示电路，还是静态显示电路，其 BCD（或十六进制码）-7段显示码的转换方法是一样的，都利用软件查表法来实现。这种方法的最大优点是电路简单，但显示速度有所下降。所谓硬件译码，就是用硬件译码器代替软件求得显示代码。这样，不仅可以节省计算机的时间，而且程序设计简单，只要把 BCD 码（或十六进制码）从相应的端口输出即可完成显示。近年来，厂家已生产出许多专用的显示芯片，例如，Motorola 公司生产的 BCD-7 段译码的芯片 MCl4558，同时具有译码及驱动功能的 MCl4547 和 74 系列的 74LS47、48 及 49，还有锁存、译码、驱动三位一体的器件 MCl4513、MCl4495 及 MC14499，也有将锁存器、译码器、驱动器和显示器四者合一组成一个只写存储器式显示模块。显示器件不同，其显示电路的组成也不同，下面介绍几种常用的硬件译码显示电路。

如图 3.39 所示为动态硬件译码显示电路。

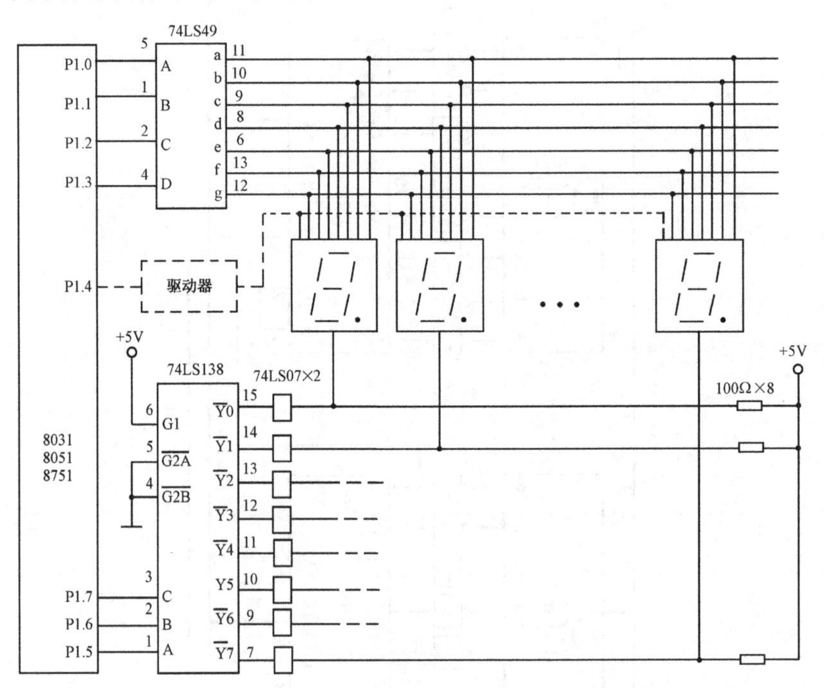


图 3.39 动态硬件译码显示电路

如图 3.39 所示，用 P1 口的低 4 位输出 BCD 码，经 74LS49（共阴极）转换成 7 段显示码输出。用 74LS138 译码器来输出位选信号，改变 C、B、A 的输入状态，即可输出不同的位选信号（低电平有效），使被选中的位显示。然后经过一段延时，再重复上述过程，输出另一位数据，如此不断循环，即可显示 8 位数据。

除了如图 3.39 所示的动态硬件译码电路外，还可以选用静态硬件译码电路，其原理电路如图 3.40 所示。

如图 3.40 所示，8255 为扩展接口，利用 8255 的 A 口、B 口作为输出口和锁存器。由于 BCD 码为 4 位二进制数，故每个端口可控制两位 LED 显示器；每位显示器与 8255 口之间接一片 74LS47（BCD-7 段译码转换电路），用来完成 BCD 码—7 段显示码的转换。此电路称做 4 位 LED 静态硬件译码显示电路。如果需要扩展到更多位，可按上述方法再增加 8255 接口芯片，其译码器、显示器的连接方法完全与本图相同。

随着集成电路的发展，现在已经生产出锁存、译码、驱动器合为一体，并能同时供多位 LED 显示的芯片。

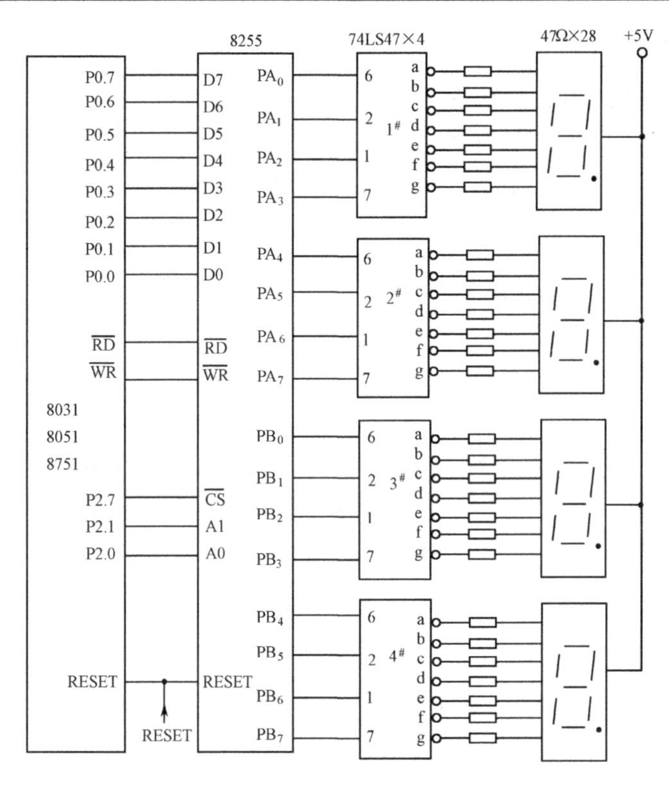


图 3.40　静态硬件译码显示电路

# 3.4　LED 电子显示屏技术

LED 电子显示屏是由几万到几十万个半导体发光二极管像素点均匀排列组成。利用不同的材料可以制造不同色彩的 LED 像素点。目前应用最广的是红色、绿色和黄色。而蓝色和纯绿色 LED 的开发已经达到了实用阶段。

LED 显示屏分为图文显示屏和视频显示屏，均由 LED 矩阵块组成。图文显示屏可与计算机同步显示汉字、英文文本和图形；视频显示屏采用微型计算机进行控制，图文、图像并茂，以实时、同步、清晰的信息传播方式播放各种信息。LED 显示屏显示画面色彩鲜艳、立体感强、静如油画、动如电影，广泛应用于银行、商场、医院、宾馆、车站、机场、港口和体育场馆等信息的发布，政府机关政策、政令，各类市场行情信息的发部和宣传等。LED 显示屏可以显示变化的数字、文字、图形、图像、动画、行情、视频和录像信号等各种信息的显示屏幕。不仅可以用于室内环境还可以用于室外环境，具有投影仪、电视墙、液晶显示屏无法比拟的优点。

LED 显示屏之所以受到广泛重视而得到迅速发展，是与它本身所具有的优点分不开的。这些优点概括起来是：亮度高、工作电压低、功耗小、小型化、寿命长、耐冲击和性能稳定。LED 显示屏的发展前景极为广阔，目前正朝着更高亮度、更高耐气候性、更高的发光密度、更高的发光均匀性、可靠性、全彩色方向发展。

## 3.4.1　LED 显示屏的分类

LED 显示屏根据不同的方法可以有不同的分类。

#### 1. 按颜色基色分类

单基色显示屏:单一颜色（红色或绿色）。

双基色显示屏：红和绿双基色，256 级灰度，可以显示 65536 种颜色。

全彩色显示屏：红、绿、蓝三基色，256 级灰度的全彩色显示屏，可以显示一千六百多万种颜色。

#### 2. 按显示器件分类

LED 数码显示屏：显示器件为 7 段码数码管，适于制作时钟屏、利率屏等，显示数字的电子显示屏。关于 LED 7 段码数码管显示技术详见 3.3 节。

LED 点阵图文显示屏：显示器件是由许多均匀排列的发光二极管组成的点阵显示模块，适于播放文字、图像信息。和很多应用术语一样，LED 图文显示屏并没有一个公认的严格的定义，一般把显示图形或文字的 LED 显示屏称为图文屏。这里所说的图形，是指由单一亮度线条组成的任意图形，以便于与不同亮度（灰度）点阵组成的图像相区别。图文显示屏的主要特征是只控制 LED 点阵中各发光器件的通断（发光或熄灭），而不控制 LED 的发光强弱。

#### 3. 按使用场合分类

室内显示屏：发光点较小，一般 $\phi$3mm～ $\phi$8mm，显示面积一般由几至十几平方米。

室外显示屏：面积一般由几十平方米至几百平方米，亮度高，可在阳光下工作，具有防风、防雨和防水等功能。

#### 4. 按发光点直径分类

室内屏： $\phi$3mm、 $\phi$3.75mm、 $\phi$5mm。

室外屏： $\phi$10mm、 $\phi$12mm、 $\phi$14mm、 $\phi$16mm、 $\phi$18mm、 $\phi$20mm、 $\phi$25mm、 $\phi$31.25mm、 $\phi$36mm。

室外屏发光的基本单元为发光筒，发光筒的原理是将一组红、绿、蓝发光二极管封在一个塑料筒内共同发光增强亮度。

### 3.4.2 LED 显示屏的结构

用于大屏幕显示最基本的单元是 LED 发光二极管。如果采用单个发光二极管，数量将非常庞大，给设计带来很大的麻烦。因此，目前市场上广泛采用的是已经封装好的 8×8 点阵单元，基本结构如图 3.41 所示。

这是一个 8×8 单元的点阵结构，采用共阴极接法，有 16 只引脚。其中字母 Dp、A、B、C、D、E、F、G 分别接 8 位段数据（列），数字脚 1、2、3、4、5、6、7、8 分别接位数据（行）。从结构上看，8 位段数据复用，某一时刻只能点亮 1 行，8 行轮流点亮。

显示一个字符过程是：先把第一个段点阵数据（即段数据）送到 8 位段数据线（列）上，在 8 个位数据引脚上送上位数据，点亮第一行，延时一段时间，熄灭；再送第二个段点阵数据，点亮第二行，延时一定时间，熄灭……；如此 8 行轮流点亮，显示一个完整字符。由此可知，要显示一个字符，就要不断更换数据，同时更换点亮的行，自动刷新。由此可见，CPU 要完成此任务，需要花费大量的时间。另一方面，不论段数据，还是行数据，都需要锁存器和驱动器。由于数量太多，因此，此方案不可取。

为了节省并行口，通常采用串行方式传递数据 74LS164 或 74HC595，这样，可以节省大量芯片。

现在，还研制出一些专门芯片，集数据转换、锁存器、驱动器、自动刷新于一体的芯片，如 MAX7219 等，既节省芯片，又可节省 CPU 大量时间。

中国汉字通常为 16×16 点阵，用 4 片 8×8 LED 点阵单元，如图 3.42 所示。

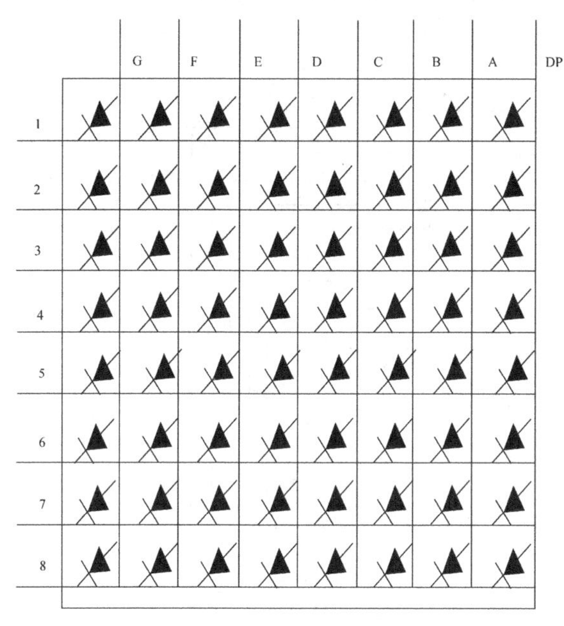


图 3.41　8×8 点阵单元结构

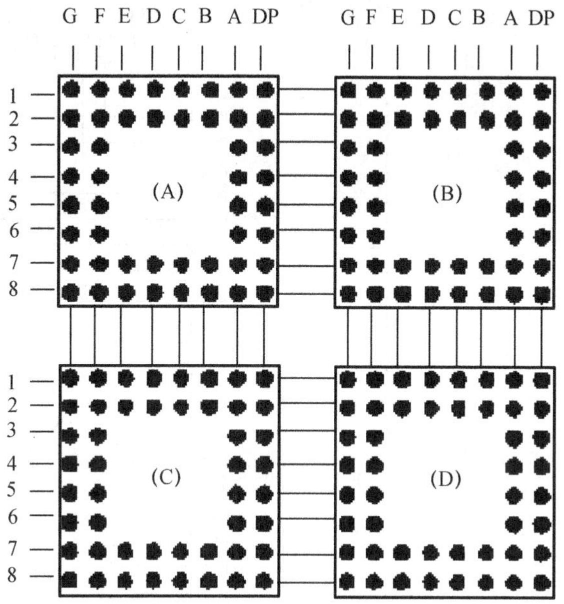

图 3.42　16×16 点阵构成示意图

在图 3.42 中，用 4 个 8×8 点阵显示可构成 16×16 点阵显示器。图中，将（A）和（B）的 8 列（G、F、E、D、C、B、A、DP）分别与（C）和（D）的 8 列对应相连，同时将（A）和（C）的 8 行（1、2、3、4、5、6、7、8）分别与（B）和（D）的 8 行对应相连，即可形成一个 16 行（每一行有 16 个 LED）、16 列（每一列也有 16 个 LED）的 16×16 点阵显示器，可将这 256 个点称为一页，这样，显示字符时，只要对一页中对应的 LED 的亮灭进行控制即可。

## 3.4.3　LED 显示屏的设计

从理论上说，不论显示图形还是文字，都是控制与组成这些图形或文字的各个点所在位置相对应的 LED 器件发光。通常事先把需要显示的图形文字转换成点阵图形，再按照显示控制的要求以一定的格式形成显示数据。对于只控制通断的图文显示屏来说，每个 LED 发光器件占据数据中的 1 位（1bit），在需要该 LED 器件发光的数据中相应的位填 1，否则填 0。当然，根据控制电路的安排，相反的定义同样是可行的。这样依照所需显示的图形文字，按显示屏的各行各列逐点填写显示数据，就可以构成一个显示数据文件。显示图形的数据文件，其格式相对自由，只要能够满足显示控制的要求即可。文字的点阵格式比较规范，可以采用现行计算机通用的字库字模。

用点阵方式构成图形或文字，是非常灵活的，可以根据需要任意组合和变化，只要设计好合适的数据文件，就可以得到满意的显示效果。因而采用点阵式图文显示屏显示经常需要变化的信息，是非常有效的。

### 1．8×8 LED 点阵显示器的设计

8×8 LED 点阵显示器可用来显示数字、符号和图形。由于它正好是 8 位，所以与 8 位微型计算机接口非常方便。图 3.43 所示为 1 位 8×8 LED 点阵显示器与 8 位微型计算机接口电路图。图中采用 AT89C51 单片机作为控制器，用 P0 口作为列选择，P3 口作为行选择。因为 P0 口没有上拉电阻，因此接一个 4.7kΩ×8 的排阻上拉。另一方面，LED 点阵显示器显示电流比较大，所以在 P0 口用 74LS245 驱动 LED，它是 8 路同相三态双向总线收发器，可双向传输数据。当片选端 $\overline{CE}$ 低电平有效时，DIR="0"，信号由 B 向 A 传输（接收）；DIR=“1”，信号由 A 向 B 传输（发送）；当 $\overline{CE}$ 为高电平时，A、B 均为高阻态。行线使用三极管 2N5551 驱动。

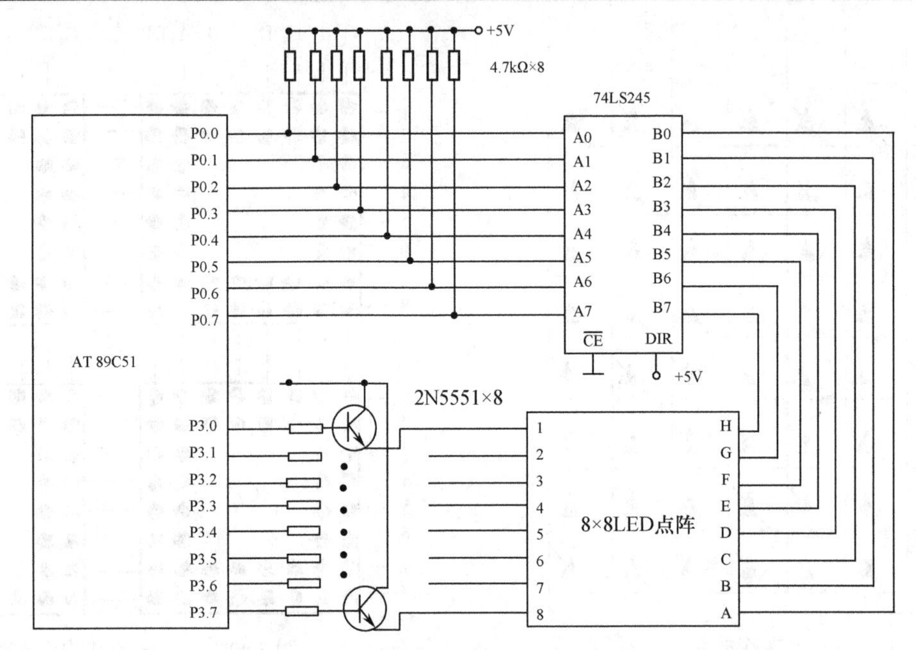


图 3.43　8×8 LED 点阵显示器与 AT89C51 接口电路图

根据图 3.43 可写出 8×8 LED 点阵显示控制程序如下。

```
        R_CNT       EQU 31H
        NUMB        EQU 32H
        TCOUNT      EQU 33H
        ORG         0000H
        LJMP        START
        ORG         0BH                        ；定时器中断入口地址
        LJMP        INT_T0
        ORG         0030H
START:  MOV         R0,#00H                    ；显示的幕次（即每一幕显示的行码起始号）置 0
        MOV         R_CNT,#00H                 ；列码序列号置 0
        MOV         TCOUNT,#00H                ；行码序列号置 0
        MOV         TMOD,#01H
        MOV         TH0,#(65536-5000)/256
        MOV         TL0,#(65536-5000)MOD 256
        SETB        TR0
        MOV         IE,#82H
        SJMP        $
；定时器中断处理函数
INT_T0: MOV         TH0,#(65536-5000)/256
        MOV         TL0,#(65536-5000)MOD 256
        MOV         DPTR,#TAB                  ；取列码表首地址
        MOV         A,R_CNT
        MOVC        A,@A+DPTR
        MOV         P3,A
        MOV         DPTR,#NUB                  ；取行码表首地址
        MOV         A,NUMB
        MOVC        A,@A+DPTR
        MOV         P0,A                       ；输出行号
        INC         NUMB
NEXT1:  INC         R_CNT
        MOV         A,R_CNT
        CJNE        A,#8,NEXT2
        MOV         R_CNT,#0
```

```
        MOV       NUMB,R0
NEXT2:  INC       TCOUNT
        MOV       A,TCOUNT
        CJNE      A,#40,NEXT4          ; 每个数字显示 200ms
        MOV       TCOUNT,#00H
        INC       R0                   ; 上一幕显示行码的起始序列号+1
        CJNE      R0,#88,NEXT3
        MOV       R0,#00H
NEXT3:  MOV       NUMB,R0              ; 送新一幕显示行码的起始序列号
NEXT4:  RETI
TAB:    DB 0FEH,0FDH,0FBH,0F7H,0EFH,0DFH,0BFH,7FH    ; 列值
NUB:    DB 00H,00H,00H,00H,00H,00H,00H,00H           ; 空
        DB 00H,00H,3EH,41H,41H,41H,3EH,00H           ; 0
        DB 00H,00H,00H,00H,21H,7FH,01H,00H           ; 1
        DB 00H,00H,27H,45H,45H,45H,39H,00H           ; 2
        DB 00H,00H,22H,49H,49H,49H,36H,00H           ; 3
        DB 00H,00H,0CH,14H,24H,7FH,04H,00H           ; 4
        DB 00H,00H,72H,51H,51H,51H,4EH,00H           ; 5
        DB 00H,00H,3EH,49H,49H,49H,26H,00H           ; 6
        DB 00H,00H,40H,40H,40H,4FH,70H,00H           ; 7
        DB 00H,00H,36H,49H,49H,49H,36H,00H           ; 8
        DB 00H,00H,32H,49H,49H,49H,3EH,00H           ; 9
        DB 00H,00H,00H,00H,00H,00H,00H,00H           ; 空
        END
```

### 2. 16×16 LED 点阵显示器的设计

16×16 LED 点阵显示器电路采用 Proteus 仿真图，如图 3.44 所示。

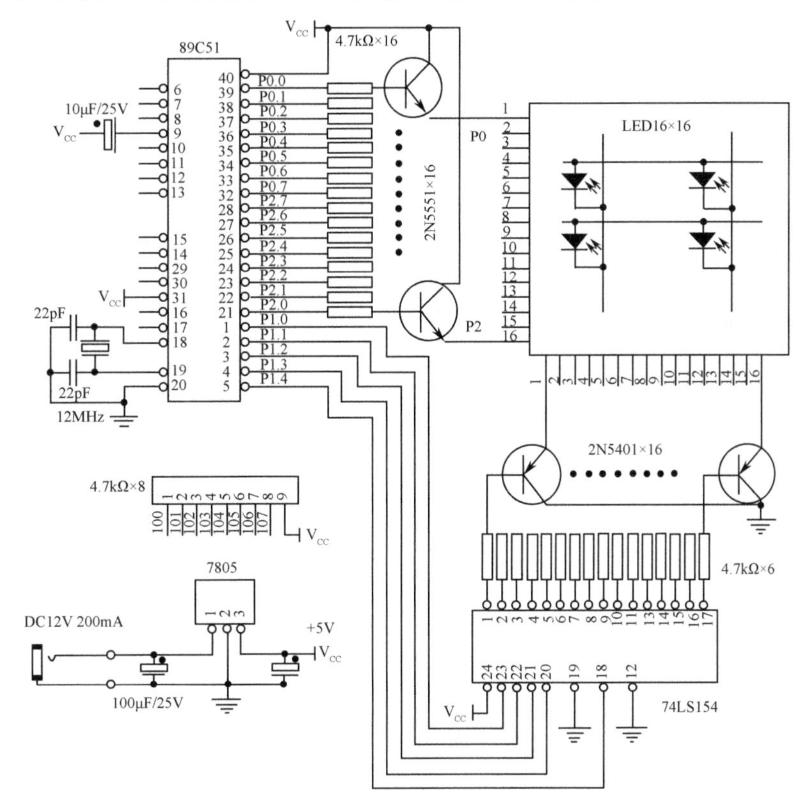


图 3.44　16×16 LED 点阵显示器电路

图中采用 89C51 单片机。在这个例子里，由于一共用到 16 行 16 列，如果将其全部接入 89C51 单片

机，一共使用32条I/O线，这样造成了I/O资源的耗尽，系统也再无扩充的余地。实际应用中我们使用4-16线译码器74LS154来完成列方向的显示。而行方向16条线则接在P0口和P2口。电路中行方向由P0口和P2口完成扫描，由于P0口没有上拉电阻，因此接一个4.7kΩ×8的排阻上拉。列方向则由4-16译码器74LS154（或74HC595）完成扫描，它由89C51的P1.0～P1.3控制。同样，驱动部分则是16个2N5401的三极管完成的。电路的供电为一片LM7805三端稳压器，耗电电流为100mA左右。

由于8位的AT89C51单片机的总线为8位，一个字需要拆分为两个部分。一般把它拆分为上部和下部用，上部由8×16点阵组成，下部也由8×16点阵组成。在本例中单片机首先显示的是左上角的第一列的上半部分，即第0列的P0.0～P0.7口。方向为P00到P07，显示汉字"大"时，P05点亮，由上往下排列，为P0.0灭，P0.1灭，P0.2灭，P0.3灭，P0.4灭，P0.5亮，P0.6灭，P0.7灭。即二进制00000100，转换为16进制为04H。上半部第一列完成后，继续扫描下半部的第一列，为了接线的方便，我们仍设计成由上往下扫描，即从P27向P20方向扫描，从图3.44可以看到，这一列全部为灭，即为00000000，16进制则为00H。然后单片机转向上半部第二列，仍为P05点亮，为00000100，即16进制04H。这一列完成后继续进行下半部分的扫描，P21点亮，为二进制00000010，即16进制02H。依照这个方法，继续进行下面的扫描，一共扫描32个8位，即可显示出汉字"电"字。按照上述方法循环3次即可显示"电路图"。

程序清单：

```
        ORG 00H
LOOP:   MOV     A,#0FFH         ; 开机初始化，清除画面
        MOV     P0,A            ; 清除 P0 口
        ANL     P2,#00          ; 清除 P2 口
        MOV     R2,#200
D100MS: MOV     R3,#250         ; 延时 100ms
        DJNZ    R3,$
        DJNZ    R2,D100MS
        MOV     20H,#00H        ; 取码指针的初值
l100:   MOV     R1,#100         ; 每个字的停留时间
L16:    MOV     R6,#16          ; 每个字 16 个码
        MOV     R4,#00H         ; 扫描指针清零
        MOV     R0,20H          ; 取码指针存入 R0
L3:     MOV     A,R4            ; 扫描指针存入 A
        MOV     P1,A            ; 扫描输出
        INC     R4              ; 扫描指针加 1，扫描下一个
        MOV     A,R0            ; 取码指针存入 A
        MOV     DPTR,#TABLE     ; 取数据表的上半部分的代码
        MOVC    A,@A+DPTR
        MOV     P0,A            ; 输出到 P0
        INC     R0              ; 取码指针加 1，取下一个码。
        MOV     A,R0
        MOV     DPTR,#TABLE     ; 取数据表下半部分的代码
        MOVC    A,@A+DPTR
        MOV     P2,A            ; 输出到 P2 口
        INC     R0
        MOV     R3,#02          ; 扫描 1ms
DELAY2: MOV     R5,#248
        DJNZ    R5,$
        DJNZ    R3,DELAY2
        MOV     A,#00H          ; 清除屏幕
        MOV     P0,A
```

```
        ANL     P2,#00H
        DJNZ    R6,L3            ; 一个字16个码是否完成?
        DJNZ    R1,L16           ; 每个字的停留时间是否到了?
        MOV     20H,R0           ; 取码指针存入20H
        CJNE    R0,#0FFH,L100    ; 8个字256个码是否完成?
        JMP     LOOP             ; 反复循环
TABLE :
; 汉字“电”的代码
DB 00H,00H,1FH,0E0H,12H,40H,12H,40H
DB 12H,40H,12H,40H,0FFH,0FCH,12H,42H
DB 12H,42H,12H,42H,12H,42H,3FH,0E2H
DB 10H,02H,00H,0EH,00H,00H,00H,00H
; 汉字“路”的代码
DB 00H,02H,7FH,7EH,42H,02H,43H,0FCH
DB 42H,44H,0FEH,44H,48H,80H,10H,0FFH
DB 31H,42H,0EAH,42H,24H,42H,2AH,42H
DB 31H,42H,21H,0FFH,01H,40H,00H,00H
; 汉字“图”的代码
DB 00H,00H,7FH,0FFH,40H,22H,44H,22H
DB 48H,42H,78H,92H,55H,92H,52H,4AH
DB 55H,26H,58H,82H,50H,42H,40H,62H
DB 40H,42H,0FFH,0FFH,40H,00H,00H,00H
End
```

### 3. 采用 MAX7219 的 LED 点阵显示器的设计

MAX7219 是美国 MAXIM 公司推出的多位 LED 显示驱动器，采用 3 线串行接口传送数据，可直接与单片机接口，用户能方便修改其内部参数，以实现多位 LED 显示。它内含硬件动态扫描电路、BCD 译码器、段驱动器和位驱动器。此外，其内部还含有 8×8 位静态 RAM，用于存放 8 个数字的显示数据。显然，它可直接驱动 64 段 LED 点阵显示器。当多片 MAX7219 级联时，可控制更多的 LED 点阵显示器。显示的数据通过单片机数据处理后,送给 MAX7219 显示。

MAX7219 芯片的外围接口电路简单，使用方便，仅需 3 根 I/O 口线便可驱动多块 LED 进行动态显示。MAX7219 只需一个外部电阻来设置所有 LED 的段电流，不仅可以克服常规的动态显示亮度不够、闪烁等缺点，而且大大简化硬件电路并减少软件的工作量，因此 MAX7219 芯片成为单片机应用系统中首选的 LED 显示接口电路。MAX7219 具有 BCD 译码模式和非译码模式。如果仅显示一些连续数，当然可采用非译码模式，这时可做一个 TAB 表，依次存放数字的相应编码，通过使用查表指令即可实现。

但生产实际中往往要显示很多种数据，其他数据的显示采用 BCD 译码显示方式比较方便。虽然一片 MAX7219 可以在不同的 LED 同时输出两种显示方式，但这样将大大增加软件编程的负担，为使程序简化,可将连续数和其他数据同时采用 BCD 译码模式显示。本书以 MAX7219 串行 LED 驱动器驱动 LED 显示连续数 1～99999 为例，说明其实现显示连续数的方法。

(1) 内部逻辑结构

MAX7219 主要由移位寄存器、控制寄存器、译码方式寄存器、位驱动器、段驱动器及亮度调整寄存器和扫描位数寄存器等部分组成，如图 3.45 所示。

①移位寄存器：其中含有数位寄存器 7～0，它决定该位 LED 显示内容。它占用 16 位移位寄存器的低 8 位，其余各位的分配见表 3.7。

表 3.7　16 位移位寄存器的分配

| D15　D14　D13　D12 | D11　D10　D9　D8 | D7　D6　D5　D4　D3　D2　D1　D0 |
|---|---|---|
| 无关位 | 地址 | 数据位 |

D15～D12 位为无关位，通常全取 1。MAX7219 通过 D11～D8 4 位地址位译码，可寻址 14 个内部寄存器，分别是 8 个 LED 显示位寄存器，5 个控制寄存器和 1 个空操作寄存器。LED 显示寄存器由内部 8×8 静态 RAM 构成，操作者可直接对位寄存器进行个别寻址，以刷新和保持数据，只要 V+超过 2V（一般为+5V）。各寄存器地址见表 3.8。

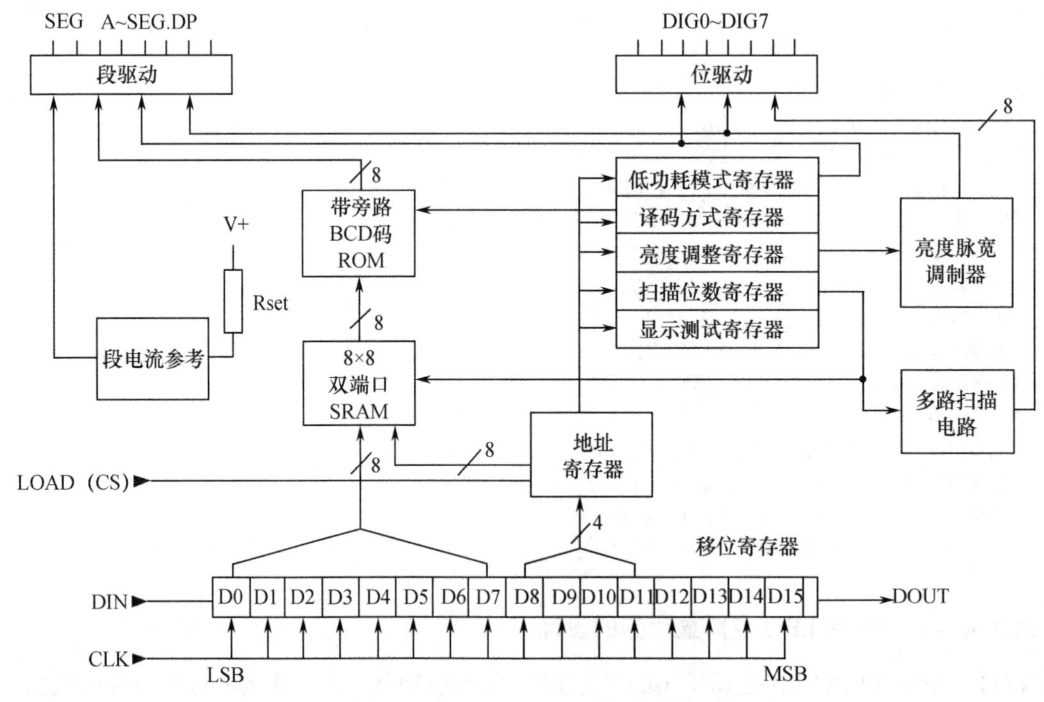


图 3.45　MAX7219 内部逻辑结构

控制寄存器包括：译码方式、显示亮度调节、扫描限制（选择扫描位数）、关断和显示测试寄存器。

**表 3.8　寄存器地址分配表**

| 寄存器名称 | 地　　址 | | | | |
|---|---|---|---|---|---|
| | D15~D12 | D11 | D10 | D9 | D8 |
| 空操作 | ×××× | 0 | 0 | 0 | 0 |
| Dgit0 | ×××× | 0 | 0 | 0 | 1 |
| Dgit1 | ×××× | 0 | 0 | 1 | 0 |
| Dgit2 | ×××× | 0 | 0 | 1 | 1 |
| Dgit3 | ×××× | 0 | 1 | 0 | 0 |
| Dgit4 | ×××× | 0 | 1 | 0 | 1 |
| Dgit5 | ×××× | 0 | 1 | 1 | 0 |
| Dgit6 | ×××× | 0 | 1 | 1 | 1 |
| Dgit7 | ×××× | 1 | 0 | 0 | 0 |
| 译码方式 | ×××× | 1 | 0 | 0 | 1 |
| 亮度调整 | ×××× | 1 | 0 | 1 | 0 |
| 扫描位数 | ×××× | 1 | 0 | 1 | 1 |
| 低功耗模式 | ×××× | 1 | 1 | 0 | 0 |
| 显示测试 | ×××× | 1 | 1 | 1 | 1 |

16 位移位寄存器其传送顺序为先最高位 MSB，后最低位 LSB。

②译码方式寄存器：它决定数位寄存器的译码方式，它的每一位对应一个数位。其中，1 代表 BCD 译码方式，0 表示不译码方式。若用于驱动 LED 数码管，应将数位寄存器设置为 BCD 译码方式；当用

于驱动条形图显示器时，应设置为不译码方式。

不译码方式寄存器各数字位与段线对应关系，如表 3.9 所示。

**表 3.9　不译码方式寄存器数字位与段线对应表**

| 寄存器数据 | D7 | D6 | D5 | D4 | D3 | D2 | D1 | D0 |
|---|---|---|---|---|---|---|---|---|
| 相应的段线 | DP | A | B | C | D | E | F | G |

③扫描位数寄存器：设置显示数据位的个数。该寄存器的 D2～D0（低三位）指定要扫描的位数，支持 0～7 共 8 位，各数位均以 1.3kHz 的扫描频率被分路驱动。在 LED 大屏幕显示系统中，由于每个 MAX7219 驱动 8×8 点阵单元，要设置成显示 8 位，所以该寄存器的数据设置为×7H。

④亮度调整寄存器：该寄存器通常用于数字控制方式，利用其 D3～D0 位控制内部脉冲宽度调制 DAC 的占空比来控制 LED 段电流的平均值，实现 LED 的亮度控制。D3～D0 取值可从 0000～1111，对应电流占空比则从 16/32 变化到 31/32，共 16 级，D3～D0 的值越大，LED 显示越亮，而亮度控制寄存器中的其他各位未使用，可置任意值。

⑤显示测试寄存器：它用来检测外接 LED 数码管各段的好坏。当 D0 置为 1 时，LED 处于显示测试状态，所有 8 位 LED 的段被扫描点亮，电流占空比为 31/32；若 D0 为 0，则处于正常工作状态，D7～D1 位未使用，可任意取值。

⑥低功耗模式寄存器：也叫关断寄存器，用于关断所有显示器。当 D0 为 0 时，关断所有显示器，但不会消除各寄存器中保持的数据；当 D0 设置为 1 时，正常工作。剩下各位未使用，可取任意值。

⑦无操作寄存器：它主要用于多 MAX7219 级联，允许数据通过而不对当前 MAX7219 产生影响。其方法是把所有器件的 LOAD 管脚连接在一起，而把 DOUT 连接到相邻的 MAX7219 的 DIN 上。级联传送数据的方式是例如 4 片 MAX7219 级联，要先写第 4 片的数据，发送完 16 位数据后，要跟有 3 个“非工作”代码（十六进制数 X0XX）。当 LOAD 变高时，数据被锁存在所有器件中，前 3 个芯片接收非工作指令，而第 4 个芯片接收数据。

（2）引脚说明

MAX7219 是共阴极 LED 显示驱动器，采用 24 脚 DIP 和 SO 两种封装，其引脚排列见图 3.46。其功能说明如下。

MAX7219

| 引脚 | 名称 | 名称 | 引脚 |
|---|---|---|---|
| 1 | DIN | DOUT | 24 |
| 2 | DIG0 | SEG D | 23 |
| 3 | DIG4 | SEG DP | 22 |
| 4 | GND | SEG E | 21 |
| 5 | DIG6 | SEG C | 20 |
| 6 | DIG2 | V+ | 19 |
| 7 | DIG3 | ISET | 18 |
| 8 | DIG7 | SEG G | 17 |
| 9 | GND | SEG B | 16 |
| 10 | DIG5 | SEG F | 15 |
| 11 | DIG1 | SEG A | 14 |
| 12 | LOAD | CLK | 13 |

图 3.46　MAX7219 引脚排列

- DIN：串行数据输入端。在 CLK 的上升沿，数据被装入到内部的 16 位移位寄存器中。
- DIG7～DIG0：8 位数值驱动线。输出位选信号，从每位 LED 显示器公共阴极吸入电流。
- GND：接地端，通常两个接在一起。

- LOAD：装载数据控制端。在 LOAD 的上升沿，最后送入的 16 位串行数据被锁存到数据或控制寄存器中。
- DOUT：串行数据输出端。进入 DIN 的数据在 16.5 个时钟后送到 DOUT 端，以便在级联时传送到下一片 MAX7219。
- SEG A～SEG G：LED 7 段显示器段驱动端。
- SEG DP：用于 BCD 方式时为小数点驱动端，用于不译码方式时用来驱动一个点阵。
- V+：+5V 电源端。
- ISET：LED 段峰值电流提供端。它通过一只电阻与电源相连，以便给 LED 段提供峰值电流。
- CLK：串行时钟输入端。最高输入频率为 10MHz。在 CLK 的上升沿，数据被移入内部移位寄存器；在 CLK 的下降沿，数据被移至 DOUT 端。

（3）用 MAX7219 驱动 8 位 LED 显示器

图 3.47 为 MAX7219 的典型应用电路，它是由单片 MAX7219 驱动的 8 位 LED 显示器。

AT89C51 的 RXD、P1.0、TXD 分别与 MAX7219 的 DIN、LOAD、CLK 端相连。电阻 R1 可改变 LED 的亮度，每段的驱动峰值电流约为 R1 中电流的 100 倍。R1 的取值不能小于 10kΩ。实际使用时，可先用一只可调电阻调节亮度，达到要求后用一只相同阻值的固定电阻代替即可。

在这里应注意，MAX7219 的段电流正常工作范围为 10～40mA，当段电流超过 40mA 时，必须外加限流电路。为了减少外界的干扰，可在 MAX7219 的 V+ 管脚和 GND 管脚之间加上一个 0.1μF 的涤纶电容和一个 10μF 的钽电容（图中未画出）。

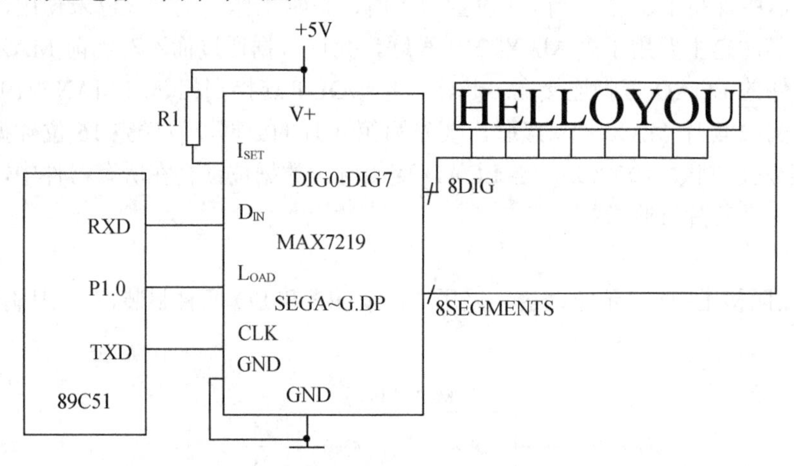


图 3.47　MAX7219 与 AT89C51 单片机硬件接口电路

下面结合图 3.47 典型应用电路，编程实现 8 位从左到右显示 HELLOYOU。

①初始化

在此需特别说明一点，由于 MAX7219 内部 16 位寄存器的位号与从 $D_{IN}$ 发送来的串行数据的位号刚好相反，所以数据在发送以前必须进行颠倒，即 D0 变成 D15，D1 变成 D14……初始化设置各项的选择及对应数值如表 3.10 所示。

表 3.10　初始化设置各项的选择及对应数值

| 设置项目 | 选择 | 颠倒后的数值（16 位） |
|---|---|---|
| 显示亮度 | 17/32 | 5F1FH |
| 扫描限制 | 0～7 位 | DFEFH |
| 译码方式 | 非译码方式 | 9F00H |
| 显示测试 | 正常操作 | FF00H |
| 关断方式 | 正常操作 | 3F80H |

②软件设计

在单片机 RAM 中建立一个 LED 显示缓冲区，显示缓冲区首地址为 30H，末地址为 45H，分别对应各显示位的位地址和段码，用程序控制数据以 16 位数据包的形式串行送入，见表 3.11。

**表 3.11　显示缓冲区各单元数据**

| 内存单元地址 | 内容（颠倒后的） | 说明 |
| --- | --- | --- |
| 30H | #8FH | 指向 LED 的第一位 |
| 31H | #6EH | 第一位显示“H” |
| 32H | #4FH | 指向 LED 的第二位 |
| 33H | #8EH | 第二位显示“E” |
| 34H | #CFH | 指向 LED 的第三位 |
| 35H | #1CH | 第三位显示“L” |
| 36H | #2FH | 指向 LED 的第四位 |
| 37H | #1CH | 第四位显示“L” |
| 38H | #AFH | 指向 LED 的第五位 |
| 39H | #FCH | 第五位显示“O” |
| 40H | #6FH | 指向 LED 的第六位 |
| 41H | #76H | 第六位显示“Y” |
| 42H | #EFH | 指向 LED 的第七位 |
| 43H | #FCH | 第七位显示“O” |
| 44H | #1FH | 指向 LED 的第八位 |
| 45H | #7CH | 第八位显示“U” |

在程序设计时，只要将 30H～45H 单元的内容通过串行口发送即可。由于 MAX7219 能对 LED 显示位进行位寻址，所以发送数据时既可以只对需要改变的某一位或几位发送，也可以一次发送 8 组数据，对芯片所驱动的 LED 全部刷新，只是不需要改变的位只是把原来的内容重发了一次，这完全由程序控制，以下给出每次发送 8 组数据的程序。当串行口把 8 位数码串行移位输出后，TI 置 1，可把 TI 作为状态查询标志。

显示子程序清单：

```
DISP:   MOV     SCON,#00H       ; 串行口方式 0 工作
        CLR     ES              ; 禁止串行中断
DISP1:  CLR     P1.0            ; LOAD 变低
        MOV     R0,30H          ; 显示缓冲区首址
        MOV     R1,#0FH         ; 设置 8 位显示
DISP2:  MOV     SBUF,@R0        ; 串行输出
        JNB     TI,$            ; 状态查询
        INC     R0
        DJNZ    R1,DISP2
        SETB    P1.0            ; LOAD 变高
        NOP                     ; 延时
        NOP
        CLR     TI              ; 发送中断标志
        RET                     ; 返回
```

（4）用 MAX7219 驱动 8×8 点阵 LED 显示器

此外，用 MAX7219 设计 LED 点阵显示电路也是非常简单的方法。图 3.48 所示为采用 MAX7219

设计的 LED 点阵显示电路。

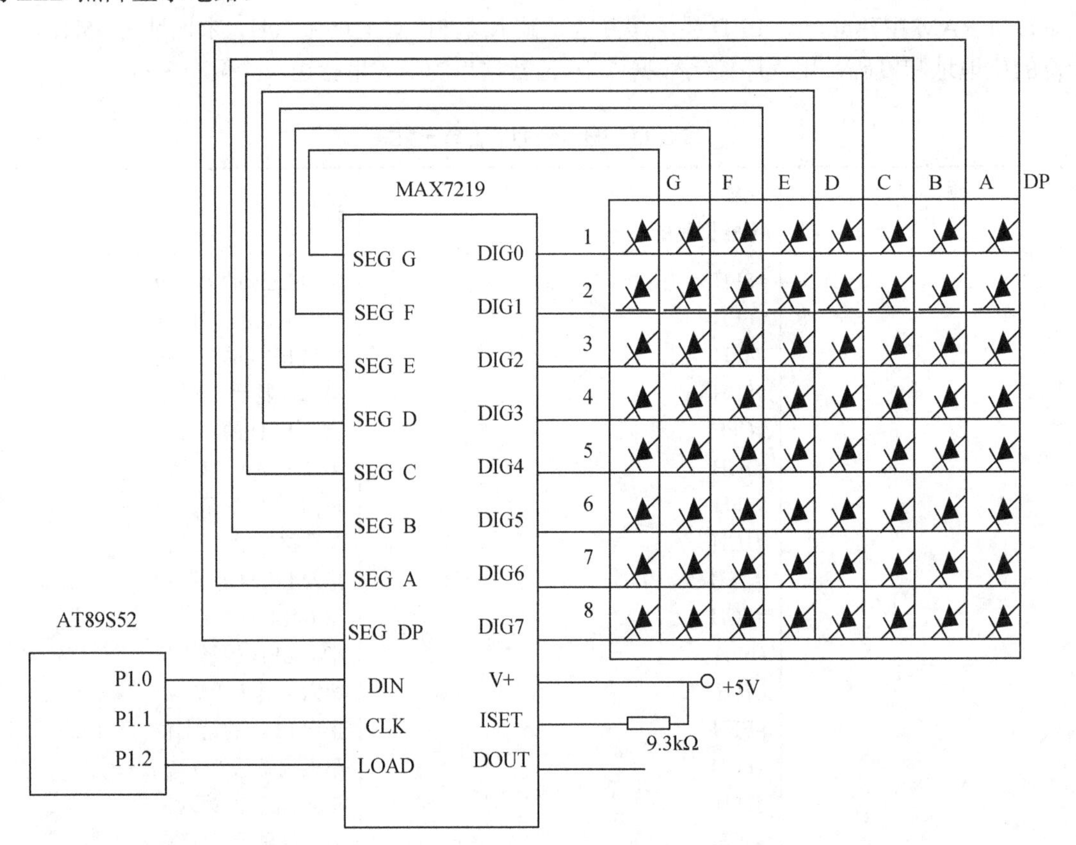


图 3.48　MAX7219 驱动 LED 点阵单元电路图

具体程序设计可仿照图 3.43 和图 3.47 进行。

**4. LED 点阵大屏幕显示屏的设计**

LED 点阵大屏幕显示屏制作简单，安装方便，被广泛应用于各种公共场合，如汽车报站器、广场广告屏及公告牌等。本书介绍的是一种可用在值班室外等场合的公告牌的 LED 点阵电子显示屏设计。公告内容随时可以更新，能够实时显示温度和日期时间，并具有自动亮度调节功能。

大屏幕显示的特点是需要的元件多，因此，如何节省元器件及提高显示速度是大屏幕显示应考虑的关键问题。目前，采用的方案有 3 种：串行显示方式、并行显示方式、专用器件方式。

（1）串行显示方式

这种方式可同时显示 4 个 16×16 点阵汉字或 8 个 16×8 点阵的汉字、字符或数字。点阵显示屏每个单元由 16 个 8×8 点阵 LED 显示模块、行信号选择译码器 74HC138、驱动器 74HC245、数据移位寄存器 74HC595 和行驱动器组成，如图 3.49 所示。

本系统由 AT89C51 构成单片机最小应用系统。同时配有 11.0592 MHz 晶振和按键复位电路等。系统外扩的一片 Flash 存储器 29F040 为数据存储器，可用来存储由 PC 机串口送来的点阵信息（通过软件将图像或文字转换成与 LED 显示屏的像素相对应的点阵信息）。该 Flash 存储器是一种非易失性存储器，它在供电电源关闭后仍能保持片内信息。由于 29F040 的容量为 512KB（该芯片内部由 8 个 64KB 的读写块组成，可分块进行读、写和擦除等操作），而 AT89C51 只能管理 64KB 的数据空间，所以，需将 29F040 分成 8 页，每页 64KB。其页码可由单片机的 P3.2～P3.4 来选择。另外，采用 MAX232 可完成 RS-232 与 TTL 电平的转换，以便使 PC 机与单片机交换信息。关于 16×16 点阵显示器的构成可参见图 3.42 的结构设计。

单元显示屏可以接收控制器（主控制电路板）或上一级显示单元模块传输下来的数据信息和命令信

息，并可将这些数据信息和命令信息不经任何变化地再传送到下一级显示模块单元中，因此显示屏可扩展至更多的显示单元，用于显示更多的内容。

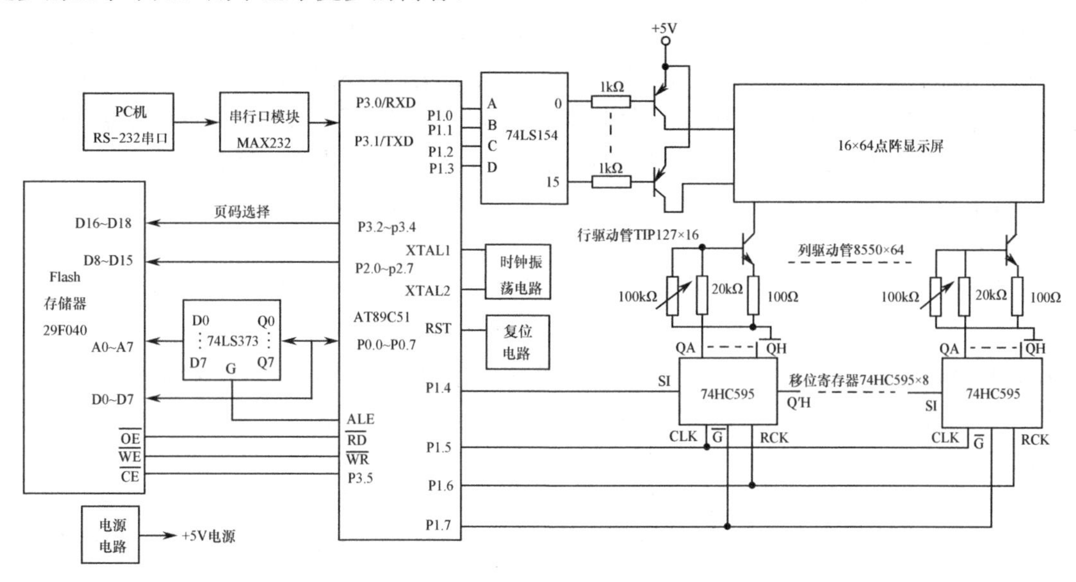


图 3.49　16×64 点阵显示器控制系统原理图

① LED 点阵显示器的扫描驱动

LED 显示屏驱动电路的设计应与所用控制系统相配合。驱动通常分为动态扫描型及静态锁存型驱动两大类。本例以动态扫描型驱动电路的设计为例来进行分析。动态扫描型驱动方式是指显示屏上的 16 行发光二极管共用一组列驱动寄存器，然后通过行驱动管的分时工作，来使每行 LED 的点亮时间占总时间的 1/16。只要每行的刷新率大于 50 Hz，利用人眼的视觉暂留效应，人们就可以看到一幅完整的文字或画面。

AT89C51 单片机有 4 个 I/O 口（P0、P1、P2、P3），每个 I/O 口有 8 位，如果都采用并行输出，显然不能满足要求，因此，本设计中的行扫描驱动采用并口输出，而列扫描驱动采用串口输出。

A．行扫描驱动

由于 16×64 点阵显示器有 16 行，为充分利用单片机的接口，本电路中加入了一个 4-16 线译码器 74LS154，其输入是一个 16 进制码，解码输出为低态扫描信号。把 74LS154 的 G1 和 G2 引脚接地，然后以 A、B、C、D 4 脚为输入端。就会形成 16 种不同的输入状态，分别为 0000～1111，然后使每种状态只控制一路输出，即会有 16 路输出。

如果一行 64 点全部点亮，则通过 74LS154 的电流将达 640 mA，而实际上，74LS154 译码器提供不了足够的吸收电流来同时驱动 64 个 LED 同时点亮，因此，应在 74LS154 每一路输出端与 16×64 点阵显示器对应的每一行之间用一个三极管来将电流信号放大，本设计选用的是达林顿三极管 TIP127。这样，74LS154 某一输出脚为低电平时，对应的三极管发射极为高电平，从而使点阵显示器的对应行也为高电平。

B．列扫描驱动

本系统列扫描驱动电路的设计可用串入并出的通用集成电路 74HC595 来作为数据锁存。74HC595 是一个 8 位串行输入三态并行输出的移位寄存器，其管脚见图 3.50 所示，其中 SI 是串行数据的输入端，RCK 是存储寄存器的输入时钟，SCK 是移位寄存器的输入时钟，Q'H 是串入数据的输出，$\overline{G}$ 是对输入数据的输出使能控制，QA～QH 为串入数据的并行输出。从 SI 口输入的数据可在移位寄存器的 SCK

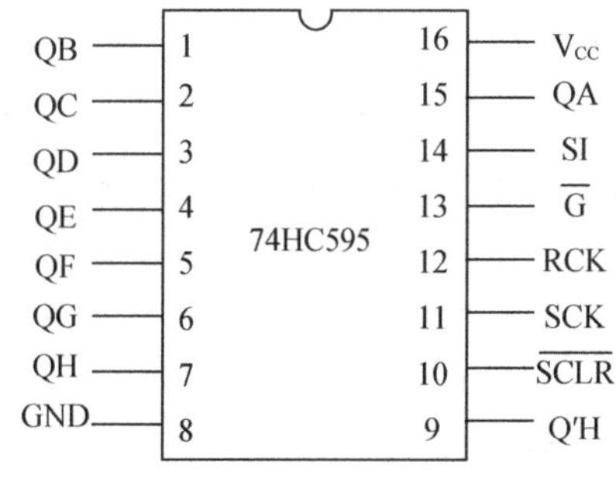


图 3.50　74HC595 管脚分配图

管脚上升沿的作用下输入到74HC595中。并在RCK管脚的上升沿作用下将输入的数据锁存在74HC595中，这样，当$\overline{G}$为低电平时，数据便可并行输出。为了避免与PC机串口输入的数据相互干扰，也可使用模拟串口P1.4～P1.7来分别输出串行数据、移位时钟SCK、存储信号RCK和并行输出的使能信号$\overline{G}$。

为了消除电源电压的波动及行扫描管压降（第一行点亮的点数不同，将引起管压降的变化，从而影响通过LED管的电流）的变化对LED显示屏亮度的影响，设计时可采用列恒流驱动电路，可选用三极管8550和外围元件构成列恒流驱动电路，并通过调整100 kΩ可调电阻使三极管处于放大状态，同时将集电极电流调整为10 mA，从而使点亮对应点阵时通过LED的电流不变。

②扫描显示工作过程

将8片74HC595进行级联，可共用一个移位时钟SCK及数据锁存信号RCK。这样，当第一行需要显示的数据经过8×8=64个SCK时钟后，便可将其全部移入74HC595中，此时还将产生一个数据锁存信号RCK将数据锁存在74HC595中，并在使能信号$\overline{G}$的作用下，使串入数据并行输出，从而使与各输出位对应的场驱动管处于放大或截止状态；同时由行扫描控制电路产生信号使第1行扫描管导通，相当于第1行LED的正端都接高，显然，第1行LED管的亮灭就取决于74HC595中的锁存信号；此外，在第1行LED管点亮的同时，再在74HC595中移入第2行需要显示的数据，随后将其锁存，同时由行扫描控制电路将第1行扫描管关闭而接通第2行，使第2行LED管点亮，以此类推，当第16行扫描过后再回到第1行，这样，只要扫描速度足够高，就可形成一幅完整的文字或图像。

③软件系统设计

本系统的软件设计流程图如图3.51所示，该显示程序以常用的左移为例来进行设计。

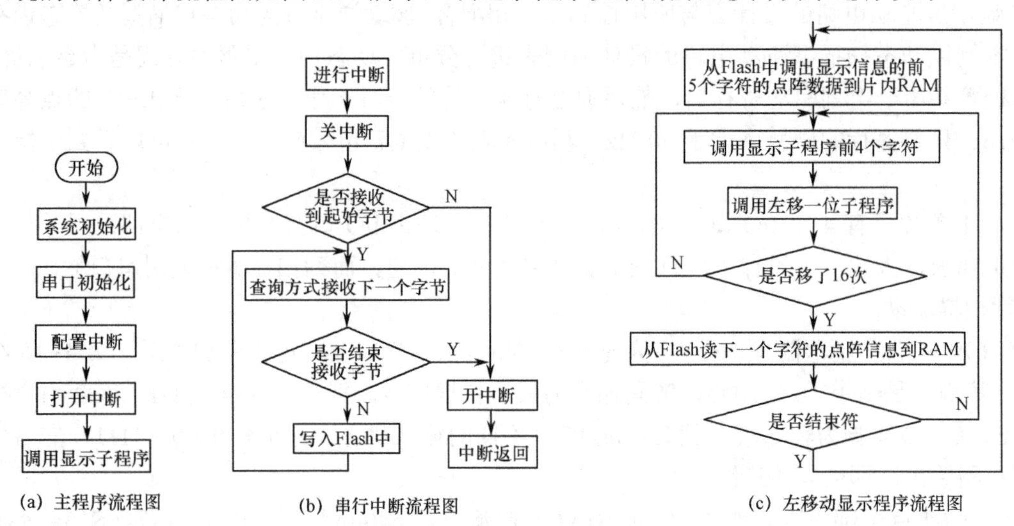


图3.51 系统的软件设计流程图

（2）用MAX7219设计大屏幕显示

在LED大屏幕设计中，除了使用串入并出的芯片74HC595外，还可以采用MAX7219专用芯片设计。其基本思想与串行方式一样，也是设计一个基本的显示模块，然后再用这些基本模块进行组合。

为了组装方便，这里以4个汉字为一个显示单位组成一个线路板。4个汉字需要16块8×8点阵单元，对应只需要16块MAX7219芯片作为驱动器。根据前边的分析，多片MAX7219不能级联，需采用片选的方法，因而也就需要16条片选线。采用一片74LS154译码，刚好可译出16条线作为16片MAX7219的片选信号。当需要更大的显示面积时，只需增加基本显示模块即可。

由于所用的MAX7219都只并联在串行总线上，所以在设计基本显示模板时，对串行总线设计一个入口和一个出口，级联时，两块基本显示模板用两根电线连起来即可。再来考虑74LS154的级联。由于每块基本显示模板上都有一片74LS154，多块基本显示模板上的74LS154必须区分开来。可以采用两种方法：第一种是，每片74LS154各自有自己的4根输入线，这样需要许多线；另一种是，每片74LS154

共用 4 根输入线，然后通过控制其使能端 $\overline{G1}$ 和 $\overline{G2}$ 来选择哪一片 74LS154 工作。本设计采用第二种方案。

当级联多块基本显示模板时，必须考虑总线的驱动能力。为此，设计中采用了一片驱动器 74LS244。至此，一块完整的基本显示模板就设计好了。其原理框图，如图 3.52 所示。图中 J1、J2 为模块接线端子。

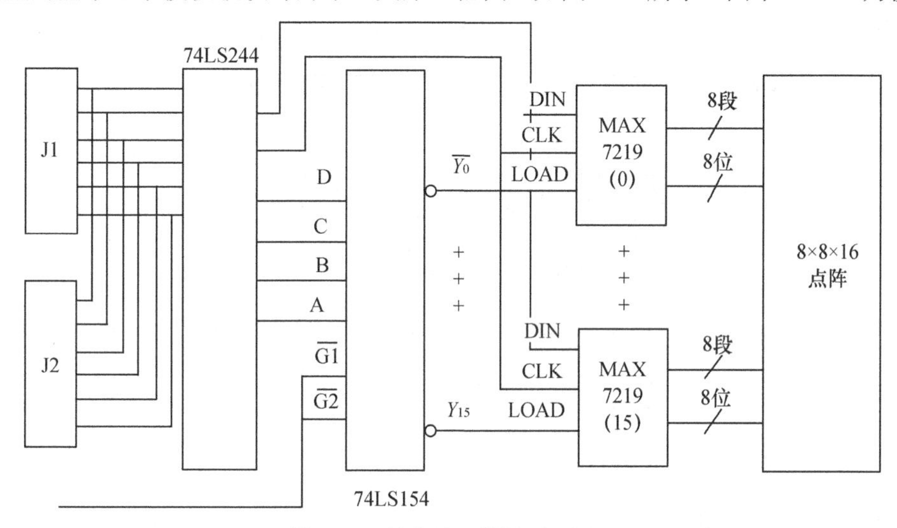


图 3.52　基本显示模板原理框图

利用 MAX7219 构造的 LED 大屏幕基本显示模块，硬件结构简单，可通过硬件或软件改变显示亮度，具有自动刷新功能，省去许多 CPU 的刷新时间，使系统设计简单。当用此基本显示模块构造大屏幕时，各基本模块级联方便，基本显示模块与系统连线少而容易。

## 3.5　LCD 的显示接口技术

液晶显示器 LCD（Liquid Crystal Display）问世以来，以其微功耗、小体积、质量轻、超薄等诸多其他显示器无法比拟的优点，广泛应用于微型计算机控制系统和智能化仪器中。另外，LCD 在大小和形状上更加灵活，接口简单，不但可以显示数字、字符，而且可以显示汉字和图形，因此在笔记本电脑、儿童玩具、袖珍仪表、医疗仪器、分析仪器、低功耗便携式仪器及嵌入式系统中，LCD 已成为一种占主导地位的显示器件。许多厂家，出于产品更新换代，提高产品档次的考虑而采用 LCD 作为显示器。

近年来，随着液晶技术的发展，出现了彩色液晶。彩色液晶显示器作为当代高新技术的结晶产品，它不但有超薄的显示屏，色彩逼真，而且还具有体积小、耗电省、寿命长、无射线、抗震、防爆等 CRT 所无法比拟的优点。它是工控仪表、机电设备等行业更新换代的理想显示器。以彩色液晶为显示器的笔记本电脑、工业控制机也将越来越受到人们的青睐。

和 LED 显示器一样，LCD 也有字符型和点阵型两种。

### 3.5.1　LCD 的基本结构及工作原理

LCD 是一种借助外界光线照射液晶材料而实现显示的被动显示器件。如图 3.52 所示体现出 LCD 器件的原理结构。

如图 3.53 所示，液晶材料被封装在上、下两片导电玻璃电极板之间。由于晶体的四壁效应，使其分子彼此正交，并呈水平方向排列于正（上）、背（下）玻璃电极之上，而其内部的液晶分子呈连续扭转过渡，从而使光的偏振方向产生 90° 旋转。

当线性偏振光透过上偏振片及液晶材料后，便会旋转 90°（呈水平方向），正好与下偏振片的方向取得一致。因此，它能全面穿过下偏振片到达反射板，从而按原路返回，使显示器件呈透明状态。若在其上、下电极上加上一定的电压，在电场的作用下，将迫使电极部分的液晶的扭曲结构消失，其旋光作用也随之消失，致使上偏振片接收的偏振光可以直接通过，而被下偏振片吸收（无法到达反射面），呈黑色。当去掉电压后，液晶分子又恢复其扭转结构。据此，可将电极做成各种形状，用以显示各种文字、符号和图形。

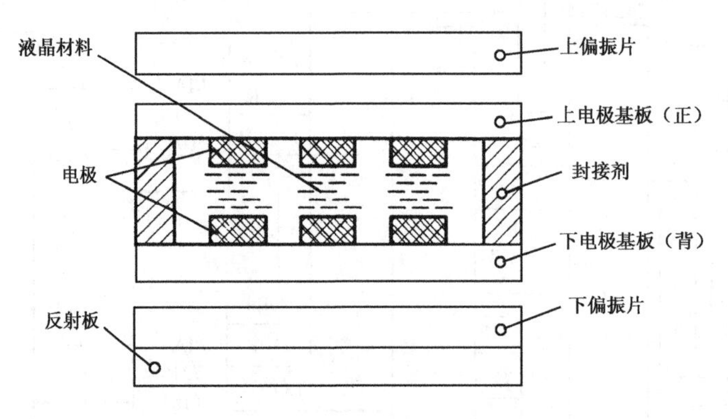


图 3.53　液晶显示器基本结构

## 3.5.2　LCD 的驱动方式

LCD 因其两极间不允许施加恒定直流电压，而使其驱动电路变得比较复杂。为了得到 LCD 亮、灭所需的两倍幅值及零电压，常给 LCD 的背极通以固定的交变电压，通过控制前极的电压值的改变实现对 LCD 显示的控制。

液晶显示器的驱动方式一般有两种，即直接驱动（或称静态驱动）和时分隔（多极）驱动方式。

### 1. 直接（静态）驱动方式

采用直接驱动的 LCD 电路，显示器件只有一个背极，但每个字符段都有独立的引脚，采用异或门进行驱动，通过对异或门输入端电平的控制，使字符段显示或消隐。如图 3.54 所示为一位 LCD 数码显示电路图。

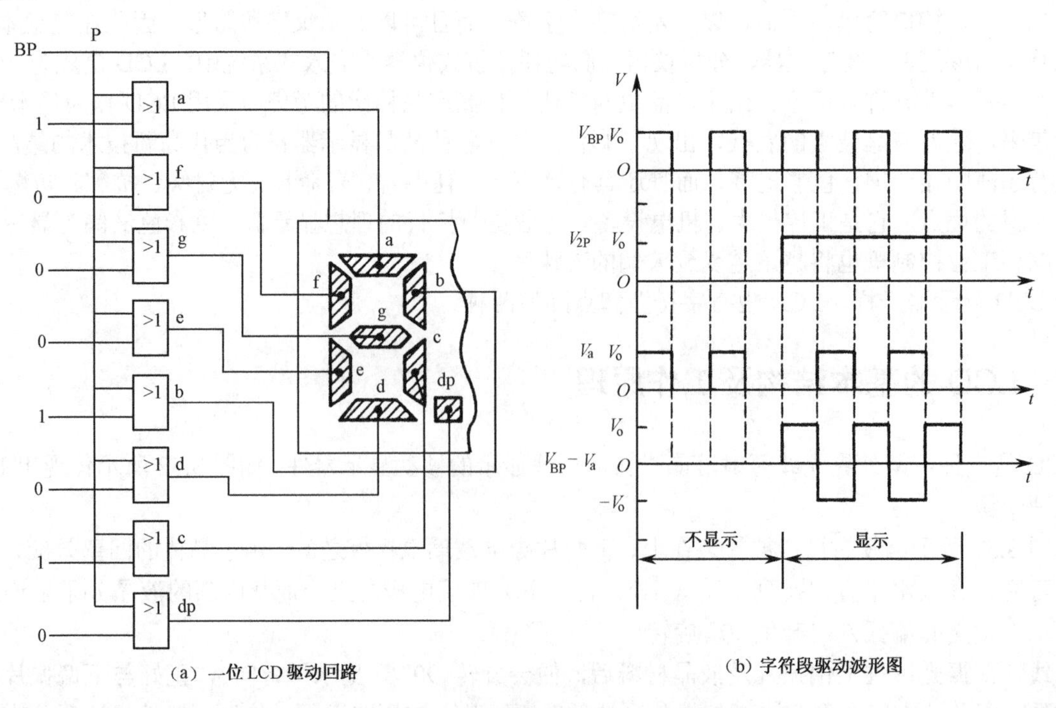


图 3.54　一位 LCD 数码显示电路及 a 段驱动波形

由图3.54（a）可知，当某字段上两个电极（BP与相应的段电极）的电压相位相同时，两极间的相对电压为0，该字段不显示。当字段上两电极的电压相位相反时，两电极的相对电压为两倍幅值电压，字段呈黑色显示。其驱动波形如图3.54（b）所示。

可见，液晶显示的驱动与发光二极管的驱动存在着很大的差异。如前所述，只要在LED两端加上恒定的电压，便可控制其亮、灭。但LCD必须采用交流驱动方式，以避免液晶材料在直流电压长时间的作用下产生电解，从而缩短使用寿命。常用的做法是在其公共端（一般为背极）上加上频率固定的方波信号，通过控制前极的电压来获得两极间所需的亮、灭电压差。

静态驱动电路简单，且驱动电压幅值可变动范围较大，允许的工作温度范围较宽，因此，常用于显示字符不太多的场合。

从图3.53可以明显地看出，在直接驱动方式下，若LCD有$N$个字符段，则需$N$+1条引线，且其驱动电路也要相应地具有$N$+1条引线。可想而知，在显示字符较多时，过多的引脚将限制直接驱动方式的使用范围。在这种情况下可采用多极驱动的方式。

### 2. 多极驱动方式

LCD的多极驱动方式是指具有多个背极的驱动方式。LCD的各个字符段按点阵方式排列，一位7段数码管LCD在三极驱动方式下各字符段与背极的排列、等效电路图，如图3.55所示。

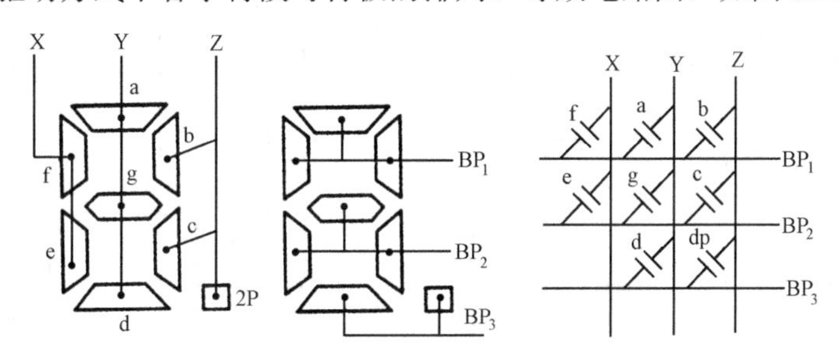


图3.55 一位LCD数码管的三极驱动原理电路图

如图3.55所示，8根字符段被划分为3组（由于LCD属电容性负载，故在图中以电容表示），每组引出一根电极（BP）以背极为行，段组引极为列，形成矩阵。此时，各段的显示与否只取决于加在相应段组及背极上的电压。与直接驱动方式不同的是，多极驱动方式采用电压平均化法，其占空比有1/2、1/8、1/16、1/32等，偏比为1/2、1/3、1/4、1/5等。

驱动电路的设计是实现LCD多极驱动的关键。多极驱动时字符段的消隐并不把该段与对应背极间的电压降为零，只要将电压的有效值降至LCD的门限电压之下就能关断显示。这就是偏压的概念。加大选通电压与非选通电压之间的差距，可提高显示的清晰度。通过恰当的设计各段组与背极间的驱动电压波形，即可控制各段的显示与熄灭，并且保证段与极间以交流电压进行驱动，以确保LCD的正常显示。

此外，交流驱动电压的频率也应考虑。频率太低，会造成显示字符闪烁；如果太高，又引起显示字符反差不匀，且增大LCD的功耗。

如图3.56所示为7段LCD在三极驱动方式下的工作电压波形。其中3个背极电压（$BP_1$、$BP_2$、$BP_3$）是具有固定相位关系的周期性信号。以Y列字符段为例，设加在该组段上的电压为$V_Y$，其电压峰值为$V_p$。当驱动电压如$V_Y(1)$曲线所示时，将使a、g段显示，d段消隐；若$V_Y$为$V_Y(2)$波形时，a、g、d段全部显示；而当$V_Y$表现为$V_Y(3)$形状时，则会使a、g、d段全部消隐。图3.56中只画出了$V_Y(1)$、$V_Y(2)$及$V_Y(3)$状况下$a$段和$d$段分别与其背极$BP_1$及$BP_3$间的驱动波形。由计算可知，当加在管段引脚与其背极间的有效电压值低于$V_{off}=\dfrac{V_p}{3}$(RMS)时，管段消隐；而当其高于$V_{on}=\dfrac{1}{3}\sqrt{\dfrac{11}{3}}V_p=1.92V_{off}$(RMS)时，管段发光。由图3.56可明显看出，各段与其对应背极间的电压均不含直流部分，从而满足了LCD

显示电压的要求。

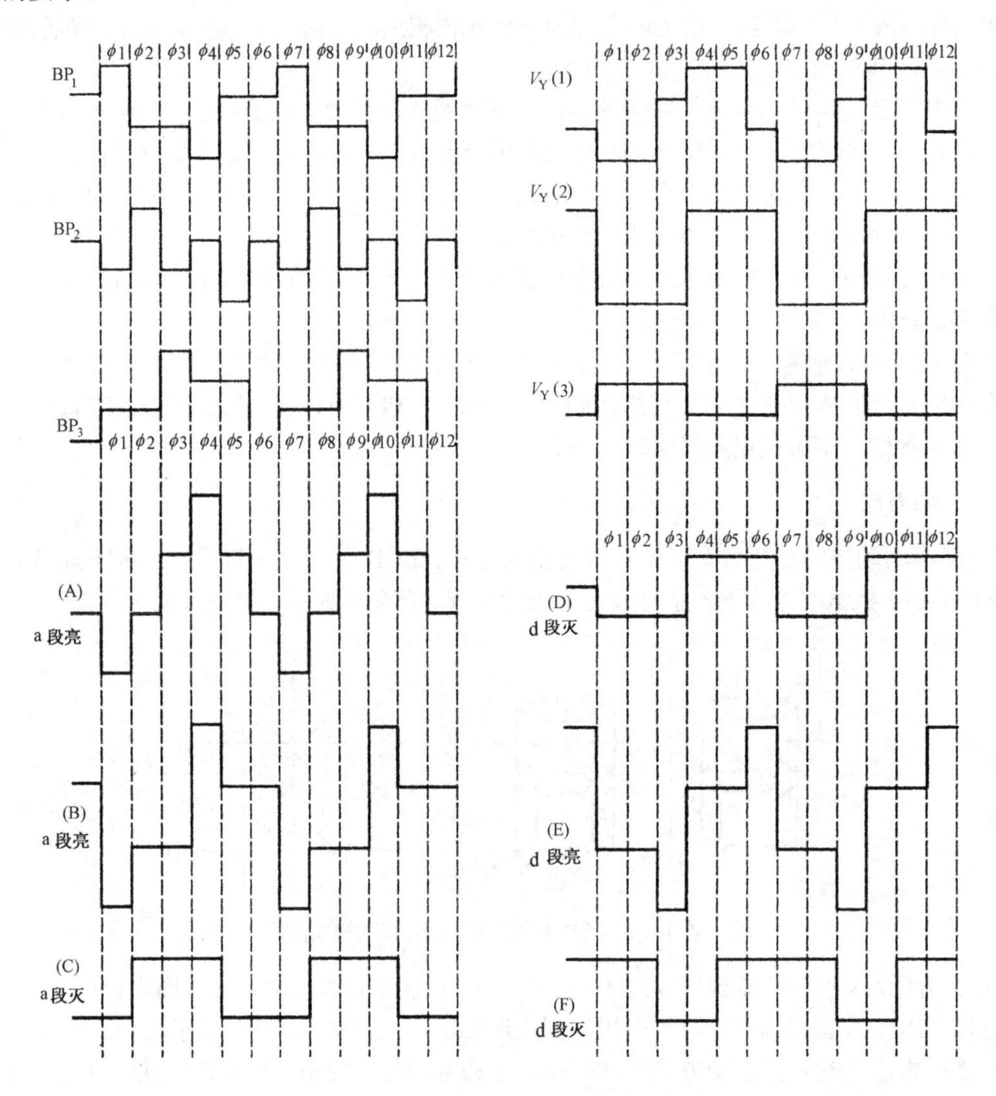


图 3.56　三极式 LCD 数码管的驱动电路波形

通过上述分析不难推知，通过划分段组，可使具有 $M$ 个字符段的 LCD 的引脚数减至 $\frac{M}{N}+N$（$N$ 为背极数）。

事实上，液晶显示器的驱动方式是由电极的引线的选择方式确定的。因此，一旦选定液晶显示器后，用户无法改变驱动方式。

## 3.5.3　4 位 LCD 静态驱动芯片 ICM7211

ICM7211 系列是 INTER SIL 公司出品的一种常用的 4 位 LCD 锁存/译码/驱动集成电路。该系列有 4 个型号的芯片，它们是 ICM7211、ICM7211A、ICM7211M 及 ICM7211AM。其中 A 表示“BCD 码”译码，M 则表明芯片内含输入锁存器，可以与 CPU 直接连接。ICM7211 芯片以双列直插结构封装，其引脚图，如图 3.57 所示。两种译码方式见表 3.12。

由于 LCD 显示器功耗极低，且抗干扰能力强，所以在低功耗的单片机系统中经常采用。

采用两片 ICM7211(A)AM 组成的 8 位显示电路如图 3.58 所示。

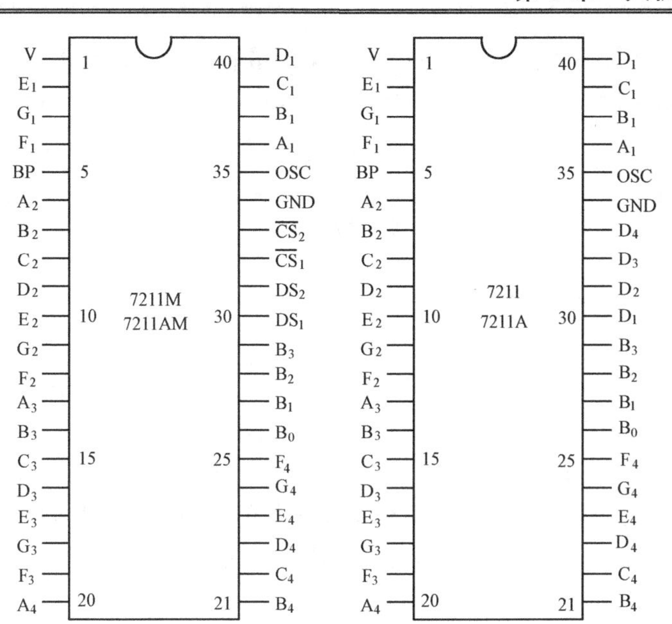


图 3.57 ICM7211 引脚图

**表 3.12 B 码与全十六进制码的译码方式**

| $B_3B_2B_1B_0$（十进制） | 0 | 1 | 2 | 3 | 4 | 5 | 6 | 7 | 8 | 9 | 10 | 11 | 12 | 13 | 14 | 15 |
|---|---|---|---|---|---|---|---|---|---|---|---|---|---|---|---|---|
| 全十六进制码 | 0 | 1 | 2 | 3 | 4 | 5 | 6 | 7 | 8 | 9 | A | b | C | d | E | F |
| BCD 码译码 | 0 | 1 | 2 | 3 | 4 | 5 | 6 | 7 | 8 | 9 | - | E | H | L | P | 灭 |

如图 3.58 所示，ICM7211(A)M U1 控制高 4 位显示，ICAl7211(A)M U2 控制低 4 位显示，同时完成锁存/译码/驱动 3 种工作，从而实现 8 位 BCD 码显示。两片 ICAl7211(A)M 的背极线 BP 相连并接至 LCD 的 BP 端，以便送出统一波形的背极电压。ICM7211 系列芯片 BP 的最大允许交变频率为 125Hz，所以 U1 芯片的 OSC 端输入 16kHz 的晶振信号，U2 芯片的 OSC 端接地。$\overline{CS1}$ 端为片选信号，$\overline{CS2}$ 端为写允许。各片的输入数据都取自数据总线的低 4 位。单片机输出一位待显示的数时，同时由 P2.6（或 P2.7）（片选）和 P0.5、P0.4（位选）引脚的状态联合确定实现显示的位。

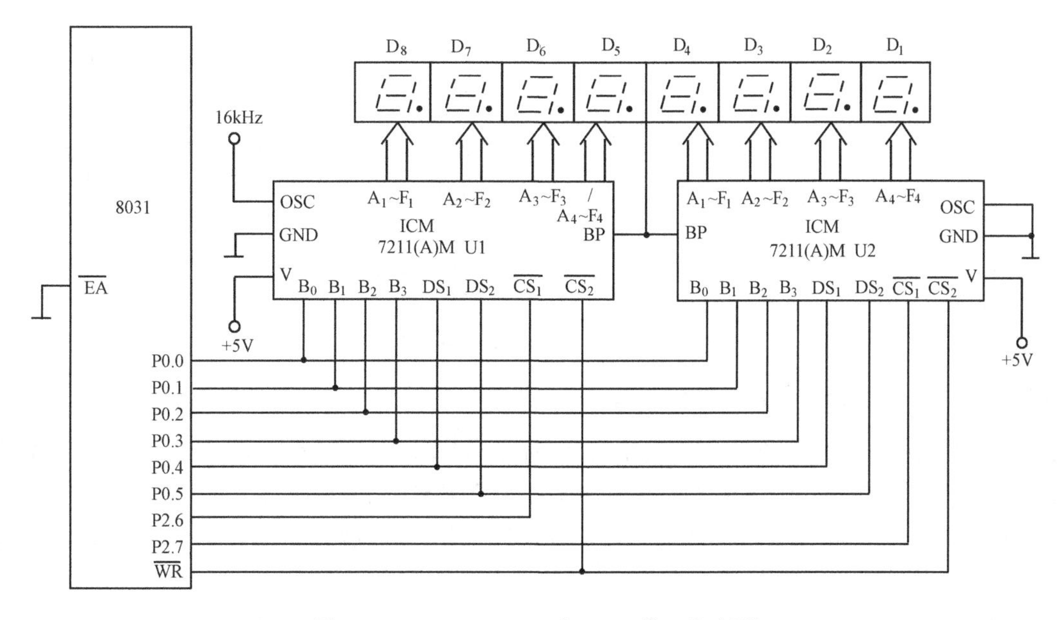


图 3.58 ICM7211(A)M 与 8031 接口线路图

ICM7211 系列芯片使用很方便。其编程也很简单，只要向入口地址写入 2 位片选和 2 位选码及 4 位 BCD 码，即可实现相应的显示。例如，在 U1 的第 4 位显示出 BCD 码 9，可用下列程序实现。

```
MOV   A,#39H          ; DS2DS1=11, B3~B0=9
MOVX  DPTR,#4000H
OUT   @DPTR,A         ; 待显示数送 U1，完成显示
```

### 3.5.4 点阵式 LCD 的接口技术

字符和数字的简单显示，不能满足图形曲线和汉字显示的要求；而点阵式 LCD 不仅可以显示字符、数字，还可以显示各种图形、曲线及汉字，并且可以实现屏幕上下左右滚动、动画功能、分区开窗口、反转、闪烁等功能，用途十分广泛。现在，随着液晶技术的突破，液晶显示器的质量有了很大的提高，品种也在不断地推陈出新，不但有各种规格的黑白液晶显示器，而且还有绚丽多彩的彩色液晶显示器。在点阵式液晶显示器中，把控制驱动电路与液晶点阵集成在一起，组成一个显示模块，可与 8 位微处理器接口直接连接。

为方便用户，避免重复性劳动，某些公司参照国际市场同类产品的标准，结合国内的实际情况，成功地开发出彩色液晶智能显示器，如 YD 系列、MDLS 系列、MGLS 系列、CCSTN 系列及 DMF 系列等，其最大点阵可达 320×240。采用这种点阵式液晶显示器，不但可以显示数据、汉字，而且还可以显示控制流程图和控制曲线，因而使智能化仪器和控制系统的视窗功能得到了显著的提高。点阵式液晶显示器不但使用方便，而且价格也比较便宜。

下面介绍点阵式液晶显示器 MGLS-12864 与单片机的接口及编程的方法，同时介绍了创建 8×16 字符和 16×16 点阵汉字的方法，及常用的字符显示和汉字显示程序。

MGLS-12864 组成原理框图，如图 3.59 所示。

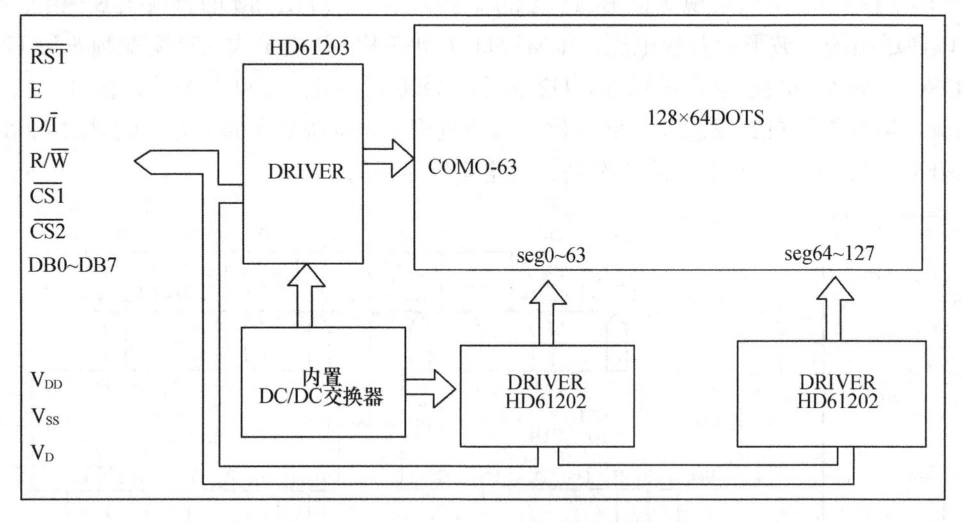


图 3.59　MGLS-12864 组成原理框图

#### 1. MGLS-12864 液晶显示器的硬件描述

MGLS-12864 使用 HD61202 作为列驱动器，同时使用 HD61203 作为行驱动器的液晶显示模块。LCD 显示中应尽量避免一个字符一半在左半屏显示，另一半在右半屏显示的情况。

MGLS-12864 液晶显示器是一种带有输出驱动的完整的点阵式液晶显示器，它可直接与 8 位微处理器相联，对液晶屏进行行列驱动。

（1） MGLS-12864 的特点

- 内藏 64×64 = 4096 位显示 RAM，RAM 中每位数据对应 LCD 屏上的一个点的亮、灭状态。

- HD61202 是列驱动器，具有 64 路列驱动输出。
- HD61202 读、写操作时序与 68 系列微处理器相符，因此它可直接与 68 系列微处理器接口相连。
- HD61202 的占空比为 1/32～1/64。

（2） MGLS-12864 的引脚功能

MGLS-12864 液晶显示器有 20 个管脚，分电源线、数据线和控制线，如图 3.54 所示。其详细功能如下。

①电源部分

$V_{DD}$——电源正极，通常接+5V。

$V_{SS}$——电源负极，接-5V。为了简化电路，可直接接地。

$V_0$——电源控制端，用来调节显示屏灰度，调节该端的电压，可改变显示屏字符、图形的颜色深浅。

②控制信号

$D/\overline{I}$——数据、指令选择信号。$D/\overline{I}=1$ 为数据操作，$D/\overline{I}=0$ 为写指令或读状态。

$R/\overline{W}$——读/写选择信号。$R/\overline{W}=1$ 为读选通，$R/\overline{W}=0$ 为写选通。

$\overline{CS1}$，$\overline{CS2}$——芯片片选端。低电平选通 $\overline{CS1}=0$ 时，选中左片；$\overline{CS2}=0$ 时，选中右片。

E——读/写使能信号。在 E 下降沿，数据被锁存（写）入 HD61202；在 E 高电平期间，数据被读出。

$\overline{RST}$——复位信号，低电平有效。当其有效时，关闭液晶显示，使显示起始行为 0。$\overline{RST}$ 可与 MPU 相连，由 MPU 控制；也可直接接 $V_{CC}$，使之不起作用。

③数据线

DB0～DB7——数据总线，双向。

### 2. HD61202 控制驱动器的指令系统

HD61202 的指令系统比较简单，总共只有 7 种。从作用上可分为两类，显示状态设置指令和数据读/写操作指令。

（1）显示起始行（ROW）设置指令

显示起始行设置中 L5～L0 为显示起始行的地址，取值在 0～3FH（1～64 行）范围内。该指令设置了对应液晶屏最上一行的显示 RAM 的行号，有规律地改变显示起始行，可以使 LCD 实现显示滚动屏的效果。

（2）页（PAGE）设置指令

页面地址设置中 P2～P0 为选择的页面地址，取值范围为 00～07H，代表 1 ～8 页，每页 8 行。

（3）列地址（Y Address）设置指令

列地址设置中 C5～C0 为 Y 地址计数器的内容，取值在 0～3FH（1～64 行）范围内。

设置了页地址和列地址，就唯一确定了显示 RAM 中的一个单元，这样 MPU 就可以用读、写指令读出该单元中的内容或该单元写进一个字节数据。

（4）显示开关指令

显示开关指令为 00111111/0，当 DB0=1（3FH）时，LCD 显示 RAM 中内容；DB0=0（3EH）时，关闭显示。

（5）读状态指令

读状态指令各位的意义如下。

| R/W | D/I | DB7 | DB6 | DB5 | DB4 | DB3 | DB2 | DB1 | DB0 |
|---|---|---|---|---|---|---|---|---|---|
| 1 | 0 | BUSY | 0 | ON/OFF | REST | 0 | 0 | 0 | 0 |

该指令用来查询 HD61202 的状态，各参量含义如下。

BUSY:　1——内部在工作，0——正常状态

ON/OFF: 1——显示关闭，0——显示打开

REST:　1——复位状态，0——正常状态

在 BUSY 和 REST 状态时，除读状态指令外，其他指令均不对 HD61202 产生作用。

在对 HD61202 操作之前要查询 BUSY 状态，以确定是否可以对 HD61202 进行操作。

（6）写数据指令

写数据指令就是把要写的数据取出来，写入 HD61202 的 RAM。注意，此时 R/W=0，D/I=1。

（7）读数据指令

读数据指令就是把 HD61202RAM 中的数据取出来。注意，此时 R/W=1，D/I=1。

读、写数据指令每执行完一次读、写操作，列地址就自动加 1。必须注意的是进行读操作之前，必须有一次空读操作，紧接着再读才会读出所要读的单元数据。

HD61202 显示 RAM 的地址结构如图 3.60 所示。

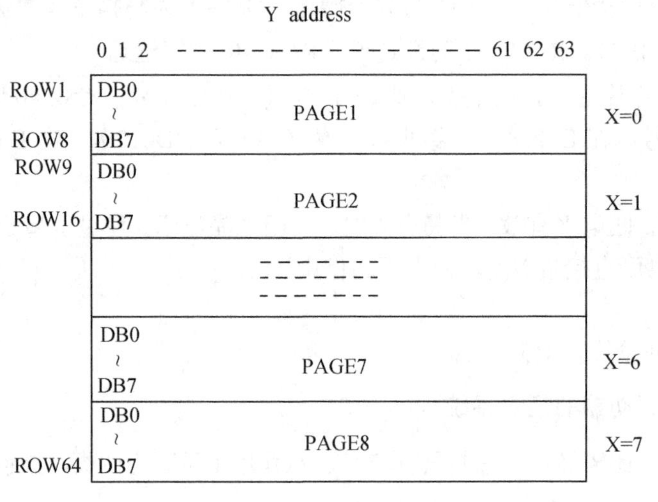


图 3.60　HD61202 显示 RAM 的地址结构图

### 3. 显示驱动子程序的编写及其应用

MGLS-12864 使用 HD61202 作为行、列驱动器，因此，其显示程序的设计与具体电路有关。下面举例说明 MGLS-12864 点阵式 LCD 显示程序的设计方法。

（1）电路联接

本设计中的电路联接图，如图 3.61 所示。

该图采用直接访问方式，单片机通过高位地址 P2.4 控制 $\overline{CS1}$ 和 $\overline{CS2}$，以选通液晶显示屏上各区的控制器 HD61202；同时 MCS-51 单片机用 P2.3 作为 R/$\overline{W}$ 信号控制数据总线的数据流向；用 P2.2 作为 D/$\overline{I}$ 信号控制寄存器的选择；E 信号由单片机的读信号 $\overline{RD}$ 和写信号 $\overline{WR}$ 合成产生；另外单片机的复位引脚经反相器后连接到液晶显示器复位引脚，当单片机上电复位或手动复位时，液晶显示器同时也会复位；从而实现了单片机对内置 HD61202 图形液晶显示器模块的电路连接。电路中 LCD 电源控制端 $V_O$ 是用来调节显示屏灰度的，调节该端的电压，可改变显示屏字符、图形的颜色深浅。

（2）确定控制字

如图 3.61 所示，P2 口各控制引脚功能如下。

P2.7，P2.6，P2.5，P2.1，P2.0——没用

P2.4——0 选通左，1 选通右

P2.3——0 写，1 读

P2.2——0 指令，1 数据

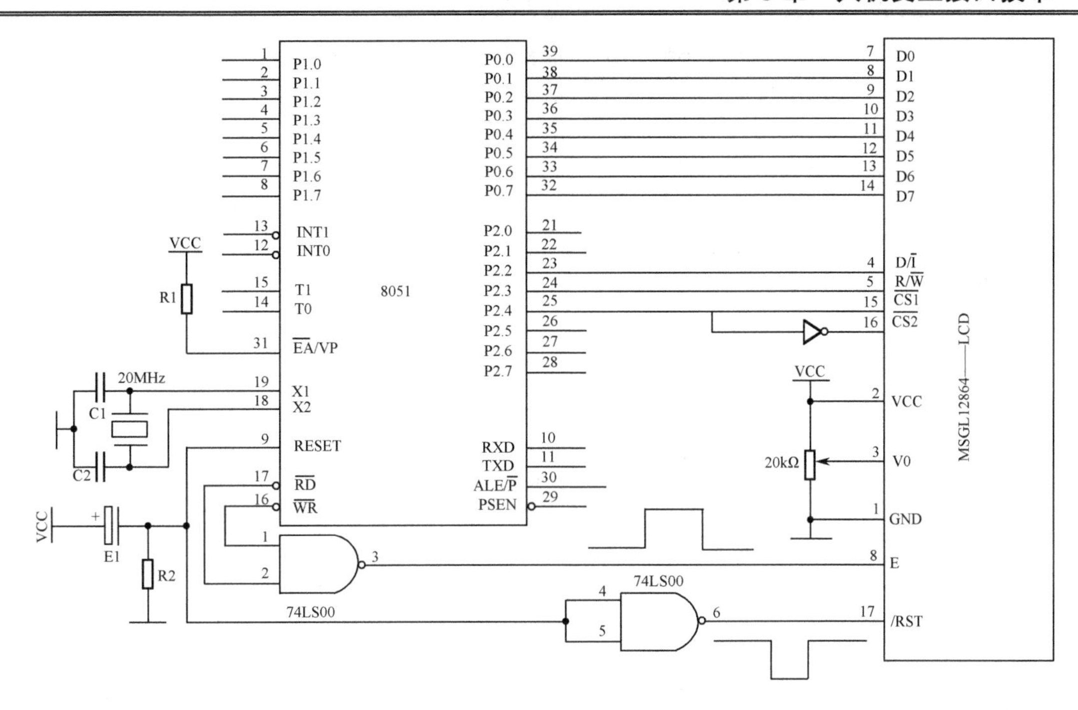


图 3.61　MGLS-12864 显示模块控制图

故，确定的控制字如下文程序中所示。

（3）子程序编写及其应用

液晶显示驱动子程序

```
;-----------------------------------------------------------------
COM         EQU     10H         ; 指令寄存器
DAT         EQU     11H         ; 数据寄存器
COLUMN      EQU     12H         ; 列地址寄存器，列地址寄存器(0-127)01XXXXXXX
PAGEn       EQU     13H         ; 页寄存器，10111XXX （D2 D1 D0）page.5=0 左; =1 右
                                ; 显示 RAM 共 64 行，分 8 页，每页 8 行
CODEn       EQU     14H         ; 字符代码寄存器
COUNT       EQU     15H         ; 计数器

; p2.5 是片选信号，p2.5=0 是选通左，p2.5=1 是选通右
; P2.7   P2.6    P2.5    P2.4    P2.3    P2.2    P2.1    P2.0
CWADD1  EQU 0e000H ; 写指令代码地址（左）   1   1   1   0   0   0   0   0
CRADD1  EQU 0e800H ; 读状态字地址（左）     1   1   1   0   1   0   0   0
DWADD1  EQU 0e400H ; 写显示数据地址（左）   1   1   1   0   0   1   0   0
DRADD1  EQU 0ec00H ; 读显示数据地址（左）   1   1   1   0   1   1   0   0
CWADD2  EQU 0f000H ; 写指令代码地址（右）   1   1   1   1   0   0   0   0
CRADD2  EQU 0f800H ; 读状态字地址（右）     1   1   1   1   1   0   0   0
DWADD2  EQU 0f000H ; 写显示数据地址（右）   1   1   1   1   0   1   0   0
DRADD2  EQU 0fc00H ; 读显示数据地址（右）   1   1   1   1   1   1   0   0
; ---------------------------------------------------------------------------
; 1.左半屏写指令子程序
PRL0:   PUSH        DPL
        PUSH        DPH
        MOV         DPTR,#CRADD1        ; 状态字口地址
PRL01:  MOVX        A,@DPTR             ; 读状态字
        JB          ACC.7,PRL01         ; 判断忙标志 BF，如 BF=1，忙，等待
```

```
        MOV        DPTR,#CWADD1     ; 写指令字口地址
        MOV        A,COM            ; 取指令代码
        MOVX       @DPTR,A          ; 写指令代码
        POP        DPH
        POP        DPL
        RET
; ------------------------------------------------------------------------
; 2. 左半屏写显示数据子程序
PRL1:    PUSH      DPL
         PUSH      DPH
         MOV       DPTR,#CRADD1     ; 读状态字口地址
PRL11:   MOVX      A,@DPTR          ; 读状态字
         JB        ACC.7,PRL11      ; 判断忙标志 BF，如 BF=1，忙，等待
         MOV       DPTR,#DWADD1     ; 写数据口地址
         MOV       A,DAT            ; 取数据
         MOVX      @DPTR,A          ; 写数据
         POP       DPH
         POP       DPL
         RET
; ------------------------------------------------------------------------
; 3. 左半屏读显示数据子程序
PRL2:    PUSH      DPL
         PUSH      DPH
         MOV       DPTR,#CRADD1     ; 读状态字口地址
PRL21:   MOVX      A,@DPTR          ; 读状态字
         JB        ACC.7,PRL21      ; 判断忙标志 BF，如 BF=1，忙，等待
         MOV       DPTR,#DRADD1     ; 读显示数据口地址
         MOVX      A,@DPTR          ; 读数据
         MOV       DAT,A            ; 存数据
         POP       DPH
         POP       DPL
         RET
```

右半屏写指令子程序 PRR0、右半屏写数据子程序 PRR1 和读显示数据子程序 PRR2 的编制同左半屏子程序相同，只是对应口地址不同。值得说明的是 MGLS-12864 液晶显示屏由两片 HD61202 控制，LCD 显示中应尽量避免一个字符一半在左半屏显示，另一半在右半屏显示的情况。

下面在介绍几个 LCD 显示常用的几个程序。

```
; 4.1 初始化程序
INIT:    MOV       COM,#0c0H        ; 11000000B
         LCALL     PRL0
         LCALL     PRR0
         MOV       COM,#3FH
         LCALL     PRL0
         LCALL     PRR0
         RET
; ------------------------------------------------------------------
; 4.2 关显示
INITN:   MOV       COM,#0C0H        ; 11000000B
         LCALL     PRL0
         LCALL     PRR0
         MOV       COM,#3EH
         LCALL     PRL0
         LCALL     PRR0
         RET
; ------------------------------------------------------------------
```

```
; 5.清显示 RAM 区(清屏)子程序
CLEAR:    MOV       R4,#00H
CLEAR1:   MOV       A,R4
          ORL       A,#0B8H          ; 10111000b
          MOV       COM,A
          LCALL     PRL0
          LCALL     PRR0
          MOV       COM,#40h
          LCALL     PRL0
          LCALL     PRR0
          MOV       R3,#40H
CLEAR2:   MOV       DAT,#00H
          LCALL     PRL1
          LCALL     PRR1
          DJNZ      R3,CLEAR2
          INC       R4
          CJNE      R4,#08H,CLEAR1
          RET
; --------------------------------------------------------------
; 6.西文显示子程序
CW_PR:  MOV     DPTR,#CTAB
        MOV     A,CODEn
        MOV     B,#08H
        MUL     AB
        ADD     A,DPL
        MOV     DPL,A
        MOV     A,B
        ADDC    A,DPH
        MOV     DPH,A
        MOV     CODEn,#00H
        MOV     A,PAGEn
CW_1:   MOV     count,#08H
CW_2:   ANL     A,#07H          ; 00000111B 取页号 D2、D1、D0
        ORL     A,#0B8H         ; 10111000B 将页号转为页地址指令
        MOV     COM,A
        LCALL   PRL0
        LCALL   PRR0
        MOV     A,COLUMN
        CLR     C               ; 使用前清标志位
        SUBB    A,#40H          ; 列地址-64<0 左
        JC      CW_3
        MOV     COLUMN,A        ; 将右列地址存入
        MOV     A,PAGEn
        SETB    ACC.5
        MOV     PAGEn,A
CW_3:   MOV     COM,COLUMN
        ORL     COM,#40H        ; 01000000B
        MOV     A,PAGEn
        ANL     A,#30H
        JB      ACC.5,CW_31
        LCALL   PRL0
        LJMP    CW_4
CW_31:  LCALL   PRR0
CW_4:   MOV     A,CODEn
        MOVC    A,@A+DPTR
        MOV     DAT,A
        MOV     A,PAGEn
        ANL     A,#30H
        JB      ACC.5,CW_42
```

```
CW_41:  LCALL   PRL1
        LCALL   PRL2
        LJMP    CW_5
CW_42:  LCALL   PRR1
CW_5:   INC     CODEn
        INC     COLUMN
        MOV     A,COLUMN
        CJNE    A,#40H,CW_6       ；判断超出页面吗?
CW_6:   JC      CW_9              ；不超出
        MOV     COLUMN,#00H       ；超出
        MOV     A,PAGEn
        JB      ACC.5,CW_9        ；在右页，退出
        SETB    ACC.5             ；在左页-〉右页
        CLR     ACC.4
        MOV     PAGEn,A
        MOV     COM,#40H          ；01000000B
        LCALL   PRR0
CW_9:   DJNZ    COUNT,CW_4
        RET
；----------------------------------------------------------
；7.中文显示子程序
```

8×16 字符显示子程序：MGLS-12864 液晶显示屏由两片 HD61202 控制，LCD 显示中应尽量避免一个字符一半在左半屏显示，另一半在右半屏显示的情况。设列地址寄存器为 COLUMN，页地址寄存器为 PAGE，要显示的字符代码寄存器为 ASCIICODE，W78E58 内 RAM28H-RAM37H 共 16 个字节存放 8×16 的点阵数据，生成的 8×16 点阵库文件存放在单片机 W78E58 存储器中的首地址定义为 ASCII_DOT816。

```
DISP_ASCII816:  MOV     DPTR,#ASCII_DOT816        ；8×16 点阵库首地址
                MOV     A,ASCIICODE               ；显示字符代码 ASCIICODE
                MOV     B,#16                     ；每个字符点阵占 16 个字节
                MUL     AB                        ；计算显示字符在字库的首地址
                ADD     A,DPL
                MOV     DPL,A
                MOV     A,DPH
                ADDC    A,B
                MOV     DPH,A;
                MOV     R0,#28H                   ；将点阵数据放到 RAM28H-RAM37H
                MOV     R2,#00H
LP_MOVDOT16:    MOV     A,R2
                MOVC    A,@A+DPTR
                MOV     @R0,A                     ；如要字符反显（黑底白字），则读出点
                INC     R0                        ；阵数据后求反放入单片机的 RAM 中
                INC     R2
                CJNE    R2,#16,LP_MOVDOT16;
                PUSH    COLUMN
                MOV     A,COLUMN                  ；显示列数 COLUMN 是否在右半屏
                CJNE    A,#64,ASCII_IF64
ASCII_IF64:     JNC     ASCII_YGE64
                MOV     DPTR,#CWADR1              ；在左半屏时，选左半屏写指令代码地址
                CLR     FIRST0_SECOND1_BIT        ；左半屏列数标志 BIT=0
                SJMP    ALL_COLUMN
ASCII_YGE64:    CLR     C
                SUBB    A,#64
                MOV     COLUMN,A
                MOV     DPTR,#CWADR2              ；在右半屏时，选右半屏写指令代码地址
                SETB    FIRST0_SECOND1_BIT        ；右半屏列数标志 BIT=1
ALL_COLUMN:     MOV     A,PAGE
```

```
                ADD     A,#10111000B                ；设置页地址命令
                MOVX    @DPTR,A
                MOV     A,COLUMN                    ；设置列地址命令
                ADD     A,#01000000B
                MOVX    @DPTR,A
                MOV     DPTR,DWADR1                 ；根据左右半屏列数标志，选择写显示数据地址
                JNB     FIRST0_SECOND1_BIT,ALLMOV1
                MOV     DPTR,DWADR2
ALLMOV1:        MOV     R0,#28H
MOV_8BYTE1:     MOV     A,@R0
                MOVX    @DPTR,A                     ；写显示数据
                NOP
                INC     R0
                CJNE    R0,#30H,MOV_8BYTE1;
                MOV     DPTR,#CWADR1
                JNB     FIRST0_SECOND_BIT,ALLMOV2
                MOV     DPTR,#CWADR2
ALLMOV2:        MOV     A,PAGE
                INC     A                           ；页地址加 1
                ADD     A,#10111000B
                MOVX    @DPTR,A                     ；设置页地址命令
                MOV     A,COLUMN                    ；设置列地址命令
                ADD     A,#01000000B
                MOVX    @DPTR,A
                MOV     DPTR,DWADR1                 ；根据左右半屏列数标志，选择写显示数据地址
                JNB     FIRST0_SECOND1_BIT,ALLMOV3
                MOV     DPTR,DWADR2
ALLMOV3:        MOV     R0,#30H
MOV_8BYTE2:     MOV     A,@R0
                MOVX    @DPTR,A                     ；写显示数据
                INC     R0
                CJNE    R0,#38H,MOV_8BYTE2;
                POP     COLUMN
                RET
```

16×16 汉字显示子程序：16×16 汉字显示子程序与 8×16 字符显示子程序基本相同。不同之处在于每次写 32 字节显示数据，可定义 W78E58 内 RAM28H-RAM47H 共 32 个字节存放 16×16 的点阵数据，生成的 16×16 点阵库文件存放在单片机 W78E58 存储器中的首地址定义为 HZK_DOT16×16。具体程序略，读者可自行设计或参看有关资料。

（4）字库的建立

显示器上 128 点×64 点，每 8 点为一字节数据，都对应着显示数据 RAM（在 HD61202 芯片内），一点对应一个 bit，计算机写入或读出显示存储器的数据代表显示屏上某一点列上的垂直 8 点行的数据。D0 代表最上一行的点数据，D1 为第 2 行的点数据，……，D7 为第 8 行的点数据。该 bit=1 时该点则显示黑点出来，该 bit=0 时该点则消失。另外，LCD 指令中有一条 display ON/OFF 指令，display ON 时显示 RAM 数据对应显示的画面；display OFF 则画面消失，RAM 中显示数据仍存在。

由于 MGLS-12864 液晶显示器没有内部字符发生器，所以在屏幕上显示的任何字符、汉字等需自己建立点阵字模库，然后均按图形方式进行显示。由于 HD61202 显示存储器的特性，不能将计算机内的汉字库和其他字模库提出直接使用，需要将其旋转 90° 后再写入。

如图 3.62 所示为 8×8 常用字符、数字、符号字模库（8 个字节）和 16×16 汉字显示点阵字模库（32 个字节）点阵分布图。

```
"1"的代码：    DB 000H,000H,042H,07FH,040H,000H,000H,000H
"上"的代码：   DB 000H,000H,000H,000H,000H,000H,000H,0FFH
               DB 020H,020H,020H,030H,020H,000H,000H,000H
               DB 040H,040H,040H,040H,040H,040H,040H,07FH
               DB 040H,040H,040H,040H,040H,060H,040H,000H
```

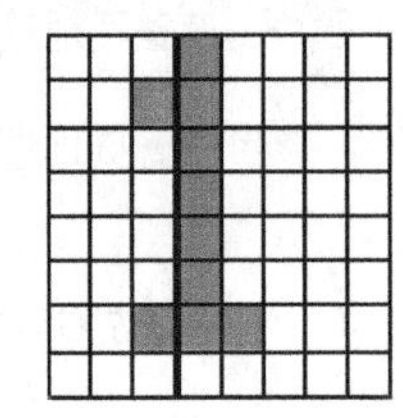

a. 显示“1”

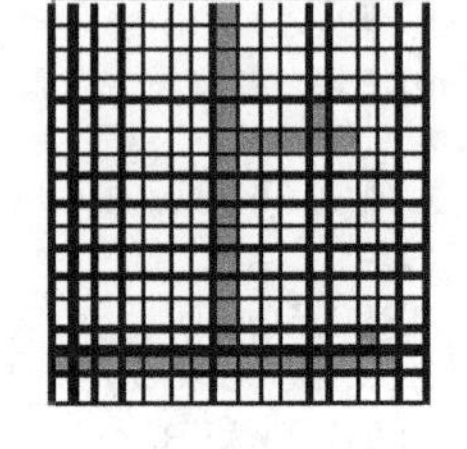

b. 显示“上”

图 3.62　点阵字模图形

（5）应用

采用上述子程序，就可以设计出各种各样的画面，下面是我们在实际应用中的一个例子，其程序代码如下。

```
SPIC5:  MOV     PAGEn,#00H      ; 显示“量”
        MOV     COLUMN,#20H     ; 字模列值首地址
        MOV     CODEn,#03H      ; “量”字在16×16汉字显示点阵字模库中的序号
        LCALL   CCW_PR          ; 调用显示子程序
        MOV     PAGEn,#00H      ; 显示“程”
        MOV     COLUMN,#30H     ; 字模列值首地址
        MOV     CODEn,#04H      ; “程”字在16×16汉字显示点阵字模库中的序号
        LCALL   CCW_PR          ; 调用显示子程序
        MOV     PAGEn,#00H      ; 显示“调”
        MOV     COLUMN,#40H     ; 字模列值首地址
        MOV     CODEn,#0CH      ; “调”字在16×16汉字显示点阵字模库中的序号
        LCALL   CCW_PR          ; 调用显示子程序
        MOV     PAGEn,#00H      ; 显示“整”
        MOV     COLUMN,#50H     ; 字模列值首地址
        MOV     CODEn,#0DH      ; “整”字在16×16汉字显示点阵字模库中的序号
        LCALL   CCW_PR          ; 调用显示子程序
        RET
```

16×16 汉字显示点阵字模库略。

执行完上述显示程序后 MGLS-12864 显示如图 3.63 所示。

图 3.63　MGLS-12864 显示图例

# 习 题 三

## 一、复习题

1. 键盘为什么要防止抖动？在计算机控制系统中如何实现防抖？
2. 在工业过程控制中，键盘有几种？它们各有什么特点和用途？
3. 试说明非编码键盘扫描原理及键值计算方法。
4. 编码键盘和非编码键盘有什么区别？在接口电路和软件设计上有什么区别？
5. 在计算机控制系统中，为什么有时采用复用键？复用键是如何实现的？
6. 什么叫重键？计算机如何处理重键？
7. LED 发光二极管组成的段数码管显示器，就其结构来讲有哪两种接法？不同接法对字符显示有什么影响？
8. 多位 LED 显示器显示方法有几种？它们各有什么特点？
9. 无论动态显示还是静态显示，都有硬件译码和软件译码之分，这两种译码方法其段、位译码方法各有什么优缺点？
10. LCD 显示与 LED 显示原理有什么不同？这两种显示方法各有什么优缺点？
11. 在 LED 显示中，硬件译码和软件译码的根本区别是什么？如何实现？
12. 薄膜式开关有哪些优点？如何与单片机进行接口？
13. 大屏幕 LED 显示设计方法有几种？分别说明它们的设计方法。
14. 遥控键盘有什么优点？
15. 遥控键盘的分类有几种？简要说明各自的设计方法。

## 二、选择题

16. 完整的键功能处理程序应包括（ ）。
    A. 计算键值　　B. 按键值转向相应功能程序
    C. 计算键值并转向相应功能程序　　D. 判断是否有键被按下
17. 键盘锁定技术可以通过（ ）实现。
    A. 设置标志位　　B. 控制键值锁存器的选通信号
    C. A 和 B 都行　　D. 定时读键值
18. 防止抖动是能否正确读取键值的必要环节，实现方法是（ ）。
    A. 可以用硬件电路或软件程序实现　　B. 只能用滤波电路或双稳态电路实现
    C. 只能用软件程序实现　　D. 只能用延时程序实现
19. 采用共阴极 LED 多位数码管显示时，（ ）
    A. 位选信号为低电平，段选信号为高电平
    B. 位选信号为高电平，段选信号为低电平
    C. 位选信号、段选信号都是高电平
    D. 位选信号、段选信号都是低电平
20. 在 LED 多位数码管显示电路中，（ ）
    A. 位选模型决定数码管显示的内容
    B. 段选模型决定数码管显示的内容
    C. 段选模型决定哪位数码管显示
    D. 不需要位选模型
21. 当 4 位 LED 显示，用一片 74LS377 提供锁存，构成（ ）。
    A. 动态显示，因为电路中只有一个锁存器
    B. 静态显示，因为电路中有锁存器

C．动态显示，因为不断改变显示内容

D．静态显示，因为 CPU 总是通过锁存器提供显示模型

22．若用 4 位共阳极 LED 和 74LS04 构成光报警系统，使最高位发光其余位不发光的报警模型是（ ）。

A．1000B　　B．0001B

C．1111B　　D．0000B

23．当键盘与单片机间通过 $\overline{\text{INT0}}$ 中断方式接口时，中断服务程序的入口地址是 2040H，只有（ ）才能正常工作。

A．把 2040H 存入 0003H　　B．把 2040H 存入 000BH

C．把 AJMP 2040H 的机器码存入 0003H　　D．把 AJMP 2040H 的机器码存入 000BH

24．LCD 显示的关键技术是解决驱动问题，正确的做法是（ ）。

A．采用固定的交流电压驱动　　B．采用直流电压驱动

C．采用交变电压驱动　　D．采用固定的交变电压驱动

25. LCD 的多极驱动方式中采用电压平均化法，其中关于偏压的说法正确的是（ ）。

A．段与对应背极间电位差压　　B．段与对应背极间平均电压与门限电压之差

C．偏压为正，显示　　D．偏压为负，消隐

26．无论动态显示还是静态显示都需要进行译码，即将（ ）。

A．十进制数译成二进制数　　B．十进制数译成十六进制数

C．十进制数译成 ASCII 码　　D．十进制数译成 7 段显示码

## 三、练习题

27. 试用 8255A 的 C 口设计一个 4×4=16 的键阵列，其中 0～9 为数字键，A～F 为功能键，采用查询方式，设计一接口电路，并编写键扫描程序。

28. 在题 27 中，如果要求 A～F 各功能键均为双功能键，则其硬件、软件应如何设计？

29. 在图 3.13 中，如果采用中断方式处理，说明其接口电路及程序设计与查询方法有什么不同？

30. 某显示电路如图 3.64 所示，试回答下列问题。

（1）说明图中数码管应选用哪一种类型的数码管？

（2）该电路属于哪一种显示方法？

（3）图中 74LS47 的作用是什么？

（4）设 $\overline{Y}_1$, $\overline{Y}_2$ 的地址分别为 60H 和 63H，要显示的数据分别存放在 DATABUF1 和 DATABUF2 两个内存单元中，试设计出完整接口电路并编写一个完成上述显示的子程序。

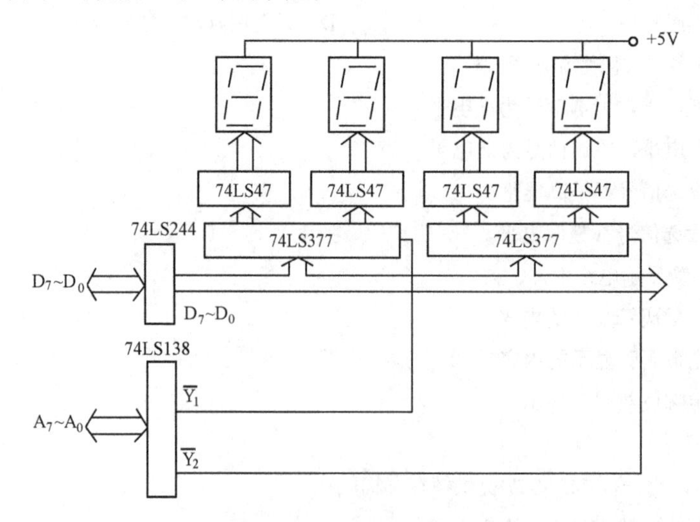


图 3.64　4 位显示电路

31. 利用 8155，ADC0809 设计一个 8 路数据采集系统，要求如下。

（1）8155 口地址为 8100H～8400H。

（2）A/D 转换采用查询方式。

（3）把 A/D 转换结果显示在 6 位 LED 显示器上，显示方法要求静态、软件译码方式，且第一位显示通道号，后 4 位显示采样值（要求小数点后边一位）。

32．采用 AT89C2051 单片机，同时用廉价的 74LS164 和 74LS138 作为扩展芯片，设计一个动态显示电路，如图 3.65 所示。要求如下。

（1）说明 74LS164 的作用。

（2）说明 74LS138 的作用。

（3）编写完成上述功能的程序。

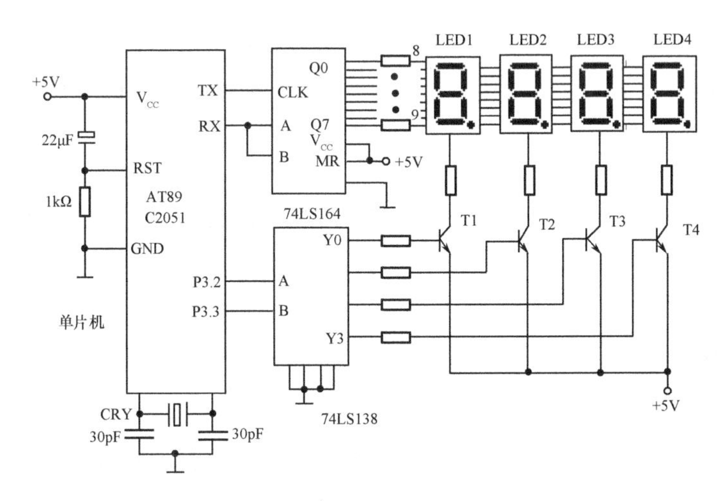


图 3.65 4 位动态显示电路

33．完成图 3.48 所示的 8×8 点阵 LED 显示程序的设计。

34．编写一个在 MGLS-12864 显示“上限迁移”程序。已知字模如下。

```
DB 000H,000H,000H,000H,000H,000H,000H,0FFH        ; /*上, n=9*/
DB 020H,020H,020H,030H,020H,000H,000H,000H
DB 040H,040H,040H,040H,040H,040H,040H,07FH
DB 040H,040H,040H,040H,040H,060H,040H,000H
DB 000H,0FEH,002H,022H,0DAH,060H,000H,0FEH        ; /*限 n=11*/
DB 092H,092H,092H,092H,0FFH,002H,000H,000H
DB 000H,0FFH,008H,010H,008H,007H,000H,0FFH
DB 042H,024H,008H,014H,022H,061H,020H,000H
DB 040H,042H,044H,0CCH,000H,040H,044H,044H        ; /*迁 n=7*/
DB 044H,0FCH,042H,043H,062H,040H,000H,000H
DB 000H,040H,020H,01FH,020H,040H,040H,040H
DB 040H,05FH,040H,040H,040H,060H,020H,000H
DB 024H,024H,0A4H,0FEH,0A3H,022H,010H,088H        ; /*移 n=8*/
DB 08CH,057H,0E4H,024H,014H,00CH,000H,000H
DB 004H,002H,001H,0FFH,000H,083H,080H,088H
DB 044H,046H,029H,031H,011H,00DH,003H,000H
```

# 第 4 章　常用控制程序的设计

**本章要点：**

- ◆ 报警程序设计
- ◆ 远程自动报警系统
- ◆ 开关量输出接口技术
- ◆ 电机控制接口技术
- ◆ 步进电机控制接口技术

在本章中，主要介绍报警程序、输出开关量接口、电机控制及步进电机控制等技术，这些都是微型计算机控制技术的重要内容。

## 4.1　报警程序的设计

在控制系统中，为了安全生产，对于一些重要的参数或系统部位，都设有紧急状态报警系统，以便提醒操作人员注意，或采取紧急措施。其方法就是把计算机采集的数据或经计算机进行数据处理、数字滤波和标度变换（详见第 7 章）之后的数据，与该参数上、下限给定值进行比较；如果高于上限值（或低于下限值）则进行报警，否则就作为采样的正常值，进行显示和控制。

### 4.1.1　常用的报警方式

在微型计算机控制系统中，常规的工作状态可以通过指示灯或数码管显示，随时提供信息，供操作人员参考。但对于一些紧急情况，则需要以特殊的方式，提醒现场操作人员注意，或采取紧急措施。

在控制系统中通常可采用声、光及语言进行报警。其中灯光一般采用发光二极管或闪烁的白炽灯等；声音则可由简单的电铃、电笛发出，也可以通过频率可调的蜂鸣振荡音响提供；如果采用集成电子音乐芯片，则可在系统出现异常情况时，发出各种不同的铃声，提醒现场人员注意，或采取应急措施，确保系统安全生产。

近年来，随着 STD 总线工业控制机和工业 PC 机的应用，大量采用图形与声音混合报警。由于图形更加生动、逼真，而且方位明确，因此越来越受到人们的欢迎。

随着汉语语言的采集、处理、合成和识别等技术的发展，人们将其制成语音芯片，应用于微型计算机报警系统中，实现了既生动，又准确的语言报警。这样的系统不仅能起到警示作用，而且能给出报警对象的具体信息。如果在系统中还增设打印机和 CRT 显示器，那么，就可以同时看到报警显示的画面（如报警发生的顺序、时间、报警回路的编号、报警内容及次数等），并可以打印成文，用以存档。更高级的报警系统不仅具有上述各种功能，而且具有一定的控制能力。如适时地将自动运行切换到人工操作，切断阀门，打开放散阀门或自动拨出电话号码等，使系统的紧急情况及时得以缓解或通报给有关人员。

报警方法不同，采用的驱动电路方式也不同，这里仅讲述声光报警的驱动方法。

### 1. 发光二极管及白炽灯驱动电路

由于发光二极管的驱动电流一般在 20～30mA，所以不能直接由 TTL 电平驱动；通常采用 OC 门的驱动器，如 74LS06 或 74LS07 等。为了能保持报警状态，可采用带锁存器的 I/O 接口芯片，如可编程接口芯片 Intel 8155、8255A；也可选用一般的锁存器，像 74LS273、74LS373 或 74LS377 等。其电路原理图，如图 4.1 所示。当某一路需要报警时，只需使该路输出相应的电平即可。

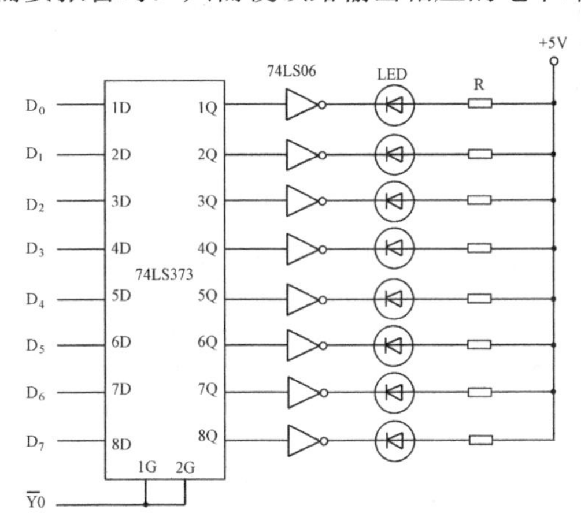


图 4.1　LED 报警接口电路

如图 4.1 所示，当需要用白炽灯报警时，应该使用交流固态继电器进行控制。关于交流固态继电器的原理及应用，将在 4.2 节中介绍。

### 2. 声音报警驱动电路

在声音报警驱动电路中，目前最常用的方法是采用模拟声音集成电路芯片，如 KD-956X 系列，这是一组采用 CMOS 工艺，软封装的报警 IC 芯片。其功能如表 4.1 所示。

**表 4.1　KD-956X 系列报警芯片功能表**

| 型号 | 声光性能 |
|---|---|
| KD-9561 | 机枪、警笛、救护车、消防车声 |
| KD-9561B | 嘟嘟声 |
| KD-9562 | 机枪、炮弹等 8 声 |
| KD-9562B | 光控报警声 |
| KD-9562C | 单键 8 音 |
| KD-9563 | 3 声 2 闪光 |
| KD-9565 | 6 声 5 闪光 |

KD-956X 系列 IC 芯片具有以下共同特性。

（1）工作电压范围宽。

（2）静态电流低。

（3）外接振荡电阻可调节模拟声音的放音节奏。

（4）外接一只小功率三极管，便可驱动扬声器。

下边以 KD-9561 为例，介绍一下这种 IC 芯片的结构及使用方法。

KD-9561 芯片外形如图 4.2（a）所示。它含振荡器、节拍器、音色发生器、地址计数器、控制和输出级等部分。根据 IC 内部程序，它设有两个选声端 $SEL_1$ 和 $SEL_2$，改变这两端的电平，便可发出各种不同的音响，详见表 4.2。$V_{DD}$ 提供电源正端电压，$V_{SS}$ 指电源负端电压（地）。由于 KD-9561 能发出 4 种不同的声音，且体积小、价格低廉、音响逼真、控制简便，所以，广泛应用于报警装置及电动玩具。KD-9561

的外形及报警器电路图，如图 4.2（b）所示。

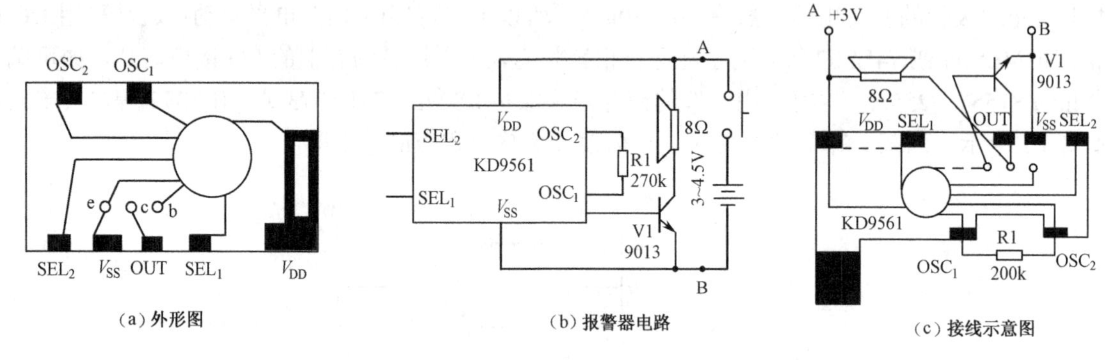


图 4.2 KD-9561 的外形和报警电路图

表 4.2 选声端连接方法表

| 模拟声 | 选声端电平 | |
|---|---|---|
| | $SEL_1$ | $SEL_2$ |
| 机器声 | 空 | $V_{DD}$ |
| 警备声 | $V_{DD}$ | $V_{SS}$ |
| 救护车声 | $V_{SS}$ | $V_{SS}$ |
| 消防车声 | 空 | $V_{SS}$ |

如图 4.2（b）中所示，当系统检查到报警信号以后，使三极管 9013 导通，发出报警声音。图中的 R1 选值一般在 180～290kΩ之间。R1 的阻值愈大，报警声音愈急促；反之，报警声音节奏缓慢。

## 4.1.2 简单报警程序的设计

报警程序的设计方法根据报警参数及传感器的具体情况可分为两种。

一种是全软件报警方式。这种方法，首先把被测参数如温度、压力、流量、速度和成分等参数，经传感器、变送器、模/数转换器，送到微型计算机，再与规定的上、下限值进行比较；根据比较结果进行报警或处理，整个过程都由软件实现。这种报警程序又可分简单上、下限报警程序，以及上、下限报警处理程序。

另一类报警方式叫做硬件申请，软件处理报警。这种方法的基本思想是报警要求不通过程序比较法得到，而是直接由传感器产生。例如，电接点式压力报警装置，当压力高于（或低于）某一极限值时，接点即闭合，正常时则打开。利用这些开关量信号，通过中断的办法来实现对参数或位置的监测。例如，在行车系统中，经常利用限位开关来控制吊车在行进中的行程位置。当吊车达到极限位置时，限位开关闭合，此时可向 CPU 申请中断；CPU 响应中断后，即转到中断服务程序，停止吊车行进或使其向相反方向运动。

### 1. 软件报警程序设计

在如图 4.3 所示的锅炉水位自动调节系统中，汽包水位是锅炉正常工作的重要指标。液面太高会影响汽包的汽水分离，产生蒸汽带液现象；水位过低，则由于汽包的水量较少，负荷又很大，水的汽化会很快。如果不及时调节液面，就会使汽包内液体全部汽化，可能导致锅炉烧坏甚至发生严重的爆炸事故。所以，锅炉液面是一个非常重要的参数，一般采用双冲量或如图 4.3 所示的三冲量自动调节系统。

为了使现场人员能够及时地监视锅炉的生产情况，整个系统设计有 3 个报警参数，即水位上、下限，炉膛温度上、下限，以及蒸汽压力下限，如图 4.4 所示。

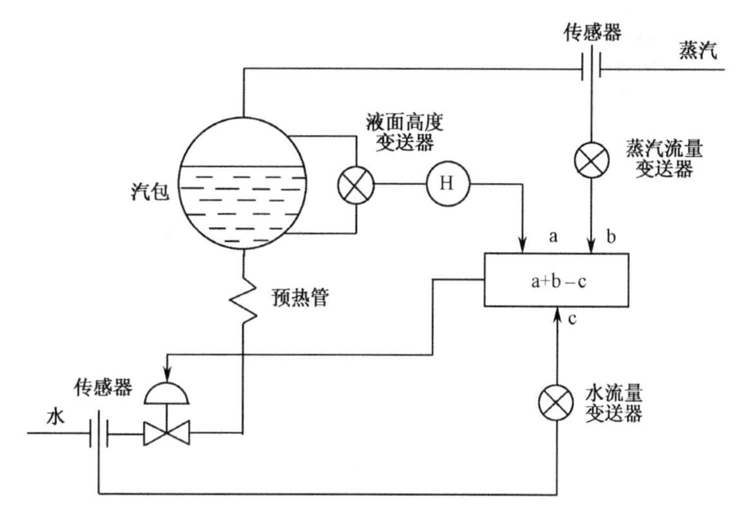


图 4.3　锅炉三冲量调节系统

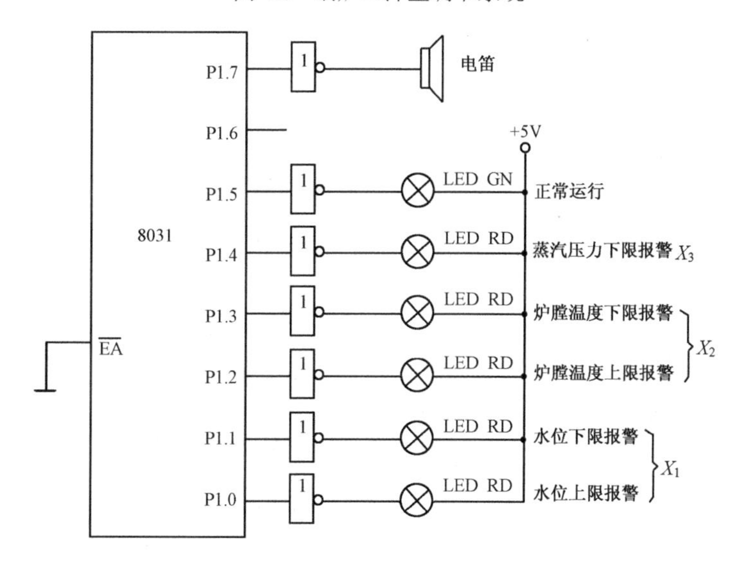


图 4.4　锅炉报警系统图

如图 4.4 所示，要求当各参数全部正常时，绿灯亮。若某一参数不正常，将发出声光报警信号。由于各参数位都接有反相驱动器，所以，当某位为“1”时，该位发光二极管亮。

本程序的设计思想是设置一个报警模型标志单元 ALARM，然后把各参数的采样值分别与上、下限值进行比较。若某一位需要报警，则将相应位置 1，否则清零。所有参数判断完毕以后，再看报警模型单元 ALARM 的内容是否为 00H。如果为 00H，说明所有参数均正常，使绿灯发光；如果 ALARM 单元的内容不等于 00H，则说明有参数越限，输出报警模型，其程序流程图如图 4.5 所示。

设 3 个参数的采样值 $X_1$（水位）、$X_2$（炉膛温度）、$X_3$（蒸汽压力）依次存放在以 SAMP 为首地址的内存单元中，相应的报警极限值依次放在以 LIMIT 为首地址的内存区域内，报警标志位单元为 ALARM。根据如图 4.5 所示可写出锅炉软件报警程序，如下所示。

```
        ORG     8000H
ALARM:  MOV     DPTR,#SAMP              ; 采样值存放地址→DPTR
        MOVX    A,@ DPTR                ; 取 X1
        MOV     ALARM,#00H              ; 报警模型单元清零
ALARM0: CJNE    A,LIMIT,AA              ; X1>MAX1 吗
ALARM1: CJNE    A,LIMIT+1,BB            ; X1<MIN1 吗
ALARM2: INC     DPTR                    ; 取 X2
```

```
         MOVX    A,@ DPTR
         CJNE    A,LIMIT+2,CC          ; X2>MAX2吗
ALARM3:  CJNE    A,LIMIT+3,DD          ; X2<MIN2吗
ALARM4:  INC     DPTR                  ; 取X3
         MOVX    A,@ DPTR
         CJNE    A,LIMIT+4,EE          ; X3<MIN3吗
DONE:    MOV     A,00H                 ; 判断是否有参数报警
         CJNE    A,ALARM,FF            ; 若有，转FF
         SETB    05H                   ; 无须报警，输出绿灯亮模型
DONE1:   MOV     A,ALARM
         MOV     P1,A
         RET
FF:      SETB    07H                   ; 置电笛响标志位
         ATMP    DONE1
SAMP     EQU     8100H
         LIMIT   EQU 30H
         ALARM   EQU 20H
AA:      JNC     AOUT1                 ; X1>MAX1转AOUT1
         AJMP    ALARM1
BB:      JC      AOUT2                 ; X1<MIN1转AOUT2
         AJMP    ALARM2
CC:      JNC     AOUT3                 ; X2>MAX2转AOUT3
         AJMP    ALARM3
DD:      JC      AOUT4                 ; X2<MIN2转AOUT4
         AJMP    ALARM4
EE:      JC      AOUT5                 ; X3<MIN3转AOUT5
         AJMP    DONE
AOUT1:   SETB    00H                   ; 置X1超上限报警标志
         AJMP    ALARM2
AOUT2:   SETB    01H                   ; 置X1超下限报警标志
         AJMP    ALARM2
AOUT3:   SETB    02H                   ; 置X2超上限报警标志
         AJMP    ALARM4
AOUT4:   SETB    03H                   ; 置X2超下限报警标志
         AJMP    ALARM4
AOUT5:   SETB    04H                   ; 置X1超下限报警标志
         AJMP    DONE
```

### 2. 硬件报警程序设计

某些根据开关量状态进行报警的系统，为了使系统简化，可以不用上面介绍的软件报警方法，而是采用硬件申请中断的方法，直接将报警模型送到报警口。这种报警方法的前提条件是被测参数与给定值的比较是在传感器中进行的。例如，电结点式压力计、电结点式温度计、色带指示报警仪等，都属于这种传感器。不管原理如何，它们的共同点是，当检测值超过上限、或低于下限值时，结点开关闭合，从而产生报警信号。这类报警系统电路图，如图 4.6 所示。

在图 4.6 中，SL1 和 SL2 分别为液位上、下限报警结点，SP 表示蒸汽压力下限报警结点，ST 是炉膛温度上限超越结点。当各参数均处于正常范围时，P1.3～P1.0 各位均为高电平，不需要报警。但只要三个参数中的一个（或几个）超限（即结点闭合），$\overline{\text{INT0}}$ 管脚都会由高变低，向 CPU 发出中断申请。CPU 响应后，读入报警状态 P1.3～P1.0，然后从 P1 口的高 4 位输出，完成超限报警的工作。本系统不用对参数进行反复采样、比较（与给定值），也无须专门确定报警模型。采用中断工作方式，既节省了 CPU 计算的宝贵时间，又能不失时机地实现参数超限报警。

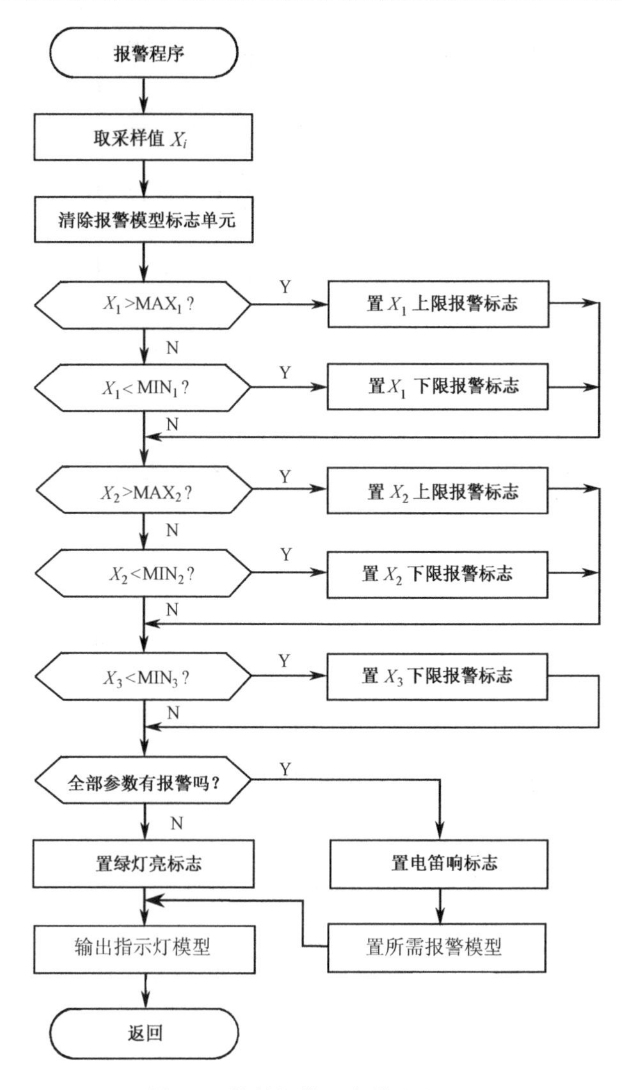


图 4.5　软件报警程序模块流程图

根据图 4.6 可写出报警程序如下。

```
        ORG     000H
        AJMP    MAIN            ；上电自动转向主程序
        ORG     0003H           ；外部中断方式 0 入口地址
        AJMP    ALARM
        ORG     0200H
MAIN:   SETB    IT0             ；选择边沿触发方式
        SETB    EX0             ；允许外部中断 0
        SETB    EA              ；CPU 允许中断
HERE:   SJMP    HERE            ；模拟主程序
        ORG     0210H
ALARM:  MOV     A,#0FFH         ；设 P1 口为输入口
        MOV     P1,A
        MOV     A,P1            ；取报警状态
        SWAP    A               ；ACC.7～ACC.4↔ACC.3～ACC.0
        MOV     P1,A            ；输出报警信号
        RETI
```

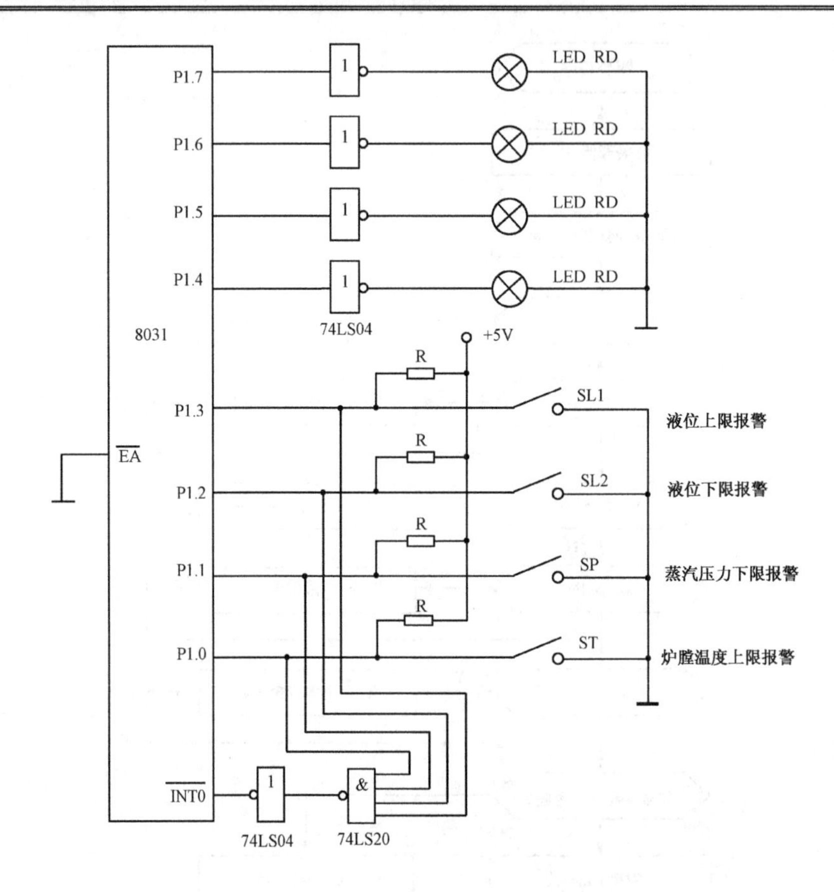


图 4.6　硬件直接报警系统原理图

### 4.1.3　越限报警程序的设计

前面讲的报警程序是比较简单的报警程序。为了避免测量值在极限值附近摆动造成频繁地报警，可以在上、下限附近设定一个回差带，如图 4.7 所示。

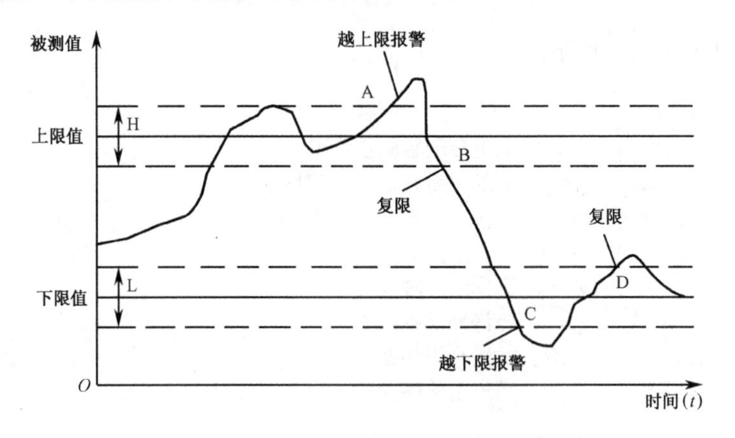


图 4.7　越限报警示意图

在图 4.7 中，H 是上限带，L 为下限带。规定只有当被测量值越过 A 点时，才认为越过上限；测量值穿越 H 带区，下降到 B 点以下才承认复限。同样道理，测量值在 L 带区内摆动均不做超越下限处理，只有它回归 D 点之上时，才做超越下限后的复位处理。这样就避免了频繁的报警和复限，以免造成操作人员人为的紧张。实际上，大多数情况下，如前面锅炉水位调节系统中所述，上、下限并非是唯一的值，而允许是一个“带”。带区内的值都被认为是正常的。带宽构成报警的灵敏区。上、下限带宽的选择应根据具体的被测参数而定。

下面重新对锅炉液位报警程序进行设计。设锅炉水位采样并经滤波处理后的值存放在以 SAMP 为起始地址的内存单元中（设采样值为 12 位数，占用两个内存单元）。上、下限报警及上、下限复位门限值分别存放在以 ALADEG 为首地址的内存单元中。报警标志单元为 FLAG，其中 $D_2$ 位为越上限标志位，$D_3$ 位为越下限标志位。其内存分配，如图 4.8 所示。

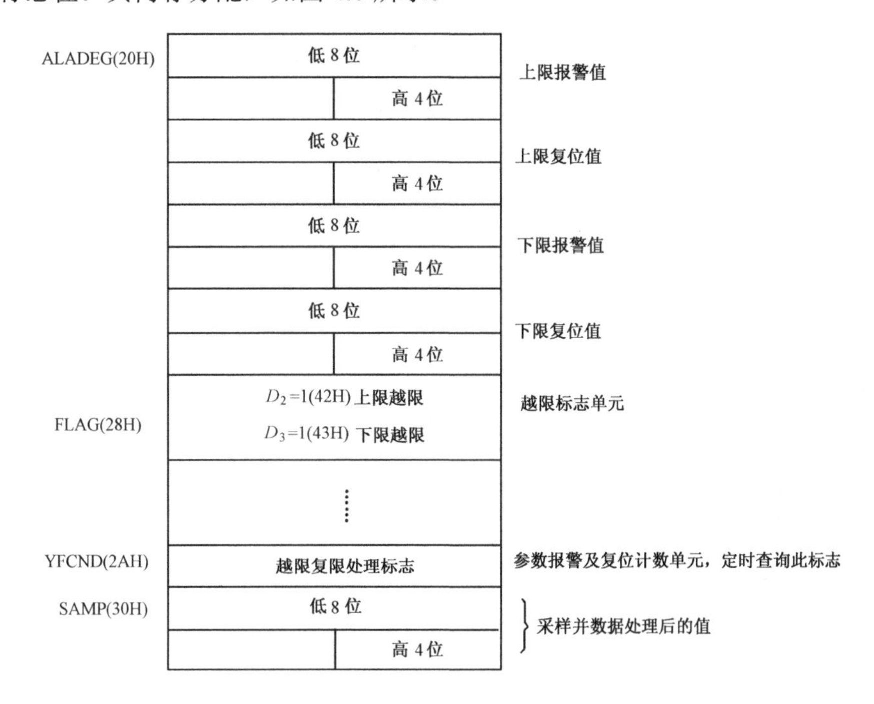


图 4.8　有关内存的分配

越限报警程序的基本思路是将采样、数字滤波后的数据与该被测点上、下限给定值进行比较，检查是否越限；或与上限复位值、下限复位值进行比较，检查是否复位上、下限。如越限，则分别置位越上限标志和越下限标志，并输出相应的声、光报警模型。如已复位上、下限，则清除相应标志。当上述报警处理完之后，返回主程序。如图 4.9 所示的是其程序的流程图。

根据图 4.9 可写出越限报警子程序如下：

```
        ORG     8000H
ACACHE: MOV     R0,#SAMP          ; 采样值首地址 R0
        MOV     A,@R0             ; 取采样值低 8 位
        MOV     R1,#20H           ; 取上限报警值低 8 位
        ACALL   DUBSUB            ; 检查是否越上限
        JNC     BRAN1             ; 越上限，转 BRAN1
        MOV     A,@R0             ; 取采样值低 8 位
        ACALL   DUBSUB            ; 检查是否复位上限
        JNC     DONE              ; 不复位上限，返回主程序
        JB      42H,BRAN2         ; 上限若置位，则转 BRAN2
        MOV     A,@RO             ; 取采样值低 8 位
        ACALL   DUBSUB            ; 检查下限报警值
        JC      RAN3              ; 越下限，转 BRAN3
        MOV     A,@R0             ; 取采样值低 8 位
        ACALL   DUBSUB            ; 检查复位下限值
        JC      DONE              ; 不复位下限，返回主程序
        JNB     43H,DONE
        CLR     43H
BRAN4:  INC     2AH               ; 记录调整次数
DONE:   RET
```

```
SAMP:    EQU     30H
BRAN1:   JB      42H,DONE          ; 判断上限报警是否置位
         SETB    42H               ; 置上限报警标志
         MOV     A,#81H            ; 输出越上限报警信号
         MOV     P1,A
         AJMP    BRAN4
BRAN2:   CLR     42H               ; 清上限报警标志
         AJMP    BRAN4
BRAN3:   JB      43H,DONE          ; 判断下限报警是否置位，若置位，则转 DONE
         SETB    43H               ; 置下限报警标志
         MOV     A,#82H            ; 输出越下限报警信号
         AJMP    BRAN4
DUBSUB:  CLR     C                 ; 双字节减法子程序
         SUBB    A,@R1
         INC     R0
         INC     R1
         MOV     A,@R0
         SUBB    A,@R1
         INC     R1
         DEC     R0
         RET
```

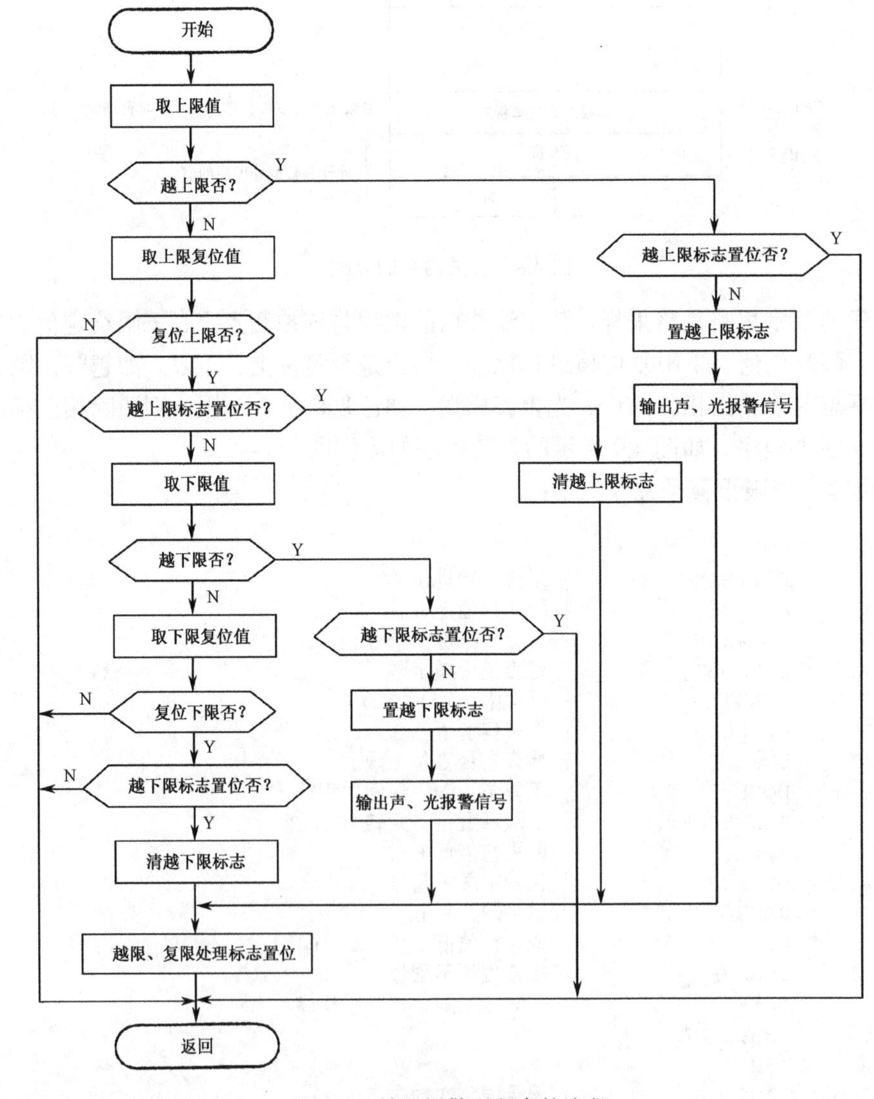


图 4.9　越限报警子程序的流程

本程序输出的报警模型及接口电路，可参看图 4.4 自行设计。

报警标志单元 FLAG（28H）和越限、复位上、下限处理次数单元（2AH）在初始化程序中应首先清零。

除了上面讲的这种带上、下限报警带的报警处理程序外，还有各种各样的报警处理程序，读者可根据需要自行设计。

### 4.1.4　远程自动报警系统的设计

在某些场合，或是由于距离太远，或是晚上无人职守，例如山林防火系统，银行或商店夜间报警系统，一般都是无人职守系统。但是，要求一旦发生报警，则需立刻打电话给值班人员、单位领导或者向公安系统打电话报警，这就是远程自动无线报警系统。该系统的核心部件是由 MODEM（调制解调器）芯片构成的单片机自动报警装置，可以借助电话交换机网络、移动通信网络等现有的通信系统。因此，该系统的建立将大大节省成本，而且不受地域和时间的限制，真正做到安全、迅速和可靠。

#### 1. SS173K222AL 芯片简介

SS173K222AL 是 TDK 公司推出的产品，它是一种高集成度的单片 MODEM 芯片。该芯片的主要特点如下。

（1）可与 8051 系列单片机对接，接口电路简单。

（2）串行口数据传输。

（3）既可以同步方式又可以异步方式工作，包括 V.22 扩充超速。

（4）与 CCITT V.22、V.21、BELL 212A、103 标准兼容。

（5）具有呼叫进程、载波、应答音和长回环检测等功能。

（6）能够通过编程产生 DTMF 信号及 550Hz，1800Hz 的防卫音信号。

（7）具有自动增益控制，动态范围达 45dB。

（8）采用 CMOS 技术，低功耗、单电源供电。

SS173K222AL 具有 28DIP 封装，其引脚如图 4.10 所示。

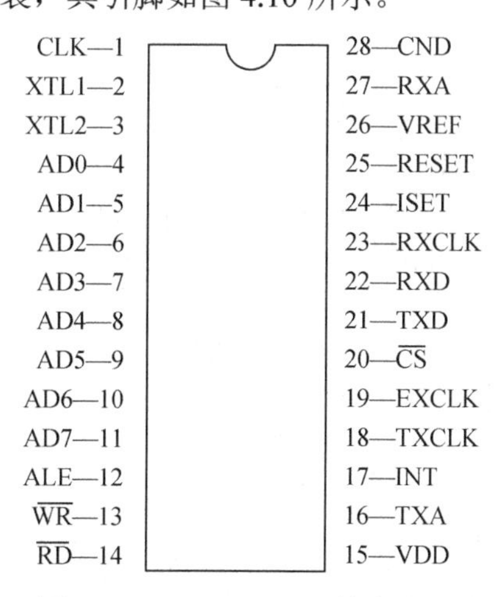


图 4.10　SS173K222AL 管脚分配图

现将部分引脚功能说明如下。

- VDD、GND：电源和地。
- AD0～AD7：地址/数据线。
- ALE：地址锁存控制信号，与单片机 ALE 相连接，用于锁存地址信号。
- $\overline{WR}$ 和 $\overline{RD}$：读/写控制信号，低电平有效。

- CLK：时钟信号。
- XTL1、XTL2：外接晶体振荡器。
- TXD、RXD：用来发射和接收数据。
- TXA、RXA：发射和接收响应管脚，与外部收发装置相连。
- $\overline{CS}$：片选信号，低电平有效。
- VREF：参考电平。
- RESET：复位信号。

SS173K222AL 内部有 4 个寄存器，可用于控制和状态的监视。其中，控制寄存器 CR0 用于控制电话线路上数据传输的方式。控制寄存器 CR1 用于控制 SS173K222AL 内部状态与单片机之间的接口。检测寄存器 DR 是一个只读寄存器，它提供了监视 MODEM 工作状态的条件。音调寄存器 TR 则用于控制音频信号的产生，在 TR 的控制下，MODEM 可以产生 DTMF 信号、应答音信号和防卫音信号。还可以在 MODEM 启动和与对方联系过程中对 RXD 引脚进行控制。有关寄存器各状态位的功能以及各寄存器的使用方法简述请见表 4.3。（详细资料可参阅 TDK 公司 1997 年 MODEM 的数据手册。）

**表 4.3　SS173K222A 内部寄存器各位含义**

| 名称 | 地址 | 数据位 | | | | | | | |
|---|---|---|---|---|---|---|---|---|---|
| | AD2AD0 | D7 | D6 | D5 | D4 | D3 | D2 | D1 | D0 |
| CR0 | 000 | 调制选择 | 0 | 设置发送模式其中 1100 表示 FSK 模式 | | | | 发送允许 | 应答/始发 |
| CR1 | 001 | 数据发送方式 | | 中断允许 | 旁路编码 | 时钟控制 | 复位操作 | 模式测试，其中 00 表示正常 | |
| DR | 010 | 未用 | 未用 | 接收数据 | 解码标志 | 载波检测 | 应答音 | 呼叫进程 | 长环检测 |
| TR | 011 | RXD 控制 | 发防卫音 | 发应答音 | 发 DTMF 音 | 对应 116DTMF 信号，如 0001=1，0010=2 等。 | | | |

## 2. 直接拨通手机号码报警

这是一个最简单的方案，硬件电路如图 4.11 所示。

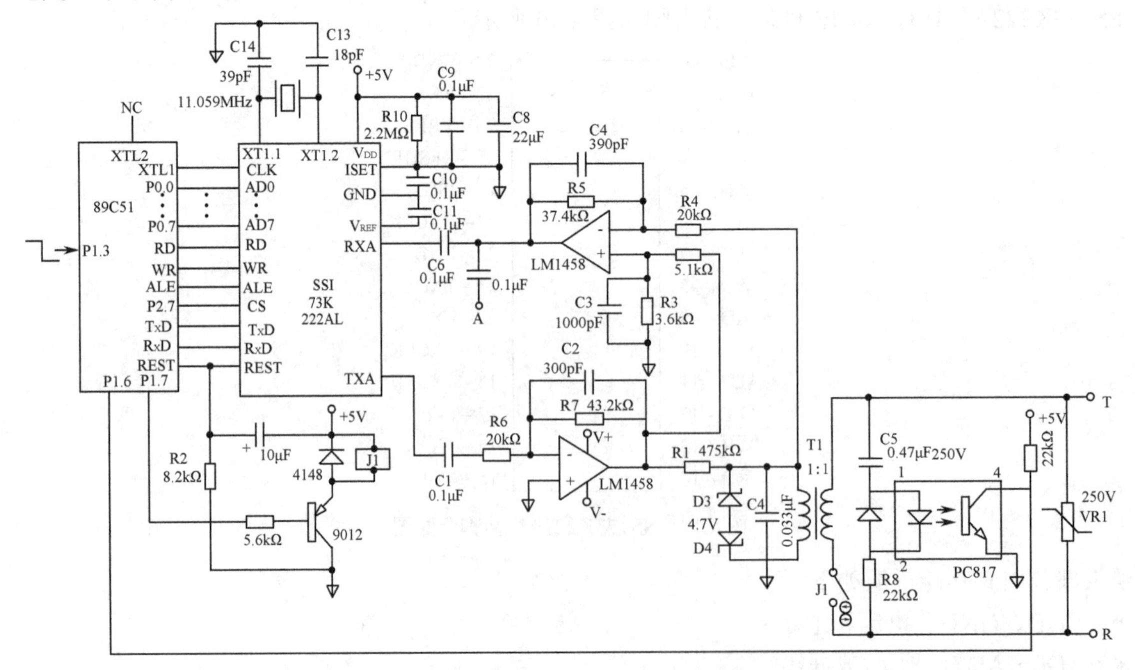


图 4.11　直接拨通手机号码报警硬件电路

首先，由单片机巡回监视报警信号的出现。图中，以 P1.3 口电位变低作为出现了报警信号。如有报警，则单片机立即通过 P1.7 口输出低电平，吸合继电器 J1，将装置与电话线路接通。接着，单片机按照事先给定的手机号码发 DTMF 信号——开始拨号，当接到移动台的回音信号后即自动挂机（断开继电器 J1 的触点）。

设本例中所拨打的手机号码为：13231502165。

```
WAN:    JNB     P1.3,DT         ; 监视 P1.3 口
        SJMP    WAN
DT:     ACALL   DLY2            ; 延时 50ms
        JNB     P1.3,ARM        ; 确认有报警信号，转处理程序
        SJMP    WAN
ARM:    CLR     P1.7            ; 吸合继电器 J1
        ACALL   DLY2            ; 延时 50ms
        MOV     R6,#0BH         ; 拨打 11 位手机号码，并置初值
        MOV     DPTR,#7FF8H     ; 地址指针指向 R0
        MOV     A,#31H          ; 按始发方式、FSK 模式设置，但禁止发送
        MOVX    @DPTR,A
LOOP:   MOV     DPTR,#7FFBH     ; 地址指针指向 TR
        MOV     A,#0FH
        ADD     A,R6            ; 取出电话号码
        MOVC    A,@A+PC
        MOVX    @DPTR,A         ; 设置 TR
        MOV     DPTR,#7FF8H     ; 地址指针指向 R0
        MOV     A,#33H          ; 允许发送
        MOVX    @DPTR,A
        ACALL   DLY3            ; 延时 250ms
        MOV     A,#31H          ; 停止发送
        MOVX    @DPTR,A
        ACALL   DLY3            ; 延时 250 毫秒
        DJNZ    R6,LOOP         ; 拨号未完，再拨出一个号码
DB  95H,96H,91H,92H,9AH,95H,91H,93H,92H,93H,91H   ; TR 设置及手机号码
DTA:    MOV     DPTR,#7FFAH     ; 地址指针指向 DR
        MOVX    A,@DPTR         ; 监视 DR
        JNB     ACC.2,DTA       ; 检测应答音
        MOV     DPTR,#7FF9H     ; 地址指针指向 R1
        MOV     A,#04H
        MOVX    @DPTR,A         ; 复位 MODEM
        SETB    P1.7            ; 释放 J1
        RET
```

在这个方案中，持有该手机的管理人员必须熟知各报警部门的电话号码，以便及时采取对策。

### 3. 在接收端采用 MODEM 和单片机显示装置的报警

在接收端采用 MODEM 和单片机显示装置，可以在无人值守的场合自动监视各处发来的报警信息，将其存储并用数码显示出来，必要时还可增设警报音响等其他设施。

由于接收端无须 DTMF 拨号等功能，所以图中采用了 OKI 公司的低速 MODEM MSM6946，它的结构简单、价格低廉、控制和使用都很方便。适用于 300bps、FSK 工作方式，可以满足 BELL103 标准（有关 MSM6946 的详细数据请参阅 OKI 公司 1998 年的 MODEM 数据手册）。图 4.12 给出了一个简单的在接收端采用 MODEM 和单片机接收装置的电路原理图。

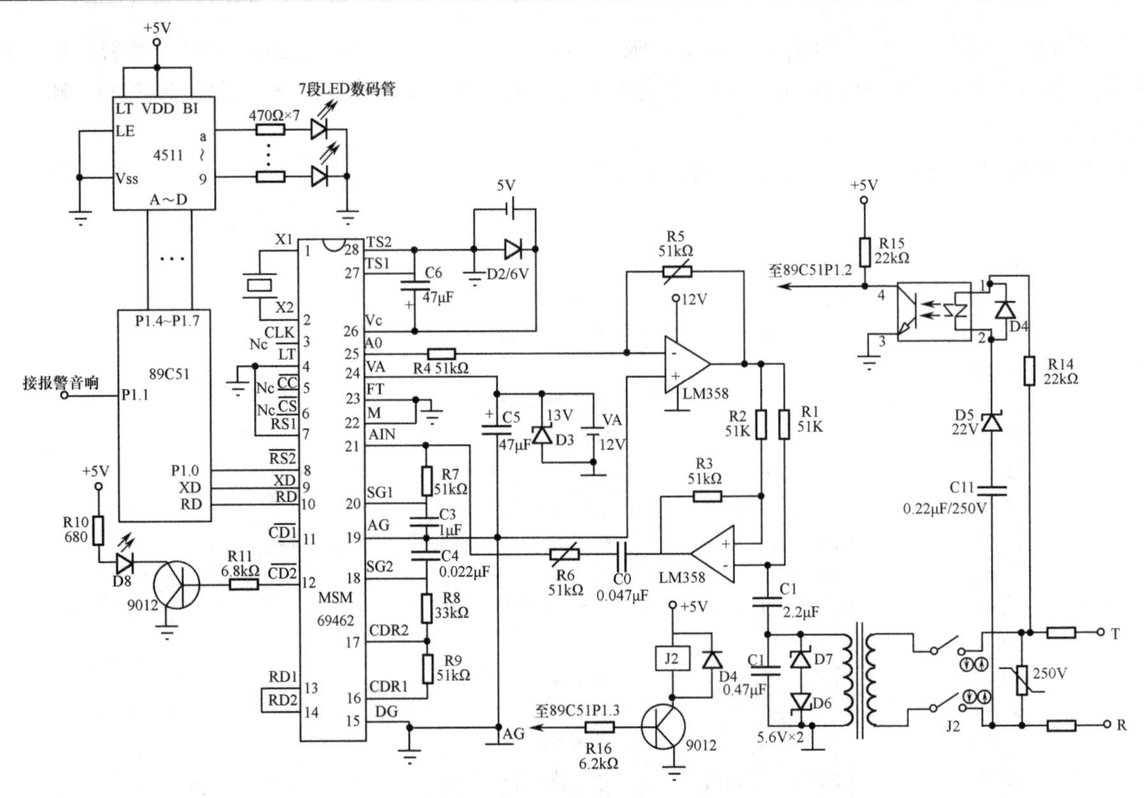

图 4.12　接收端采用 MODEM 和单片机接收装置的电路原理图

图 4.12 中，接收端的 MODEM 按应答方式接线，单片机 89C51 平时处于巡回检测电话振铃信号的状态，一旦检测到该信号，则可将 J2 吸合，在 2 秒钟左右的沉默之后，启动 MODEM 发送应答音。双方经过简短的握手过程之后，89C51 便将收到的对方代码通过数码管显示出来。

为了使电路简单，图中采用了具有 BCD 转换、锁存、7 段译码及驱动功能的 CMOS 电路 CD4511，当 89C51 在 P1.7～P1.4 口输出 0～9 的 BCD 码时，数码管能直接显示出来。由此看来，本电路可以区分 9 个报警点发来的报警信息。

在这种方案下，图 4.11 所示发送端的报警装置硬件线路不变，但控制软件应做相应的补充：即在发送完 DTMF（拨号信号）之后，程序还应增加检测应答音、发送和接收握手信号、循环发送本机代码等内容。

发送接收端所用的通信程序框图如图 4.13 所示。

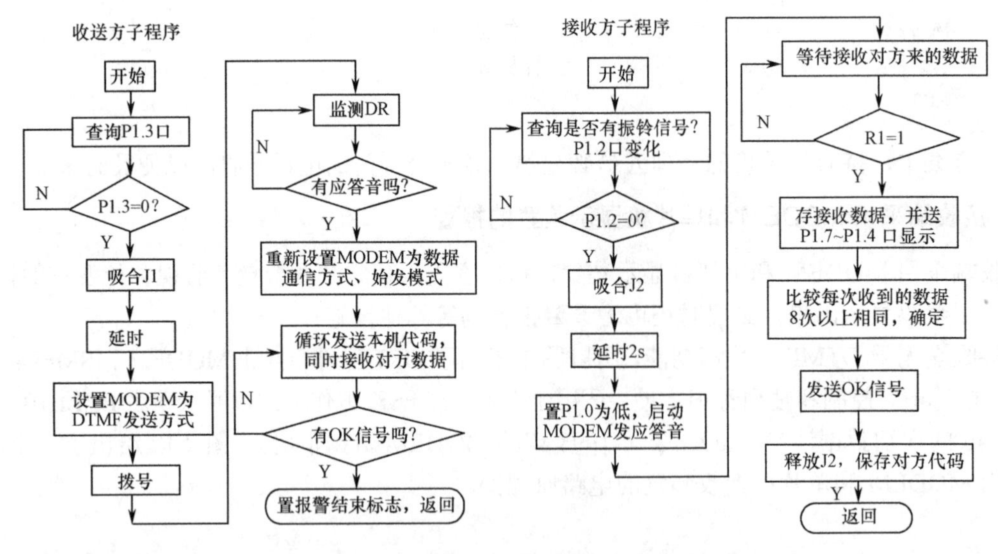


图 4.13　单片机发送接收子程序框图

# 4.2　开关量输出接口技术

在工业过程控制系统中，被测参数经采样处理之后，还需要计算并输出控制模型，达到自动控制的目的。例如，在温度调节系统中，为使温度能稳定在给定值上，往往需要控制加热炉的阀门，调节进入炉中的煤气量，对于电炉来讲，则需要控制通、断电的时间。在上述例子中控制阀一般需要电动执行机构，通常由 D/A 转换器输出来控制。而控制通、断电一般采用继电器或可控硅来完成。前者属模拟量控制，后者属于开关量控制。所谓开关量控制就是通过控制设备的“开”或“关”状态的时间来达到控制的目的。

由于输出设备往往需大电压（或电流）来控制，而微型计算机系统输出的开关量大都为 TTL（或 CMOS）电平，这种电平一般不能直接驱动外部设备的开启或关闭。另一方面，许多外部设备，如大功率直流电机、接触器等在开关过程中会产生很强的电磁干扰信号，如不加以隔离，可能会使微型计算机控制系统造成误动作乃至损坏。因此，在接口设计处理中，一要放大，二要隔离，这是开关量输出控制中必须认真考虑并设法解决的两个问题。在这一节中，主要介绍开关量的接口技术。

## 4.2.1　光电隔离技术

在开关量控制中，最常用的器件是光电隔离器。光电隔离器的种类繁多，常用的有发光二极管/光敏三极管、发光二极管/光敏复合晶体管、发光二极管/光敏电阻，以及发光二极管/光触发可控硅等。其原理电路如图 4.14 所示。

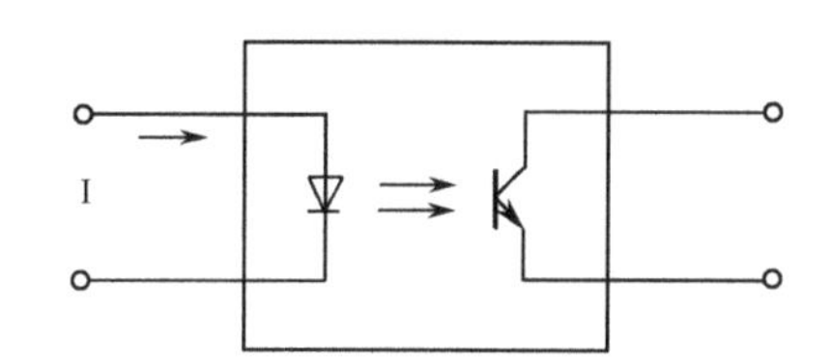


图 4.14　光电隔离器原理图

如图 4.14 所示，光电隔离器由 GaAs 红外发光二极管和光敏三极管组成。当发光二极管有正向电流通过时，即产生人眼看不见的红外光，其光谱范围为 700～1000nm，光敏三极管接收光照以后便导通。而当该电流撤去时，发光二极管熄灭，三极管随即截止，利用这种特性即可达到开关控制的目的。由于该器件是通过电—光—电的转换来实现对输出设备进行控制的，彼此之间没有电气连接，因而起到隔离作用。隔离电压与光电隔离器的结构形式有关，双列直插式塑料封装形式的隔离电压一般为 2500V 左右，陶瓷封装形式的隔离电压一般为 5000～10000V。不同型号的光电隔离器输入电流也不同，一般为 10mA 左右，其输出电流的大小将决定控制输出外设的能力。一般负载电流比较小的外设可直接带动，若负载电流要求比较大时可在输出端加接驱动器。

在一般微型计算机控制系统中，由于大都采用 TTL 电平，不能直接驱动发光二极管，所以通常加一级驱动器，如 7406 和 7407 等。

需要注意，输入、输出端两个电源必须单独供电，如图 4.15 所示。否则，如果使用同一电源（或共地的两个电源）外部干扰信号可能通过电源串到系统中来，如图 4.16 所示，这样就失去了隔离的意义。

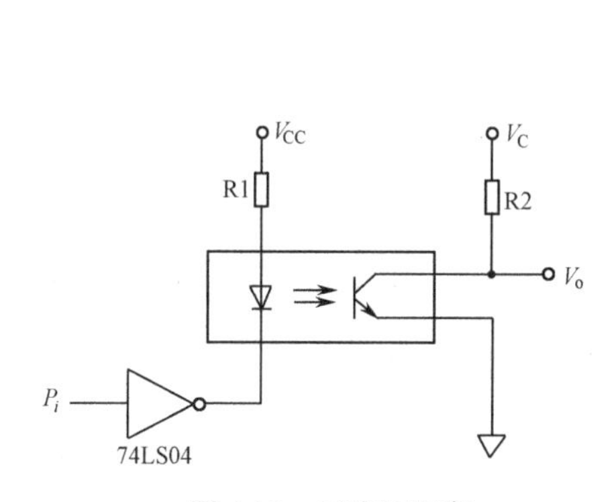


图 4.15　正确的隔离

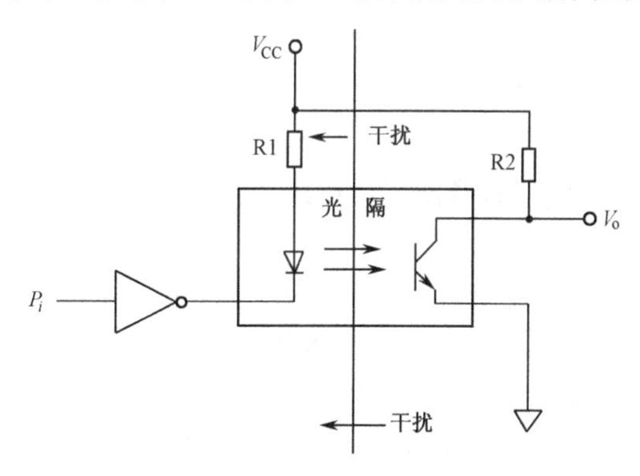


图 4.16　不正确的隔离

如图 4.15 所示，当数字量 $P_i$ 输出为高电平时，经反相驱动器后变为低电平。此时发光二极管有电流通过并发光，使光敏三极管导通，集电极输出电压 $V_0$=0。反之，当 $P_i$ 为低电平，光敏三极管截止，集电极输出电压为 $V_0$。

## 4.2.2 继电器输出接口技术

继电器是电气控制中常用的控制器件。一般由通电线圈和触点（常开或常闭）构成。当线圈通电时，由于磁场的作用，使开关触点闭合（或打开）；当线圈不通电时，则开关触点断开（或闭合）。一般线圈可以用直流低电压控制（常用的有直流 9V、12V、24V 等）；而触点输出部分可以直接与市电（220V）连接；有时继电器也可以与低压电器配合使用。虽然继电器本身有一定的隔离作用，但在与微型计算机接口时通常还是采用光电隔离器进行隔离。常用的接口电路，如图 4.17 所示。

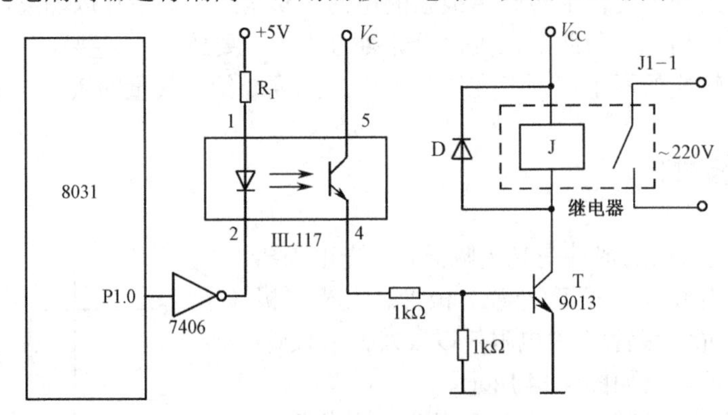


图 4.17　继电器接口电路

如图 4.17 中所示，当开关量 P1.0 输出为高电平时，经反相驱动器 7406 变为低电平，使发光二极管发光，从而使光敏三极管导通，进而使三极管 9013 导通，因而使继电器 J 的线圈通电，继电器触点 J1–1 闭合，使～220V 电源接通。反之，当 P1.0 输出低电压时，使 J1–1 断开。图中所示电阻 $R_1$ 为限流电阻，二极管 D 的作用是保护晶体管 T。当继电器 J 吸合时，二极管 D 截止，不影响电路工作。继电器释放时，由于继电器线圈存在电感，这时晶体管 T 已经截止，所以会在线圈的两端产生较高的感应电压。此电压的极性为上负下正，正端接在晶体管的集电极上。当感应电压与 $V_{CC}$ 之和大于晶体管 T 的集电极反向电压时，晶体管 T 有可能损坏。加入二极管 D 后，继电器线圈产生的感应电流从二极管 D 流过，从而使晶体管 T 得到保护。

不同的继电器，其线圈驱动电流的大小，以及带动负载的能力不同，选用时应考虑下列因素。

- 继电器额定工作电压（或电流）。
- 接点负荷。
- 接点的数量或种类（常闭或常开）。
- 继电器的体积、封装形式、工作环境、接点吸合或释放时间等。

## 4.2.3 固态继电器输出接口技术

在继电器控制中，由于采用电磁吸合方式，在开关瞬间，触点容易产生火花，从而引起干扰；对于交流高压等场合，触点还容易被氧化，影响系统的可靠性。所以随着微型计算机控制技术的发展，又研制出一种新型的输出控制器件——固态继电器。

固态继电器（Solid State Relay）简称 SSR。它是用晶体管或可控硅代替常规继电器的触点开关，在前级中与光电隔离器融为一体。因此，固态继电器实际上是一种带光电隔离器的无触点开关。根据结构形式，固态继电器有直流型固态继电器和交流型固态继电器之分。

由于固态继电器输入控制电流小，输出无触点，所以与电磁式继电器相比，具有体积小、重量轻、无机械噪声、无抖动和回跳、开关速度快、工作可靠等优点。在微型计算机控制系统中得到了广泛的应用，大有取代电磁继电器之势。

### 1. 直流型 SSR

直流型 SSR 的原理电路如图 4.18 所示。

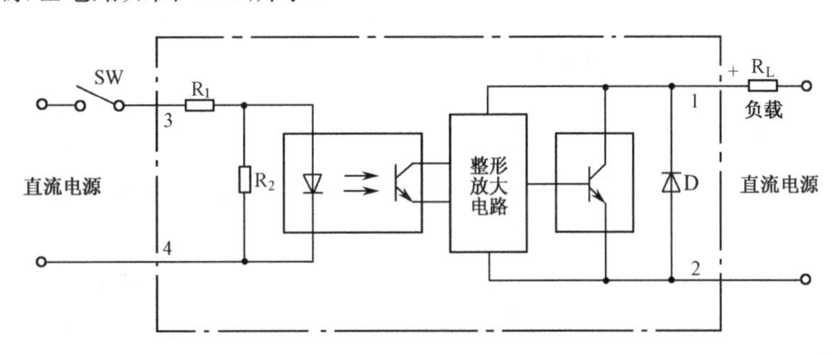


图 4.18　直流型 SSR 原理图

由图 4.18 所示可以看出，固态继电器的输入部分是一个光电隔离器，因此，可用 OC 门或晶体管直接驱动。它的输出端经整形放大后带动大功率晶体管输出，输出工作电压可达 30～180V（5V 开始工作）。

直流型 SSR 主要用于带直流负载的场合，如直流电机控制，直流步进电机控制和电磁阀等。图 4.19 所示为采用直流型 SSR 控制三相步进电机的原理电路图。

图 4.19 中 A、B、C 为步进电机的三相，每相由一个直流型 SSR 控制，分别由 8031 的 P1.0、P1.1 和 P1.2 控制。只要按照一定的顺序通电，即可实现步进电机控制，详见本章 4.4 节。

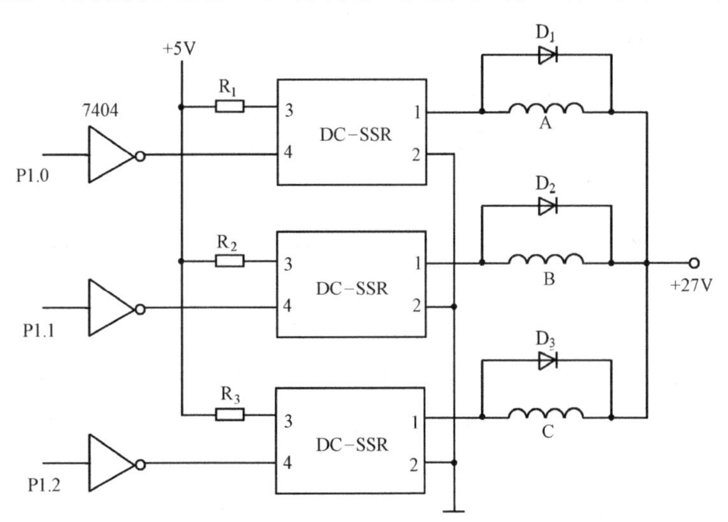


图 4.19　步进电机控制原理图

### 2. 交流型 SSR

交流型 SSR 又可分为过零型和移相型两类。它采用双向可控硅作为开关器件，用于交流大功率驱动场合，如交流电机、交流电磁阀控制等。其原理电路，如图 4.20 所示。对于非过零型 SSR，在输入信号时，不管负载电流相位如何，负载端立即导通；而过零型必须在负载电源电压接近零且输入控制信号有效时，输入端负载电源才导通。当输入的控制信号撤销后，不论哪一种类型，它们都只在流过双向可控硅负载电流为零时才关断。其波形如图 4.21 所示。

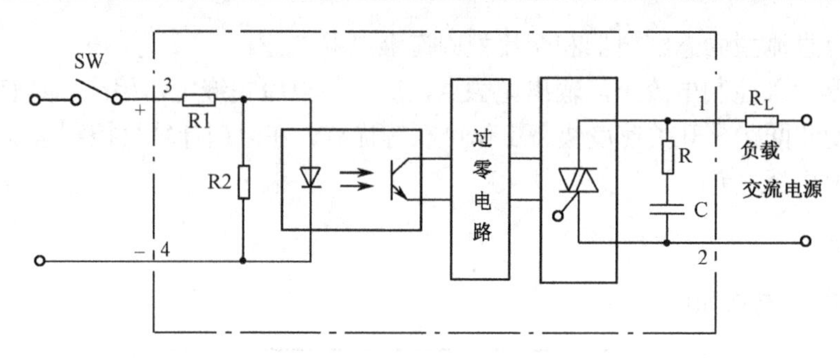


图 4.20　交流过零型 SSR 原理图

一个交流型 SSR 控制单向交流控制电机的实例如图 4.22 所示。图中，改变交流电机通电绕组，即可控制电机的旋转方向。例如，用它控制流量调节阀的开和关，从而实现控制管道中流体流量的目的。

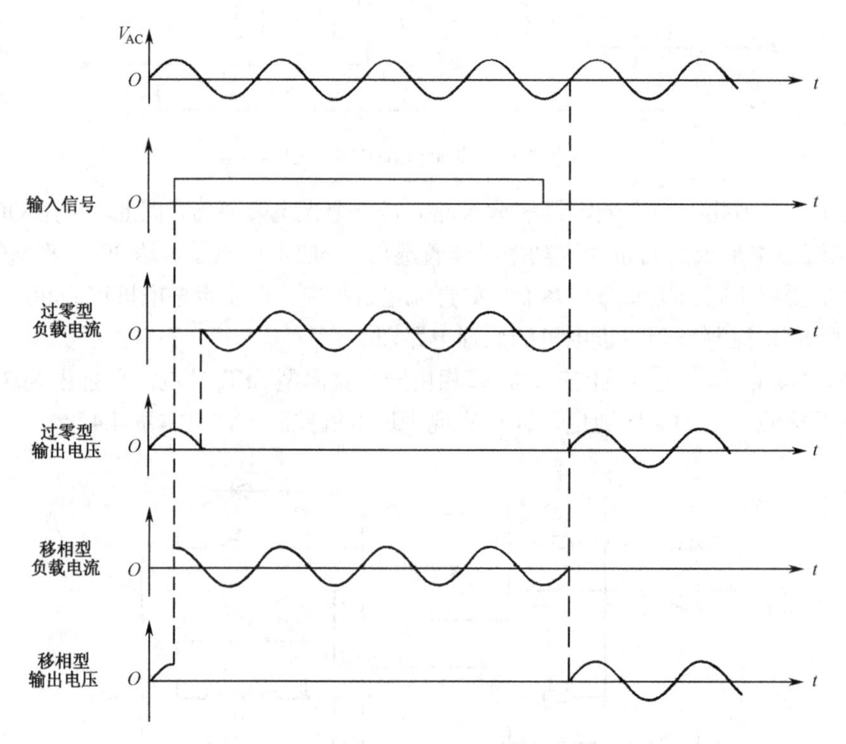


图 4.21　交流 SSR 输出波形图

如图 4.22 所示，当控制端 P1.0 输出为低电平时，经反相后，使 SSR 1# 导通，SSR 2#截止，交流电通过 A 相绕组，电机正转；反之，如果 P1.0 输出高电平，则 SSR 1# 截止，SSR 2# 导通，交流电流经 B 相绕组，电机反转。图 4.22 中所示的 $R_p$、$C_p$ 组成浪涌电压吸收回路。通常 $R_p$ 为 100Ω左右，$C_P$ 为 0.1μF。$R_M$ 为压敏电阻，用做过电压保护。其电压取值范围通常为电源电压有效值的 1.6～1.9 倍。

选用交流型固态继电器时主要注意它的额定电压和额定工作电流。

综合光耦固态继电器在单片机输出通道的开关作用，其优点如下。

（1）使用光耦固态继电器后，能充分发挥光耦合在输入/输出间的绝缘，使彼此不发生反馈，因而能隔离噪声，仅使用简单的接口，即可抑制不同等级的电压。

（2）能发挥光耦—双向可控硅组合的固态开关作用，在直接驱动计算机外设终端时，既无射频干扰，又起到复杂的定时和与程序功率开关作用。因此，特别适用于安静的场合，如医院、宇航器等；还适用于计算机控制的机械控制和过程控制中。

（3）不产生电弧，适用于易爆环境。

（4）没有噪声，可节约电能。

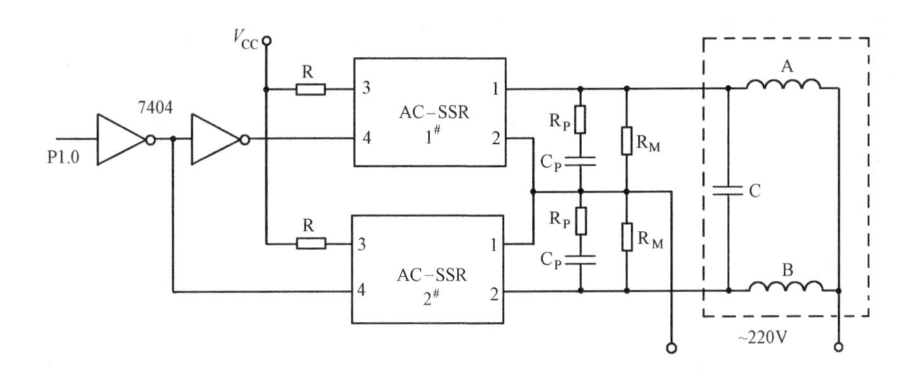


图 4.22　用交流型 SSR 控制交流电机原理图

## 4.2.4　大功率场效应管开关接口技术

在开关量输出控制中，除了前面介绍的固态继电器以外，还可以用大功率场效应管开关作为开关量输出控制元件。由于场效应管输入阻抗高、关断漏电流小、响应速度快，而且与同功率继电器相比，体积较小，价格便宜，所以在开关量输出控制中也常作为开关元件使用。

场效应管的种类非常多，如 IRF 系列，电流可从几毫安（mA）到几十安培（A），耐压可从几十伏（V）到几百伏（V），因此可以适合各种场合。

大功率场效应管的表示符号，如图 4.23 所示。其中 G 为控制栅极、D 为漏极、S 为源极。对于 NPN 型场效应管来讲，当 G 为高电平时，源极与漏极导通，允许电流通过，否则，场效应管关断。

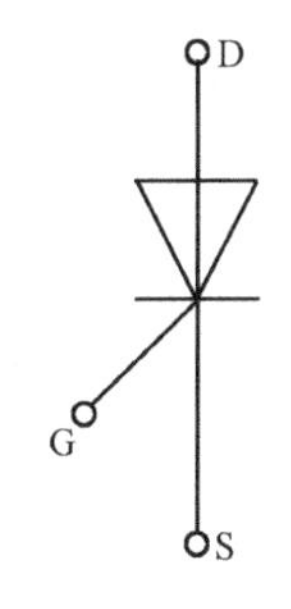


图 4.23　大功率场效应管的表示符号

值得说明的是，由于大功率场效应管本身没有隔离作用，故使用时为了防止高压对微型计算机系统的干扰和破坏，通常在它的前边加一级光电隔离器，如 4N25、TIL113 等。

利用大功率场效应管可以实现如图 4.19 所示的步进电机控制。其电路原理图如图 4.24 所示。

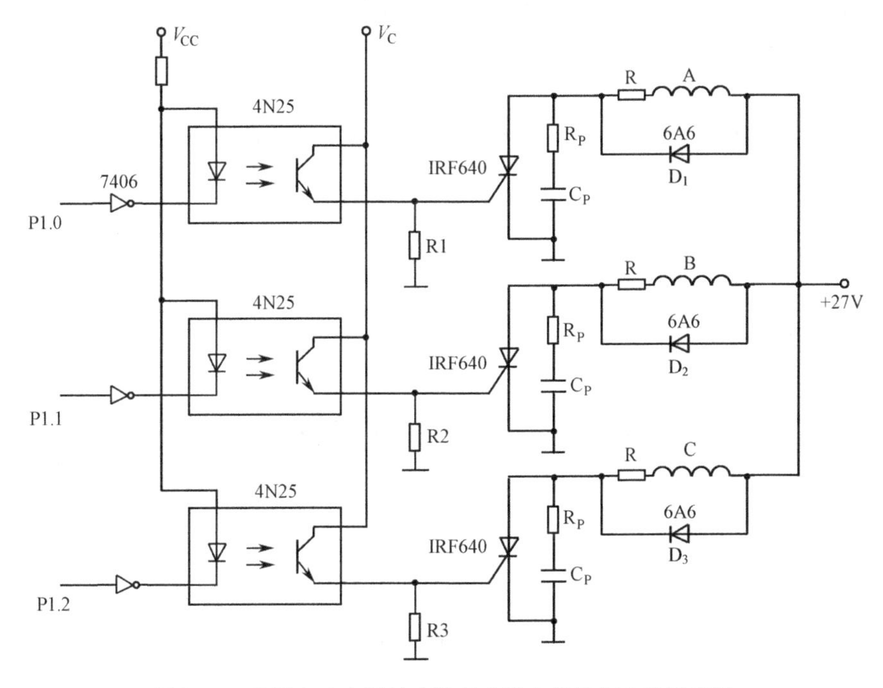


图 4.24　采用大功率场效应管的步进电机控制电路原理图

如图 4.24 所示，当某一控制输出端（如 P1.0）输出为高电平时，经反相器 7406 变为低电平，使光电隔离器通电并导通，从而使电阻 R1 输出为高电平，控制场效应管 IRF 640 导通，使 A 相通电；反之，当 P1.0 为低电平时，IRF640 截止，A 相无电流通过。同理，也可以用 P1.1 和 P1.2 对 B 相和 C 相进行控制。改变步进电机 A、B、C 三相的通电顺序，便可实现对步进电机的控制，详见本章 4.4 节。图中的 $R_P$、$C_P$ 和 D 均为保护元件。

## 4.2.5 可控硅接口技术

可控硅（Silicon Controlled Rectifier）简称 SCR，是一种大功率电器元件，也称晶闸管。它具有体积小、效率高、寿命长等优点。在自动控制系统中，可作为大功率驱动器件，实现用小功率控件控制大功率设备。它在交直流电机调速系统、调功系统及随动系统中得到了广泛的应用。

可控硅分单向可控硅和双向可控硅两种。

### 1. 单向可控硅

单向可控硅的表示符号，如图 4.25（a）所示。它有 3 个引脚，其中 A 为阳极，K 为阴极，G 为控制极。它由 4 层半导体材料组成，可等效于 $P_1N_1P_2$ 和 $N_1P_2N_2$ 两个三极管，如图 4.25（b）所示。

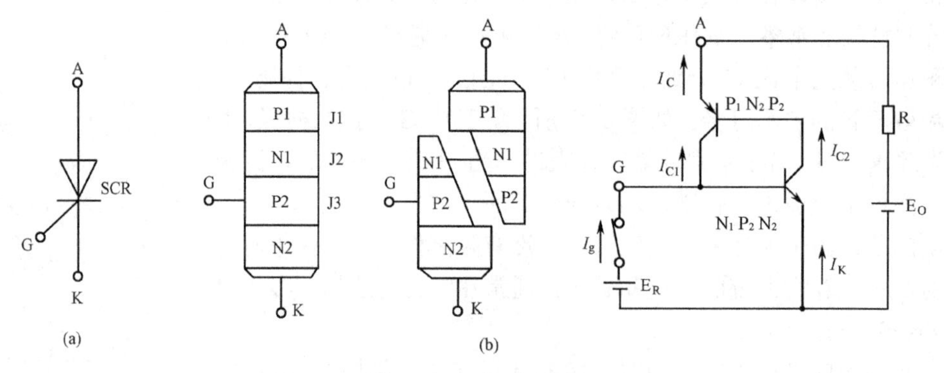


图 4.25　可控硅结构

从图 4.25（a）中可以看出，它的符号基本上与前面介绍过的大功率场效应开关管的符号相同，但它们的工作原理却有所不同。当阳极电位高于阴极电位且控制极电流增大到一定值（触发电流）时，可控硅由截止转为导通。一旦导通后，$I_g$ 即使为零，可控硅仍保持导通状态，直到阳极电位小于或等于阴极电位时为止。即阳极电流小于维持电流时，可控硅才由导通变为截止。其特性曲线如图 4.26 所示。

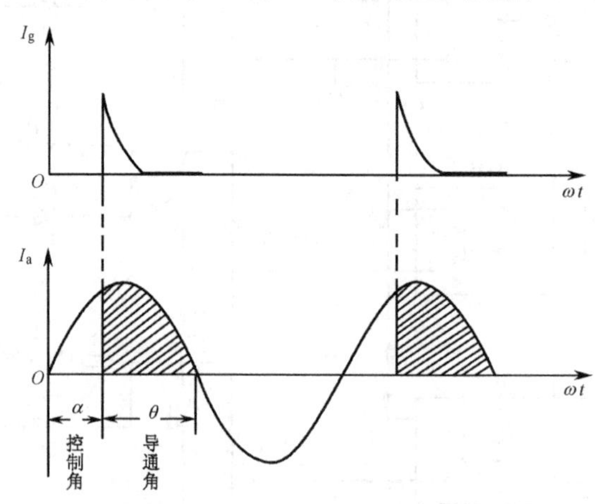


图 4.26　可控硅输出特性

单向可控硅的单向导通功能，多用于直流大电流场合。在交流系统中常用于大功率整流回路。

### 2. 双向可控硅

双向可控硅也叫三端双向可控硅，简称 TRIAC。双向可控硅在结构上相当于两个单向可控硅反向连接，如图 4.27 所示，这种可控硅具有双向导通功能。其通断状态由控制极 G 决定。在控制极 G 上加正脉冲（或负脉冲）可使其正向（或反向）导通。这种装置的优点是控制电路简单，没有反向耐压问题，因此特别适合做交流无触点开关使用。

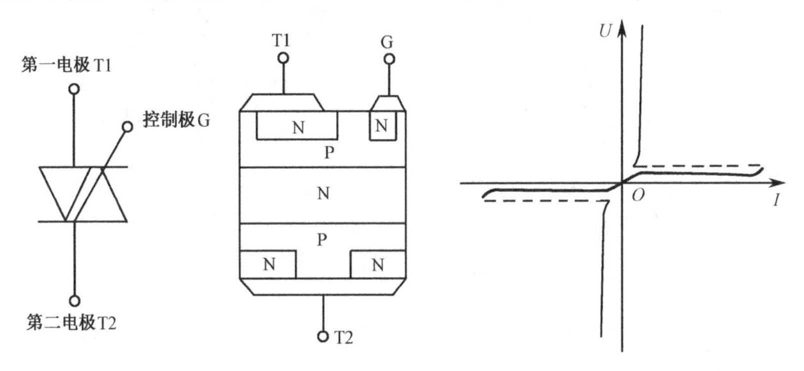


图 4.27 双向可控硅的符号、结构及伏安特性

和大功率场效应管一样，可控硅在与微型计算机接口连接时也需加接光电隔离器，触发脉冲电压应大于 4V，脉冲宽度应大于 20μs。在单片机控制系统中，常用单片机的某一根接口线或外接 I/O 接口的某一位产生触发脉冲。为了提高效率，要求触发脉冲与交流电压同步，通常采用检测交流电过零点来实现。图 4.28 所示为某电炉温度控制系统可控硅控制部分的电路原理图。

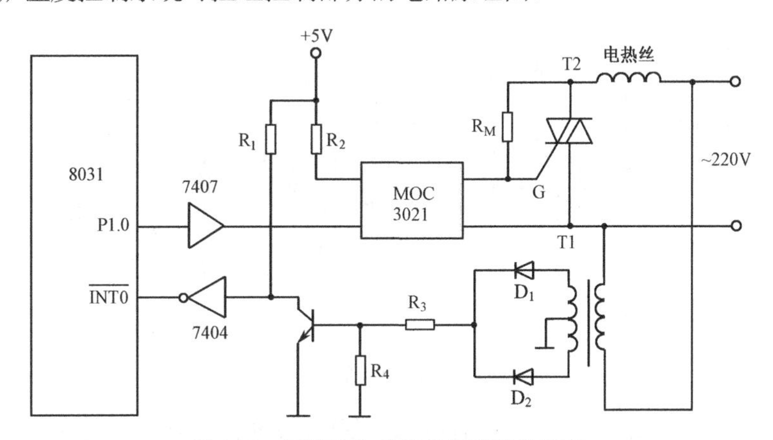


图 4.28 可控硅加热炉控制系统的原理

这里，为了提高热效率，要求每隔半个交流电的周期输出一个触发脉冲。为此，把交流电经全波整流后通过三极管变成过零脉冲，再反相后加到 8031 的中断控制端作为同步基准脉冲。使用定时器 T0 计时移相时间 Ta，然后发出触发脉冲，通过光电隔离器控制双向可控硅，实现对电炉丝加热。

## 4.2.6 电磁阀接口技术

电磁阀是在气体或液体流动的管路中受电磁力控制开闭的阀门，广泛应用于液压机械、空调系统、热水器和自动机床等系统中。其结构原理如图 4.29 所示。它由线圈、固定线芯、可动铁芯及阀体等组成。线圈不通电时，可动铁芯受弹簧作用与固定线芯脱离，阀门处于关闭状态。当线圈通电时，可动铁芯克服弹簧的弹力作用而与固定线芯吸合，阀门处于打开状态。这样，就控制了液体和气体的流动。流体推动油缸或气缸转换为物体的机械动作，完成往复运动。

电磁阀有交流和直流两类。交流电磁阀使用方便，但容易产生颤动，启动电流大，并会引起发热。

直流电磁阀可靠，但需专用电源，如 12V、24V 和 48V 等。

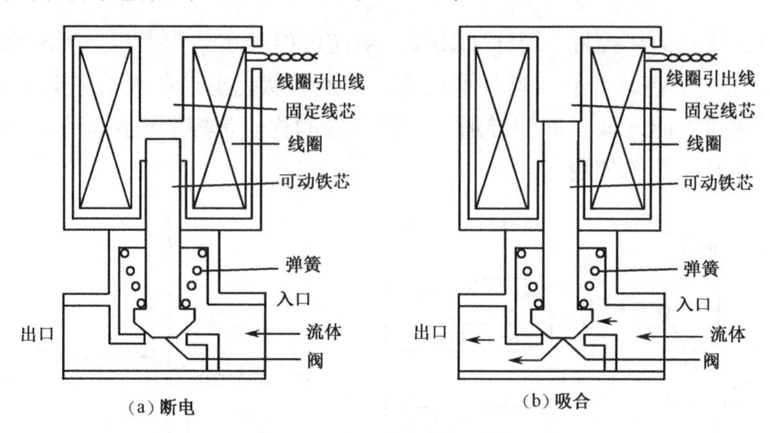


图 4.29　电磁阀结构原理图

电磁阀种类很多，常用的换向阀有两位三通、两位四通、三位四通等。这里所谓的“位”是指滑阀位置，“通”指流体的通路。

由于电磁阀也是由线圈的通断电来控制的，其工作原理与继电器基本相通，只是带动活动阀芯运动而已，故其与微型计算机的接口与继电器相同，也是由光电隔离器及开关电路等来控制的。关于直流型电磁阀的应用请参阅本节继电器接口部分。

对于交流电磁阀由于线圈要求使用交流电，所以通常使用双向可控硅驱动或使用一个直流继电器作为中间继电器控制。图 4.30 所示为交流电磁阀接口电路图。

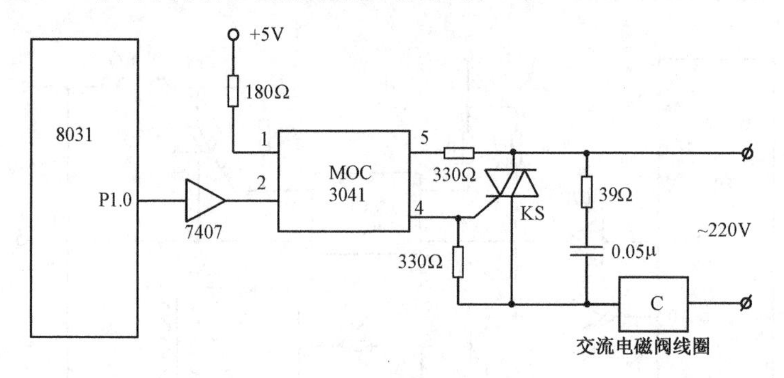


图 4.30　交流电磁阀接口电路

如图 4.30 所示，交流电磁阀圈由双向可控硅 KS 驱动。KS 的选择要满足如下要求：额定工作电流为交流电磁阀线圈工作电流的 2～3 倍，额定工作电压为交流电磁阀线圈电压的 2～3 倍。对于中小尺寸 220V 工作电压的交流电磁阀，可以选择 3A，600V 的双向可控硅。

光电隔离器 MOC 3041 的作用是触发双向晶闸管 KS 及隔离单片机和电磁阀系统。光电隔离器的输入端接驱动器 7407，受单片机 8031 的 P1.0 脚控制。当 P1.0 输出为低电平时，双向晶闸管 KS 导通，电磁阀吸合；P1.0 输出高电平时，双向晶闸管 KS 关断，电磁阀释放。MOC 3041 内部带过零电路，因此，双向晶闸管 KS 工作在过零触发方式。

## 4.3　电机控制接口技术

在现代化生产中，电机的应用是非常广泛的。在工业企业中，大量应用电机作为原动机去拖动各种生产机械。如在机械工业、冶金工业、化学工业中，各种机床、电铲、吊车、轧钢机、抽水机、鼓风机、阀门、传送带等，都要用大大小小的电机来拖动；在自动控制系统中，各种类型小巧灵敏的控制电机广泛作为检验、放大、执行和解算元件。

随着生产的发展，对电机拖动系统提出的要求也越来越高。如要求提高加工精度及工作速度，要求快速启动、制动及逆转，实现在很宽范围内的调速和整个生产过程自动化等。要完成这些任务，除电机外，还必须有自动化控制设备来控制电机。

伴随电子技术的发展，以及现代控制理论的应用，电机控制元件也经历了交流放大器→磁放大器→可控离子变速器→可控硅→计算机控制的发展历程，控制装置正沿着集成化、小型化、微型化、智能化的方向发展。特别是近年来，由于微型计算机及单片机的发展，使电机控制发生了革命性的飞跃。微型计算机对现代电机控制产生了巨大的影响。它不仅可以代替大量的分立的和集成的电路元件，而且还可以采用各种复杂的控制算法。

目前，国内的小功率直流电机调速中采用的脉冲宽度调速技术已经日臻成熟。在中、小功率范围内，它正在迅速地取代 SCR 直流调速系统。但在交流和大电机调速方面尚属研究开发阶段。可以预料，不远的将来，各种微型机或单片机的智能化调速系统将会相继出现；一些微型化的自动控制装置将直接装于电机机座上，做到与电机一体化，节省了专用的控制柜，从而使设备可靠性大大提高，且维护方便。许多设备甚至可以做到锁门运行，不需监视与维护。

## 4.3.1　小功率直流电机调速原理

小功率直流电机由定子和转子两大部分组成。在定子上装有一磁极，电磁式直流电机的定子磁极上绕有励磁绕组。其转子由硅钢片叠压而成，转子外圆有槽，槽内嵌有电枢绕组，绕组通过换向器和电刷引出。

在励磁式直流伺服电机中，电机转速由电枢电压 $U_a$ 决定。在励磁电压 $U_f$ 和负载转矩恒定时，电枢电压越高，电机转速就越快；电枢电压 $U_a$ 降至 0V 时，电机停转；改变电枢电压的极性，电机随之改变转向。因此，小功率直流电机的调速可以通过控制电枢平均电压来实现。

对小功率直流电机调速系统，使用微型计算机或单片机是极为方便的，其方法是：通过改变电机电枢电压接通时间与通电周期的比值（即占空比）来控制电机速度。这种方法称为脉冲宽度调制（Pulse Width Modulation），简称 PWM。PWM 调速原理如图 4.31 所示。

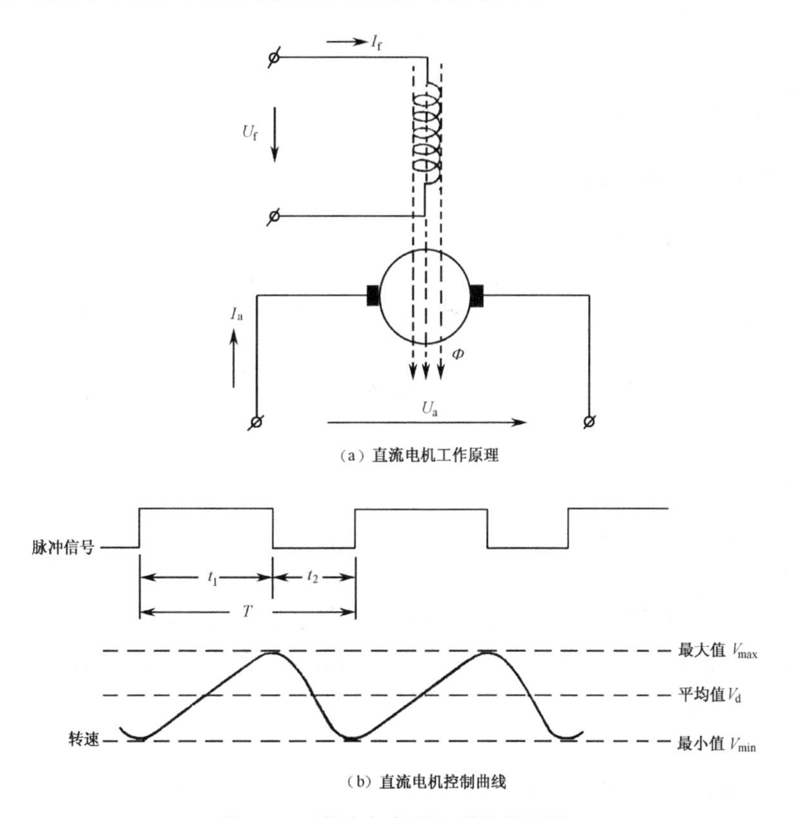


图 4.31　脉冲宽度调速系统原理图

在脉冲作用下，当电机通电时，速度增加；电机断电时，速度逐渐降低。只要按一定规律，改变通、断电时间，即可让电机转速得到控制。

设电机永远接通电源时，其转速最大为 $V_{max}$，设占空比为 $D=t_1/T$，则电机的平均速度为

$$V_d=V_{max}\cdot D \tag{4-1}$$

式中，$V_d$——电机的平均速度。

$V_{max}$——电机全通电时的速度（最大）。

$D=t_1/T$——占空比。

平均速度 $V_d$ 与占空比 $D$ 的函数曲线，如图 4.32 所示。

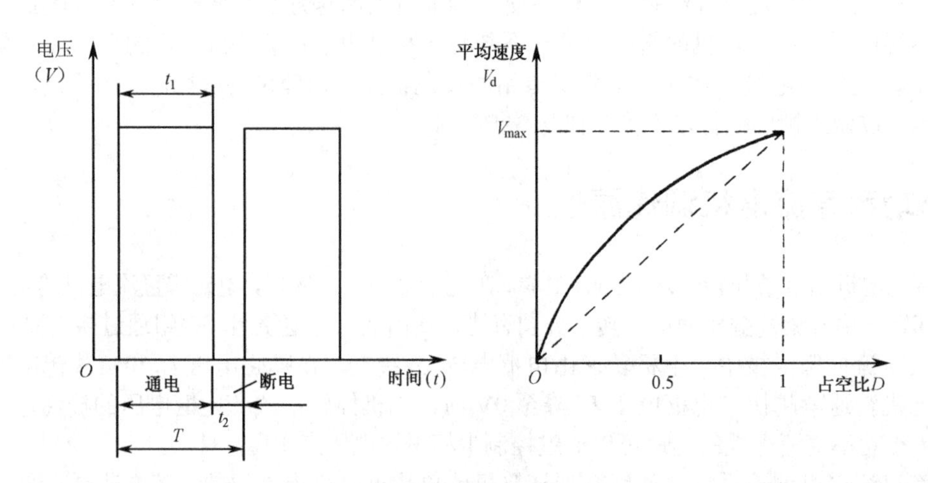


图 4.32　平均速度与占空比的关系

由图 4.32 所示可以看出，$V_d$ 与占空比 $D$ 并不是完全线性关系（图中实线）。当系统允许时，可以将其近似地看成线性关系（图中虚线）。

## 4.3.2　开环脉冲宽度调速系统

### 1. 开环脉冲宽度调速系统的组成

开环脉冲宽度调速系统的原理，如图 4.33 所示。

图 4.33　开环脉冲宽度调速系统的原理

它由如下所述的 5 部分组成。

（1）占空比 $D$ 的设定

占空比 $D$ 由人工设定，一般通过开关给定，用每位开关的状态表示“1”或“0”组成 8 位二进制数。改变开关的状态，即可改变占空比的大小。占空比也可以从电位器中取一电位，然后经 A/D 转换器接到微型计算机的 I/O 接口（如 8155），把模拟量电压转换成数字量作为给定值，改变电位器滑动端的位置，即可改变占空比给定值的大小；另一种方法是由拨码键盘给定，每个拨码键盘给出一位 BCD 码（4 位二进制数），若采用两位 BCD 码数，则需并行两个拨码开关。

（2）脉冲宽度发生器

由计算机根据给定的平均速度，计算出占空比，用软件程序来实现。

（3）驱动器

将计算机输出的脉冲宽度调制信号加以放大，以便用来控制电机定子电压接通或断开的时间。通常由放大器或继电器组成，也可由 TTL 集成电路驱动器构成。

（4）电子开关

用来接通或断开电机定子电源，可以由晶体管或场效应管开关组成，也可以通过继电器或固态继电器控制。

（5）电机

被控对象，用以带动被控装置。

**2. 电机控制接口**

随着电子技术及计算机控制技术的发展，现在已生产出许多种可供直流电机控制接口使用的元器件，如固态继电器、大功率场效应管、专用接口芯片（如 L290、L291、L292），以及专用接口板。所以，直流电机与微型计算机接口之间可采用以下 4 种方法实现连接。

- 光电隔离器＋大功率场效应管。
- 固态继电器。
- 专用接口芯片。
- 专用接口板。

前两种方法成本低，适用于自行开发的微型计算机系统；第 3 种价格比较贵，但可靠性比较好，而且设计电路简单只需购买现成电路板即可，国外很多采用这种方法；第 4 种方法适用于 STD 或 PC 总线工业控制机系统，用户只需购买同一总线标准的控制板即可组成系统，因而可节省大量的开发时间。图 4.34 所示为采用固态继电器接口控制电机的电路原理图。

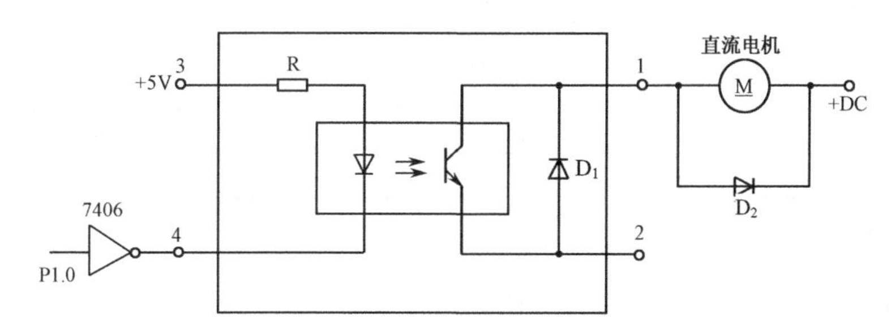


图 4.34　采用固态继电器的直流电机接口连接方法

如图 4.34 所示，管脚 3 接+5V 直流电压，8031 的 P1.0。经驱动器 7406 接到固态继电器的第 4 脚。当 P1.0 输出为高平电时，经反相驱动器 7406 输出低电平，使固态继电器内部发光二极管发光，并使光敏三极管导通，从而使直流电机绕组通电；反之，当 P1.0 输出为低电平时，发光二极管无电流通过，不发光，光敏三极管随之截止，因而直流电机绕组没有电流通过。图 4.34 中 $D_1$ 为固态继电器内部的保护元件，$D_2$ 为电机保护元件。使用时，应根据直流电机的工作电压、工作电流来选定合适的固态继电器。

## 4.3.3　PWM 调速系统设计

用微型计算机或单片机实现脉冲宽度调制是很容易的，只要改变电机定子绕组电压的通、断电时间，即可达到调节电机转速的目的。由已知的平均速度及电机全通电时的最大速度 $V_{\max}$，通过公式（4-1）可求出占空比 $D$，由占空比 $D$ 进一步求出脉冲宽度（亦即通电时间）。

电机控制程序的设计有两种方法，一种是软件延时法，一种是计数法。软件延时法的基本思想是：首先求出占空比 $D$，再根据周期 $T$ 分别给电机通电 $N$ 个单位时间（$t_0$），即，$N=\frac{t_1}{t_0}$，然后再断电 $\overline{N}$ 个单位时间，即 $\overline{N}=\frac{t_2}{t_0}$（参见图4.31）。计数法的基本思想是：当单位延时个数 $N$ 求出之后，将其作为给定值存放在某存储单元中。在通电过程中对通电单位时间（$t_0$）的次数进行计数，并与存储器的内容进行比较。若不相等，则继续输出控制脉冲，直到计数值与给定值相等，使电机断电。关于计数法的详细内容可查阅相关文献[2]。

图4.35所示为带方向控制的脉冲宽度调速系统的原理图。

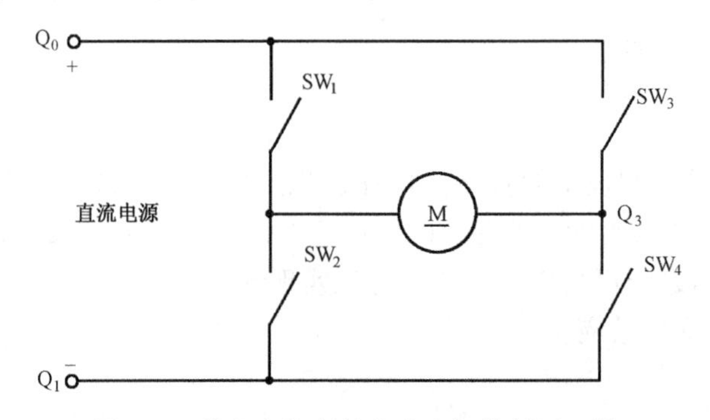


图4.35　带方向控制的直流电机控制原理图

如图4.35所示，当开关 $SW_1$ 和 $SW_4$ 闭合时，电机全速正转；在开关 $SW_2$ 和 $SW_3$ 闭合时，电机全速反转。当 $SW_2$ 和 $SW_4$（或 $SW_1$ 和 $SW_3$）闭合时，电机绕组被短路，电机处于刹车工作状态。若将4个开关全部打开，电机将自由滑行。其工作状态真值表，如表4.4所示。

**表4.4　双向控制电机工作状态真值表**

| $PA_1$ | $PA_0$ | 状　态 | $SW_1$ | $SW_2$ | $SW_3$ | $SW_4$ |
|---|---|---|---|---|---|---|
| 1 | 0 | 正转 | 1 | 0 | 0 | 1 |
| 0 | 1 | 反转 | 0 | 1 | 1 | 0 |
| 1 | 1 | 刹车 | 0 | 1 | 0 | 1 |
| 0 | 0 | 滑行 | 0 | 0 | 0 | 0 |

### 1. 控制接口电路

一个完整的双向直流电机控制接口电路如图4.36所示。

如图4.36所示，采用8155作为并行接口电路。设8155 A口为输出方式，B口和C口为输入方式。A口 $PA_1$、$PA_0$ 经4总线缓冲门74LS125和反向驱动器74LS06控制4个光电隔离器和4个大功率场效应开关管IRF 640（图中用 $SW_1$～$SW_4$ 表示）。

当单片机经8155接口输出02H控制模型（$PA_1$=1、$PA_0$=0）时，由于锁存器74LS125中三态门 $2^{\#}$ 是打开的，所以光电隔离器 $LEI_4$ 导通并发光，光敏三极管输出为高电平，因而使大功率场效应开关管IRF 640（$SW_4$）导通。同理，74LS125 $4^{\#}$ 三态门输出为“0”，使得 $3^{\#}$ 门的控制端也为零电平，因此，$3^{\#}$ 三态门打开，使光电隔离器 $LEI_1$ 发光并导通，因而使 $SW_1$ 导通。同理可分析，此时 $SW_2$ 和 $SW_3$ 是关断的。因此，电流从左至右流过直流电机，使电机正转。当 $PA_1$ 和 $PA_0$ 端口输出为01H控制模型时，则锁存器74LS125中的 $2^{\#}$、$3^{\#}$ 三态门打开，使得 $SW_2$ 和 $SW_3$ 接通，$SW_1$ 和 $SW_4$ 关断，电流由右向左流过电机，使电机反转。

同理可决定出刹车及滑行时的控制模型分别为03H和00H。

为了实现脉冲宽度调速，用8155 B口控制的8个开关提供脉冲宽度给定值 $N$。C口的 $PC_0$ 和 $PC_1$ 各接一个单刀双掷开关。$PC_0$ 位为方向控制位，当 $PC_0$=0时，电机正向运行；$PC_0$=1时，电机反转。$PC_1$ 位用来控制电机的启动和停止，若 $PC_1$=0，电机启动；当 $PC_1$=1时，电机停止。

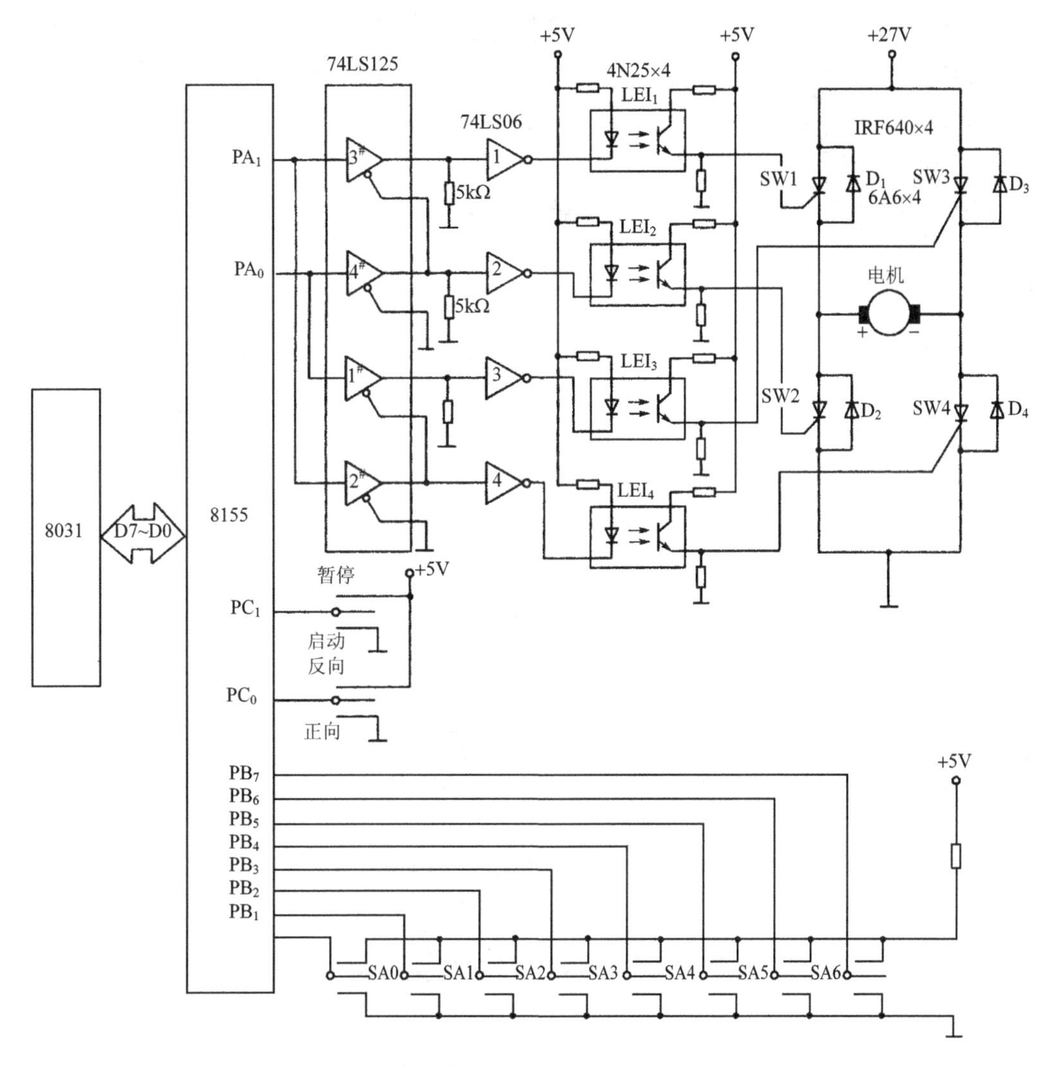


图 4.36　双向电机控制接口电路图

### 2. 控制系统软件设计

对如图 4.36 所示的双向电机控制系统程序设计的基本思想是：首先对 8155 初始化，设其 A 口为输出方式，B 口、C 口为输入方式，然后分别读入给定值 *N* 和方向控制标志。接着进行启动判断，决定是否启动电机。如不需要启动，则继续检查；若需要启动，还需进一步判断设置的电机转动方向，然后按照要求输出正向（或反向）控制代码，并查对及判断脉冲宽度（单位脉冲个数）是否达到给定值。如未达到要求，则继续输出控制代码；一旦达到给定值，便输出刹车（或滑行）代码。此后，继续重复上述过程，即可达到给定的电机旋转速度。其程序流程图，如图 4.37 所示。

根据如图 4.37 所示的流程图可写出双向电机控制程序，如下所示。

```
        ORG     8000H
START:  MOV     DPTR,#0FD00H        ; 指向 8155 控制口
        MOV     A,#01H              ; 8155 初始化：设 A 口为输出，B 口、C 口为输入
        MOVX    @DPTR,A
LOOP:   MOV     DPTR,#0FD02H        ; 指向 8155B 口，读入并存储给定值 N
        MOVX    A,@DPTR
        MOV     20H,A
        CPL     A                   ; 计算并存储N̄
        INC     A
        MOV     21H,A
        MOV     DPTR,#0FD03H        ; 指向 8155C 口，读入状态标志
        MOVX    A,@DPTR
```

```
        JB      ACC.0,INVERT          ；判断电机的旋转方向。反向，转 INVERT
        MOV     A,#02H                ；取正向代码
OUTPUT：MOV     DPTR,#0FD01H          ；指向 8155A 口，输出控制代码
        MOVX    @DPTR,A
        MOV     22H,20H               ；延时 t1
DELAY1：ACALL   DELAY0
        DJNZ    22H,DELAY1
        MOV     A,#00H                ；输出滑行代码
        MOVX    @DPTR,A
        MOV     23H,21H               ；延时 t2
DELAY2：ACALL   DELAY0
        DJNZ    23H,DELAY12
        AJMP    LOOP
STOP：  MOV     A,03H                 ；输出刹车代码
        MOV     DPTR,#0FD01H          ；指向 8155A 口，输出刹车代码
        MOVX    @DPTR,A
        AJMP    LOOP
INVENT：MOV     A,01H                 ；输出反向代码
        AJMP    OUTPUT
DELAY0：（略）                        ；软件延时程序
```

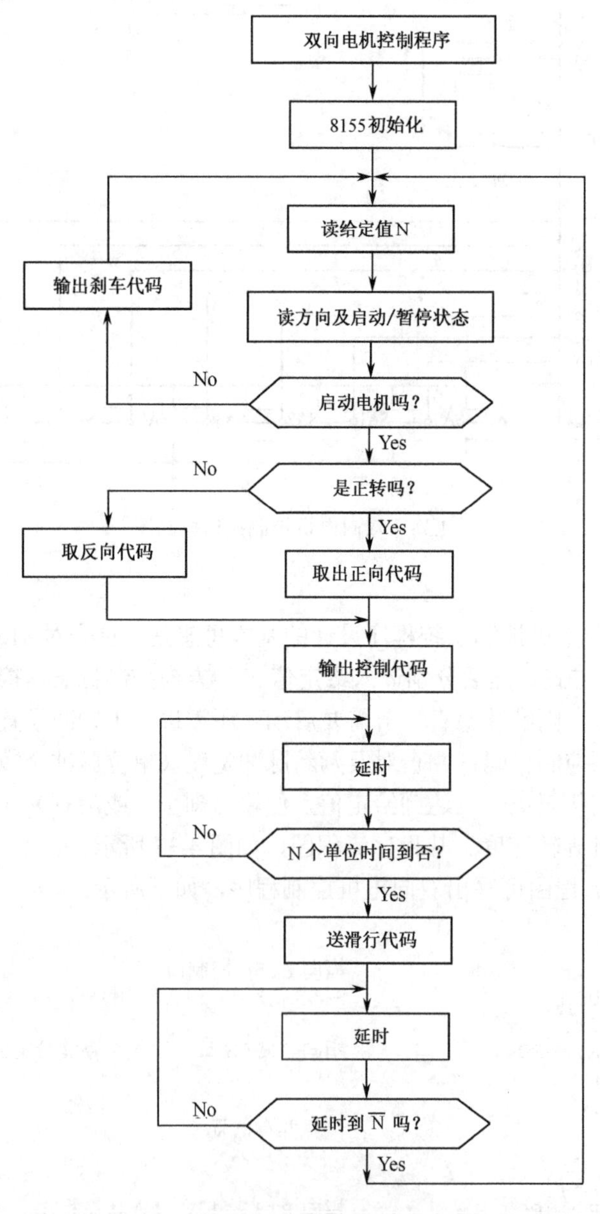


图 4.37　双向电机控制程序流程图

### 4.3.4 闭环脉冲宽度调速系统

为了提高电机脉冲宽度调速系统的精度，通常采用闭环调速系统。闭环系统是在开环系统的基础上增加了电机速度检测回路，意在将检测到的速度与给定值进行比较，并由数字调节器（PID 调节器或直接数字控制）进行调节。其原理框图，如图 4.38 所示。

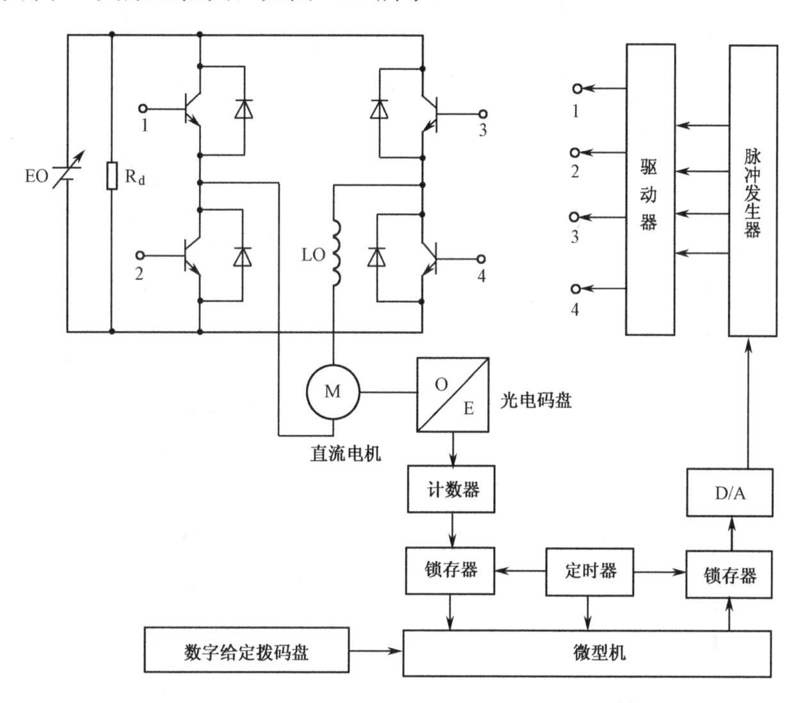


图 4.38 采用微型计算机的电机速度闭环控制系统的工作原理

如图 4.38 所示，首先用光电码盘对每一个采样周期内直流电机的转速进行检测；而后经锁存器送到微型计算机，与数字给定值（由拨码盘给定）进行比较，并进行 PID 运算；再经锁存器送到 D/A 转换器，将数字量变成脉冲信号，再由脉冲发生器产生调节脉冲，经驱动器放大后控制电机转动。由于积分的作用，该系统可以消除静差。

随着科学技术的发展，电机转速测量的方法也在不断地更新与完善。现在已经由模拟量速度测量传感器逐渐向数字式传感器发展。常用的转速传感器有测速发电机、光电码盘、电磁式码盘、光栅，以及霍尔元件等。下面介绍两种常用的转速测量传感器。

#### 1. 测速发电机

测速发电机是一种将转子转速转换成电信号的装置。根据结构及工作原理的不同，测速发电机分为直流测速发电机和交流测速发电机两种。

交流测速发电机分为同步测速发电机和异步测速发电机两种形式。同步测速发电机有永磁式、感应式和脉冲式；异步测速发电机按其结构可分为鼠笼式和杯形转子两种。由于杯形转子异步测速发电机精度高，所以应用最广。

杯形转子测速发电机的原理，如图 4.39 所示。

如图 4.39 所示，当激磁绕组 $W_1$ 通以频率为 $f_1$ 的交流电压 $\dot{V}_1$ 时，根据电磁感应原理，在测速发电机内，外定子的气隙中会产生一个频率为 $f_1$ 的脉振磁通 $\dot{\Phi}_1$，其方向与 $W_1$ 杯形转子异步测速发电机绕组轴线一致。当转子静止时，由于磁通 $\dot{\Phi}_1$ 的方向与输出绕组 $W_2$ 的轴线垂直，故 $W_2$ 中的感应电压 $\dot{V}_2=0$，见图 4.39（a）。当转子以转速 $n$ 旋转时，见图 4.39（b），杯形转子将切割磁力线 $\dot{\Phi}_1$，从而产生感生电势及电流。同时，转子也将产生磁通 $\dot{\Phi}_2$，$\dot{\Phi}_2$ 在空间的位置与输出绕组 $W_2$ 的轴线一致，因而使 $W_2$ 绕组产生感应电势$\dot{V}_2$。$W_2$的电势$\dot{V}_2$是与磁通$\dot{\Phi}_2$变化一致的。而磁通$\dot{\Phi}_2$的变化频率又是与激磁电压$V_1$的频率$f_1$相一致的，故$W_2$绕组所产生的电势$\dot{V}_2$的频率$f_2$与$\dot{V}_1$的频率$f_1$相同（与转子无关），输出电压的幅值与转子的速度成正比。

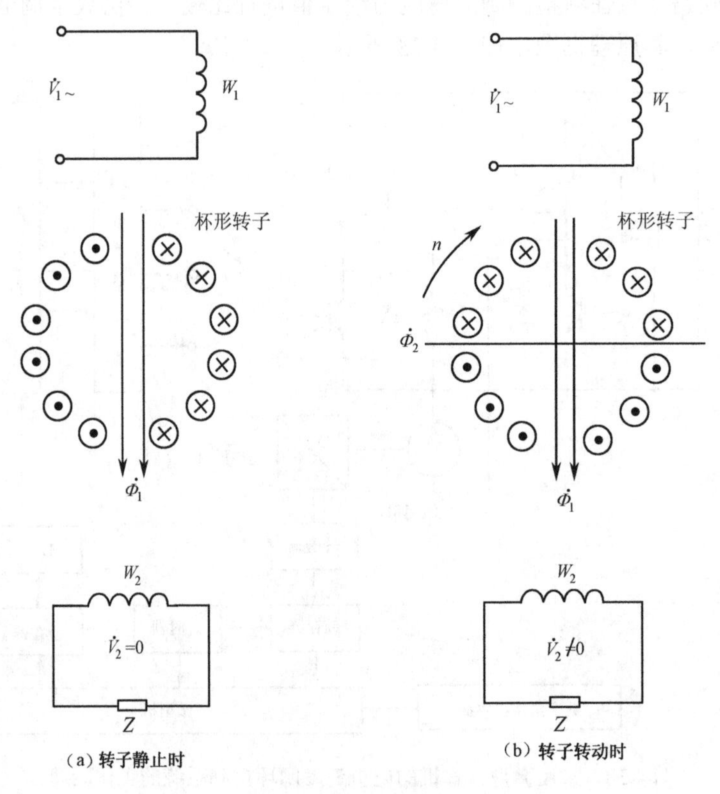


图 4.39　杯形转子异步测速发电机原理图

转子转向相反时，输出电压的相位也相反。

交流异步测速发电机的输出特性曲线，如图 4.40 所示。

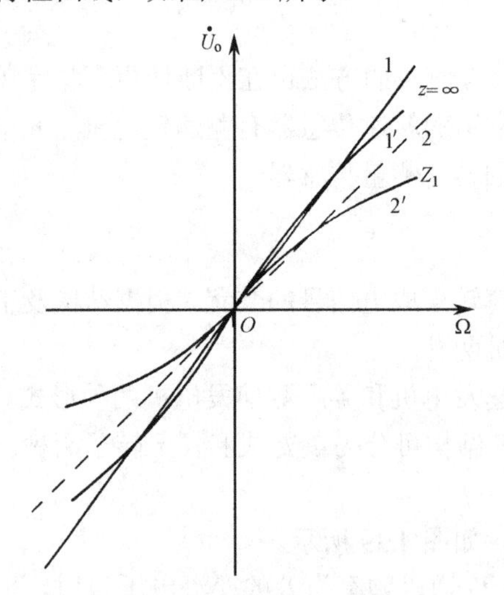


图 4.40　交流异步测速发电机的输出特性

如图 4.40 所示，直线 1 为理想的空载输出特性曲线。但因为转子以$n$的转速旋转时，除了在输出绕组$W_2$中产生变压器电势外，还在杯形转子中感应出大小与$\dot{\Phi}_1$和$n$的乘积成正比（其中，$\dot{\Phi}_1$又正比于$n$），方向与变压器电势相同的附加电势，并引起附加切割电流，该电流产生的磁通方向相反，因而减弱了$\dot{\Phi}_1$，从而破坏了输出电压与转速的线性关系，使输出下降，其结果如图 4.40 中的 1′ 曲线所示。

当测速发电机输出绕组在负载阻抗为 $Z_1$ 时，便有输出电流。此时，由于绕组 $W_2$ 的内阻作用，使其输出降低，如图 4.40 中的曲线 2′所示。由此可见，异步测速发电机的输出特性实际上是非线性的，必要时可采取一定的补偿措施。在速度和位置控制系统中，也可采用计算机进行非线性补偿。

直流测速发电机也是一种测速传感器。根据激磁方式的不同，直流测速发电机又可分为电磁式和永磁式两种。按电枢结构不同又可分为：普通有槽电枢、无槽电枢、空心电枢和圆盘电枢等。常用的为永磁式测速发电机。

这些测速发电机的结构虽然不同，但原理基本一样。

图 4.41 所示为采用测速发电机脉冲宽度调速系统的原理图。该图与图 4.38 所示的主要区别是，电机的速度不采用数字式的光电码盘，而是采用模拟量速度传感器——测速发电机进行测量。因此系统增加一个 A/D 转换器接口，用来将测速发电机的模拟输出电压转换成数字量，以便与数字式速度给定值加以比较。采用测速发电机的优点是分辨率比较高，且价格比较便宜。

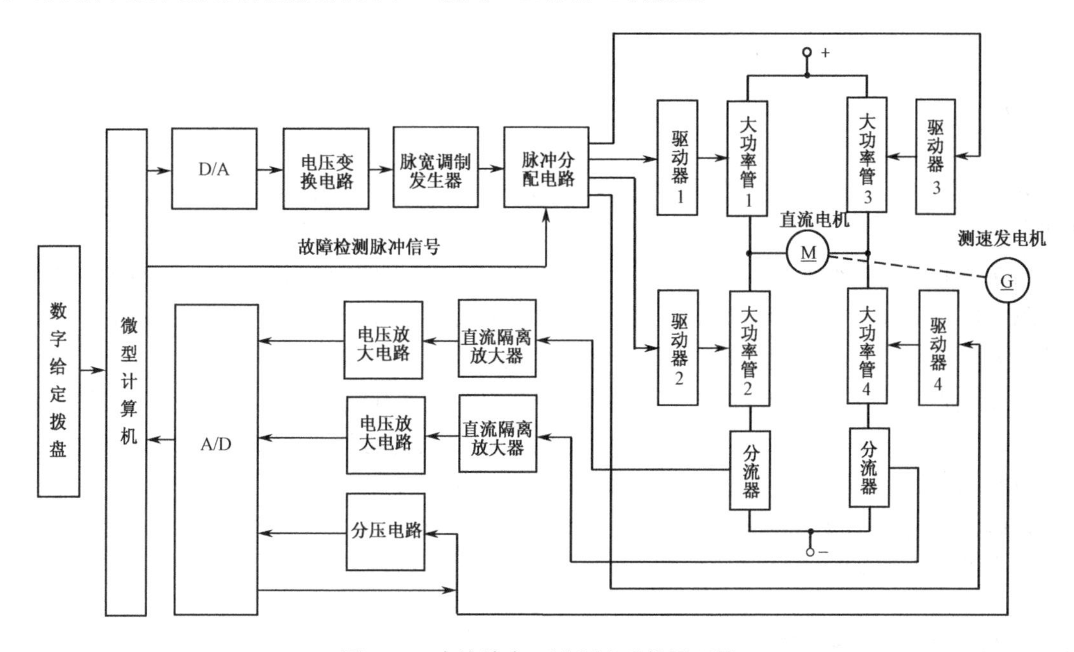


图 4.41　直流脉宽可逆调速系统原理图

微型计算机按 PID 调节算式计算的结果，经 D/A 转换器转换成模拟量，再经电压变换器转换成脉宽调制发生器需要的电压。脉宽调制发生器采用 CW3524 集成电路，其最高频率可调至 100kHz 以上。调制后的脉冲宽度控制信号经脉冲分配器、驱动器输出后，用来控制直流可逆电机。

### 2. 数字式转速传感器

数字式转速传感器，是把旋转轴的转速直接变成数字量的一种装置。计算机控制系统最常用的数字式转速传感器是码盘。

这种转速传感器所用的码盘一般为按一定规律分布着透明窄缝的圆盘，这些码盘可做成增量式或绝对式。由于增量式码盘量具有结构简单、价格低且精度容易保证等优点，所以目前应用最多。

测量转速的码盘大部分采用光电式，由两种码盘构成的数字转速传感器的结构，如图 4.42 所示。

如图 4.42（a）所示为增量式码盘结构示意图，它由光源、透镜、测量盘、读数盘及光敏元件组成。由光源发射出的光线，经透镜聚焦后，透过测量盘与读数盘照射到光敏元件上。有光线透过时，光敏元件才发出一个脉冲，没有光线透过则不产生脉冲。此脉冲一方面可以送到数字式速度计进行计量，另一方面，也可以送入计算机，根据下面的公式求出转速。

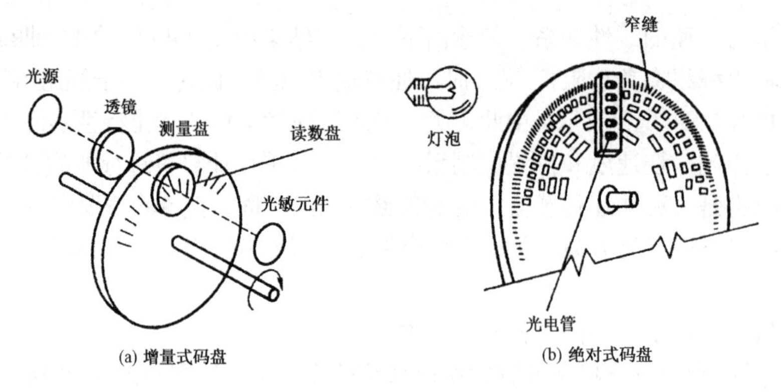

(a) 增量式码盘　　(b) 绝对式码盘

图 4.42　透明式光电码盘的结构

$$r = \frac{N_C}{n} \times \frac{60}{t_1}(r/\min) \tag{4-2}$$

式中，$r$ —— 转速（每分钟转数）；

$N_C$ —— 在 $t_1$ 时间内测得的脉冲数；

$n$ —— 码盘上的缝隙数；

$t_1$ —— 测速时间。

式（4-2）中，当系统确定后，$n$ 即为已知，所以只要测出 $t_1$ 时间内的脉冲数 $N_C$，便可计算机出电机的转速。

采用增量式码盘的微型计算机系统，通常定时时间及计数工作均由定时器/计数器来完成。定时器/计数器每隔 $t_1$ 时间向处理器申请一次中断，CPU 在中断服务程序中读取脉冲的计数值 $N_C$，再按式（4-2）计算出转速 $r$。当然，也可以采用软件的方法记录 $t_1$ 时间内的脉冲个数。

绝对式光电码盘上分透明和不透明两种区域，按一定方式进行编码。码盘上黑色部分表示遮光部分，白色则表示透明部分，用狭窄的光束来代替电刷。当码盘随轴转动时，将输出相应的光束（光束的数量与码盘的位数相同），然后通过光敏元件转换成相应的代码。

只要把码盘中的每一位输出均通过 I/O 接口（如 8255），即可与微型计算机相连。每隔一定的时间，采样一次码盘的输出数值。

### 4.3.5　交流电机控制接口技术

在微型计算机控制系统中，除了直流电机以外，交流电机的应用也非常普遍。因此，交流电机控制技术近年来也得到了迅速的发展，现在已经成为微型计算机控制技术中一个非常活跃的领域。限于篇幅，不便详细介绍其内容，特别是交流调速问题更是一个比较复杂的问题，有待今后进一步研究和开发。这里只简单地介绍一下交流电机与微型计算机的接口技术及其在自动控制系统中的应用。

由于交流电机所通过的电流有正、反两个方向，因此其接口电路必须保证电流正、负两个周期都能有电流流过。另一方面，交流电机的电压都比较高，一般为 220～380V，所以在交流电机与微型计算机接口连接时，更需要光电隔离器。通常选用交流固态继电器作为隔离器。关于交流固态继电器的原理在本章的 4.2 节已经讲过。下边我们再介绍一种采用光敏电阻作为光电转换元件的交流电机专用集成块。

图 4.43 所示为采用固态继电器的交流伺服电机控制电路。

为了提高系统的抗干扰能力，该电路采用固态继电器作为光电隔离器件。图中的电阻电容为消除伺服电机关断时产生的浪涌电压而设，其开关元件用三端双向可控硅。该元件高压电压可达几百伏，电流可从几安培到几十安培。控制接通电压为 3V，断开电压为 1V，控制电压范围为 3～32V，因此可用于 TTL/CMOS 和 HMOS 等接口电路。

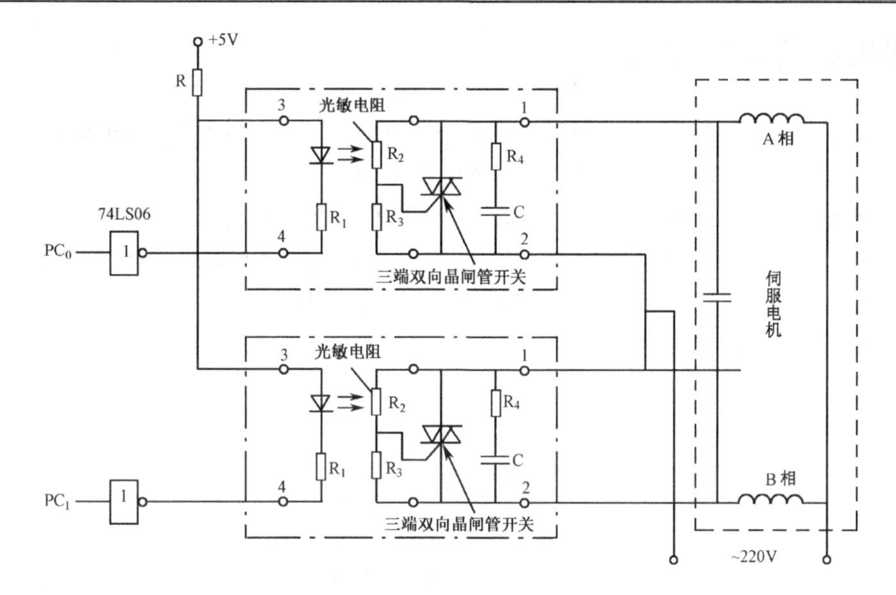


图 4.43　采用固态继电器的交流伺服电机控制电路

此系统中，单片机通过 8155 实现控制。当 3 号管脚接+5V 电压，控制输出管脚 $PC_0$ 输出高电平且 $PC_1$ 输出低电平时，经反相器使上边固态继电器 4 端为低电平时，发光二极管发光。由于过零触发电路是由一个光敏电阻分压电路组成的，所以发光二极管将引起过零触发电路至可控硅的控制电压升高，使可控硅管导通。此时电机 A 相通电，电机正转。同理，当控制输出管脚 $PC_1$ 输出高电平且 $PC_0$ 输出低电平时，电机 B 相通电，电机反转。从而达到电机伺服控制的目的。反之，当 $PC_0$（或 $PC_1$）为低电平，经反相后使 4 端为高电平时，发光二极管熄灭，通过光敏电阻使过零触发电路至可控硅的控制电压下降，进而使可控硅关断。由此可控制交流电机的启动和停止。

## 4.4　步进电机控制接口技术

步进电机是工业过程控制及仪表中的主要控制元件之一。例如，在机械结构中，可以用丝杠把角位移变成直线位移，也可以用它带动螺旋电位器，调节电压或电流，从而实现对执行机构的控制。在数字控制系统中，由于它可以直接接受从计算机来的数字信号，不需要进行数/模转换，所以用起来更方便，步进电机角位移与控制脉冲间精确同步。若将角位移的改变转变为线性位移、位置、体积和流量等物理量的变化，便可实现对它们的控制。

步进电机作为执行元件的一个显著特点，具有快速启停能力。如果负荷不超过步进电机所提供的动态转矩值，就能够在“一刹那”间使步进电机启动或停转。一般，步进电机的步进速率为 200～1000 步/秒。如果步进电机逐渐加速到最高转速，然后再逐渐减速到零的方式工作，即使其步进速率增加 1～2 倍，仍然不会失掉一步。

步进电机的另一显著特点是精度高。在没有齿轮传动的情况下，步距角（即每步所转过的角度）可以由每步 90° 到每步 0.36° 。另一方面，无论变磁阻式步进电机还是永磁式步进电机，它们都能精确地返回到原来的位置。如一个 24 步（每步为 15° ）的步进电机，当其向正方向步进 48 步时，刚好转两转。如果再反方向转 48 步，电机将精确地回到原始位置。

正因为步进电机具有快速启停，精确步进及能直接接收数字量等特点，所以使其在定位场合中得到了广泛的应用。如在绘图机、打印机及光学仪器中，都采用步进电机来定位绘图笔、印字头或光学镜头。特别在工业过程控制系统中，使用开环控制模式，微型计算机可以很容易控制步进电机的位置和速度，而不使用位移传感器，所以应用越来越广泛。

## 4.4.1 步进电机的工作原理

步进电机实际上是一个数字/角度转换器，也是一个串行的数/模转换器。步进电机的结构与步进电机所含的相数有关，图 4.44 所示为三相步进电机的结构原理。

从如图 4.44 所示可以看出，电机的定子上有 6 个等分的磁极，即 A、A'、B、B'、C、C'。相邻两个磁极间的夹角为 60°。相对的两个磁极组成一相，如图 4.44 所示的结构为三相步进电机（A—A'相，B—B'相，C—C'相）。当某一绕组有电流通过时，该绕组相应的两个磁极立即形成 N 极和 S 极，每个磁极上各有 5 个均匀分布的矩形小齿。

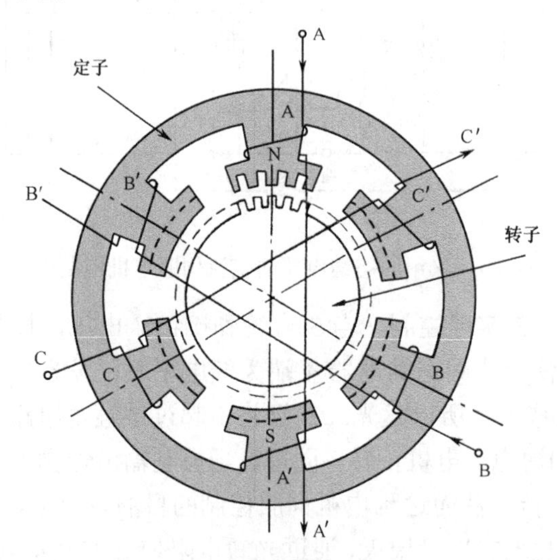


图 4.44　步进电机原理图

步进电机的转子上没有绕组，而是由 40 个矩形小齿均匀分布在圆周上，相邻两齿之间的夹角为 9°。当某相绕组通电时，对应的磁极就会产生磁场，并与转子形成磁路。若此时定子的小齿与转子的小齿没有对齐，则在磁场的作用下，转子转动一定的角度，使转子齿和定子齿对齐。由此可见，错齿是促使步进电机旋转的根本原因。

例如，在单三拍控制方式中，假如 A 相通电，B、C 两相都不通电，在磁场的作用下，使转子齿和 A 相的定子齿对齐。若以此作为初始状态，设与 A 相磁极中心对齐的转子齿为 0 号齿，由于 B 相磁极与 A 相磁极相差 120°，且 $120°/9°=13\frac{3}{9}$ 不为整数，所以，此时转子齿不能与 B 相定子齿对齐，只是 13 号小齿靠近 B 相磁极的中心线，与中心线相差 3°。如果此时突然变为 B 相通电，而 A、C 两相都不通电，则 B 相磁极迫使 13 号转子齿与之对齐，整个转子就转动 3°。此时，称电极走了一步。

同理，我们按照 A→B→C→A 的顺序通电一周，则转子转动 9°。

磁阻式步进电机的步距角（$Q_s$）可由下边的公式求得：

$$Q_s = \frac{360°}{NZ_r} \tag{4-3}$$

式中，$N=M_cC$ 为运行拍数，其中 $M_c$ 为控制绕组相数，$C$ 为状态系数。采用单三拍或双三拍时，$C=1$；采用单六拍或双六拍时，$C=2$。$Z_r$ 为转子齿数。

## 4.4.2 步进电机控制系统的原理

典型的步进电机控制系统，如图 4.45 所示。

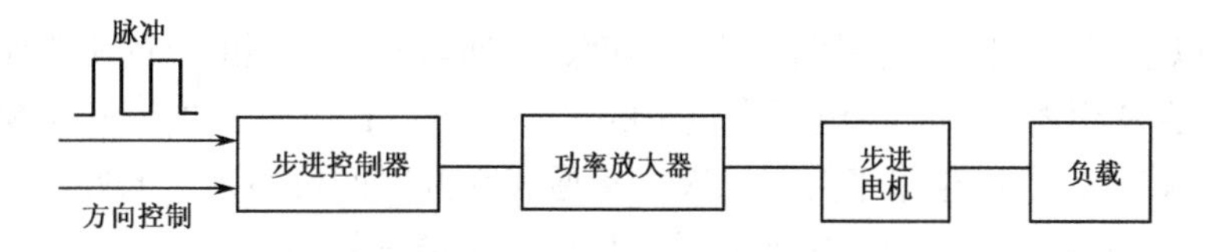


图 4.45　步进电机控制系统的组成

步进电机控制系统主要由步进控制器、功率放大器及步进电机组成。步进电机控制是由缓冲寄存器、环形分配器、控制逻辑及正、反转控制门等组成的，它的作用就是能把输入的脉冲转换成环型脉冲，以便控制步进电机，并能进行正、反向控制。功率放大器的作用就是把控制器输出的环型脉冲加以放大，以驱动步进电机转动。在这种控制方式中，由于步进控制器线路复杂、成本高，因而限制了它的应用。但是，如果采用计算机控制系统，由软件代替上述步进控制器，则问题将大大简化。这样不仅简化了线路，降低了成本，而且可靠性也大为提高。特别是采用微型计算机控制，更可以根据系统的需要，灵活改变步进电机的控制方案，使用起来很方便。典型的单片机控制步进电机系统原理图，如图 4.46 所示。

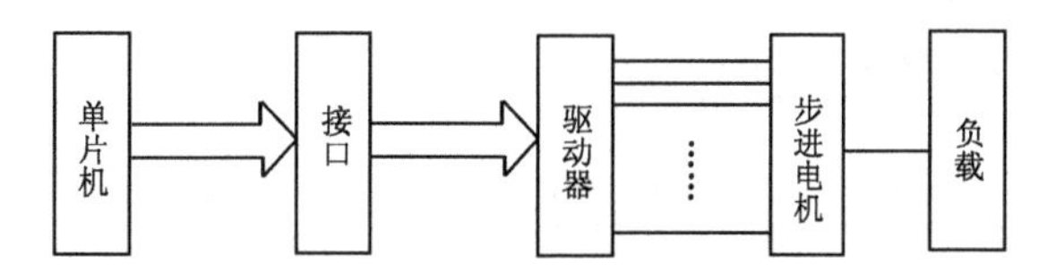


图 4.46　用单片机控制步进电机系统原理图

将图 4.46 与图 4.45 相比，主要区别在于用单片机代替了步进控制器。因此，单片机的主要作用就是把并行二进制码转换成串行脉冲序列，并实现方向控制。每当步进电机脉冲输入线上得到一个脉冲，它便沿着方向控制线信号所确定的方向走一步。只要负载在步进电机允许的范围之内，那么，每个脉冲将使电机转动一个固定的步距角度。根据步距角的大小及实际走的步数，只要知道初始位置，便可知道步进电机的最终位置。

由于步进电机的原理在自动装置及电机方面的书籍中均有详细介绍，所以，这里不再赘述。本书主要解决如下几个问题。

（1）用软件的方法实现脉冲序列。

（2）步进电机的方向控制。

（3）步进电机控制程序的设计。

### 1. 脉冲序列的生成

在步进电机控制软件中必须解决的一个重要问题，就是产生一个如图 4.47 所示的周期性脉冲序列。

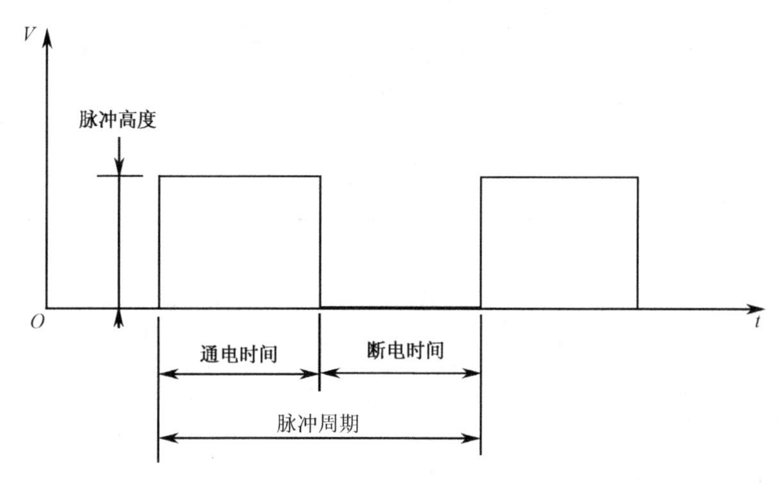


图 4.47　周期性的脉冲序列

从图 4.47 中可以看出，脉冲是用周期、脉冲高度、接通与断开电源的时间来表示的。对于一个数字线来说，脉冲高度是由使用的数字元件电平来决定的，如一般 TTL 电平为 0～5V，CMOS 电平为 0～10V 等。在常用的接口电路中，所用电平多为 0～5V，接通和断开时间可用延时的办法来控制。例如，当向步进电机相应的数字线送高电平（表示接通）时，步进电机便开始步进。

但由于步进电机的“步进”是需要一定的时间的，所以在送一高脉冲后，需延长一段时间，以使步进电机达到指定的位置。由此可见，用计算机控制步进电机实际上是由计算机产生一脉冲波序列。

用软件实现脉冲波的方法是：先输出一高电平，然后再利用软件延长一段时间，而后输出低电平，再延时。延时时间的长短由步进电机的工作速率来决定。

### 2. 方向控制

常用的步进电机有三相、四相、五相、六相 4 种，其旋转方向与内部绕组的通电顺序有关。下边以三相步进电机为例进行讲述。

三相步进电机有 3 种工作方式。

（1）单三拍，通电顺序为 →A→B→C┐。

（2）双三拍，通电顺序为 →AB→BC→CA┐。

（3）三相六拍，通电顺序为 →A→AB→B→BC→C→CA┐。

如果按上述 3 种通电方式和通电顺序进行通电，则步进电机正向转动。反之，如果通电方向与上述顺序相反，则步进电机反向转动。例如，在单三拍工作方式下反向的通电顺序为 A→C→B→A，其他两种方式可以依此类推。

关于四相、五相、六相的步进电机，其通电方式和通电顺序与三相步进电机相似，读者可自行分析。本书主要以三相步进电机为例进行讲述。

步进电机的方向控制方法如下。

（1）用单片机输出接口的每一位控制一相绕组。例如，用 8 位单片机 8031 控制三相步进电机时，可用 P1.0、P1.1、P1.2 分别接至步进电机的 A、B、C 三相绕组。

（2）根据所选定的步进电机及控制方式，写出相应控制方式的数学模型。如上面讲的 3 种控制方式的数学模型分别为如下所述。

① 三相单三拍

| 步序 | 控制位 | | | | | | | | 工作状态 | 控制模型 |
|---|---|---|---|---|---|---|---|---|---|---|
| | P1.7 | P1.6 | P1.5 | P1.4 | P1.3 | P1.2 C相 | P1.1 B相 | P1.0 A相 | | |
| 1 | 0 | 0 | 0 | 0 | 0 | 0 | 0 | 1 | A | 01H |
| 2 | 0 | 0 | 0 | 0 | 0 | 0 | 1 | 0 | B | 02H |
| 3 | 0 | 0 | 0 | 0 | 0 | 1 | 0 | 0 | C | 04H |

② 三相双三拍

| 步序 | 控制位 | | | | | | | | 工作状态 | 控制模型 |
|---|---|---|---|---|---|---|---|---|---|---|
| | P1.7 | P1.6 | P1.5 | P1.4 | P1.3 | P1.2 C相 | P1.1 B相 | P1.0 A相 | | |
| 1 | 0 | 0 | 0 | 0 | 0 | 0 | 1 | 1 | AB | 03H |
| 2 | 0 | 0 | 0 | 0 | 0 | 1 | 1 | 0 | BC | 06H |
| 3 | 0 | 0 | 0 | 0 | 0 | 1 | 0 | 1 | CA | 05H |

③ 三相六拍

| 步序 | 控制位 | | | | | | | | 工作状态 | 控制模型 |
|---|---|---|---|---|---|---|---|---|---|---|
| | P1.7 | P1.6 | P1.5 | P1.4 | P1.3 | P1.2<br>C 相 | P1.1<br>B 相 | P1.0<br>A 相 | | |
| 1 | 0 | 0 | 0 | 0 | 0 | 0 | 0 | 1 | A | 01H |
| 2 | 0 | 0 | 0 | 0 | 0 | 0 | 1 | 1 | AB | 03H |
| 3 | 0 | 0 | 0 | 0 | 0 | 0 | 1 | 0 | B | 02H |
| 4 | 0 | 0 | 0 | 0 | 0 | 1 | 1 | 0 | BC | 06H |
| 5 | 0 | 0 | 0 | 0 | 0 | 1 | 0 | 0 | C | 04H |
| 6 | 0 | 0 | 0 | 0 | 0 | 1 | 0 | 1 | CA | 05H |

以上为步进电机正转时的控制顺序及数学模型。如果按上述逆顺序进行控制，则步进电机将向相反方向转动。由此可知，所谓步进电机的方向控制，实际上就是按照某一控制方式（根据需要进行选定）所规定的顺序发送脉冲序列，以达到控制步进电机行进方向的目的。

## 4.4.3　步进电机与微型机的接口及程序设计

### 1. 步进电机与单片机的接口电路

由于步进电机需要的驱动电流比较大，所以单片机与步进电机的连接都需要专门的接口电路及驱动电路。接口电路可以用锁存器，也可以是可编程接口芯片，如 8255、8155 等。驱动器可用大功率复合管，也可以用专门的驱动器。有时为了抗干扰，或避免一旦驱动电路发生故障，造成功率放大器中的高电平信号进入单片机而烧毁器件，因而在驱动器与单片机之间加一级光电隔离器。其接口电路原理如图 4.48 和图 4.49 所示。

如图 4.48 所示，当 8031 的 P1 口的某一位（如 P1.0）输出为 0 时，经反相驱动器变为高电平，使达林顿管导通，A 相绕组通电。反之，当 P1.0=1 时，A 相不通电。由 P1.1 和 P1.2 控制的 B 相和 C 相亦然。总之，只要按一定的顺序改变 P1.0～P1.2 3 位通电的顺序，则可控制步进电机按一定的方向步进。

图 4.49 与图 4.48 的区别是在单片机与驱动器之间增加了一级光电隔离。当 P1.0 输出为 1 时，发光二极管不发光，因此光敏三极管截止，从而使达林顿管导通，A 相绕组通电。反之，当 P1.0=0 时，经反相后，使发光二极管发光，光敏三极管导通，从而使达林顿管截止，A 相绕组不通电。

现在，已经生产出许多专门用于步进电机或交流电机的接口器件（或接口板），用户可根据需要选用。

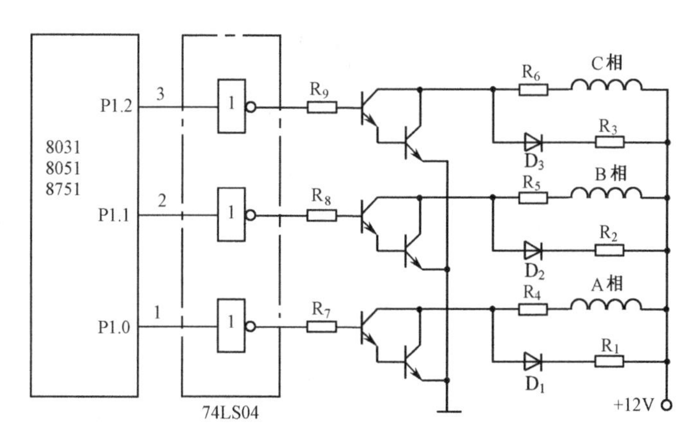


图 4.48　步进电机与单片机接口电路之一

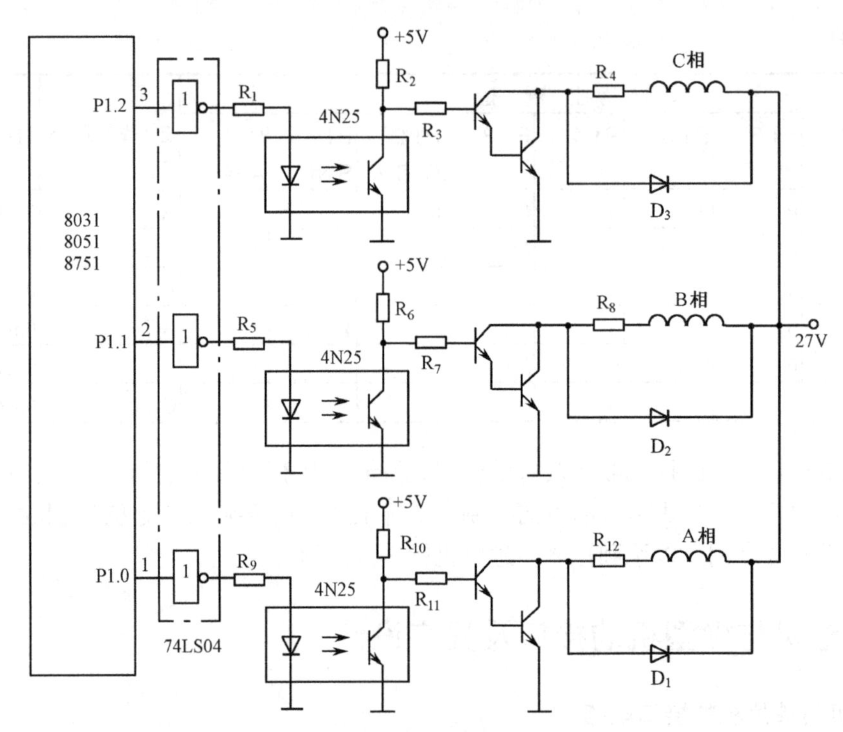


图 4.49　步进电机与单片机接口电路之二

## 2. 步进电机程序设计

步进电机程序设计的主要任务是：① 判断旋转方向，② 按顺序传送控制脉冲，③ 判断所要求的控制步数是否传送完毕。因此，步进电机控制程序就是完成环型分配器的任务，从而控制步进电机转动，达到控制转动角度和位移之目的。首先要进行旋转方向的判别，然后转到相应的控制程序。正反向控制程序分别按要求的控制顺序输出相应的控制模型，再加上脉宽延时程序即可。脉冲序列的个数可以用累加器进行计数。控制模型可以以立即数的形式一一给出。下面以三相双三拍步进电机为例说明这类程序的设计。设所要求的旋转步数为 $N$。控制标志单元 20H 的 $D_0$ 位为 1 时，表示正转；该位为 0 时，表示反转。其程序流程图，如图 4.50 所示。

根据图 4.50 所示可写出如下步进电机控制程序。

```
        ORG     0100H
ROUNT1: MOV     A,#N                ; 步进电机步数→A
        JNB     00H,LOOP2           ; 反向，转 LOOP2
LOOP1:  MOV     P1,#03H             ; 正向，输出第一拍
        ACALL   DELAY               ; 延时
        DEC     A                   ; A=0，转 DONE
        JZ      DONE
        MOV     P1,06H              ; 输出第二拍
        ACALL   DELAY               ; 延时
        DEC     A                   ; A=0，转 DONE
        JZ      DONE
        MOV     P1,05H              ; 输出第三拍
        ACALL   DELAY               ; 延时
        DEC     A                   ; A≠0，转 LOOP1
        JNZ     LOOP1
        AJMP    DONE                ; A=0，转 DONE
LOOP2:  MOV     P1,03H              ; 反向，输出第一拍
```

```
        ACALL   DELAY           ; 延时
        DEC     A               ; A=0，转 DONE
        JZ      DONE
        MOV     P1,05H          ; 输出第二拍
        ACALL   DELAY           ; 延时
        DEC     A
        JZ      DONE
        MOV     P1,06H          ; 输出第三拍
        ACALL   DELAY           ; 延时
        DEC     A               ; A≠0，转 LOOP2
        JNZ     LOOP2
DONE:   RET
        ⋮
DELAY:  ⋮
```

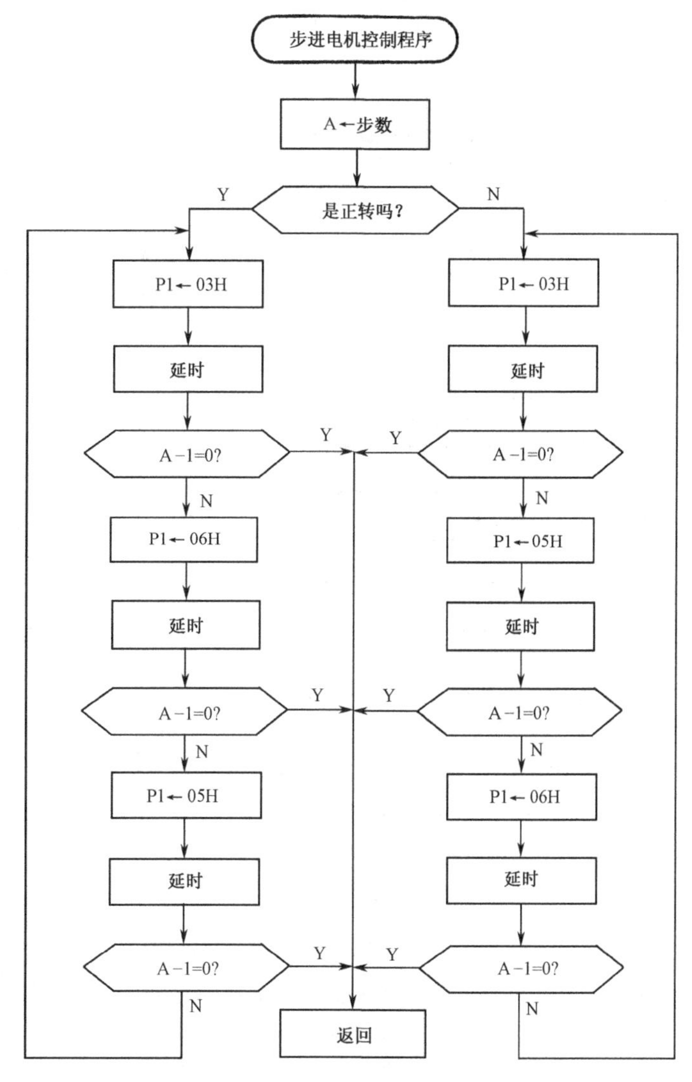


图 4.50 三相双三拍步进电机控制程序流程图

以上程序设计方法对于节拍比较少的程序是可行的。但是，当步进电机的节拍数比较多（如三相六拍、六相十二拍等）时，采用这种立即数传送法将会使程序很长，因而占用很多个存储器单元。所以，对于节拍比较多的控制程序，通常采用循环程序进行设计。

所谓循环程序，就是把环型节拍的控制模型按顺序存放在内存单元中，然后逐一从单元中取出控制

模型并输出，如此可简化程序，节拍越多，优越性越显著。下面以三相六拍为例进行设计，其流程图如图 4.51 所示。

按图 4.51 所示的三相六拍步进电机控制程序的流程，编写如下的程序。

```
        ORG     8100H
ROUTN2: MOV     R2,COUNT                ；步进电机的步数
LOOP0:  MOV     R3,#00H
        MOV     DPTR,#POINT             ；送控制模型指针
        JNB     00H,LOOP2               ；反转，转 LOOP2
LOOP1:  MOV     A,R3                    ；取控制模型
        MOVC    A,@A+DPTR
```

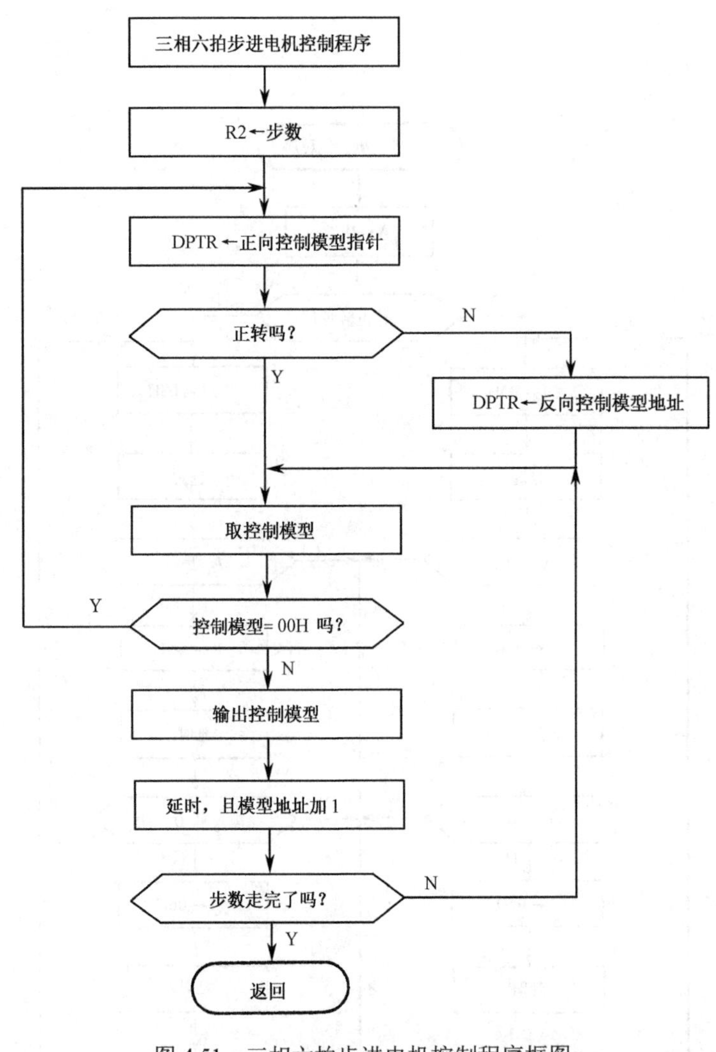


图 4.51　三相六拍步进电机控制程序框图

```
        JZ      LOOP0                   ；控制模型为 00H，转 LOOP0
        MOV     P1,A                    ；输出控制模型
        ACALL   DELAY                   ；延时
        INC     R3                      ；控制步数加 1
        DJNZ    R2,LOOP1                ；步数未走完，继续
        RET
LOOP2:  MOV     A,R3                    ；求反向控制模型的偏移量
        ADD     A,#07H
        MOV     R3,A
```

```
        AJAMP   LOOP1
DELAY:  ⋮                              ; 延时程序
        ⋮
POINT   DB      01H                    ; 正向控制模型
        DB      03H
        DB      02H
        DB      06H
        DB      04H
        DB      05H
        DB      00H
        DB      01H                    ; 反向控制模型
        DB      05H
        DB      04H
        DB      06H
        DB      02H
        DB      03H
        DB      00H
COUNT   EQU     30H
POINT   EQU     0150H
```

## 4.4.4　步进电机步数及速度的确定方法

要想使步进电机按一定的速率精确地到达指定的位置（角度或位移），前边讲的子程序 ROUTNl 和 ROUTN2 中，步进电机的步数 $N$ 和延时时间 DELAY 是两个重要的参数。前者用来控制步进电机的精度，后者则控制其步进的速率。那么，如何确定这两个参数，将是步进电机控制程序设计中十分重要的问题。

### 1. 步进电机步数的确定

步进电机常被用来控制角度和位移，例如，用步进电机控制旋转变压器或多圈电位器的转角。此外，穿孔机的进给机构、软盘驱动系统、光电阅读机、打印机和数控机床等也都用步进电机精确定位。

例如，用步进电机带动一个 10 圈的多圈电位计来调整电压。假定其调压范围为 0～10V，现在需要把电压从 2V 升到 2.1V，此时，步进电机的行程角度为：

$$10\ \text{V}:3\,600^\circ=(2.1\text{V}-2\text{V}):X$$
$$X=36^\circ$$

如果用三相三拍的控制方式，由公式（4-3）可计算出步距角为 3°，由此可计算出步进电机的步数 $N=36^\circ/3^\circ=12$（步）。但如果用三相六拍的控制方式，则步距角为 1.5°，其步数为 $N=36^\circ/1.5^\circ=24$（步）。由此可见，改变步进电机的控制方式，可以提高精度，但在同样的脉冲周期下，步进电机的速率将降低。

同理，也可以求出位移量与步数之间的关系。

### 2. 步进电机控制速度的确定

步进电机的步数是保证精度的重要参数之一。在某些场合，不但要求能精确定位，而且还要求在一定的时间内到达预定的位置，这就要求控制步进电机的速率。

步进电机速率控制的方法就是改变各通电脉冲的时间间隔，亦即改变程序 ROUTN1 和 ROUTN2 中的延时时间。例如，在 ROUTN2 程序中，步进电机转动 10 圈需要 2 秒钟，则每步进一步需要的时间为：

$$t=\frac{2000\text{ms}/10}{NZ_{\text{r}}}=\frac{200\text{ms}}{3\times2\times40}=833\mu\text{s}$$

所以，只要在输出一个脉冲后，延时 833μs，即可达到上述之目的。

## 4.4.5 步进电机的变速控制

在前面讲的两种步进电机程序设计中，步进电机是以恒定的转速进行工作的，即在整个控制过程中步进电机的速度不变。然而，对于大多数任务而言，总希望能尽快地达到控制终点。因此，要求步进电机的速率尽可能快一些。但如果速度太快，则可能产生失步。此外，一般步进电机对空载最高启动频率都有所限制。所谓空载最高启动频率是指电机空载时，转子从静止状态不失步地步入同步（即电机每秒钟转过的角度和控制脉冲频率相对应的工作状态）的最大控制脉冲频率。当步进电机带负载时，它的启动频率要低于最高空载启动频率。根据步进电机的矩频特性可知，启动频率越高，启动转矩越小，带负载的能力越差；当步进电机启动后，进入稳态时的工作频率又远大于启动频率。由此可见，一个静止的步进电机不可能一下子稳定到较高的工作频率，必须在启动的瞬间采取加速措施。一般来说，升频的时间约为0.1～1s之间。反之，从高速运行到停止也应该有减速的措施。减速时的加速度绝对值常比加速时的加速度大。

为此，引进一种变速控制程序，该程序的基本思想是：在启动时，以低于响应频率$f_s$的速度运行；然后慢慢加速，加速到一定速率$f_e$后，就以此速率恒速运行；当快要到达终点时，又使其慢慢减速，在低于响应频率$f_s$的速率下运行，直到走完规定的步数后停机。这样，步进电机便可以以最快的速度走完所规定的步数，而又不出现失步。上述变速控制过程，如图4.52所示。

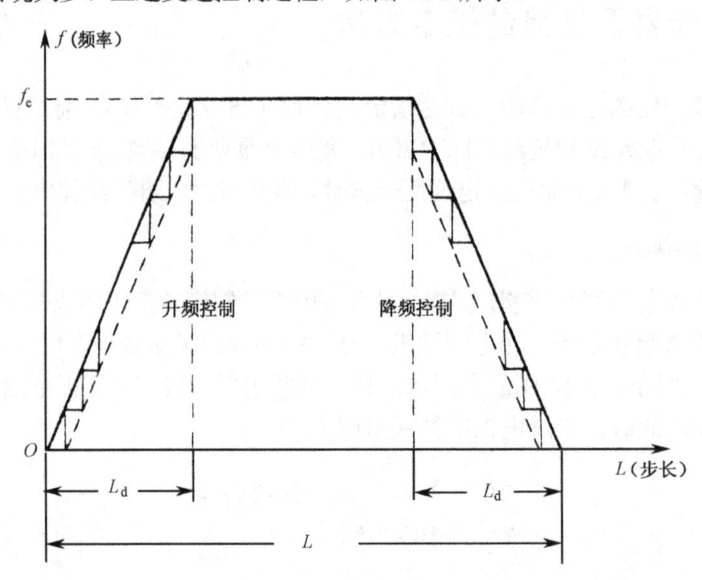


图4.52 变速控制中频率与步长之间的关系

下面介绍几种变速控制的方法。

### 1. 改变控制方式的变速控制

最简单的变速控制可利用改变步进电机的控制方式实现。例如，在三相步进电机中，启动或停止时，用三相六拍，大约在0.1s以后，改用三相三拍的分配方式；在快达到终点时，再度采用三相六拍的控制方式，以达到减速控制的目的。

### 2. 均匀地改变脉冲时间间隔的变速控制

步进电机的加速（或减速）控制，可以用均匀地改变脉冲时间间隔来实现。例如，在加速控制中，可以均匀地减少延时时间间隔；在减速控制时，则可均匀地增加延时时间间隔。具体地说，就是均匀地减少（或增加）延时程序中的延时时间常数。

由此可见，所谓步进电机控制程序，实际上就是按一定的时间间隔输出不同的控制字。

所以，改变传送控制字的时间间隔（亦即改变延时时间），即可改变步进电机的控制频率。

这种控制方法的优点是，由于延时的长短不受限制，因此，使步进电机的工作频率变化范围较宽。

### 3. 采用定时器的变速控制

在单片机控制系统中，也可以用单片机内部的定时器来提供延时时间。其方法是将定时器初始化后，每隔一定的时间，由定时器向 CPU 申请一次中断。CPU 响应中断后，便发出一次控制脉冲。此时，只要均匀地改变定时器时间常数，即可达到均匀加速（或减速）的目的。这种方法可以提高控制系统的效率。

# 习 题 四

## 一、复习题

1. 工业控制系统中常用的报警方式有几种？试举例说明各自的应用场合。
2. 说明硬件报警与软件报警的实现方法，并比较其优缺点。
3. 光电隔离器有什么作用？
4. 试说明固态继电器与继电器控制有什么区别？
5. 试说明固态继电器、大功率场效应管开关及控制开关有什么区别？它们分别用在什么场合？
6. 说明 PWM 调速系统的工作原理。
7. 什么是远程报警？远程报警的关键技术是什么？

## 二、选择题

8. 在计算机交流电机控制系统中，需要解决的问题是（ ）。

   A．将交流变成直流后并放大　　B．将直流变成交流后并放大

   C．设单向开关，使直流电通过并放大　　D．设双向开关，使交流电通过并放大

9. 开关量控制系统中，常设有光电隔离器，下面的描述中错误的是（ ）。

   A．将被控系统与微型机控制系统间完全断开，以防 CPU 受到强电的冲击

   B．将被控系统与微型机控制系统通过光电效应连成系统，实现控制

   C．控制信号到位时被控电路接通，否则电路切断，起开关作用

   D．耦合、隔离和开关

10. 小功率直流电机控制系统中，正确的做法是（ ）。

    A．改变定子上的通电极性，以便改变电机的转向

    B．改变转子上的通电极性，以便改变电机的转向

    C．在定子上通以交流电，电机可周期性变换转向

    D．在转子上通以交流电，电机可周期性变换转向

11. 已知直流电机的最高转速是 5000 转，通电周期为 0.1s，平均速度 200 转，通电时间和断电时间分别是（ ）。

    A．0.004s 和 0.096s　　B．0.04s 和 0.06s

    C．0.25s 和 75s　　D．0.1s 和 0.01s

12. 步进电机的转向（ ）。

    A．是固定不变的，原因是其转子上无法通电

    B．是可以改变的，原因是其转子上有不均匀分布的齿

    C．是可以改变的，原因是可以改变定子上的通电方向

    D．是可以改变的，原因是可以改变定子上的通电相

13. 给某三相步进电机以单三拍方式顺时针通电 6 次，再以双三拍方式逆时针通电 6 次，电机的终点（ ）。

    A．回到原点　　B．顺时针转过 4.5°

    C．逆时针转过 4.5°　　D．无法预测

14．关于静止的步进电机不能瞬间稳定在较高的工作频率的原因，下面的说法中错误的是（　　）。

A．启动频率越高，启动转矩越高

B．启动频率越高，带负载能力越小

C．启动频率越高，可能产生失步

D．步进电机的稳定工作频率远大于启动频率

15．步进电机常被用于准确定位系统，但（　　）不成立。

A．步进电机可以直接接受数字量　　B．步进电机可以直接接受模拟量

C．步进电机可实现转角和直线定位　　D．步进电机可实现顺时针、逆时针转动

16．设某四相步进电机，转子上有 40 个均匀分布的齿，以单四拍通电，（　　）。

A．每通电一次，转过 9°　　B．每通电一次，转过 2.25°

C．每通电一次，转过 3°　　D．每通电一次，转过 0°

17．步进电机的转速与（　　）相关。

A．通电电压值及电压极性　　B．要完成的位移角度

C．通电方式及步间时间间隔　　D．步进电机是否带负载

## 三、练习题

18．某单片机数据采集系统如图 4.53 所示。设每个通道的最大/最小允许值分别存放在 $MAX_0$～$MAX_7$ 及 $MIN_0$～$MIN_7$ 为地址的内存单元中。试编写巡回检测程序，并将每个通道的值与 $MAX_i$ 和 $MIN_i$ 单元的内容相比较，若大于 $MAX_i$，则上限报警，显示 *i* Up；若下限报警则显示 *i* Do（w）。若采样值正常，则显示 *i*×××（其中 *i* 为通道号）（设 8255 的端口地址为 8000～8300H）。

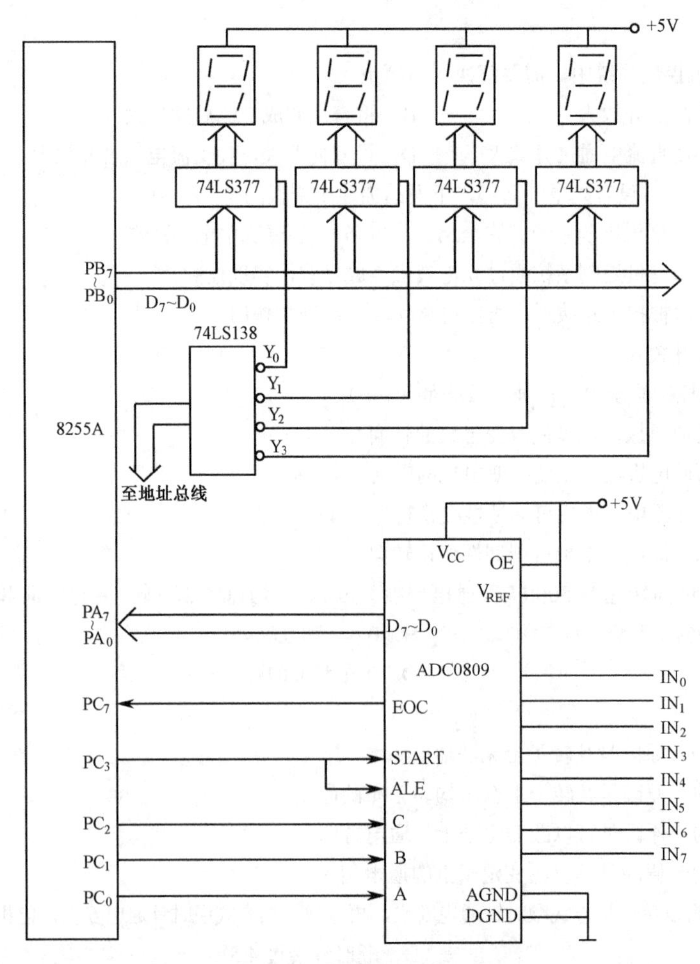


图 4.53　数据采集系统接口电路

19．画图说明小功率直流电机双向控制原理，并说明如何实现正、反、滑行及刹车控制。

20．某电机控制系统如图 4.54 所示。

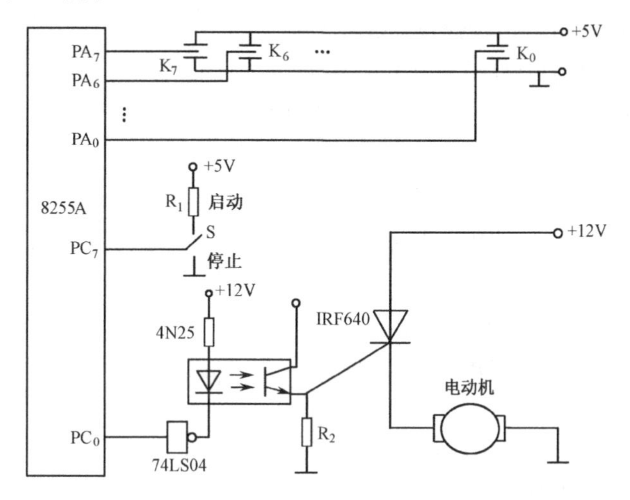


图 4.54　电机控制系统图

（1）说明图中光电隔离器 4N25 的作用。

（2）说明图中电机控制原理。

（3）画出电机控制程序流程图。

（4）根据流程图编写出电机控制程序。

21．试画出四相、六相步进电机正、反向通电顺序图。

22．一步进电机控制系统接口电路如图 4.55 所示（设 8255 芯片地址为 6000H～6003H）。

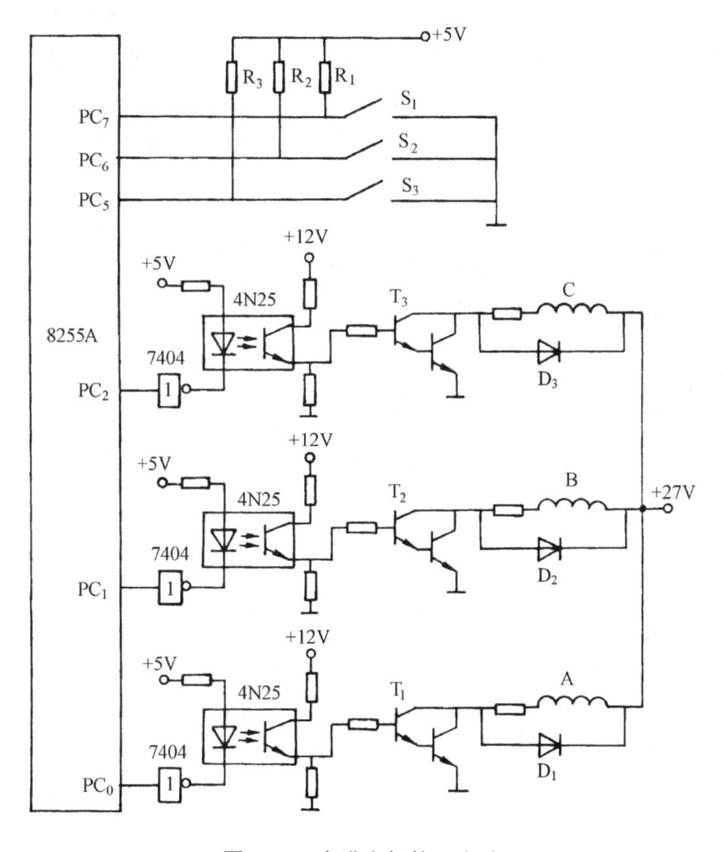


图 4.55　步进电机接口电路

（1）完成图中 8255A 与 8031 的接口设计。

（2）试编写程序，使其能实现下列功能。

① 当 $S_1$ 按下时，步进电机正向单三拍旋转 2 圈。

② 当 $S_2$ 按下时，步进电机反向双三拍旋转 1 圈。

③ 当 $S_3$ 按下时，步进电机正向三相六拍旋转 20 步。

④ 其余情况步进电机不转。

23．设某步进电机为 A、B、C、D 四相。

（1）画出此步进电机单四拍、双四拍及四相八拍 3 种控制方式的通电顺序图。

（2）设 A 相控制电路如图 4.56 所示，其中 8255A 的端口地址为 0FCFFH～0FFFFH。试用 8255A 位控方式写出使步进电机 A 相通电的程序。

（3）若 A、B、C、D 四相分别用 P1.0～P1.3 控制，请在下表的空格处填上适当的数。

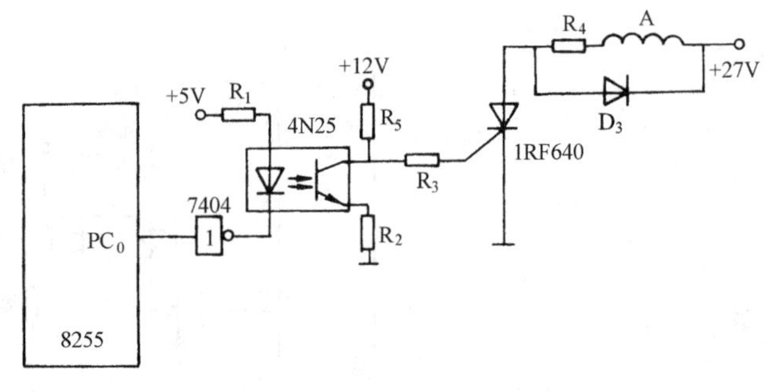


图 4.56　步进电机接口电路

| | 步 序 | 控 制 位<br>$D_7$ $D_6$ $D_5$ $D_4$ $D_3$ $D_2$ $D_1$ $D_0$<br>D C B A | 通 电<br>状 态 | 控 制<br>模 型 |
|---|---|---|---|---|
| 双四拍 | 1 | | | |
| | 2 | | | |
| | 3 | | | |
| | 4 | | | |

24．在如图 4.49 所示的步进电机控制系统中，若使步进电机的速度为 200 转每秒，试编写出能完成上述任务的单三拍控制程序。

25．某三相步进电机控制电路如图 4.57 所示（设 8255 芯片地址为 4000H～4300H）。

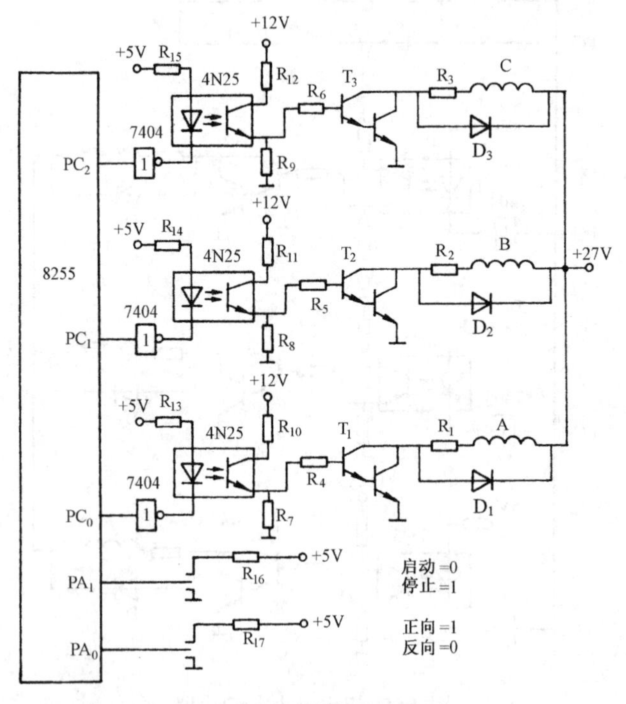


图 4.57　步进电机接口电路

（1）说明图中光电隔离器 4N25 的作用。

（2）说明图中 $R_1$、$R_2$、$R_3$ 及 $V_1$、$V_2$、$V_3$ 的作用。

（3）画出三相步进电机所有各种方式通电顺序图。

（4）假设用此电机带动一个滚动丝杠，每转动一周（正向）相对位移为 4mm，试编写一移动 8mm 三相单三拍控制程序。

# 第 5 章　IC 卡技术

**本章要点：**

- ◆ IC 卡
- ◆ IC 卡读写器
- ◆ RFID 技术
- ◆ 电子标签
- ◆ RFID 读写器

卡片作为交易的凭证最早始于英国，用于向指定商店购物，按周进行结算。后来，美国富兰克林银行率先发行了将商品流通系统与银行的资金结算结为一体的信用卡。20 世纪 60 年代，能够自动读取信息和在线处理的 FTC（Financial Transaction Card）卡的问世，更是因其结构简单、价格便宜而广为使用。如今，IC 卡已成为现代信息社会不可或缺的重要前端接口，不可阻挡的深入到人们的工作与生活的方方面面。

伴随大规模集成电路的发展，将一个集成电路芯片嵌于塑料卡片中，即构成 IC 卡（Integrated Circuit Card）。它标志着又一种新的信息处理手段的问世。20 世纪 70 年代，法国 BULL 公司研制出第 1 张由双晶片（微处理器和存储器）组成的智能卡，自此，将这一潜力无穷的高新技术推向应用。随即，IC 卡作为一种新的高科技产品引起人们的广泛关注。多功能卡的普及与应用，已经并正继续改变着整个社会的生活方式，成为人类全面迈向电子化时代的一把钥匙。

如果说美国是信息卡的发源地，那么，法国则是 IC 卡应用的先驱。在我国，为加快信息化进程，作为基础的“三金工程”，特别是“金卡工程”，正在影响亿万人民的生活和消费，引发一场对市场、商品、货币及传统交易方式的变革。

IC 卡虽然比磁卡的成本高，但由于其本身具有较大的存储容量、很强的保密性和防伪能力，灵活的信息管理功能，使用寿命较长，而且，IC 卡系统的价格比磁卡系统的价格便宜许多，且运行稳定，维护费用低。因而，作为信息媒介，在金融、交通、通信、医疗、身份证及餐饮等行业得到广泛的应用。

随着物联网的发展，作为网络与“物”相连的 RFID（射频识别技术，Radio Frequency Indentification）近两年得到飞速的发展，越来越受到人们的青睐。

本章主要介绍 IC 卡及 RFID 原理及应用。

## 5.1　IC 卡

IC 卡即集成电路卡，又称智能卡。它以微电子技术为基础，同时与计算机技术及现代网络通信技术相结合，能够覆盖其他各种卡的全部使用范围。在网络环境下，其智能化处理及应用更是无以替代。为便于开发、生产与应用，国际标准化组织 ISO 已对 IC 卡的各种技术特性、技术参数、技术规范及物理特性，规定了专业技术标准。特别是广泛应用 IC 卡的金融、电信业，更是根据自身行业的特点、环境公布了行业专用标准，如 ISO-9992 中具体制定了 IC 卡的使用周期、事务过程、密码键关系、IC 卡密码算法和安全验证等，以确保安全使用。

IC 卡作为一种智能数据载体，具有写入、存储、处理、传输数据及加密的功能，用来接收并存储各种命令、数据和程序。

## 5.1.1 IC 卡分类

IC 卡分为接触式和非接触式两种。接触式 IC 卡与读/写器之间的信息和能量传递通过机械式触点进行，如图 5.1 所示。而非接触式 IC 卡则建立在现代微电子技术及 RFID 技术的基础之上，借助电磁波，以无线方式传输信息。

图 5.1 接触式 IC 卡外形图

IC 卡有多个品种和规格，根据不同的应用选用相应的 IC 卡，是设计者、应用者遇到的第一个问题。首先，要确定 IC 卡与外部接口设备的通信方式，现在常用的有接触型和非接触型两种类型可供选择。接触型 IC 卡在使用时，通过电极触点使卡的集成电路与外部接口设备直接接触，进行数据交换。而非接触型 IC 卡（又称电子标签），则通过无线电波或电磁感应的方式在 IC 卡与外部接口设备之间通信，是近几年发展起来的一项新技术。当卡片靠近读卡器表面时，即可完成对卡中数据的读/写操作，成功地将射频识别（RFID）技术和 IC 卡技术结合起来，解决了无源（卡中无电源）和免接触这一难题，是电子器件领域的一大突破。

不同的使用场合对 IC 卡与外部接口设备的通信方式常有不同的要求。采用串行传输 IC 卡，以串行方式完成自身集成电路与外部接口设备之间的通信，触点较少，并遵循国际标准 ISO 7816 的定义，是当前使用最为广泛的一类 IC 卡。若要求信息传输速率比较高，可采用并行传输 IC 卡，用并行方式完成自身集成电路与外部接口设备之间的通信。

作为数据载体的 IC 卡，根据内部设置的结构，可分为多种类型。

### 1. 存储型 IC 卡

在塑料卡片上镶嵌集成电路存储器芯片及相关的管理电路，便具备了数据存储和简单的处理功能，构成具有存储功能的 IC 卡。通常有普通型和加密型两种类型。

- 普通型：内设不同容量的数据存储器（ROM、EPROM、$E^2$PROM、带电池的 RAM），地址译码电路和指令译码电路，只有数据存储功能。为了安全，存储卡也可以加上密码，构成简单的秘籍。如 PCB2032/42、AT24C01/02/04/08/16 等。
- 加密型：在普通型的基础上，增加控制电路，实现对存储区的开/关、读/写及对存储器的擦除/校验、错误次数的计数与限定等的控制，并予以判断，继而决定是否允许访问，从而构成了加密型 IC 卡，如 AT88C101/102。

常见的付费卡即属存储卡之列。它需要预先付费，在使用过程中扣除用掉的钱数。

### 2. 智能型 IC 卡

如上所述，存储型 IC 卡的基本功能是存储数据，由硬件电路进行输入/输出等管理。伴随 IC 卡应用的日益深入和广泛，在保密、管理和安全等方面都提出了更高的要求。在卡中增设微处理器的做法无疑是最佳选择，如是便出现了智能型 IC 卡。

（1）内部加设微处理器

智能化 IC 卡通常采用 8 位 CPU，如 AT89SC168，使其具有数据处理功能。此外，随着微处理器的增加，卡片对存储器也提出更高的要求：如要有只读存储器 ROM 存放 IC 卡的操作系统，由厂家在出厂前一次性写入；还要有随机存储器 RAM，用于存放数据及可编程程序存储器 $E^2$PROM，供用户存放持卡人的个人信息及发行单位的相关信息。

I/O 接口：通常采用单工、双工（或单双工）异步通信方式，传输速率可达 9600 波特。

（2）密码卡

在 IC 卡中增加密码计算电路，按 RSA 密码算法进行运算，构成密码卡。以满足公共密码系统和卡方式网络的需求，满足人们对 IC 卡密码不断升级的要求。

（3）增强型智能卡

在智能型 IC 卡的基础之上，增加数据显示功能、人工数据输入功能，自带电池供电，便构成超级智能型 IC 卡。

上述 IC 卡的共性在于它们都是通过卡上的"触点"来实现其与外部 IC 卡接口设备的通信的，即同属于接触型 IC 卡。

（4）非接触式 IC 卡

非接触式 IC 卡采用电磁耦合的方式实现在 IC 卡与读与器之间的接口，其结构如图 5.2 所示。非接触式 IC 卡表面无裸露的芯片，即 IC 卡与读写器之间无机械接触，避免了由于接触式读写而产生的各种故障。由于使用射频通信技术，读写器在 10cm 范围内就可以对卡片进行读写，无须插拔卡的动作，使用时没有方向限制，读写时间不大于 0.1s。为了适应不同用户的需要，也有工作距离达几十厘米甚至 1 米或更远距离的电子标签。从外形结构上看，不仅有标准封装卡，而且有使用携带更方便的各种异型卡，甚至小如米粒儿，可植入动物体内（包括人体）的微型应答器等。

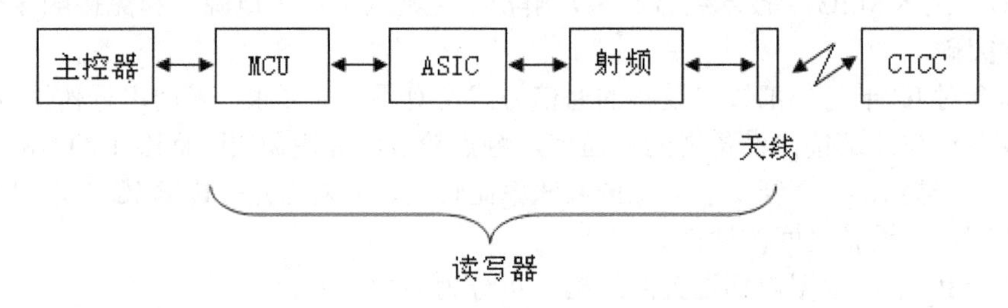


图 5.2　非接触式智能卡结构图

非接触式 IC 卡的序列号是由生产厂家固化的，唯一且不能更改，也不会出现两张相同序列号的卡。工作中，IC 卡与读写器之间采用双向验证机制，即读写器检验卡的合法性，同时卡也检查读写器的合法性。而且，这种验证要进行 3 次，3 次都合法时方可进行操作，并且在通信过程中所有数据均被加密，卡中各个扇区都有自己的操作密码和访问条件。如此种种，保证了非接触式 IC 卡的可靠性。

非接触型 IC 卡已经发展成系列产品，分两大类，一类是电子标签，另一类是读写器。常用的电子标签型号有：工作于 125 kHz 的美国 TEMIC 和 ATMEL 公司 e555×系列电子标签，工作于 13.56 MHz 的 Microchip 公司的 MCRF355/360 电子标签等；常用的读写器型号有：工作于 125kHz 的用于读写器的集成芯片 U22708B，工作于 13.56 MHz 的 PHILIPS 半导体公司出品的高集成度非接触式读写芯片 MF RC500 系列芯片等。详见 5.2 节。

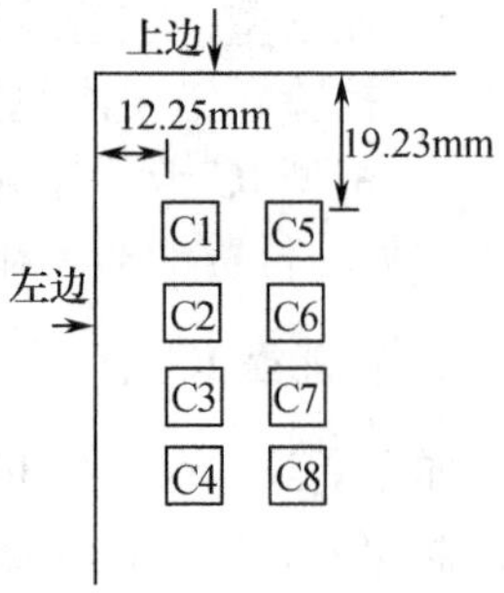

上边
12.25mm
19.23mm
左边
C1 C5
C2 C6
C3 C7
C4 C8

图 5.3　IC 卡的触点图

## 5.1.2　接触式 IC 卡的物理特性

符合国际标准的接触式 IC 卡主要由 8 个触点组成，供逻辑接口使用，如图 5.3 所示。

（1）IC 卡的触点

在国际标准 ISO 7816－2 中对 IC 卡的触点做出具体定义：

- C1：VCC 电源，输入，+5V±0.25V。
- C2：RST 复位（总清）信号，输入端。

允许两种复位方式。

- 在加电时由 IC 卡的内部复位控制电路。
- 由外接设备通过 RST 触点进行复位。

C3：CLK 时钟信号，输入端。

C4：NC，不用。

C5：GND 信号。

C6：$V_{PP}$，EPROM 编程电压，输入端（对于 $E^2$PROM、NVRAM 型 IC 卡，因其内部设有电压泵电路，此引脚无用）。

C7：I/O 数据输入/输出，双向端。IC 卡与读卡器之间的命令、地址和数据都经此传输。

C8：NC 国际标准 ISO 7816－2 中对 IC 卡的触点没有做出具体定义，可由各厂家根据使用情况赋予相应的定义。

（2）使用

- IC 存储卡通常使用中只需 C1、C3、C5、C7 触点，而在数据传送过程中只用到 C3 和 C7 两条线，接口电路相应简单一些。
- 信号线：信号线、同步传输协议同于 PHILIPS 公司的 $I^2C$ 总线。现在，有一些单片机本身带有 $I^2C$ 总线接口，如 $8_XC552$、$8_XC652/654$、$8_XC751/752$、$8_XCL410$ 等。连接到 $I^2C$ 总线上的设备必须是漏极/集电极开路的，通过上拉电阻使 SCL 和 SDA 线在无信号传输时处于高电平。SCL 和 SDA 线上应有缓冲电路（如 74LS/HC07）。有关 $I^2C$ 总线的详细内容将在本书 6.4 节讲述。

## 5.2　IC 卡系统硬件结构

IC 卡应用系统包括计算机、通信网络、应用软件等部分。IC 卡与读写器之间存在着“读卡器→卡片（PCD→PICC）（下行通信）”和“卡片→读卡器（PICC→PCD）（上行通信）”两个流向的半双工数据通信。IC 卡读写设备是指能将数据写入 IC 卡，或从 IC 卡读出/删除数据的接口设备。它是终端设备的接口部分，是一种信号转换器。

### 5.2.1　IC 卡读写器

读写器亦称接口设备 IFD（Interface Device）、卡接收设备 CAD、耦合设备 CD（密耦合设备 CCD、近耦合设备 PCD、疏耦合设备 VCD、终端 CAD）等。

IC 卡读写器是实现 IC 卡与系统之间的数据通信的重要装置。通用型 IC 卡读写器能够完成对 IC 卡信息的读出、写入和擦除等操作，并具有与外部设备，如计算机、MODEM 和终端等，进行通信的功能。IC 卡的种类很多，要求的读写方式也各不相同，于是，就需要配置相应的读写器。图 5.4 中给出了与 AT24C01A 卡配套的读写装置硬件框图。

在图 5.4 中，AT89S52 作为主控芯片，对系统实现控制。卡座作为接口设备实现 IC 卡与读卡器之间的 I/O 操作。而键盘和 LCD 显示则作为人机交互的窗口，实现操作者与系统之间的信息交换。

卡座是实现 IC 卡与 IC 卡接口电路之间的物理链接的硬件部件。AT24C01A 是内含串行 $E^2$PROM 的接触型存储卡，通过人工插拔实现读写操作，所以，对接口硬件要求较高。比如，卡的插入/拔出过程必须在关闭电源的环境下完成，在插入后的整个工作过程中，卡与卡座必须接触良好，尽可能减少每次操作对 IC 卡的磨损，以延长其使用寿命。在图 5.4 中，以 CD4066 作为开关，用 AT89S52 的 P1 口对卡座进行控制。单片机通过对开关 SW2 状态的检测来判定是否有卡插入。平时，SW2 为高电平，只当有 IC 卡插入卡座时，使位置开关 SW2 降为低电平，这时经 74LS07 后，使三极管导通，向 AT89S52 申请中断。AT89S52 上电后，即可使口线 P1.6 复位，关断卡座电源，等待 IC 卡的插入。一旦有卡插入到正确位置时，位置开关 SW2 被下拉至低电平，反相后，使三极管 9014 导通，向 $\overline{\text{INT1}}$ 申请中断。在中断服务程序中，置位 P1.6 为卡座送电，以便完成对卡的读写操作。数据的传输用串行方式进行，读写完毕后，通过复位 P1.6 关断卡座电源，使 IC 卡安全撤出。

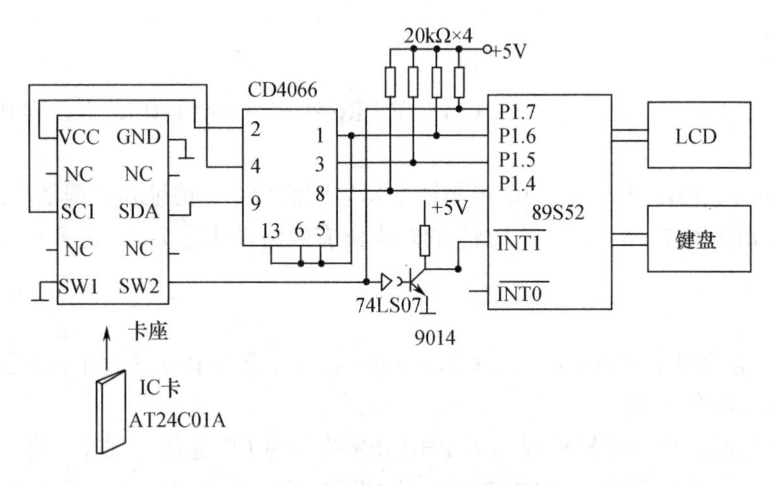


图 5.4　IC 卡读写装置硬件框图

通过上述过程，可以总结出正常用卡的步骤。

a）把 IC 卡插入 IFD 并接通各触点（插入前，IFD 未加电；IC 卡插入后也仅为相接触而已。之后，才接通电源）。

b）使 IC 卡复位，同时在 IC 卡与终端之间建立通信（确认、传送信息）。

c）释放触点（关掉 IC 卡的电源）。

d）取出 IC 卡。

此外，在应用中还有一种联网型 IC 卡读写器，也称做通用柜式 IC 卡查询机，它是一种集微机技术、IC 卡读写技术、多媒体技术和网络技术于一体的多功能设备。它与现有的一些多媒体查询机相比还可增加汉字手写输入、IC 卡自动识别控制和计费，以及查询结果自动打印等多项功能。

## 5.2.2　IC 卡的供电电路

正常用卡时，把 IC 卡插入 IFD 并接通各触点。之后，才接通电源。

为避免相互间产生干扰及安全使用，IC 卡的供电电路必须独立于系统中其他部分的电源电路，而且，电源的输出必须是可程控的。此外，增加过流保护电路，可以防止已经损坏的卡插入，保护设备免遭损坏。

采用 DC-DC 转换器 MAX858 作为 IC 卡供电电路，如图 5.5 所示。

在图 5.5 中，程序通过单片机的一根口线 P1.6 进行电源控制，每当查到有卡插入后，P1.6 输出高电平，向 IC 卡供电。操作结束后，置 P1.6 为低电平，关断电源，停止对 IC 卡及相关电路供电。为避免因卡损坏引起的设备短路，需要随时关注 Q 点的电平并及时处理。图中，Q 点接至单片机的外部中断 $\overline{\text{INT0}}$ 引脚。一旦出现短路现象，即可向 $\overline{\text{INT0}}$ 申请中断，单片机响应中断后，及时置 P1.6 为低电平，关断电源，从而保护设备不被损坏。

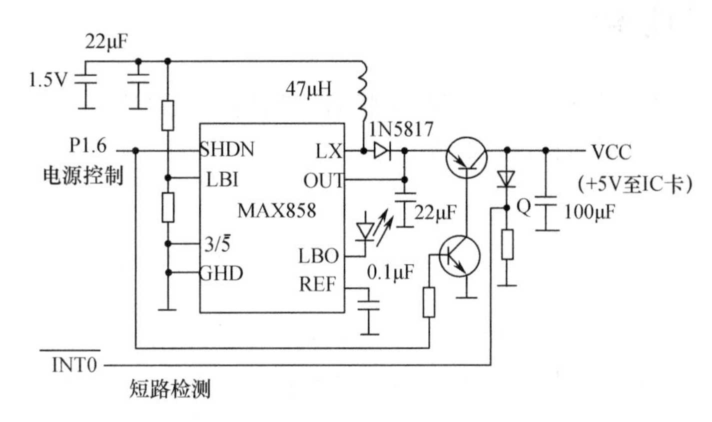


图 5.5　采用 DC-DC 转换器为 IC 卡供电

# 5.3　IC 卡接口软件设计

IC 卡的运行控制主要由驻留在卡内的“操作系统软件”和“应用软件”两部分组成。前者负责操作命令的解释，后者负责应用的逻辑关系与命令结果的处理。

## 5.3.1　IC 卡的操作系统

和计算机安装了操作系统一样，通常在智能 IC 卡上也需安装相应的操作系统。IC 卡操作系统需要具备如下几种功能。

- 文件管理：即通过对存储器中的管理完成对用户专用文件的管理。
- 传输管理：实现 ISO/IEC 7816-3 通信协议，保证数据可靠传输，且不被窃取或篡改。
- 安全管理：是操作系统的核心。对卡实现密码的输入、存储、修改和核实等的安全管理，确保对卡的鉴别与核实，以及对文件访问权限的控制。
- 命令解释：对接收的各项参数进行检查，进而执行操作，或做出相应的回答。

通常，IC 卡的制造商都开发有各自的操作系统，如 SIEMENS 的 Card OS 等。在我国，握奇数据公司也开发出符合 ISO/IEC 7816 系列标准的 IC 卡操作系统——Time COS，适用于金融、交通、医疗、证件和保险等领域。

Time COS IC 卡操作系统具有如下特点。

- 可建立三级目录，支持一卡多用。
- 支持电子钱包功能。
- 支持二进制、定长/变长记录、循环、钱包等多种文件类型。
- 支持 9600bps、38400bps、76800bps 多种通信速率。
- 支持数字签名算法，用有限的自动公开密钥算法实现签名与签名认证、数据加密或解密。
- 支持安全散列算法，使用 SHA 算法对数据进行压缩。
- 支持线路保护功能，以防通信被非法窃取或篡改。
- 可按用户需求进行删除、修改、增加命令，以满足特殊需求。

以上各点说明 Time COS 操作系统，既安全可靠，又灵活适用，从而使这个操作系统因功能强大而被广为应用。

## 5.3.2 IC 卡的应用软件

IC 卡的应用软件通常有两种开发方式。其一，根据厂家的操作系统技术手册中规定的文件结构逐条设计；其二，利用二次开发工具软件进行设计。

### 1. IC 卡数据结构

IC 卡是可有多种用途的标准件。所以，对 IC 卡的数据结构进行合理的设计，是良好的应用程序设计的前提。

在智能仪器的使用中，一般分为控制卡和数据卡两种。在逻辑结构上，都分为系统区和数据区两个部分。在系统区中，存放着有关卡的发行者、编号、有效时间、用途、记录范围等信息；数据区则存放着控制命令、参数及测量结果，一般采用表格形式存放。对各个字段的数据类型和格式、字段长度与操作权限、控制字的格式、记录的长度有所规定，这样就能确定每一部分，乃至每一个字段、每一个记录的准确地址，从而，在需要时正确访问。

### 2. IC 卡接口软件设计

IC 卡的接口软件包括：电源控制程序、卡的插入识别程序、IC 卡的标识信息的读出与判别程序、控制命令装载程序、测量结果写卡程序和 IC 卡读/写程序等。下面以 AT24C10A 为例讲一下 IC 卡读/写程序的设计方法。

AT24C10A 卡采用 $I^2C$ 总线，其写字节的时序图，如图 5.6 所示（关于 $I^2C$ 总线的详细内容将在本书 6.4 节讲述）。

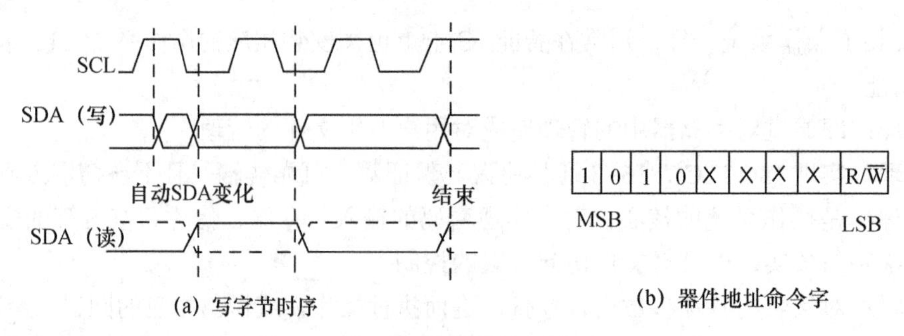


(a) 写字节时序　　(b) 器件地址命令字

图 5.6　写字节时序图

通过图 5.6 可以看出，只有在时钟输入信号为低电平时，I/O 数据线上的状态才发生变化。在时钟的上升沿把数据写入 $E^2PROM$，而在读卡上的数据时，在时钟的下降沿将 $E^2PROM$ 的数据读出。由此可见，要想读出数据，一定要在 SCL 高电平时才能进行。由于 8051 系列单片机没有 $I^2C$ 总线，我们可以用模拟总线方式模拟 $I^2C$ 总线编写一个写 IC 卡程序。

（1）开始位

```
C_START:    JNB     SCL,C_START         ; 等待时钟信号高电平有效
            SETB    SDA                 ; 置位数据线
            CLR     SDA                 ; 产生数据由高到低的跳变
            RET
```

（2）写 1 位

```
C_WBIT:     JB      SCL,C_WBIT          ; 时钟信号低电平时 SDA 变化
            MOV     SDA,C               ; 送数据
C_WBIT1:    JNB     SCL,C_WBIT1         ; 等待 SCL 线进入高电平
            RET
```

（3）写1字节

```
C_WBYTE:    MOV     R3,#08H         ; 写8位数据
C_WBYTE1:   RLC     A               ; A中存放写入IC卡的数据
            LCALL   C_WBIT          ; 调用写1位子程序
            DJNZ    R3,C_WBYTE1     ; 判断是否写完
            ET
```

（4）写卡应答

```
C_ACK:      JB      SCL,CW_ACK      ; 在第8位稳定写入后
C_ACK1:     JNB     SCL,CW_ACK1     ; 在SCL下降沿把数据写入IC卡
C_ACK2:     JNB     SDA,CW_ACK2     ; I/O应答，读到应答返回
            RET
```

（5）写1字节停止状态

```
C_STOP:     JB      SCL,C_STOP      ; 等待SCL线进入低电平
C_STOP1:    JNB     SCL,C_STOP1     ; 在CL线高电平时给出由低到高的变化，结束一个写字节周期
            CLR     SDA
            STB     SDA
            RET
```

## 5.4　射频识别（RFID）技术

起源于20世纪70年代的IC卡是接触式的，工作时，IC卡与读写器间的能量与信息通过接触完成。伴随IC卡应用的飞速扩展，靠机械式运动和接触来实现IC卡—机间通信的结构的弊端与不便日渐显露。如机械触点的寿命、卡的插拔方向等，既影响了实用的可靠性，又加大了维护的难度。伴随蓬勃发展的射频识别（RFID）技术，催生了一项多学科相融合、嫁接的产品——非接触式IC卡，它在继承了接触型IC卡的相关科学技术的基础上，又融进了射频识别和现代数字通信的成果。

RFID是射频识别技术的英文Radio Frequency Identification的缩写，射频识别技术是20世纪90年代开始兴起的一种自动识别技术。射频识别（RFID）是一种非接触式的自动识别技术，它通过射频信号自动识别目标对象并获取相关数据，识别工作无须人工干预，可工作于各种恶劣环境。RFID技术可识别高速运动物体并可同时识别多个标签，操作快捷方便。射频识别技术是一项利用射频信号通过空间耦合（交变磁场或电磁场）实现无接触信息传递并通过所传递的信息达到识别目的的技术。工作时，非接触式IC卡与读写器之间不存在机械运动，也不需要通过触点连接，只要将卡靠近读写器就能完成操作。如此，卡和读写器都可以制成全密封结构，以防止各种干扰信号的侵入。每卡都有一个唯一且不可改变的序号，加之卡与读写器间采用相互确认的双向验证机制，通信数据可加密，芯片传输密码可保护，保证其具有良好的防伪性能和安全性。RFID组成的射频卡（电子标签）的外形和平面透视图如图5.7所示。

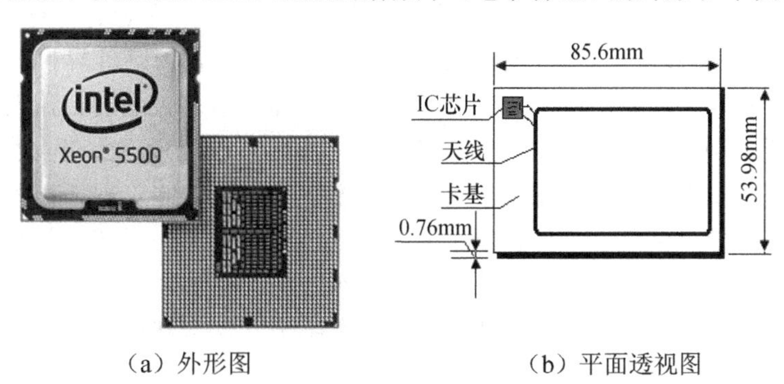


（a）外形图　　（b）平面透视图

图5.7　RFID组成的射频卡（电子标签）的外形与平面透视图

非接触式 IC 卡是世界上最近几年发展起来的一项新技术，这种卡在卡片靠近读写器表面时即可完成卡中数据的读写操作。非接触式 IC 卡成功地将射频识别技术和 IC 卡技术结合起来，并解决了无源（IC 卡中无电源）和非接触两大难题，是电子器件领域的一大突破，与接触式 IC 卡相比较，非接触式 IC 卡具有以下优点。

（1）可靠性高

非接触式 IC 卡与读写器之间无机械接触，避免了由于接触读写而产生的各种故障。例如，由于粗暴插卡，非卡外物插入，灰尘或油污导致接触不良等原因造成的故障。此外，非接触式 IC 卡表面无裸露的芯片，无须担心脱落、静电击穿弯曲、损坏等问题，既便于卡片的印刷，又提高了卡片使用的可靠性。

（2）操作方便、快捷

由于使用 IC 卡射频通信技术，读写器在 10cm 范围内就可以对 IC 卡进行读写，没有插拔卡的动作。非接触式 IC 卡使用时没有方向性，IC 卡可以任意方向掠过读写器表面，读写时间不大于 0.1s，大大提高了每次使用的速度。

（3）安全防冲突

非接触式 IC 卡的序列号是唯一的，制造厂家在产品出厂前已将此序列号固化，不可更改，世界上没有任何两张卡的序列号会相同。非接触式 IC 卡与读写器之间采用双向验证机制，即读写器可以验证非接触式 IC 卡的合法性，同时非接触式 IC 卡也验证读写器的合法性。非接触式 IC 卡在操作前要与读写器进行 3 次相互认证，而且在通信过程中所有数据被加密。IC 卡中各个扇区都有自己的操作密码和访问条件。

RFID 技术最常见的应用就是通过一个识别号码（类似姓名）来唯一地识别一个物体、地点、动物或者人。这个号码存储在附属于天线的集成电路（IC）中，IC 和天线一起被称为电子标签（Tag，或称射频卡、应答器等），电子标签附属于要识别的物体、地点、动物或人。RFID 读写器（Reader）从电子标签中，读取鉴别号码，将其读取的号码传送给一个信息系统，信息系统将号码存储在自己的数据库中，或者在合适的数据库中找出与这个号码对应的物体、地点、动物或人的信息。

近年来，随着物联网的发展与应用，无线射频识别技术在国内外发展很快，以初步形成产业规模。2005 年是中国 RFID 市场真正开始启动的一年，政策、标准、芯片、硬件、软件和应用等各个环节皆有所发展与进步，产业与产业链正在逐步扩大与成熟。在 2006 年，RFID 商用进程得到进一步强力推动。目前 RFID 产业链上企业主要集中在芯片研发制造、读写器设计制造、系统集成和代理等几个环节，而且以有海外背景的厂家为主，真正形成强大规模的企业还没有。

中国市场未来对 RFID 市场的需求量很大，仅仅每年需要更新电子标签的数量即达上亿套，目前的产能远远不能够满足未来市场的需要。RFID 涉及的行业应用极其广泛，具有海量的市场规模，同时深入到社会生活的各个层面，对国家的经济、安全、科技利益的影响极其重大，因此中国应该拥有自主知识产权的 RFID 标准已经是毋庸置疑的共识。

RFID 产品种类很多，像 TI、Motorola、PHILIPS、Microchip 等世界著名厂家都生产 RFID 产品，并且各有特点，自成系列。RFID 广泛应用于物联网领域，物联网被称为继计算机、互联网之后的世界信息产业的第 3 次浪潮，代表了信息产业领域的新一轮革命。随着信息技术的日益发展，物联网应用前景相当广阔，预计将广泛应用于工业自动化、商业自动化、智能交通及高速公路收费系统、环境保护、物流管理、政府工作、公共安全、门禁系统、个人健康、金融交易、仓储管理、畜牧管理和车辆防盗等诸多领域。而物联网的支撑技术则融合了传感器技术、RFID（射频识别）技术、计算机技术、通信网络技术、电子技术等多种技术。其中 RFID 技术是构成物联网的关键技术之一。

随着 RFID 成本的下降和标准化的实现，RFID 技术在中国乃至全球全面推广和普遍应用将是不可逆转的趋势。

### 5.4.1　RFID 卡的结构与原理

RFID 卡（电子标签）由芯片、天线和卡基 3 部分组成，如图 5.8 所示。

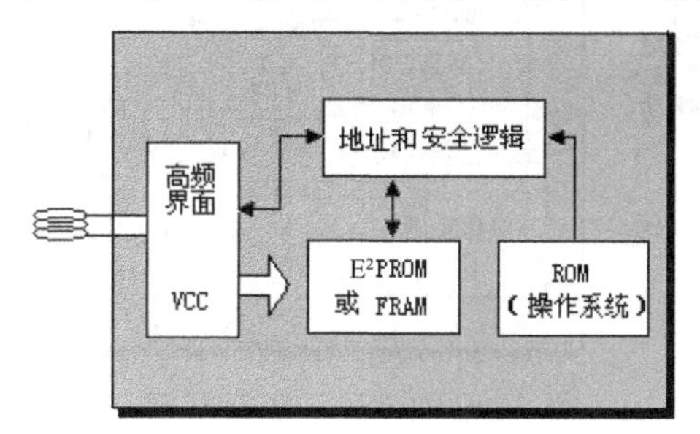


图 5.8　RFID 卡内部结构图

IC 芯片作为核心，承担着所有信息的存储、处理和传输工作，并肩负着与外界的电器连接的任务。而天线作为卡与读写器之间的耦合部件，借助天线，可以从读写器生成的射频能量场获取能量供 IC 卡使用。其性能直接影响 IC 卡的可靠性、信息传输距离及寿命等。

电子标签的卡体通常采用塑料卡片，要求符合 ISO 7810 国际标准 ID-1 的规范要求。卡基由多层塑料薄膜叠合而成，芯片模块和天线置于承载薄膜上，覆盖薄膜起保护作用。对于不同应用的 RFID 卡，其结构、功能、成本会有很大的差异，其外形有卡式和腕表式等，详见图 5.12。

类似接触式 IC 卡，RFID 卡的结构也分存储卡、逻辑加密卡和 CPU 卡 3 种类型。

RFID 存储卡与逻辑加密卡都属于存储型卡，由高频界面、地址与安全逻辑及存储器组成。其中，高频界面是卡片能量获取及数据传输的必经之路，地址与安全逻辑是控制芯片各种操作的核心。存储器则是 CICC 的信息载体，是决定存储容量、功率损耗、读写速度、数据保持时间、使用寿命及可靠性的关键部件。

#### 1. RFID CPU 卡

RFID CPU 卡的内部结构如图 5.9 所示。

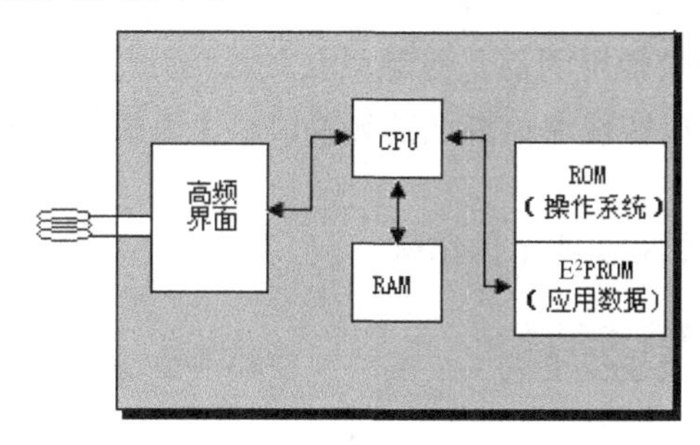


图 5.9　RFID CPU 卡内部结构图

用 CPU 取代地址和安全逻辑模块即形成 RFID CPU 卡。这种卡自成一体，具有很强的数据处理和安全防卫能力，而且应用灵活，实用性强。由于卡内有 CPU，因此，它的功能非常强大，且具有智能功能，被称为智能非接触 IC 卡。

#### 2. 双界面卡

双界面卡（又称组合卡/双端口卡），是同时兼备接触和非接触两种界面通信的多功能卡，它将非接触 IC 卡的使用方便性和接触 IC 卡的安全可靠性融为一体，使之成为一卡多用的极佳载体，代表着未来 IC 卡的主要发展方向。双界面卡不仅适用于城市公共交通、公路收费和电子钱包等要求方便的场合，又能满足对安全、可靠性更加关注的金融服务、电子商务等的需求，已成为卡市场的又一个竞争热点。

大多数双界面卡都采用 8 位 CPU（Intel 8051 或 Motorola 6805），存储器采用分层管理的文件体系结构，采用加密运算协处理器、CRC校验器及各种反攻击措施，以确保安全、有效地使用，其内部结构如图5.10所示。

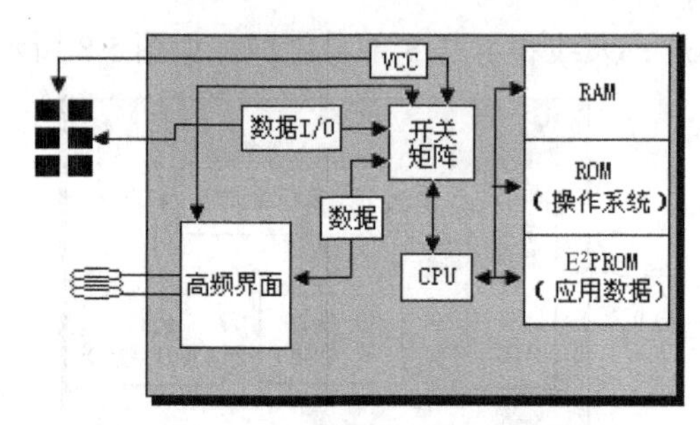


图5.10　双界面卡内部结构图

双界面卡，特别是双界面CPU卡，是当前IC卡技术的顶级形式。目前，市场上流行的产品多为著名厂商PHILPIS、Infineon、ST、Atmel的产品，我国中超同方智能卡公司的中同双界面CPU卡已用于沈阳市公共交通收费系统。

从双界面卡的设计结构和制造工艺而言，可分为如下3种形式。

（1）双芯片式

将接触式芯片和非接触式芯片及天线封装于同一个卡基中，但两者的电路与功能是完全独立的，构成双芯片卡。如全国产化双界面卡TH13768即属于这种结构。

（2）共享$E^2$PROM 式

卡基内只封装了一个芯片和天线，接触式界面以CPU方式工作，非接触式方式以逻辑加密方式工作，但两种方式共用一个$E^2$PROM芯片。如PHILIPS公司的Mifare PLUS和Infineon 公司的SLE44R42S等。

（3）共享CPU及$E^2$PROM 式

同前一种类型类似，这种类型也由一个芯片和天线组成，但接触面与非接触面共用一个 CPU 和$E^2$PROM，且运行状态相同，是目前技术水平最高的结构。这类形式的典型产品有：PHILIPS 公司的Mifare Pro/Mifare Prox系列，ST公司的ST16/ST19系列和Infineon公司的SLE66CL80P/ SLE66CL160S/ SLE66CLX320P/SLE66CLX640等。

如上所述，通常在金融等领域使用的都是接触型IC卡。为此，可将IC卡做成双界面形式，另外，增加一个开关矩阵电路模块，用以实现通信界面的转换。卡上有接触式和非接触式兼备的双界面卡，以适应各种应用场合。

RFID技术的应用类似于如图5.11所示的结构。

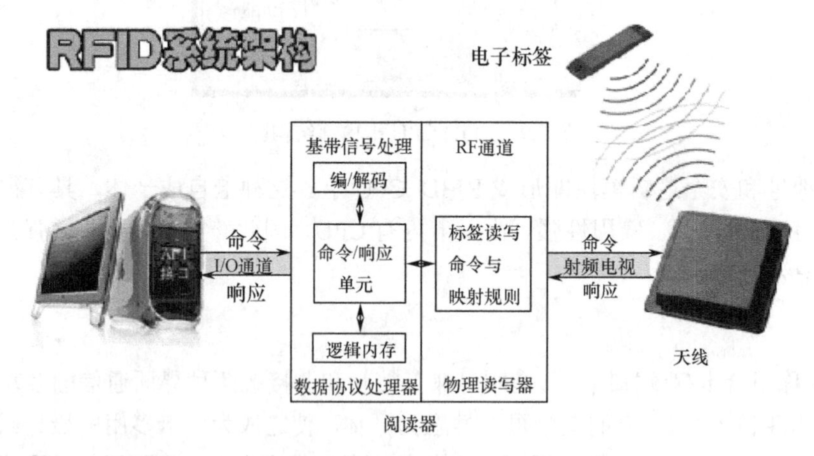


图5.11　RFID原理结构图

在图5.11中，RFID系统因应用不同其组成会有所不同，但基本都由电子标签（Tag，射频卡）、阅读器（Reader，也叫读写器）、数据交换与管理系统（Processor）3 大部分组成。电子标签，由耦合元件及芯片组成，其中包含带加密逻辑、串行 $E^2$PROM（电可擦除及可编程式只读存储器）、微处理器 CPU 及射频收发及相关电路。电子标签具有智能读写和加密通信的功能，它通过无线电波与读写设备进行数据交换，工作的能量是由读写器发出的射频脉冲提供。读写器，主要由无线收发模块、天线、控制模块及接口电路等组成。读写器可将主机的读写命令传送到电子标签，再把从主机发往电子标签的数据加密，将电子标签返回的数据解密后送到主机。数据协议处理器与管理系统主要完成数据信息的存储及管理、对卡进行读写控制等。

RFID 系统的工作原理如下：读写器将要发送的信息，经编码后加载在某一频率的载波信号上，经天线向外发送，进入读写器工作区域的电子标签接收此脉冲信号，卡内芯片中的有关电路对此信号进行调制、解码、解密，然后对命令请求、密码和权限等进行判断。若为读命令，控制逻辑电路则从存储器中读取有关信息，经加密、编码、调制后通过卡内天线再发送给读写器，读写器对接收到的信号进行解调、解码、解密后送至中央信息系统进行有关数据处理；若为修改信息的写命令，将有关逻辑控制卡内部的电荷泵提升工作电压，提供给擦写 $E^2$PROM 中的内容进行改写，若经过判断其对应的密码和权限不符，则返回出错信息。

图中数据协议处理器一般由单片机、DSP 处理器和 FPGA 等组成，目前我国应用最多的还是单片机，如 51 系列单片机、PCI 系列单片机等。可根据读写器任务的多少来选择单片机。图 5.12 和图 5.13 所示为几种常见的实际电子标签和读写器外形图。图 5.12 所示为温度标签、托盘标签、腕式标签和寻址标签，图 5.13 所示为超高频 RFID USB 读写器、带加密狗的超高频 RFID USB 读写器、带天线的读写器和移动读写器等。

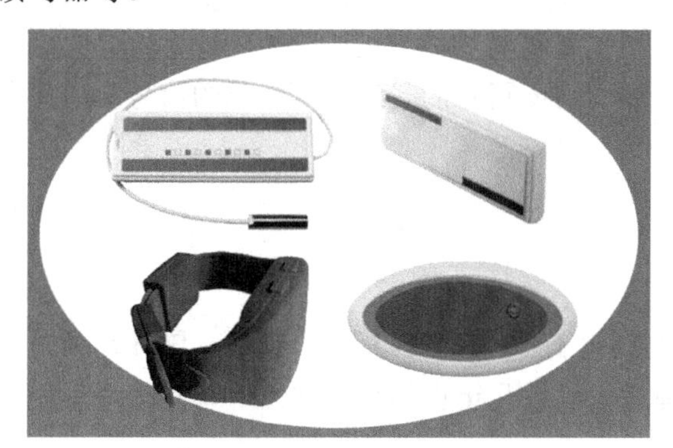

图 5.12　几种常见的电子标签

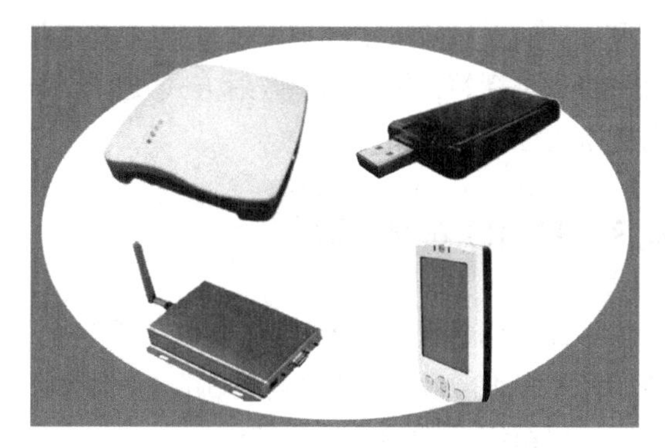

图 5.13　几种常见的读写器

## 5.4.2　RFID 技术的分类

因为射频识别系统产生并辐射电磁波，所以这些系统被合理地归为无线电设备一类，射频识别系统工作时不能对其他无线电服务造成干扰或削弱，特别是应保证射频识别系统不会干扰附近的无线电广播和电视广播、移动的无线电服务（警察、安全服务、工商业）、航运和航空用无线电服务和移动电话等。

RFID 技术的分类方式常见的有下面 4 种。

根据电子标签工作频率的不同通常可分为：

（1）低频（LF，30～300kHz），系统常用工作频率有 125kHz、134.2kHz。

（2）高频（HF，3～30MHz），系统常用工作频率有 13.56MHz。

（3）特高频系统（UHF，300～3GHz），工作频率为 433 MHz，866MHz～960MHz 和 2.45GHz、5.8GHz 等。

（4）超高频（SHF，3～30GHz），工作频率为 5.8GHz 等。

以上频率范围可以用图 5.14 来表示。

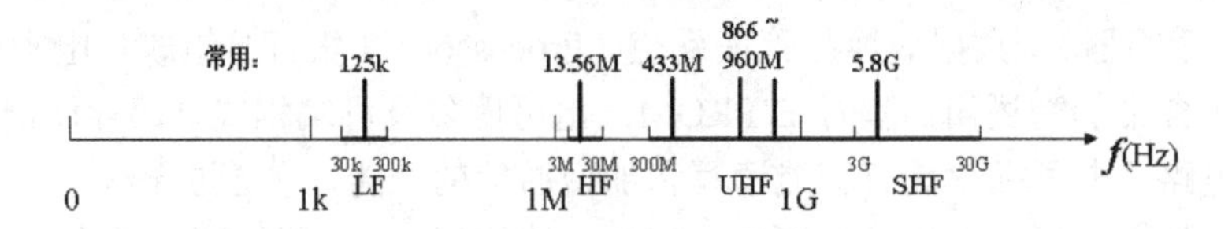


图 5.14　电子标签工作频率

低频系统的特点是电子标签内保存的数据量较少，阅读距离较短，电子标签外形多样，阅读天线方向性不强等。主要用于短距离、低成本的应用中，如大多数的门禁控制、校园卡、煤气表和水表等；高频系统则用于需传送大量数据的应用系统；特高频和超高频系统的特点是电子标签及读写器成本均较高，标签内保存的数据量较大，阅读距离较远（可达十几米），适应物体高速运动，性能好。其读写器天线及电子标签天线均有较强的方向性，但其天线宽、波束方向较窄且价格较高，主要用于需要较长的读写距离和高读写速度的场合，多在火车监控、高速公路收费等系统中应用。

根据电子标签的不同可分为可读写卡（RW）、一次写入多次读出卡（WORM）和只读卡（RO）。RW卡一般比 WORM 卡和 RO 卡贵得多，如电话卡、信用卡等；WORM 卡是用户可以一次性写入的卡，写入后数据不能改变，比 RW 卡要便宜；RO 卡存有一个唯一的号码，不能修改，保证了安全性。

电子标签又可分为有源的和无源的。有源电子标签使用卡内电流的能量，识别距离较长，可达十几米，甚至上百米，但是它的寿命有限（3～10 年），且价格较高；无源电子标签不含电池，它接收到读写器（读出装置）发出的微波信号后，利用读写器发射的电磁波提供能量，一般可做到免维护、重量轻、体积小、寿命长、较便宜，但它的发射距离受限制，一般是几十厘米，且需要读写器的发射功率大。

根据电子标签调制方式的不同还可分为主动式（Active tag）和被动式（Passive tag）。主动式的电子标签用自身的射频能量主动地发送数据给读写器，主要用于有障碍物的应用中，距离较远（可达 30m）；被动式的电子标签，使用调制散射方式发射数据，它必须利用读写器的载波调制自己的信号，适宜在门禁或交通的应用中使用。

## 5.4.3　RFID 技术标准

国际标准化组织（ISO）和国际电工委员会（IEC）制定了多种 RFID 标准。其中有国际标准、国家标准和行业标准。我国也是 RFID 国际标准制定成员国之一，近几年也陆续制定出一些标准。有些还被国际标准化组织（ISO）采用。

下面对常见的几个标准加以简介。

### 1. ISO/IEC 11784 和 ISO/IEC 11785 技术标准

ISO/IEC 11784 和 ISO/IEC 11785 分别规定了动物识别的代码结构和技术准则，标准中没有对应答器（电子标签）的样式尺寸加以规定，因此可以设计成适合于所涉及的动物的各种形式，如玻璃管状、卫标或项圈等。代码结构为 64 位，其中的 27 至 64 位可由各个国家自行定义。技术准则规定了应答器的数据传输方法和读写器规范。工作频率为 134.2kHz，数据传输方式有全双工和半双工两种，读写器数据以差分双相代码表示，应答器件采用 FSK 调制、NRZ 编码。由于存在较长的应答器充电时间和工作频率的限制，通信速率较低。

### 2. ISO/IEC 14443、ISO/IEC 15693 技术标准

ISO/IEC 14443 和 ISO/IEC 15693 标准于 1995 年开始操作，其完成则是在 2000 年之后，二者皆以 13.56MHz 交变信号为载波频率。ISO/IEC 15693 读写距离较远，而 ISO/IEC 14443 读写距离稍近，但应用较广泛。目前的第二代电子身份证采用的标准是 ISO/IEC 14443 TYPE B 协议。ISO/IEC 14443 定义了 TYPE A、TYPE B 两种类型协议，通信速率为 106kbps，它们的不同主要在于载波频率及编码方式。TYPE

A 采用 ASK 中的开关键控法（On-Off keying），编码采用曼彻斯特（Manchester）码；TYPE B 采用 BPSK 键控法，用非归零电平码（NRZ-L）。TYPE B 与 TYPE A 相比，具有传输能量不中断、速率更高、抗干扰能力更强的优点。RFID 的核心是防冲撞技术，这也是与接触式 IC 卡的主要区别。ISO/IEC 14443-3 规定了 TYPE A 和 TYPE B 的防冲撞机制。二者防冲撞机制的原理不同，前者是基于位冲撞检测协议来完成防冲撞，而 TYPE B 通过系列命令序列完成防冲撞。ISO/IEC 15693 采用轮寻机制、分时查询的方式完成防冲撞机制。防冲撞机制使得同时处于读写区内的多张卡的正确操作成为可能，既方便了操作，又提高了操作的速度。

3. ISO/IEC 18000 技术标准

ISO/IEC 18000 是一系列标准，这些标准是目前较新的标准，原因是它们可用于商品的供应链，其中的部分标准也正在形成之中。其中，ISO/IEC/IEC 18000-1 到 ISO/IEC 18000-6 基本上是整合了一些现有 RFID 厂商的减速器规格和 EAN-UCC 所提出的标签架构要求而定出的规范。分别为低于 135kHz、13.56MHz、433 MHz、860～930 MHz、2.45 GHz 和 5.8 GHz，作用距离从数厘米到十多米不等。无源和被动方式多在 10m 以内，超越 10m 则需要采用带电池的主动方式，它采用 FSK 键控法。ISO/IEC 18000 只规定了空气接口协议，对数据内容和数据结构无限制，因此可用于 EPC。

## 5.4.4　125 kHz RFID 技术

125 kHz RFID 系统采用电感耦合方式工作。由于电子标签成本低，非金属材料和水对该频率的射频具有较低的吸收率，所以 125 kHz RFID 系统在动物识别、工业和民用水表等领域获得了广泛的应用。

1. e5550 的功能特点及电路组成

e5550 是由美国 TEMIC 和 ATMEL 公司生产的低成本可读/写的电子标签芯片。目前国内很多公司均可向用户提供将 e5550 封装成标准射频的 IC 卡服务。由于 e5550 可以和低成本读写基站 U2270B 构成完整的 RFID 应用系统，且具有很高的性能价格比，因此在公交系统、餐饮服务系统等领域得到了广泛应用。e5550 的功能特点如下。

- 采用低功耗、低电压 CMOS 结构。
- 采用非接触电感耦合方式来获取电源。
- 工作频率为 100～150kHz。
- 内含 264 位非易失性 $E^2$PROM 存储器，其中 224 位可供用户自由使用。
- 具有存储区块保护和密码保护功能。
- 位传送速率可选。根据需要可以选择射频频率 8、16、32、40、50、64、100、128 分频速率进行数据传送。
- 能提供二进制码、幅移键控、频移键控、曼彻斯特编码和双相位码等多种调制方式。
- 具有多种工作方式可供选择。

下面详细介绍 e5550 的组成和工作原理。

（1）e5550 的引脚功能

e5550 采用 DOW 和 SO8 两种封装形式，采用 SO8 封装引脚排列如图 5.15 所示，由于芯片工作电源是通过连接在引脚 1 和引脚 8 的天线感应获得，因此将 e5550 芯片封装到卡内时，第 2～7 引脚是开路。e5550 引脚功能描述见表 5.1 所列。

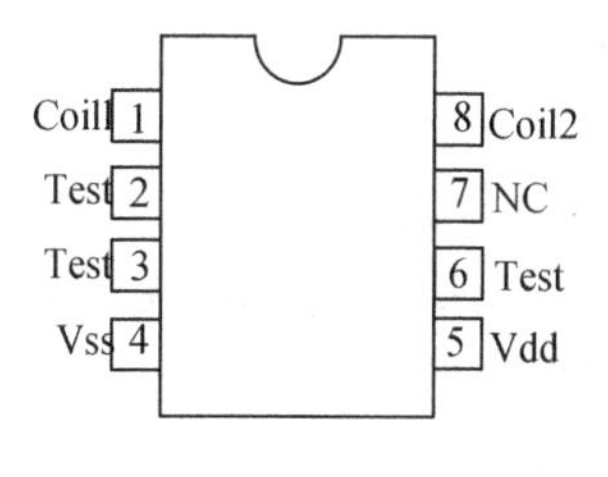

图 5.15　e5550 芯片引脚图

表 5.1　e5550 芯片的引脚功能

| 引　脚　号 | 名　　称 | 功 能 描 述 | 引　脚　号 | 名　　称 | 功 能 描 述 |
|---|---|---|---|---|---|
| 1 | Coil1 | 天线连接端 1 | 5 | $V_{dd}$ | 电源 |
| 2 | Test | 测试引脚 | 6 | Test | 测试引脚 2 |
| 3 | Test | 测试引脚 | 7 | NC | 空脚 |
| 4 | $V_{ss}$ | 负电压 | 8 | Coil2 | 天线连接端 2 |

（2）内部结构及工作模式设置

图 5.16 是 e5550 内部结构框图。

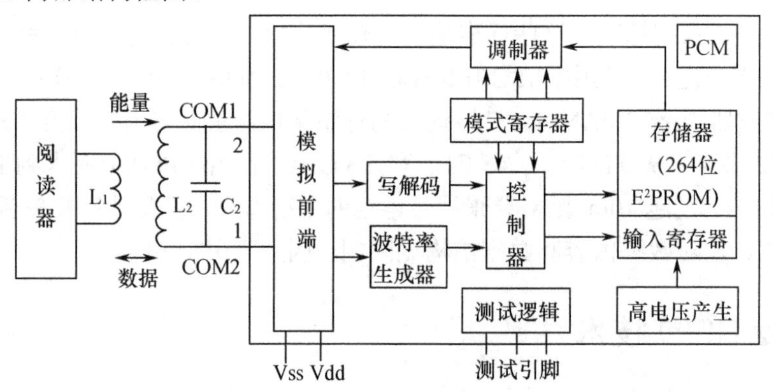


图 5.16　e5550 内部结构框图

图 5.16 的模拟前端是负责天线与内部电路的接口，解码器用于解读写器发来的信号码，控制器负责整个芯片的控制任务，比特率发生器用于产生一定波特率的时钟信号，保持与读写器的同步，模式寄存器是存放芯片工作的方式字的，存储器用于保存输入的信息，调制器负责待发送二进制信号的调制。下面介绍一下 e5550 内部的主要功能模块。

①模拟前端

模拟前端是模拟信号处理前端的缩写。一般与电子标签天线直接连接，它通过电子标签天线与 RFID 卡读写器基站（以下简称基站）的天线电感耦合作用来为芯片提供工作电源，同时通过磁场进行双向数据传送。它主要由可对天线感应交流电压进行整流的整流回路、时钟信号拾取回路、用于向基站传输数据可关断负载和用于从基站接收数据磁场间隙检测器构成。主要用来完成电源和信号的传送。

②主控制器

主控制器回路主要用于完成以下功能。

- 上电后从 $E^2$PROM 中“0”数据块读取工作模式。
- 控制对寄存器读/写访问。
- 进行数据传送和错误信息处理。
- 对传送数据流操作码进行解码。
- 在密码保护模式下进行密码验证。

③比特率生成器

由于 e5550 有多种数据传送速率可供用户选择，因此，通过速率发生器可按照用户设定的数据传送速率（8、16、32、40、50、64、100、128 分频）来产生相应的时钟信号。

④写解码器

对 e5550 进行写操作是靠严格控制磁场间隙时间来完成的，数据“0”和“1”对应着不同的磁场宽度。该回路主要用于从带有磁场间隙时间的信息中检出真实数据流。

⑤模式寄存器

模式寄存器是一个 32 位 RAM，主要用于存储从 $E^2$PROM“0”数据块读出的用户模式设置数据，每次上电后或程序复位后将自动执行一次调用操作。

⑥调制器

调制器由数据编码器和调制电路组成，用于对基站传送的数据进行编码和调制。编码方式可由用户在曼彻斯特编码、直接码（二进制编码）和双相位码中选择，调制方式可用相移键控法和频移键控法等，其组成框图，如图 5.17 所示。其输入信号为来自存储器的 NRZ 码，输出是已经调制的载波信号。考虑到为使基站解码方便，一般选择曼彻斯特编码方式。详细内容可参考 e5550 相关手册。

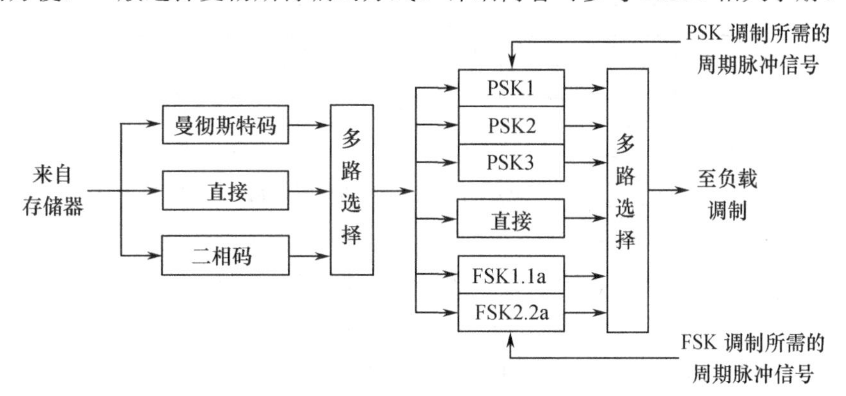


图 5.17　调制器组成结构图

e5550 电子标签编码和调制的类型如下。

ⅰ.编码方式

- 曼彻斯特码（Manchester）：其编码方法为，每一位中点都发生变化，1 一比特中点位置从负电平到正电平的跳变，0 一比特中点位置从正电平到负电平的跳变。
- 二相位码（Biphase）：每一位开始电平发生跳变，当数据位为“1”时，其位中间增加一次跳变。
- 直接码（二进制编码）：和通常的二进制编码一样，“1”为高电平，“0”为低电平。

ⅱ.调制方式

该电子标签采用两种调制方式，一种是相移键控法（PSK），另一种是频移键控法（FSK）。

相移键控法（PSK）其载波频率有 3 种：fc/2、fc/4 或 fc/8，调制方法有 3 种。

- PSK1：每一位开始都跳变 180°，不管它是从“1”变为“0”，还是相反的变化。
- PSK2：每一个数位“1”结束时，相位跳变 180°。
- PSK3：数位从“0”变为“1”（上升沿）时跳变，相位改变 180°。

频移键控法常用的有两种情况如下。

- FSK1：数据“1”时，f1=fc/8，数据“0”时，f2=fc/5。
- FSK2：数据“1”时，f1=fc/8，数据“0”时，f2=fc/10。

上述编码和调制时序图，如图 5.18 所示。

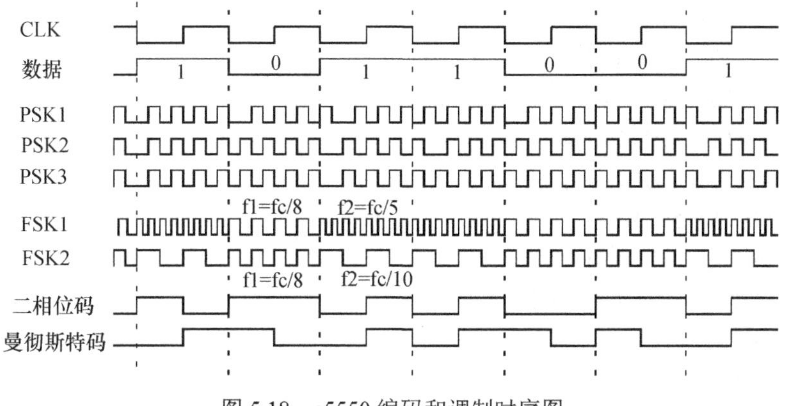


图 5.18　e5550 编码和调制时序图

⑦e5550 存储器

e5550 内部非易失性存储器共有 264 位，分 8 个数据块，每个数据块由 1 个锁定位（L）和 32 位数据位构成，其结构如图 5.19 所示。

| 0 | 1 ~ 32 | |
|---|---|---|
| L | User data or password | Block 7 |
| L | User data | Block 6 |
| L | User data | Block 5 |
| L | User data | Block 4 |
| L | User data | Block 3 |
| L | User data | Block 2 |
| L | User data | Block 1 |
| L | Mode data | Block 0 |

图 5.19　e5550 存储器内部数据结构

每个数据块第 0 位为该数据块锁定位，一旦对应的数据块该位被置“1”，则该数据块将不能再被重新编程，这一点用户必须加以注意，除非该块数据为永久密码或身份识别码等不需要改变的数据，否则不要将 L 位置为“1”。数据块 7 一般用于存储 32 位用户密码，在密码保护模式下对芯片的读/写操作均需进行密码匹配识别。数据块 0 用于设置芯片工作模式，一般情况下，当工作模式确定后，为了防止意外更改，最好将该数据块锁定。

⑧e5550 的工作方式设置

e5550 的工作方式由 $E^2$PROM 数据块的 012～32 位决定，图 5.20 所示为具体格式。

| 0 | 1~11 | 12 | 13 | 14 | 15 | 16 |
|---|---|---|---|---|---|---|
| 锁定 | 保留 | RF2 | RF1 | RF0 | 0 | MS11 |

| 17 | 18 | 19 | 20 | 21 | 22 | 23 | 24 |
|---|---|---|---|---|---|---|---|
| MS10 | MS22 | MS21 | MS20 | PS1 | PS0 | AOR | 0 |

| 25 | 26 | 27 | 28 | 29 | 30 | 31 | 32 |
|---|---|---|---|---|---|---|---|
| B2 | B1 | B0 | PWD | ST | BT | 0 | - |

图 5.20　e5550 的工作方式

e5550 的工作方式各位所代表的意义，如图 5.21 所示。

e5550 的工作方式控制字和 8255 等 I/O 接口芯片的控制字都有着类似的功能，只要根据系统的工作要求，按位进行填写，然后用软件传送到相应的位即可。设置描述如下。

传送速率设置 RF2～RF0。

RF2RF1RF0=000：RF/8 速率
RF2RF1RF0=001：RF/16 速率
RF2RF1RF0=010：RF/32 速率
RF2RF1RF0=011：RF/40 速率
RF2RF1RF0=100：RF/50 速率
RF2RF1RF0=101：RF/64 速率
RF2RF1RF0=110：RF/100 速率
RF2RF1RF0=111：RF/128 速率

编码方式设置 MS11～MS10。

MS11MS10=00：二进制编码
MS11MS10=01：曼彻斯特编码
MS11MS10=10：双相位码
MS11MS10=11：保留

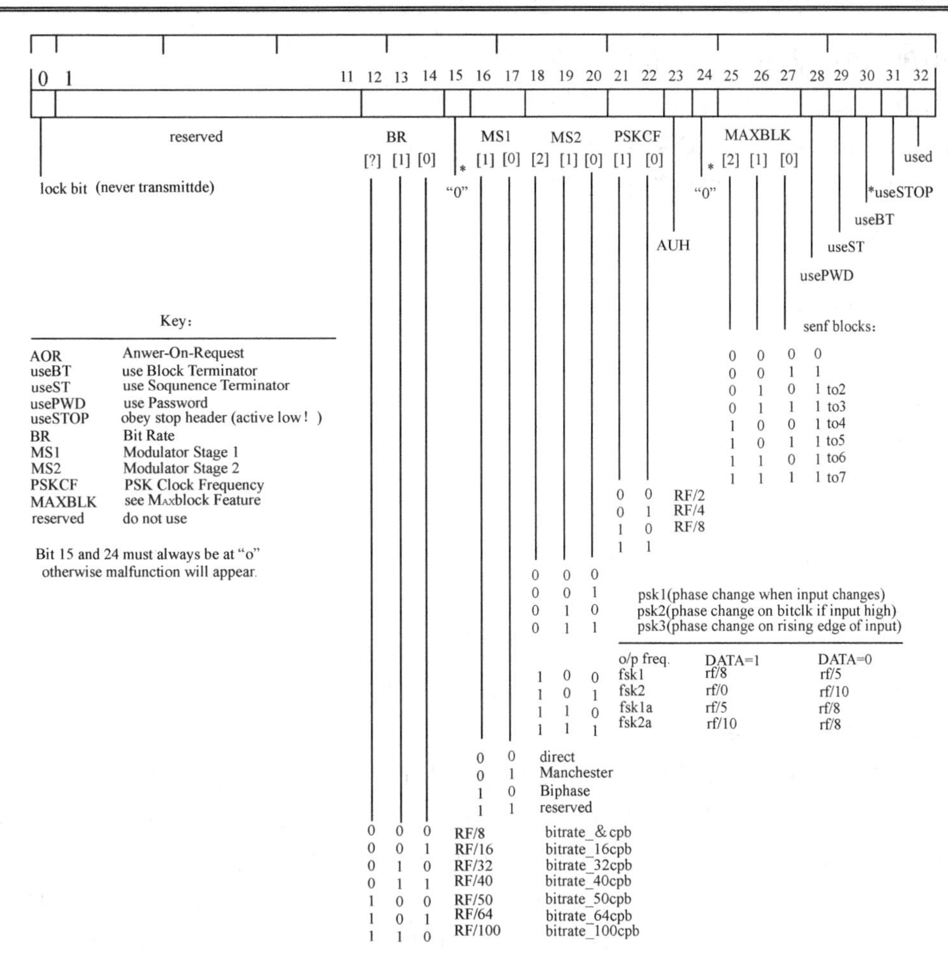


图 5.21 e5550 工作方式控制字

频移键控/幅移键控方式设置 MS22～MS20。

MS22MS21MS20=000：二进制

MS22MS21MS20=001：PSK1

MS22MS21MS20=010：PSK2

MS22MS21MS20=011：PSK3

MS22MS21MS20=100：FSK1

MS22MS21MS20=101：FSK2

MS22MS21MS20=110：FSM1a

MS22MS21MS20=111：FSK2a PSK

速率设置 PS1～PS0。

PS1PS0=00：RF/2

PS1PS0=01：RF/3

PS1PS0=10：RF/8

PS1PS0=11：保留

传送数据块设置 B2～B0。

B2B1B0=000：仅向基站传送第 0 块

B2B1B0=001：仅向基站传送第 1 块

B2B1B0=010：向基站传送第 1～2 块

B2B1B0=011：向基站传送第 1～3 块

B2B1B0=100：向基站传送第1～4块

B2B1B0=101：向基站传送第1～5块

B2B1B0=110：向基站传送第1～6块

B2B1B0=111：向基站传送第1～7块

密码设置PWD。

PWD=0：不使用密码

PWD=1：使用密码

终止符设置ST。

ST=0：不使用序列终止符

ST=1：使用序列终止符

块终止符设置BT。

BT=0：不使用块终止符

BT=1：使用块终止符

（3）e5550读写模式

电源上电（POR有效）后，e5550按工作方式设置进行初始化，使用当中必须正确理解e5550和读写器间传送数据的规则。下面对读/写e5550电子标签工作过程做简要说明。

①读写器从e5550读出数据

读写器向e5550电子标签发送数据时，也要对数据进行编码，以使数据信号加载到天线发射信号中。TEMIC 低频段射频产品采用改变发射天线负载的方式来对信号进行编码。这种方式用短暂射频间隙把射频信号分割成不同的长短区间，从而实现对数据的编码。读写器传送数据起始间隙比其他间隙要长，这个较长间隙用于与电子标签读数据同步。e5550在接收数据时，将长度为16～32个场时钟（典型值为1000μs）长度当做数据“0”，而将48～64个场时钟（典型值为350μs）长度当做数据“1”，标准间隙时间典型值可取300μs。在编制基站程序时，可以采用中断时隙的方法来对数据进行发送。

e5550卡是利用线圈中产生的阻尼特性的载波信号向读写器传送数据的。阻尼特性的载波信号由数据编码后通过负载调制而得到，负载调制是通过IC卡开通/断开负载的方法实现的，预先可在块0 中设定编码方式为曼彻斯特编码。图5.22（a）表明阻尼特性的载波信号的产生过程，图中负载波由IC卡的读写器载波信号 16 分频得到，曼切斯特编码信号由数据（101010）根据编码规定得到，然后用负载波对编码后的信号进行调制后产生调制负载波，如图5.22（b）所示。

在卡接近读写器时，卡内接收到电源能量的信号后，首先进行上电复位过程，进入数据传送状态，将预先编程写入$E^2$PROM 0区的模式字读入模式寄存器，以便确定工作模式，如果模式规定为主动发送数据，这时就产生一个约2ms的恒定磁场。此后产生一个约320 μs的同步信号，接着便从第一块的第一位开始传送数据，可使用块终结符来保证与读写器同步，块终结符是指每块数据发送完后由 IC 卡产生的，供读写器识别的标识符。每块 32 位，锁定位不传送，直到 MAXBLK 所设定的最大块的最后一位为止，数据传送时产生带有阻尼作用的磁场信息，读写器的线圈接收该信息即可读出数据。应当注意，当读某块时该块之前的所有块都要读出。

②读写器向e5550写入数据

读写器发出的命令和写数据可由中断载波形成时间空隙（gap）的方法来实现，并以两个 gap 之间的持续时间来编码 0 和 1。第一个间隙为触发写模式的开始间隙，较其他间隙稍长，大约为 280μs，以使IC卡同步。其他各间隙时间为50～150μs，两间隙间的场时钟编码即为要传送的一位“0”或“1”信息。“0”信息为16～32个磁场脉冲（载波周期）构成的段。“1”信息为48～64个磁场脉冲构成的段。最后一个间隙后至少应有64个场时钟，若连续场时钟不足64个，IC卡将退出写操作。其过程如图5.23所示。

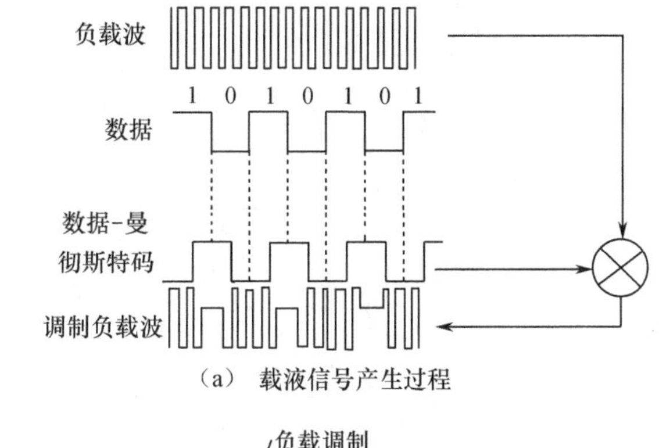

(a)　载液信号产生过程

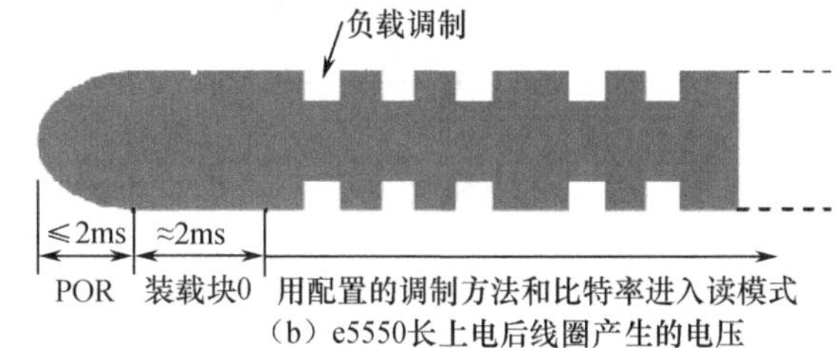

(b) e5550长上电后线圈产生的电压

图 5.22　读写器从 e5550 读出数据过程

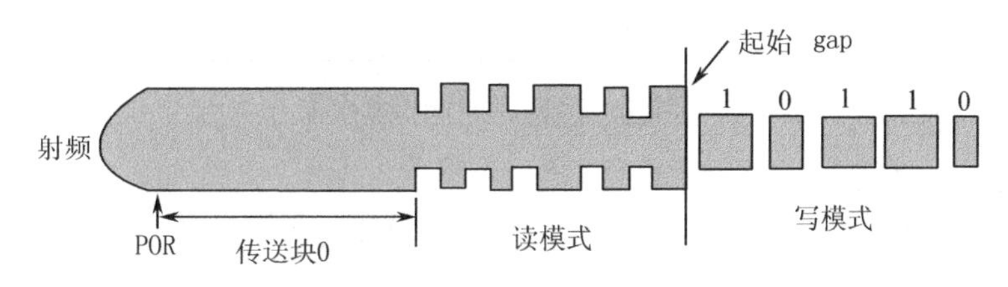


图 5.23　读写器向 e5550 写入数据过程

（4）e5550 的编程

当要写到 e5550 中的所有信息准备就绪时，便可进行写操作。这期间大约需要 32 个时钟周期。在这期间，一直要监测 $E^2$PROM 的编程电压 $V_{PP}$，而且要检查编程模块的锁定位。同时，还要通过编程脉冲继续监测编程电压。如果任何时候 $V_{PP}$ 变成低电平，则 e5550 离开进到读模式。编程时间大约 16ms。

编程完以后，e5550 进入读模式，开始读刚刚写入的程序。如果正常，则时序终端将执行这个程序。

e5550 芯片可检测出若干错误的出现，以保证写入 $E^2$PROM 的正确性。错误类型有两种，一种是写序列进入期间的错误，另一种是编程时出现的错误。

①进入写序列期间的错误

在写数据到 e5550 芯片时，可能发生 4 种错误。

- 两个间隙（gap）之间的时钟错误。
- 操作码既不是标准码也不是停止码。
- 口令模式有效，但与模块 7 的内容不匹配。
- 接收到的位数不正确。正确的位数应是：标准写，38 位；口令模式，70 位；AOR 唤醒命令，34 位；STOP 命令，2 位。

当检测到上述任何一个错误时，e5550 芯片在离开写模式后立刻进入读模式，从块 1 开始传送。

②编程期间出现的错误

如果写数据是不成功的，那么在编程时可能出现下列错误。

- 被寻址块的锁存位置位。
- 电压 $V_{PP}$ 太低。

在这种情况下，编程立即停止。芯片从现在寻址的模块开始，进入读模式。

其编程流程图，如图 5.24 所示。

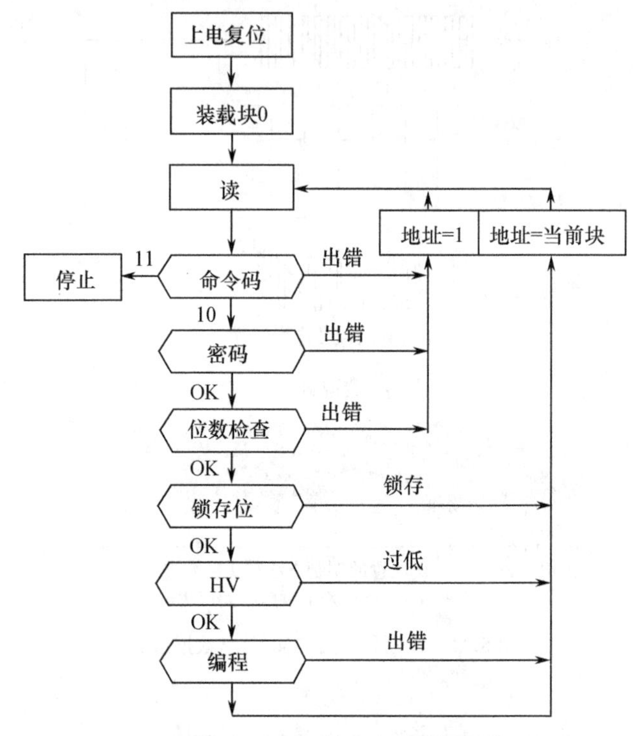


图 5.24　e5550 芯片编程流程图

（5）e5550 使用注意事项

由于 e5550 采用数据块方式传送数据，因而在使用中要注意以下几个问题。

①e5550 发射数据时的位顺序

e5550 向基站发射数据时是根据工作模式设置从第 1 区开始循环发射。每块数据发射都是低位在前、高位在后，即每一个数据区中的数据发射都是从第 1 位数据开始到第 32 位数据结束，其中各区的锁定位是不发射的。

②存储位置确定

e5550 卡每次读/写单位为 32 位，所以要用 4 个字节空间存储一个数据区数据。因此，进行基站程序设计时，一定要注意字节内移位操作和字节地址变化结合，避免出现读写数据混乱，尤其要注意不要对锁定位产生误写入操作。

③解码程序调试

根据对 e5550 发射数据调制方式，解码程序编制必须严格遵守相应方式时序规则。调试过程中最好能使用带有存储功能逻辑分析仪捕捉 e5550 卡返回数据，然后反复调整程序时间常数，减少误码率，提高数据传送效率。

### 2. U2270B 读写器芯片

U2270B 是工作于 125kHz 的用于读写器的集成芯片，它是电子标签和微控制器（MCU）之间的桥梁。它可以实现向电子标签传送能量和读写操作，可与 e555x 系列等电子标签芯片配套使用。它与 MCU 的关系是，在 MCU 的控制下，实现收/发转换并将接收到的从电子标签来的数据传送给 MCU。最后由 MCU 将数据传送给 PC 机进行处理或上传到物联网，其工作过程如图 5.25 所示。

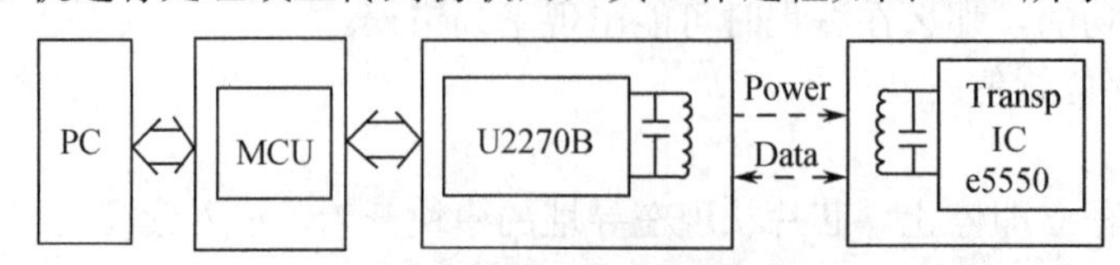


图 5.25　由 U2270B 读写器构成的射频识别系统

在图 5.25 中，读写器 U2270B 与电子标签 e5550 之间的数据交换是通过无线射频的方式进行的。U2270B 无线发射 125kHz 的电磁波，电子标签 e5550 接收电磁波感应，通过整流滤波可产生卡片所需的工作电源。U2270B 向卡片写数据是通过很短的间隙（gap）中断 RF（射频）场实现的。0 和 1 分别代表两间隙之间 RF 场的不同宽度。而 U2270B 在卡片读数据时以某种调制方式（如 FSK、PSK 和 Manchester 等）把数字信号以射频形式发出，U2270B 支持 PSK 和 Manchester 等调制方式，MCU 与 PC 机之间数据的传送是通过 RS-232 或 RS-485 总线进行传输的。

U2270B 芯片技术指标如下。

- 产生载波的频率范围为 100～150kHz。
- 在 125 kHz 载波频率下，典型的数据传输速率为 5kbps。
- 适用于采用曼彻斯特编码及 Biphase 码调制的电子标签。
- 电源可采用汽车蓄电池或 5V 直流稳压电源。
- 具有可调谐的能力。
- 便于和微控制器接口。
- 可工作于低功耗模式（Standby 模式）。

（1）U2270B 芯片引脚

U2270B 芯片管脚排列如图 5.26 所示。

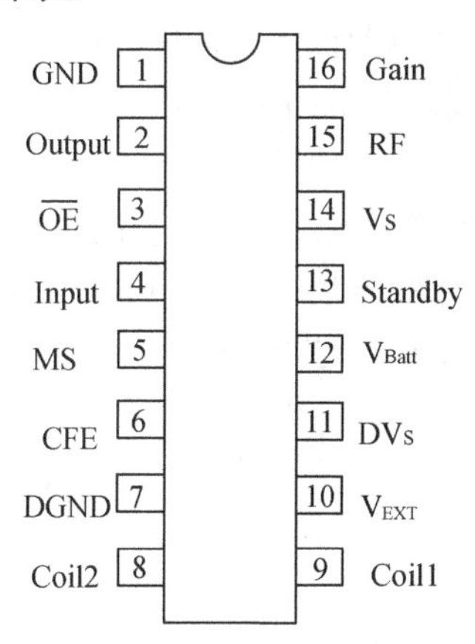


图 5.26　U2270B 芯片引脚

各引脚功能见表 5.2。

表 5.2　U2270B 芯片引脚

| 引脚号 | 名　称 | 功能描述 | 引脚号 | 名　称 | 功能描述 |
|---|---|---|---|---|---|
| 1 | GND | 地 | 9 | Coil1 | 线圈驱动器 1 |
| 2 | Output | 数据输出 | 10 | $V_{EXT}$ | 外部电源 |
| 3 | $\overline{OE}$ | 数据输出使能 | 11 | $DV_S$ | 驱动器电源 |
| 4 | Input | 数据输入 | 12 | $V_{Batt}$ | 电池电压 |
| 5 | MS | 模式选择，共模/差分 | 13 | Standby | 备用输入 |
| 6 | CFE | 载波频率使能 | 14 | $V_S$ | 内部电源 |
| 7 | DGND | 驱动器地 | 15 | RF | 频率调节 |
| 8 | Coil2 | 线圈驱动器 2 | 16 | Gain | 调节放大器增益 |

（2）U2270B 芯片的内部电路

U2270B 芯片的内部电路如图 5.27 所示，主要由能源输出和数据接收两大部分组成。

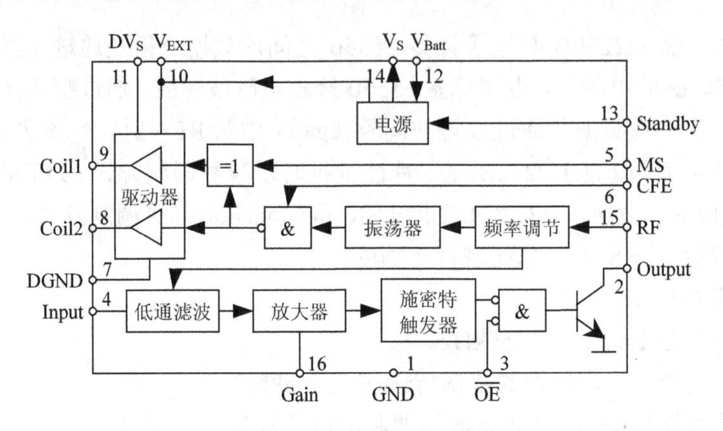


图 5.27　U2270B 芯片的内部电路结构

①能源输出部分

能源输出部分包括电源、振荡器和驱动器 3 部分。

- 电源

U2270B 芯片有 3 种供电方式：单电源、双电源和电池供电，如图 5.28～5.30 所示。在图 5.28 中，所有的电源仅由一个+5V 电源供给。在这种情况下，$V_S$、$DV_S$ 和 $V_{EXT}$ 都是输入状态。$V_{Batt}$ 不用，但也接到电源端。图 5.29 用 5V、7～8V 两种电源供电。图中，驱动器电源 $DV_S$ 和外部电源 $V_{EXT}$ 都由一个较高的电源（7～8V）供电，这样可产生较强的磁场。此种供电方式通常用在距离比较远的场合。图 5.30 所示仅有一个 7～16V 的电池作为电源。在这种模式下，$V_S$ 和 $V_{ETX}$ 都是由内部电源产生的，它不需要外部电压调节器。通过控制 Standby 管脚关掉电源。$V_{ETX}$ 提供 NPN 晶体管基极电平和供给外部微控制器电源。单电源外接元器件少，适合于近距离场合；双电源方式可提供高达 8V 的电源，因此可以增大距离；电池电源方式则可借助 Standby 输入，切断芯片内部电源，使之进入低功耗备用状态。

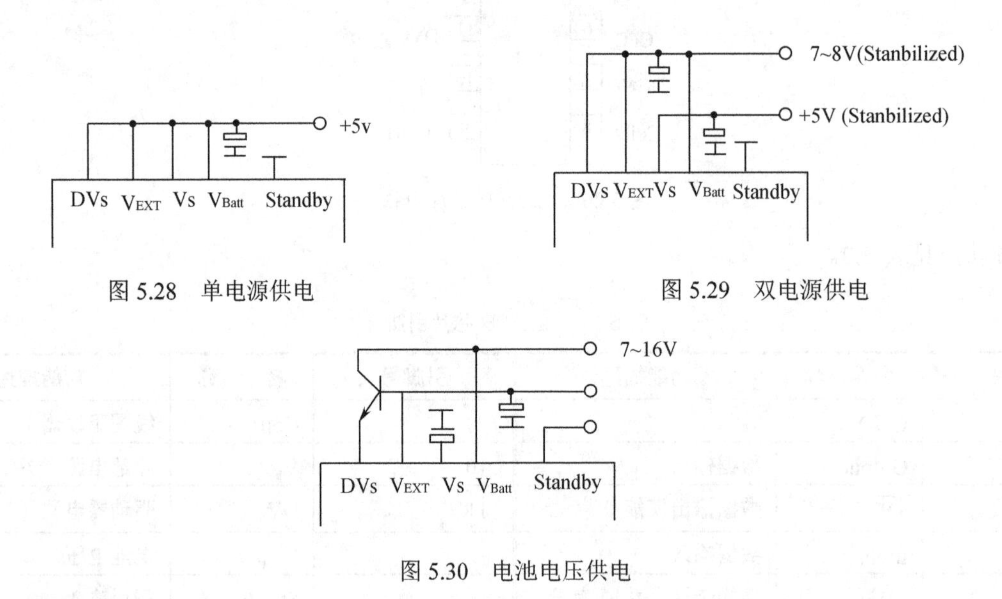


图 5.28　单电源供电

图 5.29　双电源供电

图 5.30　电池电压供电

- 振荡器（OSC）

振荡器的频率范围为 100～150kHz，受外接于 RF 和 Vs 引脚间的固定电阻 $R_f$ 控制。对 125 kHz，$R_f$ 取 110 kΩ；在其他频率时，$R_f = (14375/(f_0 \times 10^{-3}) - 5)$ kΩ。通过 $R_f$ 的调节，可改变振荡器频率，使之接近天线回路的谐振频率。

- 驱动器（DRV）

用于向天线提供能量和信息，它有两个独立的输出 Coil2 和 Coil1，可由 MS 引脚电平选择共模

（MS=0，二者同相）或差分（MS=1，二者反相）工作模式（为增大灵敏度，通常选择差分模式）。CFE 引脚可用来控制振荡器信号的输出，以便以短间隙中断 RF 场的办法实现对电子标签的写操作。

②数据接收部分

由读写器天线耦合得来的电子标签上的微弱调制信号，将首先由外部整流二极管和 RC 低通滤波进行解调，然后经隔直电容 $C_{IN}$ 和 Input 输入端送到数据接收部分，最后再经滤波、放大和整形，使输出信号与 MCU 兼容，并以集电极开路的形式输出。

$\overline{OE}$ 为输出使能控制端，$\overline{OE}$=0，允许输出；$\overline{OE}$=1，禁止输出。

接在 Input 管脚上的隔直电容 $C_{IN}$ 和接于 HIPASS 引脚的去耦电容 $C_{HP}$ 的取值，与电子标签数据速率线性相关，表 5.3 即为最常用的取值。

表 5.3　$C_{IN}$ 和 $C_{HP}$ 的取值

| 数据率（$f_0$=125kHz） | 输入电容（$C_{IN}$） | 去耦电容（$C_{HP}$） |
|---|---|---|
| $f_0$/32=3.9kbps | 680pF | 100pF |
| $f_0$/64=1.95kbps | 1.2nF | 220nF |

（3）U2270B 芯片的应用

U2270B 芯片常用的应用电路有两种。一种是采用电池电压供电差分模式的电路和采用蓄电池供电方式的读写器电路。分别如图 5.31 和图 5.32 所示。

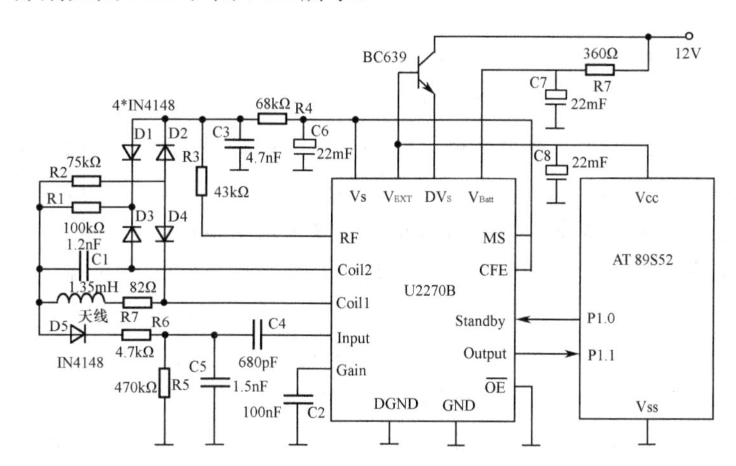


图 5.31　蓄电池供电方式的读写器电路

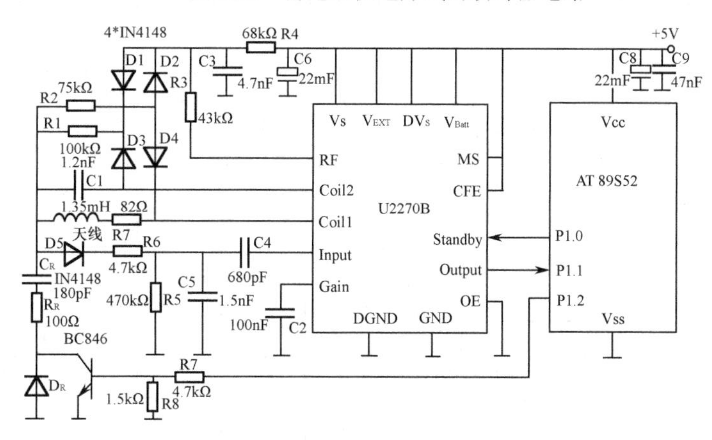


图 5.32　差分模式的电路

图 5.31 电路采用蓄电池电源供电，U2270B 芯片的 $V_{EXT}$ 引脚输出电压可提供微控制器作为电源。

$V_{EXT}$ 还接至晶体管 BC639 的基极，控制 $DV_S$ 的产生。Standby 引脚电平由微控制器控制，可以方便地进入 Standby 模式，以节省蓄电池的能耗。这种电路虽然其外接器件增多，但降低了天线设计调整的难度，保证了读写距离。由 U2270B 芯片与 89S52 构成的 E5550 卡读写电路，P1.1 为输入端，P1.0 为控制端，C1、天线线圈及 R7 组成 125 kHz 的谐振电路。D5、R5、R6、C5 构成解调器对天线信号进行解调，然后经 C4 耦合输入芯片，在片内进行滤波、放大、整形等送入单片机。电阻 R3 和 R4 用于调节发射频率，D1～D4 构成输入反馈电路以稳定频率，C2 构成芯片退耦电路。

图 5.32 采用单电源和差分工作模式。为避免“零调制”问题，它除了采用图 5.31 中的振荡电路外，还通过 AT89S52 的 P1.2 管脚控制晶体电容的方法（见图 5.32 左下角），来改变读写器的谐振频率，使两个频差范围扩大一倍，进一步改善通信距离。

从 U2270B 的 Coill 和 Coil2 端口出来经过电容、电阻和线圈组成一个 LC 串联谐振选频回路，它的作用就是从众多的频率中选出有用信号，滤除或抑制无用信号。串联谐振电路的谐振角频率：

$$\omega_0 = 2\pi f_0 = \frac{1}{\sqrt{LC}} \tag{5-1}$$

从而谐振频率：

$$f_0 = \frac{1}{2\pi\sqrt{LC}} \tag{5-2}$$

当从 Coill、Coil2 出来的脉冲满足这一频率要求后，串联谐振电路就会起振，在回路两端产生一个较高的谐振电压。

通过调整 RF 引脚所接电阻的大小，可以将内部振荡频率固定在 150 kHz，然后通过天线驱动器的放大作用，在天线附近形成 150 kHz 的射频脉冲，当电子标签进入该射频脉冲内时，由于电磁感应的作用，在电子标签的天线线圈上会产生感应电势，该感应电势也是电子标签的能量来源。

数据写入电子标签是采用脉冲间隙方式，即由数据的“0”和“1”分别控制振荡器的起振和停振，并由天线产生带有窄间歇的射频脉冲，不同的脉冲宽度分别代表数据“0”和“1”，这样完成将读写器发射的数据写入电子标签的过程，对脉冲的控制可通过 U2270B 芯片的第 6 脚（CFE 端）来实现。

由电子标签返回的数据流可采用对电子标签天线的负载调制方式来实现。电子标签的负载调制会在读写器天线上产生微弱的调幅，这样，通过二极管对基站天线电压的解调即可回收电子标签调制数据流。应当说明，与 U2270B 配套的电子标签返回的数据流采用的是曼彻斯特编码形式。由于 U2270B 不能完成曼彻斯特编码的解调，因此解调工作必须由微处理器来完成，这也是 U2270B 的不足之处。

图 5.33 为使用 U2270B 设计的读写器的典型应用电路。图中 89C2051 单片机为控制器，通过 U2270B 可完成对卡片的读写。在读卡时，单片机通过 I/O 接口，将由 U2270B 输入的调制信号解调成

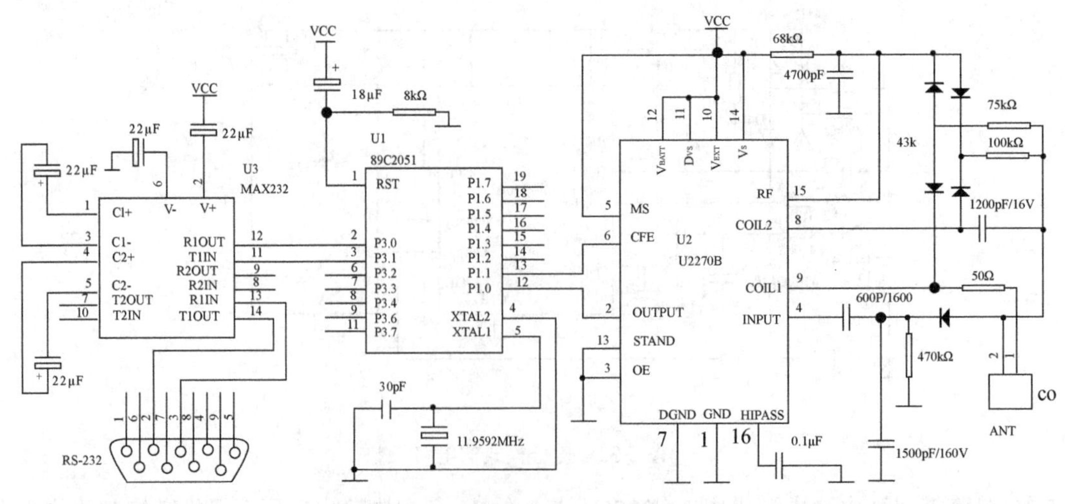


图 5.33　TEMIC RFID 卡的典型应用电路

二进制数据；写卡也是利用 I/O 接口的，把二进制数据调制成两间隙（gap）间宽度不等的脉冲，经 U2270B 以射频形式发射出去。另外，单片机通过 MAX232 可完成与上位 PC 机的通信。此硬件配合适当的软件可构成不同的应用系统。

（4）读写器程序设计

读写器的程序主要有初始化程序、曼彻斯特码编/解码程序及从电子标签读数据和向电子标签写数据几部分组成。下面主要介绍电子标签的读写程序。

①读电子标签数据程序

读电子标签数据程序如图 5.34 所示。首先，微控制器可通过 Standby 引脚唤醒 U2270B，然后从电子标签的 Output 引脚读入数据，再判断是否位出错或 ID 号出错，如果发现错误，可通过微控制器的 I/O 管脚对读写器天线电路的谐振频率进行调节，直到正确读出为止。

②写电子标签数据程序

不同的发送命令具有不同的写程序，如标准写命令、口令模式、AOR 唤醒命令和停止命令等，读写器在写电子标签之前，首先判断是什么命令，然后在进行相应的写程序。图 5.35 所示为标准写程序流程图。

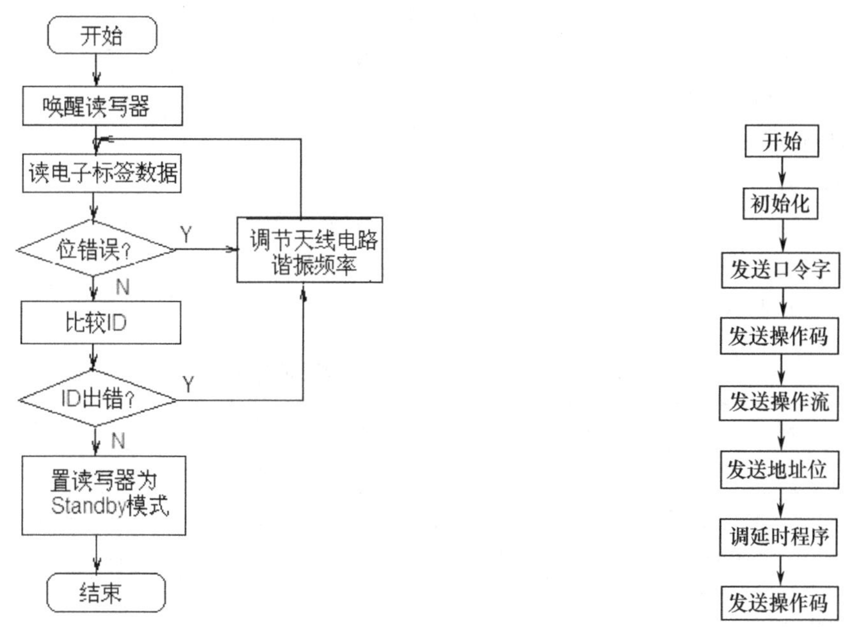


图 5.34 读电子标签工作流程图　　图 5.35 标准写程序流程图

## 5.4.5 13.56 MHz RFID 技术

ISO/IEC 14443 标准定义了 TYPE A、TYPE B 两种类型协议，它们包括电子标签（PICC）和读写器（PCD）两部分。随着非接触电子标签的开发和研究，已经生产出多种适合于该标准的 PICC 和 PCD，因而使设计更加简便。

目前，比较常用的 PICC 芯片有 H4006 和 MCRF335/360 等。而常用的 PCD 有 MF RC500 和 SLF9000 芯片。本节主要介绍 MCRF335/360 和 MF RC500。

### 1. MCRF335/360

13.56 MHz 射频存储器电子标签按存储器的类型分为 ROM、$E^2$PROM 两大类。H4006（EM MICROELECTRONIC-MARIN SA 公司产品）片内带有 ROM 类存储器，是只读应答器；MCRF355/360 芯片（Microchip 公司产品）集成的存储器是 $E^2$PROM，以接触式方式编程，在射频工作时为只读方式。

这两个应答器都是在应答器进入读写器工作距离有效范围时立即送出信息数据（TTF、Tag Talk First 方式）。限于本书篇幅，这里只介绍 MCRF355/360 芯片。

MCRF355/360 芯片是 Microchip 公司生产的工作于 13.56 MHz 射频存储器的电子标签。主要性能如下。

- 载波频率：13.56 MHz。
- 数据调制频率：70 kHz。
- 采用曼彻斯特编码协议。
- 用户存储器：154 位。
- 内含 100pF 谐振电容（MCRF360）。
- 休眠（SLEEP）时间：100ms±40%。
- 具有防碰撞能力。
- 采用接触式编程，编程后为只读器件。
- 采用低功耗 CMOS 电路设计。
- 采用 COB、PDIP 或 SOIC 封装方式。

其作用是芯片无须电池，接收读卡器发射的能量即能激活。该卡主要用于图书馆和实验室图书 ID，玩具和游戏工具，飞机票等。

（1）MCRF355/360 的引脚

MCRF355/360 芯片的引脚如图 5.36 所示。各引脚功能见表 5.4，其中有用的管脚只有6个。使用时MCRF355/360芯片有两种工作方式：一种是接触式方式，仅用于编程和测试，此时需要使用的引脚是 $V_{DD}$、$V_{SS}$、CLK 和 $V_{PRG}$；另一种是非接触方式，用于进行射频识别，此时需要用的引脚有 Ant.B 和 $V_{SS}$ 连接外部回路。

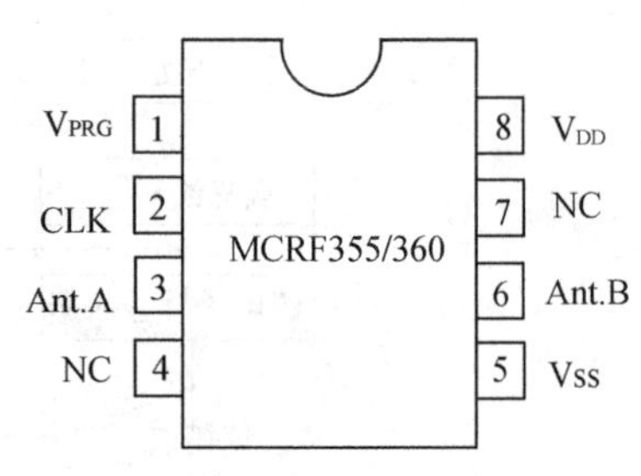


图 5.36　MCRF355/360 芯片引脚图

表 5.4　MCRF355/360 芯片的引脚功能

| 引　脚　号 | 名　　称 | 功 能 描 述 | 引　脚　号 | 名　　称 | 功 能 描 述 |
|---|---|---|---|---|---|
| 1 | $V_{PRG}$ | 输入/输出，用于编程和测试 | 5 | $V_{SS}$ | 接地端 |
| 2 | CLK | 时钟脉冲输入 | 6 | Ant.B | 连接外部谐振电感线圈 $L_1$ 和 $L_2$ |
| 3 | Ant.A | 连接外部谐振电感线圈 $L_1$ | 7 | NC | 空脚 |
| 4 | NC | 空脚 | 8 | $V_{DD}$ | 电源 |

（2）MCRF355/360 的内部结构

MCRF355/360 芯片的内部结构如图 5.37 所示。

由图 5.37 可以看出，MCRF355/360 芯片由射频前端、控制逻辑和存储器 3 部分组成。现将各部分的基本功能说明如下。

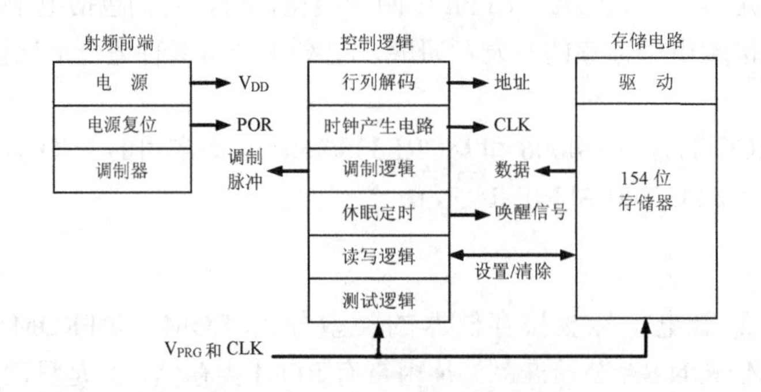


图 5.37　MCRF355/360 芯片结构图

射频前端部分由天线耦合回路、整流、稳压、调制/解调器、电源复位（POR）等部分组成，它是射频电子标签的核心部分；天线耦合回路由 LC 谐振回路组成，它的作用是将从读写器的射频电磁场中获得的耦合能量转换成工作电源。LC 谐振回路的连接方法如图 5.38 所示。值得说明的是，MCRF360 芯片内部含有 100pF 的片内电容，LC 谐振回路的谐振频率为 13.56MHz，各回路的谐振频率计算方法可参考参考文献[19]。

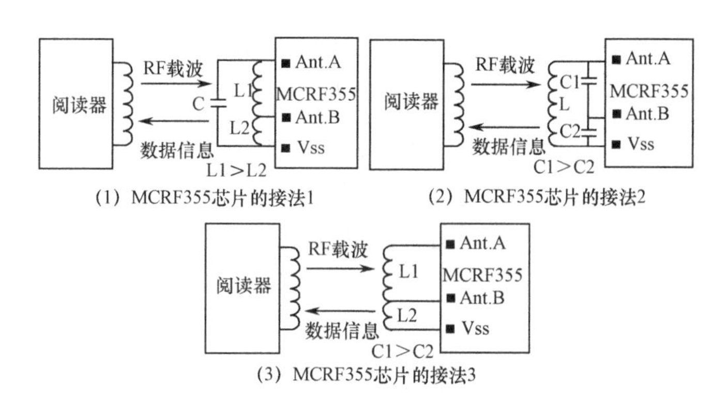


图 5.38 LC 谐振回路的连接方法

图 5.37 中的电源电路的作用是对上述谐振回路中产生的谐振交流信号进行整理、滤波和稳压，以便产生芯片电路工作所需的直流电压。电源复位电路（POR）的作用是当电子标签首次进入读写器发出的电磁场有效范围时，由该电路产生一个复位信号，该信号将持续至电源电路产生稳定的 $V_{DD}$ 并使芯片能正常工作为止。

调制器的作用是完成负载调制功能。MCRF355/360 芯片中的数据采用曼彻斯特编码，码长 154 位，将该码接到调制管（场效应管）的栅极，调制管的源极和漏极分别接到 MCRF355/360 芯片的 $V_{SS}$ 和 Ant.B。调制方法采用 2ASK（二进制幅移键控法）。这样，根据编码数据的“1”或“0”状态，使得调制管导通和截止，从而改变调制器的输出幅度。此信号经电磁感应到读写器的线圈，读写器解调此调幅波，读写器便可读出经负载调制所传输的数据。

控制逻辑控制模块由解码电路、时钟产生电路、调制逻辑、休眠定时、读/写控制和措施逻辑等电路组成，它的主要作用是防冲突、应用选择、认证和读/写访问控制和密码验证等。

存储器部分其容量为 154 位，可对其在接触方式下进行编程，编程后，即可用非接触方式读出，以便识别。

（3）MCRF355/360 的工作原理

无线电子标签的工作过程如下。

①读卡器不断向周围发一组固定频率为 13.56MHz 的电磁波。

②带有 MCRF355/360 芯片的无线电子标签的天线串联谐振频率与读写器发送信号的频率相同，当它进入读卡器的工作区域内，在电磁激励下，谐振电路产生共振。

③共振使卡内的电容有了负荷，在电容的另一端，接有一个单向导通的电子泵，将电容内的电荷送到另一个电容内存储，当所积累的电荷达到 2V 时，此电容可作为电源为集成电路提供工作电压。

④MCRF355/360 芯片通过天线与读写器进行交互，由读写器发送命令，通过 BL75R06 内部的数字逻辑控制模块，根据要访问的相应扇区的访问控制条件来决定命令的可操作性，并发送相应的信息或数据。

⑤读写器向工作区射频场内所有的卡发送请求响应的命令，智能卡在上电后，根据 ISO/IEC l4443A 协议的 ATQA，可以响应请求命令。在防冲突循环过程中，读写器读出卡的 ID 序列号，如读写器在其工作范围内有几张卡时，可通过唯一的卡 ID 序列号来识别，并选中其中一张卡作为下一步操作的对象，没被选中的卡返回到待命模式，等待下一个请求命令。

（4）MCRF355/360的编码

MCRF355/360内部有一个调制逻辑，它的作用是把从存储器阵列读出的串行数据进行编码。这里采用的是曼彻斯特码和非归零码。然后被编码的数据传送给模拟射频前端，并调制成频带信号（如PSK或FSK），最后通过天线发射出去。

曼彻斯特码和非归零码的波形如图5.39所示。

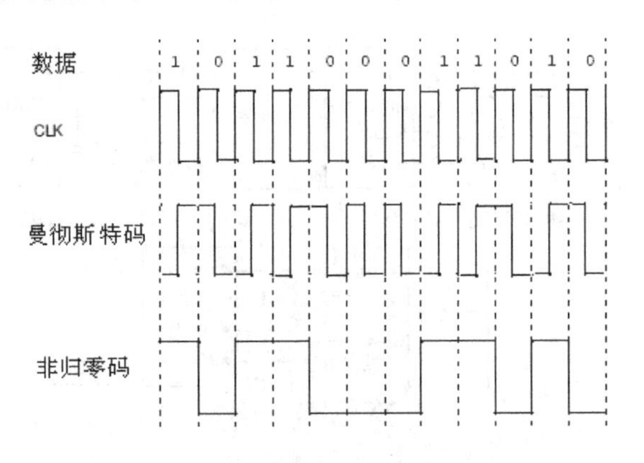


图5.39 MCRF355/360的编码方法

从图5.39可以看出，曼彻斯特码的编码规则是用在数据中点由低电平到高电平的变化表示“1”，而用在数据中点由高电平到低电平的变化表示“0”。在非归零编码中，用高电平表示“1”，用低电平表示“0”。

（5）防碰撞技术

大多数RFID系统工作时，可能同时收集到天线范围内的一个以上的电子标签数据，这样，如果有两个或两个以上的电子标签同时发送数据，那么就会出现通信冲突，从而产生数据间的相互干扰，即碰撞。因此，商家必需采用相应的技术，使系统中的电子标签一次只能发回一个信息，这就是防碰撞技术，这些技术称为防碰撞（冲突）协议。防碰撞协议由防碰撞算法（Anti-collision Algorithms）和有关命令来实现。不同的厂商生产的电子标签中采用的防碰撞技术不尽相同，如ISO/IEC 15693标准的防碰撞技术采用的是ALOHA算法，而ISO/IEC 18000-6标准TYPE B采用的防碰撞算法是基于二进制的树形搜索算法。上一节讲的125 kHz RFID系统中的e5550则采用通过一种STOP命令来实现的[19]。

本节所介绍的MCRF355/360芯片则采用一种时隙（槽）ALOHA算法技术。MCRF355/360芯片具有休眠模式，其休眠定时电路可产生100 ms±40%的休眠时间（Sleep Time），休眠时调制管保持导通状态，片上谐振回路处于失谐状态，读写器不能从休眠状态的电子标签中读取数据。因此，虽然此时电子标签处于读写器工作距离范围内，读写器并不能从休眠状态的电子标签中读取数据，但不影响读写器从被激活的MCRF355/360芯片中读取数据。从而使系统能够在多芯片中选择读出数据而互不影响，图5.40所示为该芯片防碰撞过程示意图。

## 2. MF RC500系列芯片

MF RC500系列芯片是PHILIPS半导体公司出品的高集成度非接触式读写芯片，它集成了13.56MHz以下的各种被动式非接触通信方法和协议，支持ISO/IEC 14443 Type A的多层应用。而且，其前端部分可直接驱动天线，工作距离为10cm；接收部分拥有解调和解码电路，能够实现对ISO/IEC 14443 Type A标准信号的预处理。其数据处理部分可处理符合ISO/IEC 14443 Type A协议的数据帧及错误检测（CRC和奇偶校验），支持快速CRYPTO加密算法，用于实现Mifare经典产品的安全认证。完整的并行接口可直接与各种8位CPU相接，使PCD设计十分方便。在MF RC500系列芯片中，有单独支持ISO/IEC 14443 Type A标准的MF RC530，支持ISO/IEC 14443 Type A和Type B两个标准的MF RC531，支持ISO/IEC 15693标准的CLRC632，还有支持ISO/IEC 14443 Type A标准，特别适宜智能化仪表（如水电气“三表”应用）和手持设备的低功耗、低电压（3.3V）、低成本、小尺寸（5mm×5mm）芯片MF RC522。以上芯片在结构原理、封装形式、引脚功能方面有很多相似的地方，这里仅以 MF RC530 为例讲一下 MF RC500 系列芯片的原理和应用。

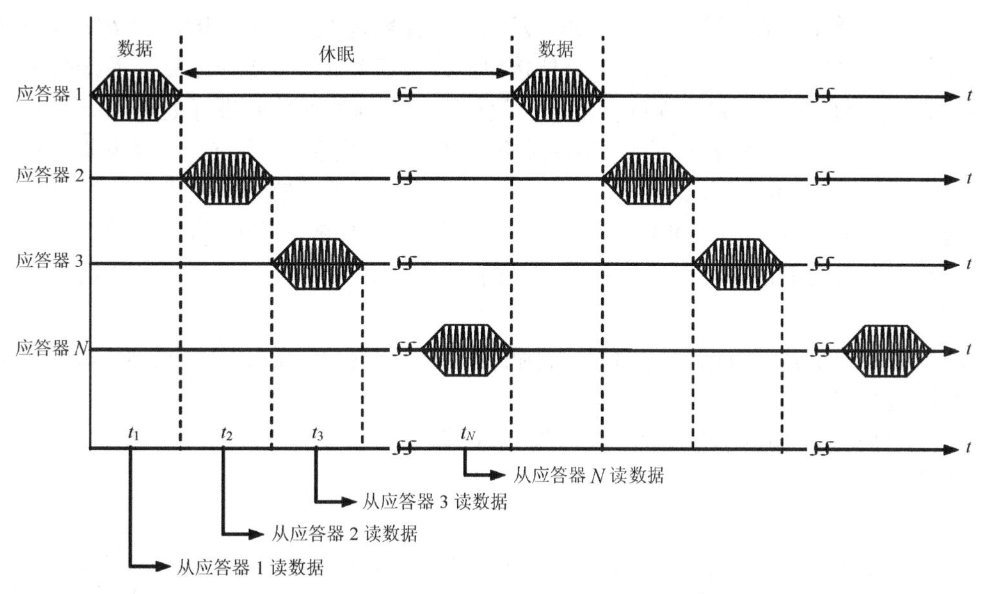


图 5.40　读多个 MCRF355/360 芯片的工作过程示意图

（1）MF RC530 的特点

MF RC500 的主要特点如下。

①带有高集成度模拟电路，用于对电子标签卡的解调和解码。

②缓冲输出驱动器可使用最少数目的外部元件以连接到天线。

③近距离操作（可达 100 mm）。

④有用于连接 13.56 MHz 石英晶体的快速内部振荡器缓冲区。

⑤带低功耗的硬件复位功能。

⑥并行微处理器接口带有内部地址锁存和 IRQ 线。

⑦有易用的发送和接收 FIFO 缓冲区。

⑧支持 MIRFARE Clasic 协议。

⑨支持 MIRFARE 有源天线。

⑩适合高安全性的终端。

（2）MF RC530 电路组成及管脚功能。

图 5.41 描绘了 MF RC530 的内部功能结构。

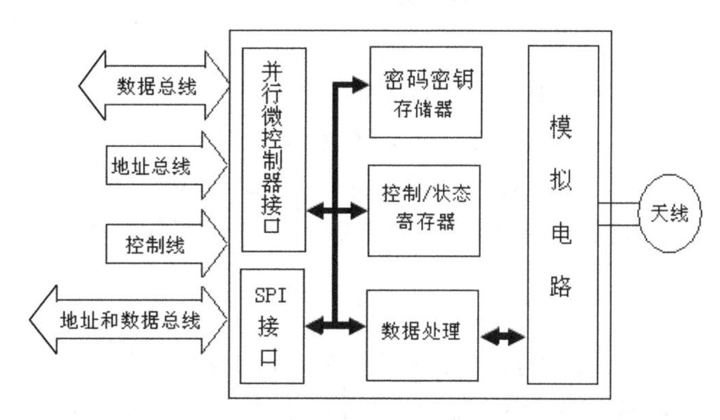


图 5.41　MF RC530 内部结构图

从图 5.41 可以看出，MF RC530 不仅具有专用集成电路的全部功能，而且在前端集成了调制/解调及驱动电路。如此，便能够通过并行微控制器接口自动检测输入数据的类型，将其调整成相应形式，为后续环节提供相应的 MCU 连接。主要由 3 部分组成。

①模拟电路，包括发生器和接收器两部分。发生器的作用是把要写到 PICC 的数字信号进行调制，其低阻抗桥式驱动器可以直接驱动天线，无须外接电源即可获取 10cm 操作距离。而接收器则用来检测和接收 PICC 发出的微弱信息，并将其进行解调，然后送到数据处理单元进行处理。

②中间部分是 MF RC530 的核心部件。由密码密钥存储器、控制/状态寄存器及数据处理器组成。密码密钥存储器主要是在与 Mifare Standard 和 Mifare Light 典型产品通信时，使用高速 Crypto 1 流密码单元和非易失密码密钥存储器（$E^2$PROM）。应用软件只需要两条命令，即可进行安全认证。

状态和控制寄存器用来设置和保持 MF RC530 的工作状态，可由用户设置。其详细内容读者可参考文献[28]。

数据处理器主要用来完成数据转换、CRC/奇偶校验码的生成和检测、通信帧的生成和检测，以及编码和解码，并以透明方式自动进行。

③最左边是 I/O 接口，由两部分组成，上边是 FIFO 形式的并行接口，下部是 FIFO 形式的串行接口，用来与单片机接口。

（3）MF RC530 管脚

MF RC530 采用双列直插式封装，共有 32 管脚。图 5.42 分别描绘了 MF RC530 芯片外部引脚。

从图 5.42 可以看出，MF RC530 的管脚由电源、天线传输和与 MCU 接口等 3 部分组成。

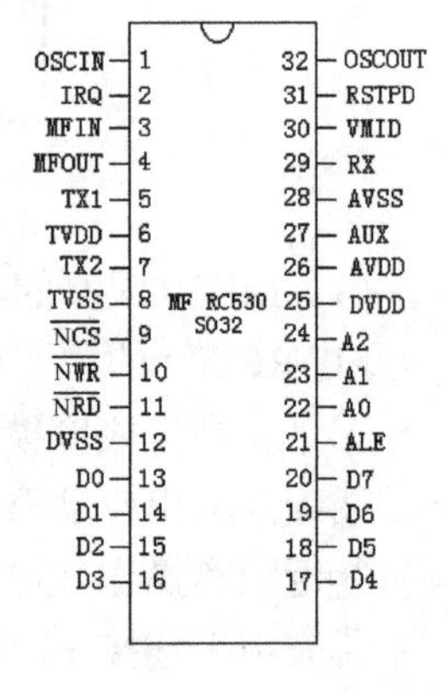


图 5.42 MFRC530 引脚图

①电源部分

- DVDD、DVSS——数字电源，5V。
- AVDD、AVSS——模拟电源，5V。
- TVDD、TVSS——发送驱动电源，5V，作为 TX1、TX2 天线发射驱动电源。
- VMID，内部基准电源输出端，该引脚需接 100nF 电容至地。

②天线传输部分

- TX1、TX2——天线发送端 1 和 2，发送 13.56MHz 载波或已调载波。
- RX，接收信号输入，天线电路接收到 PCD 负载调制信号后送到芯片的输入端。

③与 MCU 接口部分

- D7～D0，8 位双向数据线。也可与 ALE 配合作为低 8 位地址。
- A2～A0，3 位地址线，用来选择芯片寄存器地址。
- ALE，地址锁存允许信号，与 D7～D0 配合作为低 8 位地址的锁存信号，高电平有效。
- $\overline{\text{NCS}}$，片选信号，低电平有效。
- $\overline{\text{NWR}}$，写控制信号，当其为低电平时，将数据写入 MF RC530。
- $\overline{\text{NRD}}$，读控制信号，当其为低电平时，将数据从 MF RC530 读出。
- IRQ，中断请求输出端，接 MCU 的 $\text{INT}_\text{X}$ 引脚。借助 IRQ 引脚配置寄存器（IRQPinConf）可对 IRQ 引脚的中断输出状态进行设置：IRQInv = 0，两者逻辑电平一致；IRQInv = 1，两者逻辑电平相反。

④其他管脚

- MFIN，Mifare 接口输入端，可接受带有副载波调制的曼彻斯特码或曼彻斯特串行数据流。
- MFOUT，Mifare 接口输出端，用于输出来自芯片接收通道的带有副载波调制的曼彻斯特码或曼彻斯特串行数据流，也可输出来自芯片发送通道的串行数据 NRZ 码或修正密勒码。
- OSCIN/OSCOUT，晶振输入/输出端，可外接 13.56MHz 石英晶体，也可作为外部时钟（13.56MHz）

信号的输入端。

（4）MF RC530 的应用

MF RC530 作为一种专用读写器芯片，经常用于 13.56MHz 频率范围内读写器的核心部件。为了更好地工作，它的前面要与接收天线配合，后面还要与微控制器（MCU）相连，这样，才能构成一个完整的读写器（PCD）。图 5.43 为 MF RC530 的典型应用原理电路。

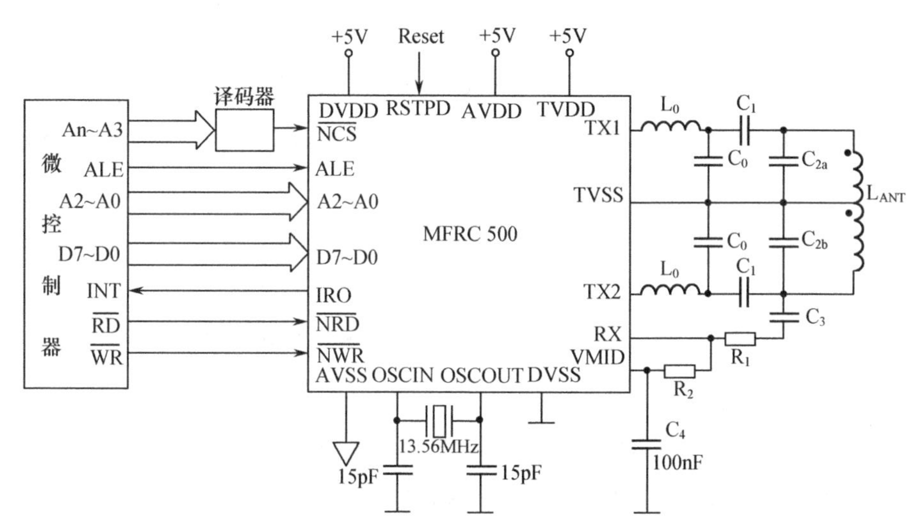


图 5.43　MF RC530 的典型应用原理电路

从图 5.43 中可以看到，MF RC530 的设计可以分两部分：一部分是天线部分，另一部分是微控制器部分，下面具体介绍这两部分的设计方法。

①天线电路设计

MF RC530 芯片用于设计与 ISO/IEC 14443 Type A 和 Mifare 类 PICC 进行数据交换的读写器基站芯片，它不加外部放大器时的作用距离是 10cm。天线电路有两种类型，其匹配电路也有差异。

- 直接匹配天线的设计

当读写器与天线之间距离很短时采用此种模式，如手持读写器和室内读写器等。直接匹配天线模式的电路如图 5.43 右边电路。图中，13.56MHz 载频由晶体振荡器产生，同时也会产生 3 次、5 次及高次谐波。图中的 $L_0$ 和 $C_0$ 构成低通滤波器，以抑制谐波，其参数为：$L_0$=2.2μH±10%，$C_0$=47μF±2%。$C_1$、$C_{2a}$ 和 $C_{2b}$ 的数值和天线 $L_{ANT}$ 的大小而变化，详见表 5.5。

表 5.5　MF RC530 的典型应用电路中电容、电感的参数

| $L_{ANT}$（μH） | $C_1$（pF） | $C_{2a}$（pF） | $C_{2b}$（pF） | $L_{ANT}$（μH） | $C_1$（pF） | $C_{2a}$（pF） | $C_{2b}$（pF） |
|---|---|---|---|---|---|---|---|
| 0.8 | 27 | 270 | 330 | 1.4 | 27 | 150 | 180 |
| 0.9 | 27 | 270 | 270 | 1.5 | 27 | 150 | 150 |
| 1.0 | 27 | 220 | 270 | 1.6 | 27 | 120/10 | 150 |
| 1.1 | 27 | 180/22 | 270 | 1.7 | 27 | 120 | 150 |
| 1.2 | 27 | 180 | 180/22 | 1.8 | 27 | 120 | 120 |
| 1.3 | 27 | 180 | 180 | | | | |

注：表中电容器的精度为±2%，采用具有温度补偿的单片陶瓷电容（NPO）。

- 50Ω匹配天线的设计

当读写器与天线之间距离较长时采用此种模式。此时天线要用同轴电缆或双绞线与功率放大器连接，因此需要有匹配电路，这种模式读写器与天线之间的距离可以扩大到 10m。

50Ω匹配天线分全范围（作用距离为 10cm）作用天线和短范围作用天线，分别如图 5.44 和图 5.45 所示。

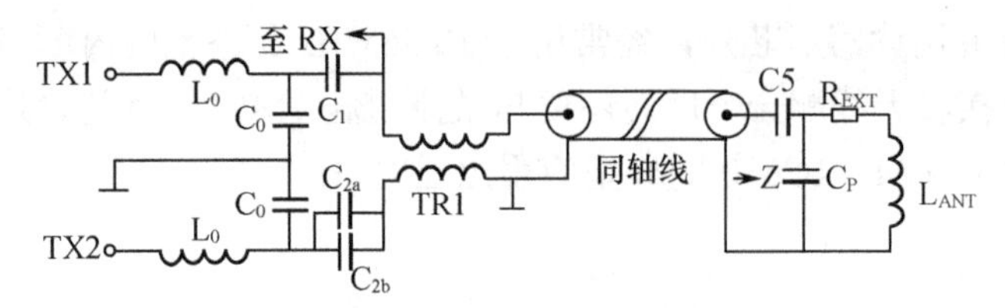


图 5.44　全范围 50Ω匹配天线电路图

图中，$C_1$ 和 $C_{2a}$ 采用一种最常用的具有温度补偿特性的单片陶瓷电容（NPO），电容 $C_1$=82μF±2%、$C_{2a}$=69μF±2%，$C_{2b}$ 采用微调电容，容量为 0～30μF。

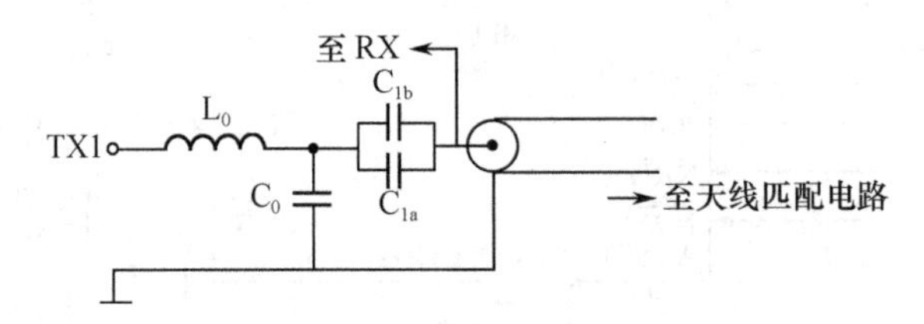


图 5.45　短范围 50Ω匹配天线电路图

在图 5.45 中，只用 MF RC530 芯片的输出端 TX1 和 TX2，图中 $C_{1a}$ 采用 NPO 电容，容量为 69μF ±2%，$C_{1b}$ 采用微调电容，容量为 0～30μF。

②与 MCU 接口电路

MF RC530 芯片与 89C51 单片机接口电路如图 5.46 所示。

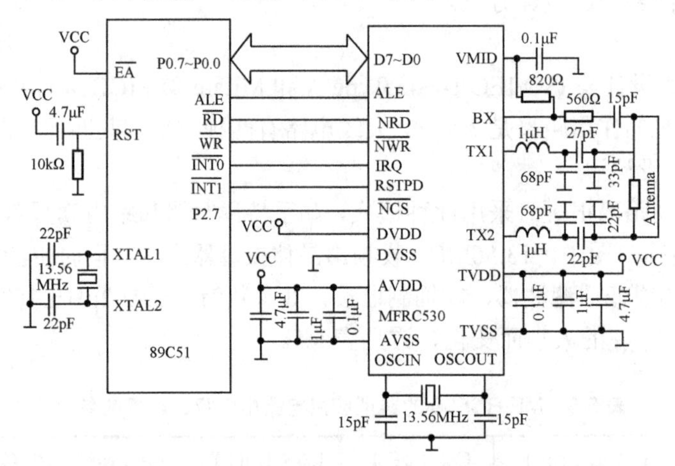


图 5.46　MF RC530 在 IC 卡读写器中的接口电路

图 5.46 主要给出了 MF RC530 芯片与前端射频电路及后端微处理器 89C51 的接口。

首先，用户根据需要对 MF RC530 的标志状态寄存器进行设置，使其进入最佳工况。为确保安全，还需通过指令对非易失密钥存储器进行安全认证后方可使用。

使用前，先由模拟电路发送器将发送缓冲器的数据进行调制，生成 CRC 校验码，组装成通信帧，在低阻抗驱动器的作用下，由 TX1 和 TX2 引脚送至天线进行发射。待 CICC 接收信息后，作出相应的回答。天线接收的应答信号经由 RX 引脚送入 MF RC530 的接收器，将其解调成脉冲信号，再由数据处理电路变成并行数据，并送到单片机进行处理。在实际应用中，为了保存数据和与物联网相连，再由单片机通过 RS-232 或 RS-485 总线把信息送到 PC 机。如学生考勤系统、生物识别系统等都属于这类系统。

采用三组独立电源：数字电源 DVDD、DVSS；模拟电源 AVDD、AVSS 和发送驱动电源 TVDD、

TVSS，以改善 EMC 特性。与 89C51 相同，时钟为 13.56MHz。

系统采用 89C51 单片机作为读写中心的微控制器。通过 P0 口与 ASIC 芯片 MF RC530 并行接口相连。P2.7 脚接 MF RC530 芯片的片选端 $\overline{\text{NCS}}$。$\overline{\text{WR}}$ 和 $\overline{\text{RD}}$ 管脚与 MF RC530 芯片的 $\overline{\text{NWR}}$ 和 $\overline{\text{NRD}}$ 相连，以完成数据的读写操作。单片机的中断管脚 INT 接到 MF RC530 的中断请求管脚 IRQ，以执行相应的中断服务程序。

# 习 题 五

## 一、复习题

1. 什么叫 IC 卡？IC 卡分哪两大类？分别说出它们的特点和用途？
2. RFID 是什么意思？简述 RFID 的基本工作原理。
3. 说明 IC 卡的含义？它与磁卡相比有哪些优点？
4. 非接触 IC 卡有哪几类？简要说明各自的结构和应用。
5. RFID 系统由哪几部分组成？它们各有什么用途？
6. 说明 RFID 工作频率范围？在应用中各有什么特点？
7. 什么叫主动式电子标签？什么叫被动式电子标签？它们应用在哪些场合？
8. e5550 是什么芯片？它的特点是什么？
9. 参考 e5550 方式控制字，回答下列问题。
   （1）e5550 的传送速率有几种？如何进行控制？
   （2）e5550 的调制方式有几种？如何进行控制？
   （3）e5550 的方式控制字有多长？如何进行控制？
   （4）e5550 的编码方式有几种？如何进行控制？
   （5）e5550 的调制方式有几种？如何进行控制？
10. 说明 e5550 芯片 3 种相位调制方法的特点。
11. U2270B 是什么芯片？它有哪些功能？
12. 说明 U2270B 芯片的 RF、CFE、Standby 引脚的功能。
13. 说明 U2270B 芯片 3 种供电方式名称和各自的特点。
14. MCRF355/360 防碰撞技术采用什么方法？试分析其性能。
15. MC RF500 系列支持 RFID 的哪个标准？它是什么功能的芯片？
16. 说明 MC RF500 系列芯片的特点。
17. 说明 MCRF355/360 芯片的编码方法。

## 二、选择题

18. 关于 IC 卡的下列说法哪一种是正确的（ ）。
    A. IC 卡是接触型的卡　　B. IC 卡是非接触型的卡
    C. IC 卡是无线卡　　D. 以上说法都对
19. 在使用接触型 IC 卡时下列哪一种方法是正确的（ ）。
    A. 插拔 IC 卡时不要断电　　B. 插拔 IC 卡时要断电
    C. 断不断电都无所谓　　D. 以上说法都对
20. 在 RFID 中，电子标签与读写器的距离与载波频率有关，其正确的说法是（ ）。
    A. 载波频率 $f_c$ 越高，允许的卡和读写器的距离 $d$ 越远
    B. 载波频率 $f_c$ 越低，允许的卡和读写器的距离 $d$ 越远

C．卡和读写器的距离 d 与载波频率无关

D．以上说法均不对

21．e5550 电子标签的正确使用频率是（ ）。

A．134.2kHz　　B．13.56MHz

C．125 kHz　　D．125 MHz

22．与 U2270B 读写器配套使用的电子标签是（ ）。

A．MCRF355/360　　B．e5550

C．MCRF500　　D．MCRF530

23．下图是 MCRF355/360 芯片的曼彻斯特编码，该数据流表示的数据序列是（ ）。

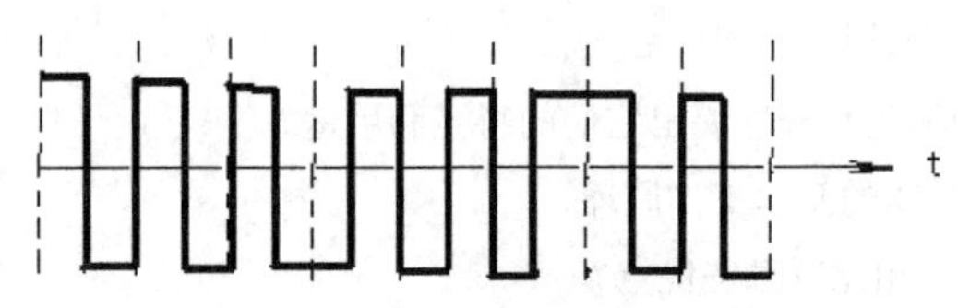


A．10010010　　B．01101101　　C．00011100　　D．11100011

## 三、练习题

24．画出数据 10110010 在 e5550 芯片 PSK1、PSK2、PSK3 的调制波形图，设载波频率为 $f_c/2$。

25．画出数据 10110010 在 e5550 芯片 FSK1 和 FSK2 的调制波形图，设 FSK1 载波频率：数据“1”时，$f_1=f_c/8$；数据“0”时，$f_2=f_c/5$。FSK2：数据“1”时，$f_1=f_c/8$，数据“0”时，$f_2=f_c/10$。

26．画出数据 11010100 在 e5550 芯片的 Biphase 码波形。

27．画出数据 10010101 在 e5550 芯片的曼彻斯特码波形。

28．画出 e5550 Biphase 码编码流程图，并写出汇编语言程序。

29．画出 e5550 曼彻斯特码编码流程图，并写出汇编语言程序。

30．MCRF355/360 芯片有几种编码方法？画出数据 10010011 在 MCRF355/360 芯片编码波形图。

31．画出数据 10011101 在 MCRF355/360 芯片的曼彻斯特码波形。

32．画出数据 10011001 在 MCRF355/360 芯片的非归零码波形。

# 第 6 章　总线接口技术

**本章要点：**

- ◆ 串行通信基本概念
- ◆ 串行通信标准总线（RS-232-C）
- ◆ 串行通信标准总线（RS-485）
- ◆ SPI 总线
- ◆ $I^2C$ 总线
- ◆ 现场总线技术

随着微型计算机控制技术的不断发展，现在已经生产出多种专用工业控制机。这些控制机大都采用模块式结构，具有通用性强，系统组态灵活等特点，因而具有广泛的适用性。

在这些工业控制机中，除了主机板之外，还有大量的用途各异的 I/O 接口板，如 A/D 和 D/A 转换板、步进电机控制板、电机控制板、内存扩展板，串/并行通信扩展板、开关量输入/输出板等。为了使这些功能板能够方便地连接在一起，必须采用统一的总线。

总线有并行和串行两种。在这一章里，主要介绍几种工业过程控制中常用的串行总线，如 RS-232-C、RS-422、RS-485、SPI 总线、$I^2C$ 总线及现场总线等。

## 6.1　串行通信基本概念

随着微型计算机技术的发展，微型机的应用正在从单机向多机过渡。多机应用的关键是相互通信。特别在远距离通信中，并行通信已显得无能为力，通常大都要采用串行通信的方法。在这一节里，首先介绍串行通信的基本概念，然后介绍几种常用的串行通信总线，如 RS-232-C、RS-485 等。此外，还介绍几种单片机专用总线，如 SPI 总线、$I^2C$ 总线等。最后，讲一下现场总线。它的出现，使微型计算机控制系统正经历着一场新的革命。

### 6.1.1　数据传送方式

在微型计算机系统中，处理器与外部设备之间的数据传送方法有两种：① 并行通信——数据各位同时传送；② 串行通信——数据一位一位地按顺序传送。图 6.1 所示出了这两种传送方式。

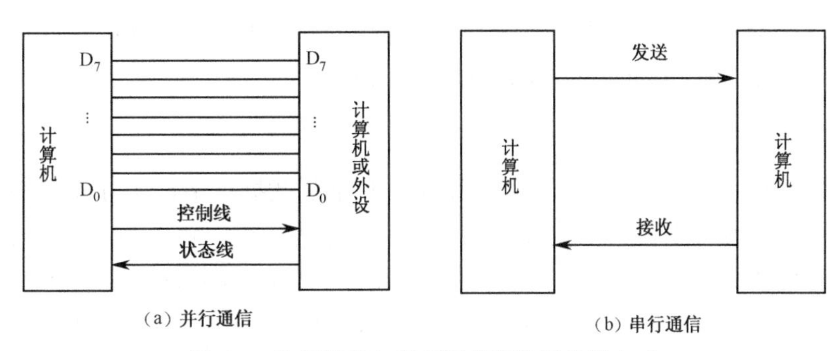


图 6.1　并行通信与串行通信的数据传送方式

如图 6.1 所示可以看出，在并行通信中，数据有多少位就需要有多少根传输线，而串行通信无论数据有多少位只需要一对传输线。因此，串行通信在远距离和多位数据传送时，有着明显的优越性。但它的不足之处在于数据传送的速度比较慢。本节主要介绍有关串行通信的基本概念。

在串行通信中，数据传送有 3 种方式：单工方式、半双工方式和全双工方式，如图 6.2 所示。

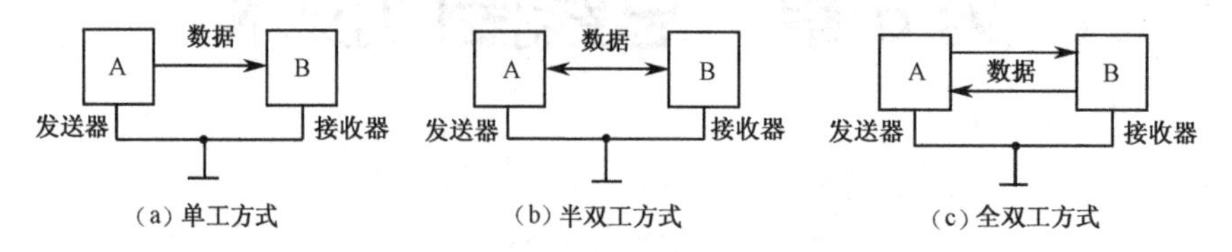


图 6.2　串行数据传送方式示意图

### 1. 单工方式（Simplex Mode）

在这种方式中，只允许数据按一个固定的方向传送，如图 6.2（a）所示。图中 A 只能发送数据，称为发送器（Transfer）；B 只能接收数据，叫做接收器（Receiver）。而数据不能从 B 向 A 传送。

### 2. 半双工方式（Half-Duplex Mode）

半双工方式如图 6.2（b）所示。在这种方式下，数据既可以从 A 传向 B，也可以从 B 向 A 传输。因此，A、B 既可作为发送器，又可作为接收器，通常称为收发器（Transceiver）。从这个意义上讲，这种方式似乎为双向工作方式。但是，由于 A、B 之间只有一根传输线，所以信号只能分时传送。即在同一时刻，只能进行一个方向传送，不能双向同时传输。因此，将其称为“半双工”方式。在这种工作方式下，要么 A 发送，B 接收；要么 B 发送，A 接收。当不工作时，令 A、B 均处于接收方式，以便随时响应对方的呼叫。

### 3. 全双工方式（Full-Duplex Mode）

虽然半双工方式比单工方式灵活，但它的效率依然比较低。主要原因是从发送方式切换到接收方式需要一定的时间，大约为数毫秒，重复线路切换所引起的延迟积累时间是相当可观的。也是更重要的，就是在同一时刻只能工作在某一种方式下，这是半双工效率不高的根本原因所在。解决的方法是增加一条线，使 A、B 两端均可同时工作在收发方式，如图 6.2（c）所示。将图 6.2（c）与图 6.2（b）相比，虽然对每个站来讲，都有发送器和接收器，但由于图（c）中有两条传输线，不用收发切换，因而传送速率可成倍增长。

要说明的一点是，全双工与半双工方式比较，虽然信号传送速度大增，但它的线路也要增加一条，因此系统成本将增加。在实际应用中，特别是在异步通信中，大多数情况都采用半双工方式。这样，虽然发送效率较低，但线路简单、实用，对于一般系统也基本够用。

## 6.1.2　异步通信和同步通信

根据在串行通信中数据定时、同步的不同，串行通信的基本方式有两种：异步通信（Asynchronous Communication）和同步通信（Synchronous Communication）。

### 1. 异步通信

异步通信是字符的同步传输技术。在异步通信中，传输的数据以字符（Character）为单位，当发送一个字符代码时，字符前面要加一个“起始”信号，其长度为一位，极性为“0”，即空号（Space）状态；规定在线路不传送数据时全部为“1”，即传号（Mark）状态。字符后边要加一个“停止”信号，其长度为 1、1.5 或 2 位，极性为“1”。字符本身的长度为 5～8 位数据，视传输的数据格式而定。例如，当传送的数字（或字符）用 ASCII 码表示时，其长度为 7 位。在某些传输中，为了减少误码率，经常在数据之后还加一位“校验位”。由此可见，一个字符由起始位（0）开始，到停止位（1）结束，其长度为 7～12 位。起始位和停止位用来区分字符。传送时，字符可以连续发送，也可以断续发送，不发送字符时线路保持“1”状态。字符的发送顺序为先低位后高位。

综上所述，异步串行通信的帧格式，如图 6.3 所示。

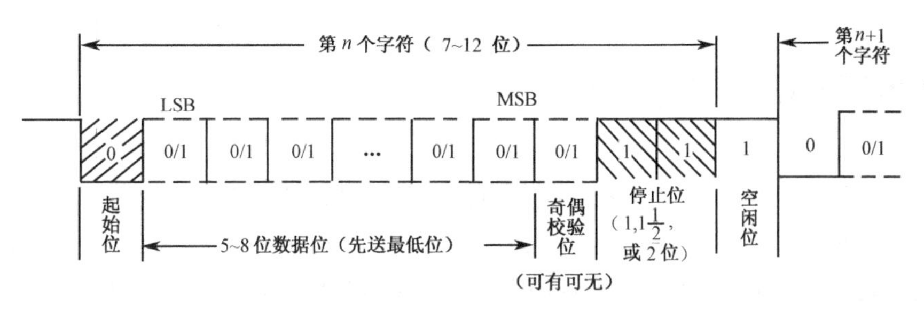


图 6.3　异步串行通信的帧格式

异步通信的优点是收/发双方不需要严格的位同步。也就是说，在这种通信方式下，每个字符作为独立的信息单元，可以随机地出现在数据流中，而每个字符出现在数据流中的相对时间是随机的。然而一个字符一旦开始发送，字符的每一位就必须连续地发送出去。由此可见，在异步串行通信中，“异步”是指字符与字符之间的异步，而在字符内部，仍然是同步传送。在异步通信中，由于大量增加了起始停止和校验位，所以，这种通信方式的效率比较低。其最高效率（传送 8bit 数据，1bit 停止位，1bit 校验位）也只有 8/(8+3)≈73%。

### 2. 同步通信

同步通信的特点是不仅字符内部保持同步，而且，字符与字符之间也是同步的。在这种通信方式下，收/发双方必须建立准确的位定时信号，也就是说收/发时钟的频率必须严格一致。同步通信在数据格式上也与异步通信不同，每个字符不增加任何附加位，而是连续发送。但是在传送中，数据要分成组（帧），一组含多个字符代码或若干个独立的码元。为使收/发双方建立和保持同步，在每组的开始处应加上规定的码元序列，作为标志序列。在发送数据之前，必须先发送此标志序列，接收端通过检测该标志序列实现同步。

标志序列的格式因传输规程不同而异。例如，在基本型传输规程中，利用国际 NO.5 代码中的“SYN”控制系统，可实现收/发双方同步。又如在高级数据链路规程（HDLC）中，是按帧格式传送的，利用帧标志符“01111110”来实现收/发双方的同步的。两种传送方法如图 6.4 所示。

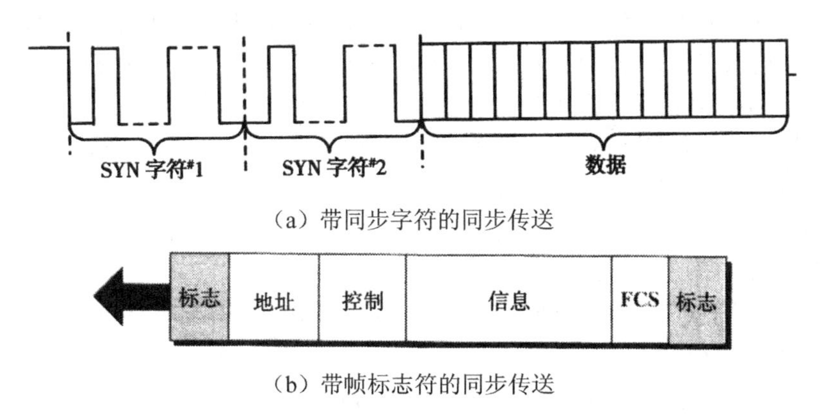


（a）带同步字符的同步传送

（b）带帧标志符的同步传送

图 6.4　两种同步传送格式

同步通信方式适合 2400bps 以上速率的数据传输。由于不必加起始位和停止位，所以，传输效率比较高。其缺点是硬件设备较为复杂，因为它要求有时钟来实现发送端和接收端之间的严格同步，因此还要用锁相技术等来加以保证。

例如，一种很常见的数据链路结构是 HDLC，一般包含 48bit 的控制信息、前同步码和后同步码。因此，对于一个 1000 个字符的数据块，每个帧包括 48bit 的额外开销，以及 1000×8=8000bit 的数据，由此可求出其额外开销仅占 48/(8000+48)×100%≈0.6%。

同步通信用于计算机到计算机之间的通信，以及计算机到 CRT 或外设之间的通信等。

# 6.2 串行通信标准总线

在进行串行通信接口设计时，主要考虑的问题是接口方法、传输介质及电平转换等。和并行传送一样，现在已经颁布了很多种标准总线，如 RS-232-C、RS-422、RS-485 和 20mA 电流环等。与之相配套的，还研制出了适合各种标准接口总线使用的芯片，为串行接口设计带来极大的方便。

串行接口的设计主要是确定一种串行标准总线，其次是选择接口控制及电平转换芯片。

## 6.2.1 RS-232-C

RS-232-C 是使用最早、应用最多的一种异步串行通信总线。它由美国电子工业协会（Electronic Industries Association）于 1962 年公布，1969 年最后一次修订而成。其中 RS 是 Recommended Standard 的缩写，232 是该标准的标识，C 表示最后一次修订。

RS-232-C 主要用来定义计算机系统的一些数据终端设备（DTE）和数据通信设备（DCE）之间接口的电气特性。CRT、打印机与 CPU 的通信大都采用 RS-232-C 总线。由于 MCS-51 系列单片机本身有一个异步串行通信接口，因此，该系列单片机使用 RS-232-C 串行总线更加方便。

### 1. RS-232-C 的电气特性

RS-232-C 标准早于 TTL 电路的产生，其高、低电平要求对称，规定高电平为+3～+15V，低电平为-3～-15V。需特别指出，RS-232-C 数据线 TxD、RxD 的电平使用负逻辑：低电平表示逻辑 1，高电平表示逻辑 0；其他控制线均采用正逻辑，最高能承受±30V 的信号电平。因此，RS-232-C 不能直接与 TTL 电路连接，使用时必须加上适当的电平转换电路，否则将使 TTL 电路烧毁！这一点使用时一定要特别注意。市售的专用集成电路芯片，如 MC1488 和 MC1489 是专门用于计算机（终端）与 RS-232-C 总线间进行电平转换的接口芯片。其中：

- MC1488——输入为 TTL 电平，输出与 RS-232-C 兼容，电源电压为±15V 或±12V。
- MC1489——输入与 RS-232-C 兼容，输出为 TTL 电平，电源电压为 5V。

此外，还有一些功能更强的集成芯片，如把接收和发送功能集成在一块芯片上，或者在一个芯片上，包含几个线路驱动器（$T_X$）和接收器（$R_X$），有些还带 μP（微处理器）监控系统。为了适应手提电脑的需求，又研制出只需低电源（3.3～5V）的 RS-232-C 的接口芯片，传输速率也从几十 Kbps 到 1Mbps。有些还含±15kV 的静电放电保护（ESD）功能及 IEC-1000-4-2 空隙放电保护。为了在不传送时节省电能，还加设了具有自动关断功能（Auto Shutdown）的芯片。

为了适应不同的场合，采用多种封装形式，如 DIP（双列直插封装）、SO（小型表贴）、SSOP（紧缩的小型表贴）、μMax（微型 Max）等。

下面以 MAX232 为例介绍一下接收/发送一体化接口芯片。

MAX232 是有两个线路驱动器（$T_X$）和两个接收器（$R_X$）的 16 脚 DIP/SO 封装型工业级 RS-232-C 标准接口芯片。

MAX232 系列收发器引脚及原理，如图 6.5 所示。

从图 6.5 中可以看出，MAX232 系列芯片由 4 部分组成：电压倍增器、电压反向器、RS-232 发送器和 RS-232 接收器。电压倍增器利用电荷充电泵原理用电容 C1 把+5V 电压变换成+10V 电压，并存放在 C3 上。第 2 个电容充电泵用 C2 将+10V 转换成-10V，储存在滤波电容 C4 上。因此，RS-232 只需用+5V 单电源即可。这些芯片其收发性能与 1488/1489 基本相同，只是收发器路数不同。

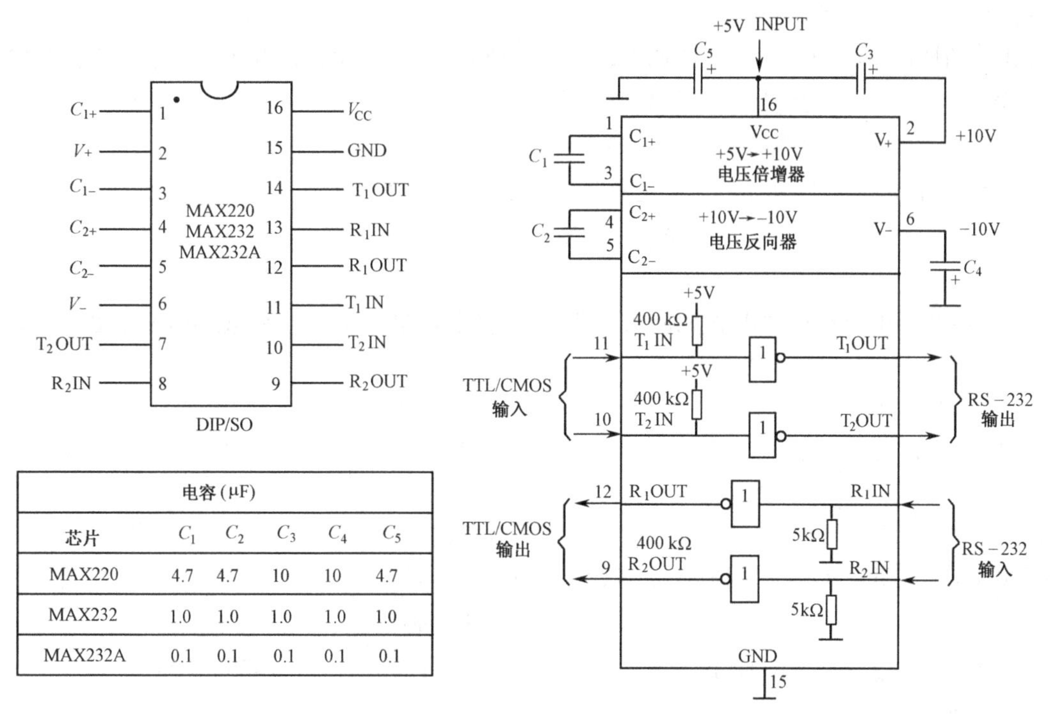


| 芯片 | 电容(μF) | | | | |
|---|---|---|---|---|---|
| | $C_1$ | $C_2$ | $C_3$ | $C_4$ | $C_5$ |
| MAX220 | 4.7 | 4.7 | 10 | 10 | 4.7 |
| MAX232 | 1.0 | 1.0 | 1.0 | 1.0 | 1.0 |
| MAX232A | 0.1 | 0.1 | 0.1 | 0.1 | 0.1 |

图 6.5　MAX220/232/232A 管脚分配及应用电路

### 2. RS-232-C 的应用

（1）单片机串行通信

由于 MCS-51 单片机内部已经集成了串行接口，因此用户不需再扩展串行通信接口芯片，直接利用 MCS-51 单片机上的串行接口和 RS-232-C 电平转换芯片即可实现串行通信。其连接电路如图 6.6 所示。

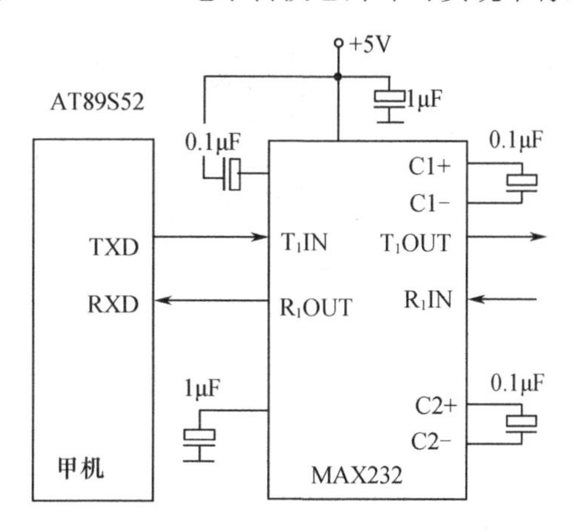


图 6.6　8051 单片机串行接口电路图

由图 6.6 可以看到，单片机 8031 的串口输出和输入分别为 TxD 和 RxD，但它们均为 TTL 电平。为实现 RS-232-C 的电平要求，还需要接 RS-232-C 的电平转换芯片。在本例中，采用 MAX232 作为电平转换。正如上边所讲的，该芯片内部集成直流电源变换器，可把外部电源（+5V）转换为 RS-232-C 所要求的±10V，符合 RS-232-C 的电平规范要求。同时，MAX232 有两组收发电路，在图 6.6 中只用了其中的一组。

在所设计的串行接口中，要求通信速率为4800波特，实现单片机8031与主机之间的通信。同时，设单片机的时钟频率为11 MHz。

在此，选用串行口工作在方式1。其传送数据格式为：1个低电平的启动位，8位数据和1个高电平的停止位。

在方式1的情况下，串行口的通信速率、定时计数器T1的溢出速率和电源控制器PCON中的波特率控制位SMOD有关。此时给出计算公式为[20, 21]：

$$波特率=(2^{SMOD}/32)\times(定时器T1的溢出率) \quad (6-1)$$

而定时器T1的溢出率则和定时器的工作方式有关，其计算公式为：

$$定时器T1的溢出率 =f_{OSC}/12\times(2^n-X) \quad (6-2)$$

两式中，

SMOD——单片机串行接口中PCON寄存器中的控制位（最高位）。当SMOD=1时，波特率$=f_{OSC}/32$；当SMOD = 0时，波特率$=f_{OSC}/64$。

$f_{OSC}$——单片机的时钟频率。

$n$——定时器T1的位数。对于定时器方式0，取$n$=13；对于定时器方式1，取$n$=16；对于定时器方式2、3，取$n = 8$。

此时，用于串口通信的定时器常选用它的工作方式2的自动装入方式。定时器用的是8位。

根据式（6-1）和式（6-2）可求出定时计数器T1的初值：

$$X=2^n-2^{SMOD}\times f_{OSC}/384\times波特率$$

设SMOD=0，$f_{OSC}$为11MHz，波特率为4800bps，则可计算出初值X=250=FAH。

下面是实现上述功能的程序。

```
; 主程序
ORG     2000H
START:  MOV     TMOD,#20H           ; 定时器T1为方式2
        MOV     TH1,#0FAH
        MOV     TL1,#0FAH           ; 波特率为4800
        MOV     PCON,#00H           ; 置SMOD=0
        SETB    TR1                 ; 启动T1计数开始
        MOV     SCON,#50H           ; 串口方式1
        MOV     R0,#20H             ; 发送缓冲区首址
        MOV     R1,#40H             ; 接收缓冲区首址
        SETB    EA                  ; 开中断
        SETB    ES                  ; 允许串行口中断
        LCALL   SOUT                ; 先输出一个字符
HERE:   AJMP    HERE                ; 模拟主程序
; 中断服务程序
        ORG     0023H               ; 串行中断入口
        LJMP    SBR1                ; 转至中断服务程序
        ORG     0100H
SBR1:   JNB     RI,SEDATA           ; 不是接收则转发送
        LCALL   SINDATA             ; 转接收
GOBACK: RETI
; 数据发送程序
SEDATA: MOV     R0,#20H
WAIT:   JNB     TI,$                ; 等待发送完一个字符
        MOVX    A,@R0               ; 取一个字符
        MOV     SBUF,A              ; 送串口
        INC     R0
        CLR     TI
        CJNE    A,#0AH,WAIT         ; 10个字节数未发送完，继续
```

```
         SJMP    GOBACK
;接收子程序
SINDATA: MOV     R0,#20H
RXDW:    JNB     RI,$
         CLR     RI
         MOV     A,SBUF
         MOVX    @R0,A
         INC     R0
         CJNE    A,#0AH,RXDW          ;10个字节数未接收完，继续
         RET
```

前面提到的发送、接收子程序，在实际工程中，发送子程序是可以实际应用的。因为什么时候一个数据块已准备好需要发往对方，程序设计者是知道的。数据准备好后即可调用。而对接收子程序来说，概念上是可以理解的，但是并不实用。原因是通信对方何时发来数据是不可知的，而单片机又不能不做别的事而一直查询等待对方发来的数据。

因此，在实时性要求不高的应用中，发送采用查询工作而接收采用中断工作。在要求高的地方发和收都可以采用中断工作。

（2）单片机与 PC 机之间的通信

除了单片机之间的通信以外，单片机与 PC 机之间的通信也是应用较多的一种通信，特别是在数据采集系统中。

单片机与 PC 机之间的通信原理电路如图 6.7 所示。

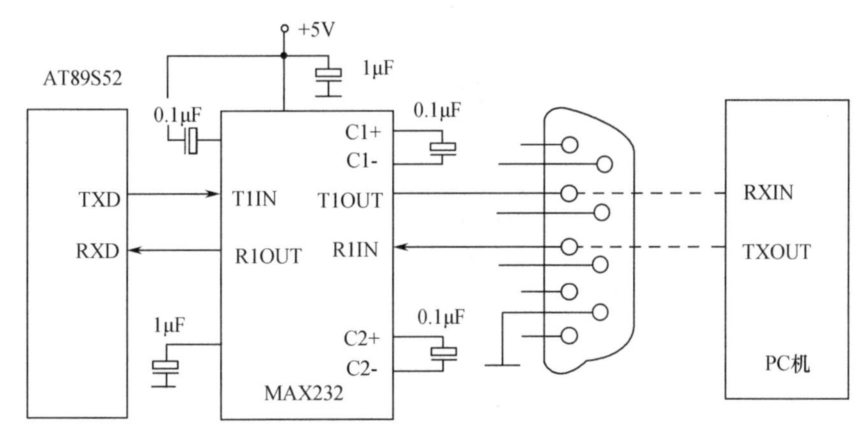


图 6.7　单片机与 PC 机之间的通信原理电路

在图 6.7 中，单片机 AT89S52 的串行数据输出端口 TXD 接到 MAX232 第一组收发器的输入端口 T1IN 端，用于向 PC 机发送数据。单片机 AT89S52 的串行数据输入端口 RXD 接到 MAX232 第一组收发器的输出端口 R1OUT 端，用于接收 PC 机发送的数据。

PC 机串行数据输入端口 RXIN 通过 COM2 接口连接到 MAX232 第一组收发器的输出端口 T1OUT 端，用于接收单片机发送的串行数据。PC 机串行数据输出端口 TXOUT 通过 COM2 接口连接到 MAX232 第一组收发器的输入端口 R1IN 端，用于向单片机发送串行数据。

在此串行数据通信系统中，单片机 AT89S52 的主要工作于方式 1，通过查询接收中断位 RI 和发送完毕中断位 TI 实现数据的可靠传输。

串行中断服务程序用于接收数据。如果接收到 0FFH，表示上位机需要联机信号，单片机发送 0FFH 作为应答信号；如果接收到数字 1～$n$，表示相应的功能。这里，假设收到 1，单片机向 PC 机发送字符 a；如果收到 2，单片机向 PC 机发送字符 k；如果收到其他数据，单片机向 PC 机发送字符 m。

下面为完成上述任务的程序。

```
         ORG 0000H
```

```
        LJMP    MAIN
        ORG     0023H           ; 串行中断服务程序
        LJMP    SINT
        ORG     0100H
MAIN:   MOV     SP,#60H         ; 设置堆栈
        MOV     TMOD,#20H       ; 设置定时器 T1 工作方式 2
        MOV     TH1,#0F3H       ; 定时器重装值
        MOV     TL1,#0F3H       ; 定时器计数初值，波特率 2400
        MOV     PCON,#00H       ; 波特率不倍增
        MOV     SCON,#50H       ; 设置串口工作方式 1，REN=1 允许接收
        SETB    ES              ; 允许串行中断
        SETB    EA              ; 允许总的中断

        SETB    TR1             ; 定时器开始工作
HERE:   SJMP    HERE            ; 模拟主程序
; 串行中断服务程序
SINT:   CLR     ES              ; 禁止串行中断
        CLR     RI              ; 清除接收标志位
        MOV     A,SBUF          ; 从缓冲区取出数据
        MOV     DPTR,#TABLE
        CJNE    A,#0FFH,IN1     ; 检查数据
        MOV     SBUF,#0FFH      ; 收到联机信号 0FFH，发送联机信号
        JNB     TI,$            ; 等待发送完毕
        CLR     TI              ; 清除发送标志
        SETB    ES              ; 允许串行中断
        RETI
IN1:    CJNE    A,#01H,IN2      ; 如果收到 1
        MOVC    @A+DPTR
        MOV     SBUF,A          ; 发送'a'
        JNB     TI,$            ; 等待发送完毕
        CLR     TI              ; 清除发送标志
        SETB    ES              ; 允许串行中断
        RETI
IN2:    CJNE    A,#02H,IN3      ; 如果收到 2
        MOVC    @A+DPTR
        MOV     SBUF,A          ; 发送'k'
        JNB     TI,$            ; 等待发送完毕
        CLR     TI              ; 清除发送标志
        SETB    ES              ; 允许串行中断
        RETI
IN3:    MOV     A,#03H          ; 如果收到 3
        MOVC    @A+DPTR
        MOV     SBUF,A          ; 发送'm'
        JNB     TI,$            ; 等待发送完毕
        CLR     TI              ; 清除发送标志
        SETB    ES              ; 允许串行中断
        RETI
TABLE: DB   '2','a','k','m'
END
```

### 6.2.2 RS-485

在许多工业过程控制中，要求用最少的信号线来完成通信任务。目前广泛应用的 RS-485 串行接口总线就是为适应这种需求而产生的。它实际上就是 RS-422 总线的变型。两者不同之处在于：① RS-422

为全双工，而 RS-485 为半双工；② RS-422 采用两对平衡差分信号线，RS-485 只需其中的一对。RS-485 更适合多站互连，一个发送驱动器最多可连接 32 个负载设备。负载设备可以是被动发送器、接收器和收发器。此电路结构在平衡连接电缆两端有终端电阻，在平衡电缆上挂发送器、接收器或组合收发器。两种总线的连接方法如图 6.8 所示。

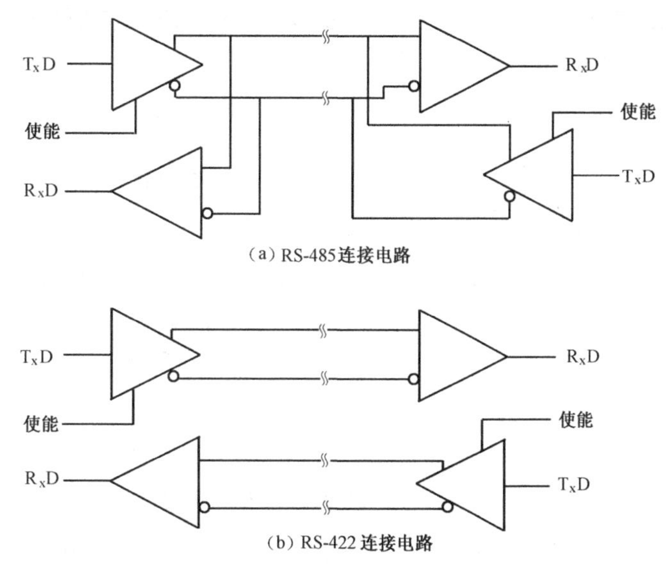

(a) RS-485连接电路

(b) RS-422 连接电路

图 6.8 RS-485/RS-422 接口连接方法

如图 6.8 图（a）所示为 RS-485 连接电路。在此电路中，任一时刻只能有一个站发送数据，一个站接收数据。因此，其发送电路必须由使能站加以控制。而图（b）由于是双工连接方式，故两站都可以同时发送和接收。

对于一个通信子站来讲，RS-422 和 RS-485 的驱动/接收电路没有多大差别，详见表 6.1。

表 6.1 RS-422 与 RS-485 的比较

| 项目 \ 接口 | | RS-422 | RS-485 |
|---|---|---|---|
| 动作方式 | | 差动方式 | 差动方式 |
| 可连接的台数 | | 1 台驱动器<br>10 台接收器 | 32 台驱动器<br>32 台接收器 |
| 最大距离 | | 1200m | 1200m |
| 传送速率的最大值 | 12m | 10Mbps | 10Mbps |
| | 120m | 1Mbps | 1Mbps |
| | 1200m | 100Mbps | 100Mbps |
| 同相电压的最大值 | | +6V<br>−0.25V | +12V<br>−7V |
| 驱动器的输出电压 | 无负载时 | ±5V | ±5V |
| | 有负载时 | ±2V | ±1.5V |
| 驱动器的输出阻抗（高阻抗状态） | POWER-ON | 没有规定 | ±100μA 最大<br>−7V≤*V*com≤12V |
| | POWER-OFF | ±100μA 最大<br>−0.25V≤*V*com≤6V | ±100μA 最大<br>−7V≤*V*com≤12V |
| 接收器输入电压范围 | | −7～+7V | −7～+12V |
| 接收器输入敏感度 | | ±200mV | ±200mV |
| 接收器输入阻抗 | | >4kΩ | >12kΩ |

和 RS-232-C 标准总线一样，RS-422 和 RS-485 两种总线也需要专用的接口芯片完成电平转换。下面介绍一种典型的 RS-485/RS-422 接口芯片。

MAX481E/MAX488E 是低电源（只有+5V）RS-485/RS-422 收发器。每一个芯片内都包含一个驱动器和一个接收器，采用 8 脚 DIP/SO 封装。除了上述两种芯片外，和 MAX481E 相同的系列芯片还有 MAX483E/485E/487E/1487E 等，与 MAX488E 相同的有 MAX490E。这两种芯片的主要区别是前者为半双工，后者为全双工。它们的管脚分配及原理如图 6.9 所示。

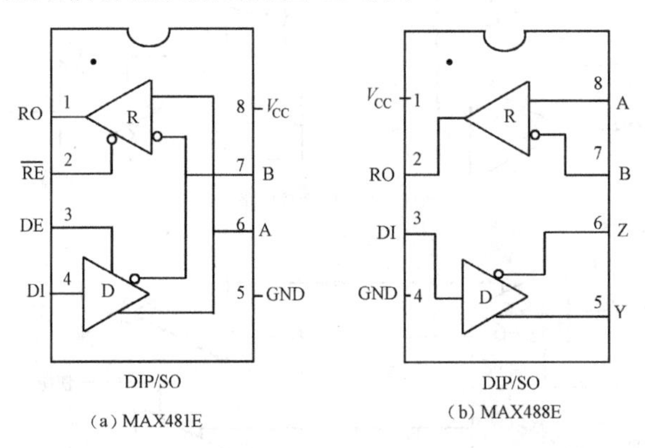


图 6.9　MAX481E/488E 结构及管脚图

如图 6.9 所示，(a)、(b) 两种电路的共同点是都有一个接收输出端 RO 和一个驱动输入端 DI。不同的是，图 (a) 中只有两根信号线，A 和 B。A 为同相接收器输入和同相驱动器输出，B 为反相接收器输入和反相驱动器输出。而在图 (b) 中，由于是双工的，所以信号线分开，为 A、B、Z、Y。这两种芯片由于内部都有接收器和驱动器，所以每个站只用一片即可完成收发任务。其接口电路如图 6.10 所示。

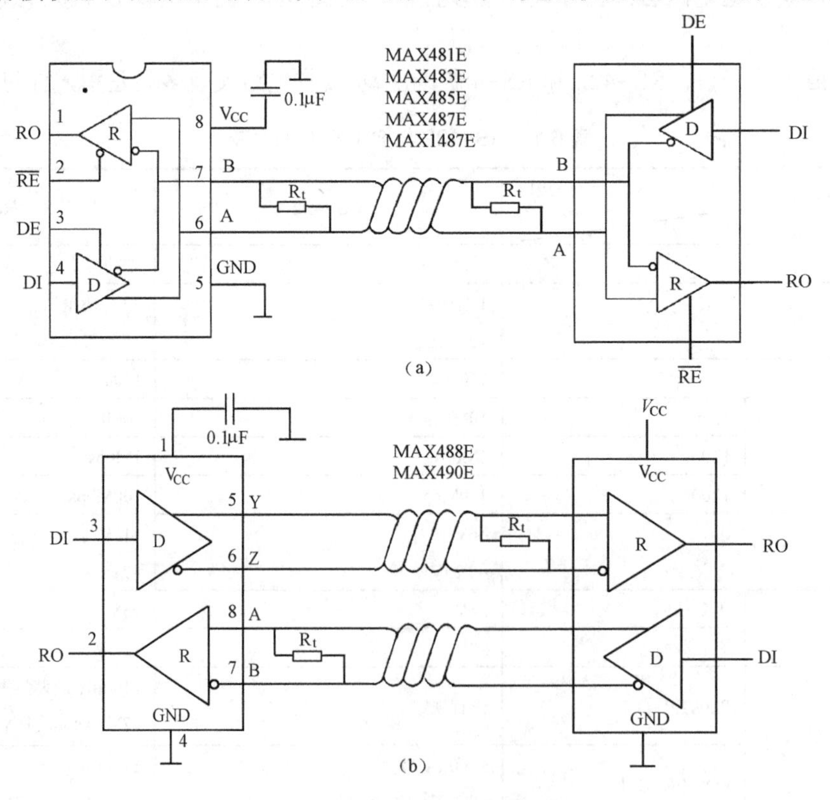


图 6.10　MAX481E/MAX488E 接口电路图

MAX481E/483E/485E/487E/491E 和 MAX1487E 都是为多点双向总线数据通信而设计的，如图 6.11 和图 6.12 所示。也可以把它们作为线路中继站，其传送距离超过 1 200m。

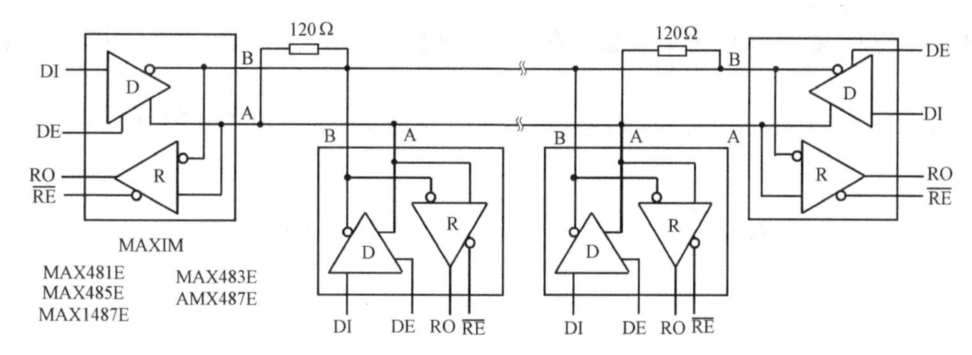


图 6.11　MAX481E/483E/485E/487E/1487E 典型的 RS-485 半双工网络

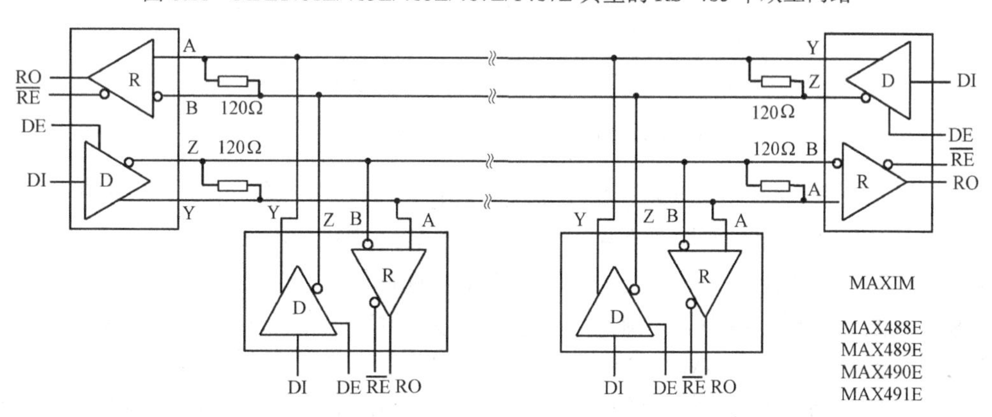


图 6.12　MAX488E/489E/490E/MAX491E 全双工 RS-485 网络

## 6.2.3　多机通信

单片机多机通信是指两台以上的单片机组成的网络结构，可以通过串行通信方式实现数据交换和控制。多机通信的网络拓扑结构有星型、环型和主从式多种结构，其中以主从式结构应用较多。该结构系统中，一般有一台主机和多台从机。主机发送的信息可以传送到多台从机或指定从机，而从机发送的信息只能传送到主机，各从机之间不能直接通信，其结构形式如图 6.13 所示。

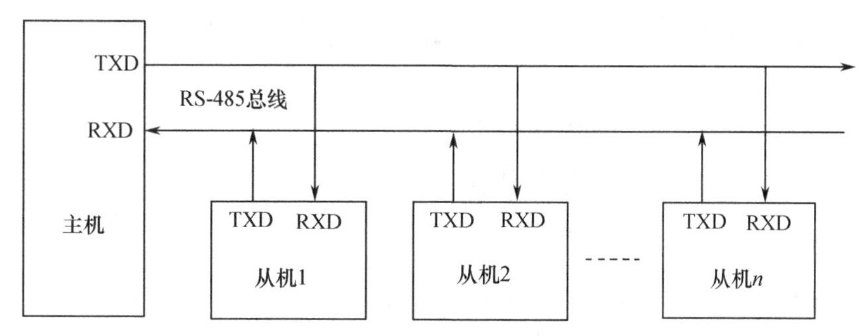


图 6.13　主从式多机通信结构形式

在图 6.13 中，RS-485 总线的连接可参考图 6.11 和图 6.12。此系统也适用于 RS-232 总线。多机通信设单片机工作于方式 2 或 3，该方式发送数据格式每一帧是 11 位，如图 6.14 所示。1 位是起始位（0），8 位数据位（低位在前），1 位可设置的第 9 位数据和 1 位停止位。其中，第 9 位可识别发送的前 8 位数据是数据帧还是地址帧，该位为 1 是地址帧，为 0 则是数据帧，此位可通过对 SCON 寄存器的 TB8 位赋值来置位。当 TB8 为 1 时，单片机发出的一帧数据中第 9 位为 1，否则为 0。

作为接收方（本例为从机）的串行口也同样工作在工作方式 2 和方式 3 状态，它的 SM2 和 RB8（接收到的第 9 位）的组合如下。

（1）若从机的控制位 SM2 设为 1，则当接收数据的第 9 位为 1 时，即地址帧时，数据装入 SBUF，并置 RI 为 1，向 CPU 发出中断申请；当接收数据的第 9 位为 0 时，即数据帧时，不会产生中断，信息被丢弃。

（2）若从机的控制位 SM2 设为 0，则无论是地址帧还是数据帧都将产生 RI=1 的中断标志，8 位数据均装入 SBUF。

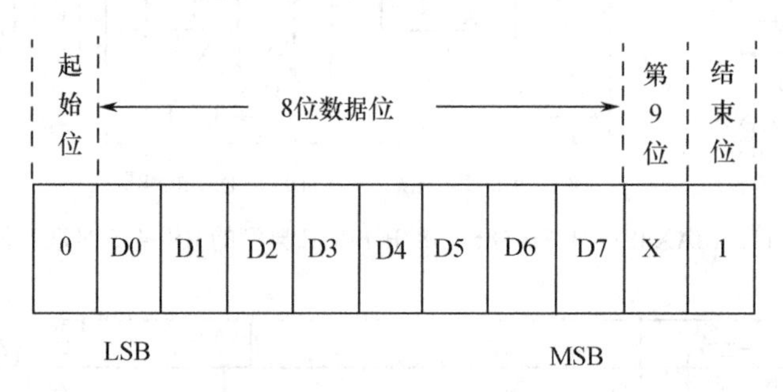


图 6.14　单片机在方式 2 和方式 3 状态时的数据结构

在图 6.13 中，主机要发送一数据块给某一从机时，它先发送一个地址字节，称为地址帧，它的第 9 位是“1”，此时各从机的串行口接收到第 9 位（RB8）都为 1，则置中断标志 RI 为“1”，这样使每一台从机都检查一下所接收的地址是否与本机相符。若为本机地址，则清除 SM2，而其余从机保持 SM2=1 状态。接下来主机发送数据，称为数据帧，它的第 9 位为“0”，各从机接收到的 RB8 为“0”。因此，只有与主机联系上的从机（此时 SM2=0）才会置中断标志 RI 为“1”，接收主机的数据，从而实现与主机的通信。其余从机则因为 SM2=1，且第 9 位 RB8=0，不满足数据接收条件，从机不会发生中断，而将所接收的数据丢弃。

### 1. 系统硬件设计

本系统实现的是主机和多个从机之间的数据传输，因此，硬件电路也分为主机电路和从机电路。主机和从机的电路基本一致，从机要增加本机地址设置电路。此外，根据距离的远近，可以采用不同的总线。一般距离在 15m 以内，可以采用 RS-232 总线。当距离比较远时，可以考虑采用 RS-485 总线。在采用不同的通信标准时，还需要增加相应的电平转换接口芯片，也可以考虑对传输信号进行光电隔离，可分别参考图 6.6、图 6.11 和图 6.12。

主机电路基本上与图 6.6 相同，本例只给出从机的部分电路，如图 6.15 所示。

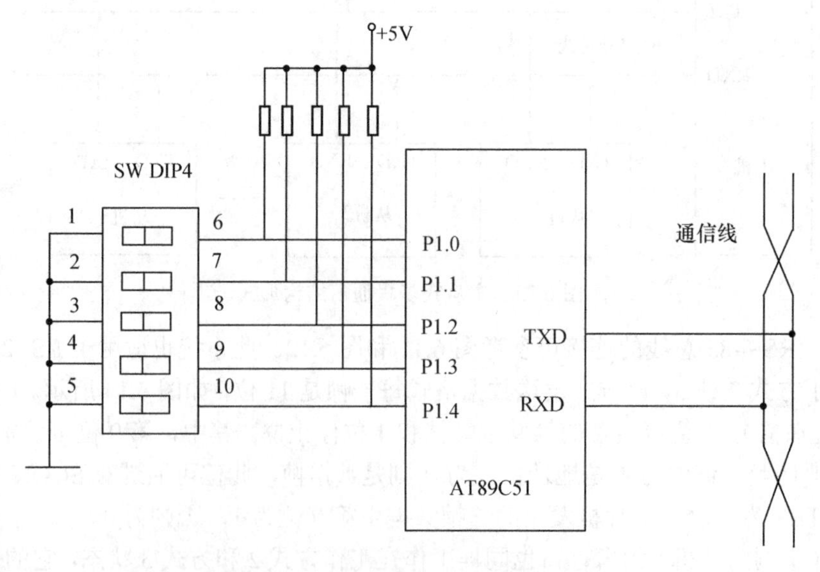


图 6.15　单片机多机通信系统从机部分电路图

图 6.15 中，单片机 P1 口的低 5 位作为地址译码线，因此，可以译出 32 个地址，其二进制数为 00000～11111。每个从机的地址可以通过拨动拨码开关的位置来设定。初始化时，每个从机读取本机拨码开关的数值，作为本机的地址。因此，此种地址结构使用时只需改变拨码开关的位置即可设置不同的地址，无须进行软件改动。

#### 2. 系统软件设计

与双机通信相比，多机通信增加了从机的数量，发送的数据不仅有数据帧，还有地址帧，因此，实现起来比较复杂。通常利用单片机的串行口方式 2 或 3 实现多机通信。工作时，主机和从机可工作于同一方式，也可以工作于不同方式，只要双方的波特率相同，帧格式相同即可。关键是区分何时发送地址帧或是数据帧，这主要通过串口控制寄存器 SCON 中的 SM2 位实现。图 6.13 基本工作过程如下。

（1）主机处于发送状态。由于是发送状态，所以 SM2=0 或 SM2=1 均可，首先发送的是地址帧，此时 SCON 中的 TB8=1，表示发送的是地址标识。

（2）主机发送地址标识后，设置 SM2=1，主机处于接收地址的状态，等待从机的应答。

（3）所有的从机都处于接收状态，它们会同时收到主机发来的地址码，分别与各自的地址码比较后，只有与主机发送的地址相符的从机才进行下一步的应答处理，其余各从机仍处于接收状态。

（4）地址相符的从机进行应答，使自己的 SCON 中的 TB8=1，向主机发送自己的标识码，然后置 SCON 中的 SM2=0，进入数据接收状态。

（5）主机收到从机发送的地址标识码，至此，通信双方握手成功。

（6）主机设置 SM0=0，主机开始发送数据或数据块，发送结束后，主机返回到初始状态。

（7）因为只有和主机地址标识符相符的从机才能接收到数据，接收完后，将根据最后的校验结果判断数据接收是否正确，若正确，则向主机发送数据正确信号，然后，从机也返回初始状态。此时，一次通信完成。

从以上过程可知，在通信过程中，需要使用一些应答信号，用户可根据具体情况自行确定。校验方法可采用通常的校验和方法，即将所有的数据异或，发送时生成，并作为第 $N$ 个数据发出。接收方也把所接收到的前 $N-1$ 个数据相异或，结果与接收到的第 $N$ 个数据进行比较，如果相等，则接收正确，否则，接收失败。

主机和从机发送和接收流程图，如图 6.16 和图 6.17 所示。通信程序设计可参考本书网络资源。

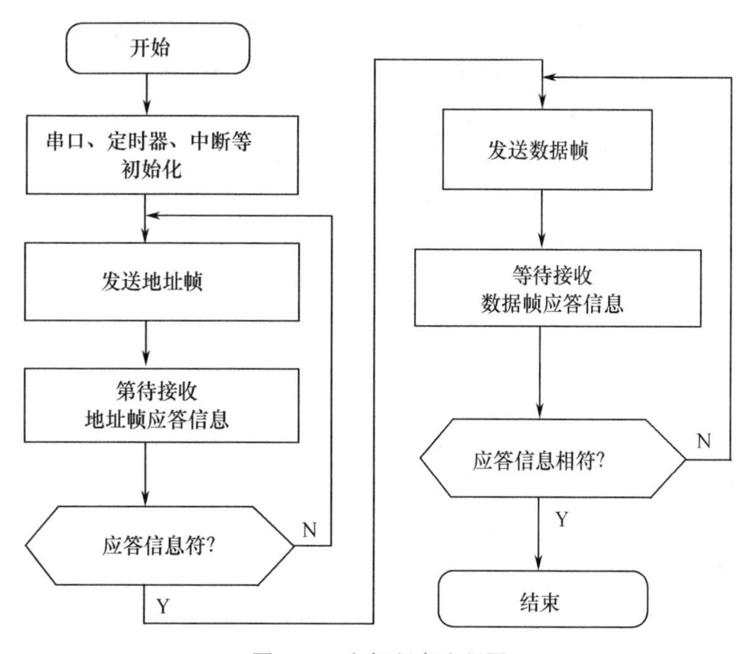


图 6.16　主机程序流程图

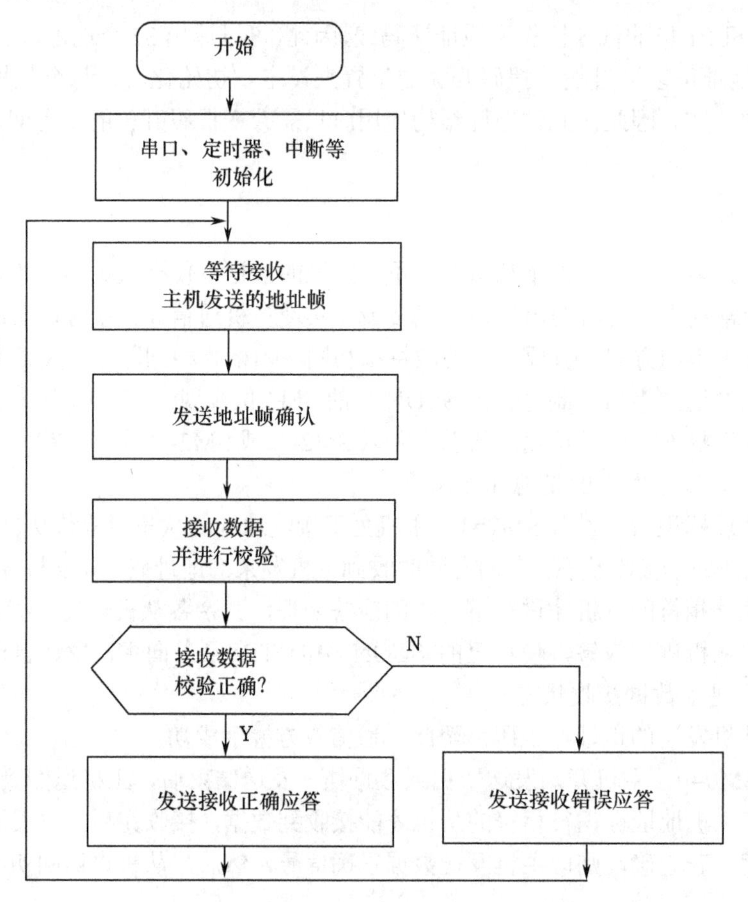


图 6.17　从机程序流程图

## 6.3　SPI 总线

由于串行总线连接线少，且结构比较简单，因此，得到了广泛的应用。串行总线系统依靠一定的通信协议，只用很少几根线，如设备的选通、数据的格式、传送的启动和停止、多主机时总线控制权的裁决等，就能完成有效的数据传送。目前，常见的串行接口总线有 Motorola 公司的 SPI（Serial Peripheral Interface）总线、PHILIPS 公司的 $I^2C$ 总线、国家半导体公司的 NS8085U，以及由 Microwire 公司、Intel 公司和 Duracell 公司提出的 SMBus（System Management Bus）等。在这一节里，主要介绍 SPI 总线。

SPI 串行外部接口，是 Motorola 公司生产的增强型 MC68HC70508A（单片机）上的串行接口，能与外部设备之间进行全双工、同步串行通信。其功能类似 MCS-51 系列单片机串行接口中的方式 0。关于 MC68HC70508A 单片机的详细内容请参看 Motorola 公司的有关资料。

SPI 具有如下特点。

- 全双工操作。
- 主从方式。
- 有 4 种可编程主方式频率（最大为 1.05MHz）。
- 最大从方式频率为 2.1MHz。
- 具有可编程极性和相位的串行时钟。
- 有传送结束中断标志。
- 有写冲突出错标志。
- 有总线冲突出错标志。

## 6.3.1　SPI 的内部结构

SPI 接口的内部结构图如 6.18 所示。

从图 6.18 中可以看出，SPI 接口由 SPI 移位寄存器、SPI 控制电路、管脚控制逻辑、除法器、时钟逻辑，以及控制寄存器（SPCR）、状态寄存器（SPSR）、数据寄存器（SPDR）等组成。SPI 移位寄存器主要完成串/并数据之间的转换；管脚控制逻辑主要控制 PD2/MISO、PD3/MOSI、PD4/SCK 及 PD5/$\overline{SS}$ 4 个管脚的工作方式；除法器则是系统时钟的分频器，由程序控制选择 4 种不同的时钟频率；SPI 控制电路用来控制串行工作状态及错误信息；3 个 SPI 寄存器 SPCR、SPSR 和 SPDR，主要用来保存各种状态信息及数据。

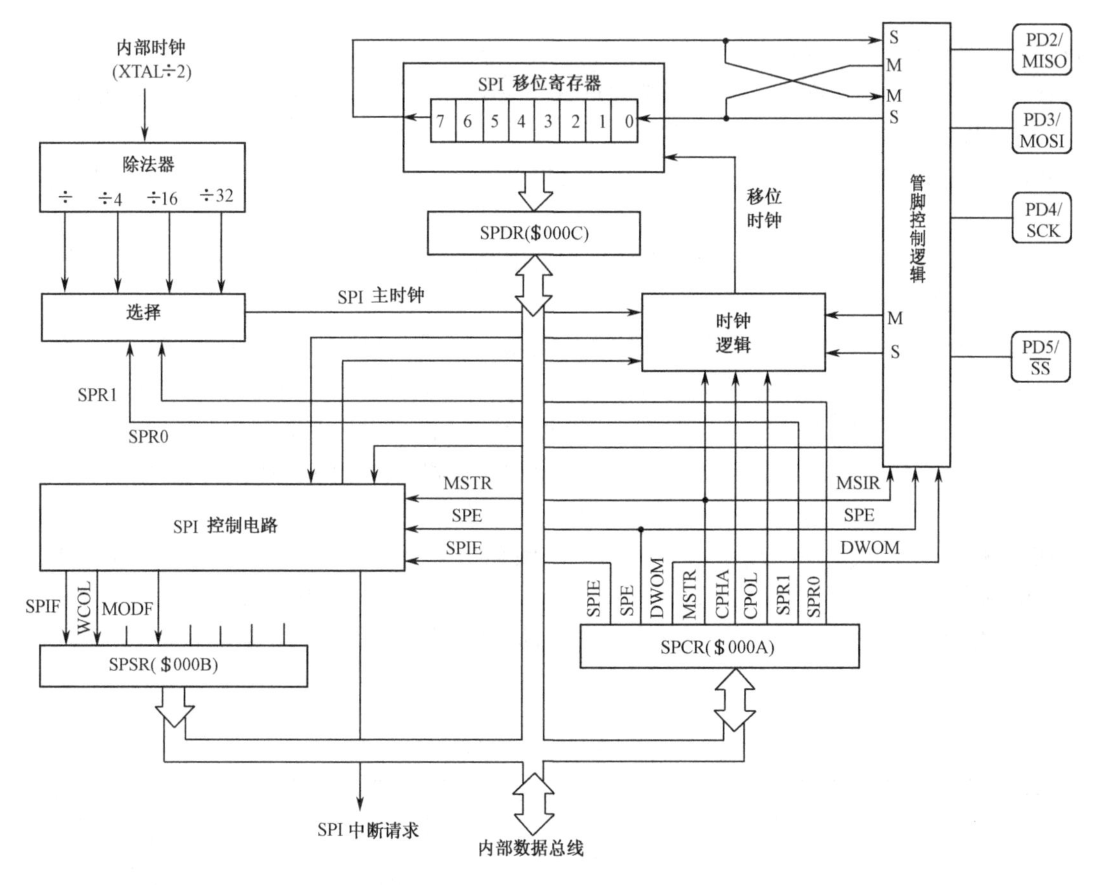


图 6.18　SPI 接口内部结构

### 1. SPI 数据寄存器（SPDR）

图 6.19 所示的 SPDR 是用于 SPI 所接收字符的读缓冲器。写一个字节到 SPDR 中，就是把该字节直接放入 SPI 移位寄存器。

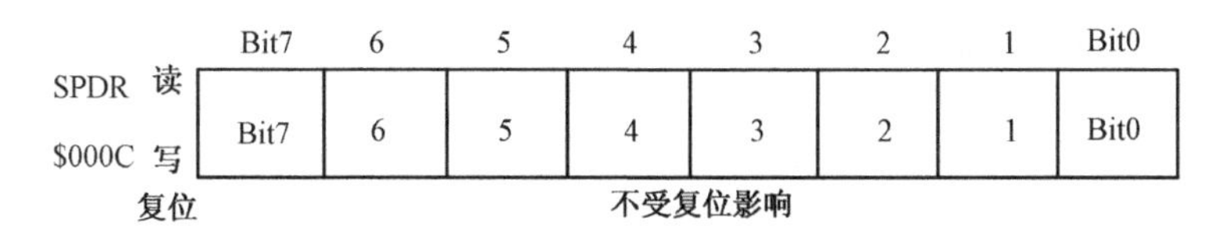

| | Bit7 | 6 | 5 | 4 | 3 | 2 | 1 | Bit0 |
|---|---|---|---|---|---|---|---|---|
| SPDR 读<br>$000C 写 | Bit7 | 6 | 5 | 4 | 3 | 2 | 1 | Bit0 |
| 复位 | 不受复位影响 | | | | | | | |

图 6.19　SPI 数据寄存器（SPDR）

### 2. SPI 控制寄存器（SPCR）

SPCR 具有下列功能。

- 允许 SPI 中断请求。

- 允许 SPI。
- 设置 SPI 为主或从方式。
- 选择串行时钟极性、相位和频率。

SPCR 各位的功能如图 6.20 所示。

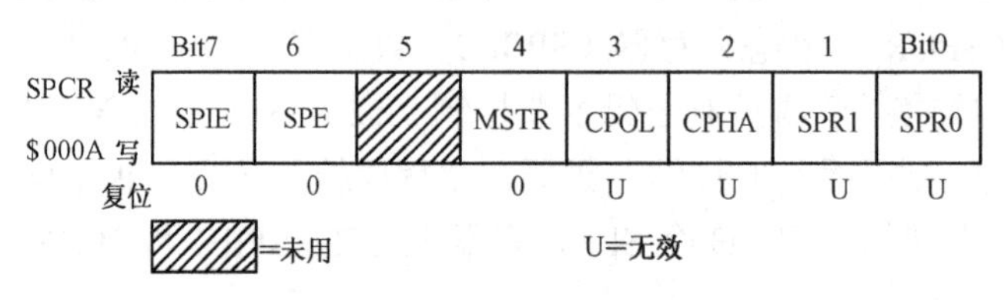


图 6.20 SPI 控制寄存器（SPCR）

图 6.20 所示的 SPCR 寄存器各位的功能如下。

- SPIE——SPI 中断允许位，该读/写位允许 SPI 中断。复位时该位被清零。该位置为 1，表示允许 SPI 中断；置 0 表示禁止 SPI 中断。
- SPE——SPI 复位允许位，该读/写位允许 SPI 复位，复位时该位将被清零。该位为 1 时，允许 SPI 复位；为 0 时，禁止 SPI 复位。
- MSTR——主机模式选择位，用来选择主/从工作方式，复位时为零。该位为 1 时，选择主方式；为 0 时，选择从方式。
- CPOL——时钟极性位，该读/写位决定各发送数据之间 PD4/SCK 管脚的状态。为了在 SPI 总线上传送数据，各 SPI 必须有相同的 CPOL 位，复位不影响 CPOL 位。该位为 1 时，表示传送数据间 PD4/SCK 管脚为逻辑 1；为 0 时，表示传送数据间 PD4/SCK 管脚为逻辑 0。
- CPHA——时钟相位位。该读/写位用来控制串行时钟和数据之间的时序关系。为了在 SPI 总线上传送数据，各 SPI 之间必须有相同的 CPHA 位，复位时对该位没有影响。该位等于 1 时，表示 PD4/SCK 上第一个有效沿后的下一个有效沿锁存数据；该位为 0 时，表示 PD4/SCK 上第一个有效沿锁存数据。
- SPR1 和 SPR0——SPI 时钟速率位。这些读/写位用来选择主方式的串行时钟速率，如表 6.2 所示。从 SPI 的这两位对串行时钟无影响。

表 6.2　SPI 时钟速率选择表

| SPR1 | SPR0 | 时钟因子 | 传输速率 | 位时间 |
|---|---|---|---|---|
| 0 | 0 | 内部时钟÷2 | 1MHz | 1μs |
| 0 | 1 | 内部时钟÷4 | 500kHz | 2μs |
| 1 | 0 | 内部时钟÷16 | 125kMHz | 8μs |
| 1 | 1 | 内部时钟÷32 | 62.5kHz | 16μs |

### 3. SPI 状态寄存器（SPSR）

图 6.21 所示为 SPSR 中的标志位。在下列条件下，将产生置位信号。

- SPI 发送完毕。
- 写冲突。
- 方式错。

其中：

SPIF——SPI 标志位。该位是可清除位，并且只能读，不能写。每当移出或移入到移位寄存器中一个字节时，该位被置位。如果 SPCR 中的 SPIE 也是置位状态，则 SPIF 产生一个中断请求。当 SPIF 置位时通过读 SPSR 可以清除 SPIF，然后读（或写）SPDR，复位时该位被清除。该位为 1 时，表示传送完毕；该位为0时，表示传送未完。

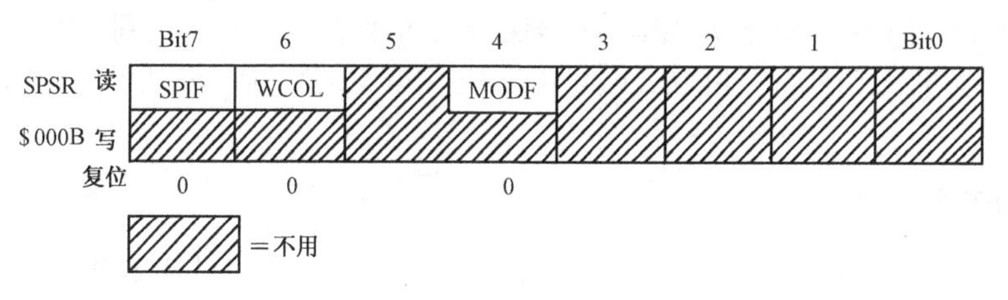


图 6.21　SPI 状态标志寄存器（SPSR）

WCOL——写冲突位。和 SPIF 一样，该位也是可清除位，并且只能读，不能写。在传送过程中，软件对 SPDR 进行写操作时，该位置位。当 WCOL 置位时，可以用读 SPSR 的方法清除这一位；可以读和写 SPDR，复位也将清除该位。该位置 1，表示写 SPDR 无效。该位置 0，表示写 SPDR 有效。

MODF——方式错位。该位也是只读并可清除位。当 MSTR 位置位时，在 PD5/$\overline{SS}$ 管脚上产生逻辑 0 时，MODF 被置位。如果此时 SPIF 位也被置位，则 MODF 产生一个中断请求。清除及复位对它的影响同 WCOL 位。该位置 1，当 MSTR 位置位时，PD5/$\overline{SS}$ 为低；该位置 0，当 MSTR 位置位时，PD5/$\overline{SS}$ 不为低。

## 6.3.2　SPI 的工作原理

主/从式 SPI 允许在主机与外围设备（包括其他的 CPU）之间进行串行通信。当主机的 SPI 8 位移位寄存器把一个字节传送到另一设备时，来自接收设备的一个字节也被送到主机 SPI 的移位寄存器。主 SPI 的时钟信号与数据传送是同步的。

只有主 SPI 可以对传送过程初始化。软件通过写入 SPI 数据寄存器（SPDR）的方法开始从主 SPI 传送数据。在 SPI 传送过程中，SPDR 不能缓冲数据，写到 SPI 的数据直接进入移位寄存器，并在串行时钟控制下立即开始传送。当经过 8 个串行时钟脉冲以后，SPI 标志（SPIF）开始置位时，传送结束。同时 SPIF 置位，从接收设备移位到主 SPI 的数据被传送到 SPDR。因此，SPDR 所缓冲的数据是 SPI 所接收的数据。在主 SPI 传送下一个数据之前，软件必须通过读 SPDR 清除 SPIF 标志位，然后再执行。

在从 SPI 中，数据在主 SPI 时钟控制下进入移位寄存器，当一个字节进入从 SPI 之后，被传送到 SPDR。为了防止越限，从机的软件必须在另一个字节进入移位寄存器之前，先读 SPDR 中的这个字节，并准备传送到 SPDR 中。

图 6.22 所示表示主 SPI 与从 SPI 进行数据交换的过程。

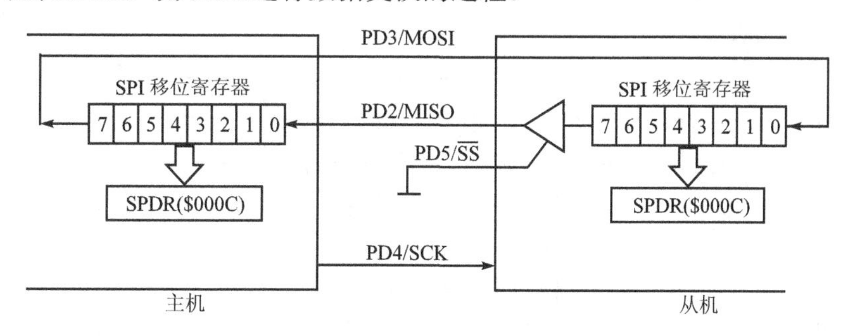


图 6.22　主机/从机数据传送方法

从图 6.22 可以看出，实际上可以把两个 8 位的主、从寄存器看成一个循环的 16 位的寄存器。在传输时，只需这个 16 位寄存器循环移位 8 次，即可完成一次数据交换。

当主 CPU 进入停止方式时，波特率发生器停止工作，进入所有主方式 SPI 操作。如果在 SPI 传送时执行 STOP 指令，则发生器暂停，直到 IRQ 管脚为低电平退出停止方式时为止。如果用复位来退出停止方式，SPI 控制和状态位被清除，并且 SPI 被禁止。

在执行 STOP 指令时，如果主 CPU 是在从方式下，从 SPI 将继续运行，并仍能接收数据和时钟信息，以及把本身的数据返回到主机。对于从 SPI，在传送结束时不置标志位，直到 IRQ 信号唤醒 CPU 为止。

值得注意的是，虽然从 SPI 在停止方式时可以与主 SPI 交换数据，但从 SPI 的状态位在停止方式时是无效的。

#### 1. 主方式下的管脚功能

设 SPI 控制寄存器（SPCR）中的 MSTR 位为 SPI 主方式。在主方式下 SPI 管脚功能如下。

- PD4/SCK（串行时钟）——PD4/SCK 管脚是同步时钟输出。
- PD3/MOSI（主输出，从输入）——PD3/MOSI 管脚是串行输出。
- PD2/MISO（主输入，从输出）——PD2/MISO 管脚为串行输入。
- PD5/$\overline{\text{SS}}$（从选择）——PD5/$\overline{\text{SS}}$ 管脚用来保护在主方式下两个 SPI 同时操作时所引起的冲突。主机 PD5/$\overline{\text{SS}}$ 管脚上的逻辑 0 禁止 SPI，清除 MSTR 位，并产生方式错误标志（MODF）。

#### 2. 从方式下的管脚功能

清除 SPCR 中的 MSTR 位，使 SPI 工作于从方式，在从方式下 SPI 的管脚功能如下。

- PD4/SCK（串行时钟）——PD4/SCK 管脚是从主机 SPI 来的同步时钟信号的输入端。
- PD3/MOSI（主输出，从输入）——该管脚为串行输入端。
- PDI/MIS0（主输入，从输出）——该管脚为串行输出端。
- PD5/$\overline{\text{SS}}$（从选择）——该管脚用做来自主 SPI 的数据和串行时钟接收的使能端。

当 CPHA=0 时，移位时钟是 $\overline{\text{SS}}$ 与 SCK 相或。在此时钟相位方式下，$\overline{\text{SS}}$ 必须在 SPI 信息中的两个有效字符之间，为高电平。

当 CPHA=1 时，$\overline{\text{SS}}$ 线在有效的传输之间保持低电平。这一格式多出现在有一个单独的、固定的主机和一个单独的从驱动 MISO 数据线的系统中。

### 6.3.3 多机 SPI 系统

多机 SPI 系统的连接方法有网络型总线方式、菊花链式方式两种。

#### 1. 网络型总线方式

在网络型总线方式为主 SPI 系统中，所有的 PD4/SCK、PD3/MOSI 和 PD2/MISO 同名管脚均连在一起。在传送数据之前，一个 SPI 作为主机，其他均为从机，图 6.23 所示是网络型总线方式主 SPI 系统的原理框图。

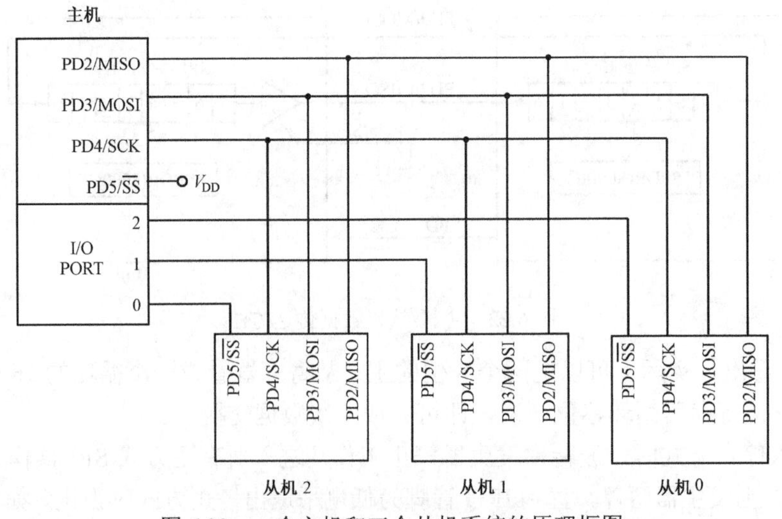


图 6.23　一个主机和三个从机系统的原理框图

事实上，一个系统中也可以有两个主机。一个由两个主 SPI 和 3 个从 SPI 组成的多 SPI 系统的原理，如图 6.24 所示。

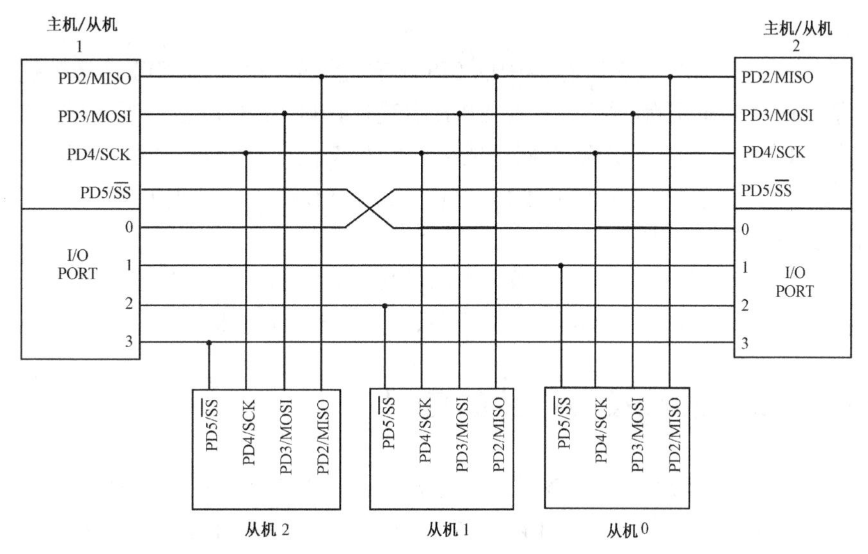


图 6.24　两个主 SPI 和 3 个从 SPI 系统原理框图

### 2. 菊花链式方式

在菊花链式连接系统中，所有的时钟和选择线都连在一起，一个设备的输出端连到后一个设备的输入端。菊花链上的设备数原则上可以任意多。该方法的原理，如图 6.25 所示。

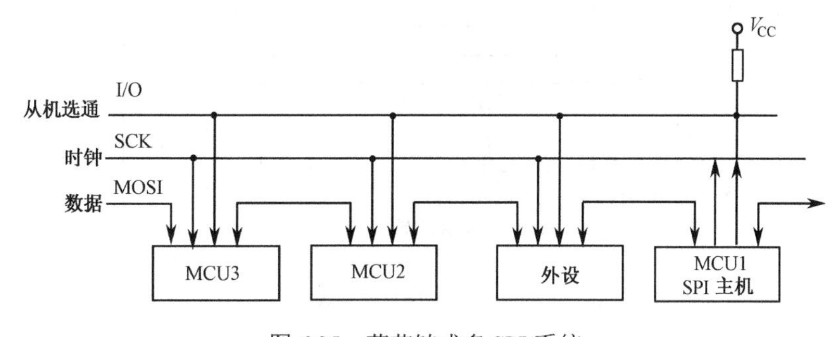


图 6.25　菊花链式多 SPI 系统

## 6.3.4　串行时钟的极性和相位

为了适应外部设备不同串行通信的要求，可以用软件改变 SPI 串行时钟的相位和极性。

SPCR 中时钟的极性位（CPOL）和时钟的相位位（CPHA）用来控制串行时钟和传送数据间的时间关系。图 6.26 图示出了 CPOL 和 CPHA 位与时钟/数据之间的关系。

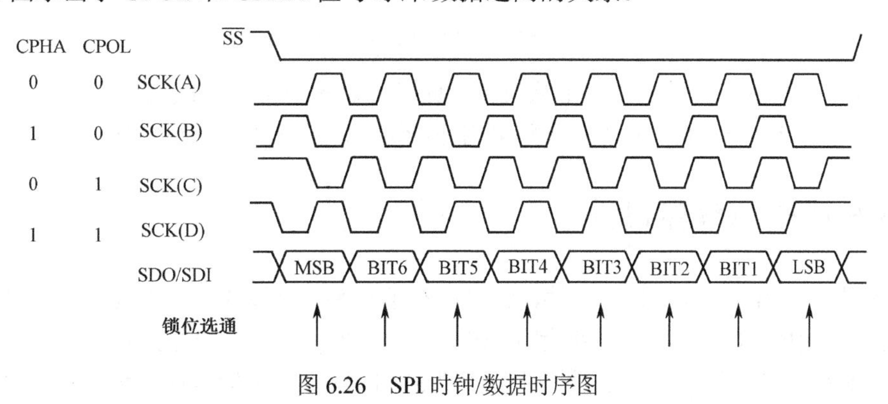


图 6.26　SPI 时钟/数据时序图

### 6.3.5 SPI 中断

SPI 有两个中断源。

（1）SPI 传送完中断——SPI 状态寄存器中的 SPI 标志位（SPIF）表示 SPI 传送数据结束。当数据移入或移出 SPI 寄存器时，SPIF 开始置位。如果 SPIE 也置位，则 SPIF 产生中断请求。

（2）SPI 方式错中断——SPI 状态寄存器中的方式错状态位（MODF）置位，表示 SPI 方式错。当 SPI 控制寄存器（SPCR）中的主机位（MSTR）置位，PD5/$\overline{SS}$ 管脚为逻辑 0 时，MODF 开始置位。如果 SPIE 也置位，则 MODF 产生中断。

SPCR 中的 SPI 中断允许位（SPIE）是两个中断的屏蔽控制位。只有当该位置位时，才允许中断。否则，即使上述两个中断位，即 SPIF 和 MODF 置位，也不能产生中断。

### 6.3.6 直接采用 SPI 总线接口芯片的应用

MC68HC70508A 中的 SPI 总线数据格式一般为 8 位，但不是所有的外设都是 8 位的，如串行 A/D 或 D/A 转换器除了 8 位外，还有 10、12、14 或 16 位的。因此，在 SPI 串行通信系统中，一定要注意串行通信的格式。

图 6.27 为 SPI 接口与单个外设的连接示意图，图中（a）为与 A/D 转换器的连接图，（b）为与 D/A 转换器的接线图。要特别注意图中数据线 MISO 和 MOSI 的连接。图中，MAX1242/1243 为 10 位串行 A/D 转换器，MAX5150/5151 为 13 位电压输出型 D/A 转换器。

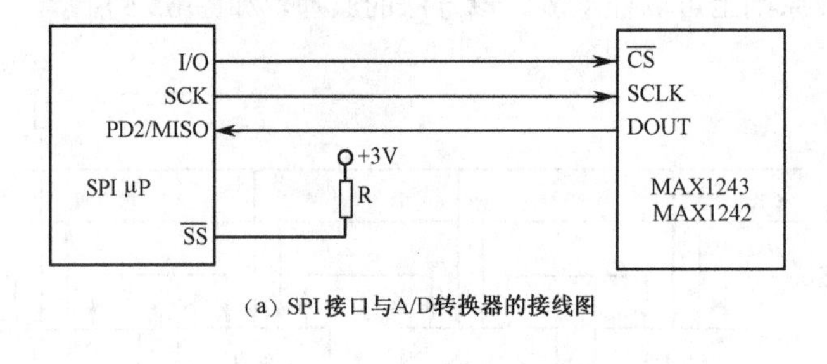


（a）SPI 接口与A/D转换器的接线图

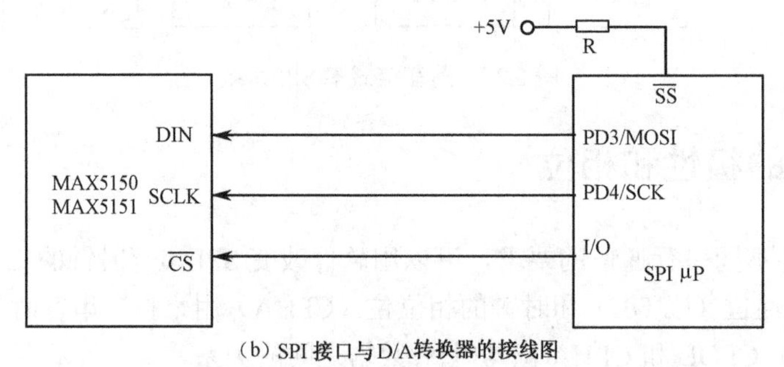


（b）SPI 接口与D/A转换器的接线图

图 6.27　SPI 与单个外设连接示意图

在同一个 SPI 系统中，有时需要多个从设备，此时可以采用总线式或采用菊花链式结构，图 6.28 和图 6.29 为一个主机和 3 个从机（D/A）分别采用两种不同的连接方法的示意图。

### 6.3.7 SPI 总线模拟程序设计

值得说明的是，带 SPI 总线接口的器件，也可以和不带 SPI 总线的单片机连接，此时可用软件模拟 SPI 总线。例如，常用的 51 系列单片机就没有 SPI 总线。此时，我们可以采用模拟的方法来解决。为了适用各种器件的 SPI 接口，单片机可使用软件来模拟 SPI 的操作，包括串行时钟、数据输入和输出。对于不同的串行接口外围芯片，它们的时钟时序是不同的。

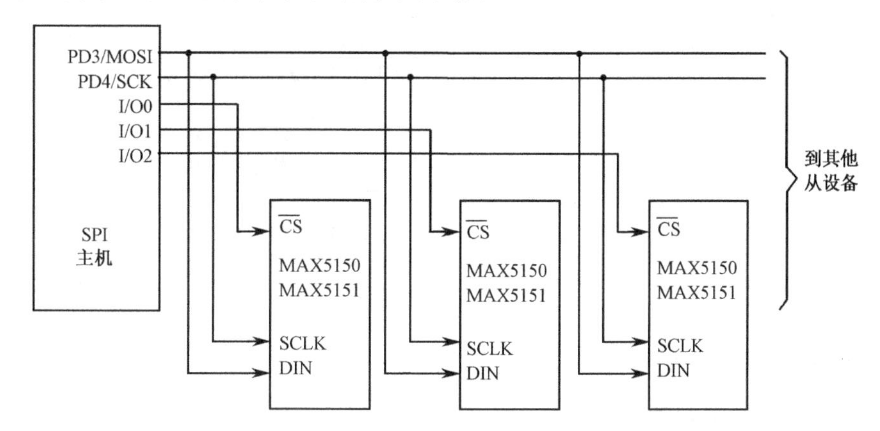


图 6.28 SPI 与 MAX5150/5151 总线式连接示意图

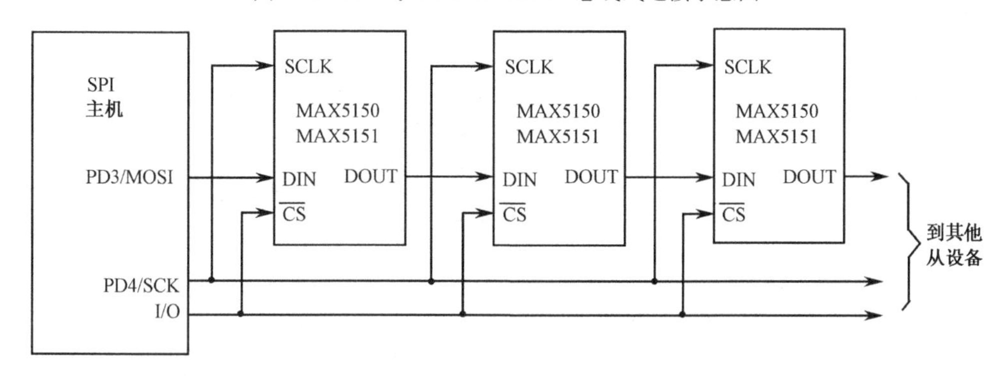


图 6.29 SPI 与 MAX5150/5151 菊花链式连接示意图

图 6.30 为 8031（CPU）与美国 Xicor 公司芯片 X25045（集 uP 监控、看门狗定时器、$E^2$PROM 于一体）的硬件连接图，有关 X25045 的详细情况请参见该公司产品手册。图中 P1.0 模拟 SPI 的数据输出端（MOSI），P1.1 模拟 SPI 的 SCK 输出端，P1.2 模拟 SPI 的从机选择端，P1.3 模拟 SPI 的数据输入端（MISO）。

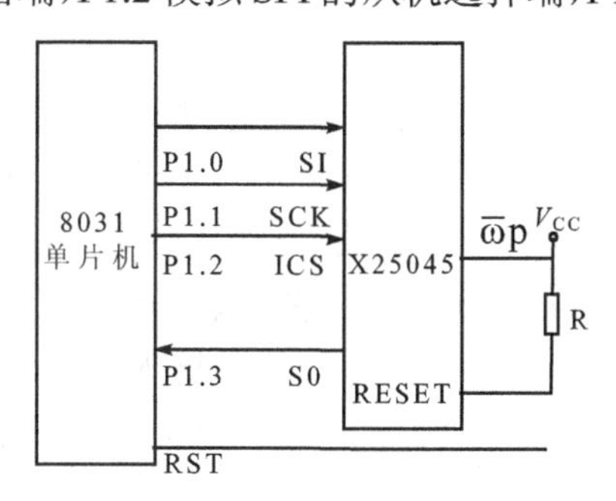


图 6.30 8031 与 X25045 接口原理图

下面介绍用 8031 汇编语言模拟 SPI 串行输入、串行输出两个子程序。这些子程序也适用于在串行时钟的上升沿输入和下降沿输出的各种串行外围接口芯片，如 8 位或 10 位的 A/D 芯片、74LS 系列输出芯片等；对于下降沿输入、上升沿输出的各种串行外围接口芯片，只要改变 P1.1 的输出顺序，即输出 0 再输入 1，0，…，这些子程序也同样适用。

### 1. CPU 串行输入子程序 SPIIN

功能：按 X25045 时序从 P1.3 读入 1 字节数据至 A

入口参数：无

出口参数：A——数据

```
SPIIN:  SETB    P1.1        ；使 P1.1（时钟）输出为 1
        CLR     P1.2        ；选择从机
        MOV     R1,#08H     ；置循环次数
SPIIN1: CLR     P1.1        ；使 P1.1（时钟）输出为 0
        NOP                 ；延时
        NOP
        MOV     C,P1.3      ；从机输出至进位 C
        RLC     A           ；左移至累加器 A
        SETB    P1.1        ；使 P1.1（时钟）输出为 1
        DJNZ    R1,SPIN1    ；判断是否循环 8 次（1 字节数据）
        RET                 ；返回
```

#### 2. CPU 串行输出子程序 SPIOUT

功能：按 X25045 时序从 P1.0 输出

入口参数：A——数据

出口参数：无

```
SPIOUT:  SETB   P1.1        ；使 P1.1（时钟）输出为 1
         CLR    P1.2        ；选择从机
         MOV    R1,#08H     ；置循环次数
SPIOUT1: CLR    P1.1        ；使 P1.1（时钟）输出为 0
         NOP                ；延时
         NOP
         RLC    A           ；A 中数据输出至进位 C
         MOV    P1.0,C      ；进位 C 送从机输入线上
         SETB   P1.1        ；使 P1.1（时钟）输出为 1
         DJNZ   R1,SPIOUT1  ；判断是否循环 8 次（1 字节数据）
         RET                ；返回
```

## 6.4 I²C 总线

I²C 总线是 PHILIPS 公司推出的一种串行总线。它是具备多主机系统所需的包括总线裁决和高低速设备同步等功能的高性能串行总线，是一种近年来应用较多的串行总线。在采用 I²C 总线的系统中，不仅要求所用单片机内部集成有 I²C 总线接口，而且要求所用外围芯片内部也要有 I²C 总线接口。现在，许多公司的产品已经具有 I²C 总线接口，例如，PHILIPS 公司新一代 80C51 系列单片机 8XC552、8XC652 等，Motorola 的 M68HC05 系列单片机及韩国三星公司和日本三菱公司也都有含 I²C 总线接口的单片机系列，所以，I²C 总线是一种很有发展前途的总线。这里主要介绍 I²C 总线协议及其简单应用。

### 6.4.1 I²C 总线概述

I²C 串行总线只有两根信号线：一根是双向的数据线 SDA，另一根是时钟线 SCL。I²C 总线支持所有的 NMOS、CMOS、I²C 工艺制造的器件。所有连接到 I²C 总线上的设备的串行数据都接到总线的 SDA 线上，而各设备的时钟均接到总线的 SCL 上。典型的 I²C 总线结构如图 6.31 所示。

由图 6.31 可以看出，I²C 总线是一个多主机总线，即一个 I²C 总线可以有一个或两个以上的主机，总线运行由主机控制。所谓主机即启动数据的传送（发出启动信号），发出时钟信号，传送结束时发出停止信号的设备，通常主机由微处理器组成。被主机寻访的设备叫从机，它可以是微处理器，也可以是其他的器件，如存储器、LED 及 LCD 驱动器、A/D 及 D/A 转换器等。为了进行通信，每个接到 I²C 总线上的设备都有一个唯一的地址，以便于主机寻访。

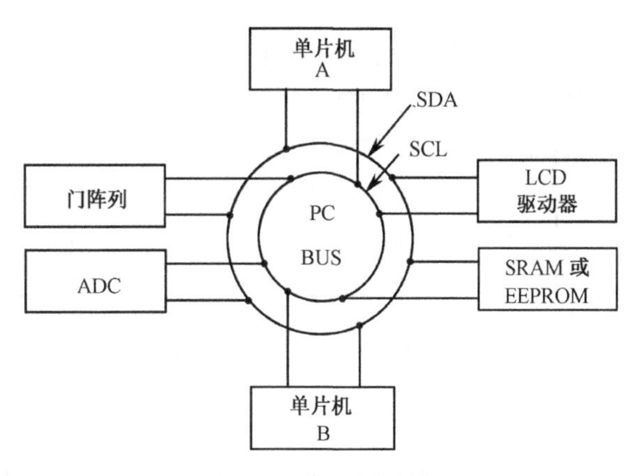


图 6.31　$I^2C$ 总线结构

在多主机系统中，可能同时有几个主机企图启动总线传送数据。为了避免这种情况引起的冲突，保证数据的可靠传送，任一时刻总线只能由某一台主机控制。为此，该总线需要通过总线裁决过程，决定哪一台主机控制总线。

$I^2C$ 总线的 SDA 和 SCL 都是双向 I/O 总线，通过上拉电阻接正电源，如图 6.32 所示。每一个 $I^2C$ 总线接口电路都有如图中虚线所示的接口电路。当总线空闲时，两根总线均为高电平。连到总线上的器件的输出级必须是漏极开路（或集电极开路），任一设备输出的低电平，都将使总线的信号变低，也就是说各设备的 SDA 是“与”的关系，SCL 也是“与”的关系。在 $I^2C$ 总线标准模式下，数据传输速率为 100Kbps，在高速模式下可达 400Kbps。

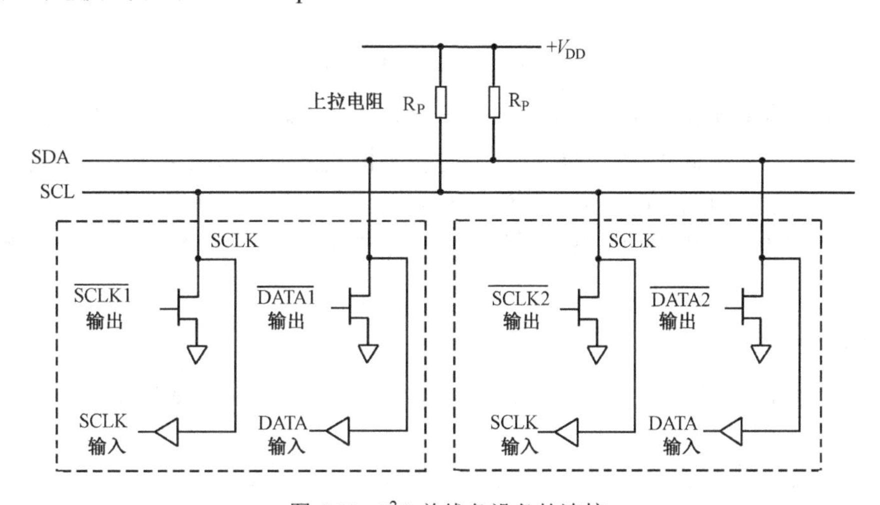


图 6.32　$I^2C$ 总线各设备的连接

## 6.4.2　$I^2C$ 总线的数据传送

$I^2C$ 总线上主-从机之间一次传送的数据称为一帧，由启动信号、若干个数据字节和应答位及停止信号组成。数据传送的基本单元是一位数据。

### 1. 一位数据的传送

$I^2C$ 总线规定时钟线 SCL 上一个时钟周期只能传送一位数据，而且要求串行数据线 SDA 上的信号电平在 SCL 的高电平期间必须稳定（除启动和停止信号外），数据线上的信号变化只允许在 SCL 的低电平期间产生，如图 6.33 所示。

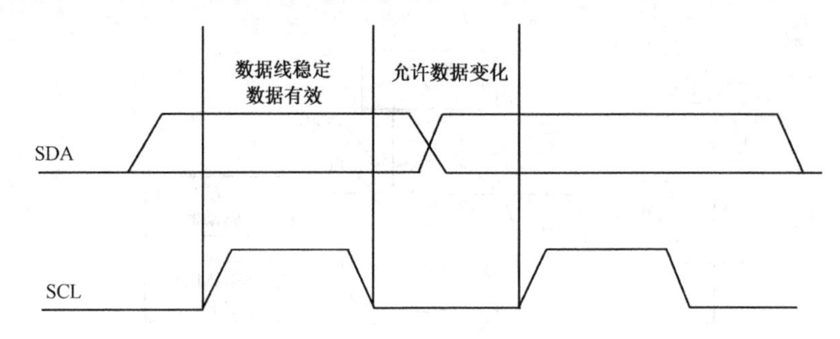


图 6.33　I²C 总线上一位数据的传送

## 2. 启动和停止信号

根据 I²C 总线协议，在 I²C 总线传送过程中，规定当 SCL 线为高电平时，向 SDA 线上送一个由高到低的电平，表示启动信号；当 SCL 线为低电平时，向 SDA 线上送一个由低到高的电平，为停止信号，如图 6.34 所示。

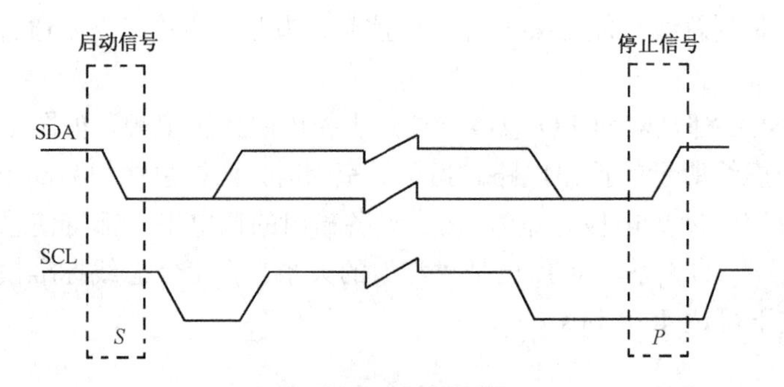


图 6.34　启动和停止信号

启动和停止信号都是由主机发出的。当总线上出现启动信号后，就认为总线在工作状态；如果总线上出现停止信号，经过一定时间以后，总线被认为是在不忙或空闲状态。关于空闲状态后边还要讨论。

如果接到总线上的设备具备 I²C 的接口硬件，就可以很容易地检测到启动和停止信号。然而，有时微处理器没有 I²C 接口电路，就必须在每个时钟周期内至少采样两次 SDA 线，才能检测到启动和停止信号。

## 3. 数字字节的传送

送到 SDA 线上的每个字节必须为 8 位长度，每次传送的字节数是不受限制的，每个字节后边必须跟一个应答位。

数据传送时，先传送最高位，如图 6.35 所示。如果接收设备不能接收下一个字节，例如，正在处理一个外部中断，可以把 SCL 线拉成低电平，迫使主机处于等待状态。当从机准备好接收下一个字节时再释放时钟线 SCL，使数据传送继续进行。

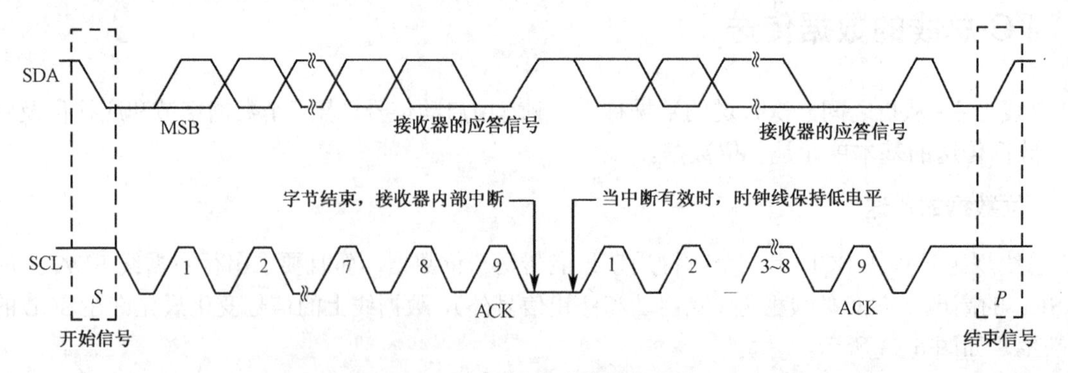


图 6.35　I²C 总线上的数据传送

### 4. 应答

$I^2C$ 总线协议规定，每一个字节传送完以后，都要有一个应答位。应答位的时钟脉冲也由主机产生。发送设备在应答时钟脉冲高电平期间释放 SDA 线（高电平），转由接收器控制。接收设备在这个时钟内必须将 SDA 线拉为低电平，以便产生有效的应答信号，如图 6.36 所示。

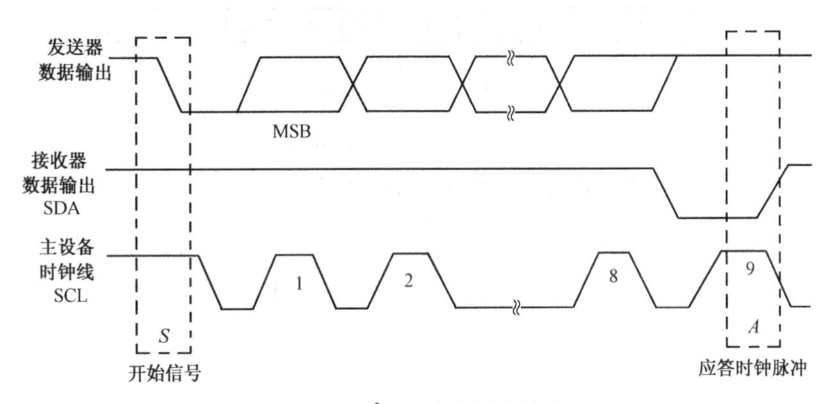


图 6.36 $I^2C$ 总线上的应答位

通常被寻址的接收设备必须在收到每个字节后产生应答信号。若一个从机正在处理一个实时事件，不能接收（或不能产生应答）时，从机必须使 SDA 保持高电平。此时主机产生一个结束信号，使传送异常结束。

如果从机对地址做了应答，后来在传送中不能接收更多的数据字节，主机也必须异常结束传送。

当主机接收时，主机对最后一个字节不予应答，以向从机指出数据传送的结束，从发送器释放 SDA 线，使主机能产生一个结束信号。

### 5. 一帧完整数据的格式

数据传送遵循如图 6.37 所示的格式。在开始信号以后送出一个从设备地址，地址为 7 位，第 8 位为方向位（R/$\overline{W}$），0 表示发送（写），1 表示请求数据（读）。一次数据传送总是由主设备产生的结束信号而终止的。但如果主设备还希望在总线上通信，它可以产生另一个开始信号和寻址另一个从设备，不需要先产生一个停止信号。在这种传送方式中，就可能有读写方式的组合。完成上述传送可能的数据格式如图 6.38 所示。

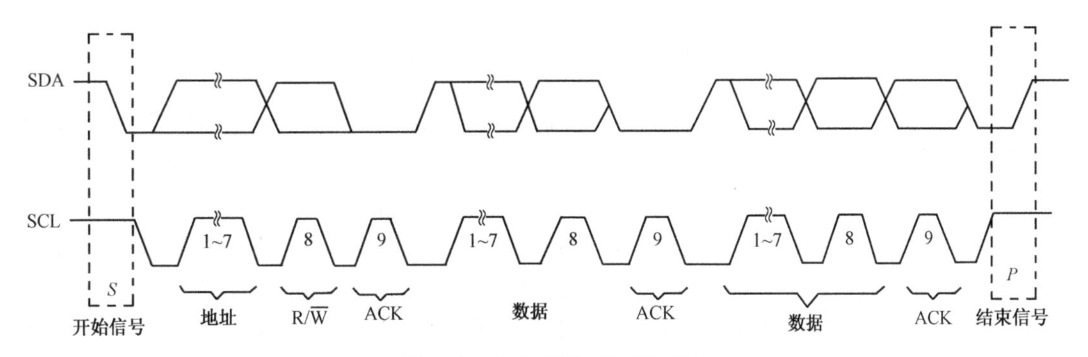


图 6.37 完整的数据传送过程

主接收方式中，在第一应答位时主发送器变成主接收器，从接收器变成从发送器，但该应答位仍旧由从设备产生，结束信号仍旧由主设备产生。

在传送中方向改变时，要重复发送信号和送地址，R/$\overline{W}$ 位反向。

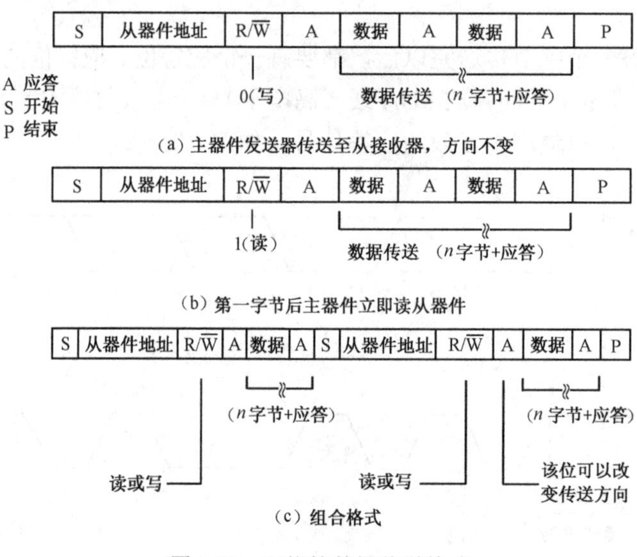


图 6.38 可能的数据传送格式

## 6.4.3 寻址

串行总线和并行总线不同，并行总线中有专门的地址总线，CPU 通过地址总线送出所要选择的设备地址，由地址译码器产生该设备的选通信号；$I^2C$ 只有一根数据线，不另附地址或外设选通线，而是利用启动信号后的头几个字节数据传送地址信息及控制信息。

### 1. 第一个字节各位的定义

启动信号后，主机至少要发送一个字节数据。该字节的高 7 位组成从机的地址，最低位是 $R/\overline{W}$ 确定信息的方向，其格式如图 6.39 所示。

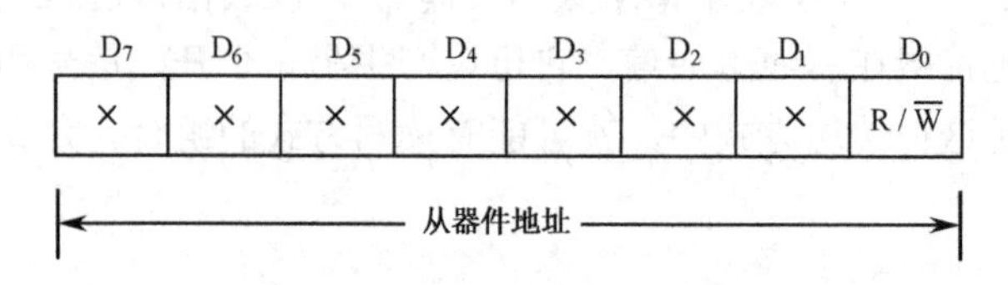


图 6.39 启动信号后的第一个字节

如图 6.39 所示，数据位 $R/\overline{W}$ 为 0 时，表示主机向从机发送（写）数据；数据位 $R/\overline{W}$ 为 1 时，表示主机从从机接收（读）数据。

信号开始后，系统中各个设备将自己的地址与主设备送到总线上的地址进行比较，如果两者相同，该设备认为被主设备寻址，接收或发送由 $R/\overline{W}$ 确定。设备的从地址由固定位和可编程位两部分组成。如果希望在系统中使用 1 个以上相同的设备，从地址的可编程部分确定了在 $I^2C$ 总线上可接的这种设备的最大数目。1 个设备从地址的可编程位数取决于该设备可用来编程的引脚数。例如，如果 1 个设备从地址有 4 个固定位和 3 个可编程位，在总线上可以接 8 个相同的这种设备。$I^2C$ 总线约定可以调整 $I^2C$ 地址的分配。

地址 1111111 保留为扩展地址，其含义是寻址过程在下一个地址继续进行（两个地址字节）。不使用扩展地址的器件收到这个地址后不做响应。7 位其他可能的组合中高 4 位为 1111 也作为扩展目的用，但还没有对它分配。

0000×××定义为一种特殊组合，已对它们做如表 6.3 所示的分配。

表 6.3　0000XXX 特殊组合表

| 第一字节 | | | | | | | | 说　明 |
|---|---|---|---|---|---|---|---|---|
| $A_7$ | $A_6$ | $A_5$ | $A_4$ | $A_3$ | $A_2$ | $A_1$ | $R/\overline{W}$ | |
| 0 | 0 | 0 | 0 | 0 | 0 | 0 | 0 | 通用呼叫地址 |
| 0 | 0 | 0 | 0 | 0 | 0 | 0 | 1 | 启动字节 |
| 0 | 0 | 0 | 0 | 0 | 0 | 1 | × | CBUS 地址 |
| 0 | 0 | 0 | 0 | 0 | 1 | 0 | × | 保留做别的总线用地址 |
| 0 | 0 | 0 | 0 | 0 | 1 | 1 | × | 保留做其他用途 |
| 0 | 0 | 0 | 0 | 1 | × | × | × | |
| 1 | 1 | 1 | 1 | 1 | × | × | × | |
| 1 | 1 | 1 | 1 | 0 | × | × | × | 10 位从机地址 |

### 2. 通用呼叫地址

启动信号后的 8 位全为 0 的第一字节称为通用呼叫地址，即用于寻访接到 $I^2C$ 总线上所有设备的地址。不需要从通用呼叫地址命令获取数据的设备可以不响应通用呼叫地址，否则，接收到这个地址后应做应答，并把自己置为从机接收器方式以接收随后的各字节数据；另外，当遇到不能处理的数据字节时，不做应答，否则收到每个字节后都应做应答。通用呼叫地址的用意总是在第二个字节中加以说明，如图 6.40 所示。

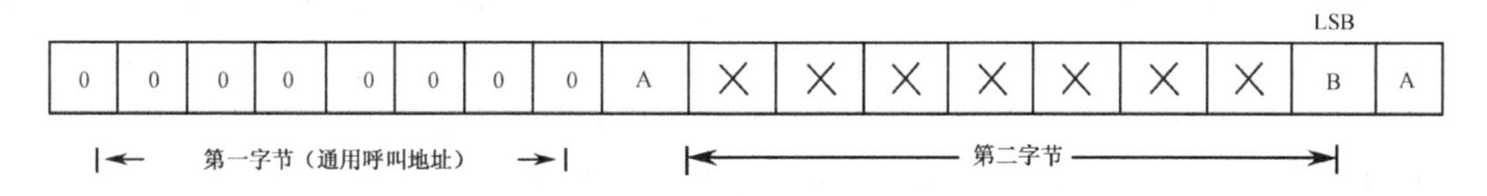


图 6.40　通用呼叫地址的格式

当第二字节为 06H 时，即要求从机设备复位，并由硬件写从机地址的可编程部分。但要求能响应命令的从机设备复位时不拉低 SDA 和 SCL 线的电平，以免堵塞总线。

当第二字节为 04H 时，从机设备由硬件写从机地址的可编程部分，但设备不复位。各设备重写从机地址可编程部分的过程在各设备的手册中有说明。

如果第二字节的最低位 B 为 1，那么这两个字节命令称为硬件通用呼叫命令，也就是说这是由“硬件主机设备”发出的。所谓硬件主机设备就是不能发送所要寻访从机设备地址的发送器，如键盘、扫描器等。制造这种设备时无法知道信息应向哪儿传递，所以，它发出硬件通用呼叫命令，在这第二字节的高 7 位中说明自己的地址，如图 6.41 所示。接在总线上的智能设备如微控制器能识别这个地址，并与之传送数据。硬件主机设备作为从机使用时，也用这个地址作为从机地址。

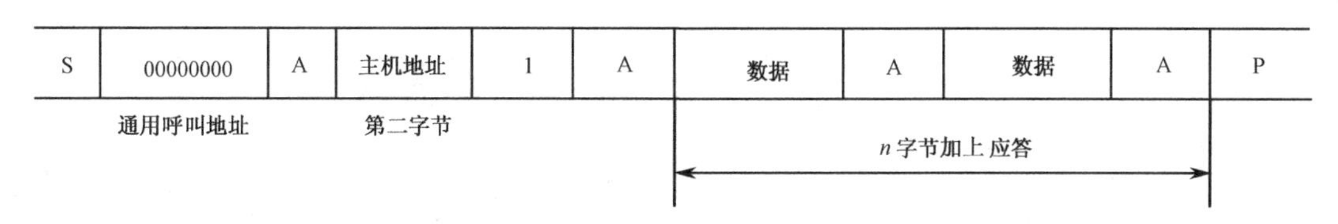


图 6.41　硬件主机发送的数据

有些系统中另一种选择可能是系统复位时硬件主机设备工作在从机接收器方式，这时由系统中的主机先告诉主机设备数据应送往的从机设备地址，当硬件主机设备要发送数据时就可以直接向指定从机设备发送数据了。

### 3. 起始字节

单片机连到 $I^2C$ 总线上可有两种方式。一种方式是片内提供 $I^2C$ 总线接口，单片机可以由总线接口电路向 CPU 发中断申请；另一种是片内不具备 $I^2C$ 总线接口，此时必须通过软件不断监视总线状态，以便及时响应总线的请求。当然监视总线越频繁，用于执行其他任务的时间就越少。

因此，高速的硬件设备和靠软件查询的微机之间在速度上有一定的差别。于是，在数据传送之前，要安排一个比正常启动过程时间长得多的启动过程，如图 6.42 所示。

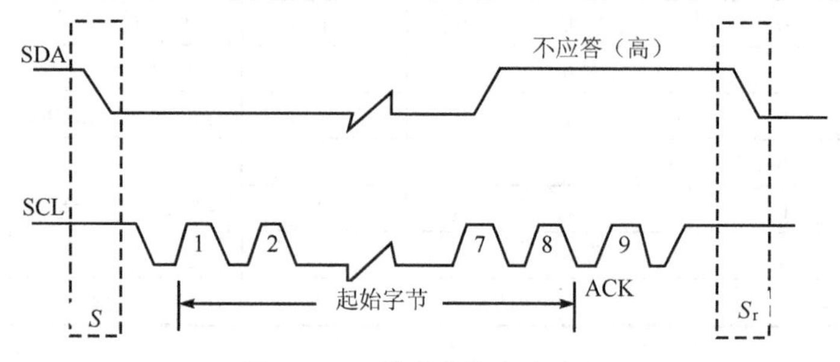


图 6.42　开始字节的启动过程

由图 6.42 可以看出，起始字节由下面几部分组成。

- 启动信号 $S$。
- 起始字节 00000001。
- 应答时钟脉冲。
- 重复启动信号 $S_r$。

请求访问总线的主机发出启动信号 $S$ 后，发送起始字节（00000001），总线上另一台微机可以以比较低的速率采样 SDA 线，直到检测到起始字节中的 7 个 0 后的 1 个 1 为止。在检测到 SDA 线上的低电平以后，微机切换到高速采样，以便寻找作为同步信号用的第 2 个启动信号 $S_r$。硬件接收器将在接收到第 2 个启动信号 $S_r$ 时复位，所以此时第一个启动信号不起作用。

启动信号后的应答时钟脉冲仅仅是为了和总线所用的格式一致，并不要求设备在这个脉冲期间做应答。

### 4. CBUS 兼容性

常规的 CBUS（控制总线）接收器可以接到 $I^2C$ 总线。在这种情况下，必须连接第 3 根线（称为 DLEN），并省略认可位。通常在 $I^2C$ 上传送多个 8 位字节，但 CBUS 器件具有不同的格式。

在混合的总线结构中，不允许 $I^2C$ 器件对 CBUS 信息响应。正是由于这个原因，保留了特殊的 CBUS 地址（0000001X）。没有 $I^2C$ 器件能对此地址做出响应。在 CBUS 地址送出以后，激活 DLEN，并根据 CBUS 格式进行数据传送（如图 6.43 所示）。在结束信号以后，所有的器件又准备好接收数据。

在送出 CBUS 地址以后，允许主器件产生 CBUS 格式信息，传送由结束信号终止，结束信号被所有器件识别。在低速方式中，必须发送完整的多个 8 位字节，并适合于 DLEN 信号的定时。

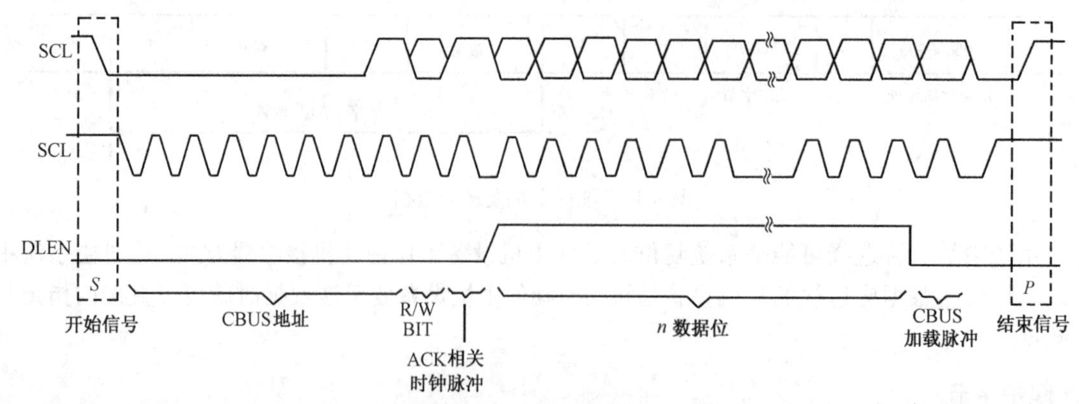


图 6.43　CBUS 接收器/发送器数据传送格式

### 5. 10位地址格式

10位地址是近年来在原有7位地址格式基础上发展出来的，以便$I^2C$总线上能连接更多设备。10位地址格式并未改变$I^2C$总线原有协议，所以，采用10位地址的设备和7位地址的设备可以接入同一$I^2C$总线。

主机寻访10位地址设备，在发出启动信号后要发送两个字节的地址数据。其格式如下。

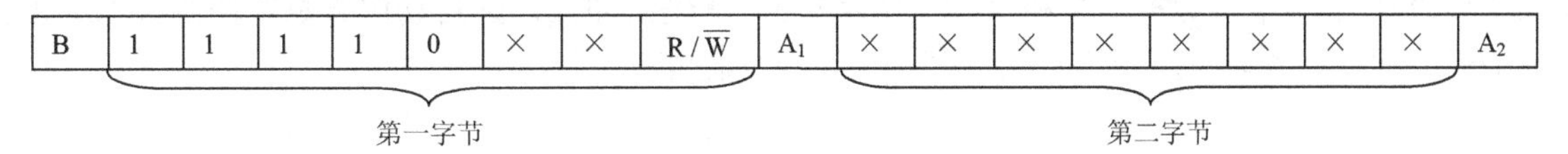


第一字节的高5位为11110，位6、位7为10位地址的最高两位地址，位8是读/写位（意义和用法与8位地址相同）。10位地址的从机设备接收到第一个字节，取位6和位7与自己地址的高二位进行比较，相同者做出应答$A_1$，并记住$R/\overline{W}$位（高二位地址相符的从机设备可能不止一台）；然后，接收第二字节，也就是10位地址的低8位，再与自己地址的低8位进行比较，只有一台从机设备会与之相符，做出应答$A_2$，并根据$R/\overline{W}$位设置为对应的发送/接收方式。接下来就是主机-从机之间传送数据，直到主机发出停止信号。

## 6.4.4　仲裁和时钟同步化

### 1. 时钟的同步

主机总是向SCL发送自己的时钟脉冲，以控制$I^2C$总线上的数据传送。由于设备是经过开漏或开集电极电路接到SCL线上的，所以多台主机同时发送时钟时，只要有一个设备向SCL输出低电平，SCL线就是低电平；只有当所有向SCL输出时钟脉冲的设备都输出高电平时，SCL线才是高电平，这是“与”的关系。时钟同步就是利用电路上的这个特点。总线的SCL线上电平由高到低的变化，使$I^2C$接口硬件从这个下降沿起开始计算时钟的低电平时间。当低电平持续时间达到片内设定的时钟低电平时间，就向SCL线输出高电平，但SCL线要等所有输出时钟的设备都输出为高时，才变高。SCL线的低电平时间为时钟周期最长设备的低电平时间，各设备从SCL线由低变高的上升沿开始计算高电平时间，当达到片内设定的高电平时间时，向SCL线送出低电平。尽管别的主机仍向SCL线输出高电平，但SCL线已变低。总线上SCL的电平变化如图6.44所示。

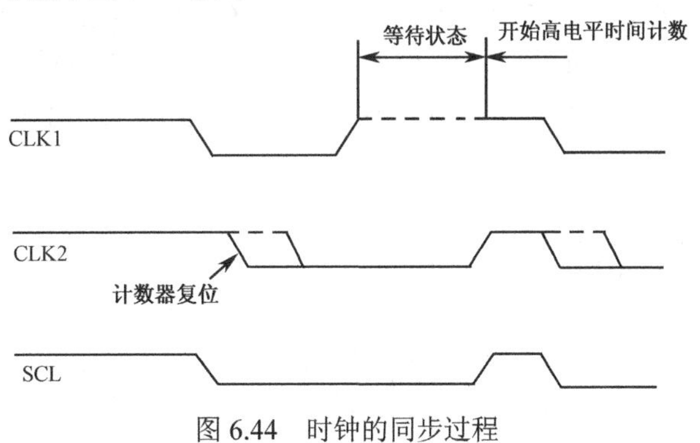


图6.44　时钟的同步过程

由此可见，SCL线的低电平时间等于时钟周期最长的主机时钟的低电平时间，SCL线的高电平时间等于时钟周期最短的主机时钟的高电平时间。几台主机同时工作时，时钟就是按这种方式同步的。

### 2. 仲裁（裁决）

为了保证$I^2C$上数据的可靠传送，在任一时刻总线应由一台主机控制。这就要求总线上连接的多个具有主机功能的设备，在别的主机使用总线时，不应再向总线发送启动信号以试图控制总线。但几台主机有可能同时向总线发送启动信号，要求控制总线，这时就需要一个判断处理过程，决定哪些主机放弃总线控制权，而仅由一台主机控制总线。这个过程称为仲裁，仲裁过程和时钟的同步是同时进行的。

仲裁是一位一位进行的。如前所述，时钟线通过各主机时钟线的“与”关系实现同步，仲裁则利用各主机数据线的“与”关系来实现。当 SCL 线为高电平时，SDA 线上应出现稳定有效的数据电平。各主机在各自时钟的低电平期间送出各自要发送的数据到 SDA 线，并在 SCL 为高电平时检测 SDA 线的状态。如果 SDA 线的状态与自己发出的数据不同，即发出的是 1，而检测到的是 0（必然有别的主机发送 0，因为 SDA 是各主机数据信号相“与”的结果），就失去仲裁，则自动放弃总线控制权，终止自己的主机工作方式。图 6.45 所示表示出了两台主机的仲裁过程。

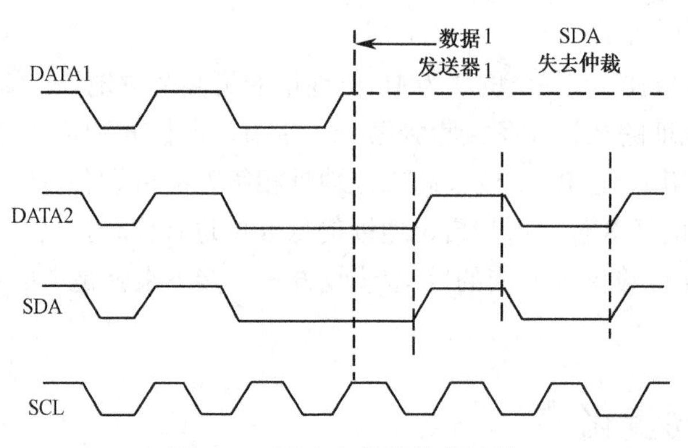


图 6.45　两台主机的仲裁过程

仲裁从启动信号后的第一字节的第一位开始，一位一位地进行。SDA 线在 SCL 线的高电平期间总是和不失去仲裁的主机发出的数据相同。所以，整个仲裁过程中，SDA 线上数据完全和最终取得总线控制权的主机发出的数据相同，并不影响主机数据的发送。

$I^2C$ 总线上各主机竞争的取胜与否取决于各主机送出的地址和数据，既没有中央主机也没有主机的优先权次序。

**3. 用时钟同步机制做握手信号**

在 $I^2C$ 总线上传送数据的过程中，发送器和接收器之间是按 SCL 线上的时钟脉冲同步进行的。发送器和接收器的处理速度会有差异，或各自有其他操作要执行，如中断时接收器要存储收到的数据，发送器要准备下一个发送数据等，故要求对方在自己完成这些操作后再传送数据。这时，可以用拉低 SCL 线的方法迫使对方进入等待状态，到自己准备好后再释放 SCL 线，使传送继续进行。

片内无 $I^2C$ 接口电路的设备也可以用拉低 SCL 线的方法延长总线时钟的低电平时间，减缓 $I^2C$ 总线上数据传送的速率。由于运用了这种工作原理，不同速度的设备可以接在同一 $I^2C$ 总线上，完成相互间数据的传送。

## 6.4.5　$I^2C$ 总线的电气特性

$I^2C$ 总线允许在不同工艺制作和供电电源的器件之间通信。

对于工作电源固定为+5V±10%和输入电平一定的器件，规定下面的电平：

$$V_{ILmax}=1.5V\text{（最大输入低电平）}$$

$$V_{IHmin}=3V\text{（最小输入高电平）}$$

对于固定工作电源不是+5V 的器件（例如，$I^2L$），$V_{IL}$ 和 $V_{IH}$ 也必须为 1.5V 和 3V。

对于工作电源范围比较大的器件（如 CMOS），规定电平如下：

$$V_{ILmax}=0.3V\text{（最大输入低电平）}$$

$$V_{IHmin}=0.7V\text{（最小输入高电平）}$$

对于这两组器件都有的系统，最大输出低电平为：

$$V_{OLmax}=0.4V\text{（吸收电流 3mA 时的最大输出低电平）}$$

$I^2C$ 器件的 SDA 和 SCL 引脚在 $V_{OLmax}$ 的最大低电平输入电流为 3mA，包括输出级可能有的漏电流。
$I^2C$ 器件的 SDA 和 SCL 引脚在 $0.9V_{DD}$ 的最大高电平输入电流为 10μA，包括输出级可能有的漏电流。
$I^2C$ 器件 SDA 和 SCL 引脚最大电容为 10pF。
输入电平固定的器件可以各自有+5V±10%的电源。上拉电阻可以接到任一电源上，如图 6.46 所示。

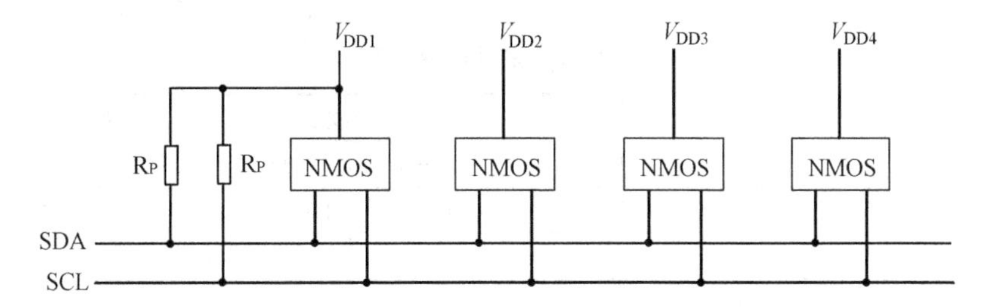


图 6.46　固定输入电平器件和 $I^2C$ 总线连接

但输入电平与 $V_{DD}$ 有关的器件必须用一个公共电源，上拉电阻也接到这个电源上，如图 6.47 所示。
当输入电平固定的器件和输入电平与 $V_{DD}$ 有关系的器件混用时，后者必须用一个公共电源，上拉电阻也必须接到这个电源上，如图 6.48 所示。

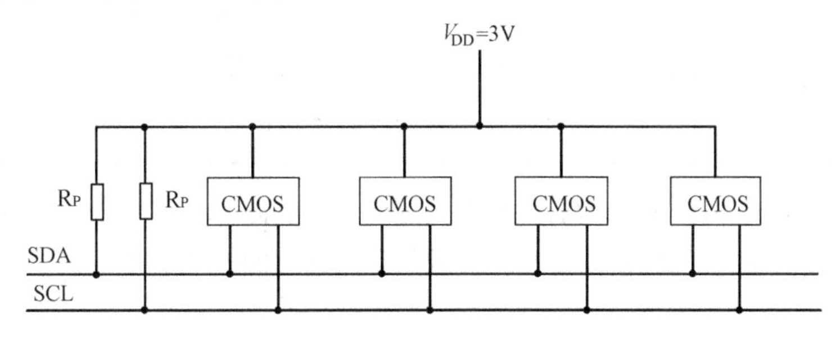


图 6.47　电源范围较大器件和 $I^2C$ 总线连接

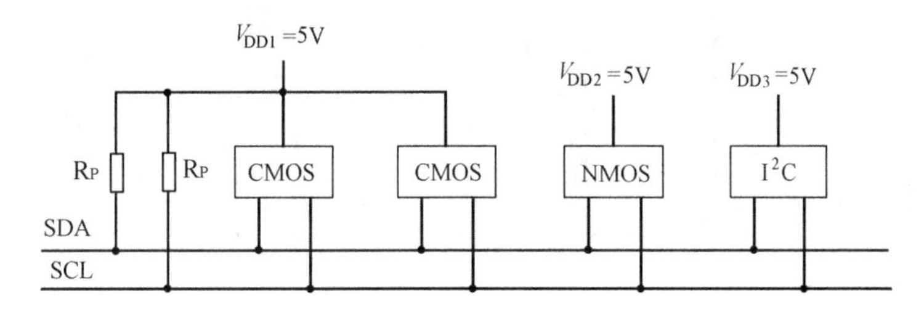


图 6.48　多种规范设备在 $I^2C$ 上的连接

输入电平通过如下方式定义。
- 低电平噪声容限为 $0.1V_{DD}$。
- 高电平噪声容限为 $0.1V_{DD}$。
- 用 300Ω串接电阻 $R_S$ 防止 SDA、SCL 管脚上有过高的尖峰脉冲（如图 6.49 所示）。每根线的最大电容为 400pF，包括连线本身的电容和与它相连的引脚电容。

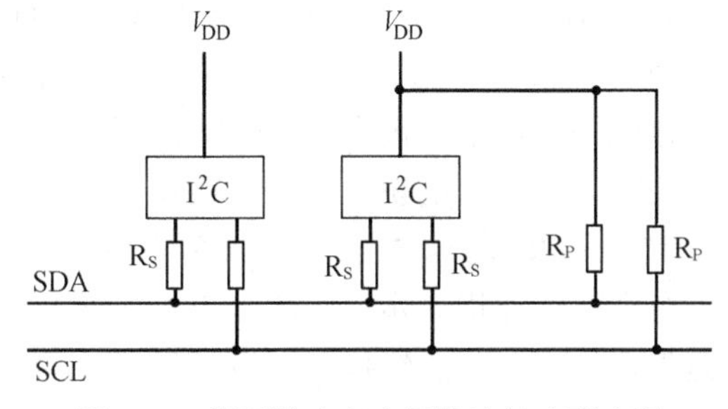


图 6.49　用于防止高电压脉冲的串联电阻

### 6.4.6 $I^2C$ 时序规范

表 6.4 所示是 $I^2C$ 总线普通（标准）方式和高速方式时的最小高电平时间和最大低电平时间的时序规范。有关时间的定义如图 6.50 所示。

表 6.4 $I^2C$ 总线时序规范

| 参　　数 | 符　　号 | 普通方式 | | 高速方式 | | 单　　位 |
|---|---|---|---|---|---|---|
| | | 最小 | 最大 | 最小 | 最大 | |
| SCL 时钟频率 | $f_{SCL}$ | 0 | 100 | 0 | 400 | kHz |
| 停止到启动信号之间总线空闲时间 | $T_{BUF}$ | 4.7 | – | 1.3 | – | μs |
| 启动信号保持时间，保持该段时间后可发时钟脉冲 | $T_{HD.STA}$ | 4.0 | – | 0.6 | – | μs |
| SCL 低电平时间 | $T_{LOW}$ | 4.7 | – | 1.3 | – | μs |
| SCL 高电平时间 | $T_{HIGH}$ | 4.0 | – | 0.6 | – | μs |
| 重复启动信号的建立时间 | $T_{SU.STA}$ | 4.7 | – | 0.6 | – | μs |
| 数据建立时间 | $T_{SU.DAT}$ | 250 | – | 100 | – | ns |
| SDA 和 SCL 上升沿时间 | $T_R$ | – | 1 000 | – | 300 | ns |
| SDA 和 SCL 下降沿时间 | $T_F$ | – | 300 | – | 200 | ns |
| 停止信号建立时间 | $T_{SU.STO}$ | 4.0 | – | 0.6 | – | μs |
| 每根线负载电容 | $C_D$ | – | 400 | – | 400 | pF |

普通方式的最高速率为 100Kbps，高速方式最高速率为 400Kbps。$I^2C$ 的设备应能跟上相应的最高速率的数据传送，至少也能用拉低 SCL 线迫使对方进入等待状态的方法实现数据的可靠传送。

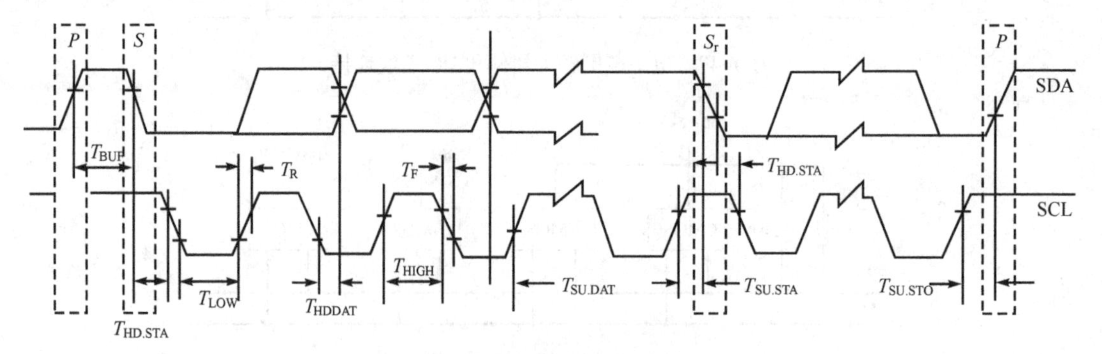


图 6.50 $I^2C$ 总线时序图

### 6.4.7 直接采用 $I^2C$ 总线接口芯片的应用

$I^2C$ 总线为单片机应用系统设计提供了一种完善的集成电路间的串行总线扩展技术，大大地简化了应用系统的硬件设计，为实现应用系统的模块化设计创造了极为有利的条件。标准的 $I^2C$ 总线有严格规范的电气接口和标准的状态处理软件包，要求系统中 $I^2C$ 总线连接的所有节点都具有 $I^2C$ 总线接口。由于 $I^2C$ 只有两条接口线，并具有机动灵活、多主机时钟同步和仲裁等功能，因此在智能化仪器及自动控制系统中得到了广泛的应用。使用 $I^2C$ 总线设计计算机系统十分方便、灵活，体积也很小。

现在，已经研制出许多专门带 $I^2C$ 总线接口的单片机外部接口芯片，如 PHILIPS 公司生产的与 80C51 系列单片机完全兼容的 83C552。前者 CPU 芯片内部包含 8k 字节的掩膜 ROM，后者没有 ROM。但与一般 80C51 不同的是它除了有一个全双工通用异步串行通信口（UART）以外，还有一个专门的 $I^2C$ 串行总线接口。因此，可以很方便地和具有 $I^2C$ 的总线接口外设进行连接，如 PHILIPS 公司的 PCF8553（时钟/日历带 256×8RAM）、PCF8570（256×8 静态 RAM）等。此外，如 MAXIM 公司也生产一些与 $I^2C$

总线兼容的芯片，如 MAX127/128（A/D）和 MAX517/518/519（8 位 D/A）等。图 6.51 所示为采用 $I^2C$ 总线的 D/A 转换器与单片机的连接电路。

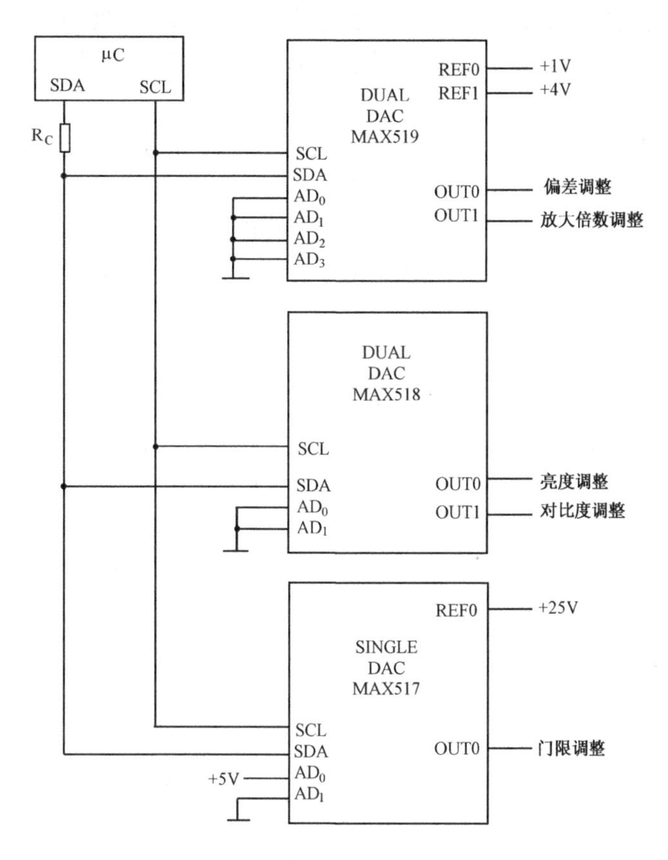


图 6.51 $I^2C$ 总线应用系统图

如图 6.51 所示，μC 可以是具有 $I^2C$ 总线的任何一种单片机，例如，前面讲的 83C552。D/A 转换器 MAX517/518/519 是符合 $I^2C$ 串行接口总线条件的装置。其中 MAX517 是单个 8 位 D/A 转换器，而 MAX518/519 为双 D/A 转换器。其中 MAX517/518/519 每一个芯片都有 7 位从地址。从地址的最高 3 位（$MSB_3$）永远是 010。此外，MAX517/518 随其后的两位由工厂编码为 11。最后两位 $A_1$、$A_0$ 可由 $I^2C$ 总线在第一字节时给出，因此它最多可接 4 个同样的设备。MAX519 低 4 位地址为 $AD_3$、$AD_2$、$AD_1$、$AD_0$，所以它最多可接 16 个同样的设备。由于 D/A 转换器是接收数据（主机相当于写操作），所以最低位（LSB）为 0。紧随地址字节之后是命令字节和数据字节。命令字节为 8 位，其格式如图 6.52 所示。

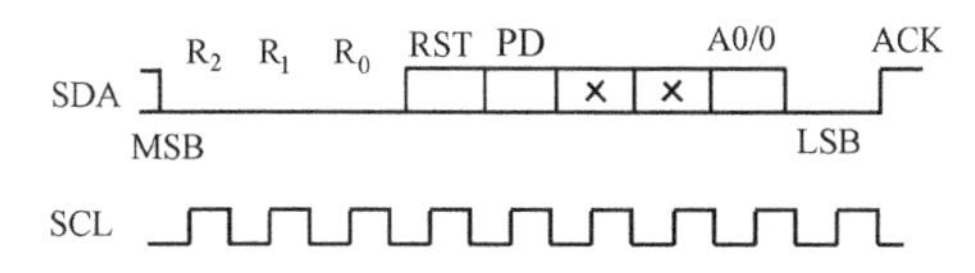


$R_2$ $R_1$ $R_0$——置接收位为 0。
RST——复位，置 1 时使所有 D/A 寄存器复位。
PD——电源下降沿，置 1 时为 4μA 低耗方式；复位为 0 时，返回正常操作状态
A0——地址位，用来决定下一个 8 位字节放在哪一个 DAL 寄存器内，若放在 MAX517 中，为 0。
ACK——应答位，在第 9 个时钟脉冲时 MAX517/518/519 把 SDA 下拉到低电平。

图 6.52 MAX517/518/519 命令字节

等接到命令字符之后，便是 8 位数据字节。8 位数据字节之后等距一位是停止位，则 D/A 转换器把 8 位数据锁存在 DAC 锁存器中，并由硬件完成 D/A 转换，直到再进行新的一轮转换为止。

## 6.4.8 $I^2C$ 总线模拟实用程序

在现实应用中，还有相当一部分主机没有 $I^2C$ 总线，如 8031、8098 或其他类型的单片机，但有时要用到具有 $I^2C$ 总线的外部接口芯片，此时利用这些单片机的普通 I/O 来实现 $I^2C$ 总线上主节点对 $I^2C$ 总线器件的读、写操作。

$I^2C$ 总线数据传送的模拟具有重要的实用意义，它大大地扩展了 $I^2C$ 总线器件的适用范围，使这些器件的使用不受系统中单片机必须带有 $I^2C$ 总线接口的限制，因此，在许多单片机应用系统中可将 $I^2C$ 总线模拟传送技术作为系统的一种常规设计方法。在一些进口的电气产品中，这种使用方法也较普通，它可以避免厂家在自己的单片机系列中使用 PHILIPS 的专利技术，又不妨碍使用一些带 $I^2C$ 接口的器件。

本节通过对 $I^2C$ 总线典型信号的时序模拟给出了一套通用软件包，用户只要掌握软件包中的通用读写子程序就能方便地编制应用程序。

在 PHILIPS 公司推出的 80C51 系列带 $I^2C$ 总线接口的单片机中，无论是与 8031 DIP40 封装引脚兼容的 8XC652、8XC654、8XCL410、8XC528，还是引脚不兼容的 8XC552、8XCE654 等都使用 P1.6/P1.7 作为 $I^2C$ 总线接口 SCL/SDA。因此，为方便起见，编制 $I^2C$ 总线数据传送的模拟子程序时，用 I/O 口线 P1.6/P1.7 来模拟 $I^2C$ 接口。模拟 $I^2C$ 总线系统的单片机为系列单片机。

设晶振为 6MHz，相应的机器周期为 2μs，启动（STA）、停止（STO）、发送应答位（MACK）、发送非应答位（MNACK）的子程序分别如下。

### 1. $I^2C$ 总线接口模拟程序

（1）启动（STA）

```
STA:    SETB    P1.7
        SETB    P1.6
        NOP
        NOP
        CLR     P1.7
        NOP
        NOP
        CLR     P1.6
        RET
```

（2）停止（STOP）

```
STOP:   CLR     P1.7
        SETB    P1.6
        NOP
        NOP
        SETB    P1.7
        NOP
        NOP
        CLR     P1.6
        RET
```

（3）发送应答位（MACK）

```
MACK:   CLR     P1.7
        SETB    P1.6
        NOP
        NOP
        CLR     P1.6
        SETB    P1.7
        RET
```

（4）发送非应答位（MNACK）

```
MNACK:  SETB        P1.7
        SETB        P1.6
        NOP
        NOP
        CLR         P1.6
        CLR         P1.7
        RET
```

从上述子程序的指令设置来看：用户应用系统的时钟频率不是 6MHz 时，应适当调整 NOP 指令个数，以保证能满足定时参数要求；子程序中的指令设置保证了 I/O 初始状态无论是高电平还是低电平都能满足定时要求；为了保证总线数据传送的可靠性，在每个信号定时子程序结束时均保证时钟线上为低电平，从而将总线嵌住。

### 2. $I^2C$ 总线模拟传送的通用子程序

为了解决主方式工作时各种 $I^2C$ 接 El 器件的读、写操作，在 $I^2C$ 总线数据模拟操作中，将典型信号定时子程序和满足主工作方式的各种读、写操作，以及应答信号握手操作都归纳成一些基本子程序，以满足对所有 $I^2C$ 接口器件的操作。

$I^2C$ 总线数据模拟传送的通用软件包除了上述基本的启动（STA）、停止（STO）、发送应答位（MACK），发送非应答位（MNACK）子程序外，还有应答位检查（CACK）、发送一个字节数据（WRBYT）、接收一个字节数据（RDBYT）、发送 *n* 个字节数据（WRNBYT）、接收 *n* 个字节数据（RDNBYT）子程序。

下面介绍通用软件包中的 CACK、WRBYT、RDBYT、WRNBYT、RDNBYT 子程序。

（1）应答位检查（CACK）子程序

在应答位检查子程序中，设置了标志位。在 $I^2C$ 总线数据传送中，主控器发送完一个字节后，被控器在接收到该字节后必须向主控器发送一个应答位，表明该字节接收完毕。在本子程序中用 F0 做标志位，当检查到器件节点的正常应答后 F0=0，表明被控的器件节点接收到了主控器发送的字节，否则 F0=1。程序清单如下。

```
CACK:   SETB    P1.7            ；置 P1.7 为输入方式
        SETB    P1.6            ；使 SDA 上数据有效
        CLR     F0              ；预设 F0=0
        MOV     A,P1            ；输入 SDA/P1.7 引脚状态
        JNB     ACC.7,CEND      ；检查 SDA 状态，正常应答转 CEND，且 F0=0
        SETB    F0              ；无正常应答，F0=1
CEND:   CLR     P1.6            ；子程序结束，使 P1.6=0
        RET
```

（2）发送一个字节数据（WRBYT）子程序

该子程序是向 $I^2C$ 总线的数据线 SDA 上发送一个字节数据的操作。调用本子程序前要将发送的数据送入 ACC 中。占用资源：R0、C。

```
WRBYT:  MOV     R0,#08H         ；8 位数据长度送 R0 中
WLP:    RLC     A               ；发送数据左移，使发送位入 C
        JC      WR1             ；判断发送 1 还是 0，若发送 1，转 WR1
        AJMP    WR0             ；若发送 0，转 WR0
WLP1:   DJNZ    R0,WLP          ；8 位是否发送完，未完转 WLP
        RET                     ；8 位发送完结束
WR1:    SETB    P1.7            ；发送"1"程序段
        SETB    P1.6
        NOP
        NOP
```

```
        CLR     P1.6
        CLR     P1.7
        AJMP    WLP1
WR0:    CLR     P1.7                ；发送“0”程序段
        SETB    P1.6
        NOP
        NOP
        CLR     P1.6
        AJMP    WLP1
```

（3）从 SDA 上接收一个字节数据（RDBYT）子程序

该子程序用来从 SDA 上读取一个字节数据，执行本程序后，从 SDA 上读取的一个字节存放在 R2 或 ACC 中。占用资源：R0、R2、C。

```
RDBYT:  MOV     R0,#08H             ；送 8 位数据长度到 R0
        SETB    P1.7                ；置 P1.7 为输入方式
        SETB    P1.6                ；使 SDA 上数据有效
        MOV     A,P1                ；读入 SDA 引脚状态
        JNB     ACC.7,RD0           ；读入 0 还是 1，读入 0 转 RDO
        AJMP    RD1                 ；读入 1 转 RD1
RLP1:   JNZ     RO,RLP              ；8 位读完否？未读完，转 RLP
        RET
RD0:    CLR     C                   ；读入“0”程序段，由 C 拼装入 R2 中
        MOV     A,R2
        RLC     A
        MOV     R2,A
        CLR     P1.6                ；使 P1.6=0 可继续接收数据位
        AJMP    RLP1
RD1:    SETB    C                   ；读入程序段，由 C 拼装入 R2 中
        MOV     A,R2
        RLC     A
        MOV     A,R2
        CLR     P1.6                ；使 P1.6=0 可继续接收数据位
        AJMP    RLP1
```

（4）向被控器发送 *n* 个字节数据（WRNBYT）子程序

在 $I^2C$ 总线数据传送中，主控器常常需要连续地向被控器件发送多个字节数据，本子程序是用来向 SDA 线上发送 *n* 个字节数据的操作。该子程序的编写必须按照 $I^2C$ 总线规定的读、写操作格式进行。

如主控器向 $I^2C$ 总线上某个被控器件连续发送 *n* 个数据字节时，其数据操作格式如图 6.53 所示。

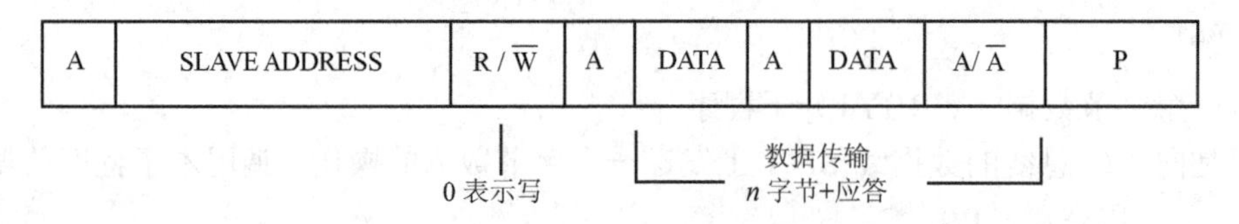


图 6.53　连续发送 *n* 字节数据格式

其中：S——启动位；

SLAVE ADDRESS——寻址字节（写）；

A——器件应答位；

P——停止位。

为了使模拟 $I^2C$ 与标准 $I^2C$ 使用条件相似，也使用 IV 区工作寄存器。按照上述操作格式所编写的发送 *n* 个字节的通用子程序（WRNBYT）的清单如下。

```
WRNBYT: PUSH    PSW                         ；现场保护
```

```
         MOV     PSW,#18H                    ; 使用Ⅳ区工作寄存器
         LCALL   STA                         ; 启动 I2C 总线
         MOV     A,SLA                       ; 发送 SLAW 字节
         LCALL   WRBYT
         LCALL   CACK                        ; 检查应答位
         JB      F0,WRNBYT                   ; 非应答位则重发
         MOV     R1,#MTD
WRDA:    MOV     A,@R1
         LCALL   WRBYT
         LCALL   CACK                        ; 检查应答位
         MOV     F0,WRNBYT
         INC     R1
         DJNZ    NUMBYT,WRDA
         LCALL   STOP
         POP     PSW
         RET
         MTD     EQU     30H                 ; 主控器发送数据缓冲区首址
         SLA     EQU     50H                 ; 器件寻址字节(写)存放单元
         NUMBYT  EQU     51H                 ; 发送数据字节数存放单元
```

在调用本子程序之前必须将要发送的 *n* 个字节数据依次存放在以 MTD 为首地址的发送据缓冲区中（本程序最大长度为 32 字节）。调用本子程序后，*n* 个字节数据依次传送到被控器件内部相应的地址单元中。

（5）从被控器件读取 *n* 个字节数据（RDNBYT）子程序

在 $I^2C$ 总线系统中，主控器按主接收方式从被控器件中读出 *n* 个字节数据的操作格式如图 6.54 所示。

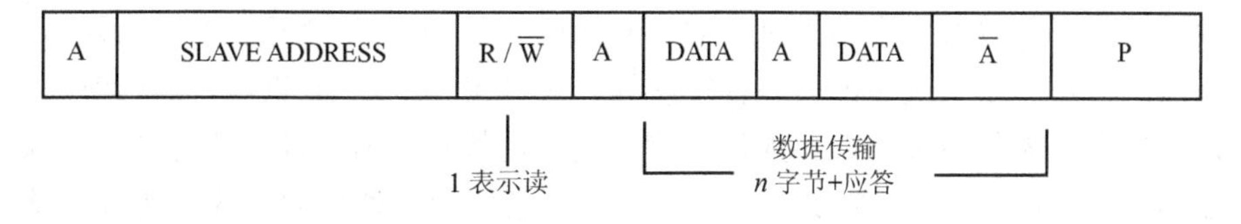


图 6.54　连续读出 *n* 字节数据格式

其中 S、A、P 与 WRNBYT 操作格式相同。

$\overline{A}$——非应答位，主控器在接收完 *n* 个字节后主器件必须发送一个非应答位。

SLAVE ADDRESS——器件寻址字节（读）在接收 *n* 个字节数据操作中，也必须指定器件内部单元首地址 SUBADR，故还需事先写入一个 SUBADR 字节，然后启动 $I^2C$ 总线，按照寻址字节（读），从 SUBADR 为首地址的 *n* 个单元中读出 *n* 个字节数据。与标准 $I^2C$ 传送相同，使用 IV 区工作寄存器。

按照上述操作格式所编写的通用 *n* 字节接收子程序（RDNBYT）清单如下。

```
RDNBYT:  PUSH    PSW                 ; 现场保护
         MOV     PSW,#18H            ; 使用 IV 区工作寄存器
         LCALL   STA                 ; 发送启动位
         MOV     A,SLA               ; 发送寻址字节(读)
         LCALL   WRBYT
         LCALL   CACK                ; 检查应答位
         JB      F0,RDNBYT           ; 非正常应答时重新开始
RDN:     MOV     R1,#MRD             ; 接收数据缓冲区首址 MRD 入 R1
RDN1:    LCALL   RDBYT               ; 读入一个字节到接收数据缓冲区中
         MOV     @R1,A
         DJNZ    NUMBYT,ACK          ; n个字节读完否?未完转 ACK
         LCALL   MNACK               ; n个字节读完发送非应答位 Ā
         LCALL   STOP                ; 发送停止信号
         POP     PSW
         RET                         ; 子程序结束
```

```
ACK:    LCALL   MACK1
        INC     R1                  ; 指向下一个接收数据缓冲单元
        SJMP    RDN1                ; 转读入下一个字节数据
SLA     EQU     50H                 ; 器件寻址字节（读）存放单元
MRD     EQU     30H                 ; 主器件中数据接收缓冲区首址
```

使用 RDNBYT 子程序时，占用资源 R1，但需要调用 STA、STOP、WRBYT、RDBYT、CACK、MACK、MNACK 等子程序，须满足这些子程序的调用要求。

在调用 RDNBYT 子程序后，被控器件中所指定首地址（SUBADR）中的 $n$ 个字节数据将被读入主控器件片内以 MRD 为首址的数据缓冲器中。

## 6.5 现场总线技术

在现代工业生产中，自动化技术是工业生产中保证高质、高效、安全、连续运行的重要手段。随着现代科学技术的迅猛发展，自动化技术也日新月异。到目前为止，自动化技术的发展已经历了两次飞跃。第1次是在20世纪的50～60年代，从传统的电气传动控制发展到以模拟信号为主的电子装置和自动化仪表的监控系统，这次飞跃是以微电子技术的进步为基础的；第2次则是在20世纪的70～80年代，分布式控制系统（Distributed Control System，DCS）的出现把分散的、单回路的测控系统交由计算机进行统一的管理，用各种I/O功能模板代替了控制室的仪表，利用计算机高速运算的强大功能集中实现了回路调节、工况连锁、参数显示报警、历史数据储存和工艺流程动态显示等多种功能，在大型控制系统中往往还带有操作指导和专家系统等软件。DCS对工业控制技术的发展起到了极大的推动作用，得到了用户的肯定，这次飞跃是以计算机技术的飞速发展为基础的。4～20mA信号是DCS系统及现场设备相互连接的最本质特点，这是控制系统和仪表装置发展的一大进步。进入20世纪90年代以后，数字化和网络化成为当今控制技术发展的主要方向。人们意识到传统的模拟信号只能提供原始的测量和控制信息，而智能变送器在4～20mA信号之上附加信息的能力又受其低通信速率的制约，所以对整个过程控制系统的机制进行数字化和网络化，应是其发展的必然趋势。

现场总线（Fieldbus）在智能现场设备、自动化系统之间提供了一个全数字化的、双向的、多节点的通信链接。现场总线的出现促进了现场设备的数字化和网络化，并且使现场控制的功能更加强大。这一改进带来了过程控制系统的开放性，使系统成为具有测量、控制、执行和过程诊断的综合能力的控制网络。现场总线是现代计算机、通信和控制技术的集成，使自动化技术正在进入第3次飞跃。可以预言，随着现场总线技术的兴起和逐渐成熟，21世纪的自动化领域将成为现场总线的世界。

在这一节里，主要介绍现场总线的发展概况、特点和几种常用的现场总线。最后，以LonWorks总线为例，介绍有关现场总线的基本内容。

### 6.5.1 现场总线技术的发展概况

现场总线是一种工业数据总线，它是自动化领域中计算机通信体系最低层的低成本网络。根据国际电工委员会（IEC）的标准和现场总线基金会（FF）的定义，“现场总线是连接智能现场设备和自动化系统的数字式、双向传输多分支结构的通信网络”。现场总线技术的基本内容包括：以串行通信方式取代传统的4～20mA的模拟信号；一条现场总线可为众多的可寻址现场设备实现多点链接；支持低层的现场智能设备与高层系统利用公用传输介质交换信息；现场总线技术的核心是它的通信协议，这些协议必须根据国际标准化组织ISO的计算机网络开放系统互连的OSI参考模型来制定；它是一种开放的7层网络协议标准，多数现场总线技术只使用其中的第1层、第2层和第7层协议。

现场总线技术起始于20世纪80年代中期，于20世纪90年代初期初步形成了几种较有影响的标准：

PROFIBUS（德国和欧洲标准）、FIP（法国标准）、ISP（可交互系统标准）、ISA SP50（美国仪表协会标准）。另外，还有一些公司、厂家推出了自己的现场总线产品，形成了事实上的标准，比较著名的有 CAN、HART 和 LonWorks。1994 年和 1995 年 ISP 与 WORLD FIP 的北美和欧洲分会宣布合并，成立了 FF（Fieldbus Foundation）现场总线基金会组织，旨在支持和帮助 IEC/ISA-SP 标准化委员会的工作，推动和加速建立一个统一的、开放的、国际性的现场总线国际标准。许多国际知名的仪表和控制系统公司如 Honeywell、Rosemount、Simens、Foxboro、Yokogawa 等纷纷加入，实力强大。但因 FF 通信协议的技术目标较高，涉及面又广，受各厂商自身商业利益的影响，所以使标准的制定工作进展缓慢。而那些单个厂商或组织制定的现场总线技术标准及产品却往往有较大的业绩。我们相信现场总线的通信协议最终会有一个统一的国际标准，但这点并不妨碍各生产厂商现有技术的发展。要在市场上求得生存，就必须使他们自己的产品符合国际上统一的标准或与之兼容。一个统一的现场总线通信协议的国际标准，将会给用户带来极大的方便。

## 6.5.2　现场总线控制系统的特点

现场总线控制系统（FCS）与传统的 DCS 控制系统相比有着明显的优点（其结构如图 6.55 所示）。根据国际电工委员会 DEC 和现场总线基金会 FF 的定义，现场总线技术具有以下 5 个主要特点。

（1）数字信号完全取代 4～20 mA 模拟信号。

（2）使基本过程控制、报警和计算功能等完全分布在现场完成。

（3）使设备增加非控制信息，如自诊断信息、组态信息及补偿信息等。

（4）实现现场管理和控制的统一。

（5）真正实现系统的开放性、互操作性。

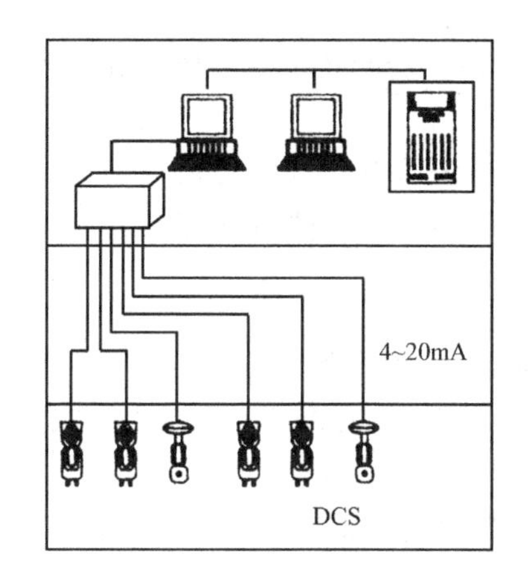

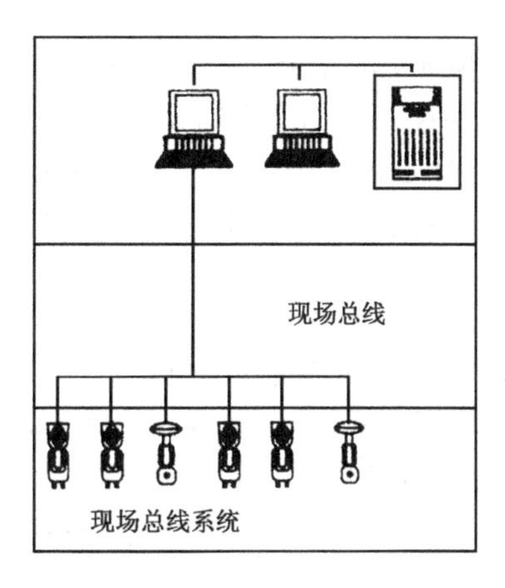


图 6.55　FCS 和 DCS 网络结构比较

现场总线技术不仅是一种通信技术，而且实际上还融入了智能化仪表、计算机网络和开放系统互连（OSI）等技术的精粹。所有这些特点使得以现场总线技术为基础的现场总线控制系统（FCS）相对于传统的 DCS 系统具有更大的优越性。

（1）系统结构大大简化，成本显著降低。

（2）现场设备自治性加强，系统性能全面提高。

（3）提高了信号传输的可靠性和精度。

（4）真正实现全分散、全数字化的控制网络。

（5）用户始终拥有系统集成权。

### 6.5.3 5种典型的现场总线

目前，世界上出现多种现场总线的企业、集团和国家标准。这使得人们十分困惑，既然现场总线有如此多的优点，为什么标准统一起来却十分困难？这里存在两个方面的原因：第一是技术原因，第二是商业利益。目前较流行的现场总线主要有以下5种：CAN、LonWorks、PROFIBUS、HART和FF。

#### 1. CAN（控制器局域网络）

控制器局域网络CAN（Controller Area Network）是由德国Bosch公司为汽车监测和控制而设计的，其目标是逐步发展成用于其他工业控制领域的现场总线。CAN已成为国际标准化组织的ISO 11898标准。CAN具有如下特性。

（1）CAN的通信速率为5Kbps（10km），1Mbps（40m），节点数为110个，传输介质为双绞线或光缆等。

（2）CAN采用点对点、一点对多点及全局广播3种方式发送和接收数据。

（3）CAN 可实现全分布式多机系统且无主、从机之分，每个节点均可主动发送报文，用此特点可方便地构成多机备份系统。

（4）CAN 采用非破坏性总线优先级仲裁技术。当两个节点同时向网络发送信息时，优先级低的节点主动停止发送数据，优先级高的节点可不受影响地继续发送信息。按节点类型分成不同的优先级字节数为8个。这样，传输时间短，受干扰的概率低，有较好的检错效果。

（5）CAN采用循环冗余校验CRC（Cyclic Redundancy Check）及其他检错措施，保证了极低的信息出错率。

（6）CAN 节点具有自动关闭功能，当节点错误严重时，则自动切断与总线的联系，这样不影响总线的正常工作。

CAN单片机有Motorola公司生产的带CAN模块的MC68HC05x4，PHILIPS公司生产的82C200，Intel公司生产的带CAN模块的P8XG592。

CAN控制器有PHILIPS公司生产的82C200，Intel公司生产的82527。

CAN I/O器件有PHILIPS公司生产的82C150，具有数字和模拟I/O接口。

#### 2. LonWorks（局部操作网络）

局部操作网LonWorks是美国Echelon公司研制的，主要有如下特性。

（1）LonWorks通信速率为78Kbps（2700m）、1.25Mbps（130m），节点数是32 000个，传输介质为双绞线、同轴电缆、光缆和电源线等。

（2）LonWorks采用LonTalk通信协议，该协议遵循国际标准化组织ISO定义的开放系统互连OSI全部7层模型。

（3）LonWorks的核心是Neuron（神经元）芯片（MC143150和MC143120），内含3个8位的CPU：第1个CPU为介质访问控制处理器，实现LonTalk 协议的第1层和第2层；第2个CPU为网络处理器，实现LonTalk协议的第3层至第6层；第3个CPU为应用处理器，实现LonTalk 协议的第7层，执行用户代码及用户代码所调用的操作系统服务程序。

（4）Neuron芯片的编程语言为Neuron C，它是从ANSI C派生出来的。LonWorks 提供了一套开发工具LonBuilder与NodeBuilder。

（5）LonTalk协议提供5种基本类型的报文服务：确认（Acknowledged）、非确认（Unacknowledged）、请求/响应（Request/Response）、重复（Repeated）、非确认重复（Un- acknowledged Repeated）。

（6）LonTalk协议的介质访问控制子层（MAC）对CSMA做了改进，采用一种新的称做Predictive P-Persistent CSMA的CSMA，根据总线负载随机调整时间槽 $n$（1～63），从而在负载较轻时使介质访问延迟最小化，而在负载较重时使发生冲突的可能最小化。

### 3. PROFIBUS（过程现场总线）

过程现场总线 PROFIBUS（Process Field Bus）是德国标准，于 1991 年在 DIN 19245 中公布。PROFIBUS 有几种改进型，分别用于不同的场合，例如：

（1）PROFIBUS-PA（Process Automation）用于过程自动化，通过总线供电，提供本质安全型，可用于危险防爆区域。

（2）PROFIBUS-FMS（Fieldbus Message Specification）用于一般自动化。

（3）PROFIBUS-DP 用于加工自动化，适用于分散的外围设备。

PROFIBUS 引入功能模块的概念，不同的应用需要使用不同的模块。在一个确定的应用中，按照 PROFIBUS 规范来定义模块，写明其硬件和软件的性能，以规范设备功能与 PROFIBUS 通信功能的一致性。

PROFIBUS 为开放系统协议。为了保证产品质量，在德国建立了 FZI 信息研究中心，对制造厂和用户开放，可对其产品进行一致性检测和实验性检测。

### 4. HART（可寻址远程传感器数据通路通信协议）

可寻址远程传感数据通路通信协议 HART（Highway Addressable Remote Transducer）是美国 Rosemount 公司研制的一种总线。HART 协议参照 ISO/OSI 模型的第 1、2、7 层，即物理层、数据链路层和应用层。它主要有如下特性。

（1）物理层：采用基于 Bell 202 通信标准的频移键控法（FSK）技术，即在 4～20mA（DC）模拟信号上叠加 FSK 数字信号，逻辑 1 为 1 200Hz，逻辑 0 为 2 200Hz，传输速率为 1 200bps，调制信号为±0.5mA 或 0.25Vp–p（250Ω负载）。用屏蔽双绞线时单台设备距离为 3 000m，而多台设备互连距离为 1 500m。

（2）数据链路层：数据帧长度不固定，最长为 25 个字节。可寻地址范围为 0～15。当地址为 0 时，处于 4～20mA（DC）的与数字通信兼容状态；当地址为 1～15 时，则处于全数字通信状态。通信模式为“问答式”或“广播式”。

（3）应用层：规定了 3 类命令，第 1 类是通用命令，适用于遵守 HART 协议的所有产品；第 2 类是普通命令，适用于遵守 HART 协议的大部分产品；第 3 类是特殊命令，适用于遵守 HART 协议的特殊产品。另外，为用户提供了设备描述语言 DDL（Device Description Language）。

### 5. FF（现场总线基金会）现场总线

现场总线基金会（Fieldbus Foundation，FF）是国际公认的唯一不附属于某企业的公正的、非商业化的国际标准化组织。其宗旨是制定统一的现场总线国际标准，无须专利许可，可供任何人使用。现场总线标准参照 ISO/OSI 模型的第 1、2、7 层，即物理层、数据链路层和应用层，另外增加了用户层。FF 推行的现场总线标准以 IEC/ISA SP-50 标准为蓝本。

（1）物理层：定义了传送数据帧的结构、信号波形的幅度，以及传输介质、速率、功耗和拓扑结构。

- 传输介质可采用有线电缆、光缆和无线通信。
- 传输速率为 31.25Kbps（1900m），1Mbps（750m），2.5Mbps（500m）。
- FF 现场总线支持总线型、树型和点对点型拓扑结构。
- 编码方式为半双工方式。

（2）数据链路层：由上下两部分组成，下层部分的功能是对传输介质传送的信号进行发送、接收和控制，上层部分的功能是对数据链路进行控制。

（3）应用层：由访问子层 FAS 和报文规范 FMS 组成。FAS 提供 3 类服务（发布/索取、客户机/服务器和报文分发）。FMS 规定了访问应用进程 AP 和报文的格式及服务。

（4）用户层：规定了标准的功能模块供用户组态使用。利用功能块数据结构执行数据采集、处理、控制和输出，因而给用户带来了极大的方便。

FF规定了如下基本功能块：模入AI，控制选择CS，模出AO，开入DI、P、PD控制，开出DO，手动ML、PID、PI、I控制，偏置/增益BG，比率RA。它还规定了如下先进功能模块：脉冲输入、步进输出PID、输入选择、复杂模出、装置控制、信号特征、复杂开关出、设定值程序发生、定时、分离器、运算、模拟接口、超前滞后补偿、积算、开关量接口、死区、模拟报警、算术运算和开关量报警等。

### 6.5.4 现场总线的应用

毋庸置疑，现场总线是21世纪控制系统的主流和发展方向。但是，由于现场总线技术目前还不够成熟，而且价格也比较贵，完全的现场总线系统大量普及还有待时日。特别是我国现在工厂的自动化水平还不够高，因此，在相当长的一段时间内，大多数企业不可能全面采用现场总线技术，而必须走逐步发展与过渡的道路。下面介绍几种可行方案。

#### 1. 现场总线在DCS系统I/O总线上的集成

在DCS的结构体系中，自上而下大体可分为3层：管理层、监控操作层和I/O测控层。在I/O测控层的I/O总线上，挂有DCS控制器和各种I/O卡件。I/O卡件用于连接现场4～20mA设备、离散量或PCL等现场信号，DCS控制器负责现场控制。

DCS系统的I/O总线上集成现场总线的原理，如图6.56所示。其关键是通过一个现场总线接口卡挂在DCS的I/O总线上，实现现场总线系统中的数据信息映射成原有DCS的I/O总线上相对应的数据信息，如基本测量值、报警值或工艺设定值等，使得在DCS控制器所看到的来自现场总线的信息就如同来自一个传统的DCS设备卡一样。这样便实现了在I/O总线上的现场总线技术集成。

这种方案主要用于已经安装并稳定运行的DCS系统，而现场总线又是首次引入系统且规模较小的场合，也可应用于PLC系统。

这种系统的优点是结构比较简单，但有时集成规模受到现场总线接口卡的限制。

#### 2. 现场总线在DCS系统网络层上的集成

除了在I/O总线上的集成方案外，还可以在更高一层——DCS网络层上集成现场总线系统。此时，现场总线接口卡不是挂在DCS的I/O总线上，而是在DCS的上层LAN上，其结构如图6.57所示。

在这种方案中，现场总线控制执行信息、测量及现场仪表的控制功能，均可在DCS操作站上进行浏览并修改。很明显，原来必须由DCS主计算机完成的一些控制和计算功能，现在可下放到现场仪表上实现，并且可以在DCS操作员界面上得到相关的参数或数据信息。它的另一个优点是不需要对DCS控制站进行改动，对原有系统影响较小。

#### 3. 现场总线通过网关与DCS系统并行集成

若在一个工厂中并行运行着DCS系统和现场总线系统，则可以通过一个网关来连接两者（如图6.58所示），安装网关以完成DCS系统与现场总线高速网络之间的信息传递。DCS系统的信息能够在新的操作员界面上得到显示。通过使用H2网桥可以安装大量的H1低速总线。现场总线接口单元可提供控制协调、报警管理和短时趋势收集等功能。

现场总线与DCS的并行运行，可以完成整个工厂的控制系统和信息系统的集成统一，并可以通过Web服务器实现Intranet与Internet的互联。这种方案丰富了网络的信息内容，便于发挥数据信息和控制信息的综合优势。另外，在这种集成方案中，现场总线系统与通过网关而集成在一起的DCS系统是相互独立的。

现阶段，现场总线与DCS系统的共存将使用户拥有更多的选择，以实现更合理的控制系统。

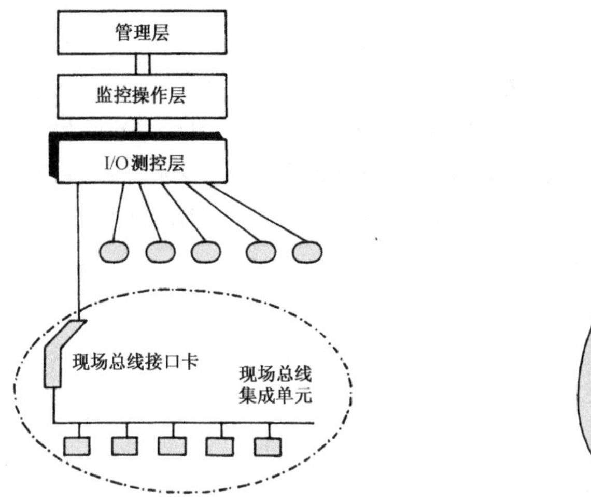


图 6.56　在 DCS 系统 I/O 总线上集成现场总线

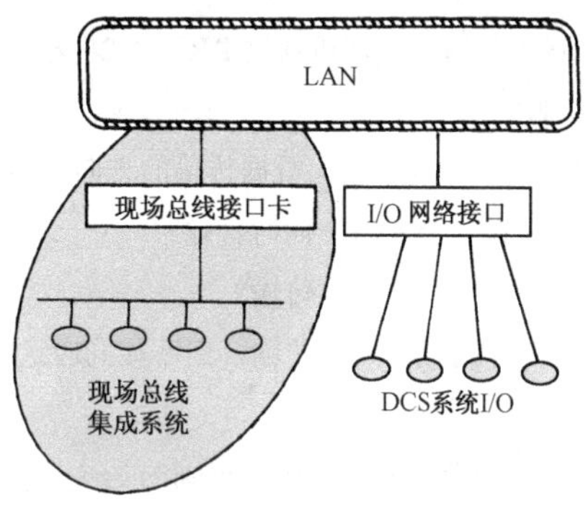


图 6.57　在 DCS 网络层集成现场总线

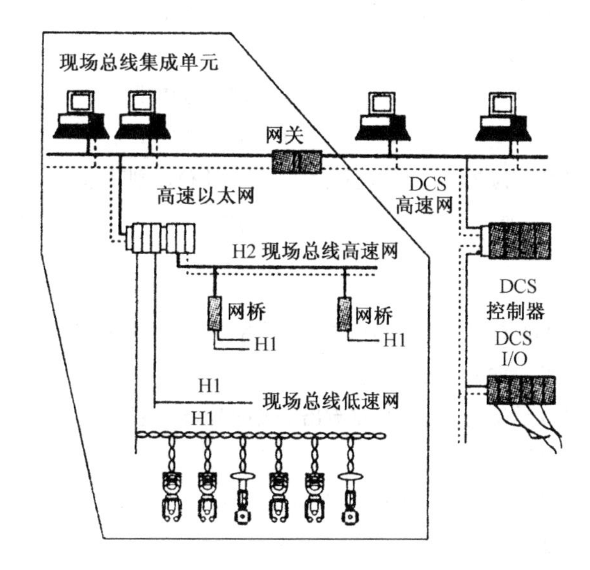


图 6.58　现场总线通过网关与 DCS 系统并行集成

# 习　题　六

## 一、复习题

1．什么叫总线？总线分哪两大类？分别说出它们的特点和用途？

2．串行通信传送方式有几种？它们各有什么特点？

3．波特率是什么单位？它的意义如何？

4．收/发时钟在通信中有什么意义？

5．异步通信与同步通信的区别是什么？它们各有什么用途？

6．串行通信有几种传送方式？各有什么特点？

7．RS-232 总线在实际应用中有几种接线方式？它们都应用在哪些场合？

8．RS-232 总线最重要的接线有哪些？其功能是什么？

9．RS-422 和 RS-485 总线为什么比 RS-232-C 总线传送距离长？

10．说明 SPI 总线、$I^2C$ 总线各自的特点。

11．现场总线有什么特点？常用的现场总线有几种类型？它们各有什么特点？

## 二、选择题

12. RS-232-C 串行总线电气特性规定逻辑 1 的电平是（　）。

A．0.3V 以下　　B．0.7V 以上　　C．-3V 以下　　D．+3V 以上

13. 主计算机与通信处理机通过 RRS-232C 电缆连接，两台设备的最大距离为（　）时，适合用近距离电缆连接。

A．5 米　　B．10 米　　C．15 米　　D．20 米

14. 采用全双工通信方式，数据传输的方向性结构为（　）。

A．可以在两个方向上同时传输

B．只能在一个方向上传输

C．可以在两个方向上传输，但不能同时进行

D．以上均不对

15. 下列关于半双工的叙述中，正确的是（　）。

A．只能在一个方向上传输　　B．可以在两个方向上同时传输

C．可以在两个方向上传输，但不能同时传输　　D．以上均不对

16. RS-232C 的电气特性规定使用（　）。

A．TTL 电平　　B．CMOS 电平

C．正逻辑电平　　D．负逻辑电平

17. 采用异步传输方式，设数据位为 7 位，1 位校验位，1 位停止位，则其通信效率为（　）。

A. 30%　　B. 70%　　C. 80%　　D. 20%

## 三、练习题

18. 按下列要求条件画出 RS-232-C 异步串行通信传送大写字母 A（41H）和 B（42H）的波形图。

（1）7 位数据；（2）偶校验；（3）两位停止位。

19. 设某数据源产生 8 位 ASCII 码字符，试分别推导出下列的 B-b/s 线路传输中，线路的最大传输速率表达式。

A．使用 1.5 位宽停止位的异步传输。

B．使用 48 位控制位和 128 位信息位组成的同步系统。

C．如同 B 的情况，但信息位为 1024 位。

20. 一个报文由 100 个 8 比特字符组成，使用下列传输控制方案在一条数据链路上传，分别需要多少附加的比特？

（1）异步方式，每个字符使用一个起始位和两个停止位，每个报文使用一个帧起符和一个帧结束字符；

（2）同步方式，每个报文使用两个同步字符、一个帧起始字符和一个帧结束字符。

# 第7章　过程控制数据处理的方法

**本章要点：**

- 数字滤波技术
- 量程自动转换和标度变换
- 线性插值法
- 系统误差的自动校正
- DSP技术简介

在工业过程控制系统及智能化仪器中，用计算机对工业生产中的数据进行处理的工作是大量的、必不可少的。数据处理离不开数值计算，而最基本的数值计算为四则运算。由于实际工作中遇到的数据种类繁多，其数值范围各有不同，精度要求也不一样，各种数据的输入方法及表示方式也各不相同，因此，计算机中的数如何表示，是进行数据处理之前必须解决的问题。

在智能化仪表及微型计算机控制系统中，模拟量经A/D转换器转换后变成数字量送入计算机。这些数字量在进行显示、报警及控制之前，还必须根据需要进行相应的加工处理，如数字滤波、标度变换、数值计算、逻辑判断及非线性补偿等，以满足不同系统的需要。

另外，在实际生产中，有些参数不但与几个被测量有关，而且是非线性关系。其运算不但包含四则运算，而且有对数、指数或三角函数的运算，如果采用模拟电路计算就颇为复杂。为此，可用计算机通过查表及数值计算等方法，使问题大为简化。

由此可见，用计算机进行数据处理是一种便捷而有效的方法，因而得到了广泛的应用。

与常规的模拟电路相比，微型计算机数据处理系统具有如下优点。

（1）可用程序代替硬件电路，完成多种运算。

（2）能自动修正误差。

在测量系统中，被测参数常伴有多种误差，主要是传感器和模拟测量电路所造成的误差，如非线性误差、温度误差、零点漂移误差等。所有这些误差，在模拟系统中是很难消除的。采用微型计算机以后，只要事先找出误差的规律，就可以用软件加以修正。对于随机误差，也可根据其统计模型进行有效的修正。

（3）能对被测参数进行较复杂的计算和处理。

（4）不仅能对被测参数进行测量和处理，而且还可以进行逻辑判断。

如对传感器及仪表本身进行自检和故障监控，一旦发生故障，能及时进行报警。有些系统还可以根据故障情况，自动改变自身结构，允许系统带“病”继续工作（称为容错技术）。

（5）微型计算机数据处理系统不但精度高，而且稳定可靠，不受外界干扰。

完成上述数据处理任务主要靠软件。随着应用范围的不断扩大，软件技术得到了很大的发展。在工业过程控制系统中，最常用的软件有汇编语言、C语言、工业控制组态软件。汇编语言编程灵活，实时性好，多用于单片机系统；C语言是一种功能很强的语言，特别是Visual C++是一种面向对象的语言，用它编写程序非常方便，而且它还能方便地与汇编语言进行链接；工业控制组态软件是专门为工业过程控制开发的软件，使用这种软件将给程序设计者带来极大的方便。通常，在智能化仪器或小型控制系统中大多数都采用汇编语言；在使用工业PC的大型控制系统中多使用Visual C++；在一些大型工业控制系统中，常常用工业控制组态软件。近年来，为了加快编程速度，出现了C51等用于单片机的C语言。

在这一章里，主要介绍几种微型计算机系统中最常用的数据处理方法，如插值法、零点温度补偿，以及数字滤波、标度变换和非线性补偿和DSP应用技术等。

## 7.1 数字滤波技术

在工业过程控制系统中，由于被控对象所处的环境比较恶劣，常存在干扰源，如环境温度、电场和磁场等，使采样值偏离真实值。对于各种随机出现的干扰信号，在由微型计算机组成的自动检测系统中，常通过一定的计算程序，对多次采样信号构成的数据系列进行平滑加工，以提高其有用信号在采样值中所占的比例，减少乃至消除各种干扰及噪声，以保证系统工作的可靠性。

数字滤波器与模拟RC滤波器相比，具有如下优点。

（1）无须增加任何硬件设备，只要在程序进入数据处理和控制算法之前，附加一段数字滤波程序即可。

（2）由于数字滤波器不需增加硬件设备，所以系统可靠性高，不存在阻抗匹配问题。

（3）对于模拟滤波器，通常是各通道专用的，而对于数字滤波器来说，则可多通道共享，从而降低了成本。

（4）可以对频率很低（如0.01Hz）的信号进行滤波，而模拟滤波器由于受电容容量的限制，频率不可能太低。

（5）使用灵活、方便，可根据需要选择不同的滤波方法或改变滤波器的参数。

正因为数字滤波器具有上述优点，所以在计算机控制系统中得到广泛的应用。

数字滤波的方法有很多种，可以根据不同的测量参数进行选择。下面介绍几种常用的数字滤波方法。

### 7.1.1 程序判断滤波

经验说明，许多物理量的变化都需要一定的时间，相邻两次采样值之间的变化有一定的限度。程序判断滤波的方法为：根据生产经验，确定出相邻两次采样信号之间可能出现的最大偏差$\Delta Y$，若超过此偏差值，则表明该输入信号是干扰信号，应该去掉；若小于此偏差值，则可将该信号作为本次采样值。

当采样信号由于随机干扰，如大功率用电设备的启动或停止，造成电流的尖峰干扰或错误检测，以及变送器不稳定而引起的严重失真等现象时，可采用程序判断法进行滤波。

程序判断滤波根据滤波方法的不同，可分为限幅滤波和限速滤波两种。

#### 1. 限幅滤波

限幅滤波的做法是把两次相邻的采样值相减，求出增量（以绝对值表示），然后与两次采样允许的最大差值（由被控对象的实际情况决定）$\Delta Y$进行比较，若小于或等于$\Delta Y$，则取本次采样值；若大于$\Delta Y$，则仍取上次采样值作为本次采样值，即：

$$|Y(k)-Y(k-1)| \leqslant \Delta Y，则 Y(k)=Y(k)，取本次采样值$$

$$|Y(k)-Y(k-1)| > \Delta Y，则 Y(k)=Y(k-1)，取上次采样值 \tag{7-1}$$

式中，$Y(k)$——第$k$次采样值。

$Y(k-1)$——第$k-1$次采样值。

$\Delta Y$——相邻两次采样值所允许的最大偏差，其大小取决于采样周期$T$及$Y$值的变化动态响应。

设计这种程序时，首先把允许的$\Delta Y$值存入LIMIT单元，前一次采样值存入DATA1单元，本次采样值存入DATA2单元，将本次采样值与前次采样值进行比较，求出两者差值的绝对值。若此绝对值大于

$\Delta Y$值，则取 DATA1 为本次采样值，否则维持 DATA2 为本次采样值。同时，要将本次采样值存入 DATA1，为下一次滤波做好准备。具体程序读者可自行设计。

这种程序滤波方法，主要用于变化比较缓慢的参数，如温度、物位等测量系统。使用时，关键问题是最大允许误差$\Delta Y$的选取。$\Delta Y$太大，各种干扰信号将“乘机而入”，使系统误差增大；$\Delta Y$太小，又会使某些有用信号被“拒之门外”，使计算机采样效率变低。因此，门限值$\Delta Y$的选取是非常重要的。通常可根据经验数据获得，必要时，也可由实验得出。

### 2. 限速滤波

限幅滤波用两次采样值来决定采样结果，而限速滤波一般可用 3 次采样值来决定采样结果。其方法是：当$|Y(2)-Y(1)|>\Delta Y$时，不像限幅滤波那样，用 $Y(1)$ 作为本次采样值，而是再采样一次，取得 $Y(3)$，然后根据$|Y(3)-Y(2)|$与$\Delta Y$的大小关系来决定本次采样值。其具体判别式如下。

设顺序采样时刻 $t_1$，$t_2$，$t_3$ 所采集的参数分别为 $Y(1)$，$Y(2)$，$Y(3)$，那么

$$\left.\begin{array}{l}\text{当}|Y(2)-Y(1)|\leqslant\Delta Y\text{时，则取}Y(2)\text{存入 RAM}\\ \text{当}|Y(2)-Y(1)|>\Delta Y\text{时，则不采用}Y(2)\text{，但仍保留，继续采样取得}Y(3)\\ \text{当}|Y(3)-Y(2)|\leqslant\Delta Y\text{时，则取}Y(3)\text{存入 RAM}\\ \text{当}|Y(3)-Y(2)|>\Delta Y\text{时，则取}[Y(3)+Y(2)]/2\text{输入计算机}\end{array}\right\}\quad(7\text{-}2)$$

限速滤波是一种折中的方法，既照顾了采样的实时性，又顾及了采样值变化的连续性。但这种方法也有明显的缺点：第一，$\Delta Y$ 的确定不够灵活，必须根据现场的情况不断更换新值；第二，不能反应采样点数 $N>3$ 时各采样数值受干扰的情况。因此，它的应用受到一定的限制。

在实际使用中，可用$[|Y(1)-Y(2)|+|Y(2)-Y(3)|]/2$ 取代$\Delta Y$，这样也可基本保持限速滤波的特性，虽增加一步运算，但灵活性有所提高。

限速滤波程序流程如图 7.1 所示。

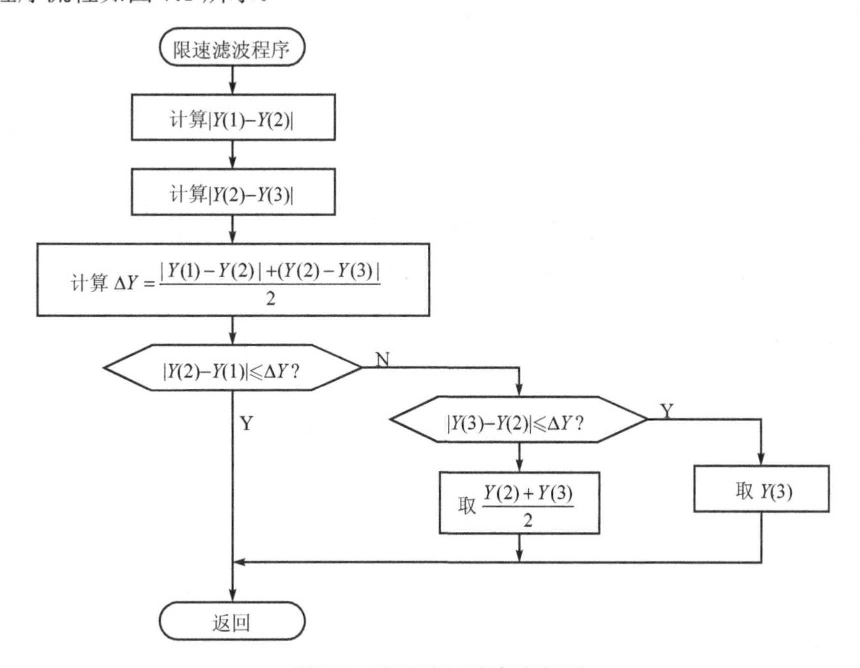


图 7.1　限速滤波程序流程图

设 $Y(1)$、$Y(2)$、$Y(3)$ 3 次采样值分别存放在 20H～22H 单元中，根据图 7.1 所示可写出限速滤波程序如下。

```
        ORG     8000H
PRODT2: MOV     A, 20H                  ; A←Y(1)
```

```
        CLR    C                 ; 进位位清零
        SUBB   A,21H             ; 计算 Y(1)-Y(2)
        JNC    LOOP1             ; Y(1)-Y(2)≥0，转 LOOP1
        CPL    A                 ; 负数求反加 1
        INC    A
LOOP1:  MOV    23H,A             ; 23H←|Y(1)-Y(2)|
        MOV    A,21H             ; 计算 |Y(2)-Y(3)|
        CLR    C
        SUBB   A,22H
        JNC    LOOP2
        CPL    A                 ; 负数求反加 1
        INC    A
LOOP2:  MOV    24H,A             ; 24H←|Y(2)-Y(3)|
        ADD    A,23H             ; 计算ΔY=[|Y(1)-Y(2)|+|Y(2)-Y(3)|]/2
        RRC    A
        MOV    LIMIT,A           ; (LIMIT)←ΔY
        MOV    A,23H
        CJNE   A,LIMIT,DONE1
        AJAMP  DONE2             ; |Y(1)-Y(2)|=ΔY，转 DONE2
DONE1:  JC     DONE2             ; |Y(1)-Y(2)|<ΔY，转 DONE2
        MOV    A,24H             ; A←|Y(2)-Y(3)|
        CJNE   A,LIMIT,DONE4
        AJAMP  DONE5             ; |Y(2)-Y(3)|= ΔY，转 DONE5
DONE4:  JC     DONE5             ; |Y(2)-Y(3)|<ΔY，转 DONE5
        AJAMP  DONE6
DONE5:  MOV    A,22H             ; |Y(2)-Y(3)|≤ΔY，取 Y(3)
        AJAMP  DONE3
DONE6:  MOV    A,21H             ; |Y(2)-Y(3)|>ΔY，取[Y(3)+Y(2)]/2
        ADD    A,22H
        RRC    A
        AJAMP  DONE3
DONE2:  MOV    A,21H             ; |Y(1)-Y(2)| ≤ΔY，取 Y(2)
DONE3:  RET
LIMIT   EQU    30H
```

以上程序的出口条件是，滤波后的采样值在 A 累加器中。在上述程序中，只要在标号 DONE 处增加两条传送指令“MOV 20H，21H”和“MOV 21H，22H”，则可实现动态限速滤波。

### 7.1.2 算术平均值滤波

算术平均值滤波是要寻找一个 $Y(k)$，使该值与各采样值间误差的平方和为最小，即

$$S=\min\left[\sum_{i=1}^{N}\mathrm{e}^2(i)\right]$$
$$=\min\left|\sum_{i=1}^{N}[y(i)-x(i)]^2\right|$$

由一元函数求极值原理，得

$$\overline{Y}(k)=\frac{1}{N}\sum_{i=1}^{N}x(i) \tag{7-3}$$

式中，$\overline{Y}(k)$——第 $k$ 次 $N$ 个采样值的算术平均值；

$x(i)$——第 $i$ 次采样值；

$N$——采样次数。

式（7-3）是算术平均值法数字滤波公式。由此可见，算术平均值法滤波的实质就是把一个采样周期内的 $N$ 次采样值相加，然后再把所得的和除以采样次数 $N$，得到该周期的采样值。

为了提高计数精度，这里采用 3 字节浮点运算，所涉及的各种浮点运算子程序，读者可阅读参考文献[3]中的相关内容。

设采样值从 12 位 A/D 转换器读入，每周期采样 4 次，各次采样值在存储器中的存放格式，如图 7.2 所示。

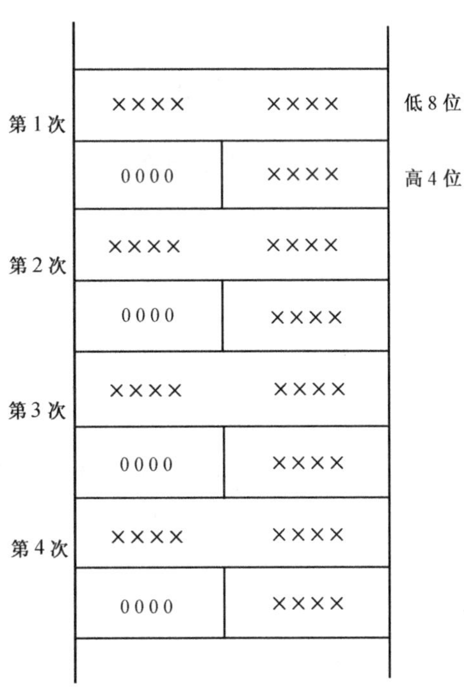


图 7.2　12 位采样数据存放格式

由于采样值 $x(i)$ 为双字节定点数，而按式（7-3）计算需要采用 3 字节浮点数，所以，在计算前必须先把双字节定点数转换成 3 字节浮点数，这可以利用浮点运算程序中的 INTF 子程序。为此，设计一个专门的 LOADXI 子程序，其功能是先把采样值读入 R2R3，然后调用 INTF 子程序，把双字节定点数转换成 3 字节浮点数，再送到 R7（阶）R4R5。设采样次数 $N$ 存放在 COUNT 单元中，则可写出如下所示的算术平均滤波浮点运算子程序。

```
        ORG     8000H
FARIFT: MOV     R6,#40H             ; 置初值 0
        MOV     R2,#00H
        MOV     R3,#00H
        MOV     A,COUNT
        PUSH    A                   ; 保存 N
        MOV     R0,#DATA
LOOP:   LCALL   LOADXI              ; R7(阶)R4R5←x(i)
        CLR     3AH                 ; 执行加法
        LCALL   FABP                ; R6(阶)R2R3 + R7(阶)R4R5
                                    ; →R4(阶)R2R3
        MOV     A,R4                ; 送累加和到 R6(阶)R2R3
        MOV     R6,A
        DJNZ    COUNT,LOOP          ; N≠0，继续相加
        LCALL   FSTR                ; 传送 N 次采样值的累加和到 R1
                                    ; 指向的 3 个单元
```

```
        POP     A               ；恢复N
        MOV     R2,#00H         ；送N到R2R3
        MOV     R3,A
        MOV     A,#MED2
        XCH     A,R1
        MOV     R0,A            ；把累加和传送到R0指向的3个单元中
        CLR     3CH
        LCALL   INTF            ；将N转换成浮点数
        LCALL   FDIV            ；计算N次采样值累加和的平均值
        MOV     A,R0
        MOV     R1,A
        LCALL   FSTR            ；存放平均值
        RET
LOADXI: MOV     36H,R6          ；保护中间结果
        MOV     37H,R2
        MOV     38H,R3
        MOV     A,@R0
        MOV     R3,A
        INC     R0
        MOV     A,@R0
        MOV     R2,A
        INC     R0
        MOV     R1,#MED1
        CLR     3AH
        LCALL   INTF            ；转换成3字节浮点数
        MOV     A,@R1           ；把3字节浮点数送到R7（阶）R4R5
        MOV     R7,A
        INC     R1
        MOV     A,@R1
        MOV     R4,A
        INC     R1
        MOV     A,@R1
        MOV     R5,A
        DEC     R1
        DEC     R1
        MOV     R6,36H          ；恢复中间结果
        MOV     R2,37H
        MOV     R3,38H
        RET
DATA    EQU     20H
MED1    EQU     30H
COUNT   EQU     33H
MED2    EQU     36H
```

算术平均值滤波主要用于对压力、流量等周期脉动参数的采样值进行平滑加工，但对脉冲性干扰的平滑作用尚不理想。因而它不适用于脉冲性干扰比较严重的场合。采样次数 $N$ 的选取，取决于系统对于参数平滑度和灵敏度的要求。随着 $N$ 值的增大，平滑度将提高，灵敏度则降低。通常对流量参数滤波时，$N$ 取 12 次；对压力滤波时 $N$ 取 4 次；至于温度，如无噪声干扰可不平均。

### 7.1.3 加权平均值滤波

式（7-3）所示的算术平均值，对于 $N$ 次以内所有的采样值来说，所占的比例是相同的。亦即滤波结果取每次采样值的 $1/N$。但有时为了提高滤波效果，将各采样值取不同的比例，然后再相加，此方法称为加权平均法。一个 $n$ 项加权平均式为：

$$\overline{Y}(k)=\sum_{i=0}^{n-1}C_iX_{n-1} \tag{7-4}$$

式中 $C_0$，$C_1$，…，$C_{n-1}$均为常数项，且应满足下列关系：

$$\sum_{i=0}^{n-1}C_i=1 \tag{7-5}$$

式中 $C_0$，$C_1$，$C_2$，…，$C_{n-1}$为各次采样值的系数，它体现了各次采样值在平均值中所占的比例，可根据具体情况决定。一般采样次数愈靠后，取的比例愈大，这样可增加新的采样值在平均值中所占的比例。这种滤波方法可以根据需要突出信号的某一部分来抑制信号的另一部分。

## 7.1.4　滑动平均值滤波

不管是算术平均值滤波，还是加权平均值滤波，都需连续采样 $N$ 个数据，然后求算术平均值或加权平均值。这种方法适合于有脉动式干扰的场合。但由于必须采样 $N$ 次，需要时间较长，故检测速度慢。为了克服这一缺点，可采用滑动平均值滤波法。即先在 RAM 中建立一个数据缓冲区，依顺序存放 $N$ 个采样数据，每采进一个新数据，就将最早采集的那个数据丢掉，而后求包括新数据在内的 $N$ 个数据的算术平均值或加权平均值。这样，每进行一次采样，就可计算出一个新的平均值，从而加快了数据处理的速度。

这种滤波程序设计的关键是：每采样一次，移动一次数据块，然后求出新一组数据之和，再求平均值。滑动平均值滤波程序有两种，一种是滑动算术平均值滤波，一种是滑动加权平均值滤波。具体程序这里不再赘述，读者可根据上述滤波方式，仿照前边讲的两种程序自行设计。

## 7.1.5　RC 低通数字滤波

前面讲的几种滤波方法基本上属于静态滤波，主要适用于变化过程比较快的参数，如压力、流量等。对于慢速随机变量固然可采用短时间内连续采样求平均值的方法，但其滤波效果往往不够理想。

为了提高滤波效果，可以仿照模拟系统 RC 低通滤波器的方法，用数字形式实现低通滤波，如图 7.3 所示。

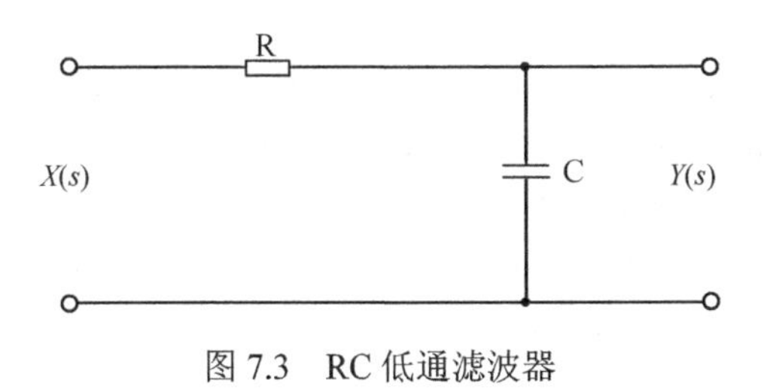


图 7.3　RC 低通滤波器

由图 7.3，导出模拟低通滤波器的传递函数，即：

$$G(s)=\frac{Y(s)}{X(s)}=\frac{1}{\tau s+1} \tag{7-6}$$

其中，$\tau$ 为 RC 滤波器的时间常数，$\tau$=RC。由公式（7-6）可以看出，RC 低通滤波器实际上是一个一阶滞后滤波系统。

将式（7-6）离散后，可得：

$$Y(k)=(1-\alpha)Y(k-1)+\alpha X(k) \tag{7-7}$$

式中，$X(k)$ —— 第 $k$ 次采样值；

$Y(k-1)$ —— 第 $k-1$ 次滤波结果输出值；

$Y(k)$ —— 第 $k$ 次滤波结果输出值；

$\alpha$ —— 滤波平滑系数，$\alpha = 1 - \mathrm{e}^{-T/\tau}$；

$T$ —— 采样周期。

对于一个确定的采样系统而言，$T$ 为已知量，所以由 $\alpha = 1 - \mathrm{e}^{-T/\tau}$，可得：

$$\tau = \frac{T}{\ln(1-\alpha)^{-1}} \tag{7-8}$$

当 $\alpha \ll 1$ 时，$\ln(1-\alpha)^{-1} = \alpha$，则式（7-8）可简化为：

$$\tau \approx \frac{T}{\alpha} \text{或} \alpha \approx \frac{T}{\tau} \tag{7-9}$$

从式（7-9）中可清楚地看出，采样周期 $T$ 和 RC 滤波器的时间常数 $\tau$ 及相应的数字滤波器的滤波平滑系数 $\alpha$ 之间的关系。

式（7-7）即为模拟 RC 低通滤波器的数字滤波器，可用程序来实现。

### 7.1.6 复合数字滤波

为了进一步提高滤波效果，有时可以把两种或两种以上有不同滤波功能的数字滤波器组合起来，组成复合数字滤波器，或称多级数字滤波器。

例如，前边讲的算术平均滤波或加权平均滤波，都只能对周期性的脉动采样值进行平滑加工，但对于随机的脉冲干扰，如电网的波动、变送器的临时故障等，则无法消除。然而，中值滤波却可以解决这个问题。因此，我们可以将二者组合起来，形成多功能的复合滤波。即把采样值先按从大到小的顺序排列起来，然后将最大值和最小值去掉，再把余下的部分求和并取其平均值。

这种滤波方法的原理可由下式表示。

若 $X(1) \leqslant X(2) \leqslant \cdots \leqslant X(N)$，$3 \leqslant N \leqslant 14$，则

$$\begin{aligned} Y(k) &= \frac{[X(2)+X(3)+\cdots+X(N-1)]}{N-2} \\ &= \frac{1}{N-2}\sum_{i=2}^{N-1} X(i) \end{aligned} \tag{7-10}$$

式（7-10）也称为防脉冲干扰的平均值滤波，它的程序设计方法读者可根据以前的知识进行设计。

此外，也可采用双重滤波的方法，即把采样值经过低通滤波后，再经过一次高通滤波，这样，结果更接近理想值，这实际上相当于多级 RC 滤波器。

对于多级 RC 滤波，根据式（7-7）可知第一级滤波为：

$$Y(k) = AY(k-1) + BX(k) \tag{7-11}$$

式中，$A$、$B$ 为与滤波环节的时间常数及采样时间有关的常数。

再进行一次滤波，则

$$Z(k) = AZ(k-1) + BY(k) \tag{7-12}$$

式中，$Z(k)$ —— 数字滤波器的输出值；

$Z(k-1)$ —— 上次数字滤波器的输出值。

将式（7-11）代入式（7-12）得：

$$Z(k) = AZ(k-1) + ABY(k-1) + B^2X(k) \tag{7-13}$$

将式（7-12）移项，并将 $k$ 改为 $k-1$，则

$$Z(k-1) - AZ(k-2) = BY(k-1)$$

将 $BY(k-1)$代入式（7-13），得：

$$Z(k)=2AZ(k-1)-A^2Z(k-2)+B^2X(k) \tag{7-14}$$

式（7-14）即为两级数字滤波公式。据此可设计出一个采用 $n$ 级数字滤波的一般原理图，如图 7.4 所示。

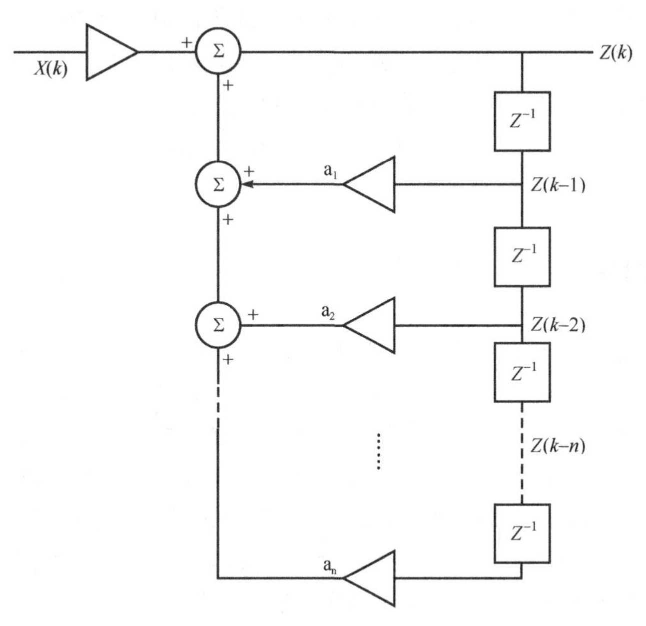


图 7.4 $n$ 级数字滤波的一般形式

### 7.1.7 各种数字滤波性能的比较

介绍了 7 种数字滤波方法，读者可根据需要设计出更多的数字滤波程序。每种滤波程序都有其特点，可根据具体的测量参数进行合理的选用。

#### 1. 滤波效果

一般来说，对于变化比较慢的参数，如温度，可选用程序判断滤波及一阶滞后滤波方法。对那些变化比较快的脉冲参数，如压力、流量等，则可选择算术平均和加权平均滤波法，优选加权平均滤波法。至于要求比较高的系统，需要用复合滤波法。在算术平均滤波和加权平均滤波中，其滤波效果与所选择的采样次数 $N$ 有关。$N$ 越大，则滤波效果越好，但花费的时间也越长。高通及低通滤波程序是比较特殊的滤波程序，使用时一定要根据其特点选用。

#### 2. 滤波时间

在考虑滤波效果的前提下，应尽量采用执行时间比较短的程序，若控制系统允许，可采用效果更好的复合滤波程序。

注意，数字滤波在热工和化工过程的 DDC 系统中并非一定需要，需根据具体情况，经过分析、实验加以选用。不适当地应用数字滤波（例如，可能将待控制的偏差值滤掉），反而会降低控制效果，甚至失控，因此必须给予注意。

## 7.2 量程自动转换和标度变换

在微型计算机过程控制系统中，生产中的各个参数都有着不同的数值和量纲，如测温元件用热电偶或热电阻，温度单位为℃，且热电偶输出的热电势信号也各不相同，如铂铑-铂热电偶在1600℃时，其电势为17.677mV，而镍铬-镍铬热电偶在1 200℃时，其热电势却为48.87mV。又如测量压力用的弹性元件膜片、膜盒及弹簧管等，其压力范围从几帕到几十兆帕，而测量流量则用节流装置，其单位为$m^3/h$等。所有这些参数都经过变送器转换成A/D转换器所能接收的0～5V统一电压信号，又由A/D转换成00～FFH（8位）的数字量。为进一步进行显示、记录、打印及报警等操作，必须把这些数字量转换成不同的单位，以便操作人员对生产过程进行监视和管理，这就是所谓的标度变换。标度变换有许多不同类型，取决于被测参数测量传感器的类型，设计时应根据实际情况选择适当的标度变换类型。

如果传感器和显示器的分辨率一定，而仪表的测量范围很宽时，为了提高测量精度，智能化测量仪表应能自动转换量程。

## 7.2.1 量程自动转换

由于传感器所提供的信号变化范围很宽（从微伏到伏），特别是在多回路检测系统中，当各回路的参数信号不一样时，必须提供各种量程的放大器，才能保证送到计算机的信号一致（0～5V）。在模拟系统中，为了放大不同的信号，需要使用不同倍数的放大器。而在电动单位组合仪表中，常常使用各种类型的变送器，如温度变送器、差压变送器、位移变送器等。但是，这种变送器造价比较贵，系统也比较复杂。随着微型机的应用，为了减少硬件设备，已经研制出可编程增益放大器（Programmable Gain Amplifier），简称PGA。它是一种通用性很强的放大器，其放大倍数可根据需要用程序进行控制。采用这种放大器，可通过程序调节放大倍数，使A/D转换器满量程信号达到均一化，因而大大提高测量精度。这就是所谓的量程自动转换。

可编程增益放大器有两种：一种是由其他放大器外加一些控制电路组成，称为组合型PGA；另一种是专门设计的PGA电路，即集成PGA。

### 1. 集成PGA

集成PGA电路的种类很多，如美国B-B公司生产的PGA101、PGA102、PGA202/203，美国模拟器件公司生产的LHDC84等，都属于可编程增益放大器。下边以PGA102为例说明这种电路的原理及应用，其他与此类似。PGA102是一种高速、数控增益可编程放大器，由①脚和②脚的电平来选择增益为1、10或100。每种增益均有独立的输入端，通过一个多路开关进行选择。

PGA102的内部结构，如图7.5所示。其增益选择见表7.1。

表7.1 PGA102增益控制表

| 输入 | 增益 | ①脚 | ②脚 |
|---|---|---|---|
| | | ×10 | ×100 |
| $V_{IN1}$ | G = 1 | 0 | 0 |
| $V_{IN2}$ | G = 10 | 1 | 0 |
| $V_{IN3}$ | G = 100 | 0 | 1 |
| 无效 | 无效 | 1 | 1 |

注：逻辑0：0V≤$V$≤0.8V；
逻辑1：2V≤$V$≤$+V_{CC}$；
逻辑电压是相对于③脚的。

由图7.5和表7.1可以看出，这种可编程放大器实际上是一种可控制放大器反馈回路电阻的运算放大器。在PGA102中，改变$X_{10}$、$X_{100}$两管脚的电平，即可选择$V_{IN1}$、$V_{IN2}$和$V_{IN3}$。3种输入电路的反馈电阻不同，因而可得到不同的增益。由于各输入级失调电压经激光修正，所以一般不用调整。其增益的精度也是很高的，一般也不用调整。只在必要时才采用外接电阻电路进行修正。

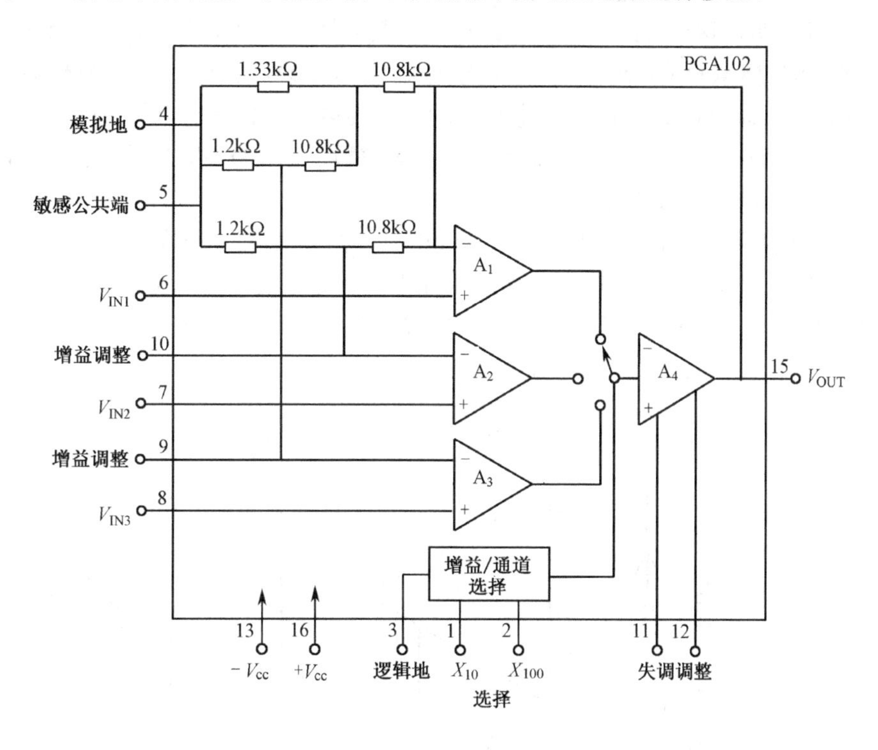


图 7.5　PGA 内部结构图

## 2. 组合型 PGA

组合型 PGA 由运算放大器、仪器放大器或隔离型放大器，再加上一些附加电路组合而成。如图 7.6 所示为采用多路开关 CD 4051 和由普通运算放大器组成的可编程增益运算放大器。

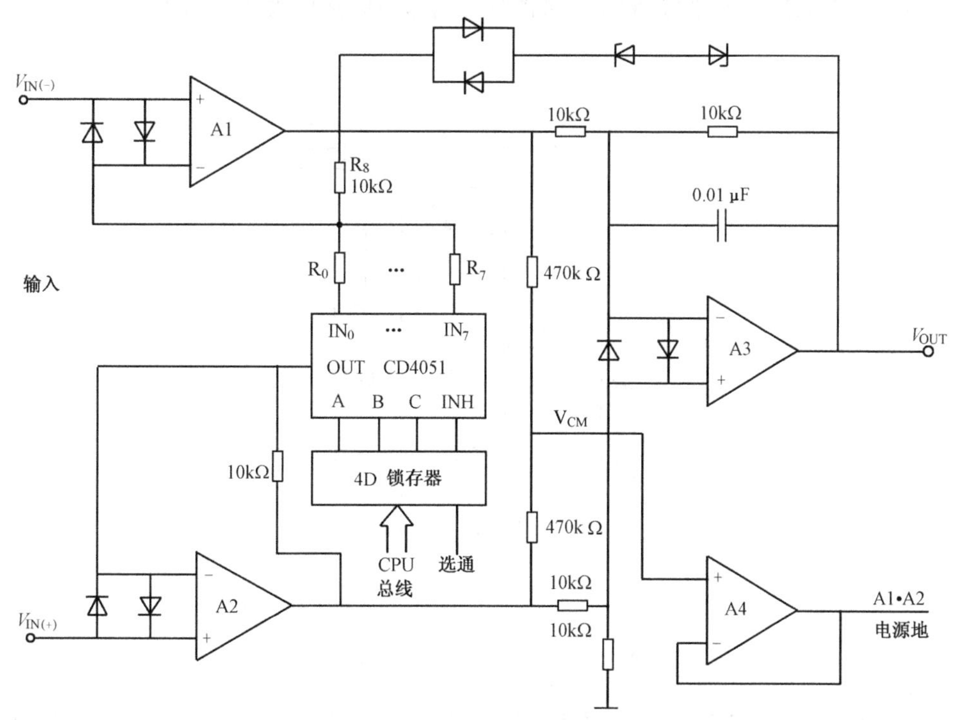


图 7.6　采用多路开关的可编程增益运算放大器

在图 7.6 中，A1、A2、A3 组成差动式放大器，A4 为电压跟随器，其输入端取自共模输入端 $V_{CM}$，输出端接到 A1、A2 放大器的电源地端。A1、A2 的电源电压的浮动幅度将与 $V_{CM}$ 相同，从而减弱了共模干扰的影响。实验证明，这种电路与基本电路相比，其共模抑制比至少提高 20～40dB。

采用 CD 4051 作为模拟开关，通过一个 4D 锁存器与 CPU 总线相连，改变输入到 CD 4051 选择输入端 C、B、A 的数字，即可使 $R_0$～$R_7$ 8 个电阻中的一个接通。这 8 个电阻的阻值可根据放大倍数的要求，由公式 $A_V$=l+2$R_8$/$R_i$ 来求得，从而可得到不同的放大倍数。当 CD 4051 所有的开关都断开时，相当于 $R_i$=∞，此时放大器的放大倍数为 $A_V$=1。

图 7.7 所示为由增益可编程放大器 PGAl02 及仪用放大器 INAl02 组成的增益可编程仪用放大器，图 7.7 中 V 为输入保护二极管，可保证 INAl02 两输入端电位不会超过±12V 和±0.7V，应采用漏电小的二极管，如 FD300，以减小温度漂移。这里 INAl02 接成增益为 1 的放大器，通过 PGAl02 的①、②管脚的逻辑电平控制可获得为 1、10、100 的增益。

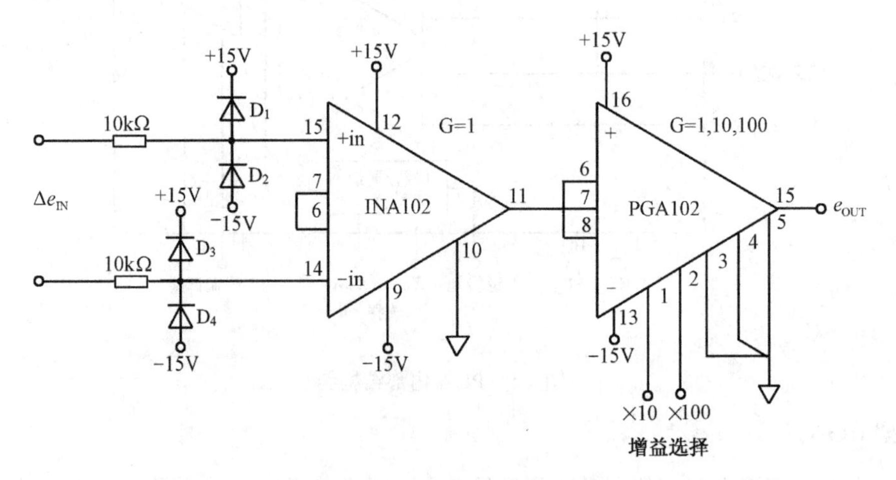


图 7.7　增益可编程仪用放大器

此外，还可以用由隔离放大器与 PGA 组成的增益可编程隔离放大器，如图 7.8 所示。

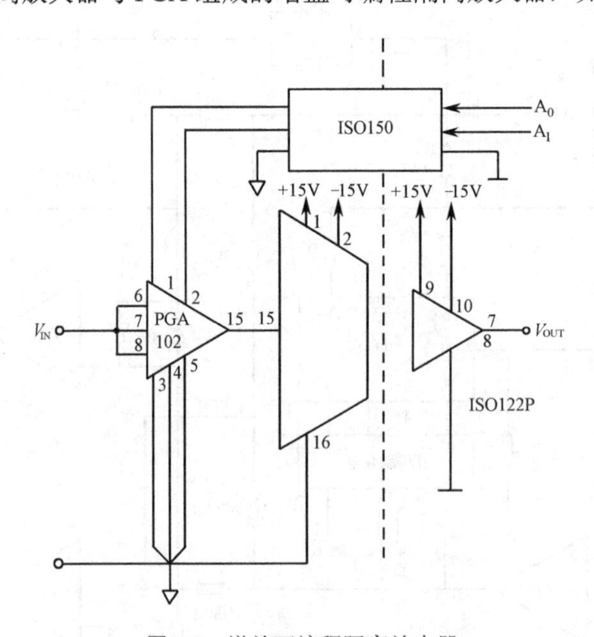


图 7.8　增益可编程隔离放大器

如图 7.8 所示采用隔离放大器 ISO122P 和可编程放大器 PGAl02 可组成隔离型增益可编程放大器。这里要求 ISO122P 的两组±15V 电压分别由隔离的两组电源供电。为了实现模拟、数字完全隔离，图 7.8 中采用具有隔离性能的双向数字耦合器 ISO150，其输入端接到微型计算机地址总线 $A_1$、$A_0$，经隔离后的数字输出端用来控制可编程放大器 PGAl02 的 1、2 端子，改变 $A_1$、$A_0$ 的数字，即可得到增益为 1、10、100 的放大器。

利用可编程增益放大器可进行量程自动转换。特别是当被测参数动态范围比较宽时，使用 PGA 的优越性更为显著。例如，在数字电压表中，其测量动态范围可从几个微伏到几百伏。对于这样大的动态范围，要想提高测量精度，必须进行量程转换。以前多用手动转换，现在，在智能化数字电压表中，采用可编程增益放大器和微型机即可很容易地实现量程自动转换。其原理如图 7.9 所示。

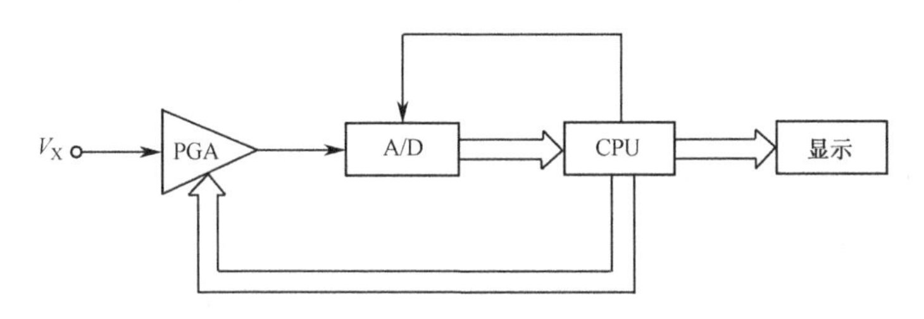


图 7.9　利用 PGA 实现量程自动转换的数字电压表原理

设图 7.9 中 PGA 的增益为 1、10、100 的 3 挡，A/D 转换器为 $4\frac{1}{2}$ 位双积分式 A/D 转换器，可画出用软件实现量程自动转换的流程图，如图 7.10 所示。

由图 7.10 可以看出，首先对被测参数进行 A/D 转换，然后判断是否超值。若超值（某些 A/D 转换器可发出超值报警信号）且这时 PGA 的增益已经降到最低挡，则说明被测量值超过数字电压表的最大量程，此时转到超量程处理；否则，把 PGA 的增益降一挡，再进行 A/D 转换并判断是否超值。若仍然超值，再做如上处理。若不超值，则判最高位是否为零，若是零，再看增益是否为最高挡。如果不是最高挡，将增益升高一级，再进行 A/D 转换及判断；如果最高位是 1，或 PGA 已经升到最高挡，则说明量程已经转换到最合适挡，微型机将对此信号做进一步的处理，如数字滤波、标度变换、数字显示等。由此可见，采用可编程增益放大器可使系统选取合适的量程，以便提高测量精度。

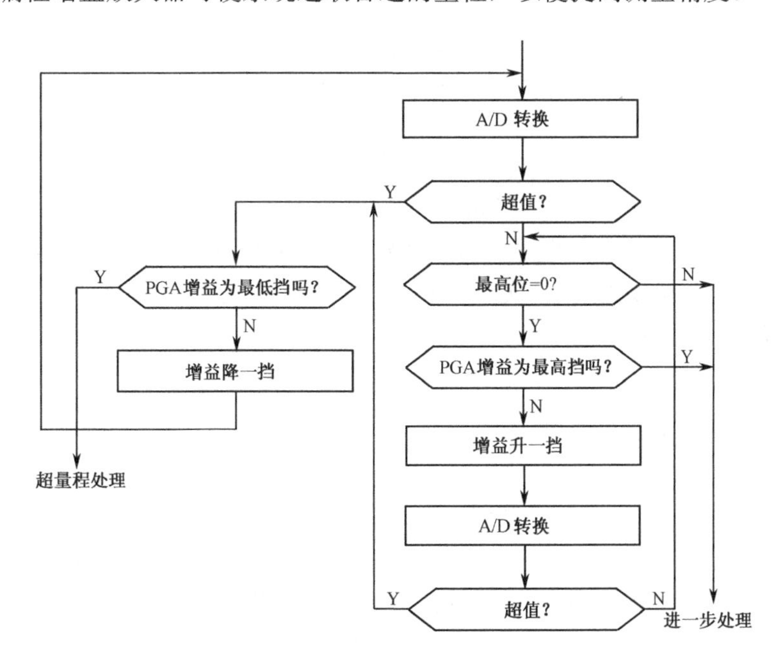


图 7.10　量程自动转换程序框图

## 7.2.2 线性参数标度变换

线性参数标度变换是最常用的标度变换方法，其前提条件是被测参数值与 A/D 转换结果为线性关系。线性标度变换的公式为：

$$A_x = (A_m - A_0)\frac{N_x - N_0}{N_m - N_0} + A_0 \tag{7-15}$$

式中，$A_0$——一次测量仪表的下限；

$A_m$——一次测量仪表的上限；

$A_x$——实际测量值（工程量）；

$N_0$——仪表下限所对应的数字量；

$N_m$——仪表上限所对应的数字量；

$N_x$——测量值所对应的数字量。

式（7-15）为线性标度变换的通用公式，其中，$A_m$、$A_0$、$N_m$、$N_0$ 对于某一固定的被测参数来说都是常数，不同的参数有着不同的值。为了使程序设计简单，一般把一次测量仪表的下限 $A_0$ 所对应的 A/D 转换值置为 0，也即 $N_0=0$。这样式（7-15）可写成：

$$A_x = (A_m - A_0)\frac{N_x}{N_m} + A_0 \tag{7-16}$$

在很多测量系统中，仪表下限值 $A_0$=0，此时，对应的 $N_0$=0，式（7-16）可进一步简化为：

$$A_x = A_m\frac{N_x}{N_m} \tag{7-17}$$

式（7-15）、式（7-16）、式（7-17）是在不同情况下的线性刻度仪表测量参数的标度变换公式。

【例】某压力测量仪表的量程为 400～1 200Pa，采用 8 位 A/D 转换器，设某采样周期计算机中经采样及数字滤波后的数字量为 ABH，求此时的压力值。

解：根据题意，已知 $A_0$ = 400Pa，$A_m$ = 1 200Pa，$N_x$ = ABH=171D，选 $N_m$ = FFH=255D，$N_0$ = 0，所以采用公式（7-16），则

$$\begin{aligned} A_x &= (A_m - A_0)\frac{N_x}{N_m} + A_0 \\ &= (1\,200 - 400) \times \frac{171}{255} + 400 \\ &\approx 936\text{Pa} \end{aligned}$$

所谓计算机标度变换程序，就是根据上述 3 个公式编写的计算程序。为此，可分别把 3 种情况设计成不同的子程序。设计时，可以采用定点运算，也可以采用浮点运算，根据需要进行选用。为编程方便，3 个公式可分别写成如下形式：

$$A_{x1} = a_1 N_x + b_1 \tag{7-18}$$

其中，$a_1 = \dfrac{A_m - A_0}{N_m - N_0}$，$b_1 = A_0 - \dfrac{A_m - A_0}{N_m - N_0}N_0$

$$A_{x2} = a_2 N_x + A_0 \tag{7-19}$$

其中，$a_2 = \dfrac{A_m - A_0}{N_m}$

$$A_{x3} = a_3 N_x \tag{7-20}$$

其中，$a_3 = \dfrac{A_m}{N_m}$

根据式（7-18）、式（7-19）、式（7-20）可求出不同情况下被测参数的标度变换值。

现在以式（7-18）为例，说明标度变换程序的设计。

设经 A/D 采样及数字滤波后的采样值 $N_x$ 为 3 字节浮点数，存放在以 DATA 为首地址的 RAM 单元中，常数 $a_1$ 和 $b_1$ 也已转换成 3 字节浮点数，并分别存放在以 COSTN1 和 COSTN2 为首地址的 RAM 单元中。其标度变换程序如下。

```
        ORG     8000H           ; 标度变换程序 1 （线性参数）
SCACOA: MOV     R1,#DATA        ; Nx 浮点数存放首地址→R1
        MOV     R0,#COSTN1      ; a1 浮点数存放首地址→R0
        ACALL   FMUL            ; a1×Nx→R4（阶）R2R3
        ACALL   FSTR            ; R4（阶）R2R3→R1 指向的 3 个 RAM 单元
        MOV     R0,#COSTN2      ; R0 指向 b1 所在的 3 个 RAM 单元
        ACALL   FADD            ; 计算 Ax=a1 Nx+b1→R4（阶）R2R3
        ACALL   FSTR            ; Ax→R1 指向的 3 个 RAM 单元
        MOV     A,R1
        MOV     R0,A
        MOV     R1,#BCD
        ACALL   FBTD            ; 将 Ax 转换成 BCD 码，并放在以 BCD 为
                                ; 首地址的 REM 单元中，Bit 3CH 为符号位
        RET
DATA    EQU     20H
COSTN1  EQU     23H
COSTN2  EQU     26H
BCD     EQU     29H
```

### 7.2.3　非线性参数标度变换

必须指出，前面讲的标度变换公式，只适用于线性变化的参量。如果被测参量为非线性的，上述的 3 个公式不再适用，需重新建立标度变换公式。

一般而言，非线性参数的变化规律各不相同，故标度变换公式亦需根据各自的具体情况建立。

**1. 公式变换法**

例如，在流量测量中，流量与差压间的关系式为：

$$Q = K\sqrt{\Delta P} \tag{7-21}$$

式中，$Q$ ——流量；

$K$ ——刻度系数，与流体的性质及节流装置的尺寸相关；

$\Delta P$ ——节流装置前后的差压。

可见，流体的流量与被测流体流过节流装置前后产生的压力差的平方根成正比，于是得到测量流量时的标度变换公式为：

$$Q_x = (Q_m - Q_0)\sqrt{\frac{N_x - N_0}{N_m - N_0}} + Q_0 \tag{7-22}$$

式中，$Q_x$——被测流体的流量值；

$Q_m$——流量仪表的上限值；

$Q_0$——流量仪表的下限值；

$N_x$——差压变送器所测得的差压值（数字量）；

$N_m$——差压变送器上限所对应的数字量；

$N_0$——差压变送器下限所对应的数字量。

对于流量仪表，一般下限皆为0，即 $Q_0=0$，所以，式（7-22）可简化为：

$$Q_x = Q_m\sqrt{\frac{N_x - N_0}{N_m - N_0}} \tag{7-23}$$

若取流量表下限对应的数字量 $N_0=0$，可更进一步简化公式：

$$Q_x = Q_m\sqrt{\frac{N_x}{N_m}} \tag{7-24}$$

式（7-22）、式（7-23）、式（7-24）即为不同初始条件下的流量标度变换公式。

与线性刻度标度变换公式一样，由于 $Q_m$、$Q_0$、$N_m$、$N_0$ 都是常数，所以式（7-22），式（7-23），式（7-24）可分别记做：

$$Q_{x1} = K_1\sqrt{N_x - N_0} + Q_0 \tag{7-25}$$

式中，$K_1 = \dfrac{Q_m - Q_0}{\sqrt{N_m - N_0}}$。

$$Q_{x2} = K_2\sqrt{N_x - N_0} \tag{7-26}$$

式中，$K_2 = \dfrac{Q_m}{\sqrt{N_m - N_0}}$。

$$Q_{x3} = K_3\sqrt{N_x} \tag{7-27}$$

式中，$K_3 = \dfrac{Q_m}{\sqrt{N_m}}$。

式（7-25）、式（7-26）、式（7-27）即为各种不同条件下的流量标度变换公式，根据这些公式可以设计出各种条件下的流量标度变换程序。

**2. 其他标度变换法**

许多非线性传感器并不像上面讲的流量传感器那样，可以写出一个简单的公式；或者虽然能够写出公式，但计算相当困难。这时可采用多项式插值法，也可以用线性插值法或查表法进行标度变换。

关于这些方法的详细内容，请参阅本章 7.3 节。

## 7.3 测量数据预处理技术

在许多控制系统及智能化仪器中，一些参量往往是非线性参量，常常不便于计算和处理，有时甚至很难找出明显的数学表达式，需要根据实际检测值或采用一些特殊的方法来确定其与自变量之间的函数关系式；在某些时候，即使有较明显的解析表达式，但计算起来也相当麻烦。而在实际测量和控制系统中，都允许有一定范围的误差。因此，如何找出一种既方便，又能满足实际功能要求的数据处理方法，就是这一节所要解决的问题。

例如，在温度测量中，热电阻及热电偶与温度之间的关系，即为非线性关系，很难用一个简单的解析式来表达。在流量测量中，流量孔板的差压信号与流量之间也是非线性关系，即使能够用公式 $Q=K\sqrt{\Delta P}$ 计算，但开方运算不但复杂，而且误差也比较大。另外，在一些精度及实时性要求比较高的仪表及测量系统中，传感器的分散性、温度的漂移，以及机械滞后等引起的误差在很大程度上都是不能允许的。

诸如此类的问题，在模拟仪表及测量系统中，解决起来相当麻烦，有时甚至是不可能解决的。而采用计算机后，则可以用软件补偿的办法进行校正。这样，不仅能节省大量的硬件开支，而且精度也大为提高。

## 7.3.1　线性插值算法

用计算机处理非线性函数应用最多的方法是线性插值法。线性插值法是代数插值法中最简单的形式。假设变量 $y$ 和自变量 $x$ 的关系如图 7.11 所示。

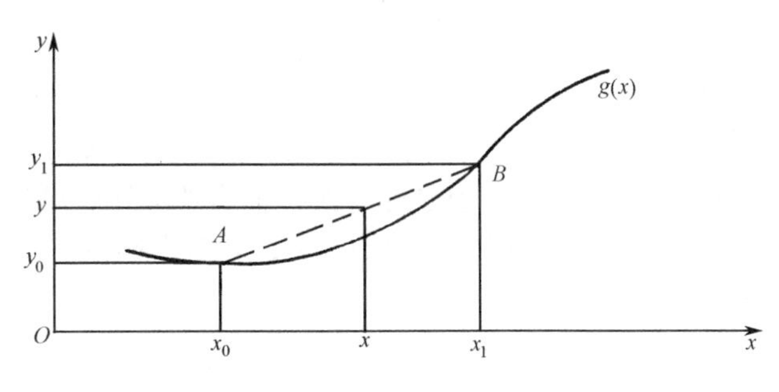


图 7.11　线性插值法示意图

已知 $y$ 在点 $x_0$ 和 $x_1$ 的对应值分别为 $y_0$ 和 $y_1$，现在用直线 $\overline{AB}$ 代替弧线 $\overset{\frown}{AB}$，由此可得直线方程：

$$g(x) = ax + b \tag{7-28}$$

根据插值条件，应满足：

$$\begin{cases} y_0 = ax_0 + b \\ y_1 = ax_1 + b \end{cases} \tag{7-29}$$

解方程组（7-29），可求出直线方程 $g(x)$ 的参数 $a$ 和 $b$。由此可求出该直线方程的表达式为：

$$\begin{aligned} g(x) &= \frac{(y_1 - y_0)}{(x_1 - x_0)}(x - x_0) + y_0 \\ &= k(x - x_0) + y_0 \end{aligned} \tag{7-30}$$

式中，$k = \dfrac{y_1 - y_0}{x_1 - x_0}$，称为直线方程 $g(x)$ 的斜率。

或

$$g(x) = y_0\left(\frac{x_1 - x}{x_1 - x_0}\right) + y_1\left(\frac{x_0 - x}{x_0 - x_1}\right) \tag{7-31}$$

式（7-30）为点斜式直线方程，式（7-31）为两点式直线方程。

由图 7.11 可以看出，插值点 $x_0$ 和 $x_1$ 之间的间距越小，那么在这一区间 $g(x)$ 和 $f(x)$ 之间的误差越小。因此，在实际应用中，为了提高精度，经常采用折线来代替曲线，此方法称为分段插值法。

## 7.3.2　分段插值算法程序的设计方法

分段插值法的基本思想是将被逼近的函数（或测量结果）根据变化情况分成几段，为了提高精度及缩短运算时间，各段可根据精度要求采用不同的逼近公式。最常用的是线性插值和抛物线插值。在这种情况下，分段插值分段点的选取可按实际曲线的情况灵活决定。关于抛物线插值算法，读者可参阅参考文献[2]。

分段插值法程序设计步骤如下。

（1）用实验法测量出传感器的输出变化曲线，$y = f(x)$（或各插值节点的值（$x_i, y_i$），$i = 0$、1、2、…、

$n$）。为使测量结果更接近实际值，要反复进行测量，以便求出一个比较精确的输入输出曲线。

（2）将上述曲线进行分段，选取各插值基点。为了使基点的选取更合理，可根据不同的方法分段。主要有以下两种方法。

① 等距分段法

等距分段法即沿 $x$ 轴等距离地选取插值基点。这种方法的主要优点是使 $x_{i+1}-x_i$ 为常数，从而简化计算过程。但是，当函数的曲率或斜率变化比较大时，将会产生一定的误差。要想减小误差，必须把基点分得很细，但这样势必占用更多的内存，并使计算机的开销加大。

② 非等距分段法

这种方法的特点是函数基点的分段不是等距的，而是根据函数曲线形状的变化率的大小来修正插值点间的距离。曲率变化大的部位，插值距离取小一点。也可以使常用刻度范围插值距离取小一点，而在曲线较平缓和非常用刻度区域距离取大一点，但是非等距插值点选取比较麻烦。

（3）根据各插值基点的（$x_i, y_i$）值，使用相应的插值公式，求出模拟 $y=f(x)$ 的近似表达式 $P_n(x)$。

（4）根据 $P_n(x)$ 编写出汇编语言应用程序。

用式（7-30）进行计算比较简单，只需进行一次减法，一次乘法和一次加法运算即可。

在用分段法进行程序设计之前，必须首先判断输入值 $x_i$ 处于哪一段。为此，需将 $x_i$ 与各分点值进行比较，以确定出该点所在的区间。然后，转到相应段逼近公式进行计算。

值得说明的是，分段插值法总的来讲光滑度都不太高，这对于某些应用是有缺陷的。但是，就大多数工程要求而言，也能基本满足需要。在这种局部化的方法中，要提高光滑度，就得采用更高阶的导数值，多项式的次数亦需相应增高。为了只用函数值本身，并在尽可能低的次数下达到较高的精度，可以采用样条插值法。

## 7.3.3 插值法在流量测量中的应用

图 7.12 所示为某流量测量系统的流量与差压的实测变化曲线。

由图 7.12 可以看出，流量差压变化曲线是非线性的。由于该曲线变化比较平滑，因此可以采用多项式插值公式，也可以选用分段线性插值法完成。下面以分段线性插值法求解。

由于流量在低端变化较为陡直，高端变化比较平缓，所以我们采用不等距分段法。假设 3 个插值基点分别为 $\Delta P_1$、$\Delta P_2$ 和 $\Delta P_3$，其对应的流量值分别为 $Q_1$、$Q_2$、$Q_3$，如图 7.13 所示。

现在，用图 7.13 中的折线 $\overline{OA}$、$\overline{AB}$、$\overline{BC}$ 来代替弧线 $\overset{\frown}{OA}$、$\overset{\frown}{AB}$、$\overset{\frown}{BC}$。根据式（7-30），可写出图 7.13 流量测量中各段的线性插值公式为：

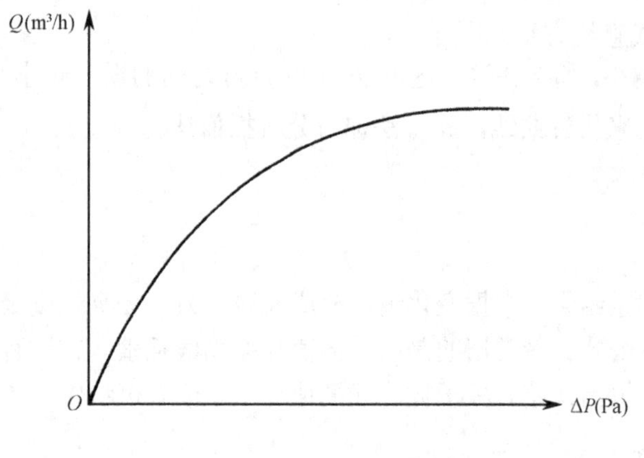


图 7.12 流量-差压变化曲线

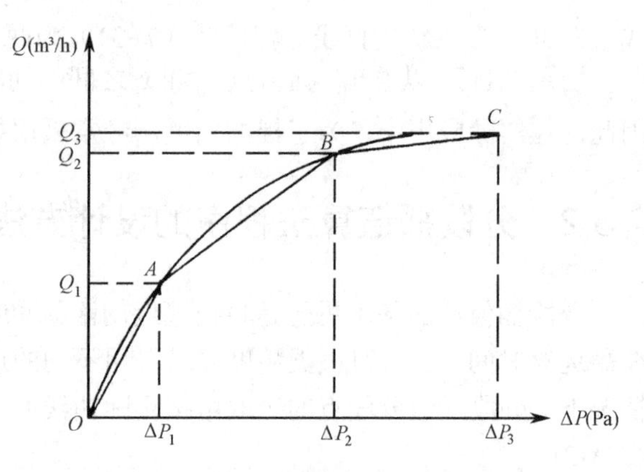


图 7.13 用分段线性插值法求解流量图

$$Q=\begin{cases} Q_3 & ;\Delta P \geqslant \Delta P_3 \text{ 时} \\ Q_2+k_3(\Delta P-\Delta P_2) & ;\Delta P_2 \leqslant \Delta P < \Delta P_3 \text{ 时} \\ Q_1+k_2(\Delta P-\Delta P_1) & ;\Delta P_1 \leqslant \Delta P < \Delta P_2 \text{ 时} \\ k_1 \cdot \Delta P & ;0 \leqslant \Delta P < \Delta P_1 \text{ 时} \end{cases} \tag{7-32}$$

式中，$k_3$—— 折线 $\overline{BC}$ 的斜率，$k_3=\dfrac{Q_3-Q_2}{\Delta P_3-\Delta P_2}$；

$k_2$—— 折线 $\overline{AB}$ 的斜率，$k_2=\dfrac{Q_2-Q_1}{\Delta P_2-\Delta P_1}$；

$k_1$—— 折线 $\overline{OA}$ 的斜率，$k_1=\dfrac{Q_1}{\Delta P_1}$。

设检测值 $\Delta P$ 经数字滤波后存放于以 DATA 为地址的存储单元中，系数 $k_1$、$k_2$、$k_3$ 和各插值基点 $\Delta P_1$、$\Delta P_2$、$\Delta P_3$，以及各点所对应的流量值 $Q_1$、$Q_2$、$Q_3$，分别存放在程序存储器 ROM 中，如表 7.2 所示。

根据公式（7-32），可画出用插值法计算流量 $Q$ 的流程图，如图 7.14 所示。

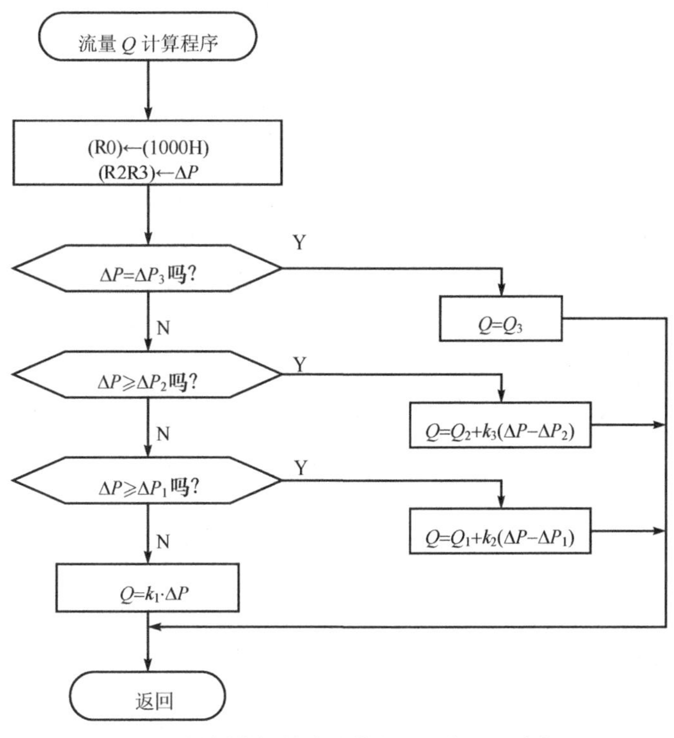


图 7.14　用插值计算法计算流量 $Q$ 的子程序框图

**表 7.2　各参数与存储单元对照表**

| 存储器单元 | 存放的参数 | 存储器单元 | 存放的参数 | 存储器单元 | 存放的参数 |
|---|---|---|---|---|---|
| 1000H | $k_1$ | 1006H | $\Delta P_3$ | 100CH | $Q_3$ |
| 1001H | | 1007H | | 100DH | |
| 1002H | $k_2$ | 1008H | $\Delta P_2$ | 100EH | $Q_2$ |
| 1003H | | 1009H | | 100FH | |
| 1004H | $k_3$ | 100AH | $\Delta P_1$ | 1010H | $Q_1$ |
| 1005H | | 100BH | | 1011H | |

根据图 7.14 可写出汇编语言程序如下：

```
ORG     8000H
```

```
START:  ACALL   LOAD            ; 传送数据((R0)←(1000H))
        MOV     A,DATA          ; (R2R3)←ΔP
        MOV     R3,A
        MOV     R2,#00H
        MOV     A,R2            ; 判断ΔP和ΔP3的大小
        CJNE    A,27H,AA1
        MOV     A,R3
        CJNE    A,26H,BB1
BIGG1:  AJMP    Q3              ; ΔP = ΔP3，转Q3
AA1:    JNC     BIGG1
        AJMP    LESS1
BB1:    JNC     BIGG1
LESS1:  MOV     A,R2            ; 判断ΔP和ΔP2的大小
        CJNE    A,29H,AA2
        MOV     A,R3
        CJNE    A,28H,BB2
BIGG2:  AJMP    Q2              ; ΔP2≤ΔP≤ΔP3，转Q2
AA2:    JNC     BIGG2
        AJMP    LESS2
BB2:    JNC     BIGG2
LESS2:  MOV     A,R2            ; 判断ΔP和ΔP1的大小
        CJNE    A,2BH,AA3
        MOV     A,R3
        CJNE    A,2AH,BB3
BIGG3:  AJMP    Q1              ; ΔP1≤ΔP≤ΔP2，转Q1
AA3:    JNC     BIGG3
        AJMP    LESS3
BB3:    JNC     BIGG3
LESS3:  MOV     R7,24H          ; (R6R7)←k1
        MOV     R6,25H
        LCALL   QKMULT          ; 计算k1·ΔP
        MOV     R4,R6
        MOV     R5,R7
DONE:   RET
Q3:     MOV     DPTR,#100CH     ; Q = Q3
        MOV     A,#00H
        MOVC    A,@A+DPTR
        MOV     R5,A
        INC     DPTR
        MOV     A,#00H
        MOVC    A,@A+DPTR
        MOV     R4,A
        AJMP    DONE
Q2:     MOV     R6,29H          ; (R6R7)←ΔP2
        MOV     R7,28H
        LCALL   NSUB            ; 计算ΔP-ΔP2
        MOV     R2,21H          ; (R2R3)←k3
        MOV     R3,20H
        MOV     R6,R4           ; (R6R7)←(ΔP-ΔP2)
        MOV     R7, R5
        LCALL   QKMULT          ; 计算k3(ΔP-ΔP2)
        MOV     DPTR,#100EH     ; (R2R3)←Q2
```

```
        MOV     A,#00H
        MOVC    A,@A+DPTR
        MOV     R3,A
        INC     DPTR
        MOV     A,#00H
        MOVC    A,@A+DPTR
        MOV     R2,A
        LCALL   NADD            ; 计算 Q2+k3(ΔP-ΔP3)
        AJMP    DONE
Q1:     MOV     R6,2BH          ; (R6R7)←ΔP1
        MOV     R7,2AH
        LCALL   NSUB            ; 计算ΔP-ΔP1
        MOV     R2,23H          ; (R2R3)←k2
        MOV     R3,22H
        MOV     R6,R4           ; (R6R7)←ΔP-ΔP1
        MOV     R7,R5
        LCALL   QKMULT          ; 计算 k2(ΔP-ΔP1)
        MOV     DPTR,#1010H     ; (R2R3)←Q1
        MOV     A,#00H
        MOVC    A,@A+DPTR
        MOV     R3,A
        INC     DPTR
        MOV     A,#00H
        MOVC    A,@A+DPTR
        MOV     R2,A
        LCALL   NADD            ; 计算 Q1+k2(ΔP-ΔP1)
        AJMP    DONE
LOAD:   MOV     DPTR,#1000H     ; 传送数据((R0)←(1000H))
        MOV     A,#00H
        MOV     R2,#0CH
        MOV     R0,#20H
LOOP:   MOVC    A,@A+DPTR
        MOV     @R0,A
        INC     DPTR
        INC     R0
        MOV     A,#00H
        DJNZ    R2,LOOP
        RET
; 双字节补码加法子程序 NADD
; 功能: (R4R5)←(R2R3)+(R6R7)
NADD:   MOV     A,R3            ; (R3)+(R7)→(R5)
        ADD     A,R7
        MOV     R5,A
        MOV     A,R2            ; (R2)+(R6)+Cy →(R4)
        ADDC    A,R6
        MOV     R4,A
        RET
; 双字节补码减法子程序 NSUB
; 功能: (R4R5)←(R2R3)-(R6R7)
NSUB:   MOV     A,R3            ; (R3)-(R7)→(R5)
        CLR     C
        SUBB    A,R7
```

```
        MOV     R5,A
        MOV     A,R2                ; (R2)-(R6)→(R4)
        SUBB    A,R6
        MOV     R4,A
        RET
; 无符号双字节快速乘法子程序 QKMULT
; 功能: (R4R5R6R7)←(R2R3)×(R6R7)
QKMULT: MOV     A,R3
        MOV     B,R7
        MUL     AB                  ; (R3)×(R7)
        XCH     A,R7                ; (R7)=(R3×R7)  低字节
        MOV     R5,B                ; (R5)=(R3×R7)  高字节
        MOV     B,R2
        MUL     AB                  ; (R2)×(R7)
        ADD     A,R5
        MOV     R4,A
        CLR     A
        ADDC    A,B
        MOV     R5,A
        MOV     A,R6
        MOV     B,R3
        MUL     A,B
        ADD     A,R4
        XCH     A,R6
        XCH     A,B
        ADDC    A,R5
        MOV     R5,A
        MOV     PSW.5,C             ; 存 C
        MOV     A,R2
        MUL     AB                  ; (R3)×(R6)
        ADD     A,R5
        MOV     R5,A
        CLR     A
        MOV     ACC.0,C
        MOV     C,PSW.5             ; 加上次加法的进位
        ADDC    A,B
        MOV     R4,A
        RET
```

### 7.3.4 系统误差的自动校正

系统误差是指在相同条件下，经过多次测量，误差的数值（包括大小、符号）保持恒定，或按某种已知的规律变化的误差。这种误差的特点是，在一定的测量条件下，其变化规律是可以掌握的，产生误差的原因一般也是知道的。因此，原则上讲，系统误差是可以通过适当的技术途径来确定并加以校正的。在系统的测量输入通道中，一般均存在零点偏移和漂移，产生放大电路的增益误差及器件参数的不稳定等现象，它们会影响测量数据的准确性，这些误差都属于系统误差。有时必须对这些系统误差进行校准。下面介绍一种实用的自动校正方法。

这种方法的最大特点是由系统自动完成，不需要人的介入，其电路如图 7.15 所示。该电路的输入部分加有一个多路开关，系统在刚通电时或每隔一定时间时，自动进行一次校准。这时，先把开关接地，

测出这时的输入值 $x_0$；然后把开关接标准电压 $V_R$，测出输入值 $x_1$，设测量信号 $x$ 与 $y$ 的关系是线形关系，即 $y = a_1x+a_0$，由此得到两个误差方程。

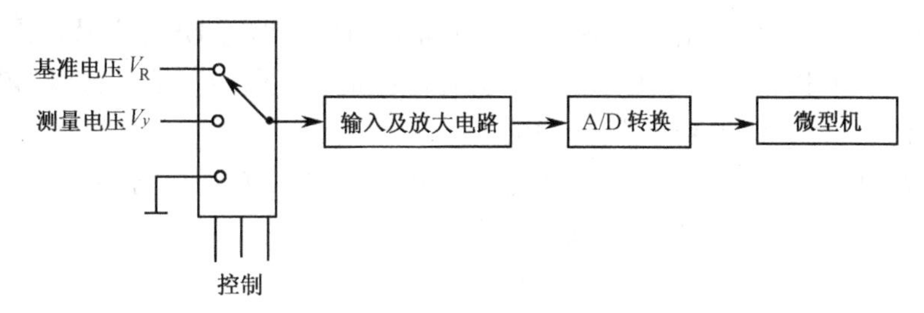


图 7.15　全自动校准电路

$$\begin{cases} V_R = a_1x_1 + a_0 \\ 0 = a_1x_0 + a_0 \end{cases} \tag{7-33}$$

解此方程组，得：

$$\begin{aligned} a_1 &= V_R/(x_1 - x_0) \\ a_0 &= V_R x_0/(x_0 - x_1) \end{aligned} \tag{7-34}$$

从而可得校正公式：

$$y = V_R(x - x_0)/(x_1 - x_0) \tag{7-35}$$

采用这种方法测得的 $y$ 与放大器的漂移和增益变化无关，与 $V_R$ 的精度也无关。这样可大大提高测量精度，降低对电路器件的要求。

# 7.4　DSP 在数据处理中的应用

DSP 是数字信号处理（Digital Signal Processing）的简称。随着计算机和信息技术的发展，DSP 技术得到了飞速的发展，特别是近几年，随着一批批性能优越的 $DSP_S$ 芯片的诞生，使得 DSP 技术不但在通信中有了更大的发展，而且，在工业过程控制和智能化仪器中也得到了广泛的应用。本节主要介绍 DSP 在数据处理中的应用。

## 7.4.1　DSP 简介

DSP 是利用计算机或专用处理器，以数字形式对信号进行采集、变换、滤波、计算、压缩和识别等处理，以获得人们所需的信号形式。

DSP 涉及的范围极其广泛，它不仅以常用的数学，如微积分、概率统计、随机过程、数值分析等作为基本工具，而且与网络理论、信号与系统、控制论、通信理论、故障诊断等也密切相关。可以说，DSP 把许多经典的理论体系作为自己的理论基础，同时又使自己成为一系列新兴学科的理论基础。

数字信号处理可以用软件实现，也可以用硬件实现。通常可采用下面的几种方法实现。

（1）在通用计算机上用软件（如 C、C++、汇编语言）实现。

（2）在通用计算机系统中加上专用的加速处理机实现（如 8087、80387 等）。

（3）用单片机（如 MCS51、96 系列等）实现。

（4）用通用的可编程 DSP 芯片实现。

（5）用专用的 DSP 芯片实现。

（6）基于通用 $DSP_S$ 核心的 ASIC 设计和生产服务，即用户可以在通用 $DSP_S$ 的 CPU 基础上选用所需的外设接口、存储器等资源，并在芯片内固化所有软件。

上述方法中，第 1 种方法的缺点是速度慢，不适合实时 DSP，一般只用于 DSP 算法的模拟；第 2 种方法不适合嵌入式应用，而且和第 5 种方法一样具有专用性较强的特点，应用受到很大限制；第 3 种不适合于以乘加运算为主的运算密集型 DSP 算法；第 4 种通用可编程 $DSP_S$ 芯片，由于其可编程性和强大的处理能力，在实时 DSP 领域居于主导地位。另外，在批量应用中，基于通用 $DSP_S$ 核的 ASIC，由于较好的系统性价比也在近几年得到了广泛应用。

随着数字信号处理的不断发展，自从 20 世纪 80 年代出现数字信号芯片 $DSP_S$（Digital Signal Processor）后，数字化处理技术发生了革命性飞跃。

## 7.4.2 $DSP_S$ 芯片

$DSP_S$ 芯片，也叫数字信号处理器。这是一种特别适合于做数字信号处理的微处理器，主要用来实时地实现各种数字信号处理算法。

### 1. $DSP_S$ 芯片的特点

（1）具有乘法器和多功能单元。由于 $DSP_s$ 的主要任务是完成大量的实时计算，所以它的算术单元包括硬件乘法器，这是区别于通用微处理器的重要标志。另一个显著特点是具有多功能单元，多数 $DSP_S$ 都支持在一个周期内同时完成依次乘法和依次加法操作。

（2）$DSP_S$ 打破了传统的程序和存储统一空间排列的冯・诺曼总线结构，而采用哈佛结构。在冯・诺曼结构中，程序指令只能串行执行。而哈佛结构，具有独立程序总线和数据总线，这样可同时取指和取操作数。

（3）具有片内 RAM。在 DSP 系统中，往往需要处理大量的数据，因此存储器的访问速度对处理器的性能影响很大。为了提高 $DSP_S$ 存取数据的速度，其内部设有 ROM 和 RAM，可通过独立的数据总线在两块中间同时访问。

（4）采用流水处理技术。在处理器中，每条指令的执行可以分为取指、译码和执行等几个阶段，每个阶段为一级流水。流水过程使得若干条指令的不同阶段并行执行，因而可大大提高程序的执行速度。TMS320 系列处理器的流水线深度为 2～6 级不等。

（5）具有特别的 DSP 指令。除了软件之外，$DSP_S$ 的另一个特点是采用特殊的指令，如 DMOV 指令，用来完成数据移位功能。在数字信号处理中，延迟操作非常重要，这个延迟就是由 DMOV 来实现的。TMS32010 中的另一条特殊指令是 LTD，它在一个指令周期内完成 LT，DMOV 和 APAC 3 条指令。LTD 和 MPY 指令可以将 FIR 滤波器抽头计算从 4 条指令降为两条指令。在第二代处理器中，如 TMS320C25，增加了两条更特殊的指令，即 RPT 和 MACD 指令，采用这两条指令，可以进一步将每个抽头的运算指令从两条降为一条。

```
RPTK   255    ；重复执行下条指令 256 次
MACD          ；LT，DMOV，MPY 及 APAC
```

（6）具有低开销或无开销循环及跳转的硬件支持。

（7）具有快速的中断处理和硬件 I/O 支持。

当然，与通用微处理器相比，$DSP_S$ 芯片的其他通用功能相对较弱一些。

### 2. $DSP_S$ 芯片的内部结构

自 20 世纪 70 年代末、80 年代初世界上第一片单片可编程 DSP 芯片（AMI 公司的 S2811）问世以来，$DSP_S$ 的发展突飞猛进，已经经过了 6 个时代。下边以美国得克萨斯州仪器公司（Texas Instruments，简称 TI）的产品为例，介绍 $DSP_S$ 芯片的结构。

TI 常用的芯片归纳为 3 大系列，即 TMS320C2000 系列（包括 TMS320C2x/C2xx）、TMS320C5000

系列（包括 TMS320C5x/C54x/C55x）、TMS320C6000 系列（TMS320C62x/ C67x）。如今，TI 公司的 $DSP_S$ 产品已经成为当今世界上颇有影响的 DSP 芯片，TI 公司也成为世界上最大的 $DSP_S$ 芯片供应商，其市场份额占全世界市场近 50%。

下边以 TI 的 TMS320C6000 为例介绍 $DSP_S$ 的内部结构。该芯片是定点、浮点兼容的 $DSP_S$ 系列，其中定点系列是 TMS320C62xx，浮点系列是 TMS320C67xx。定点 C62xx 系列目前有 C6201、C6202、C6203、C6204 和 C6205 5 个片种，浮点 C67xx 系列目前有 C6701 和 C6711 两个片种。TMS320C6000 结构如图 7.16 所示。

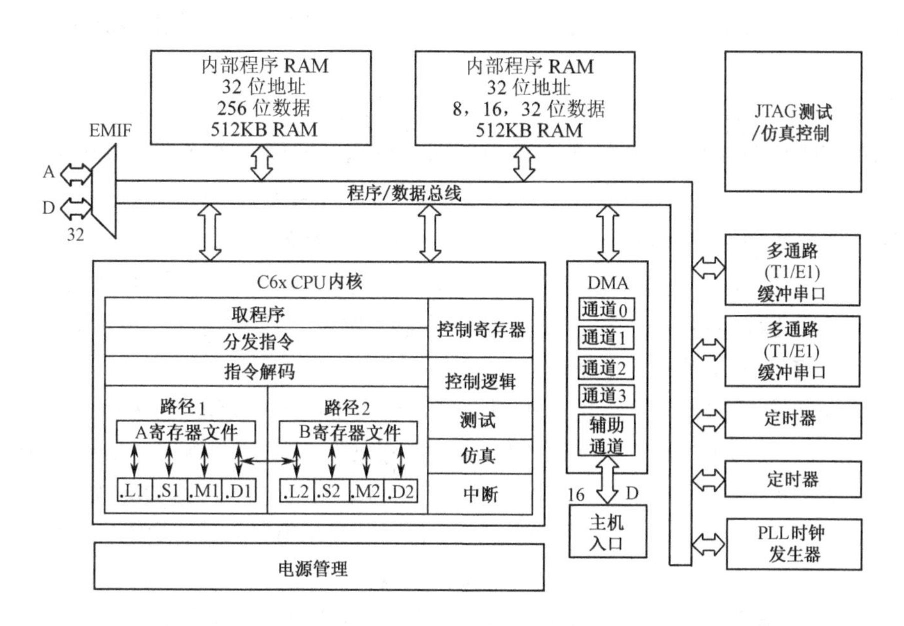


图 7.16　TMS320C6000 结构框图

如图 7.16 所示，TMS320C6000 由 3 部分组成：CPU 内核、外设和存储器。

（1）CPU 内核

CPU 内核有两个数据通道（A 和 B），每个数据通道有 4 个功能单元（.L1，.L2.，.S1，.S2，.M1，.M2，.D1 和.D2），这 8 个功能单元可以并行工作；还有两个通用寄存器组（A 和 B），每组寄存器由 16 个 32 位寄存器组成；另外，还有控制寄存器、控制逻辑，以及测试、仿真和中断逻辑。

（2）内部存储器及存储器存取通路

C6000 存储器的寻址空间为 32 位，其中芯片内部集成了 1～7MB 片内 SRAM。片内 RAM 被分为两块：一是内部程序/Cache 存储器；二是内部数据/Cache 存储器。32 位外部存储器接口包括直接同步存储器接口，可与同步动态存储器（SDRAM）、同步突发静态存储器（SBSRAM）连接，主要用于大容量、高速存储；还包括直接异步存储器接口，可与静态存储器（SRAM）、只读存储器（EPROM）连接，主要用于小容量数据存储和程序存储；还有直接外部控制器接口，可与先进先出寄存器（FIFO）连接，这是控制接口线最少见的存储方式。因此，C6000 可方便地配置不同速度、不同容量、不同复杂程度的存储器。

在 C6000 系列 $DSP_S$ CPU 中，有两个 32 位通路可把数据从存储器读到寄存器，到寄存器组 A 的通路为 LD1，到寄存器组 B 的通路为 LD2。

（3）外部设备接口

C6000 的外部设备接口有：四通道（ch0～ch3）的加载 DMA 协处理器，可用于数据的 DMA 传送。16 位宿主机接口，可以将 C6000 配置为宿主机的 DSP 加速器。灵活的锁相环路时钟产生器（×1、×2、×4），可以对输入时钟进行不同的倍频处理、自检和开发。

### 7.4.3 DSP 在数据处理中的应用

DSP 的独特性能，使得 DSP 的应用越来越广泛。目前，DSP 的应用已涉及各个领域，特别是在信号处理（如数字滤波、自适应滤波、快速傅里叶变换、相关运算、谱分析、卷积、模式匹配、加密、波形产生等），通信（如调制解调器、自适应均衡、数据加密、数据压缩、回波抵消、多路复用、传真、纠错编码等）和工业自动控制及智能化仪器（如数据采样、抽样检测、频谱分析、函数发生）等领域都得到了广泛的应用。目前，DSP 已成为继单片机后的又一大热门学科。

下边举例说明 DSP 在滤波器中的应用。$DSP_S$ 芯片的最大优势之一就是能够快速地进行乘法和加法运算。

在数字信号处理和工业过程控制中，滤波占有很重要的地位。本章 7.1 节已经讲过各种滤波技术，其中多阶 RC 滤波，如图 7.4 所示。其传递函数为多项式乘法，例如一个 $N$ 阶的 FIR 滤波器输出为：

$$y_n = x(n-(n-1))n(n-1) + x(n-(n-2))h(n-2) + \cdots + x(n)h(n) \tag{7-36}$$

关于 FIR 滤波器的原理这里不再推导，读者可参看本书参考文献[17]。

从式（7-36）中可以看出，要想求出滤波器的输出 $y_n$，必须反复进行乘法和加法运算。如果用一般的单片机汇编语言设计此程序将很复杂，要进行多次乘法、加法运算，且进行多次数据传送，因此滞后较大。如果采用 $DSP_S$ 芯片将具有较大的优势。

利用 DSP 技术可以进行定点运算，也可以用浮点运算。下面以定点 DSP 为例。

TMS320C2X/C5X 定点 DSP 芯片所提供的单周期乘/累加带数据移动指令（MACD 指令）和较大的片内 RAM 空间，使数字滤波器抽样值这样复杂的计算变得非常简单。TMS320C2X 内部具有 544 字节的 RAM，分为 B0、B1 和 B2 3 块。其中 B0 块（256 字节）可以用指令（CNFD）设置为数据区或用指令（CNFP）设置为程序区，执行 CNFP 后，B0 块映射到程序区的 FF00H～FFFFH。

采用高效的 MACD 指令，必须用片内 RAM，其中 B0 块必须配置为程序区。

采用 MACD 指令结合 RPTK 指令就可以实现单周期的滤波样值计算，如下所示。

```
RPTK   N–1
MACD（程序地址），（数据地址）
```

其中，“RPTK　N–1”指令将立即数 $N$–1（TMS320c2x 要求不大于 255）装入到重复计数器，使下一条指令重复执行 $N$ 次。MACD 指令实现下列功能。

（1）将程序存储器地址装入到程序计数器。

（2）将存于数据区（B1 块）的数据乘以程序区（B0 块）的数据。

（3）将上次的乘积加到累加器。

（4）移动数据，将 B1 块中的数据向高地址移动一个地址。

（5）每次累加后，程序计数器加 1，指向下一个单位脉冲响应样值。

为了使用 MACD 指令，输入采样值 $x$（$n$）和滤波器系数 $h$（$n$）必须合理地进行存放。如图 7.17 所示的是输入采样值 $x$（$n$）和滤波器系数 $h$（$n$）在 TMS320C2X 内存中的一种存放方法。

下面的例子是用 TMS320C2X 高效实现 FIR 滤波方程的 TMS320C2X 汇编程序。

```
; N阶 FIR 滤波的 TMS320C2X 程序
; y(n)=x(n-(N-1))h(N-1)+x(n-(N-2))h(N-2)+…+x(n)h(n)
            CNFP                    ; B0 块配置为程序区
   NEXT:    IN       XN,PA0         ; 从 PA0 口取一个样值
            LARP     AR1
            LRLK     AR1,3FFH       ; AR1 指向 B1 块的底部
            MPYK     0              ; P 寄存器清零
            ZAC                     ; ACC 清零
            RPTK     N-1            ; 重复 N-1 次
```

```
        MACD     FF00H, *-         ; 乘/累加
        APAC
        SACH     YN,1
        OUT      YN,PA1            ; 输出滤波器响应 y(n) 至 PA1 口
        B        NEXT              ; 做下一点滤波
```

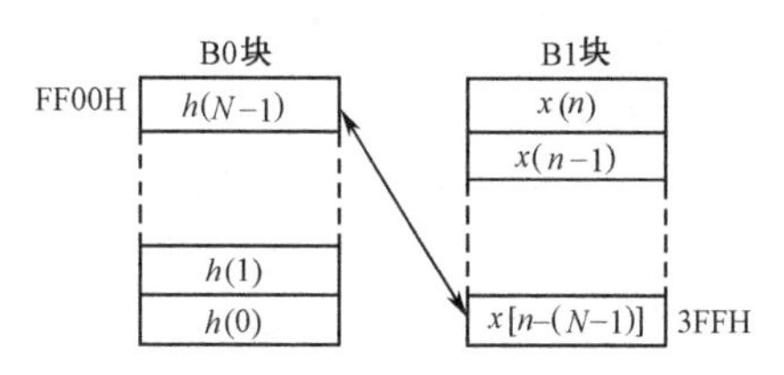


图 7.17　TMS320C2X 的存储器组织方法

程序说明：

（1）FIR 滤波器系数 $h(0)$，…，$h(N-1)$均小于 1，可用 Q15 表示。

（2）输入待滤波样值从 PA0 口得到，直接送到$x(n)$对应的存储单元。

（3）滤波后的样值由“SACH YN，1”指令送至 YN 存储单元。由于滤波器系数用 Q15 表示，因此乘/累加后在 ACC 中的值也是 Q15，左移 1 位并取高 16 位后得到的数就与输入的样值具有相同的 Q 值了。

（4）滤波后的样值在 PA1 口输出。

（5）一点滤波结束后，由于 MACD 指令的作用，所有的输入样值均向高地址移动一个位置，即$x[n-(N-2)]$移动到$x[n-(N-1)]$的位置，$x[n-(N-3)]$移动到$x[n-(N-2)]$位置，……，$x(n)$移动到$x(n-1)$的位置，从而为下一点滤波做好准备。

在上例中，执行 MACD 时用 AR1 间接寻址数据值。采用 RPTK 结合 MACD 实现 FIR 滤波比较适用于滤波器阶数大于 3 的情况。对于阶数小于 3 的 FIR 滤波器，用 LTD/MPY 指令代替 RPTK/MACD 指令，可以实现更高效率的滤波。

在实际的 DSP 应用中，输入输出的方法不完全相同，上述程序的输入和输出仅是一种实现方法而已。这个程序可用模拟器进行调试。

# 习　题　七

## 一、复习题

1．工业控制程序结构有什么特点？

2．工业控制程序常用的语言有几种？它们分别应用在何种场合？

3．数字滤波与模拟滤波相比有什么优点？

4．常用的数字滤波方法有几种？它们各自有什么优缺点？

5．在程序判断滤波方法中，$\Delta Y$ 如何确定？其值越大越好吗？

6．算术平均滤波、加权平均滤波及滑动平均滤波三者的区别是什么？

7．标度变换在工程上有什么意义？在什么情况下使用标度变换程序？

8．在微型计算机控制系统中，系统误差是如何产生的？怎样自动校正系统误差？

9．全自动校准与人工校准有什么区别？它们分别应用在什么场合？

10．为什么要采用量程自动转换技术？

11．线性插值法有什么优缺点？使用中分段是否越多越好？

## 二、选择题

12．在工业过程控制系统中采集的数据常搀杂有干扰信号，（　　）来提高信/噪比。

A．只能通过模拟滤波电路

B．只能通过数字滤波程序

C．可以通过数字滤波程序或模拟滤波电路

D．可以通过数字滤波程序和模拟滤波电路

13．系统采用程序判断滤波，实验发现总有一些杂波残留，原因是（　　）。

A．取样次数太少

B．$\Delta Y$取值太大

C．$\Delta Y$取值太小

D．相邻两次采样值间的差小于$\Delta Y$

14．加权平均滤波公式中，确定$C_i$的正确做法是（　　）。

A．对于各次采样值，$C_i$取同一值，且保证$\Sigma C_i=1$

B．对于各次采样值，$C_i$可以取不同值，且保证$\Sigma C_i\neq 1$

C．对于各次采样值，$C_i$取值必须小于1，但$\Sigma C_i$可以大于1

D．对于各次采样值，$C_i$取值必须小于1，且保证$\Sigma C_i=1$

15．若模拟量微机控制系统的采样部分选用数字表，则（　　）。

A．微机直接接收数字量，无须再进行滤波

B．微机直接接收数字量，仍需进行滤波

C．需将数字表的输出先转换成模拟量，再送入微机处理

D．无论数字量还是模拟量微机都能接收，但需要进行滤波

16．下面关于标度变换的说法正确的是（　　）。

A．标度变换就是把数字量变成工程量

B．标度变换就是把数字量转换成与工程量相关的模拟量

C．标度变换就是把数字量转换成人们所熟悉的十进制工程量

D．上述说法都不对

17．使A/D转换器满量程信号达到均一化的含义是（　　）。

A．任何情况下A/D转换器的输入最大值都为满量程

B．任何情况下A/D转换器的输入都为满量程

C．任何情况下A/D转换器的输出最大值都为满量程

D．任何情况下A/D转换器的输出都为满量程

## 三、练习题

18．试根据公式（7-1）设计一个程序判断滤波程序。

19．某计算机控制系统，如图7.18所示。用一个音频振荡器接在输入端，其数字滤波计算公式为：

$$y(k)=\frac{1}{16}x(k)+\frac{15}{16}y(k-1)$$

试编写一个计算$y(k)$的程序。

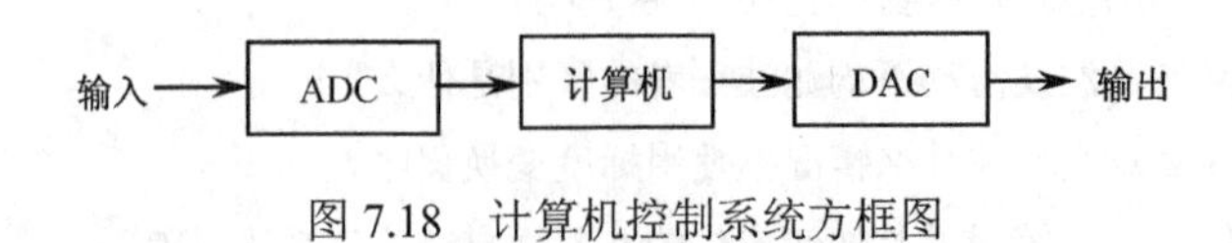


图7.18　计算机控制系统方框图

20．理想的带通滤波器能通过所有大于$f_1$而小于$f_2$的频率，因而这个频率范围称为通频带。它可以由一个理想的低通滤波器与一个理想的高通滤波器组成，设低通及高通滤波器的数字表达式分别为：

$$y(k)=B_1(k)+A_1(k-1)$$
$$Z(k)=B_2(k)-A_2(k-1)$$

试求出计算 $Z(k)$ 的数字滤波公式，并编写程序。

21．某压力测量系统，其测量范围为 0～1 000mm$H_2O$ 柱，经 A/D 转换后对应的数字量为 00～FFH，试编写一个标度变换子程序，使其能对该测量值进行标度变换。

22．某梯度炉温度变化范围为 0℃～1 600℃，经温度变送器输出电压范围为 1～5V，再经 ADC0809 转换，ADC0809 的输入范围为 0～5V，试计算当采样数值为 9BH 时，所对应的梯度炉温度是多少？

23．简述 PGA102 集成可编程增益放大器的原理。

24．用汇编语言编写出图 7.10 所示的量程自动转换数字电表的量程自动转换程序。

25．现有一微型计算机炉温控制系统。它的温度检测元件为热电偶。由于此元件的热电势与温度之间的关系是非线性的，这对于微型计算机采样、转换及计算精度将会有一定的影响。因此，必须对其进行非线性补偿，以便提高控制精度。经过一系列统计和计算，得到一个近似数学公式：

$$T=\begin{cases}25V & V\leqslant 14\\ 24V+16 & 14<V\leqslant 25\end{cases}$$

式中，$V$ 为热电偶的输出值，单位为 mV。根据此公式可得到两条折线，它与原函数曲线近似（见图 7.19）。在计算时，就用它来代替原函数，其误差满足工程要求，试编写出完成上式计算的源程序。

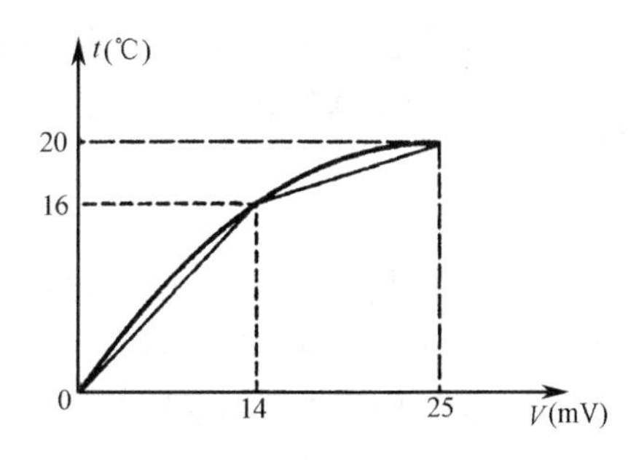


图 7.19　公式折线与原函数关系图

26．在 10℃～40℃范围内的温度控制系统中，常将热敏电阻作为测温元件。若取 1V 的 5/128（约 39mV）为单位，即 7 位数值中个位变化为 1，则热敏电阻两端电压与温度 $T$ 的关系近似为：

$$T=-0.761E+72.5$$

试用汇编语言编写出一个读 A/D（设 $0^{\#}$通道）并计算温度的定点子程序。计算的结果存放在累加器中，若温度超出上述测温范围，以进位为 1 返回，否则以 0 返回。

# 第 8 章　数字 PID 及其算法

**本章要点：**

◆ PID 算法的数字实现
◆ 数字 PID 调节中的几个实际问题
◆ 几种发展的 PID 算法
◆ PID 参数的整定方法

在模拟系统中，其过程控制方式就是将被测参数，如温度、压力、流量、成分和液位等，由传感器变换成统一的标准信号送入调节器。在调节器中，与给定值进行比较，然后，把比较出的差值经 PID 运算后送到执行机构，改变进给量，以达到自动调节之目的。这种系统多用电动（或气动）单元组合仪表 DDZ（或 QDZ）来完成。而在数字控制系统中，则是用数字调节器来模拟调节器的。其调节过程是首先对过程参数进行采样，并通过模拟量输入通道将模拟量转变成数字量。这些数字量由计算机按一定控制算法进行运算处理，运算结果由模拟量输出通道输出，并通过执行机构去控制生产，以达到调节的目的。

计算机控制系统的优点如下。

（1）一机多用。由于计算机运行速度快，被控对象变化一般比较慢，因此，用一台计算机可以控制几个到十几个回路，甚至几十个回路，进而可大大地节省设备费用。

（2）控制算法灵活。使用计算机不仅能实现经典的 PID 控制，而且还可以采用直接数字控制，如最快响应无波纹系统、大林算法，以及最优控制等。即使采用经典的 PID 控制，也可以根据系统的需要进行改进。

（3）可靠性高。由于计算机控制的算法是用软件编写的一段程序，因此比用硬件组成的调节器具有较高的可靠性，且系统维护简单。

（4）可改变调节品质，提高产品的产量和质量。由于计算机控制是严格按照某一特定规律进行的，不会由于人为的因素造成失调。特别在计算机控制系统中采用直接数字控制，可以按被控对象的数学模型编写程序，使调节品质大为提高，为提高经济效益创造了条件。

（5）生产安全，可改善工人劳动条件。

计算机控制的主要任务就是设计一个数字调节器。常用以下几种控制方法。

### 1. 程序控制和顺序控制

程序控制是使被控量按照预先规定的时间函数的变化所做的控制，被控量是时间的函数，如对单晶炉的温度控制。

顺序控制可以看做是程序控制的扩展，在各个时期所给出的设定值可以是不同的物理量。每次设定值的给出，不仅取决于时间，还取决于对前段控制结果的逻辑判断。

### 2. 比例-积分-微分控制（简称 PID 控制）

调节器的输出是其输入的比例、积分和微分的函数。PID 控制现在应用得最广，技术最成熟，其控制结构简单，参数容易调整，不必求出被控对象的数学模型便可以调节，因此无论模拟调节器还是数字调节器大都采用 PID 控制。

### 3. 直接数字控制

直接数字控制根据采样理论，首先把被控对象的数学模型进行离散，然后由计算机根据离散化的数字模型进行控制。这种控制方法与 PID 控制相比，针对性更强，调节品质更好。

### 4. 最优控制

在生产过程中为了提高产品质量，增加产量，节省原材料，要求生产管理及生产过程始终处于最佳工作状态，因此，产生了一种称做最优控制的方法，亦称为自适应控制。在这种控制中，要求系统能够根据被测参数、环境及原材料的成分的变化而自动对系统进行调节，使系统随时处在最佳状态。最优控制包括性能估计（辨别）、决策和修改 3 个环节，它是微机控制系统发展的方向。但由于控制规律难以掌握，所以推广起来尚有一些难度。

### 5. 模糊控制

模糊控制也叫 Fuzzy 控制。上述第 3、4 两种控制方法中，都必须精确地求出系统的数学模型，而在实际应用中影响变化的因素很多，所以很难用一个精确的数学模型表示，因此，这两种方法的应用受到一定的限制，有时甚至很难实现。这里介绍的模糊控制决策（即专家意见）用模糊规则加以描述，即可实现模糊控制。

模糊控制的特点是操作简单，执行速度快，占用内存少，开发方便、迅速，因而近几年来得到了广泛的应用。

值得说明的是，单片机在控制领域中的应用，就控制规律和控制理论本身而言，它与微型机控制系统并无大异，只是在一些程序设计和处理上有所不同。但在程序和顺序控制中，单片机与微型机相比，更有独到之处。

在这一章里，主要讲述 PID 控制。

## 8.1　PID 调节算法

PID 调节是 Proportional（比例）、Integral（积分）、Differential（微分）3 者的缩写，是模拟调节系统中技术最成熟、应用最为广泛的一种调节方式。PID 调节的实质就是根据输入的偏差值，按比例、积分、微分的函数关系进行运算，运算结果用以控制输出。在实际应用中，根据被控对象的特性和控制要求，可灵活地改变 PID 的结构，取其中的一部分环节构成控制规律，如比例（P）调节、比例积分（PI）调节、比例积分微分（PID）调节等。特别在计算机控制系统中，更可以灵活应用，以充分发挥微型机的作用。

PID 调节之所以应用非常广泛，主要原因如下。

（1）PID 算法本身的优点。

① 是模拟调节系统中技术最成熟、应用最为广泛的一种调节方式。

② 结构灵活（PI、PD、PID）。

③ 参数整定方便。

④ 适应性强。

（2）用计算机模拟 PID 方法简单、可行。

（3）不用求出被控系统的数学模型。

（4）人们对 PID 规律熟悉，经验丰富。

在这一节里，主要讲一下 PID 调节算法原理。

### 8.1.1 比例（P）调节器

比例（P）调节器的微分方程为：

$$y(t)=K_{\mathrm{P}}e(t) \tag{8-1}$$

式中 $y$——调节器输出；

$K_{\mathrm{P}}$——比例系数；

$e(t)$——调节器输入，为偏差值，$e(t)=r(t)-m(t)$。其中，$r(t)$为给定值，$m(t)$为被测参数测量值。

由式（8-1）可以看出，调节器输出 $y(t)$与输入偏差 $e(t)$成正比，即只要偏差一出现就能产生及时的、与之成正比的调节作用。

比例调节的特性曲线如图 8.1 所示。

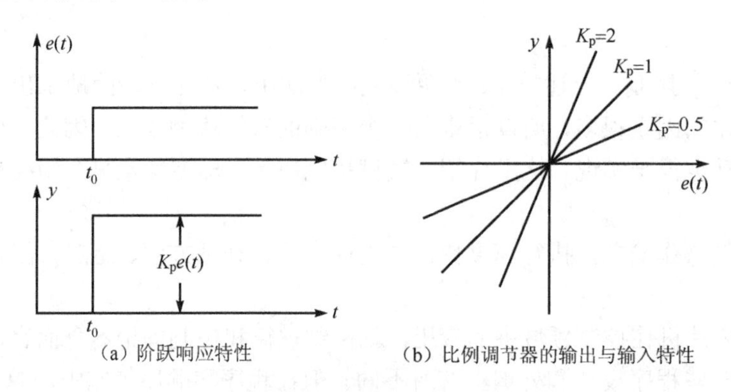


图 8.1 比例调节的特性曲线

由图 8.1 可以看出，比例调节作用如下。

（1）$K_{\mathrm{P}}$ 增大，比例调节作用加强。

（2）$K_{\mathrm{P}}$ 减小，比例调节作用降低。

（3）$K_{\mathrm{P}}$ 增大，比例调节作用使静差减少。

（4）$K_{\mathrm{P}}$ 太大，将引起自激振荡。

比例调节的优点是① 调节及时，② 调节作用强；缺点是存在静差。因此，对于扰动较大，惯性也较大的系统，纯比例调节难以兼顾动态和静态特性，需要比较复杂的调节器。

### 8.1.2 比例-积分调节器（PI）

比例-积分调节器简称 PI 调节器，积分作用是指调节器的输出与输入的偏差对时间的积分成比例的作用。

积分调节的微分方程为：

$$y(t)=\frac{1}{T_{\mathrm{I}}}\int e(t)\,\mathrm{d}t \tag{8-2}$$

式中，$T_{\mathrm{I}}$——积分时间常数，它表示积分速度的大小，$T_{\mathrm{I}}$ 越大，积分速度越慢，积分作用也越弱。图 8.2 所示为阶跃作用下积分作用响应曲线。

由图 8.2 可知，积分调节作用的特点如下。

（1）调节作用的输出与偏差存在的时间有关，只要偏差存在，积分调节器的输出就会随时间增长，直至偏差消除。所以，积分作用能消除静差。

（2）积分作用缓慢，且在偏差刚刚出现时，调节作用很弱，不能及时克服扰动的影响，致使被调参数的动态偏差增大，因此，很少单独使用。

采用 PI 调节，效果就好得多。

PI 调节的微分方程为：

$$y(t)=K_P[e(t)+\frac{1}{T_I}\int e(t)\,dt] \tag{8-3}$$

PI 调节的动态响应曲线如图 8.3 所示。

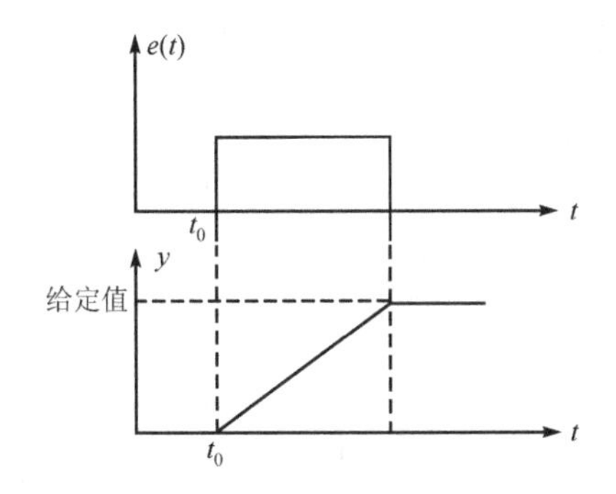


图 8.2 阶跃作用下积分作用响应曲线

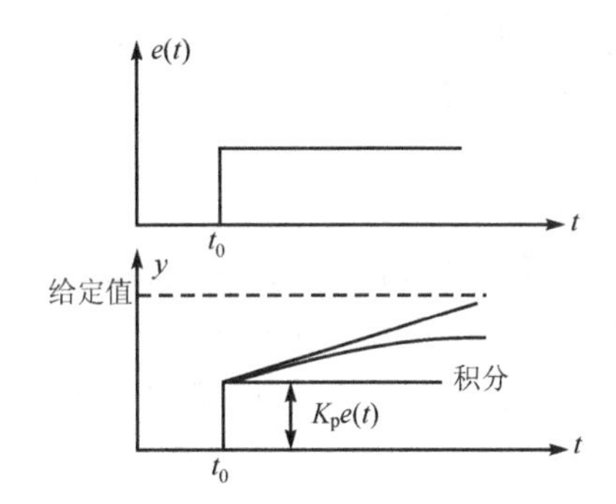


图 8.3 阶跃作用下，PI 作用动态响应曲线图

由图 8.3 可以看出，阶跃作用时，首先有一个比例作用输出，随后在同一方向上，在比例输出的基础上，调节器输出不断增加，这便是积分作用。如此，既克服了单纯比例调节存在静差的缺点，又克服了积分作用调节慢的缺点，即静态和动态特性都得到了改善，因此，PI 调节得到了广泛的应用。

## 8.1.3 比例-微分调节器

比例-微分调节器简称 PD 调节器，当对象具有较大的惯性时，PI 就不能得到很好的调节品质，如果在调节器中加微分作用（D），将得到很好的改善。

微分调节作用方程为：

$$y(t)=T_D\frac{de(t)}{dt} \tag{8-4}$$

式中，$T_D$——微分时间常数，代表微分作用的强弱。

微分调节作用动态响应曲线，如图 8.4 所示。

从图 8.4 可以看出，当 $t=t_0$ 时，引入阶跃信号，此时因为 $dt\to 0$，所以 $y(t)\to\infty$。微分作用其输出只能反映偏差输入变化的速度，对于一个固定的偏差，不论其数值多大，都不会引起微分作用。因此，它不能消除静差，而只是在偏差刚刚出现时产生一个大的调节作用。通常多采用 PD 调节。

PD 调节作用如图 8.5 所示。

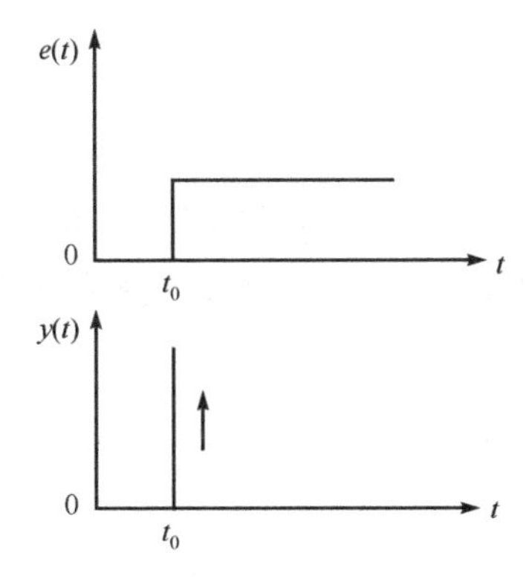


图 8.4 微分作用的响应特性曲线

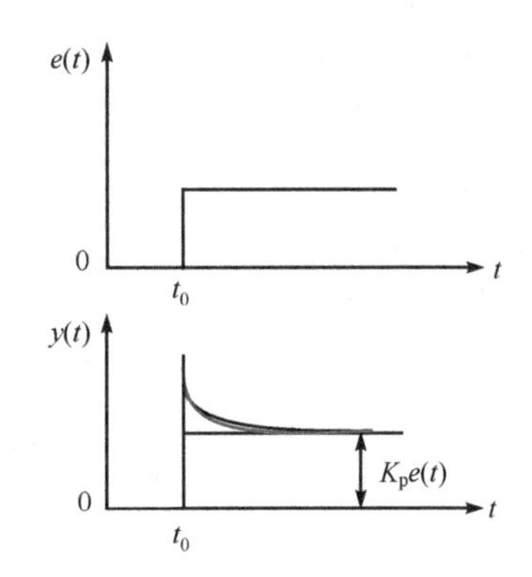


图 8.5 PD 调节作用的阶跃响应曲线

图 8.5 中，当偏差刚一出现，PD 调节器输出一个大的阶跃信号，然后微分输出按指数下降，最后，微分作用完全消失，成为比例调节。

可通过改变 $T_D$ 来改变微分作用的强弱。此种调节速度快（动态特性好），但仍有静差存在。

### 8.1.4 比例-积分-微分作用调节器（PID）

比例-积分-微分作用调节器，简称 PID 调节器，这是应用最多的一种调节器。

PID 调节作用的微分方程为：

$$y(t)=K_P[e(t)+\frac{1}{T_I}\int e(t)\mathrm{d}t+T_D\frac{\mathrm{d}e(t)}{\mathrm{d}t}] \tag{8-5}$$

其对阶跃信号的响应特性曲线如图 8.6 所示。

由图 8.6 可以看出，P、I、D 3 作用调节器，在阶跃信号的作用下，首先产生的是比例-微分作用，使调节作用加强。而后进入积分，直到最后消除静差。因此，PID 调节从动态、静态都有所改善，它是应用最广的调节器。

值得说明的是，并非所有的调节器都需要 PID 调节器，某些系统也采用 PI 调节器或 PD 调节器，这需要根据系统的具体情况，通过实验来决定。

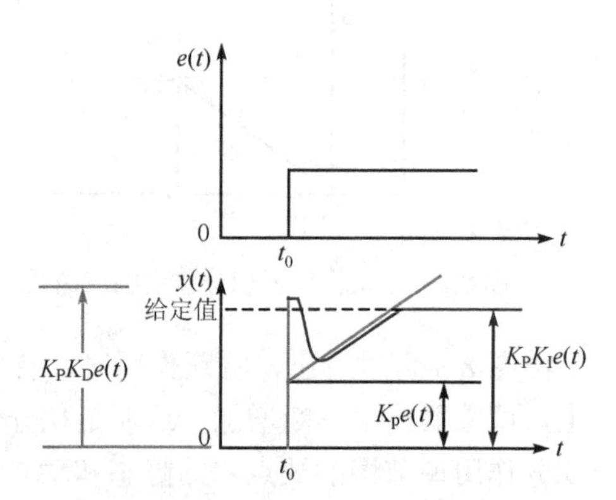


图 8.6 PID 调节作用的阶跃响应曲线

## 8.2 PID 算法的数字实现

前边讲的 PID 调节算法适用于模拟调节系统，由于计算机系统只能接收数字量，因此，要想在计算机系统中实现 PID 调节，还必须把 PID 算法数字化，然后才能用计算机实现。本节主要讲述 PID 数字算法的实现方法。

### 8.2.1 PID 算法的数字化

在模拟系统中，PID 算法的表达式为：

$$P(t)=K_P\left[e(t)+\frac{1}{T_I}\int e(t)\mathrm{d}t+T_D\frac{\mathrm{d}e(t)}{\mathrm{d}t}\right] \tag{8-6}$$

式中，$P(t)$——调节器的输出信号；

$e(t)$——调节器的偏差信号，它等于给定值与测量值之差；

$K_P$——调节器的比例系数；

$T_I$——调节器的积分时间；

$T_D$——调节器的微分时间。

由于计算机控制是一种采样控制，它只能根据采样时刻的偏差来计算控制量。因此，在计算机控制系统中，必须首先对式（8-6）进行离散化处理，用数字形式的差分方程代替连续系统的微分方程，此时积分项和微分项可用求和及增量式表示：

$$\int_0^n e(t)\mathrm{d}t=\sum_{j=0}^{n}E(j)\Delta t=T\sum_{j=0}^{n}E(j) \tag{8-7}$$

$$\frac{\mathrm{d}e(t)}{\mathrm{d}t}\approx\frac{E(k)-E(k-1)}{\Delta t}=\frac{E(k)-E(k-1)}{T} \tag{8-8}$$

将式（8-7）和式（8-8）代入式（8-6），则可得到离散的 PID 表达式：

$$P(k)=K_{\mathrm{P}}\left\{E(k)+\frac{T}{T_{\mathrm{I}}}\sum_{j=0}^{k}E(j)+\frac{T_{\mathrm{D}}}{T}\left[E(k)-E(k-1)\right]\right\} \tag{8-9}$$

式中，$T$—— $\Delta t=T$，采样周期，必须使 $T$ 足够小，才能保证系统有一定的精度；

$E(k)$——第 $k$ 次采样时的偏差值；

$E(k-1)$——第 $k-1$ 次采样时的偏差值；

$k$——采样序号，$k=0$、1、2、…；

$P(k)$——第 $k$ 次采样时调节器的输出。

由于式（8-9）的输出值与阀门开度的位置一一对应，因此，通常把式（8-9）称为位置型 PID 的位置控制算式。

由式（8-9）可以看出，要想计算 $P(k)$，不仅需要本次与上次的偏差信号 $E(k)$和 $E(k-1)$，而且还要在积分项中把历次的偏差信号 $E(j)$进行相加，即 $\sum_{j=0}^{k}E(j)$。这样，不仅计算烦琐，而且为保存 $E(j)$还要占用很多内存。因此，用式（8-9）直接进行控制很不方便。为此，我们做如下改动。

根据递推原理，可写出 $k-1$ 次的 PID 输出表达式：

$$P(k-1)=K_{\mathrm{P}}\left\{E(k-1)+\frac{T}{T_{\mathrm{I}}}\sum_{j=0}^{k-1}E(j)+\frac{T_{\mathrm{D}}}{T}\left[E(k-1)-E(k-2)\right]\right\} \tag{8-10}$$

用式（8-9）减去式（8-10），可得：

$$P(k)=P(k-1)+K_{\mathrm{P}}\left[E(k)-E(k-1)\right]+K_{\mathrm{I}}E(k)+K_{\mathrm{D}}\left[E(k)-2E(k-1)+E(k-2)\right] \tag{8-11}$$

式中，$K_{\mathrm{I}}=K_{\mathrm{P}}\dfrac{T}{T_{\mathrm{I}}}$ ——积分系数；

$K_{\mathrm{D}}=K_{\mathrm{P}}\dfrac{T_{\mathrm{D}}}{T}$——微分系数。

由式（8-11）可知，要计算第 $k$ 次输出值 $P(k)$，只需知道 $P(k-1)$、$E(k)$、$E(k-1)$、$E(k-2)$即可，比用式（8-9）计算要简单得多。

在很多控制系统中，由于执行机构是采用步进电机或多圈电位器进行控制的，所以，只要给一个增量信号即可。因此，把式（8-9）和式（8-10）相减，得到：

$$\begin{aligned}\Delta P(k)&=P(k)-P(k-1)\\&=K_{\mathrm{P}}\left[E(k)-E(k-1)\right]+K_{\mathrm{I}}E(k)+K_{\mathrm{D}}\left[E(k)-2E(k-1)+E(k-2)\right]\end{aligned} \tag{8-12}$$

式中 $K_{\mathrm{P}}$、$K_{\mathrm{I}}$、$K_{\mathrm{D}}$ 同式（8-11）。

式（8-12）表示第 $k$ 次输出的增量 $\Delta P(k)$，等于第 $k$ 次与第 $k-1$ 次调节器的输出差值，即在第 $k-1$ 次的基础上增加（或减少）的量，所以式（8-12）叫做增量型 PID 控制算式。

用微型机实现位置式和增量式控制算式的原理，如图 8.7 所示。

在位置控制算式中，不仅需要对 $E(j)$ 进行累加，而且计算机的任何故障都会引起 $P(k)$ 大幅度变化，对生产不利。

增量控制虽然改动不大，然而却带来了很多优点。

（1）由于计算机输出的是增量，所以误动作影响小，必要时可用逻辑判断的方法去掉。

（2）在位置型控制算法中，由手动到自动切换时，必须首先使计算机的输出值等于阀门的原始开度，即 $P(k-1)$，才能保证手动/自动地无扰动切换，这将给程序设计带来困难。而增量设计只与本次的偏差值有关，与阀门原来的位置无关，因而增量算法易于实现手动/自动的无扰动切换。

（3）不产生积分失控，所以容易获得较好的调节品质。

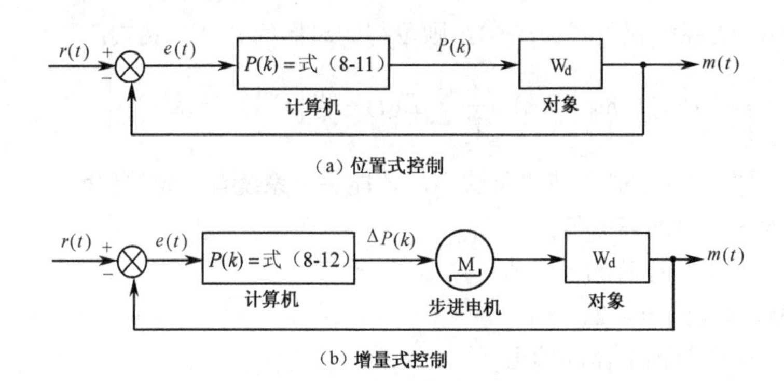


（a）位置式控制

（b）增量式控制

图 8.7　两种 PID 控制原理图

增量控制因其特有的优点已得到了广泛的应用。但是，这种控制方法也有如下不足之处。

（1）积分截断效应大，有静态误差。

（2）溢出的影响大。

因此，应该根据被控对象的实际情况加以选择。一般认为，在以晶闸管或伺服电机作为执行器件，或对控制精度要求较高的系统中，应当采用位置型算法；而在以步进电机或多圈电位器做执行器件的系统中，则应采用增量式算法。

此外，除了上述两种控制算法外，还有一种称为速度控制的 PID 算法，即

$$
\begin{aligned}
V(k) &= \frac{\Delta P(k)}{T} \\
&= \frac{K_P}{T}\left\{E(k)-E(k-1)+\frac{T}{T_I}E(k)+\frac{T_D}{T}\left[E(k)-\right.\right. \\
&\quad \left.\left. 2E(k-1)+E(k-2)\right]\right\}
\end{aligned}
\tag{8-13}
$$

由于 $T$ 为常量，所以式（8-13）与式（8-12）没有多大区别，故不再详细讨论。

## 8.2.2　PID 算法的程序设计

用汇编语言进行 PID 程序设计有两种运算方法，一种为定点运算，一种为浮点运算。定点运算速度比较快，但精度低一些；浮点运算精度高，但运算速度比较慢。一般情况下，当速度变化比较慢时，可采用浮点运算。如果系统要求速度比较快，则需采用定点运算的方法。但由于大多数被控对象的变化速度与计算机工作速度相差甚远，所以用浮点运算一般都可以满足要求。此外，在很多大系统中，也常采用高级语言设计 PID 程序。

下边分别讲一下位置型和增量型两种 PID 程序的设计方法。

### 1. 位置型 PID 算法程序的设计

由式（8-9）可写出第 $k$ 次采样时 PID 的输出表达式为：

$$
P(k) = K_P E(k) + K_I \sum_{j=0}^{k} E(j) + K_D\left[E(k)-E(k-1)\right] \tag{8-14}
$$

式中 $K_I$、$K_D$ 与式（8-11）中的相同。

为方便程序设计，将式（8-14）做进一步改进，设比例项输出如下：

$$
P_P(k) = K_P E(k)
$$

积分项输出如下：

$$
\begin{aligned}
P_{\mathrm{I}}(k) &= K_{\mathrm{I}}\sum_{j=0}^{k}E(j)\\
&= K_{\mathrm{I}}E(k) + K_{\mathrm{I}}\sum_{j=0}^{k-1}E(j)\\
&= K_{\mathrm{I}}E(k) + P_{\mathrm{I}}(k-1)
\end{aligned}
$$

微分项输出如下：

$$P_{\mathrm{D}}(k) = K_{\mathrm{D}}\left[E(k) - E(k-1)\right]$$

所以，式（8-14）可写为：

$$P(k) = P_{\mathrm{P}}(k) + P_{\mathrm{I}}(k) + P_{\mathrm{D}}(k) \tag{8-15}$$

式（8-15）即为离散化的位置型 PID 编程公式，其流程如图 8.8 所示。

### 2. 增量型 PID 算法的程序设计

由式（8-12）可知，增量型 PID 算式为：

$$\Delta P(k) = K_{\mathrm{P}}\left[E(k) - E(k-1)\right] + K_{\mathrm{I}}E(k) + K_{\mathrm{D}}\left[E(k) - 2E(k-1) + E(k-2)\right]$$

设

$$
\begin{aligned}
&\Delta P_{\mathrm{P}}(k) = K_{\mathrm{P}}\left[E(k) - E(k-1)\right]\\
&\Delta P_{\mathrm{I}}(k) = K_{\mathrm{I}}E(k)\\
&\Delta P_{\mathrm{D}}(k) = K_{\mathrm{D}}\left[E(k) - 2E(k-1) + E(k-2)\right]
\end{aligned}
$$

所以，有

$$\Delta P(k) = \Delta P_{\mathrm{P}}(k) + \Delta P_{\mathrm{I}}(k) + \Delta P_{\mathrm{D}}(k) \tag{8-16}$$

式（8-16）为离散化的增量型 PID 编程表达式。

增量型 PID 运算子程序流程图，如图 8.9 所示。

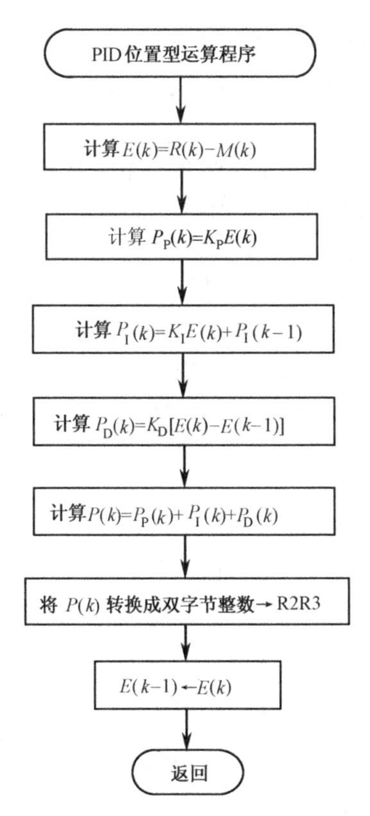


图 8.8　位置型 PID 运算程序流程图

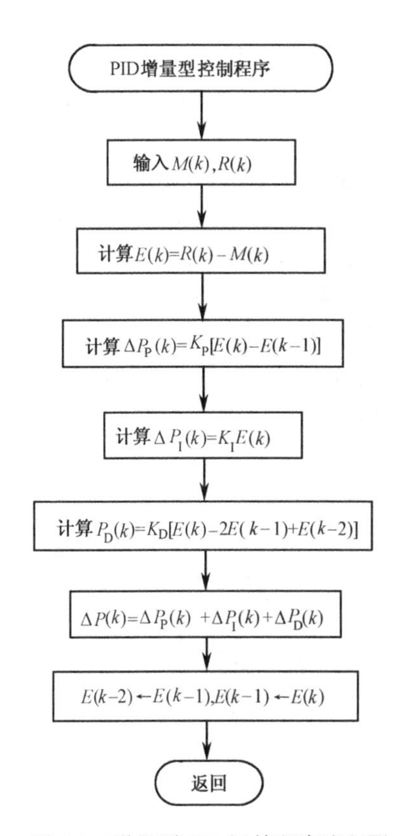


图 8.9　增量型 PID 运算程序流程图

## 8.3 数字 PID 调节中的几个实际问题

数字 PID 调节器在实际应用中，根据系统对被控参数的要求、D/A 转换器的输出位数，以及对干扰的抑制能力的要求等，还有许多具体问题需要解决。这是 PID 数字调节器设计中往往被人忽视，然而实际应用中又不得不正视的一些实际问题，如正/反作用问题、积分饱和问题、限位问题、字节变换问题、电流/电压输出问题、干扰抑制问题，以及手动/自动的无扰动切换问题等。这在模拟仪表中常需要采取改变线路，或更换不同类型调节器的办法加以解决。在计算机系统中，则可通过改变软件的方法，很容易地实现。在这一节里，将介绍几个主要问题。

### 8.3.1 正、反作用问题

在模拟调节器中，一般都是通过偏差进行调节的。偏差的极性与调节器输出的极性有一定的关系，且不同的系统有着不同的要求。例如，在煤气加热炉温度调节系统中，被测温度高于给定值时，煤气进给阀门应该关小，以降低炉膛的温度。又如在炉膛压力调节系统中，当被测压力值高于给定值时，则需将烟道阀门开大，以减小炉膛压力。在调节过程中，前者称做反作用，而后者称为正作用。模拟系统中调节器的正、反作用是靠改变模拟调节器中的正、反作用开关的位置来实现的。而在由计算机所组成的数字 PID 调节器中，可用两种方法来实现。一种方法是通过改变偏差 $E(k)$的公式来完成。其做法是：正作用时，$E(k)=M(k)-R(k)$；反作用时，则 $E(k)=R(k)-M(k)$，程序的其他部分不变。另一种方法是：计算公式不变，例如，都按式（8-15）、式（8-16）计算，只是在需要反作用时，在完成 PID 运算之后，先将其结果求补，而后再送到 D/A 转换器进行转换，进而输出。

### 8.3.2 饱和作用的抑制

在模拟系统中，由于积分作用，将使调节器的输出达到饱和。为了克服这种现象，人们又研究出抗积分饱和型 PID 调节器，如 DDZ-Ⅲ 型仪表中的 DTT-2105 型调节器。同样，在数字 PID 调节器中也存在同样的问题。

在自动调节系统中，由于负载的突变，如开工、停工或给定值的突变等，都会引起偏差的阶跃，即$|E(k)|$增大。因而，根据式（8-14）计算出的位置型 PID 输出 $P(k)$将急骤增大或减小，以至超过阀门全开（或全关）时的输入量 $P_{max}$（或 $P_{min}$）。此时的实际控制量只能限制在 $P_{max}$（如图 8.10 中曲线 b 所示），而不是计算值（如图 8.10 中的曲线 a 所示）。此时，系统输出 $M(k)$虽然不断上升，但由于控制量受到限制，其增加速度减慢，偏差 $E(k)$将比正常情况下持续更长的时间保持在正值，而使式（8-14）中的积分项有较大的积累值。当输出超过给定值 $r(t)$后，开始出现负偏差，但由于积分项累计值很大，还要经过相当一段时间，控制量 $P(t)$才能脱离饱和区。这样就使系统的输出出现明显的超调。很明显，

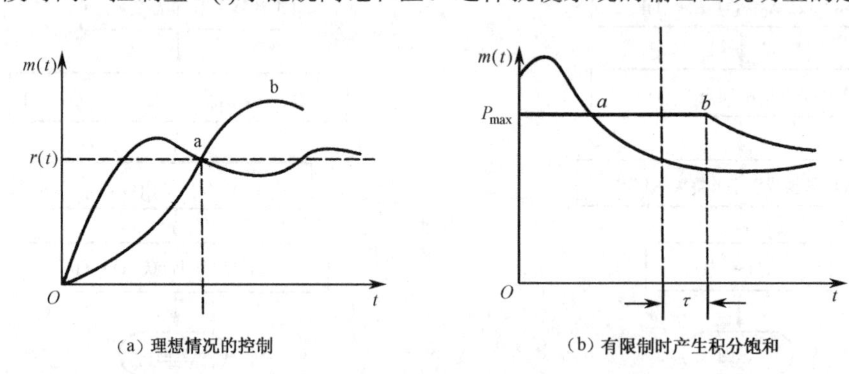

（a）理想情况的控制　（b）有限制时产生积分饱和

图 8.10 PID 算法的积分饱和现象

在位置型 PID 算法中，饱和现象主要是由积分项引起的，所以称之为“积分饱和”。这种现象引起大幅度的超调，使系统不稳定。

为了消除积分饱和的影响，人们研究了很多方法，如遇限削弱积分法、有效偏差法及积分分离法等。这里主要介绍前两种方法，关于积分分离法，将在下一节中进行讲述。

### 1. 遇限削弱积分法

这种修正方法的基本思想是：一旦控制量进入饱和区，则停止进行增大积分的运算。具体地说，在计算 $P(t)$值时，首先判断一下上一采样时刻控制量 $P(k-1)$是否已超过限制范围，如果已超出，将根据偏差的符号，判断系统的输出是否已进入超调区域，由此决定是否将相应偏差计入积分项，如图 8.11 所示。该程序流程如图 8.12 所示。

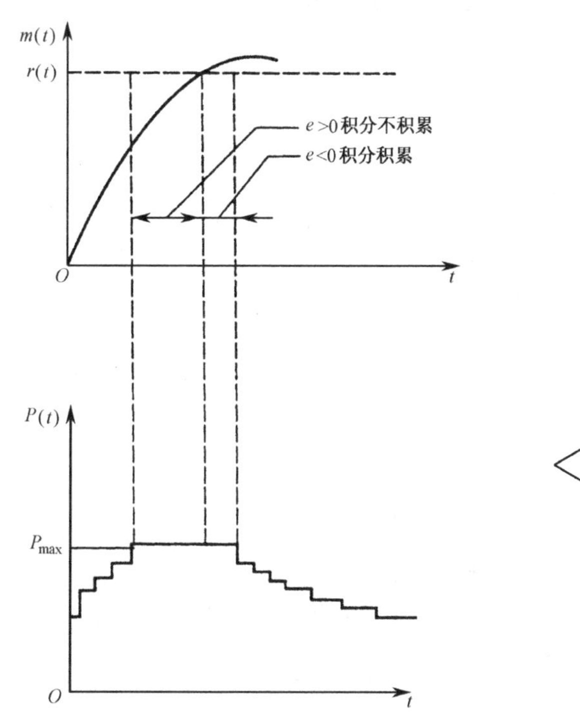


图 8.11　遇限削弱积分法克服积分饱和示意图

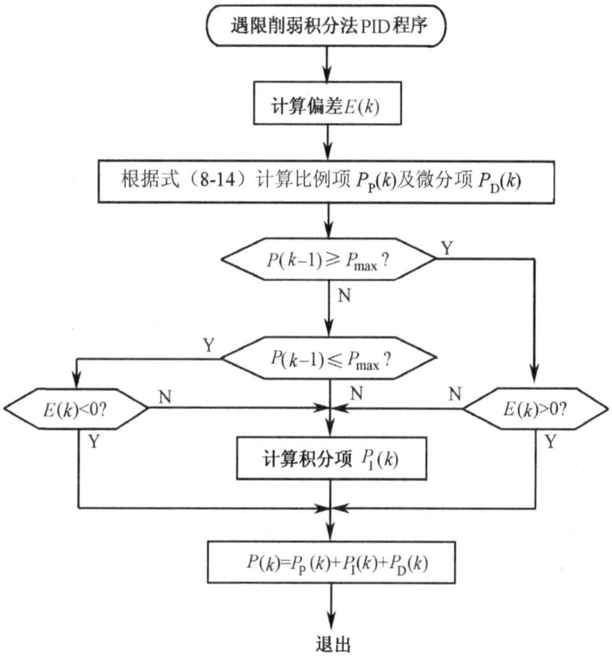

遇限削弱积分法PID程序
计算偏差$E(k)$
根据式（8-14）计算比例项 $P_P(k)$及微分项 $P_D(k)$
$P(k-1) \geq P_{max}$?　Y　N
$P(k-1) \leq P_{max}$?　Y　N
$E(k)<0$?　N　Y
$E(k)>0$?　N　Y
计算积分项 $P_I(k)$
$P(k)=P_P(k)+P_I(k)+P_D(k)$
退出

图 8.12　遇限消弱积分的 PID 算法流程图

### 2. 有效偏差法

当用式（8-14）位置型 PID 算式算出的控制量超出限制范围时，控制量实际上只能取边界值，即：

$$P(k)=P_{max}\ （通常为 100\%阀位）$$

或

$$P(k)=P_{min}\ （通常为 0\%阀位）$$

有效偏差法的实质是将相当于这一控制量的偏差值作为有效偏差值进行积分，而不是将实际偏差进行积分。

如果实际的控制量为 $P(k)=P^*(P_{max}$或 $P_{min})$，则有效偏差可按式（8-14）逆推出，即

$$E^*(k)=\frac{P^*(k)-K_I\sum_{j=0}^{k-1}E(j)+K_D E(k-1)}{K_P+K_I+K_D} \tag{8-17}$$

该算法的程序流程，如图 8.13 所示。

对于增量型 PID 算法，由于执行机构本身是存储元件，在算法中没有积分累积，所以不容易产生积

分饱和现象，但可能出现比例和微分饱和现象，其表现形式不是超调，而是减慢动态过程。这种现象对很多系统来讲，影响并不很大，故不再详述。

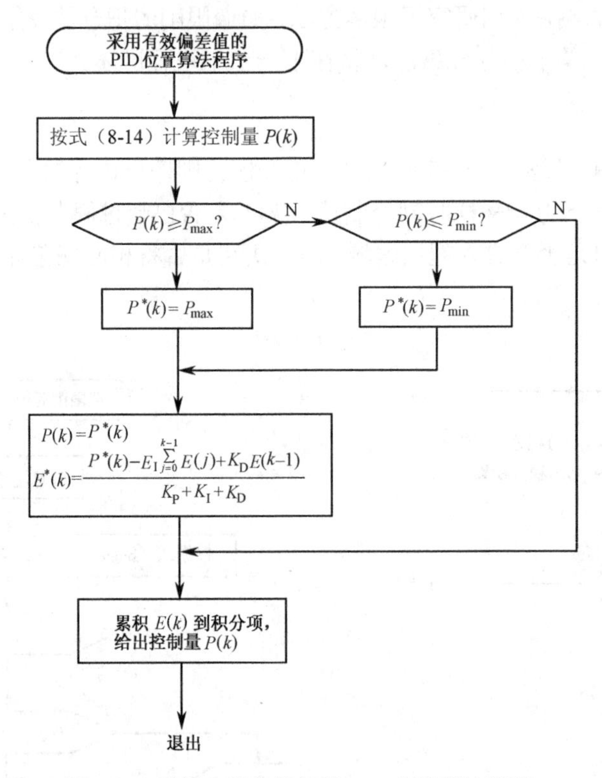


图 8.13　采用有效偏差值的 PID 位置算法流程

### 3. 限位问题

在某些自动调节系统中，为了安全生产，往往不希望调节阀“全开”或“全关”，而是有一个上限位 $P_{up}$ 和一个下限位 $P_{down}$。也就是说，要求调节器输出限制在一定的幅度范围内，即 $P_{down}\leqslant P\leqslant P_{up}$。在具体系统中，不一定上、下限位都需要，可能只有一个下或上限位。例如，在加热炉控制系统中，为防止加热炉熄灭，不希望加热炉的燃料（重油、煤气或天然气）管道上的阀门完全关闭，这就需要设置一个下限位。为此，可以在 PID 输出程序中进行上、下限比较，其程序流程如图 8.14 所示。

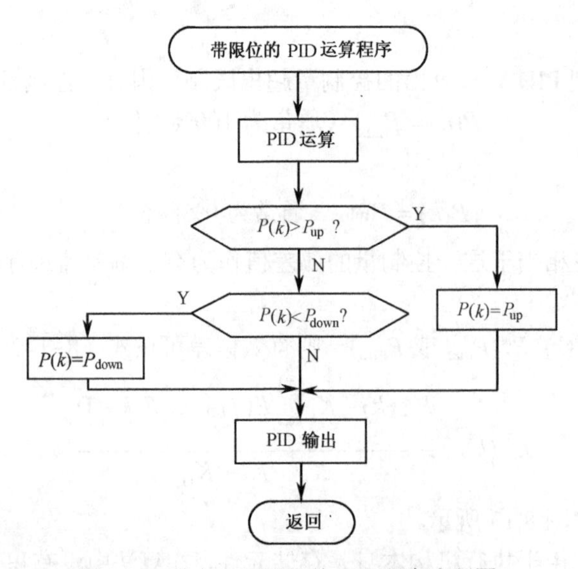


图 8.14　带上、下限位的 PID 程序流程图

为了提高调节品质，当程序判断输出为 $P_{up}$（或 $P_{down}$）后，也可按有限偏差重新求出 $P(k)$值。

## 8.3.3　手动/自动跟踪及手动后援问题

在自动调节系统中，由手动到自动切换时，必须能够实现自动跟踪，即在由手动到自动切换时刻，PID 的输出等于手动时的阀位值，然后在此基础上，按采样周期进行自动调节。为达此目的，必须使系统能采样两种信号：自动/手动状态和手动时的阀位值。

另外，当系统切换到手动时，要能够输出手动控制信号。例如，在用 DDZ-Ⅲ型电动执行机构作为执行单元时，手动输出电流应为 4～20mA。能够完成这一功能的设备，我们称之为手动后援。在计算机调节系统中，手动/自动跟踪及手动后援是系统安全可靠运行的重要保障。在计算机控制系统中，手动/自动跟踪及手动后援，可以采用多种方法实现。下面介绍两种实现手动/自动跟踪及手动后援的方法。

### 1. 简易方法

当调节系统要求不太高，或为节省资金，可自行设计一个简易的手动/自动跟踪及手动后援系统，如图 8.15 所示。

如图 8.15 所示，双刀双掷选择开关 SA 有两个位置，当 SA 处于 1–1′ 位置时，开关量 SW=0，表示系统运行于自动方式，执行机构由 D/A 转换器的输出控制；当开关 SA 切换至 2–2′ 位置时，开关量 SW=1，说明系统已转入手动方式，此时执行机构由电位器 RP 控制。图中的两个电流源为电压–电流变换器，输出范围为 4～20mA。A/D 转换器用来检测手动时阀门的位置。

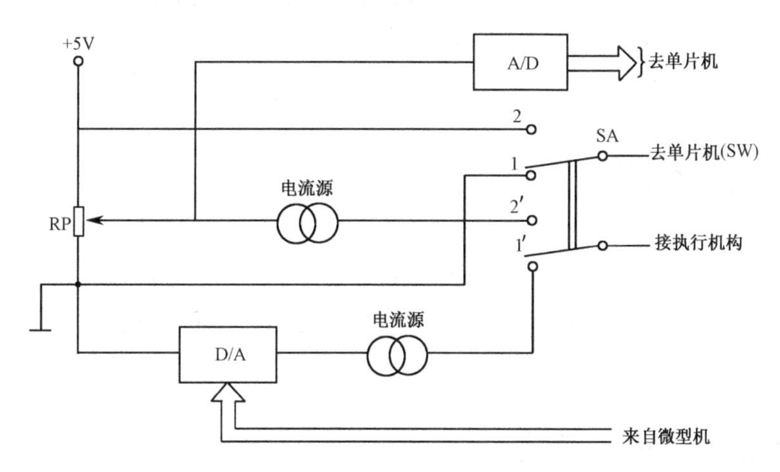


图 8.15　自动跟踪及手动后援系统原理图

系统的工作原理说明如下。首先根据系统的要求设置开关 SA 的位置。在进行 PID 运算之前，先判断 SW 的状态，如果为 1（手动状态），则不进行 PID 运算，直接返回主程序；若 SW=0，调节系统处于自动状态，此时，首先进行增量型 PID 运算，然后再加上经 A/D 转换器检测到的手动状态下的阀位值，作为本次 PID 控制的输出值，即

$$P(k) = \Delta P(k) + P_0 \tag{8-18}$$

式中，$\Delta P(k)$——增量型 PID 计算值；

$P_0$——手动时阀的开度。

注意，此过程只存在于由手动到自动的第一次采样（调节）过程中。以后的 $P(k)$值，则按如下公式进行：

$$P(k) = \Delta P(k) + P(k-1) \tag{8-19}$$

实现上述控制过程的软件流程，如图 8.16 所示。

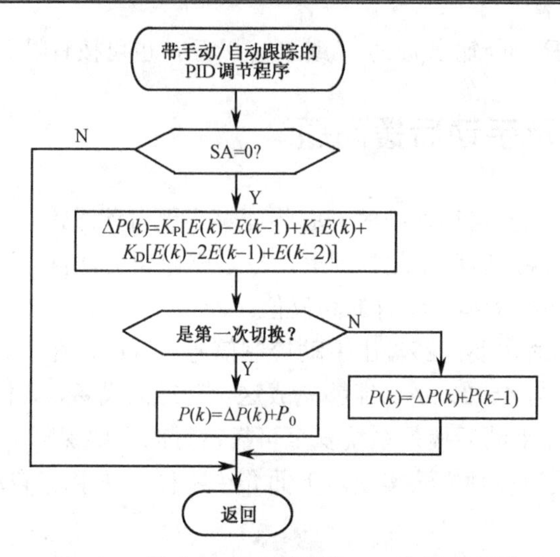


图 8.16　带手动/自动跟踪的 PID 控制流程图

请注意，此系统在由自动到手动切换时，必须先使手动操作器（电位器）的输出值与 D/A 转换器的输出值一致，然后再切换，这样才能实现自动到手动的无扰动切换。

**2. 利用模拟仪表的操作器**

手动/自动的无扰动切换及手动后援，也可以利用模拟仪表的操作器，如 DFQ2000 和 DFQ2100 等来实现。这种方法的优点是手动后援和阀位指示在操作器上均已安排好，这样可节省系统的开发时间。这种方法的基本思想与前面讲的方法大致相同，同样要检测手动/自动状态及手动后援输出阀位值，然后对手动/自动开关状态进行分析，详见图 8.16。

# 8.4　PID 算法的发展

由于计算机控制系统的灵活性，除了按式（8-11）和式（8-12）进行标准的 PID 控制计算外，还可根据系统的实际要求，对 PID 控制进行改进，以达到提高调节品质的目的。下面介绍几种非标准的 PID 算式。

## 8.4.1　不完全微分的 PID 算式

在上面介绍的标准 PID 算式中，当有阶跃信号输入时，微分项输出急剧增加，容易引起控制过程的振荡，导致调节品质下降。为了解决这一问题，同时要保证微分作用有效，可以仿照模拟调节器的方法，采用不完全微分的 PID 算式。其传递函数表达式为：

$$\frac{P(s)}{E(s)}=K_P^*\left[1+\frac{1}{T_I^*S}+\frac{T_D^*S}{1+\frac{T_D^*}{K_D^*}S}\right] \tag{8-20}$$

式中，$P(s)$——PID 输出量算子形式；

$E(s)$——偏差信号算子形式；

$K_P^*$——实际比例放大系数；

$T_I^*$——实际积分时间；

$T_D^*$——实际微分时间；

$K_D^*$——实际微分增益。

将式（8-20）分成比例积分和微分两部分，则：

$$P(s)=P_{PI}(s)+P_D(s)$$

其中，$P_{PI}(s)=K_P^*\left[1+\dfrac{1}{T_I^*S}\right]E(s)$

$$P_D(s)=K_P^*\frac{T_D^*S}{1+\dfrac{T_D^*}{K_D^*}S}E(s)$$

$P_{PI}(s)$的差分算式为：

$$P_{PI}(k)=K_P^*\left[E(k)+\frac{T}{T_I^*}\sum_{j=0}^{k}E(j)\right] \tag{8-21}$$

$P_D$(s)的差分算式较复杂，首先将其变化成微分方程式，即

$$\left(\frac{T_D^*}{K_D^*}S+1\right)P_D(s)=(K_P^*T_D^*S)E(s)$$

用微分代替算子可得：

$$\frac{T_D^*}{K_D^*}\frac{dP_D}{dt}+P_D=K_P^*T_D^*\frac{de}{dt}$$

用增量代替微分项，设采样周期 $\Delta t=T$，则第 $k$ 次采样时，有：

$$\frac{T_D^*}{K_D^*}\frac{P_D(k)-P_D(k-1)}{T}+P_D(k)=K_P^*T_D^*\frac{E(k)-E(k-1)}{T}$$

化简上式可得：

$$\left(\frac{T_D^*}{K_D^*}+T\right)P_D(k)=K_P^*T_D^*\left[E(k)-E(k-1)\right]+\frac{T_D^*}{K_D^*}P_D(k-1)$$

所以

$$P_D(k)=K_P^*\frac{T_D^*}{T_S^*}\left[E(k)-E(k-1)\right]+\alpha P_D(k-1) \tag{8-22}$$

式中，$T_S^*=\dfrac{T_D^*}{K_D^*}+T$；

$\alpha=\dfrac{T_D^*/K_D^*}{T_D^*/K_D^*+T}$。

若将式（8-21）和式（8-22）合并，则可得到不完全微分的 PID 算式，即

$$P(k)=K_P^*\left\{E(k)+\frac{T}{T_I^*}\sum_{j=0}^{k}E(j)+\frac{T_D^*}{T_S^*}\left[E(k)-E(k-1)\right]\right\}+\alpha P_D(k-1) \tag{8-23}$$

它与理想的 PID 算式（8-9）相比，多一项 $k$–1 次采样的微分输出量 $\alpha P_D(k-1)$。

在单位阶跃信号作用下，完全微分与不完全微分输出特性的差异，如图 8.17 所示。

由图 8.17（a）所示可见，完全微分项对于阶跃信号只是在采样的第一个周期产生很大的微分输出信号，不能按照偏差的变化趋势在整个调节过程中起作用，而是急剧下降为 0，因而很容易引起系统振荡。另外，完全微分在第一个采样周期里作用很强，容易产生溢出。而在不完全微分系统中，其微分作用是逐渐下降的，因而使系统变化比较缓慢，故不易引起振荡。

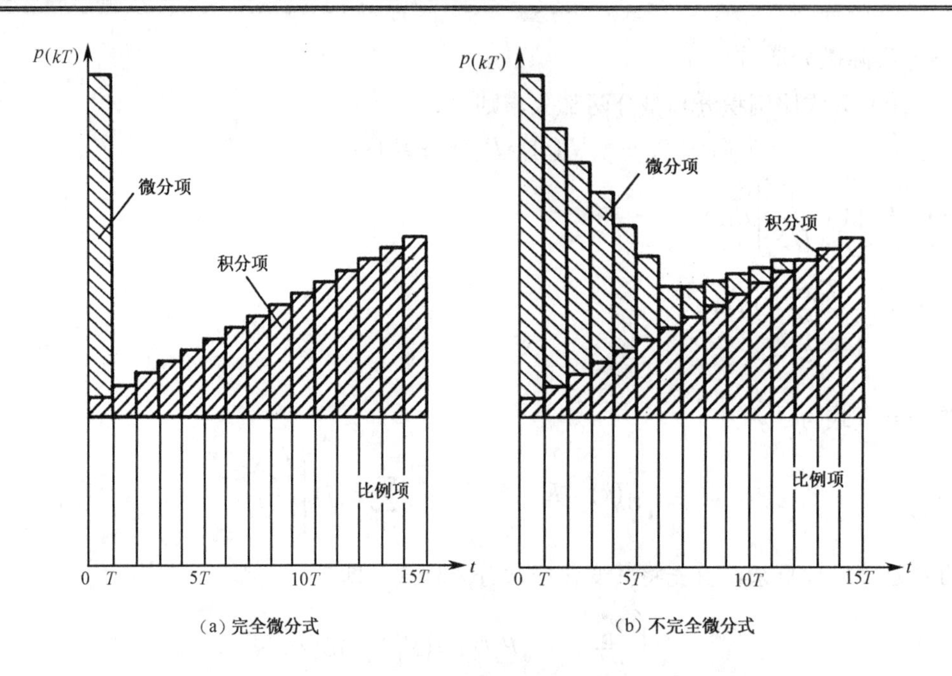


图 8.17　PID 控制算式的输出特性

## 8.4.2　积分分离的 PID 算式

在一般的 PID 调节控制中，由于系统的执行机构线性范围受到限制，当偏差 $E$ 较大时，如系统在开工、停工或大幅度提降时，由于积分项的作用，将会产生一个很大的超调量，使系统不停地振荡，如图 8.18 曲线 2 所示。

这种现象对于变化比较缓慢的对象，如温度、液面调节系统，影响更为严重，而在一般模拟调节系统中也存在。

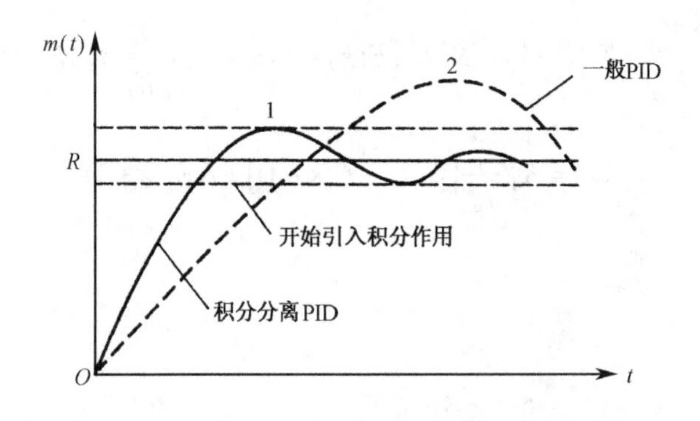


图 8.18　具有积分分离作用的控制过程曲线

在计算机控制系统中，为了消除这一现象，可以采用积分分离的方法，即在控制量开始跟踪时，取消积分作用，直至被调量接近给定值时，才产生积分作用。

设给定值为 $R(k)$，经数字滤波后的测量值为 $M(k)$，最大允许偏差值为 $A$，则积分分离控制的算式为：

$$\text{当 } E(k)=|R(k)-M(k)|\begin{cases} >A\text{时，为PD控制} \\ \leqslant A\text{时，为PID控制} \end{cases} \tag{8-24}$$

如图 8.18 所示的曲线 1 为采用积分分离手段后的控制曲线。比较曲线 1 和 2 可知，使用积分分离方法后，显著降低了被控变量的超调量和过渡过程时间，使调节性能得到改善。

实现积分分离控制的程序流程如图 8.19 所示。

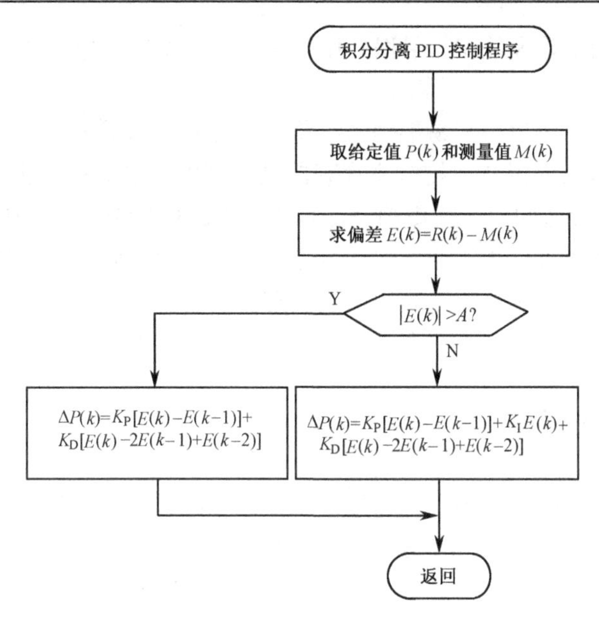


图 8.19　积分分离控制程序流程

### 8.4.3　变速积分的 PID 算式

在一般的 PID 调节算法中，由于积分系数 $K_I$ 是常数，所以在整个调节过程中，积分增益不变。系统对积分项的要求是：系统偏差大时，积分作用减弱至全无，而在偏差较小时应加强积分作用。否则，积分系数取大了会产生超调，甚至出现积分饱和；取小了又迟迟不能消除静差。因此，如何根据系统的偏差大小调整积分的速度，对于提高调节品质是至关重要的问题。

下面介绍的变速积分 PID，较好地解决了这一问题。

变速积分 PID 的基本思想是设法改变积分项的累加速度，使其与偏差大小相对应。偏差大时，积分累加速度慢，积分作用弱；反之，偏差小时，积分累加速度加快，积分作用增强。

为此，设置一系数 $f[E(k)]$，它是 $E(k)$的函数，当$|E(k)|$增大时，$f$减小，反之则增大。每次采样后，用 $f[E(k)]$乘以 $E(k)$，再进行累加，即

$$P_I'(k) = K_I\left\{\sum_{j=0}^{k-1} E'(j) + f\left[E(k)\right]E(k)\right\} \tag{8-25}$$

式中，$P_I'(k)$ 表示变速积分项的输出值。

$f$ 与$|E(k)|$的关系可以是线性或高阶的，如设其为如下的关系式：

$$f\left[E(k)\right] = \begin{cases} 1 & |E(k)| \leqslant B \\ \dfrac{A\left|E(k)\right| + B}{A} & B < |E(k)| \leqslant A+B \\ 0 & |E(k)| > A+B \end{cases} \tag{8-26}$$

$f$ 值在 0～1 区间内变化，当偏差大于所给分离区间 $A+B$ 后，$f$=0，不再进行累加；$|E(k)| \leqslant A+B$ 后，$f$ 随偏差的减小而增大，累加速度加快，直至偏差小于 $B$ 后，累加速度达到最大值 1。将 $P_I'$ 代入 PID 算式，可得

$$P(k) = K_P E(k) + K_I\left\{\sum_{j=0}^{k-1} E'(j) + f\left[E(k)\right]E(k)\right\} + K_D\left[K(k) - E(k-1)\right] \tag{8-27}$$

变速积分 PID 与普通 PID 相比，具有如下一些优点。

（1）实现了用比例作用消除大偏差、用积分作用消除小偏差的理想调节特性，从而完全消除了积分饱和现象。

（2）大大减小了超调量，可以很容易地使系统稳定，改善调节品质。

（3）适应能力强，一些用常规 PID 控制不理想的过程可以采用此种算法。

（4）参数整定容易，各参数间的相互影响小，而且对 A、B 两参数的要求不精确，可做一次性确定。

变速积分与积分分离控制方法很类似，但调节方式不同。积分分离对积分项采用“开关”控制，而变速积分则根据误差的大小改变积分项速度，属线性控制。因而，后者调节品质大为提高，是一种新型的 PID 控制。

## 8.4.4 带死区的 PID 算式

在微型机控制系统中，某些系统为了避免控制动作过于频繁，以消除由于频繁动作所引起的振荡，有时也采用带死区的 PID 控制算式，如图 8.20 所示。

带死区的 PID 控制算式为：

$$P(k)=\begin{cases}P(k) & \text{当}\left|R(k)-M(k)\right|=\left|E(k)\right|>B\\ K\cdot P(k) & \text{当}\left|R(k)-M(k)\right|=\left|E(k)\right|\leqslant B\end{cases} \tag{8-28}$$

式中，$K$ 为死区增益，其数值可为 0、0.25、0.5、1 等。

如图 8.20 所示，死区 $B$ 是一个可调的参数。其具体数值可根据实际控制对象由实验确定。$B$ 值太小，使调节动作过于频繁，不能达到稳定被调对象的目的。如果 $B$ 取得太大，则系统将产生很大的滞后。当 $B$=0（或 $K$=1）时，则为 PID 控制。

该系统实际上是一个非线性控制系统，即当偏差绝对值 $|E(k)|\leqslant B$ 时，其控制输出为 $K\cdot P(k)$；当 $\left|E(k)\right|>B$ 时，则输出值 $P(k)$ 以 PID（或 PD，PI）运算结果输出。其计算程序流程如图 8.21 所示。

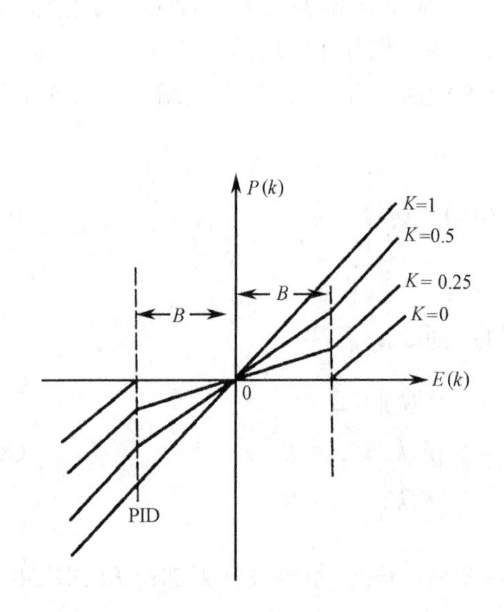


图 8.20　带死区的 PID 动作特性

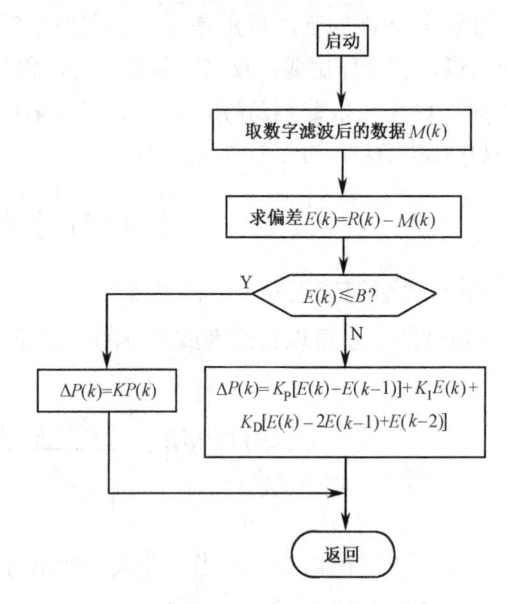


图 8.21　带死区的 PID 控制流程图

## 8.4.5 PID 比率控制

在化工和冶金工业生产中，经常需要将两种物料以一定的比例混合或参加化学反应，如一旦比例失调，轻者影响产品的质量或造成浪费，重者造成生产事故或发生危险。例如，在加热炉燃烧系统中，要求空气和煤气（或者油）按一定的比例供给，若空气量比较多，将带走大量的热量，使炉温下降。反之，如果煤气量过多，则会有一部分煤气不能完全燃烧而造成浪费。

在模拟控制系统中，比例调节多采用单元组合仪表来完成，如图 8.22 所示。

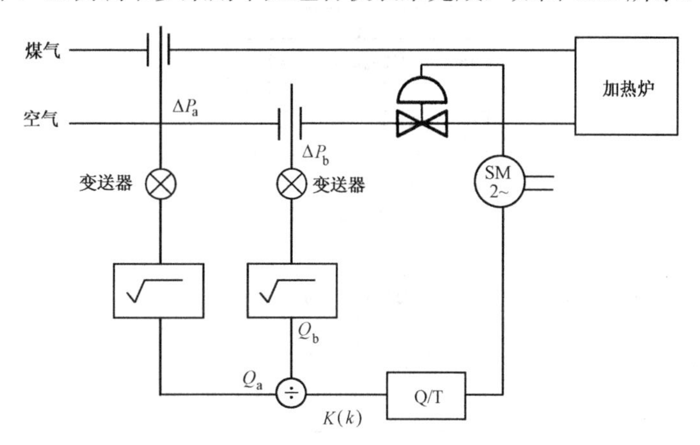


图 8.22　空气/煤气比例调节系统

该系统的原理是，煤气和空气的流量差压信号经变送器及开方器后分别得到空气和煤气的流量 $Q_a$ 和 $Q_b$，$Q_a$ 和 $Q_b$ 经除法器得到一个比值 $K(k)$，$K(k)$与给定值 $R(k)$相减得到偏差信号 $E(k)=R(k)-K(k)$，引偏差信号经 PID 调节器输出到电/气转换器的控制空气的阀门，以控制一定比例的空气和煤气，这种系统又叫做固定比例控制。由图 8.22 可知，要实现这样一个系统采用单元组合仪表是比较复杂的，而且当煤气的成分发生变化时改变调节系统的比值也比较麻烦。但是如果用微型机控制，就可以省去两个开方器、除法器和调节器。所有这些计算都可用软件来实现，并且用一台微型机可以控制多个回路。微型机控制原理如图 8.23 所示。

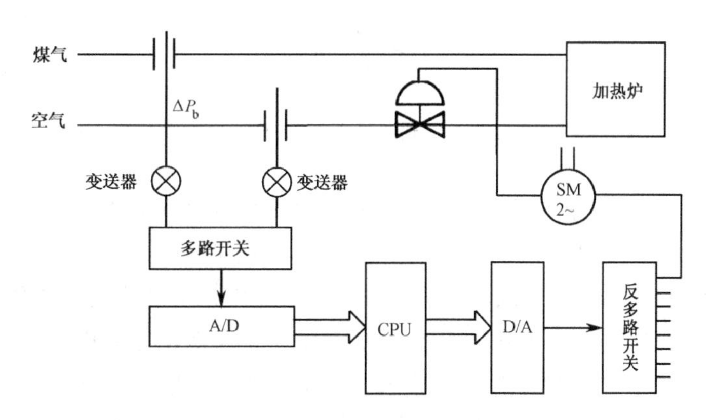


图 8.23　计算机比例控制原理图

采用计算机控制的原理与模拟调节系统基本上是一样的。不同的是开方、比值及 PID 控制算法均由计算机来完成。由于系统硬件大为减少，所以控制系统的可靠性将有所增加。本系统的采样、数字滤波、标度变换及流量计算程序，读者可以参考第 2、7 两章的内容自行设计。如图 8.24 所示为 PID 比例控制流程。

系统中固定比例系数 $R(k)=\dfrac{G_{空}}{G_{煤}}$ 是根据燃烧的发热值及经验数据事先计算好的，因此，这种调节方案与恒值系统在原理上没有多大的差别。

但是，在实际生产中，由于燃料的发热值是个变量，故为了节省燃料，可以根据燃料的变化自动改变空气与煤气的比例，这种系统称为自动比例系统。

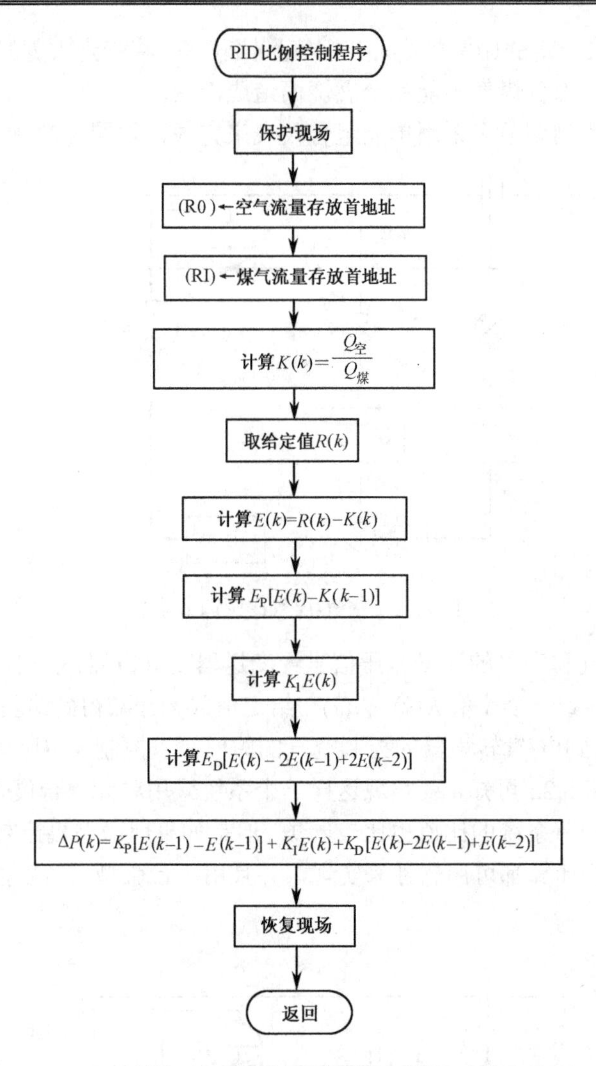


图 8.24　PID 比例控制流程图

自动比例系统与固定比例系统在硬件结构上基本一致，不同的只是要根据燃料的成分首先计算出燃料的发热值，然后求出比例系数 $R(k)$。为了节省计算机计算时间，可采用定时校正的办法，每隔一定的时间对 $R(k)$进行一次校正。当新的比例系数 $R'(k)$ 确定后，即可按上述固定比例的方法进行调节。

值得说明的是，PID 算法的几种改进算法是非常重要的，这也是计算机控制系统独特的优点。这种算法不需要增加新设备，而是根据被控对象的要求，对原来位置或增量型 PID 的算法进行适当改进，即可大大改善调节系统的调节品质。因此，在计算机控制系统中，有时改进型 PID 的应用比常规的 PID 应用还要多。

## 8.5　PID 参数的整定方法

在数字控制系统中，参数的整定是十分重要的，调节系统中参数整定的好坏直接影响调节品质。

一般的生产过程都具有较大的时间常数，而数字 PID 控制系统的采样周期则要小得多，所以数字调节器的参数整定，完全可以按照模拟调节器的各种参数整定方法进行分析和综合。但是，数字控制器与模拟调节器相比，除了比例系数 $K_P$、积分时间 $T_I$ 和微分时间 $T_D$ 外，还有一个重要的参数——采样周期 $T$，也需要很好的选择。合理的选择采样周期 $T$，也是数字控制系统的关键问题之一。

### 8.5.1　采样周期 $T$ 的确定

由香农（Shannon）采样定理可知，当采样频率的上限为 $f_s \geqslant 2f_{max}$ 时，系统可真实地恢复到原来的连续信号。

从理论上讲，采样频率越高，失真越小。但从控制器本身而言，大都依靠偏差信号 $E(k)$ 进行调节计算。当采样周期 $T$ 太小时，偏差信号 $E(k)$ 也会过小，此时计算机将会失去调节作用，而采样周期 $T$ 过长又会引起误差，因此，采样周期 $T$ 必须综合考虑。

影响采样周期 $T$ 的因素如下。

（1）加至被控对象的扰动频率的高低，扰动频率愈高，采样频率也应相应提高，即采样周期缩短。

（2）对象的动态特性，主要与被控对象的纯滞后时间 $\theta$ 及时间常数 $\tau$ 有关。当纯滞后时间比较显著时，采样周期 $T$ 与纯滞后时间 $\theta$ 基本相等。

（3）数字控制器 $D(Z)$ 所使用的算式及执行机构的类型，如采用大林算法及应用气动执行机构时，其采样周期比较长，而最快无波纹系统及使用步进电机等的采样周期就比较短。

（4）控制的回路数，控制的回路越多，则 $T$ 越大，否则 $T$ 越小。

（5）对象要求的控制质量，一般来说，控制精度要求越高，采样周期就越短，以减小系统的纯滞后。

（6）对于多回路系统，以采样周期大的通道的周期 $T$ 做为系统采样周期 $T$。

采样周期的选择方法有两种：一种是计算法，一种是经验法。计算法由于比较复杂，特别是被控系统各环节时间常数难以确定，所以工程上用得比较少。工程上应用最多的还是经验法。

所谓经验法实际上是一种凑试法。即根据人们在工作实践中积累的经验及被控对象的特点、参数，先粗选一个采样周期 $T$，送入计算机控制系统进行试验，根据对被控对象的实际控制效果，反复修改 $T$，直到满意为止。经验法所采用的采样周期，如表 8.1 所示。表中所列的采样周期 $T$ 仅供参考。由于生产过程千变万化，因此实际的采样周期需要经过现场调试后确定。

表 8.1　采样周期的经验数据

| 被测参数 | 采样周期 $T$(s) | 备　注 |
|---|---|---|
| 流量 | 1～5 | 优先选用 1～2（s） |
| 压力 | 3～10 | 优先选用 6～8（s） |
| 液位 | 6～8 | |
| 温度 | 15～20 | 或纯滞后时间，串级系统：副环 $T=\left(\frac{1}{4}\sim\frac{1}{5}\right)$ 主环 $T$ |
| 成分 | 15～20 | |

### 8.5.2　归一参数整定法

PID 参数整定是一个复杂的过程，一般需要根据被控对象慢慢进行。常用的方法有扩充临界比例度整定法和扩充响应曲线法两种。但是这两种方法在实际应用中非常麻烦，初学者很难掌握，因此，本书不再叙述，读者可参阅参考文献[3]。下面介绍一种适合计算机控制用的简易方法——简化扩充临界比例度整定法，该方法是 Roberts P.D 于 1974 年提出的。由于该方法只需整定一个参数即可，故又称为归一参数整定法。

已知增量型 PID 控制的公式为：

$$\Delta P(k)=K_P\left\{E(k)-E(k-1)+\frac{T}{T_I}E(k)+\frac{T_D}{T}\left[E(k)-2E(k-1)+E(k-2)\right]\right\}$$

根据 Ziegler-Nichle 条件，令 $T=0.1T_k$，$T_I=0.5T_k$，$T_D=0.125T_k$，式中 $T_k$ 为纯比例作用下的临界振荡

周期，则：

$$\Delta P(k) = K_{\mathrm{P}}\left[2.45E(k) - 3.5(k-1) + 1.25E(k-2)\right] \tag{8-29}$$

这样，整个问题便简化为只要整定一个参数 $K_{\mathrm{P}}$。改变 $K_{\mathrm{P}}$，观察控制效果，直到满意为止。该法为实现简易的自整定控制带来方便。

### 8.5.3 优选法

由于实际生产过程错综复杂，参数千变万化，因此，如何确定被控对象的动态特性并非容易之事。有时即使能找出来，不仅计算麻烦，工作量大，而且其结果与实际相差较远。因此，目前应用最多的还是经验法，即根据具体的调节规律及不同调节对象的特征，通过闭环试验，反复凑试，找出最佳调节参数。这里向大家介绍的也是经验法的一种，即用优选法对自动调节参数进行整定的方法。

其具体做法是根据经验，先把其他参数固定，然后用 0.618 法对其中某一参数进行优选，待选出最佳参数后，再换另一个参数进行优选，直到把所有的参数优选完毕为止。最后根据 $T$、$K_{\mathrm{P}}$、$T_{\mathrm{I}}$、$T_{\mathrm{D}}$ 诸参数优选的结果选一组最佳值即可。

在这一章里，重点介绍了两种最基本的 PID 算法：位置型 PID 和增量型 PID。

数字 PID 是在模拟 PID 算法的基础上，用差分方程代替连续方程，所以模拟 PID 算法中许多行之有效的方法都可以用到数字 PID 运算中。如数字 PID 的参数整定方法源于模拟 PID 算法，但要有一个前提，即采样周期足够小。在这种情况下，采样系统的 PID 就非常接近于连续系统的模拟 PID 控制。随着计算机控制技术的发展，数字 PID 控制得到了很大的发展，8.4 节中介绍的改进型 PID 算法就是有代表性的几种。这些算法既适用于增量型，也适用于位置型，算法的选用主要取决于执行机构。在这些改进型算法中，变速积分是目前最好的数字 PID 算法之一。因为积分分离算法的数字 PID 积分的取舍由一个极限值确定，属于开关控制，而变速积分则是线性控制，因而得到了广泛的应用。不完全微分算法虽然比较复杂，但其控制特性良好，因此它的应用越来越广泛。

除了本章介绍的几种改进型 PID 算法外，还有一些其他算法，如微分先行 PID 算法，当给定值发生突变时对控制量进行阻尼的算法，以及带史密斯（Smith）预测器的补偿 PID 算法等。在某些控制系统中，为了使调节品质更佳，可以同时采用以上两种方法。

此外，8.3 节介绍了几种用计算机实现 PID 数字控制的实际问题，这些都是容易被忽视，但在实际应用中又不得不解决的问题，一定要给予足够的重视。

可以看出，无论是一种算法的改进，还是在应用中需要解决的实际问题，用计算机实现起来都是很方便的。现在，已经出现了各种各样的 PID 运算子程序库，用户只要根据自己的需要加以调用即可。有的子程序还可以通过组态的方法，选择不同的调节规律。

总之，PID 调节是目前应用最多，也是最成功的数字调节方法。人们正在根据不同控制系统的要求，对其不断地进行研究和改进。近年来，随着模糊控制技术的发展，又出现了模糊 PID 控制，也收到了一定的效果，详见第 9 章。

## 习　题　八

**一、复习题**

1．在 PID 调节器中，系数 $K_{\mathrm{P}}$、$K_{\mathrm{I}}$、$K_{\mathrm{D}}$ 各有什么作用？它们对调节品质有什么影响？

2．在 PID 调节器中，积分项有什么作用？常规 PID、积分分离与变速积分 3 种算法有什么区别和联系？

3．在数字 PID 中，采样周期是如何确定的？它与哪些因素有关？采样周期的大小对调节品质有何影响？

4．位置型 PID 和增量型 PID 有什么区别？它们各有什么优缺点？

5．在自动调节系统中，正、反作用如何判定？在计算机控制系统中如何实现？

6．在自动控制系统中，积分饱和现象是如何产生的？在微型机控制系统中，如何消除饱和？

7．在微型机自动控制系统中是否需要加手动后援，为什么？

8．采样周期的大小对微型机控制系统有什么影响？

## 二、选择题

9．关于比例调节，下面的叙述中不正确的是（　　）。

A．比例调节作用比较强　　B．比例调节作用的强弱可调

C．比例调节可消除一切偏差　　D．比例调节作用几乎贯穿整个调节过程

10．在 PID 调节系统中，若想增强微分作用，正确的做法是（　　）。

A．加大系数 $T_I$　　B．加大系数 $K_P$

C．加大系数 $K_I$　　D．加大系数 $T$

11．在计算机控制系统中，$T$ 的确定十分重要，原因是（　　）。

A．$T$ 太大，系统精度不够　　B．$T$ 太大，积分作用过强

C．$T$ 太小，微分作用太强　　D．$T$ 太小，积分作用过弱

12．一般而言，纯微分控制不使用，因为（　　）。

A．微分作用仅出现在偏差变化的过程中

B．微分作用太强

C．没有比例调节时微分不起作用

D．偏差变化较小时微分不起作用

13．在实际应用中，PID 调节可根据实际情况调整结构，但不能（　　）。

A．采用增量型 PID 调节　　B．采用带死区的 PID 调节

C．采用 PI 调节　　D．采用 ID 调节

14．当系统有阶跃信号输入时，微分项急剧增加，易引起振荡，解决的措施是（　　）。

A．加大采样周期　　B．减小偏差量

C．在本次 PID 调节量中适当（由程序员定）加入前次微分调节量

D．在本次 PID 调节量中加入 $\alpha$ 倍前次微分调节量

15．关于 PI 调节系统，下列叙述正确的是（　　）。

A．P 调节中，系数 $K_P$ 足够大，P 作用就不会残留静差

B．I 作用随时间的增长而加强，只要时间足够长，静差一定会消除

C．P 作用可以贯穿整个调节过程，只要偏差在，调节作用就在

D．PI 调节有时也会留有静差

16．引起调节的根本原因是偏差，所以在下列说法中，不正确的是（　　）。

A．偏差的正、负决定调节作用的方向

B．偏差的大、小决定调节作用的强、弱

C．偏差为零，调节作用为零

D．偏差太大，调节失效

17．手动后援是自动控制系统中常见的环节，当系统出现问题时，立刻投入手动，（　　）用手动的方式，通过模拟量进行控制。

A．从手动/自动切换点开始　　B．从自动/手动切换点开始

C．从零开始启动系统　　D．从 2.5V（中点）开始启动系统

## 三、练习题

18．已知某连续控制器的传递函数 $D(s)=\dfrac{1+0.17s}{0.85s}$，欲用数字 PID 算法实现之，试分别写出其相应的位置型和增量型 PID 算法输出表达式。设采样周期 $T$=0.2s。

19．已知 $D_1(s)=\dfrac{1+0.15s}{0.05s}$，$D_2(s)$=18+2$s$，$T$=1$s$，要求：

（1）分别写出与 $D_1$(s)、$D_2$(s)相对应的增量型 PID 算法的输出表达式。

（2）若用增量型 PID 算法程序（PIDIN）实现以上算法，试问在计算 $D_1$(s)及 $D_2$(s)时，$K_P$、$K_I$ 和 $K_D$ 的值是多少？

# 第9章　模糊控制技术

**本章要点：**

- 模糊控制概述
- 模糊控制算法的设计
- 基本模糊控制器
- 模糊数模型的建立
- 模糊-PID复合控制器

本书第7章所讲的经典控制理论（PID控制）对解决一般的控制和线性定长系统的控制问题是十分有效的。但是在控制工程中，有一些复杂被控对象（或过程）的特性难以用一般物理及化学的已有规律来描述，而且无适当测试手段，或测试仪器无法进入被测区，以至不可能为其建立数学模型。对于这类不具有任何数学模型的被控对象（或过程），使用传统控制理论，包括现代控制理论很难取得满意的控制效果。然而，这类被控对象（或过程）在人的手动操作下却往往能正常运行，并达到一定的预期结果。

人的手动控制策略是通过操作者的学习、实验及长期经验积累而形成的，它可通过人的自然语言加以叙述。例如，可借助下述定性的、不精确的及模糊的条件语句来表达：若炉温偏高，则减少燃料；若蓄水塔水位偏低，则加大进水流量；若燃烧废气中氧含量偏高，则减少助燃风量等。因此，它属于一种语言控制。由于自然语言具有模糊性，故这种语言控制也称模糊语言控制，或简称模糊控制。“模糊”一词的英文是“Fuzzy”，所以模糊控制理论及模糊控制器也称Fuzzy控制理论及Fuzzy控制器。

Fuzzy控制理论从产生到现在虽然只有短短几十年的时间，但却得到了迅速的发展。人们先后对不同的复杂控制对象，如炼钢炉、水泥窑、热交换系统、烧结工厂、机车和家电等系统，进行了不同程度的Fuzzy控制，都取得了较好的成果。目前市场上应用Fuzzy控制理论生产的空调机、洗衣机、录像机、微波炉等已经比比皆是。

在本章中，首先介绍Fuzzy控制理论，然后再举例说明Fuzzy控制器的设计方法及应用。

## 9.1　模糊控制概述

### 9.1.1　模糊控制的发展概况

Fuzzy控制理论是由美国加利福尼亚大学自动控制理论专家L.A.Zadeh于1965年提出的，他在论文“Fuzzy Set”及“Fuzzy Algorithm”、“A Rationale for Fuzzy Control”等著名论著中首先提出。模糊集合的引入，可将人的判断、思维过程用比较简单的数学形式直接表达出来，从而使对复杂系统做出合乎实际的、符合人类思维方式的处理成为可能，为经典模糊控制器的形成奠定了基础。随后，在1974年，英国人Mamdani使用Fuzzy控制语言建成的控制器、控制锅炉和蒸汽机，取得了良好的效果。他的实验研究标志着Fuzzy控制的诞生。

模糊控制不仅适用于小规模线性单变量系统，而且逐渐向大规模、非线性复杂系统扩展。从已实现的控制系统来看，它具有易于掌握、输出量连续、可靠性高、能发挥熟练专家操作的良好自动化效果等优点。

最近几年，对于经典模糊控制系统稳态性能的改善，模糊集成控制、模糊自适应控制、专家模糊控制与多变量模糊控制的研究，特别是针对复杂系统的自学习与参数（或规则）自调整模糊系统方面的研究，尤其受到各国学者的重视。目前，将神经网络和模糊控制技术相互结合、取长补短，形成了一种模糊神经网络技术。由此可以组成一个更接近于人脑的智能信息处理系统，其发展前景十分诱人。

### 9.1.2 模糊控制的特点

模糊控制理论是控制领域中非常有发展前途的一个分支，这是由于模糊控制具有许多传统控制无法比拟的优点，其中主要有如下几点。

（1）不需要精确的数学模型。使用语言方法，可以不需要掌握过程的精确数学模型。对复杂的生产过程很难获取过程的精确数学模型，而语言方法却是一种很方便的近似。

（2）容易学习。对于具有一定操作经验，非控制专业的操作者，模糊控制方法易于掌握。

（3）使用方便。操作人员易于通过人的自然语言进行人机界面联系，这些模糊条件语句很容易加入到过程的控制环节上。

（4）适应性强。采用模糊控制，过程的动态响应品质优于常规PID控制，并对过程参数的变化具有较强的适应性。

（5）程序短，所需存储器少。模糊控制系统一般只需要很短的程序和较少的存储器，它比采用查表方法的控制系统需要的存储器少得多，比多数采用数学计算方法的控制系统需要的存储器也要少。

（6）速度快。模糊控制系统可在很短的时间内完成复杂的控制任务，而使用计算方法则需大量的数学计算工作。这样，可使用简单的8位单片机来完成可能需要32位或RISC处理机的控制功能。

（7）开发方便、迅速。使用模糊逻辑控制，不必对被控对象了解非常清楚就可开始设计、调试控制系统，可先从近似的模糊子集和规则开始调试，再一步步调整参数以优化系统。模糊推理过程中的各个部件在功能上是独立的，因而可以简单地修改控制系统。例如，可加入规则或输入变量，而不必改变整体设计，但对于常规的控制系统，加入一个输入变量将改变整个控制算法。在开发模糊控制系统时，工程师可集中精力于功能目标，而不是分析数学模型，因而有更多的时间去增强和分析系统，使产品更早投入市场。

（8）可靠性高。常规的采用数学计算的控制系统是一个有机的整体。如其中一个算式出问题或物理系统的条件发生变化，都会使数学模型不再成立，则整个控制过程将失败。但是，模糊逻辑由许多相互独立的规则组成，它的输出是各条规则的合并结果，所以即使一条规则出问题，其他规则可经常对它进行补偿，因而，系统可能工作得不太优化，但仍能起作用。并且，即便系统的工作环境发生变化，模糊规则经常仍能保持正确。对于采用数学模型计算的控制系统，参数变化后，必须重新调整计算公式。

（9）性能优良。由于模糊控制系统对于外界环境的变化并不敏感，使它具有较高的鲁棒性，同时，仍能保持足够的灵敏度。以前，响应迅速、调整得好的系统，同时也对外界变化十分敏感。反过来，使一个系统不受外界变化的影响，也就意味着降低灵敏度。对于模糊逻辑，可以使一个系统既有非常高的鲁棒性，又有很高的灵敏度。

### 9.1.3 模糊控制的应用

鉴于模糊控制的独特优点，近年来模糊控制得到了广泛的应用。下面简单介绍一些可使用模糊控制逻辑的应用领域。

#### 1. 航天航空

模糊逻辑现已应用于各种导航系统，如美国航空和宇航局（NASA）正在开发一种用于将引导航天飞机和空间站相连的自动系统。

#### 2. 工业过程控制

工业过程控制的需要是控制技术发展的主要动力，现在的许多控制理论都是为工业过程控制而发展的。因而它也是模糊控制的一个主要应用场合。最早的实用工业过程模糊控制是丹麦 F.L.Smith 公司研制的水泥窑模糊逻辑计算机控制系统，它已作为商品投放市场，是模糊控制在工业过程中成功应用的范例之一。现在模糊逻辑已广泛应用于各种从简单到复杂的工业诊断和控制系统中。

#### 3. 家用电器

由于模糊逻辑能以极小的代价提高产品的性能，使它在家用电器中得到了广泛的应用。在日本，几乎所有家用电器制造厂商都使用模糊技术。松下和日立公司已生产了能按洗的衣服量、脏物的类型和数量来自动选择适当的洗衣周期和洗衣粉用量的全自动洗衣机。三菱和夏普公司生产的空调因使用了模糊控制技术而可节省能源 20%以上。索尼和三洋生产的一些电视机使用模糊逻辑来自动调整屏幕的颜色、对比度和亮度。佳能和索尼公司生产的照相机使用模糊逻辑技术来实现自动对焦功能。我国的家电产品也广泛采用了模糊控制技术，如洗衣机、电冰箱、空调、彩电、微波炉及热水器等。

#### 4. 汽车和交通运输

汽车中使用了大量单片机，其中有些已使用模糊逻辑来完成控制功能。如 Nissan 汽车公司在它的 Cima 豪华汽车中使用了模糊控制的反咬死刹车系统，在 Subaru’s Justy 型号中使用了基于模糊逻辑的无级变速器。其他汽车生产厂家也已开发了模糊发动机控制和自动驾驶控制系统等。

日本仙台的地铁使用模糊技术来控制地铁，使地铁机车启动和停车非常平稳，乘客不必抓住扶手也能保持平衡。

#### 5. 其他

模糊逻辑还广泛应用于其他控制场合，包括电梯控制器、工业机器人、核反应控制、各种医用仪器等。

除了控制应用外，模糊逻辑还可应用于图像识别、计算机图像处理、金融（如股票预测）和各种专家系统中。

总之，模糊控制已经逐渐成为人们广泛应用的控制方法之一。

### 9.1.4　模糊控制的发展

模糊逻辑控制器采用与人脑的思维方法相似的控制原理。因而它具有很大的灵活性，可以根据实际的控制对象的不同，修改基本的模糊控制器，以实现各种新型的模糊控制。

虽然经典模糊控制理论已在工程上获得了许多成功的应用，但目前仍处于发展过程的初级阶段，还存在大量有待解决的问题。目前所面临的主要任务如下。

（1）建立一套系统的模糊控制理论。模糊控制理论研究还期待着坚实的、系统的、奠基性的内容，以解决模糊控制的机理、稳定性分析、系统化设计方法、新型自适应模糊控制系统、专家模糊控制系统、神经模糊控制系统和多变量模糊控制系统的分析与设计等一系列问题，以促进模糊控制理论的发展，从而建立一套严格的、系统的模糊控制理论。

（2）模糊集成控制系统设计方法的研究。随着被控对象日益复杂，往往需要两种或多种控制策略的集成，通过动态控制特性上的互补来获得满意的控制效果。现代控制理论、神经网络理论与模糊控制的相互结合及相互渗透，可构成所谓的模糊集成控制系统。对其建立一套完整的分析与设计方法，也是模糊控制理论研究的一个重要方向。

（3）模糊控制在非线性复杂系统应用中对模糊建模、模糊规则的建立和推理算法的深入研究。

（4）自学习模糊控制策略和智能化系统及其实现。

（5）常规模糊控制系统稳态性能的改善。

（6）把已经取得的研究成果应用到工程实际过程中，尽快转化为生产力。因此，需加快简单、实用的模糊集成芯片和模糊控制装置、通用模糊控制系统的开发与推广应用。

综上所述，模糊控制在工业中的应用是一个相对迅速发展的领域。随着模糊控制理论的不断发展和运用，模糊控制技术将为工业过程控制开辟新的应用途径，前景十分光明。

## 9.2 模糊控制算法的设计

模糊控制算法，或称模糊控制规则，实质上是将操作者在控制过程中的实践经验（即手动控制策略）加以总结而得到的一条条模糊条件语句的集合，它是模糊控制器的核心。

### 9.2.1 常见的模糊控制规则

在模糊控制中，常见的模糊控制器有下列几种。

**1. 单输入单输出模糊控制器**

图 9.1 所示为单输入单输出模糊控制器的方框图，其中模糊集合 $\tilde{A}$ 为属于论域 $X$ 的输入，模糊集合 $\tilde{B}$ 为属于论域 $Y$ 的输出。这类输入和输出均为一维的模糊控制器，其控制规则通常由以下模糊条件语句来描述。

$$\text{if}\ \tilde{\mathrm{A}}\ \text{then}\ \tilde{\mathrm{B}} \tag{9-1}$$

$$\text{if}\ \tilde{\mathrm{A}}\ \text{then}\ \tilde{\mathrm{B}}\ \text{else}\ \tilde{\mathrm{C}} \tag{9-2}$$

其中模糊集合 $\tilde{B}$ 和 $\tilde{C}$ 具有相同论域 $Y$。这种控制规则反映非线性比例（$P$）控制规律。

**2. 双输入单输出模糊控制器**

图 9.2 所示为双输入单输出模糊控制器的方框图。其中，属于论域 $X$ 的模糊集合 $\tilde{E}$ 取自系统误差 $e$ 的模糊化；属于论域 $Y$ 的模糊集合 $\widetilde{\mathrm{EC}}$ 取自系统的误差变化率 $e$ 的模糊化；两者构成模糊控制器的二维输入；属于论域 $Z$ 的模糊集合 $\tilde{U}$ 是反映控制量变化的模糊控制器的一维输出。

图 9.1 单输入单输出模糊控制器

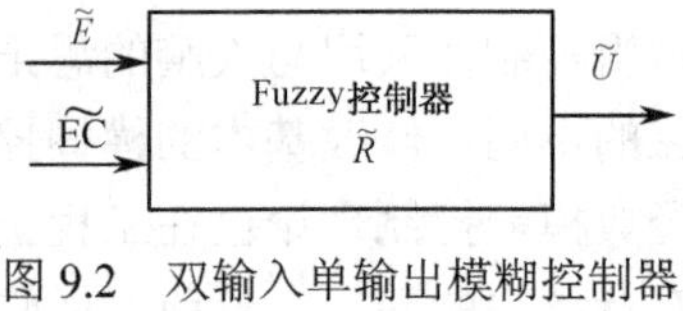

图 9.2 双输入单输出模糊控制器

这类模糊控制器的控制规则通常由以下模糊条件语句来表达。

$$\text{if}\ \tilde{\mathrm{E}}\ \text{and}\ \widetilde{\mathrm{EC}}\ \text{then}\ \tilde{\mathrm{U}} \tag{9-3}$$

这是模糊控制中最常用的一种控制规则，它反映非线性比例加微分（$PD$）的控制规律。

**3. 多输入单输出模糊控制器**

图 9.3 所示为具有输入 $\tilde{A}$、$\tilde{B}$、…、$\tilde{N}$ 及输出 $\tilde{U}$ 的多输入单输出模糊控制器的方框图。其中，多维

输入模糊集合$\tilde{A}$、$\tilde{B}$、…、$\tilde{N}$和一维输出模糊集合$\tilde{U}$分别属于论域$X$、$Y$、…、$\tilde{W}$和$\tilde{V}$，其控制规则通常由以下模糊条件语句来描述。

$$\text{if } \tilde{A} \text{ and } \tilde{B} \text{ and } \cdots \text{ and } \tilde{N} \text{ then } \tilde{U} \tag{9-4}$$

4. **双输入多输出模糊控制器**

图 9.4 所示为二维输入（系统误差及其变化率）的模糊化$\tilde{E}$和$\widetilde{EC}$，以及多维输出$\tilde{U}$、$\tilde{V}$、…、$\tilde{W}$的模糊控制器方框图。其中$\tilde{U}$、$\tilde{V}$、…、$\tilde{W}$分别为向不同控制通道同时输出的第一控制作用，第二控制作用……。这类模糊控制器的控制规则可由一组如下所示的模糊条件语句来描述。

$$\left.\begin{array}{l} \text{if } \tilde{E} \text{ and } \widetilde{EC} \text{ then } \tilde{U} \\ \text{and if } \tilde{E} \text{ and } \widetilde{UC} \text{ then } \tilde{V} \\ \text{and} \quad \ldots \quad \ldots \quad \ldots \\ \vdots \\ \text{and if } \tilde{E} \text{ and } \widetilde{EC} \text{ then } \tilde{W} \end{array}\right\} \tag{9-5}$$

它代表根据取自系统误差及误差变化的信息，同时向多个控制通道输出控制作用信息的控制策略。

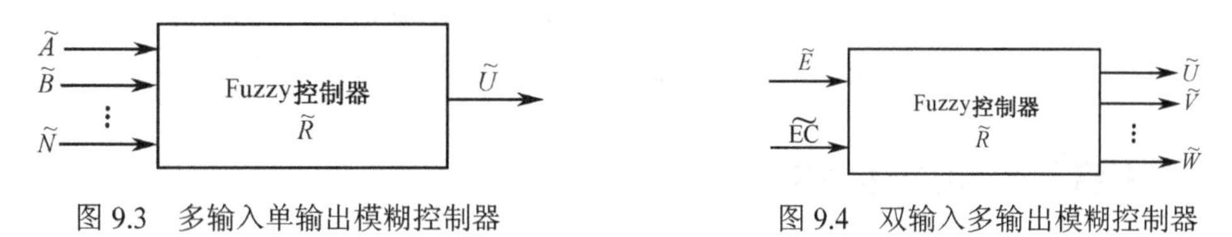


图 9.3　多输入单输出模糊控制器　　　　图 9.4　双输入多输出模糊控制器

基于手动控制策略的总结，所得到的每一条模糊条件语句只代表一种特定情况下的一个对策。实际上，由于操作者在控制过程中要碰到各种可能出现的情况，因此反映手动控制策略的完整控制规则一般要由若干条结构相同，但语言值不同的模糊条件语句构成。显然，由各条模糊条件语句决定的控制决策之间的关系应是“或”的关系。

下面给出由某控制过程的手动控制策略总结出的一组模糊条件语句作为示例。

1　if $\tilde{E}$=PB and $\widetilde{EC}$=PB or PM or PS 0r 0　　then $\tilde{U}$=NB
2　或 if $\tilde{E}$=PB and $\widetilde{EC}$=NS　　then $\tilde{U}$=0
3　或 if $\tilde{E}$=PB and $\widetilde{EC}$=NM or NB　　then $\tilde{U}$=0
4　或 if $\tilde{E}$=PM and $\widetilde{EC}$=PB or PM　　then $\tilde{U}$=NB
5　或 if $\tilde{E}$=PM and $\widetilde{EC}$=PS or 0　　then $\tilde{U}$=NM
6　或 if $\tilde{E}$=PM and $\widetilde{EC}$=NS　　then $\tilde{U}$=NS
7　或 if $\tilde{E}$=PM and $\widetilde{EC}$=NM or NB　　then $\tilde{U}$=0
8　或 if $\tilde{E}$=PS and $\widetilde{EC}$=PB　　then $\tilde{U}$=NB
9　或 if $\tilde{E}$=PS and $\widetilde{EC}$=PM　　then $\tilde{U}$=NM
10　或 if $\tilde{E}$=PS and $\widetilde{EC}$=PS or 0　　then $\tilde{U}$=NS
11　或 if $\tilde{E}$=PS and $\widetilde{EC}$=NS or NM or NB　　then $\tilde{U}$=0
12　或 if $\tilde{E}$=P0 and $\widetilde{EC}$=PB　　then $\tilde{U}$=NM
13　或 if $\tilde{E}$=P0 and $\widetilde{EC}$=PM　　then $\tilde{U}$=NS
14　或 if $\tilde{E}$=P0 and $\widetilde{EC}$=PS or 0 or NS or NM or NB　　then $\tilde{U}$=0
… … … … …　　… …
28　或 if $\tilde{E}$=NB and $\widetilde{EC}$=NB or NM or NS or 0　　then $\tilde{U}$=PB

注意，根据系统的误差和误差变化率同时改变符号，其控制量的变化也应改变符号的特点；由第 2～14 条模糊条件语句不难写出相应的第 15～27 条模糊条件语句。

由一组若干条模糊条件语句表达的控制规则，还可写出一种称为模糊控制状态表的表格，它是控制规则的另一种表达形式。这与由模糊条件语句组表达的控制规则是等价的。因此，在设计模糊控制器时，可采用两者当中任何一种关于控制规则的表达形式。可由上面列举的 28 条模糊条件语句写出模糊控制状态表，如表 9.1 所示。

表 9.1　模糊控制状态表

<table>
<tr><td>$\tilde{E}$<br>$\tilde{U}$<br>$\widetilde{EC}$</td><td>PB</td><td>PM</td><td>PS</td><td>P0</td><td>N0</td><td>NS</td><td>NM</td><td>NB</td></tr>
<tr><td>PB</td><td rowspan="2"></td><td rowspan="2">NB</td><td>NB</td><td>NM</td><td colspan="4" rowspan="2">0</td></tr>
<tr><td>PM</td><td>NM</td><td>NS</td></tr>
<tr><td>PS</td><td rowspan="2">NB</td><td rowspan="2">NM</td><td rowspan="2">NS</td><td rowspan="2">0</td><td colspan="2">0</td><td>PS</td><td>0</td></tr>
<tr><td>0</td><td rowspan="2">0</td><td rowspan="2">PS</td><td rowspan="2">PM</td><td rowspan="4">PB</td></tr>
<tr><td>NS</td><td>0</td><td>NS</td><td colspan="2">0</td></tr>
<tr><td>NM</td><td colspan="4" rowspan="2">0</td><td>PS</td><td>PM</td><td rowspan="2">PB</td></tr>
<tr><td>NB</td><td>PM</td><td>PB</td></tr>
</table>

## 9.2.2　反映控制规则的模糊关系

模糊控制器的控制规则是由一组彼此间通过“或”的关系连接起来的模糊条件语句来描述的。其中每一条模糊条件语句，当输入、输出语言变量在各自论域上反映各语言值的模糊子集为已知时，都可以表达为论域积集上的模糊关系。

在计算出每一条模糊条件语句决定的模糊关系 $\tilde{R}_i$（$i$=1、2、…、$m$）（其中 $m$ 为一组模糊条件语句中的语句数）之后，考虑到此等模糊条件语句间的“或”关系，可得出描述整个系统的控制规则的总模糊关系 $\tilde{R}$ 为：

$$\tilde{R}=\tilde{R}_1\vee\tilde{R}_2\vee\cdots\vee\tilde{R}_m=\bigvee_{i=1}^{m}\tilde{R}_i \tag{9-6}$$

于是，模糊控制算法的设计，是在总结手动控制策略基础上，通过总模糊关系 $\tilde{R}$ 的设计来实现的。

# 9.3　基本模糊控制器

## 9.3.1　查询表的建立

如果已知系统误差 $\dot{e}_i$ 为论域 $X$={−6，−5，…，−0，+0，…，+5，+6}中的元素 $x_i$，误差变化率 $\dot{e}_j$ 为论域 $Y$={−6，−5，…，0，…，+5，+6}中的元素 $y_i$，那么，可根据系统控制规则决定的模糊关系 $\tilde{R}$，使用推理合成规则计算出这种情况下的反映控制量变化的模糊集合 $\tilde{u}_{ij}$。然后，采用适当的方法对其进行模糊判决，由所得论域 $Z$={−6，−5，…，0，…，+5，+6}上的元素 $z_k$，最终可获得应加到被控过程的实际控制量变化的精确量 $\tilde{u}_{ij}$。对论域 $X$、$Y$ 中全部元素的所有组合计算出相应的以论域 $Z$ 元素表示的控制量变化值，并写成矩阵$(\tilde{u}_{ij})_{14\times13}$。由该矩阵构成的相应表格称为模糊控制器的查询表。表 9.2 是一个典型的模糊控制器查询表。

为实现基本模糊控制器的控制作用，一般的做法是将上述查询表存放到计算机中去。于是在过程控制中，计算机直接根据采样和论域变换得来的以论域元素形式表现的 $\dot{e}_i$ 和 $\dot{e}_j$，由查询表的第 $i$ 行和第 $j$

列找到跟 $\dot{e}_i$ 和 $\dot{e}_j$ 对应的同样以论域元素形式表现的控制量变化率 $e_{ij}$，并以此去控制被控过程，以达到预期的控制目的。

**表 9.2　模糊控制器查询表**

| $e(y_i)$ \ $u(Z_k)$ \ $e(x_i)$ | −6 | −5 | −4 | −3 | −2 | −1 | 0 | +1 | +2 | +3 | +4 | +5 | +6 |
|---|---|---|---|---|---|---|---|---|---|---|---|---|---|
| −6 | 6 | 5 | 6 | 5 | 6 | 6 | 3 | 3 | 1 | 0 | 0 | 0 | |
| −5 | 5 | 5 | 5 | 5 | 5 | 5 | 5 | 3 | 3 | 1 | 0 | 0 | 0 |
| −4 | 6 | 5 | 6 | 5 | 6 | 6 | 6 | 3 | 3 | 1 | 0 | 0 | 0 |
| −3 | 5 | 5 | 5 | 5 | 5 | 5 | 5 | 2 | 1 | 0 | −1 | −1 | −1 |
| −2 | 3 | 3 | 3 | 4 | 3 | 3 | 3 | 0 | 0 | 0 | −1 | −1 | −1 |
| −1 | 3 | 3 | 3 | 4 | 3 | 3 | 1 | 0 | 0 | 0 | −2 | −2 | −1 |
| −0 | 3 | 3 | 3 | 4 | 1 | 1 | 0 | 0 | −1 | −1 | −3 | −3 | −3 |
| +0 | 3 | 3 | 3 | 4 | 1 | 0 | 0 | −1 | −1 | −1 | −3 | −3 | −3 |
| +1 | 2 | 2 | 2 | 2 | 0 | 0 | −1 | −3 | −3 | −2 | −3 | −3 | −3 |
| +2 | 1 | 1 | 1 | −1 | 0 | −2 | −3 | −3 | −3 | −2 | −3 | −3 | −3 |
| +3 | 0 | 0 | 0 | −1 | −2 | −2 | −5 | −5 | −5 | −5 | −5 | −5 | −5 |
| +4 | 0 | 0 | 0 | −1 | −3 | −3 | −6 | −6 | −6 | −5 | −6 | −5 | −5 |
| +5 | 0 | 0 | 0 | −1 | −3 | −3 | −5 | −5 | −5 | −5 | −5 | −5 | −5 |
| +6 | 0 | 0 | 0 | −1 | −3 | −3 | −6 | −6 | −6 | −5 | −6 | −5 | −6 |

显而易见，查询表是体现模糊控制算法的最终结果。在一般情况下，查询表是通过事先的离线计算现场实际测试取得的。一旦将其存放到计算机中，在实时控制过程中，实现模糊控制的过程便转化为计算量不大的查找查询表的过程。因此，尽管在离线情况下完成模糊控制算法的计算量大且费时，但以查找查询表形式实现的模糊控制却具有良好的实时性。再加上这种控制方式不依赖于被控过程的精确数学模型，因此，目前在复杂系统及过程控制中，这种方式受到人们的普遍重视，且应用十分广泛。

## 9.3.2　基本模糊控制器实例

作为基本模糊控制器设计的总结，下面介绍冶炼金属钨的九管还原炉的温度模糊控制系统。

### 1. 被控对象的特点及控制任务

金属钨的熔点大于 3 000℃，目前尚不能采用通常的冶炼法，而只能采用粉末冶金法来处理。九管还原炉就是用来对氧化钨粉末还原去氧的冶炼装置。它先通过一次还原将 $WO_3$ 还原成 $WO_2$；然后再通过二次还原将 $WO_2$ 还原成 W。九管还原炉有 9 根焙烧管道，其中上层 5 根，下一层 4 根，在其上、下部分装有电热丝，用以控制 6 个温区的温度。在每个温区的几何中心线上装一只热电偶（见图 9.5），用以检测本温区的温度。6 个温区的温度给定值为 550℃～850℃。控制任务是将 6 个温区的温度控制在给定值的附近，误差不允许超过±5℃。手动控温时，误差波动很大，往往大于±15℃以上，影响钨粉冶炼质量。考虑到九管还原炉的精确数学模型较难建立，决定采用模糊控温方案。

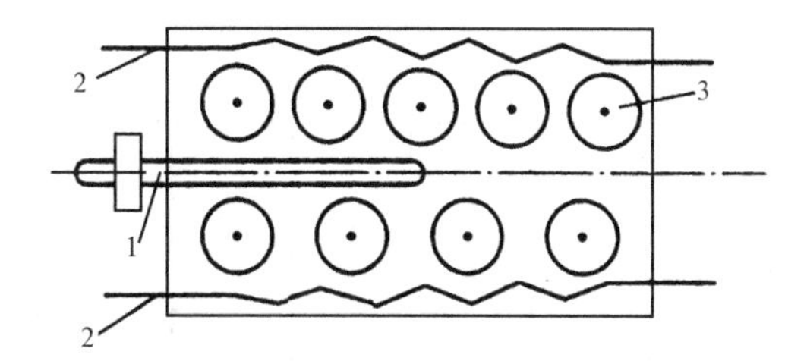


1. 热电偶　2.电热丝　3. 焙烧管道

图 9.5　九管还原炉结构示意图

### 2. 模糊控制器的设计

对于本系统，在总结手动控制策略基础上采用基本模糊控制器，以实现整个系统的模糊控温方案。从工艺角度来看，由于要求九管还原炉采用恒值控温，可将其视为本温区温度给定值的一部分。依次处理，6 个温区就可分别视为结构相同且相互独立的 6 个温控系统。因此，只需考虑一套基本模糊控制器的设计。

（1）模糊控制器的语言变量

模糊控制器的输入语言变量可选为实际温度 $y$ 与温度给定值 $y_g$ 之间的误差 $e=y-y_g$ 及其变化率 $\dot{e}$；而其输出语言变量可选为控制通过加热装置的电流的可控硅导通角的变化量 $u$。这样，就为温控系统选定了一个双输入单输出的模糊控制器。

（2）输入语言变量误差 $\tilde{E}$、误差变化 $\widetilde{\mathrm{EC}}$ 和输出语言变量（控制量变化）$\tilde{U}$ 的赋值表

设误差 $e$ 的基本论域为[−30℃，+30℃]，若选定 $\tilde{E}$ 的论域 $X$={−6，−5，…，−0，+0，…，+5，+6}，则得误差 $e$ 的量化因子 $k_e$=6/30=1/5。为语言变量 $E$ 选取 8 个语言值：PB、PM、PS、P0、N0、NS、NM 和 NB。

通过操作者的实践经验总结，可确定出在论域 $X$ 上用以描述模糊子集 $\widetilde{\mathrm{PB}}$、…、$\widetilde{\mathrm{NB}}$ 的隶属函数 $\mu(x)$，并据此建立语言变量 $\tilde{E}$ 的赋值表，如表 9.3 所示。

表 9.3 语言变量 $\tilde{E}$ 赋值表

| 语言值 \ $\mu(x)$ \ $\tilde{E}$ | −6 | −5 | −4 | −3 | −2 | −1 | −0 | +0 | +1 | +2 | +3 | +4 | +5 | +6 |
|---|---|---|---|---|---|---|---|---|---|---|---|---|---|---|
| PB | | | | | | | | | | | | 0.2 | 0.7 | 1 |
| PM | | | | | | | | | | 0.2 | 0.7 | 1 | 0.7 | 0.2 |
| PD | | | | | | | | 0.1 | 0.7 | 1 | 0.7 | 0.1 | | |
| P0 | | | | | | | | 1 | 0.7 | 0.1 | | | | |
| N0 | | | | | 0.1 | 0.7 | 1 | | | | | | | |
| NS | | | 0.1 | 0.7 | 1 | 0.7 | 0.1 | | | | | | | |
| NM | 0.2 | 0.7 | 1 | 0.7 | 0.2 | | | | | | | | | |
| NB | 1 | 0.7 | 0.2 | | | | | | | | | | | |

设误差变化率 $\dot{e}$ 的基本论域为[−24，24]，若选定 $\widetilde{\mathrm{EC}}$ 的论域 $Y$={−6，−5，…，0，…，+5，+6}，则得出误差变化率 $\dot{e}$ 的量化因子 $k_e$=6/24=1/4。为语言变量 EC 选取 PB、PM、PJ、O、NS、NM 和 NB 共 7 个语言值。

通过操作者的实践经验总结，在确定出模糊子集 PB、…、NM 的隶属函数 $\mu(x)$ 之后，便可建立语言变量 $\widetilde{\mathrm{EC}}$ 的赋值表，如表 9.4 所示。

表 9.4 语言变量 $\widetilde{\mathrm{EC}}$ 赋值表

| 语言值 \ $\mu(x)$ \ $\widetilde{\mathrm{EC}}$ | −6 | −5 | −4 | −3 | −2 | −1 | +0 | +1 | +2 | +3 | +4 | +5 | +6 |
|---|---|---|---|---|---|---|---|---|---|---|---|---|---|
| PB | | | | | | | | | | | 0.2 | 0.7 | 1 |
| PM | | | | | | | | | 0.2 | 0.8 | 1 | 0.8 | 0.2 |
| PS | | | | | | | | 0.8 | 1 | 0.8 | 0.2 | | |
| 0 | | | | | | 0.5 | 1 | 0.5 | | | | | |

（续表）

| 语言值 \ $\mu(x)$ \ $\widetilde{EC}$ | −6 | −5 | −4 | −3 | −2 | −1 | +0 | +1 | +2 | +3 | +4 | +5 | +6 |
|---|---|---|---|---|---|---|---|---|---|---|---|---|---|
| NS | | | 0.2 | 0.8 | 1 | 0.8 | | | | | | | |
| NM | 0.2 | 0.8 | 1 | 0.8 | 0.2 | | | | | | | | |
| NB | 1 | 0.7 | 0.2 | | | | | | | | | | |

设控制量变化 $\tilde{U}$ 的基本论域为[−36，+36]，若选定 $\tilde{U}$ 的论域为 $Z$={−6，−5，…，0，…，+5，+6}，则可得出控制量变化 $\tilde{U}$ 的比例因子 $k_u$=36/6=6。同样，为语言变量 $\tilde{U}$ 选取 PB、PM、PS、0、NS、NM 和 NB 共 7 个语言值。通过操作者的实践经验总结，在确定出模糊子集 PB、…、NB 的隶属函数 $\mu(x)$ 之后，便可建立语言变量 $\tilde{U}$ 的赋值表，如表 9.5 所示。

表 9.5　语言变量 $\tilde{U}$ 赋值表

| 语言值 \ $\mu(x)$ \ $\tilde{U}$ | −6 | −5 | −4 | −3 | −2 | −1 | +0 | +1 | +2 | +3 | +4 | +5 | +6 |
|---|---|---|---|---|---|---|---|---|---|---|---|---|---|
| PB | | | | | | | | | | | 0.2 | 0.7 | 1 |
| PM | | | | | | | | | 0.2 | 0.8 | 1 | 0.8 | 0.2 |
| PS | | | | | | | 0.1 | 0.8 | 1 | 0.8 | 0.1 | | |
| 0 | | | | | | 0.5 | 1 | 0.5 | | | | | |
| NS | | | 0.1 | 0.8 | 1 | 0.8 | 0.1 | | | | | | |
| NM | 0.2 | 0.8 | 1 | 0.8 | 0.2 | | | | | | | | |
| NB | 1 | 0.7 | 0.2 | | | | | | | | | | |

（3）模糊控制状态表

基于操作者手动控制策略的总结，得出一组由 52 条模糊条件语句构成的控制规则。将这些模糊条件语句加以归纳，可建立反映九管还原炉温控系统控制规则的模糊控制状态表，如表 9.6 所示。表中有“×”号的空格代表不可能出现的情况，称为死区。

表 9.6　模糊控制状态表

| $\widetilde{EC}$ \ $\tilde{U}$ \ $\tilde{E}$ | NB | NM | NC | N0 | P0 | PS | PM | PB |
|---|---|---|---|---|---|---|---|---|
| PB | PB | PM | NM | NM | NM | NB | NB | × |
| PM | PB | PM | NM | NM | NM | NS | NS | × |
| PS | PB | PM | NS | NS | NS | NS | NM | NB |
| 0 | PB | PM | PS | 0 | 0 | NS | NM | NB |
| NS | PB | PM | PS | PS | PS | PS | NM | NB |
| NM | × | PB | PS | PM | PM | PM | NM | NB |
| NB | × | PB | PB | PM | PM | PM | NM | NB |

模糊控制状态表 9.6 包含的每一条模糊条件语句都决定一个模糊关系，它们共有 52 个，其中 $\widetilde{R}_1$、$\widetilde{R}_2$、$\widetilde{R}_{51}$ 和 $\widetilde{R}_{52}$ 分别计算为：

$$\tilde{R}_1=[(\text{NB})_{\tilde{E}}\times(\text{PB})_{\widetilde{EC}}]^{\text{T}}\times(\text{PB})_{\tilde{U}}$$

$$\tilde{R}_2=[(\text{NM})_{\tilde{E}}\times(\text{PB})_{\widetilde{EC}}]^{\text{T}}\times(\text{PM})_{\tilde{U}}$$

……

$$\tilde{R}_{51}=[(\text{PM})_{\tilde{E}}\times(\text{NB})_{\widetilde{EC}}]^{\text{T}}\times(\text{NM})_{\tilde{U}}$$

$$\tilde{R}_{52}=[(\text{PB})_{\tilde{E}}\times(\text{NB})_{\widetilde{EC}}]^{\text{T}}\times(\text{NB})_{\tilde{U}}$$

通过 52 个模糊关系 $R_{\text{i}}$（$i$=1、2、…、52）的“并”运算，可获取表征九管还原炉温控系统控制规则的总和模糊关系 $R$，即

$$\tilde{R}=\tilde{R}_1\vee\tilde{R}_2\vee\cdots\vee\tilde{R}_{51}\vee\tilde{R}_{52}=\bigvee_{i=1}^{52}\tilde{R}_i$$

其中模糊关系 $\tilde{R}_i$（$i$=1、2、…、52）及 $\tilde{R}$ 的计算均可离线进行。

（4）查询表

计算出模糊关系 $\tilde{R}$ 后，基于推理合成规则，由系统误差 $e$ 的论域 $X$={−6，−5，…，−0，+0，…，+5，+6}和误差变化率 $\dot{e}$ 的论域 $Y$={−6，−5，…，0，…，+5，+6}，根据语言变量误差 $\tilde{E}$ 和误差变化 $\widetilde{\text{EC}}$ 赋值表，针对论域 $X$、$Y$ 全部元素的所有组合，求取相应的语言变量控制量变化 $\tilde{U}$ 的模糊集合，并应用最大隶属度法对此模糊集合进行模糊判断，取得以论域 $Z$={−6，−5，…，0，…，+5，+6}的元素表示的控制量变化值 $\mu$。

在上述离线计算基础上，便可建立如表 9.2 所示的查询表。查询表 9.2 是九管还原炉温控系统模糊控制算法总表，把它存放到计算机的存储器中，并编制一个查找查询表的子程序。在实际控制过程中，只要在每一个控制周期中，将采集到的实测误差 $e(k)(k$=0、1、2、…)和计算得到的误差变化 $e(k)-e(k-1)$ 分别乘以量化因子 $k_e$ 和 $k_{\dot{e}}$，取得以相应论域元素表征的查找查询表所需的 $e_i$ 和 $e_j$ 后，通过查找表 9.2 的相应行和列，立即可输出所需的控制量变化 $u_{ij}$；再乘以比例因子 $k_u$，便是加到被控过程的实际控制量变化值。

九管还原炉温控系统通过上述基本模糊控制器实现模糊控制后，取得了控制速度快、超调量小、稳定性好、对参数变化不敏感等一系列优于传统控制器的良好控制效果。

基本模糊控制器是按一定语言控制规则进行工作的，这些控制规则建立在总结的操作者对被控过程所进行的手动控制策略基础上，或归纳设计者对被控过程所认识的模糊信息的基础上。因此，基本模糊控制器适用于控制那些因具有高度非线性，或参数随工作点的变动较大，或交叉耦合严重，或环境因素干扰强烈，而不易获得精确数学模型和数学模型不确定或多变的一类被控过程。其设计方法，目前多采用通过极大极小合成运算的推理合成法，它属于直接试探法的一种。

基本模糊控制器的明显优点是控制规则不受任何约束，完全可以是不可解析的，便于同有实践经验的操作者一起讨论和修改，定性地采纳各种好的控制思想。应用计算机实现模糊控制，便于人们采用自然语言对被控过程的运行施加影响。另外，这种控制规则具有很大的通用性，通过较小的修改与组合就可适用于多种不同的被控过程。基本模糊控制器的另一个优点是对系统内部参数的变化具有较强的适应性。

但基本模糊控制器的设计也存在一些有待解决的问题。例如，基本模糊控制系统的稳态性能较差。由于基本模糊控制相当于一种非线性 PD 控制器，缺少积分作用，因此会引起系统的稳态误差。由于模糊控制需做量化取整运算，而量化误差可能会使系统输出产生稳态颤振现象，因此如何加以改善，怎样更实用、有效地判别模糊控制系统的稳定性，如何选取确定采样时间、量化等级、隶属函数、模糊条件语句条数的优化方法，控制规则的修正有无普遍方法，如何规定所使用语言值的辞义的定义，如何减少对计算机存储量的要求，减少计算时间等，都有待人们去进一步探索和完善。

# 9.4 模糊数模型的建立

目前，设计模糊控制器时并不需要被控过程具有精确的数学模型，但要求具备由控制规则描述的模糊模型。现在已有许多种建立模糊模型的方法，除总结操作者的手动控制策略以形成控制规则外，还有相关法、模糊推理极大极小合成法、修正因子法、应用模糊数和插值原理等方法。

相关法是根据系统的输入、输出量测数据，应用模糊集合理论测辨系统模型的一种方法。但这种方法比较复杂，计算量太大，限制了它的实际应用。

模糊推理极大极小合成法，难以满足控制精度的要求。其主要原因在于：定义隶属函数的工作超出了操作人员的经验范围，量化和模糊过程使信息量严重损失。虽然这种方法目前应用较广，但这种方法的推理过程很复杂，不便于调整。在调整规则时，重复计算工作量大。用此法所设计的控制系统稳态性能较差，不适于应用在控制精度要求高的场合。

基于模糊数原理的模糊数方法，至今未引起人们的重视，其主要原因在于：尚未存在较系统的建立模糊数模型的简便方法。本节建立了模糊控制规则与模糊数模型之间的关系，提出了两种模糊数模型建模的新方法。

如果能直接利用操作者在手动控制过程中处理模糊信息所表现的控制能力，汲取人脑识别和判决复杂被控对象的特点，利用心目中的模糊数量关系来建立系统的模糊数模型，将会使设计模糊控制器的过程得以简化。下面将模糊控制规则与模糊数之间的关系建立起来，从而获得模糊数模型。

## 9.4.1 模糊控制器语言变量值的选取

模糊控制器的语言变量是输入变量和输出变量。它们以自然语言形式给出，而不是以数值形式给出的变量。由于模糊控制规则是根据操作者的手动控制经验总结出来的，而操作者一般只能观察到被控过程的输出变量及其变化率，因此通常把误差 $\tilde{E}$ 及其变化率 $\widetilde{\mathrm{EC}}$ 作为输入语言变量，把控制量 $\tilde{U}$ 作为输出语言变量。这种结构反映了模糊控制器具有非线性 PD 控制律。

考虑到变量的正、负性，人们对于误差 $\tilde{E}$、误差变化率 $\widetilde{\mathrm{EC}}$ 和控制量 $\tilde{U}$ 等语言值，常选用 7 个语言变量值，即：

{正大，正中，正小，零，负小，负中，负大}={PB，PM，PS，0，NS，NM，NB}

根据人们对事物的判断往往沿用正态分布的特点，可将语言变量论域上的模糊子集 PB、PM、PS、0、NS、NM 和 NB 的隶属函数均取为式（4-2）所表达的正态模糊数。其中参数 $b$ 取大于零的数。$b$ 值大则 $\mu(x)$ 曲线宽，$b$ 值小则 $\mu(x)$ 曲线窄。设计者可根据不同的设计要求选择 $b$ 值。若采用的论域是[−3，+3]，则 PB、PM、PS、0、NS、NM、NB 可分别取正态模糊数+3、+2、+1、0、−1、−2、−3。

## 9.4.2 双输入单输出模糊控制器的模糊控制规则

所谓模糊控制规则，实质上是将操作者在控制过程中的实践经验（即手动控制策略）加以总结而得到的一条条模糊条件语句的集合。图 9.6 所示为双输入单输出模糊控制器的方框图。

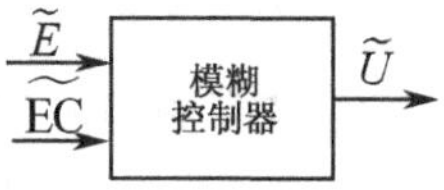

图 9.6 双输入单输出模糊控制器的方框图

属于论域 $X$ 的模糊集合 $\tilde{E}$ 取自系统误差 $e$ 的模糊量，如下所示：

$$\tilde{E} = \langle K_e e \rangle \tag{9-7}$$

其中 $K_e$ 表示误差 $e$ 的量化因子，"⟨ ⟩"表示四舍五入取整运算。属于论域 $Y$ 的模糊集合 $\widetilde{EC}$ 取自系统的误差变化率的模糊量化。

$$\widetilde{EC}=\langle K_{ec}\dot{e}\rangle \tag{9-8}$$

其中 $K_{ec}$ 是误差变化率 $\dot{e}$ 的量化因子。

$\tilde{E}$ 和 $\widetilde{EC}$ 构成模糊控制器的二维输入，属于论域 $Z$ 的模糊集合 $\tilde{U}$ 是反映控制量变化的模糊控制器的一维输出。这类模糊控制器的控制规则可用操作者在控制过程中的实践经验（即手动控制策略）加以总结后，得出下述模糊条件语句来表达：

$$if\ \tilde{E}\ \text{and}\ \widetilde{EC}\ \text{then}\ \tilde{U} \tag{9-9}$$

这是模糊控制中最常用的一种控制规则，它反映了非线性比例加微分（PD）控制规律。

## 9.4.3 建立模糊数模型

### 1. 基于模糊控制规则的模糊数模型

在式（9-9）中，若 $\tilde{E}$，$\widetilde{EC}$ 和 $\tilde{U}$ 的模糊子集是 PB、PM、PS、0、NS、NM 和 NB（均为正态模糊数），则语句（9-9）表达了 49 条模糊规则。将这 49 条模糊条件语句列成一个表格，如表 9.7 所示。这种表格常称为模糊控制规则表。

表 9.7 模糊控制规则表

| $\tilde{E}$ / $\tilde{U}$ / $\widetilde{EC}$ | NB | NM | NS | 0 | PS | PM | PB |
|---|---|---|---|---|---|---|---|
| NB | × | × | PM | PM | PS | 0 | 0 |
| NM | PB | PB | PM | PM | PS | 0 | 0 |
| NS | PB | PB | PM | PS | 0 | NB | NB |
| 0 | PB | PB | PM | 0 | NM | NB | NB |
| PS | PM | PM | 0 | NS | NM | NB | NB |
| PM | 0 | 0 | NS | NM | NM | NB | NB |
| PB | 0 | 0 | NS | NM | NM | × | × |

将上述模糊控制规则表中的模糊子集赋予相应模糊数，则表 9.7 就变成了模糊数模型。

例如，所讨论的论域是[–3，+3]，将表 9.7 中的模糊子集赋予以下正态模糊数：{PB，PM，PS，0，NS，NM，NB}={+3，+2，+l，0，–1，–2，–3}，则表 9.7 所示的模糊控制规则就变成了如表 9.8 所示的模糊数模型。

该模糊数模型相当于常规模糊控制器的模糊控制查询表。对于常规模糊控制器，从模糊控制规则表获得模糊控制查询表，需要进行极大极小合成推理运算，工作量极大。若模糊规则选择得不合适，需要修改时，还要重新进行极大极小合成推理运算，才能获得修正后的模糊控制查询表，其重复计算量大且十分烦琐。

上面所提出的模糊数模型的建立方法，只需将模糊控制规则表中的模糊子集换成相应的模糊数，就可得到所需的模糊数模型。在这种方法中，修改模糊控制规则时，不需进行推理运算，只需将表 9.7 中修改的模糊子集（模糊规则）换成相应的模糊数模型，就可获得修改后的模糊数模型。因此这种方法十分简捷，避免了烦琐的极大极小合成运算。尤其在修改模糊控制规则过程中，更显出这种方法的优越性。

表 9.8　模糊数模型

| $\widetilde{EC}$ \ $\tilde{U}$ \ $\tilde{E}$ | -3 | -2 | -1 | 0 | +1 | +2 | +3 |
|---|---|---|---|---|---|---|---|
| -3 | × | × | +2 | +2 | +1 | 0 | 0 |
| -2 | +3 | +3 | +2 | +2 | +1 | 0 | 0 |
| -1 | +3 | +3 | +2 | +1 | 0 | -3 | -3 |
| 0 | +3 | +3 | +2 | 0 | -2 | -3 | -3 |
| +1 | +2 | +2 | 0 | -1 | -2 | -3 | -3 |
| +2 | 0 | 0 | -1 | -2 | -2 | -3 | -3 |
| +3 | 0 | 0 | -1 | -2 | -2 | × | × |

### 2. 基于解析表达式的模糊数模型

为设计一个优良的模糊控制器，其关键是要有一个便于灵活调整的模糊控制规则。基于解析表达式的模糊数模型就具有这样的优点。下面应用模糊数原理，建立基于解析表达式的模糊数模型。

设双输入单输出模糊控制器如图 9.6 所示。模型结构所涉及的 3 个语言变量是：误差 $\tilde{E}(e)$、误差变化率 $\widetilde{EC}(e)$和控制量的变化$\tilde{U}$。模糊数模型的结构可采用下列解析式来表达：

$$\tilde{U} = <\alpha\tilde{E} + (1-\alpha)\,\widetilde{EC}> \tag{9-10}$$

其中$\alpha\in[0，1]$称为修正因子。

设 $X$ 是实数集。正态模糊数 $\tilde{E}\in X$ 取自系统误差 $e(t)$的模糊量化：

$$\tilde{E} = <K_e e(t)> \tag{9-11}$$

正态模糊数 $\widetilde{EC}\in X$ 取自系统误差变化率 $e(t)$的模糊量化。

考虑模糊数运算规则，以及模糊数二元四则运算的封闭性，可知式（9-10）的$\tilde{U}$仍是一个正态模糊数。

$$\widetilde{EC} = \{K_{ec}e(t)\} \tag{9-12}$$

通过调整式（9-10）中的修正因子$\alpha$，就可得到表征不同特性的模糊数模型。若所讨论的论域是[-3，+3]，$\tilde{E}$，$\widetilde{EC}$和$\tilde{U}$都取 7 个语言变量值且赋以下述正态模糊数：

{PB，PM，PS，0，NS，NM，NB}={+3，+2，+1，0，-1，-2，-3}

当式（9-10）中的$\alpha$=0.5 时，所建立的模糊数模型见表 9.9。

表 9.9　修正因子$\alpha$=0.5 时的模糊数模型

| $\widetilde{EC}$ \ $\tilde{U}$ \ $\tilde{E}$ | -3 | -2 | -1 | 0 | +1 | +2 | +3 |
|---|---|---|---|---|---|---|---|
| -3 | -3 | -3 | -2 | -2 | -1 | -1 | 0 |
| -2 | -3 | -2 | -2 | -1 | -1 | 0 | +1 |
| -1 | -2 | -2 | -1 | -1 | 0 | +1 | +1 |
| 0 | -2 | -1 | -1 | 0 | +1 | +1 | +2 |
| +1 | -1 | -1 | 0 | +1 | +1 | +2 | +2 |
| +2 | -1 | 0 | +1 | +1 | +2 | +2 | +3 |
| +3 | 0 | +1 | +1 | +2 | +2 | +3 | +3 |

基于解析表达式的模糊数模型，不仅可以通过修正因子灵活地调整模糊控制规则，而且由于$\alpha$的取值大小直接体现了对误差$\tilde{E}$和误差变化率$\widetilde{\mathrm{EC}}$的加权程度，具有鲜明的物理意义。这种加权思想也如实地反映了操作者进行手动控制时的思维特点。基于解析表达式而建立的模糊数模型，可以克服单凭经验确定控制规则的缺点，还可避免控制规则定义中的空挡现象，特别有利于通过解析方法分析与设计模糊控制器。

为使控制规则的修改更加灵活，满足系统在不同状态下对修正因子的不同要求，可在式（9-10）描述的模糊数模型中引入两个或两个以上的修正因子。

带两个修正因子的模糊数模型可选为：

$$\tilde{U}=\begin{cases}<\alpha_1\tilde{E}+(1+\alpha_1)\widetilde{\mathrm{EC}}>, & \text{当}\tilde{E}=0,\pm1\\ <\alpha_2\tilde{E}+(1+\alpha_2)\widetilde{\mathrm{EC}}>, & \text{当}\tilde{E}=\pm2,\pm1\end{cases} \tag{9-13}$$

一般情况下，选取$\alpha_1<\alpha_2$，即偏差$|\tilde{E}|$较小时，对$\widetilde{\mathrm{EC}}$的加权大于对$\tilde{E}$的加权，以利于提高系统的稳定性；当偏差$|\tilde{E}|$较大时，对$|\tilde{E}|$的加权应大于对$\widetilde{\mathrm{EC}}$的加权，以加速系统的响应。

带4个修正因子的模糊数模型可选为：

$$\tilde{U}=\begin{cases}<\alpha_0\tilde{E}+(1-\alpha_0)\widetilde{\mathrm{EC}}>, & \text{当}\tilde{E}=0\\ <\alpha_1\tilde{E}+(1-\alpha_1)\widetilde{\mathrm{EC}}>, & \text{当}\tilde{E}=\pm1\\ <\alpha_2\tilde{E}+(1-\alpha_2)\widetilde{\mathrm{EC}}>, & \text{当}\tilde{E}=\pm2\\ <\alpha_3\tilde{E}+(1-\alpha_3)\widetilde{\mathrm{EC}}>, & \text{当}\tilde{E}=\pm3\end{cases} \tag{9-14}$$

一般情况下，选取$\alpha_0<\alpha_1<\alpha_2<\alpha_3$。

在修正因子确定以后，将式（9-11）与式（9-12）代入式（9-10）、式（9-13）或式（9-14），根据模糊数的运算规则，就可计算出控制语言变量的模糊子集$\tilde{U}$；再经过最大隶属函数判决法并乘以比例因子$K_u$就可得到确定的输出控制量$u=K_u\cdot\tilde{U}$，然后去控制被控对象。

下面通过一个实例说明修正因子对控制性能的影响。

**【例 9.1】** 设某被控对象的传递函数为：

$$G(s)=\frac{1}{s(s+1)} \tag{9-15}$$

模糊控制系统的方框图如图9.7所示。

在$K_e$=20，$K_{ec}$=150，$R$=1，$K_u$=1，采样时间$T$=0.05s的条件下，当$\alpha$取不同值时的阶跃响应曲线如图9.8所示。

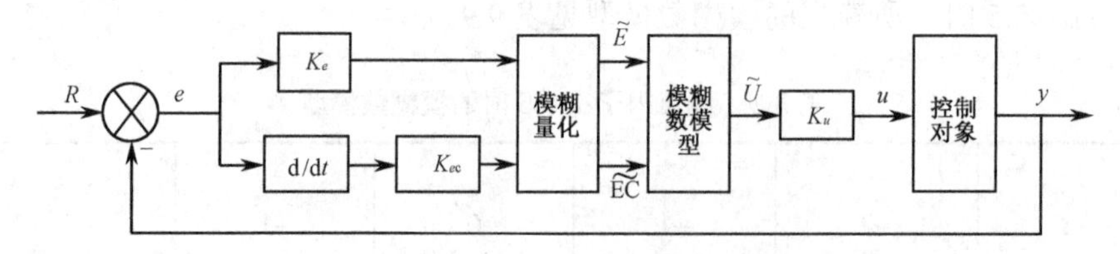


图9.7 具有模糊数模型的模糊控制系统方框图

从图9.8可知，$\alpha$取较大值（$\alpha=0.7$）时，表明式（9-10）所表达的控制规则对误差$\tilde{E}$加权大，而对误差变化率$\widetilde{\mathrm{EC}}$加权小，阶跃响应曲线产生过调，并有稳态颤振现象。稳态颤振是由于模糊量化误差和调节死区引起的。当$\alpha$较小时（$\alpha=0.4$），对误差变化率$\widetilde{\mathrm{EC}}$加权相对大些，这时虽无超调，但响应过程缓慢；当$\alpha=0.5$时，响应曲线不仅无超调，而且调节时间也很短。

为满足控制系统在不同被控状态下对修正因子的不同要求，可选用式（9-14）所示的模糊数模型。对于式（9-15）描述的被控对象，若$K_e$、$K_{ec}$、$K_u$、$T$、$R$取值同上，对4个修正因子寻优后得到$\alpha_0=0$，$\alpha_1=0.1$，$\alpha_2=0.25$，$\alpha_3=0.65$。通过数字仿真，系统的阶跃响应曲线如图9.9所示。

图 9.9 中曲线 1 是只有一个修正因子（$\alpha=0.5$）的阶跃响应；曲线 2 是上述带 4 个修正因子的阶跃响应。显然，带多个修正因子的阶跃响应比带一个修正因子的阶跃响应特性好。

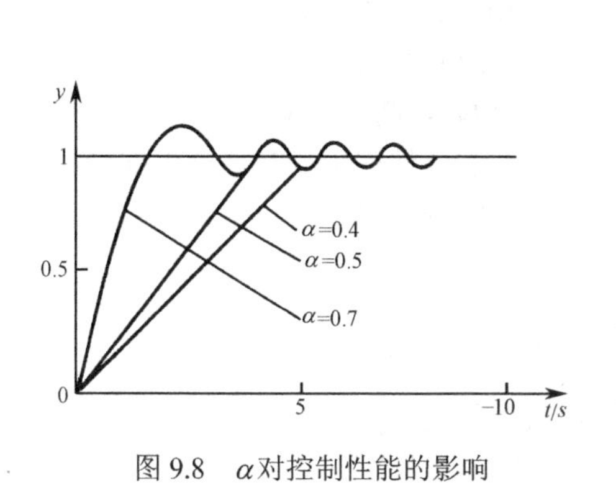

图 9.8 α对控制性能的影响

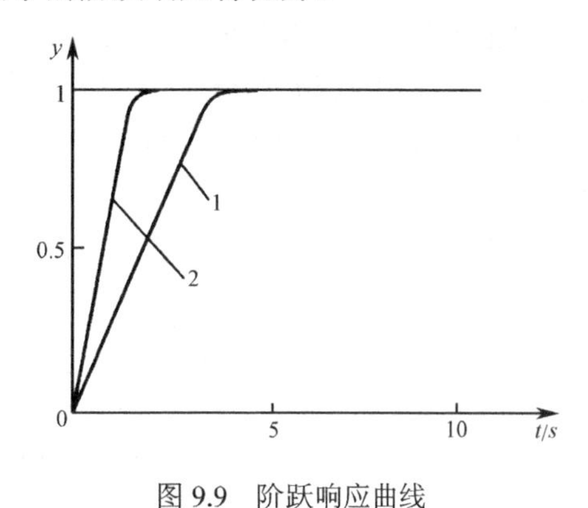

图 9.9 阶跃响应曲线

## 9.5 模糊-PID 复合控制器

由于模糊控制器的稳态控制精度较差，难以达到较高的控制精度。为此，可以采用模糊-PID 复合控制方法，以提高模糊控制的精度。

### 9.5.1 比例-模糊-PI 控制器

要提高基本模糊控制器的精度和跟踪性能，就必须对语言变量取更多的语言值，即分挡越细，性能越好。但同时带来的缺点是规则数和系统的计算量也大大地增加，以至模糊控制规则表也更难把握，调试更加困难，或者不能满足实时控制的要求。

解决这个矛盾的一个方法是在论域内用不同控制方式分段实现控制。当偏差大于某一个阈值时，用比例控制，以提高系统响应速度，加快响应过程；当偏差减小到阈值以下时，切换转入模糊控制，以提高系统的阻尼性能，减小响应过程中的超调。这样就综合了比例控制和模糊控制的优点。在这种方法中，模糊控制的论域仅是整个论域的一部分。这就相当于模糊控制论域已被压缩，所以这就等效于语言变量的语言值即分挡数增加，提高了灵敏度和控制精度。

然而由于模糊控制没有积分环节，而且对输入量的处理是离散而有限的，即控制曲面是阶梯形而非平滑的，因而最终必然存在稳态误差，即可能在平衡点附近出现小振幅的振荡现象；而 PI 控制在小范围内调节效果是较理想的，其积分作用可消除稳态误差。

由此就可采用一种多模态分段控制算法来综合比例、模糊和比例积分控制的长处，不但可以使系统具有较快的响应速度和抗参数变化的鲁棒性，而且可以对系统实现高精度的比例-模糊-PI 控制。其结构如图 9.10 所示。由于这 3 种控制方式在系统工作过程中分段切换使用，不会同时出现而相互影响，所以 3 者可以分别进行设计和调试。但是切换阈值的设定是个关键。从比例模态向模糊模态切换的阈值要选得恰当。如果选得太大，就会过早地进入模糊模态而影响系统的响应速度，但这有利于减小超调；反之选得太小，在太接近目标值时切换，就可能出现较大的超调。所以要找到一个相对最优点，或者根据系统的特点要求来选取。在从模糊模态向 PI 模态切换时，一般都选在误差语言变量的语言值为“零（ZE）”，即当 $\tilde{E}$=ZE 时，用以下 PI 算法：

$$U(k)=V(k-1)+K_{\mathrm{P}}[E(k)-E(k-1)]+K_{\mathrm{I}}E(k) \tag{9-16}$$

式中，$K_{\mathrm{p}}$——比例系数；

$K_{\mathrm{I}}$——积分系数；

$U$——PI 的输出控制量。

当模糊控制中语言变量的语言值为“零（ZE）”时，其绝对误差实际上并不一定为零。所以在此基础上还可以根据绝对误差及误差的变化趋势来改变积分器的作用，以改善稳态性能。当绝对误差朝着增大方向变化时，让积分器起积分作用，以抑制误差继续增大；若当$\widetilde{E}$朝着减小方向变化时，保持积分值为常值，这时积分值仅相当于一个放大器；当$\widetilde{E}=0$或者积分饱和时，将把积分器关闭清零。

模糊-PID 控制器与常规 PID 控制器相比，它大大提高了系统抗外部干扰和适应内部参数变化的鲁棒性，减小了超调，改善了动态特性。与简单模糊控制器相比，它减小了稳态误差，提高了平衡点的稳定度。

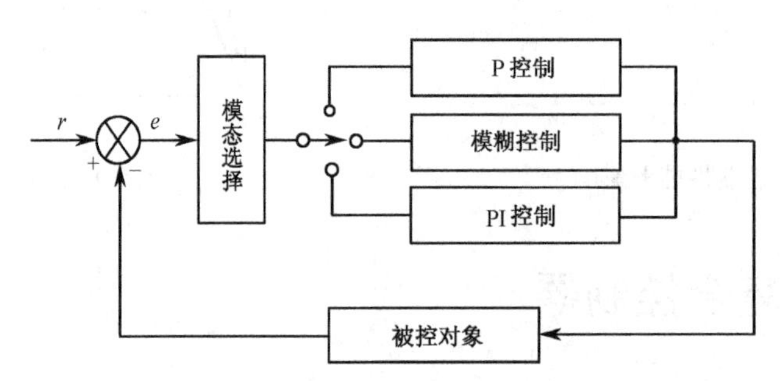


图 9.10　比例-模糊-PI 控制器结构

## 9.5.2　参数模糊自整定 PID 控制器

为了满足在不同偏差$\tilde{E}$和偏差变化率$\widetilde{EC}$对 PID 参数自整定的要求，利用模糊控制规则对 PID 参数进行在线修改，便构成了参数模糊自整定 PID 控制器。其实现思想是先找出 PID 3 个参数与偏差$\tilde{E}$和偏差变化率$\widetilde{EC}$之间的模糊关系，在运行中通过不断检测$\tilde{E}$和$\widetilde{EC}$，再根据模糊控制原理来对 3 个参数进行在线修改，以满足在不同的$\tilde{E}$和$\widetilde{EC}$时对控制参数的不同要求，使被控对象具有良好的动、静态性能，而且计算量小，易于用单片机实现。

能够实现参数自动调整的 PID 模糊控制系统如图 9.11 所示。

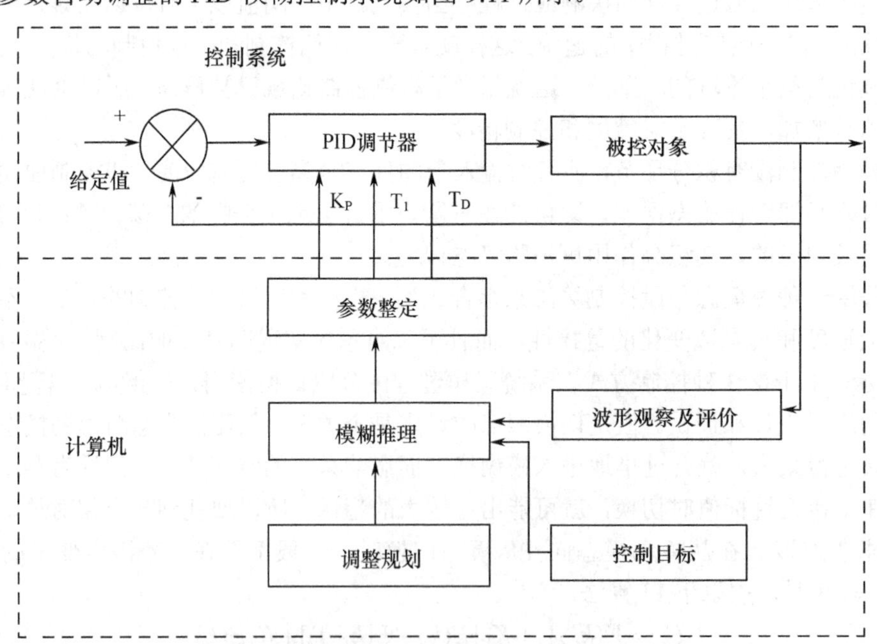


图 9.11　自动调整 PID 参数的模糊控制系统

按在不同的$\tilde{E}$和$\widetilde{EC}$下被控过程对参数$K_P$、$K_I$和$K_D$的自整定要求，可简单地总结出以下规律。

（1）当$|\tilde{E}|$较大时，应取较大的$K_P$和较小的$K_D$（以使系统响应加快）且使$K_I$=0（为避免较大的超调，故去掉积分作用）。

（2）当$|\tilde{E}|$中等时，应取较小的$K_P$（使系统响应具有较小的超调），适当的$K_I$和$K_D$（特别是$K_D$的取值对系统的响应影响较大时）。

（3）当$|\tilde{E}|$较小时，应取较大的$K_P$和$K_I$（以使系统能有较好的稳态性能），$K_D$的取值要恰当，以避免在平衡点附近出现振荡。

这里，分别取偏差绝对值$|\tilde{E}|$和偏差变化率绝对值$|\widetilde{EC}|$为输入语言变量，每个语言变量取 3 个语言值“大（$B$）”、“中（$M$）”和“小（$S$）”。其隶属函数分别如图 9.12 和图 9.13 所示。

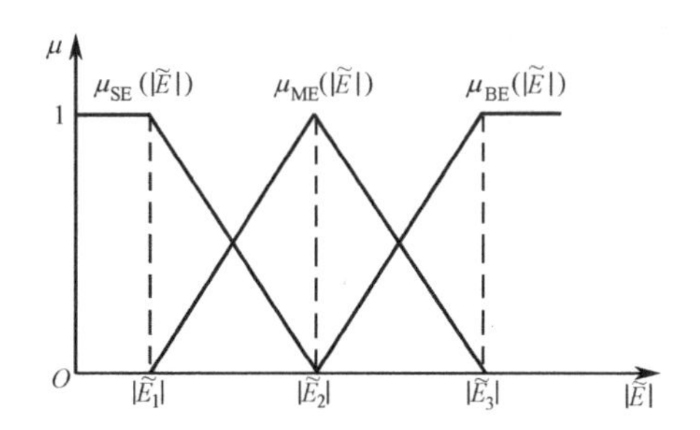


图 9.12　偏差语言变量的隶属函数

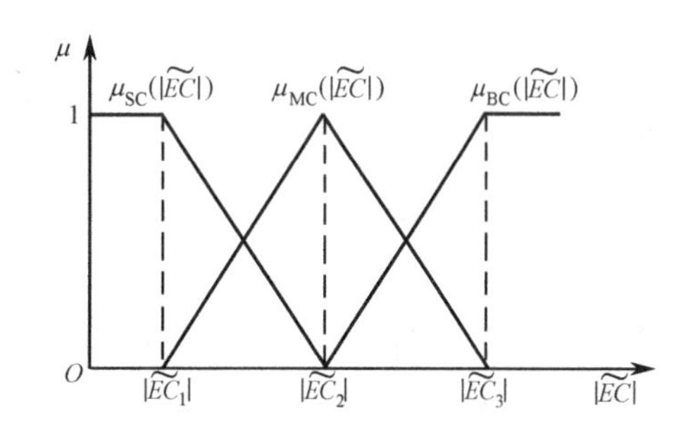


图 9.13　偏差变化率语言变量的隶属函数

这里的隶属函数可通过选择不同转折点的值$|\tilde{E}_1|$、$|\tilde{E}_2|$、$|\tilde{E}_3|$，以及$|\widetilde{EC}_1|$、$|\widetilde{EC}_2|$、$|\widetilde{EC}_3|$来调整。

假定$|\tilde{E}|$和$|\widetilde{EC}|$有如下 5 种状态的组合。

（1）$|\tilde{E}|=B$。

（2）$|\tilde{E}|=M$且$|\widetilde{EC}|=B$。

（3）$|\tilde{E}|=M$且$|\widetilde{EC}|=M$。

（4）$|\tilde{E}|=M$且$|\widetilde{EC}|=S$。

（5）$|\tilde{E}|=S$。

每种状态的隶属度可分别用下式计算。

（1）$\mu_1(|\tilde{E}|，|\widetilde{EC}|)=\mu_{BE}(|\tilde{E}|)$。

（2）$\mu_2(|\tilde{E}|，|\widetilde{EC}|)=\mu_{ME}(|\tilde{E}|)\wedge\mu_{BC}(|\tilde{E}|)$。

（3）$\mu_3(|\tilde{E}|，|\widetilde{EC})=\mu_{ME}(|\tilde{E}|)\wedge\mu_{MC}(|\tilde{E}|)$。

（4）$\mu_4(|\tilde{E}|，|\widetilde{EC}|)=\mu_{ME}(|\tilde{E}|)\wedge\mu_{SC}(|\tilde{E}|)$。

（5）$\mu_5(|\tilde{E}|，|\widetilde{EC}|)=\mu_{SE}(|\tilde{E}|)$。

根据$|\tilde{E}|$和$|\widetilde{EC}|$的测量值可用下式计算 PID 的 3 个参数。

$$K_P=\left[\sum_{j=1}^{5}\mu_j(|\tilde{E}|,|\widetilde{EC}|)\times K_{Pj}\right]\Big/\left[\sum_{j=1}^{5}\mu_j(|\tilde{E}|,|\widetilde{EC}|)\right]$$

$$K_I=\left[\sum_{j=1}^{5}\mu_j(|\tilde{E}|,|\widetilde{EC}|)\times K_{Ij}\right]\Big/\left[\sum_{j=1}^{5}\mu_j(|\tilde{E}|,|\widetilde{EC}|)\right]$$

$$K_D=\left[\sum_{j=1}^{5}\mu_j(|\tilde{E}|,|\widetilde{EC}|)\times K_{Dj}\right]\Big/\left[\sum_{j=1}^{5}\mu_j(|\tilde{E}|,|\widetilde{EC}|)\right]$$

其中的$K_{Pj}$、$K_{Ij}$和$K_{Dj}$ ( $j$=l、2、3、…)为参数$K_P$、$K_I$和$K_D$在不同状态下的加权，它们在不同状态下可取如下值。

（1）$K_{P1}=K'_{P1}$，$K'_{I1}=0$，$K_{D1=0}$。

（2）$K_{P2}=K'_{P2}$，$K'_{I2}=0$，$K'_{D2=0}$。

（3） $K_{P3}=K'_{P3}$， $K'_{I3}=0$， $K'_{D3=0}$。

（4） $K_{P4}=K'_{P4}$， $K'_{I4}=0$， $K'_{D4=0}$。

（5） $K_{P5}=K'_{P5}$， $K'_{I5}=0$， $K'_{D5=0}$。

其中 $K'_{P1}\sim K'_{P5}$，$K'_{I1}\sim K'_{I5}$ 和 $K'_{D1}\sim K'_{D5}$ 分别是在不同状态下对于参数 $K_P$、$K_I$ 和 $K_D$ 用常规 PID 参数整定法得到的整定值。

用在线自整定的 PID 参数 $K_P$、$K_I$ 和 $K_D$ 就可根据下列 PID 控制算法的离散差分公式计算出输出控制量 $U$。

位置式：

$$U(k)=K_P E(k)+K_I\sum_{j=0}^{k}E(j)+K_D[E(k)-E(k-1)] \tag{9-17}$$

增量式：

$$\Delta U(k)=K_P[E(k)-E(k-1)]+K_I E(k)+K_D[E(k)-2E(k-1)+E(k-2)] \tag{9-18}$$

调整 PID 参数的控制规则还可以从不同角度来制定，例如可给出另一种参数调整规则。

规则 1，如果系统输出大于给定值时，减小 $K_I$。

规则 2，如果系统上升时间大于所要求的上升时间，增大 $K_I$。

规则 3，如果在稳态时系统输出有波动，适当增大 $K_D$。

规则 4，如果系统输出对干扰信号反应敏感，适当减小 $K_D$。

规则 5，如果系统上升时间过大，增大 $K_P$，

规则 6，规则 2 的优先级高于规则 5，即当上升时间过大时，先调整 $K_I$，再调整 $K_P$，并考虑控制系统是否易于实现和算法的执行时间。

根据以上规则，设计出用于修改 $K_P$、$K_I$ 和 $K_D$ 的参数模糊调整规则如表 9.10 所示。

**表 9.10　参数模糊调整规则表**

| | 5 | 4 | 3 | 2 | 1 | +0 | −0 | −1 | −2 | −3 | −4 | −5 |
|---|---|---|---|---|---|---|---|---|---|---|---|---|
| 5 | 1 | 1 | 0.9 | 0.9 | 0.7 | 0.6 | 0.6 | 0.5 | 0.5 | 0 | 0 | 0 |
| 4 | 0.9 | 0.8 | 0.7 | 0.7 | 0.6 | 0.5 | 0.4 | 0.3 | 0 | 0 | 0 | 0 |
| 3 | 0.8 | 0.7 | 0.6 | 0.5 | 0.4 | 0.3 | 0.2 | 0 | 0 | 0 | 0 | −0.1 |
| 2 | 0.7 | 0.6 | 0.5 | 0.4 | 0.3 | 0.2 | 0 | 0 | 0 | 0 | −0.1 | −0.2 |
| 1 | 0.6 | 0.5 | 0.4 | 0.3 | 0.2 | 0 | 0 | 0 | 0 | −0.1 | −0.2 | −0.3 |
| +0 | 0.5 | 0.4 | 0.3 | 0.2 | 0.1 | 0 | 0 | 0 | 0 | −0.2 | −0.3 | −0.4 |
| −0 | 0.4 | 0.3 | 0.2 | 0.1 | 0 | 0 | 0 | 0 | −0.2 | −0.3 | −0.4 | −0.5 |
| −1 | 0.3 | 0.2 | 0.1 | 0 | 0 | 0 | 0 | −0.2 | −0.3 | −0.4 | −0.5 | −0.6 |
| −2 | 0.2 | 0.1 | 0 | 0 | 0 | 0 | −0.2 | −0.3 | −0.4 | −0.5 | −0.6 | −0.7 |
| −3 | 0.1 | 0 | 0 | 0 | 0 | −0.2 | −0.3 | −0.4 | −0.5 | −0.6 | −0.7 | −0.8 |
| −4 | 0 | 0 | 0 | 0 | −0.3 | −0.4 | −0.5 | −0.6 | −0.7 | −0.7 | −0.8 | −0.9 |
| −5 | 0 | 0 | 0 | −0.5 | −0.5 | −0.6 | −0.6 | −0.7 | −0.8 | −0.9 | −1 | −1 |

再定义 $K_P$、$K_I$ 和 $K_D$ 参数调整算式如下：

$$K_P=K'_P+\{\tilde{E}_i,\widetilde{EC}_i\}\times q_P$$

$$K_I=K'_I+\{\tilde{E}_i,\widetilde{EC}_i\}\times q_I$$

$$K_D=K'_D+\{\tilde{E}_i,\widetilde{EC}_i\}\times q_D$$

式中，$K_P$、$K_I$ 和 $K_D$ —— PID 控制参数；

$\{\tilde{E}_i,\ \widetilde{EC}_i\}$——误差 $\tilde{E}$ 与误差变化率 $\widetilde{EC}$ 对应表中的值；

$q_P$、$q_I$ 和 $q_D$——修正系数。

在模糊参数调整规则表确定后，可按以下规则对系数 $q_P$、$q_I$ 和 $q_D$ 进行调整。

（1）如果被调对象响应特性出现上升时间短，但超调大，应减小 $q_I$，$q_P$ 和 $q_D$ 不变。反之上升时间长，但无超调，应增大 $q_I$，而 $q_P$ 和 $q_D$ 不变。

（2）如果对阶跃输入系统产生多次正弦衰减现象，应减小 $q_P$，而 $q_I$ 和 $q_D$ 不变。

（3）如果被调对象上升时间长，增大 $q_I$ 导致超调过大，可适当增大 $q_P$，而 $q_I$ 和 $q_D$ 不变。

（4）在开始调整时，$q_D$ 选较小的值。当调整 $q_I$ 和 $q_D$ 使被调对象具有较好的动、静态性能后，再逐渐增大 $q_D$，$q_I$ 和 $q_P$ 不变，使系统稳态输出基本无波纹。

（5）$q_P$、$q_I$ 和 $q_D$ 的选取要确保被调系统工作在稳定范围内。

如果把这些根据专家的经验和知识制定的规则如前面所述构成一个参数模糊调整规则表的话，这个供运行中查寻的矩阵表就可看成是一个知识库。从这个意义上说，这个控制器是一种专家 PID 控制器。这是在基本 PID 算法的基础上，增加的一个简单的模糊系统。这个模糊专家系统可以包括以下 5 个软件模块。

（1）求 $\tilde{E}$ 和 $\widetilde{EC}$ 模块：由 A/D 转换程序、数字滤波程序和 $\tilde{E}$ 、$\widetilde{EC}$ 计算程序组成。

（2）查参数模糊调整规则表模块：由二维对分查找程序和参数模糊调整规则表构成。

（3）查知识集模块：用于对控制知识的管理、查找，还具有知识的输入、存储等人机操作接口功能。

（4）知识判断模块：该模块包含最佳性能指标，如：

$$\int_0^{NT} e^2 \mathrm{d}t\ ,\quad \int_0^{NT} |e| t \mathrm{d}t$$

或指定被调系统的上升时间、超调量和稳态时间等。在指定某一项性能指标后，对于每一次被调对象的过渡过程，都判断其响应曲线是否达到所指定的性能指标，并将其信息传递给知识调整模块。

（5）知识调整模块：根据知识判断模块传递来的信息决定是否需要对 $q_P$、$q_I$ 和 $q_D$ 进行调整。若不需要调整，则保持原来的 $q_P$、$q_I$ 和 $q_D$ 输出。若要调整，则先查知识集模块，决定相应的修正参数 $q_P$、$q_I$ 和 $q_D$。根据性能指标差距大小对参数进行相应的修改，并记忆这次的性能指标和被调参数，作为下一次修改参数的依据。

模块（1）和（2）用于在每一次控制过程中，按参数调整算式不断调整 $K_P$、$K_I$ 和 $K_D$ 3 个参数，但在一个控制过程内 PID 修正系数 $q_P$、$q_I$ 和 $q_D$ 保持不变。$K_P$、$K_I$ 和 $K_D$ 的值随 $\{\tilde{E}_i,\ \widetilde{EC}_i\}$ 的值的变化而改变。

模块（3）、（4）和（5）用于修改 $q_P$、$q_I$ 和 $q_D$ 3 个系数。它们在每一次控制过程结束后，根据被控对象的输出响应特性与要求的性能进行比较，修改 $q_P$、$q_I$ 和 $q_D$ 这 3 个系数，逐步改善被控对象的动、静态性能。

# 习　题　九

1．与 PID 控制和直接数字控制相比，模糊控制具有哪些优点？

2．为什么说模糊控制程序设计是所有控制系统中最简单的一种程序设计方法？

3．如何建立模糊数模型？这种模型有什么实际意义？

4．模糊-PI 控制与传统 PID 控制各有什么优点？

5．参数模糊自整定 PID 控制有什么现实意义？它是如何实现的？

6．试比较传统 PID 控制、直接数字控制及模糊控制在应用上有什么异同点？

# 第 10 章　微型机控制系统的设计

**本章要点：**

◆ 微型机控制系统的设计方法及步骤　　◆ 自动装箱控制系统
◆ 智能型 FR1511 压力变送器　　◆ 加热炉温度控制系统

通过前面各章的学习，已经掌握了微型计算机控制系统 I/O 接口的扩展方法、模拟量输入/输出通道的设计、常用控制程序的设计方法、数据处理及非线性补偿技术、PID 控制器及模糊控制方法等，它们是设计嵌入式系统硬件及软件的基础。有了这些基础以后，就可以进行微型计算机嵌入系统及智能化仪器的设计。

微型计算机控制系统设计包括两个内容。

- 微型计算机控制系统的设计。
- 智能化仪器的设计。

微型计算机控制系统是以微型计算机（或单片机）为核心部件，扩展一些外部接口和设备，组成工业控制机的系统，主要用于工业过程控制。智能化仪器中一般采用单片机。单片机作为仪器中的一个部件，用以完成特定的功能，一般规模比较小，设计也相对容易，通常称为嵌入式系统。由于单片机的功能越来越强，所以它的应用非常广泛。在中小型控制系统中，单片机基本上取代了微型计算机，在智能化仪器中更是独领风骚。

在这一章里，首先讲述嵌入式控制系统设计的方法和步骤，然后介绍微型计算机在工业过程控制及智能化仪器中的应用。

## 10.1　微型机控制系统的设计方法及步骤

微型计算机控制系统的设计既是一个理论问题，又是一个工程实际问题。它包括自动控制理论、计算技术、计算方法，也包括自动检测技术与数字电路，是一种多学科的综合应用。

微型计算机控制系统的设计需要具备以下几方面的知识和能力。

首先，必须具有一定的硬件基础知识。这些硬件不仅包括各种微型计算机、单片机、存储器及 I/O 接口，而且还包括对仪器或装置进行信息设定的键盘及开关、检测各种输入量的传感器、控制用的执行装置、与微型计算机及各种仪器进行通信的接口，以及打印和显示设备等。

其次，需要具备一定的软件设计能力。即能够根据系统的要求，灵活地设计出所需要的程序，主要有数据采样程序、A/D 及 D/A 转换程序、数码转换程序、数字滤波程序、标度变换程序、键盘处理程序、显示及打印程序、通信程序，以及各种控制算法及非线性补偿程序等。

再次，具有综合运用知识的能力。必须善于将一台微型计算机化仪器或装置的复杂设计任务划分成许多便于实现的组成部分。特别对软件、硬件折中问题能够恰当地处理。设计微型计算机控制系统的一般原理是先选择和组织硬件，构成最小系统；其次，当硬件、软件之间需要折中协调时，通常解决的办法是尽量减少硬件（以便使系统的价格降到最低）；接着，应满足设计中各方面对软件的要求。因此，就一台智能化仪器而言，衡量其设计水平时，往往看它在“软硬兼施”方面的运用能力。通常情况下，硬件实时性强，但会使系统增加投资，且结构复杂；软件可避免上述缺点，但是实时性比较差。

最后，还必须掌握生产过程的工艺性能及被测参数的测量方法，以及被控对象动态、静态特性，有时甚至要求出被控对象的数学模型。

微型计算机控制系统的设计主要包括下面几方面内容。

（1）控制系统总体方案设计，包括系统的要求、控制方案的选择，以及工艺参数的测量范围等。

（2）选择各参数检测元件及变送器。

（3）建立数学模型及确定控制算法。

（4）选择微型计算机，并决定是自行设计还是购买成套设备。

（5）系统硬件设计，包括接口电路、逻辑电路及操作面板。

（6）系统软件设计，包括管理、监控程序及应用程序的设计。

（7）系统的调试及实验。

微型计算机控制系统的设计包括微型机控制系统和智能化仪器两部分，除控制系统的多通道输出外，对于其余部分，两者的设计基本相同。

单片机控制系统的设计与微型计算机控制系统的设计并无本质区别，两者的设计思想、方法和步骤基本上是一致的。不同的是由于单片机集成度高，各种功能齐全，只要合理选择单片机的机型，便可减少系统的接口电路。另外，单片机内有 4 种存储器，扩展时要根据系统的要求合理选择各部分的容量。

### 10.1.1　控制系统总体方案的确定

确定微型计算机控制系统设计总体方案，是进行系统设计时重要而又关键的一步。总体方案的好坏，直接影响整个控制系统的投资、调节品质及实施细则。总体方案的设计主要根据被控对象的工艺要求确定。由于被控对象多种多样，要求计算机完成的任务也千差万别，所以确定控制系统的总体方案必须根据工艺的要求，结合具体控制对象而定。尽管如此，在总体设计方案中还是有一定的共性，大体上可从以下几方面进行考虑。

#### 1. 确定控制系统方案

根据系统的要求，首先确定系统采用开环系统还是闭环系统，或者是数据处理系统。如果是闭环控制系统，则还要求确定整个系统采用直接数字控制（DDC），还是采用计算机监督控制（SCC），或者采用分布式控制。

在单片机系统中，由于位总线增强型 8044 单片机的出现，使得单片机特别适合构成分布式控制系统。目前，Intel 公司已经研制出的分布式控制模块（iDCM）就是建立在位总线的基础上的。选用 iDCM 可以构成各种专用的分布式控制网络，并可以通过 iDCM 模板将过去已有的多总线（MULTBUS）用户系统，各种 86/3XX 开发系统和工业 PC 系统相连接，或以它们为后备机对全网络进行控制。

值得说明的是，近年来出现的现场总线系统应给以特别的关注，它将给控制系统带来革命性的飞跃。

#### 2. 选择检测元件

在确定方案的同时，必须选择好被测参数的测量元件，它是影响控制系统精度的首要因素。测量各种参数的传感器，如温度、流量、压力、液位、成分、位移、重量和速度等，种类繁多，规格各异，因此，需要正确地选择测量元件。目前许多生产厂家已经开发和研制出专门用于微型计算机系统的集成化传感器，因而给微型计算机系统参数检测带来极大的方便。有关这方面的详细内容，请读者参阅有关参考文献[1][2]。

### 3. 选择执行机构

执行机构是微型计算机控制的重要组成部件。执行机构的选择一方面要与控制算法匹配，另一方面要根据被控对象的实际情况决定。常用的执行机构有以下 4 种。

（1）电动执行机构

电动执行机构具有响应速度快，与计算机接口连接容易等优点，因而成为计算机控制系统的主要执行机构。如 DKJ 或 DKZ 电动执行器，专门用来把输入的 4～20mA 直流信号转换成相应的转角位移或线位移，以带动风门、挡板和阀门等动作，从而完成自动调节的任务。

（2）气动薄膜调节阀

气动调节阀具有结构简单、操作方便、使用可靠、维护容易、防火防爆等优点，目前广泛应用于石油、冶金和电力系统中。此种阀门再配以电-气阀门定位器，如 ZPD-01 电气阀门定位器，将 4～20mA 的直流信号转换成 0.02～0.1MPa 的标准气压信号，以便驱动薄膜调节阀，并利用气动薄膜阀阀杆位移进行反馈，来改善阀门位置的线性度，克服阀杆的各种附加摩擦力和消除被调介质压力的变化影响，从而使阀门位置能按调节信号实现正确定位。

（3）步进电机

由于步进电机可以直接接受数字量，而且具有速度快、精度高等优点，所以，随着计算机控制技术的发展，用步进电机做执行机构的控制系统逐年增加。如数控机床、X-Y 记录仪、高射炮自动跟踪、电子望远镜和大型电子显微镜、旋转变压器、多圈电位器等，都采用步进电机。

（4）液压伺服机构

液压伺服机构（如油缸和油电机）将油液的压力能转换成机械能，驱动负载直线或回转运动。液压传动的主要优点是：① 能方便地进行无级调速；② 单位重量的输出功率大，结构紧凑，惯性小，且能传送大扭矩和较大的推力；③ 控制和调节简单、方便、省力，易于实现自动控制和过载保护。

### 4. 选择输入/输出通道及外围设备

计算机控制系统的过程通道，通常应根据被控对象参数的多少来确定，并根据系统的规模及要求，配以适当的外围设备，如打印机、CRT、磁盘驱动器、绘图仪和 CD-ROM 等。选择时应考虑以下一些问题。

（1）被控对象参数的数量。

（2）各输入/输出通道是串行操作还是并行操作。

（3）各通道数据的传输速率。

（4）各通道数据的字长及选择位数。

（5）对显示、打印有何要求。

### 5. 画出系统原理图

前面 4 步完成以后，结合工业流程图，最后要画出一个完整的控制系统原理图；其中包括各种传感器、变送器、外围设备、输入/输出通道及微型计算机。它是整个系统的总图，要求简单、清晰、明了。

需要说明的是，在确定系统总体方案时，对系统的软件、硬件功能要做统一的综合考虑。因为一种功能往往既能由硬件实现，也可用软件实现。到底采用什么方式比较合适，要根据实时性要求及整个系统的性能价格比，加以综合平衡后确定。一般而言，使用硬件完成速度比较快，可节省 CPU 的机时，但系统比较复杂，而且价格比较贵；用软件实现则比较经济，但要占用更多的机时。所以，一般的原则是，在机时允许的情况下，尽量采用软件。如果系统控制回路比较多，或者某些软件设计比较困难时，则可考虑用硬件完成。总之，一个控制系统中，哪些部分用硬件实现，哪些部件用软件完成，都要根据具体情况反复进行分析、比较后确定。

在确定系统的总体方案时，要与搞工艺的部门互相配合，并征求现场操作人员的意见后再行设计。

## 10.1.2　微型计算机及接口的选择

总体方案确定之后，首要的任务是选择一台合适的微型计算机。正如第 1 章所讲的，微型机的种类繁多，选择合适的微型机是微型机控制系统设计的关键。

微型计算机系统的设计通常有两种做法。

### 1. 选用成品微型机系统

根据被控对象的任务，选择适合系统应用的微型计算机系统（或芯片）是十分重要的。它直接关系到系统的投资及规模，一般根据总体方案进行选择。

（1）工业控制机

如果系统的任务比较重，需要的外设比较多，如打印机、CRT 等，而且设计时间要求比较紧，不妨选用一台现成的工业控制机，如工业 PC、STD 总线工业控制机等。这些机器不仅提供了具有多种装置的主机系统板，而且还配备了各种接口板，如多通道模拟量输入/输出板，开关量输入/输出板，CRT 图形显示板，扩展用 RS-232-C、RS-422 和 RS-485 总线接口板，EPROM 智能编程板等。这些系统模块一般采用 PC 总线和 STD 总线。它们具有很强的硬件功能和灵活的 I/O 扩展能力，不但可以构成独立的工业控制机，而且具有较强的开发能力。这些机器不仅可使用汇编语言，而且可使用高级语言，如 BASIC 语言、C 语言等。在工业 PC 中，还配有专用的组合软件，给微型计算机控制系统的软件设计带来了极大的方便。

（2）单片机系统

和 TP801 单板机一样，目前有一些由单片机组成的小系统可供选择。它们大都具有单片机、存储器及 I/O 接口、LED 显示器和小键盘，通常使用汇编语言，再配以各类 I/O 接口板，即可组成简单的控制系统。这种机器的特点是价格便宜，常用于小系统或顺序控制系统。

由于单片机品种繁多，选用整机时应特别注意以下几点。

① 选主机时要适当留有余地，既要考虑当前应用，又要照顾长远发展。因此，要求系统有较强的扩展能力；② 主机能满足设计要求，外设尽量配备齐全，最好从一个厂家配齐；③ 系统要具有良好的结构，便于使用和维修，尽可能选购具有标准总线的产品；④ 要选择那些技术力量雄厚，维修力量强，并能提供良好技术服务的厂家的产品；⑤ 图纸、资料齐全，备品备件充足；⑥ 有丰富的系统软件，如汇编、反汇编、交叉汇编、DEBUG 操作软件、高级语言、汉字处理软件等。特别对系统机应要求具有自开发能力，最好能配备一定的应用软件。对单片机来讲，要有比较完整的监控程序。

### 2. 利用单片机芯片自行设计

选择合适的单片机芯片，针对被控对象的具体任务，自行开发和设计一个单片机系统，是目前微型计算机系统设计中经常使用的方法。这种方法具有针对性强，投资少，系统简单、灵活等特点。特别对于批量生产，它更有其独特的优点。此方法才是真正的嵌入式系统。

事实上，目前已经具备了单片机系统开发工作的条件：一是有了各种各样的开发工具；二是市场芯片资源丰富，且价格便宜；三是技术已经成熟，现在有很多关于单片机的图书、资料供设计者参考。利用各种硬件电路、各种系统软件和应用软件，可以方便地进行系统设计。

下面提出几条原则供选择时参考。

（1）选用内部不含 ROM 或 EPROM 的芯片比较合适，如 8031，通过外部扩展 ROM 和 RAM 即可构成一个系统。这样，不需专用设备即可固化应用程序。

（2）若设计的系统批量比较大，可选用带 ROM 或 EPROM 的单片机，如 8051、8751 和 89C51 等，这样可使系统更加简单。

（3）如果需要用高级语言，则可选用芯片内部固化高级语言编译（或解释）程序的单片机。如 Z8671

内固化有 BASIC/DEBUG 解释程序，8052 内固化有 BASIC 语言，R65F11（R65F12）内固化有 FORTH 语言，8044 中则固化有实时任务操作系统 iRMX-51 及最近几年出现的 C51、C96 等，给用户带来了极大的方便。

（4）根据用户的特殊要求及性能价格比等诸因素，注意选用具有特殊功能的单片机，如带有 4 个捕获通道的 87C51FX 系列单片机。

## 10.1.3 控制算法的选择

当控制系统的总体方案及机型选定之后，采用什么样的控制算法才能使系统达到要求，这是非常关键的问题。

### 1. 直接数字控制

当被控对象的数学模型能够确定时，可采用直接数字控制，如最少拍随动系统，最少拍无波纹系统，以及大林算法等；此外，还有最小二乘法系统辨识、最优控制及自适应控制等。所谓数学模型就是系统动态特性的数学表达式，它表示系统输入、输出之间的关系。一般多用实验的方法测出系统的飞升特性曲线，然后再由此曲线确定出其数学模型，因而加快了系统模型的建立。当系统模型建立以后，即可选定上述某一种算法，设计数字控制器，并求出差分方程。计算机的主要任务就是按此差分方程计算出控制量，并输出，进而实现控制。本书由于篇幅有限，没有讲述直接数字控制算法，必要时读者可参看参考文献[1][2]。

### 2. 数字化 PID 控制

由于被控对象是复杂的，因此并非所有的系统均可求出数学模型；有些即使可以求出来，但由于被控对象环境的影响，许多参数经常变化，因此很难进行直接数字控制。此时最好选用数字化 PID 控制。在 PID 控制算法中，以位置型和增量型两种 PID 为基础，根据系统的要求，可对 PID 控制进行必要的改进。通过各种组合，可以得到更圆满的控制系统，以满足各种不同控制系统的要求。例如，串级 PID 控制就是人们经常采用的控制方法之一。

所谓串级控制就是第一级数字 PID 的输出不直接用来控制执行机构，而是作为下一级数字 PID 的输入值，并与第二级的给定值进行比较，其偏差作为第二级数字 PID 的控制量计算的参数。照此办法，也可以实现多级 PID 嵌套，如图 10.1 所示。

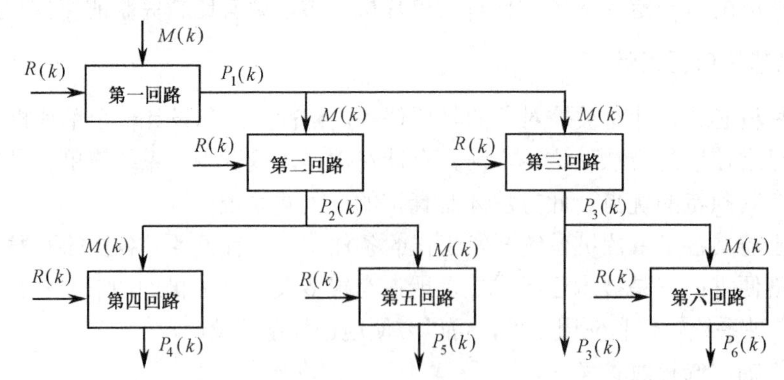


图 10.1 串级控制方块图

### 3. 模糊控制

在前边两种控制算法中，对于直接数字控制（DDC），由于某些被控对象的数学模型难以建立，因而给应用带来了一定的困难。在 PID 控制中虽然不用建立模型，但对任何系统全部采用比例（P）、积分（I）、微分（D）3 种控制算法似乎千篇一律，有时效果也不甚理想，且计算较麻烦，因而实时性受到一定的影响。

模糊控制既不用像 DDC 控制那样要求有严格的被控系统数学模型，也不像 PID 控制那么“呆板”。它是一种非常灵活的控制方法，只要根据实验数据找出 Fuzzy 控制规律，便能达到所要求的控制效果。这是近年来微型计算机控制算法的一大发展，受到了广泛的关注。

## 10.1.4　控制系统的硬件设计

尽管微型计算机集成度高，内部包含 I/O 控制线、ROM、RAM 和定时器，但在组成控制系统时，扩展接口仍是设计者经常遇到的任务。扩展接口有两种方案，一种是购置成品接口板，如 A/D 转换接口板、D/A 转换接口板、开关量 I/O 接口板（带光电隔离器或不带光电隔离器）、实时时钟板、步进电机控制板、可控硅控制板等。扩展的接口板数量及品种视系统而论。这主要适用于工业 PC 和 STD 总线工业控制机系统。另一种方案是根据系统的实际需要，选用合适的芯片进行设计，这主要包括以下几方面的内容。

### 1. 存储器扩展

由于单片机有 4 种存储器空间，且程序存储器和数据存储器独立编址，所以其存储容量与同样位数的微型计算机相比，扩大了一倍多。扩展时，首先要注意单片机的种类（片内是否含程序存储器）。另一方面，要把程序存储器和数据存储器分别安排。

### 2. 模拟量输入通道的扩展

模拟量输入通道的扩展主要有下面两个问题。

（1）数据采集通道的结构形式

一般来说，微型计算机控制系统是多通道系统。因此，选用何种结构形式采集数据，是进行模拟量输入通道设计中首先要考虑的问题。多数系统都采用共享 A/D 和 S/H 形式，如图 10.2 所示。

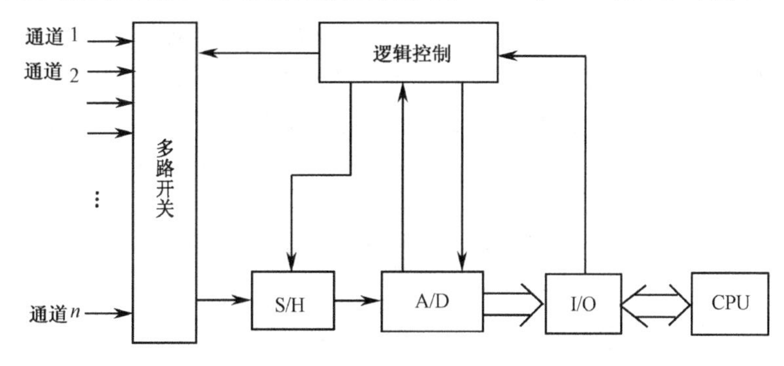


图 10.2　分时采样、分时转换型多路模拟量输入通道

在这一系统中，被测参数经多路开关一个一个地被切换到 S/H 和 A/D 转换器进行转换。由于各参数是串行输入的，所以转换时间比较长。但它最大的优点是节省硬件开销。这是目前微型机系统中应用最多的一种模拟量输入通道结构形式。

但是，当被测参数为几个相关量时，则需选用多路 S/H，共享 A/D 形式，如图 10.3 所示。

该电路与图 10.2 相比，每个模拟量输入通道都增加了一个 S/H。其目的是可以采样同一时刻的各个参数，以便进行比较。对于那些参数比较多的分布式控制系统，可先把模拟量就地进行 A/D 转换，然后再送到主机中处理。对于那些被测参数相同（或相似）的多路数据采集系统，为减少投资，可采用模拟量多路转换，共享仪用放大器、S/H 和 A/D 的所谓低电平多路切换形式。

（2）A/D 转换器的选择

设计时一定要根据被控对象的实际要求选择 A/D 转换器。在满足系统要求的前提下，尽量选用位数比较低的 A/D 转换器。近年来，又研制出一些新型的高精度廉价 A/D 转换器，如 V/F 变换器及串行 A/D 转换器。由于单片机（MCS-51）内包含两个 16 位定时器/计数器及全双工串行口，因而采用 V/F 变换器及串行 A/D 转换器更有其独特的优点。特别是 SPI、$I^2C$ 总线的出现，给数据采集带来了极大的方便。另一方面，近年来发展起来的数据采集芯片，如 AD363、DAS1128、MAX1202/1203、MAX1245/1246 等，在一个芯片中具备多路开关（4，8 或 16 路）、放大器、S/H 和 12 位 A/D 等多种电路，给模拟通道的设计带来极大的方便。但目前这种芯片价格还比较贵。

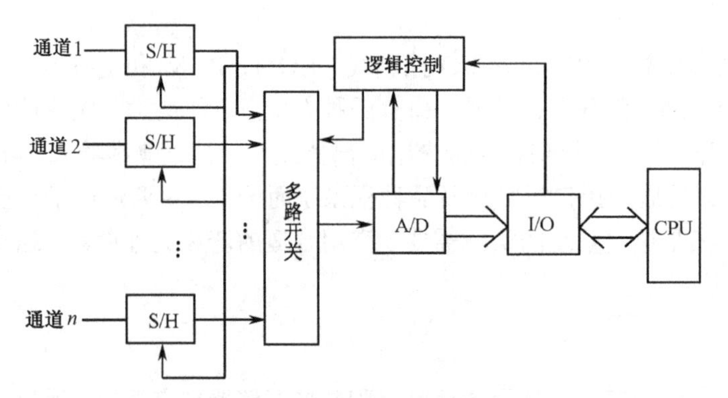


图 10.3　同时采样、分时转换型多路模拟量输入通道

### 3. 输出通道的扩展

模拟量输出通道是微型计算机控制系统与执行机构（或控制设备）连接的桥梁。设计时，要根据被控对象的通道数及执行机构的类型进行选择。对于那些能直接接受数字量的执行机构，可由微型机直接输出数字量，如步进电机或开关、继电器系统等。对于只能接受模拟量的执行机构（如电动、气动执行机构，液压伺服机构等），则需要用 D/A 转换器把数字量变成模拟量后，再带动执行机构。

和输入通道一样，输出通道的设计也有两个方面的问题需要考虑。

（1）输出通道的连接方式

模拟量输出通道除了应具有可靠性和精度外，还必须使输出具有保持功能，以保证被控对象可靠地工作。保持器的主要作用是在新的信号到来之前，使本次控制信号保持不变。保持器有两种，一种是数字保持器（即锁存器），一种是模拟保持器。因此，模拟量输出通道有两种结构形式。

① 每个通道设置一个 D/A 转换器的形式。这种结构形式如图 10.4 所示。

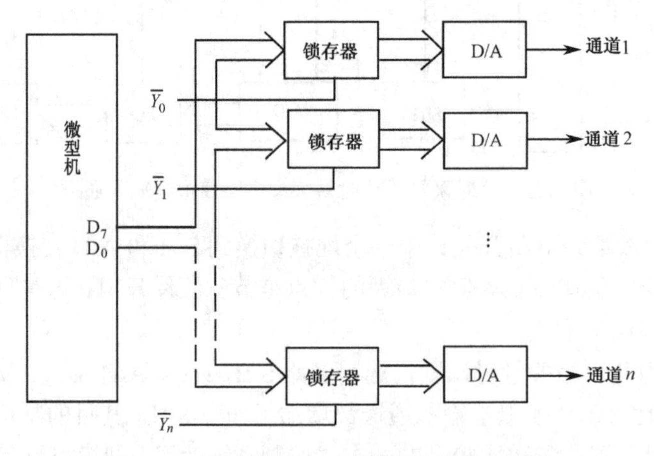


图 10.4　每通道一个 D/A 转换器的原理框图

如图 10.4 所示，每一个通道设置一个 D/A 转换器，这是一种数字保持的方案。其优点是可靠性高、速度快，即使某一通路出现故障，也不会影响其他通路的工作。但它使用 D/A 转换器数量较多。单片多 D/A 转换器结构的出现，给这种应用带来更大的方便。例如，MAX5250 是一个低功耗，4 通道 10 位串

行输入 D/A 转换器；AD7226 是一个 4 通道 8 位并行 D/A 转换器。

② 多通道共享 D/A 转换器的结构形式。此种结构形式如图 10.5 所示。

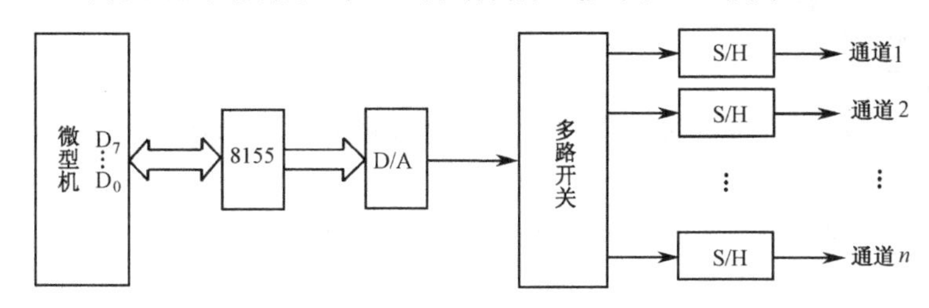


图 10.5　多通道共享 D/A 转换器结构形式的原理图

在这种结构中，由于共用一个 D/A 转换器，各通道必须分时进行工作，因而必须在每一个通道中加上一个采样-保持器。这种结构形式可节省价格比较昂贵的 D/A 转换器，但实时性及可靠性比较差，所以只适用于通道数比较少且转换速度要求不太高的场合，或者采用高精度 D/A 转换器的时候。

（2）D/A 转换器的选择

当系统中 D/A 转换器的输出只作为执行机构的控制信号时，相对来讲，精度要求不高，所以一般选用 8 位 D/A 转换器即可。但是，如果 D/A 转换器的输出用做显示、X-Y 记录或位置控制时，由于精度要求比较高，所以需选用 10 位、12 位或更高位数的 D/A 转换器。

近年来，随着微型计算机控制技术的发展，一些厂家设计了许多结构简单、适用的新型 D/A 转换器，如多通道 D/A 转换器、串行 D/A 转换器、电压输出 D/A 转换器等，用户可根据自己的需要选用。

另一方面，在进行 D/A 转换电路设计时，往往同时需要设计 *V*/*I* 或 *I*/*V* 变换电路。

### 4. 开关量 I/O 接口设计

在微型计算机控制系统中，除了模拟量输入/输出通道外，经常遇到的还有开关量 I/O 接口。由于开关量只有两种状态 1 和 0，所以，每个开关量只需一位二进制数表示即可。因为 MCS-51 系列单片机设有一个专用的布尔处理器和专用 I/O 操作端口 P1 口，故而能更方便地处理开关量。为了提高系统的抗干扰能力，通常采用光电隔离器把单片机与外部设备隔开，如图 10.6 所示。

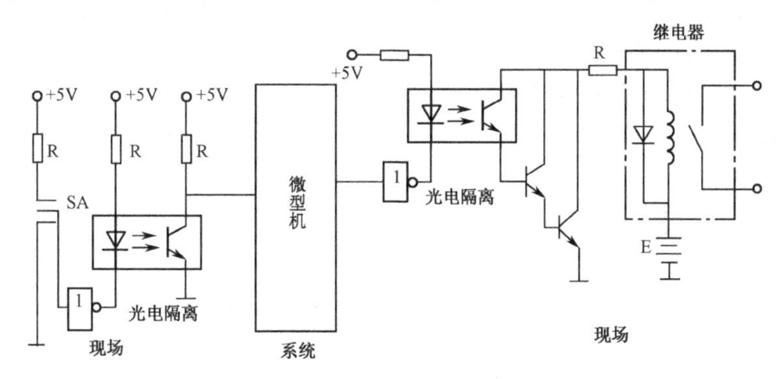


图 10.6　采用光电隔离器的 I/O 接口电路

### 5. 操作面板

操作面板也叫操作台，它是人机对话的纽带。根据具体情况，操作面板可大可小，大到可以是一个庞大的操作台，小到只有几个功能键和开关。在智能仪器中，操作面板都比较小，一般需要自己设计。为了操作安全，很多操作面板上都设有电子锁。

操作面板的主要功能如下。

（1）输送源程序到存储器，或者通过面板操作来监视程序执行情况。

（2）打印、显示中间结果或最终结果。

（3）根据工艺要求，修改一些检测点和控制点的参数及给定值。

（4）设置报警状态，选择工作方式及控制回路等。

（5）完成手动-自动无扰动切换。

（6）进行现场手动操作。

（7）完成各种画面显示。

为了完成上述功能，操作台上必须设置相应的按键或开关，并通过接口与主机相连。此外，操作台上还需设置报警及显示设备等。

一般情况下，为便于现场操作人员操作，微型计算机控制系统都要设计一个操作面板，而且要求使用方便，操作简单，安全可靠，并具有自保功能，即使误操作也不会给生产带来恶果。

#### 6. 系统速度匹配问题

8031 时钟频率可在 2MHz～12MHz 之间任意选择。在不影响系统速度的前提下，时钟频率选低一些为好。这样可降低系统对其他元器件工作速度的要求，从而降低成本和提高系统的可靠性。当系统频率选得比较高时，要设法使其他元器件与主机匹配。工业上常用的单片机的时钟频率大都为 12MHz。

#### 7. 系统负载匹配问题

微型计算机系统设计除了从原理设计着眼外，还有一个值得注意的问题，就是系统中各个器件之间的负载匹配问题。它主要表现在以下几个方面。

（1）逻辑电路间的接口及负载匹配问题

在进行系统设计时，有时需要 TTL 和 CMOS 两种电路混合使用，但两者要求的电平不一样（TTL 高电平为+5V，CMOS 则为 10～18V），因此，一定要注意电流及负载的匹配问题。例如，当 TTL 电路驱动 CMOS 电路时，需要增加 TTLOC 门或采用 TTL-CMOS 电平移动器；而当 CMOS 电路驱动 TTL 电路时，则需要增加如 CC4049/CC4050 或 CC40107/74C906 等器件作为中间接口。当用 TTL 和 CMOS 器件带较大负载时，可在其输出端增加放大电路。

（2）MCS-51 系列单片机负载匹配问题

微型计算机与微型计算机之间，微型计算机与 I/O 接口之间都存在负载匹配问题。下面以 8031 为例，讲一下微型计算机带动负载的能力。8031 的外部扩展功能是很强的，但是 8031 的 $P_0$ 口和 $P_2$ 口及控制信号的负载能力都是有限的；$P_0$ 口能驱动 8 个 LSTTL 电路，$P_2$ 口能驱动 4 个 LSTTL 电路。硬件设计时应仔细核对 8031 的负载，使其不超过总负载能力的 70%。若负载过重，需要 $P_0$ 口、$P_2$ 口及相关的控制引脚增加驱动器，或者用 CMOS 电路代替 TTL 电路；80/85 标准的外围接口电路均采用 CMOS 电路。

### 10.1.5 控制系统软件设计

微型计算机控制系统的软件分为系统软件和应用软件两大类。如果选用成品计算机系统，一般系统软件配置比较齐全；如果自行设计一个系统，则系统软件就要以硬件系统为基础进行设计。不论采用哪一种方法，应用软件一般都得自己设计。近年来，随着微型计算机应用技术的发展，应用软件也逐步走向模块化和商品化。现在已经有通用的软件程序包出售，如 PID 调节软件程序包，常用控制程序软件包，浮点、定点运算子程序包等。还有更高一级的软件包，将各种软件组合在一起，用户只需根据自己的要求，填写一个表格，即可构成目标程序，用起来非常方便，这是应用软件的发展方向。但是，无论怎样，对于一般用户来讲，应用程序的设计总是必不可少的，特别是嵌入式系统的设计更是如此。由于设计所需要的大部分软件在前几章中已经介绍，这里不再赘述。下边只对应用软件的设计提出几项要求。

#### 1. 控制系统对应用软件的要求

（1）实时性

由于工业过程控制系统是实时控制系统，所以对应用软件的执行速度都有一定的要求，即能够在被控对象允许的时间间隔内对系统进行控制、计算和处理。换言之，要求整个应用软件必须在一个采样周期内处理完毕。所以一般都采用汇编语言编写应用软件。但是，对于那些计算工作量比较大的系统，也可以采用高级语言和汇编语言混合使用的办法。通常数据采集、判断及控制输出程序用汇编语言，而对于较为复杂的计算可采用高级语言或高级语言和汇编语言相结合的方法。近年来在单片机系统中，可供使用的高级语言有 PL/M 语言、C51 和 C96 语言等，都是实时性很强的语言。为了提高系统的实时性，对于那些需要随机间断处理的任务，可采用中断系统来完成。

（2）灵活性和通用性

在应用程序设计中，为了节省内存和具有较强的适应能力，通常要求有一定的灵活性和通用性。为此，可以采用模块结构，尽量将共用的程序编写成子程序，如算术和逻辑运算程序、A/D 与 D/A 转换程序、延时程序、PID 运算程序、数字滤波程序、标度变换程序和报警程序等。设计人员的任务就是把这些具有一定功能的子程序（或中断服务程序）进行排列组合，使其成为一个完成特定任务的应用程序。现在已经出现一种结构程序，用户只需要根据提示的菜单进行填写即可生成用户程序，使程序设计大为简化。

（3）可靠性

在微型计算机控制系统中，系统的可靠性是至关重要的，它是系统正常运行的基本保障。计算机系统的可靠性一方面取决于其硬件组成，另一方面也取决于其软件结构。为保证系统软件的可靠性，通常设计一个诊断程序，定期对系统进行诊断；也可以设计软件陷阱，防止程序失控。近年来广泛采用的 watchdog 方法，便是增加系统软件可靠性的有效方法之一。有关这方面的详细内容，可参见相关参考文献[1]。

### 2. 软件、硬件折中问题

在微型计算机过程控制系统设计中，常遇到的一个问题就是，同样一个功能，例如，计数、逻辑控制等，既可以通过硬件实现，也可以用软件完成。这时，需要根据系统的具体情况，确定哪些用硬件完成，哪些用软件实现。这就是所谓的软件、硬件折中问题。一般而言，在系统允许的情况下，尽量采用软件，这样可以节省经费。若系统要求实时性比较强，则可采用硬件。在许多情况下，两者兼而有之。例如，在显示电路接口设计中，为了降低成本，可采用软件译码动态显示电路。但是，如果系统要求采样数据多，数据处理及计算任务比较重，若仍采用动态显示电路，则要求采样周期比较短，将不能正常显示。此时，必须增加硬件电路，改为静态显示电路。又比如，在计数系统中，采用软件计数法节省计数器，减少系统开支，但需占用 CPU 的大量时间。如果采用硬件计数器可减轻 CPU 的负担，但要花一些费用。

### 3. 软件开发过程

软件开发大体包括以下几个方面。

（1）划分功能模块及安排程序结构。例如，根据系统的任务，将程序大致划分成数据采集模块、数据处理模块、非线性补偿模块、报警处理模块、标度变换模块、数字控制计算模块、控制器输出模块和故障诊断模块等，并规定每个模块的任务及其相互间的关系。

（2）画出各程序模块详细的流程图。

（3）选择合适的语言（如高级语言或汇编语言）编写程序。编写时尽量采用现有子程序（或子函数），以提高程序设计速度。

（4）将各个模块连接成一个完整的程序。

## 10.1.6 Proteus 仿真软件简介

微型机控制系统设计完成之后，最主要的任务就是调试。由于微型机本身提供的调试手段比较少，特别是自己设计的系统，最好有一台开发及仿真系统，这样可以加快调试速度。微型机控制系统的调试工作分硬件仿真调试方法和软件仿真调试方法两种。

### 1. 仿真器调试方法

硬件仿真调试方法分下面几步进行。

（1）用 PROTEL 软件画好系统设计原理图。

（2）由原理图生成 PCB 印刷电路板图，并制作好印刷电路板和实验样机。

（3）用汇编（或 C51）语言编写程序并初步调试。

近年来又出现一种所谓的仿真软件。它可以不用硬件直接在 PC 上调试汇编语言程序，而是待汇编程序基本调试好以后，再移到硬件系统中去调试。这种软件、硬件并行的调试方法，可大大加快系统开发速度。例如，近年来广泛应用的 WAVE 调试软件就是一种仿真软件。

（4）用仿真器进行软件/硬件调试。

将样机接上仿真机的 40 芯仿真插头进行调试，观察各部分接口电路是否满足设计要求。此时可通过运行一些简单的软件看各个接口工作是否正常。如果正常，则说明各接口硬件没问题；否则，应进行针对性的处理。

（5）联机调试。

用以上 4 步调试完成以后，即可通过 EPROM 写入器，将目标代码（*.BIN 文件）写入 EPROM（或 89C51 这类带有闪存的 CPU）中，并将其插入机器的相应插座上，系统便可投入运行。

值得说明的是，软件、硬件的调试是一个综合性的系统工程，必须反复进行才能完成。有时为了得到满意的结果，往往需要对硬件和软件设计方案进行多次修改。

### 2. Proteus 仿真软件调试方法

Proteus 软件是由英国 Labcenter Electronics 公司开发的 EDA 工具软件，已有近 20 年的历史，在全球得到了广泛的应用。Proteus 软件的功能强大，它集电路设计、制版及仿真等多种功能于一身，不仅能够对电工、电子技术学科涉及的电路进行设计与分析，还能够对微处理器进行设计和仿真，并且功能齐全、界面多彩，是近年来备受电子设计爱好者青睐的一款新型电子线路设计与仿真软件。

Proteus 软件和我们手头的其他电路设计仿真软件最大的不同即它的功能不是单一的。它的强大的元件库可以和任何电路设计软件相媲美，它的电路仿真功能可以和 Multisim 相媲美，且独特的单片机仿真功能是 Multisim 及其他任何仿真软件都不具备的；它的 PCB 电路制版功能可以和 Protel 相媲美。它的功能不但强大，而且每种功能都毫不逊于 Protel，是广大电子设计爱好者难得的一个工具软件。

Proteus 是一个基于 ProSPICE 混合模型仿真器的、完整的嵌入式系统软硬件设计仿真平台。它包含 ISIS 和 ARES 应用软件，具体功能分布如图 10.7 所示。

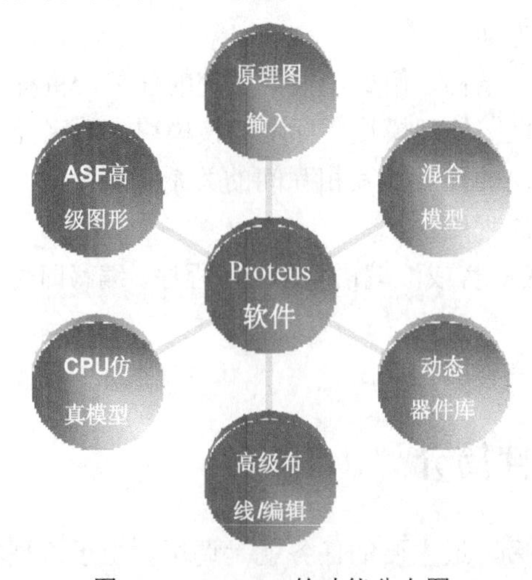


图 10.7　Proteus 的功能分布图

- ISIS——智能原理图输入系统，系统设计与仿真的基本平台。
- ARES ——高级 PCB 布线编辑软件。

在 Proteus 中，从原理图设计、单片机编程、系统仿真到 PCB 设计一气呵成，真正实现了从概念到产品的完整设计。

在图 10.8 中，最上面是一个基于单片机的应用电路原理图，显示的画面正处于仿真运行状态。设计者可以从 Proteus 原理图库中调用所需库元件，然后通过合适连线即可。单片机内可通过单击单片机芯

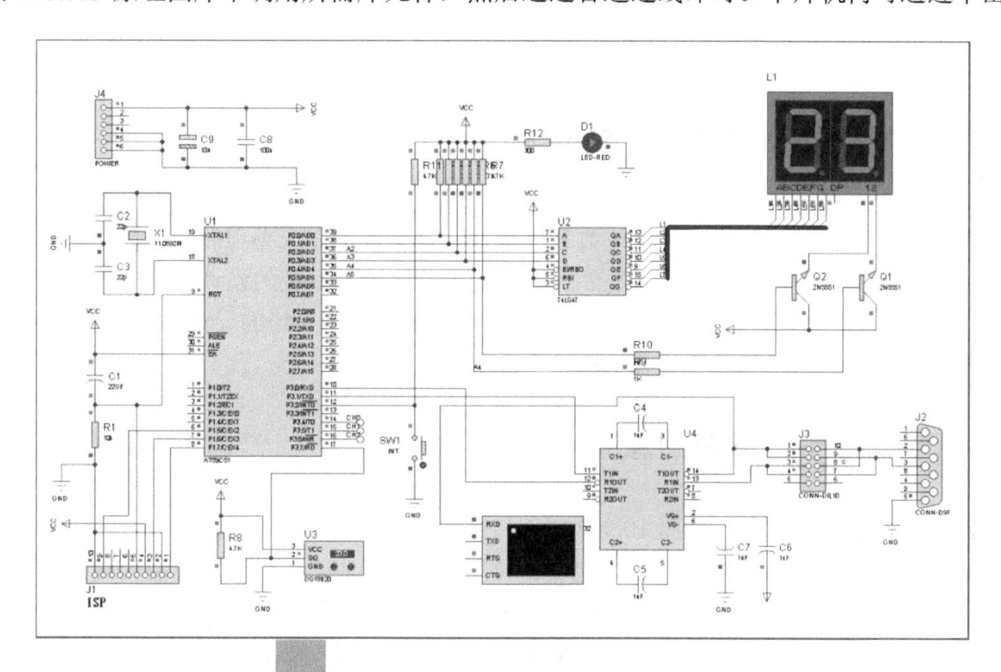


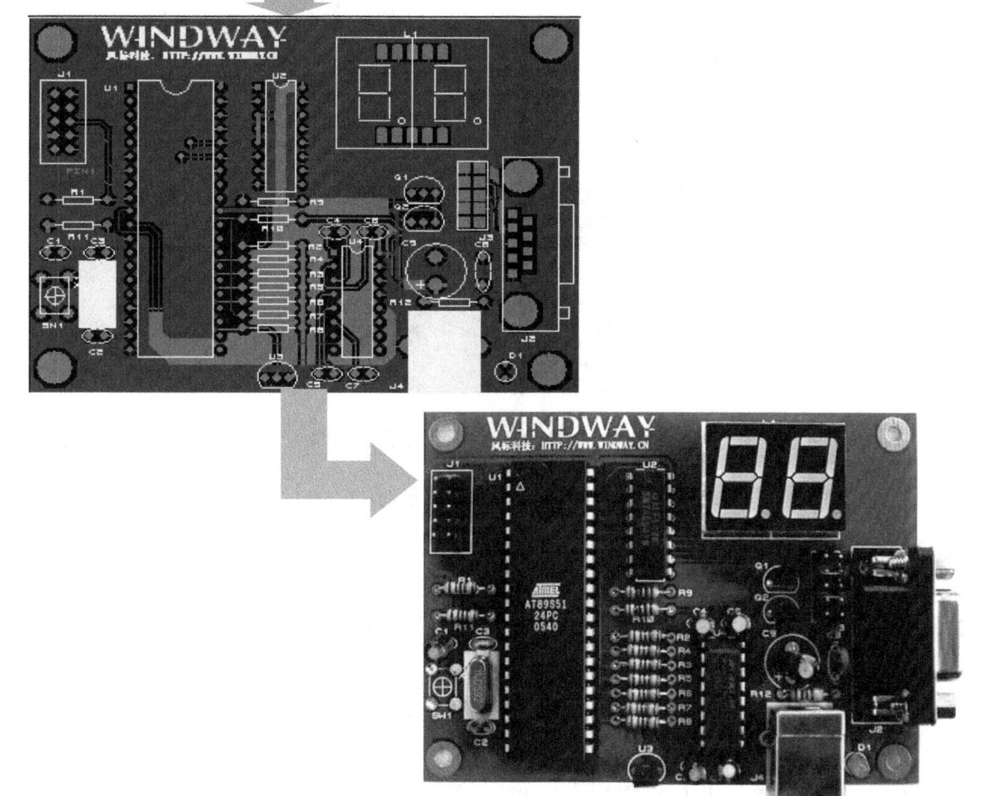


图 10.8 Proteus 设计流程

片加入已编译好的十六进制程序文件，然后运行仿真即可。中间图片是运用 Proteus 的 PCB 制版功能设计出的电路板，可通过原理图生成网络表后设计布局而成。最下面的图为根据设计的 PCB 加工而成的电路板和安装焊接完成后的实际电路。可见，整个电路从设计到实际电路制作完成，通过 Proteus 一个软件即可完美实现。并且，它的仿真结果与实际误差很小，非常适合电子设计爱好者和高校学生自学使用，缩短了设计周期，降低了生产成本，提高了设计成功率。

Proteus 仿真软件最大的优点是它把硬件调试软件化，是近年来大力推广应用虚拟系统的成功范例。关于 Proteus 仿真软件的具体使用可参考有关使用手册。

## 10.2 微型计算机控制的自动装箱系统

在工业生产中，常常需要对产品进行计数、包装。如果用人工完成不但麻烦，而且效率低，劳动强度大。随着微型计算机控制的普及，特别是单片机的应用，给该类系统的设计带来了极大的方便。在这一节里，将介绍单片机控制包装系统的设计方法，主要讲述顺序控制系统的设计方法及电机控制的应用。该系统可用于诸如啤酒、饮料等连续包装生产线上。

### 10.2.1 自动装箱控制系统的原理

某产品自动装箱系统的原理，如图 10.9 所示。

如图 10.9 所示，系统有两个传送带，即包装箱传送带 1 和产品传送带 2。包装箱传送带 1 用来传送产品包装箱，其功能是把已经装满的包装箱运走，并用一只空箱来代替。为使空箱恰好对准产品传送带的末端，使传来的产品刚好落入箱中，在包装箱传送带 1 的中间装一光电检测器 1，用以检测包装箱是否到位。产品传送带 2 将产品从生产车间传送到包装箱。当某一产品被送到传送带的末端，会自动落入箱内，并由检测器 2 转换成计数脉冲。

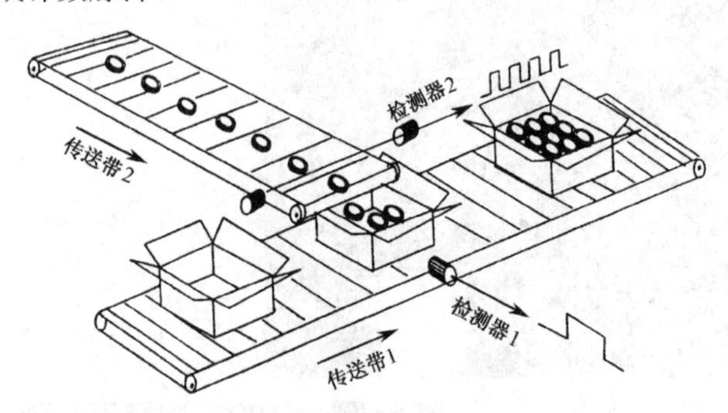

图 10.9 产品自动装箱系统的原理图

产品计数可以由硬件完成（如 MCS-51 系列单片机中的定时器/计数器），也可以用软件来完成。本系统采用软件计数方法。

系统工作步骤如下。

（1）用键盘设置每个包装箱所需存放的零件数量及每批产品的箱数，并分别存放在 PARTS 和 BOXES 单元中。

（2）接通电源，使传送带 1 的驱动电机运转，带动包装箱前行。通过检测光电传感器 1 的状态，判断传送带 1 上的包装箱是否到位。

（3）当包装箱运行到检测器 1 的光源和光传感器的中间时，关断电机电源，使传送带 1 停止运动，等待产品装箱。

（4）启动传送带 2 的驱动电机，使产品沿传送带向前运动，并装入箱内。

（5）当产品一个一个地落下时，将产生一系列脉冲信号，用检测器 2 检测从检测器 2 来的输出脉冲，由计算机进行计数，并不断地与存放在 PARTS 单元中的给定值进行比较。

（6）当零件数值未达到给定值时，控制传送带 2 继续运动（装入产品）；直到零件个数与给定值相等时，停止传送带 2，不再装入零件。

（7）再次启动传送带 1，使装满零件的箱体继续向前运动，并把存放箱子数的内存单元加 1，然后再与给定的产品箱数进行比较。如果箱数不够，则带动下一个空箱到达指定位置，继续上述过程。直到产品箱数与给定值相等，停止装箱过程，等待新的操作命令。

只要传送带 2 上的零件和传送带 1 上的箱子足够多，这个过程可以连续不断地进行下去。这就是产品自动包装生产线的流程。必要时操作人员可以随时通过停止（STOP）键停止传送带运动，并通过键盘重新设置给定值，然后再启动。

## 10.2.2　控制系统硬件设计

针对上述任务，采用 8031 单片机设计一个最小系统。为了读键盘给定值及完成检测和控制，系统中扩展了一片 8255A 可编程接口及程序存储器 EPROM 2764。其系统原理图，如图 10.10 所示。

如图 10.10 所示，8031、74LS373、2764 组成最小系统。8031 通过 8255A 的 PB 口实现给定值或零件计数显示。PA 口读入键盘的给定值，PC 口高 4 位设为输入方式，用于检测光电管和 START、STOP 两个键的状态。PC 口低 4 位设为输出方式，其中 $PC_0$ 控制传送带 1 的动力电机，$PC_1$ 控制传送带 2 的动力电机。

为了提高系统的可靠性及减少误操作，用 $PC_2$、$PC_3$ 两条 I/O 线控制两个状态指示灯，$V_1$ 为红色，$V_2$ 为绿色；当系统出现问题，如没有设置给定值时，启动 START 键，则 $V_1$ 灯亮，提醒操作者注意，需重新设置参数后再启动。如果系统操作运行正常，则绿灯 $V_2$ 亮。

下面介绍给定值电路及控制电路。关于显示电路请参阅本书第 3 章 3.3 节。

### 1. 给定值电路

如图 10.10 所示，8255A 的 A 口为给定值输入接口。为了使系统简单，设计了一个由二极管矩阵组成的编码键盘，如图 10.11 所示。

键盘输出信号 D、C、B、A（BCD 码）分别接到 8255A 的 A 口 $PA_3$～$PA_0$，键选通信号 KEYSTROBE（高电平有效），经反相器接到 8031 的 $\overline{\text{INT0}}$ 管脚。当某一个键按下时，KEYSTROBE 为高电平，经反相后的下降沿向 8031 申请中断。8031 响应后，读入 BCD 码值，作为给定值，并送显示。由于系统设计只有 3 位显示，所以最多只能给定 999。输入顺序为从最高位（百位数）开始。

当键未按下时，所有输出端均为高电平。当有键按下后该键的 BCD 码将出现在输出线上。例如，按下“7”键时，与键“7”相连的一个二极管导通，所以 D 线上为低电平，A、B、C 仍为高电平，因此输出编码为 0111，其余依次类推。

当任何一个键按下时，四输入与非门 7420 产生一个高电平选通信号 KEYSTROBE，此信号经反相器后向 8031 申请中断。

### 2. 控制电路

包装系统控制电路主要有两部分：一是信号检测，光电检测器 1 判断包装箱是否到位，光电检测器 2 用于装箱零件计数；再一部分就是传送带电机控制。检测部分比较简单，就不再详述。下面主要介绍一下电机控制电路。

为了提高抗干扰能力，系统采用了光电隔离技术。电机可以采用多种方法控制，如固态继电器（SSR）、可控硅（SCR）及大功率场效应管等，详见本书第 4 章 4.2 节。本系统采用固态继电器（SSR1 和 SSR2），其控制电路原理如图 10.12 所示。

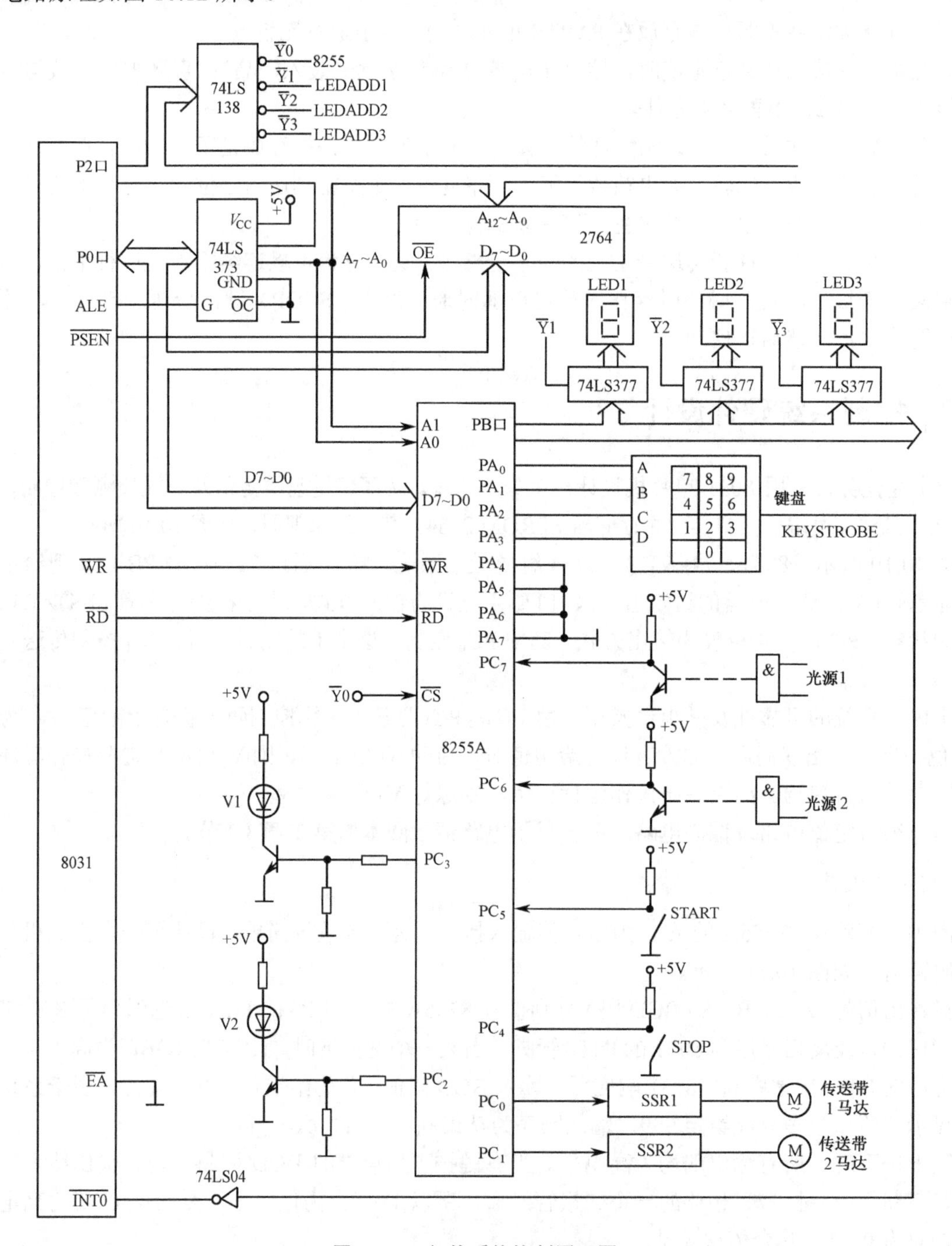


图 10.10　包装系统控制原理图

如图 10.12 所示，8255A 的 $PC_0$ 控制传送带 1 的驱动电机，$PC_1$ 控制传送带 2 的驱动电机。当按下启动键（START）后，使 $PC_0$ 输出高电平，经反相后变为低电平，交流固态继电器（SSR1）发光二极管亮，因而使得 SSR1 导通，交流电机通电，使传送带 1 带动包装箱一起运动。当包装箱行至光源与光电检测器 1 之间时，光被挡住，使光电传感器输出为高电平。当微型机检测到此高电平后，$PC_0$ 输出低电平，传送带 1 电机停止，并同时使传送带 2 电机通电（$PC_1$ 输出高电平），带动零件运动，使零件落入包装箱内。每当零件经过检测器 2 的光源与光电传感器之间时，光电传感器输出高电平。当微型机检测到此信号后在计数器中加 1，并送显示。然后再与给定的零件值进行比较。如果计数值小于给定值，则继续计数；一旦计数值等于给定值，则停止计数；此时关断传送带 2 的电源，并接通传送带 1 的电源，让装满零件的箱子移开，同时带动下一个空箱到位，并重复上述过程。

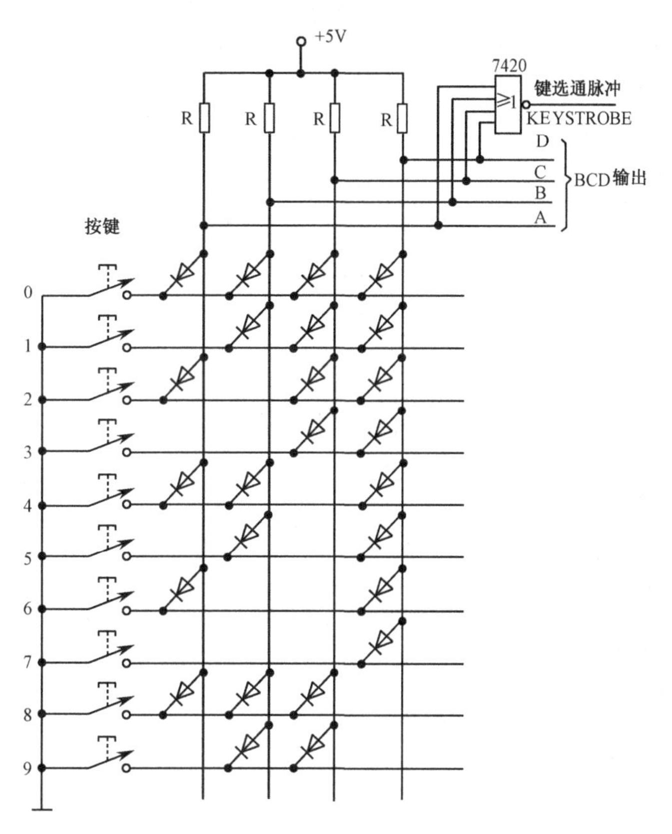


图 10.11　编码键盘原理图

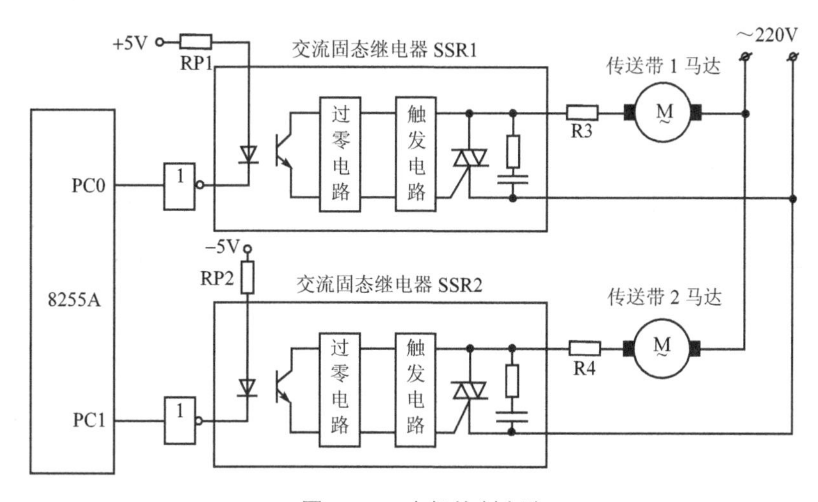


图 10.12　电机控制电路

## 10.2.3　控制系统软件设计

通过上述分析可知，本系统键盘的作用主要是输入给定值。当给定值设定后，在包装过程中就不再改动。因此为了提高实时性，系统通过中断方式（$\overline{\text{INT0}}$）做键盘处理。对包装箱是否到位及零件计数，则采用查询方法，其主程序框图，如图 10.13 所示。

中断服务程序主要用来设定给定值，当给定值键盘有键按下时，KEYSTROBE 输出高电平，经反相器后向 8031 申请中断。在中断服务程序中，读入该键盘给定值，一方面存入相应的给定单元（PORTS

或 BOXES)，另一方面送去显示，以便操作者检查输入的给定值是否正确。本程序输入的顺序是先输入包装箱数（3 位，最大值为 999，按百位、十位、个位顺序输入），然后再输入每箱装的零件数（3 位，最大值为 999，输入顺序同包装箱）。完成上述任务的中断服务程序流程如图 10.14 所示。

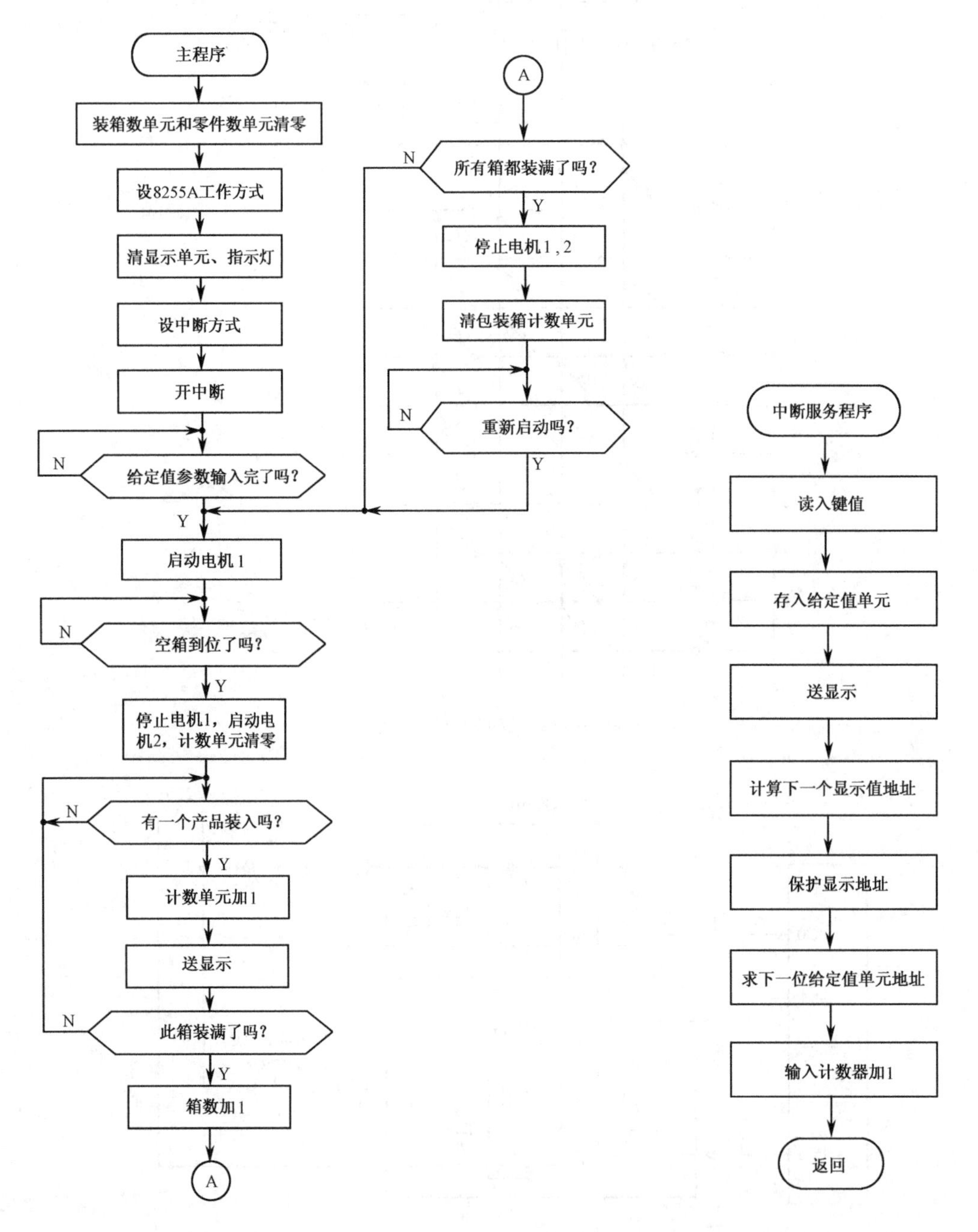


图 10.13　包装控制系统主程序框图　　　　图 10.14　输入给定值中断服务程序

为了设计如图 10.13 和图 10.14 所示的程序，首先需设置有关内存单元。这里用 8031 内部 RAM 的 20H 单元的 00H～03H 4 位分别代表电机 1、电机 2、报警和正常运行标志单元；用 21H 单位的 08H 和 09H 两位作为零件及包装箱计数标志单元。当计数值等于给定值时，则此两位标志单元置 1，否则为 0。一旦此标志单元为 1，则停止计数，把装满的包装箱运走并重新运来一个空箱；若包装箱数已够，则重新开始下一轮包装生产控制过程。如果计数单元超过给定值，将产生报警，告知操作人员计数有误，此时系统会自动停下来，等待操作人员处理。该系统内存单元分配如图 10.15 所示。

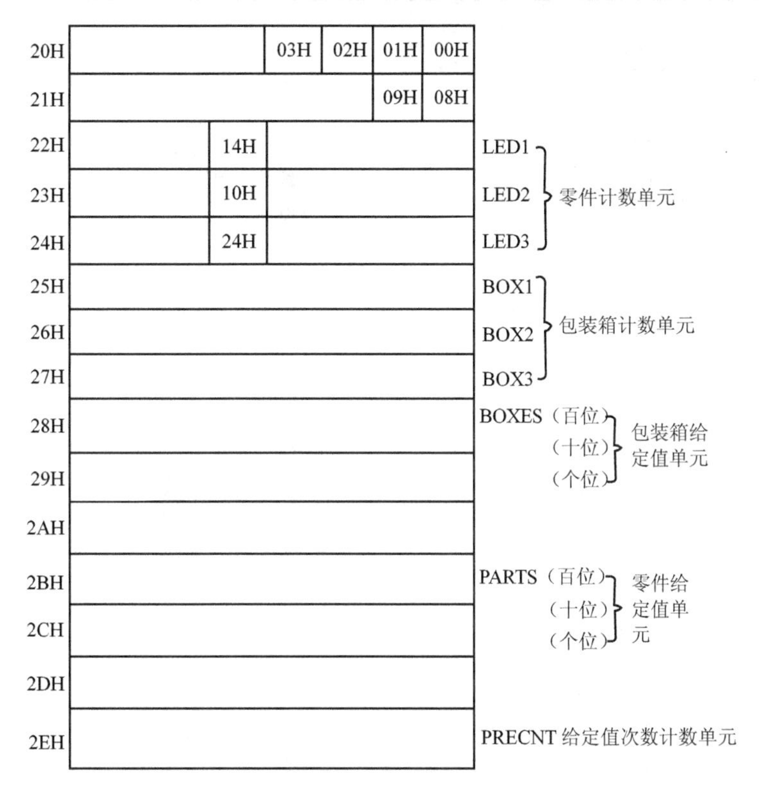


图 10.15 系统内存单元分配

根据图 10.13～图 10.15 所示可编写出该系统控制程序如下。

```
            ORG  0000H
            AJMP MAIN
            ORG  0003H
            AJMP INT0
LED1        EQU 22H                        ; 零件计数单元（百位）
LED2        EQU 23H                        ; （十位）
LED3        EQU 24H                        ; （个位）
BOX1        EQU 25H                        ; 包装箱计数单元（百位）
BOX2        EQU 26H                        ; （十位）
BOX3        EQU 27H                        ; （个位）
BOXES       EQU 28H                        ; 包装箱给定值首地址
PARTS:      EQU 2BH                        ; 零件给定值首地址
PRECNT      EQU 2EH                        ; 给定值次数计数单元
LEDADD1     EQU 8400H                      ; 百位数显示位地址
LEDADD2     EQU 8800H                      ; 十位数显示位地址
LEDADD3     EQU 8C00H                      ; 个位数显示位地址
BUFF        EQU 2FH                        ; 缓冲单元
            ORG 0100H
; 控制主程序
MAIN:       MOV     SP,#50H                ; 设堆栈指针
            MOV     R0,#22H                ; 8031 数据区首地址
            MOV     A,#00H
            MOV     R1,#0DH                ; 计数器初值
CLRZERO:    MOV     @R0,A                  ; 清计数、给定值单元
            INC     R0
            DJNZ    R1,CLRZERO
            MOV     20H,#00H               ; 清控制单元
```

```
            MOV     21H,#00H
            MOV     DPTR,#8003H             ; 8255 初始化
            MOV     A,#98H                  ; 8255 控制字
            MOVX    @DPTR,A
            SETB    IT0                     ; 设置边沿触发方式
            SETB    EX0                     ; 设置中断方式 0
            SETB    EA                      ; 开中断
            MOV     R0,#BOXES
            MOV     DPTR,#LEDADD1           ; 保护显示位地址
            PUSH    DPH
            PUSH    DPL

WAIT:       MOV     A,PRECNT                ; 等待设置给定参数
            CJNE    A,#06H,WAIT             ; 判断是否输入完给定值
WORK:       SETB    00H                     ; 设置启动传送带电机位
            SETB    03H                     ; 设置工作正常指示灯位
            MOV     A,20H                   ; 启动电机 1 和正常指示灯
            MOV     DPTR,#8002H
            MOVX    @DPTR,A
LOOP1:      MOVX    A,@DPTR
            JNB     ACC.7,LOOP1             ; 判断包装箱是否到位
            MOV     LED1,#00H               ; 清零件计数单元
            MOV     LED2,#00H
            MOV     LED3,#00H
            LCALL   DISPLAY                 ; 显示零件数
            CLR     00H                     ; 停包装箱传送带电机位
            SETB    01H                     ; 设置启动零件传送电机位
            MOV     A,20H                   ; 启动零件传送电机
            MOV     DPTR,#8002H
            MOVX    @DPTR,A
LOOP2:      MOV     DPTR,#8002H
            MOVX    A,@DPTR
            JNB     ACC.6,LOOP2             ; 判断是否有零件
            JNB     ACC.4,STOP              ; 判断是否按下停止键
            LCALL   PARTADD1                ; 零件加 1
            LCALL   DISPLAY                 ; 显示已装入的零件数
            LCALL   PARTCOMP                ; 与给定值比较
            JB      08H,STOPM               ; 已装满
            AJMP    LOOP2                   ; 未装满，继续等待装入
STOPM:      LCALL   BOXADD1                 ; 包装箱数加 1
            LCALL   BOXCOMP                 ; 看是否已装够箱数
            JB      09H,FINISH              ; 如果箱数已装够，则结束
            LJMP    WORK                    ; 否则将继续换新箱包装
FINISH:     CLR     00H                     ; 全部装完，不用重新设置参数，
                                            ; 即可继续包装
            CLR     01H
            MOV     A,20H
            MOVX    @DPTR,A
            MOV     BOX1,#00H               ; 包装箱计数单元清零
            MOV     BOX2,#00H
            MOV     BOX3,#00H
LOOP3:      MOV     DPTR,#8002H             ; 判断是否重新启动
```

```
                MOVX    A,@DPTR
                JB      ACC.5,LOOP3
                LJMP    WORK                ；再进行下一轮包装
；停止键处理程序
STOP:           CLR     00H                 ；停传送带电机
                CLR     01H
                MOV     A,20H
                MOVX    @DPTR,A
                LJMP    MAIN                ；转到主程序，等待重新输入新的
                                            ；给定值
；中断服务子程序，设置给定值
INT0:           MOV     DPTR,#8000H         ；读入给定值
                MOVX    A,@DPTR
                MOV     @R0,A
                MOV     DPTR,#8001H         ；送 8255B 口
                MOVX    @DPTR,A
                POP     2FH                 ；保护断点
                POP     30H
                POP     DPL                 ；取出显示位地址
                POP     DPH
                MOVX    @DPTR,A             ；显示给定值
                MOV     A,DPH
                ADD     A,#04H              ；求下一个显示位地址
                MOV     DPH,A
                PUSH    DPH                 ；保护下一位显示地址
                PUSH    DPL
                PUSH    30H                 ；恢复断点
                PUSH    2FH
                INC     R0                  ；计算下一个给定值地址
                INC     PRECNT              ；设置参数计数
                RETI
；显示零件数子程序
DISPLAY:        MOV     A,LED1              ；取百位数
                MOV     DPTR,#SEGTBL
                MOVC    A,@A+DPTR           ；取显示码
                MOV     DPTR,#8001H         ；送显示数据到 B 口
                MOVX    @DPTR,A
                MOV     DPTR,#LEDADD1       ；显示百位
                MOVX    @DPTR,A
                MOV     A,LED2              ；取十位数
                MOV     DPTR,#SEGTBL
                MOVC    A,@A+DPTR
                MOV     DPTR,#8001H
                MOVX    @DPTR,A
                MOV     DPTR,#LEDADD2       ；显示十位
                MOVX    @DPTR,A
                MOV     A,LED3              ；取个位数
                MOV     DPTR,#SEGTBL
                MOVC    A,@A+DPTR
                MOV     DPTR,#8001H
                MOVX    @DPTR,A
                MOV     DPTR,#LEDADD3       ；显示个位
```

```
                MOVX    @DPTR,A
                RET
SEGTBL: DB      3FH,06H,5BH,4FH,66H,6DH,7DH,07H,7FH,67H
PARTADD1:       MOV     R0,#LED3                    ；零件数加1子程序
                MOV     A,@R0
                ADD     A,#01H
                DA      A
                MOV     @R0,A
                JB      24H,ADD2
                RET
ADD2:           CLR     24H
                DEC     R0
                MOV     A,@R0
                ADD     A,#01H
                DA      A
                MOV     @R0,A
                JB      1CH,ADD3
                RET
ADD3:           CLR     1CH
                DEC     R0
                MOV     A,@R0
                ADD     A,#01H
                DA      A
                MOV     @R0,A
                JB      14H,ADD4
                RET
ADD4:           CLR     14H
                MOV     R0,#00H
                RET
；零件数比较子程序
PARTCOMP:       MOV     R0,#PARTS                   ；给定零件数地址
                MOV     R1,#LED1                    ；零件计数单元首地址
                MOV     R2,#03H
COMP1:          MOV     A,@R0
                MOV     BUFF,@R1
                CJNE    A,BUFF,COMP2
                INC     R0
                INC     R1
                DJNZ    R2,COMP1
                SETB    08H                         ；已装满，置装满标志
                RET
COMP3:          CLR     08H
                RET
COMP2:          JNC     COMP3
                LJMP    ALARM
；包装箱计数比较子程序
BOXCOMP:        RET                                 ；（略）
；包装箱加1子程序
BOXADD1:        RET                                 ；（略）
；报警处理子程序
ALARM:          SETB    02H
                CLR     00H
                CLR     01H
```

```
        CLR     03H
        MOV     A,20H
        MOV     DPTR,#8002H
        MOVX    @DPTR,A
        LJMP    MAIN
```

# 10.3　智能型 FR1151 压力变送器

FR1511 压力变送器是工业过程控制应用最多的一种传感器之一，它不仅可以测量压力而且还可以测量流量。本节主要介绍一种利用 89C51 单片机研制的智能化压力变送器。该变送器打破了传统的电容压力变送器先进行线性放大、A/D 转换，再进入微型计算机的模式，采用了自行研制的新型直接数字化传感器。该传感器具有一定的先进性、科学性，因而具有较强的市场竞争力。采用国际标准智能化技术水准设计，采用微型计算机进行温度特性和非线性补偿，较大幅度地提高了测量精度，改善了温度特性，扩展了量程比，增添了智能化功能，极大地满足了工业测量对高可靠性变送器的要求。该传感器带有液晶显示器和操作键，因此可以在现场直接调试和进行量程迁移，因此给用户带来极大的方便。本项目是作者研发的天津市自然科学基金项目，并获得国家发明专利，专利号为 199311.

## 10.3.1　FR1151 压力变送器的组成原理

智能压力变送器原理方框图，如图 10.16 所示。

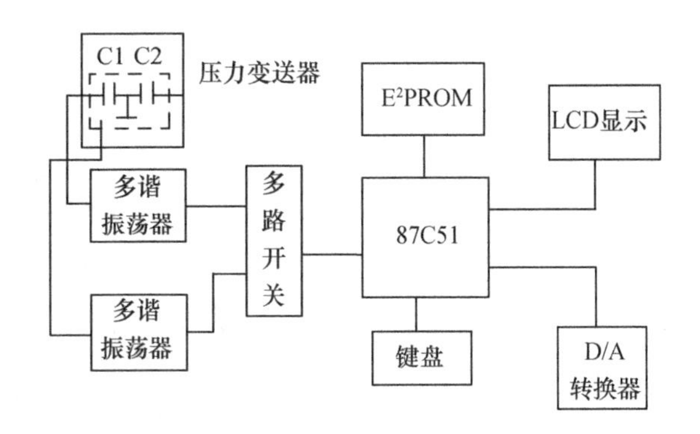


图 10.16　FR1151 压力变速器原理框图

从图 10.16 中可以看出，外界压力的变化导致可变电容器 C1 的变化，由于系统不能直接测量压力 P 的值，因此，采用可变电容器 C1 进行间接测量。压力的变化，使得压力室的电容变化，从而改变多谐振荡电路充、放电时间，由此产生不同频率的方波。压力不同，所产生的方波频率亦不同。

将方波送入单片机 89C51 的 T0 计数器，利用 89C51 中的 T1 作为定时器。当被测的脉冲上升沿来临时，T0 开始计数，同时 T1 定时开始。当 T1 时间到时，T0 停止计数，然后由微型机读取计数器记录时钟脉冲，求得 $t$ 时间内所记录的脉冲的个数 $N$，再根据标度变换公式求出压力值 $P(C)$。

为提高系统的精度，采用分段插值法来计算压力值 $P$（详见软件部分说明）。

压力值 $P$ 通过串行 12 位 D/A 转换器 MAX5352，将数字信号转化为模拟电压信号（0～5V），再经过电压/电流变换器将 1～5V 的电压信号转化为 4～20mA 的标准电流信号，以便与电动单元组合仪表兼容。

为提高系统的精度，可用键盘对压力变速器进行量程迁移。液晶显示（LCD）用来显示量程范围、被测压力参数。当系统工作在量程设置工作状态时，LCD 可用来显示压力变送器的工作状态和量程。

存储数据是使用 $E^2PROM$ 作为外部数据存储器。我们使用的是 $I^2C$ 总线串行 $E^2PROM$ 24C01，但由于主 CPU 是 89C51，该芯片不具备 $I^2C$ 总线接口，因而我们用 2 条 I/O 引脚模拟 $I^2C$ 总线接口，并获得成功。达到了实时准确读写数据的要求。

D/A 转换模块是用于和现在某些还在使用模拟信号作为驱动的设备接口用的。该模块将 CPU 处理以后的数据通过标度变换和 D/A 转化成 4～20mA 的电流输出。考虑到设计中要求的成本低、尽量少占用 I/O 引脚及精度等条件，决定采用 12 位串行 D/A 转换器 MAXIM5352。该器件基本符合设计要求，但它是 SPI 接口方式的，而 89C51 不具备 SPI 接口功能，因此采用使用 I/O 接口模拟 $I^2C$ 总线。

该系统的键盘可代替 FR1151 的手操器，用来在现场完成量程的设置与操作。

为了提高精度，系统采用温度补偿电路，也是采用直接数字方法。多路开关用来完成两个信号（压力和温度）的转换。

## 10.3.2　FR1151 系统的硬件设计

### 1. 多谐振荡器

555 定时器是一种多用途的数字—模拟混合集成电路，利用它能很方便地接成施密特触发器、单稳态触发器和多谐振荡器。由于使用灵活、方便，所以 555 定时器在波形的产生与变换、测量与控制、家用电器、电子玩具等许多领域都得到了广泛的应用。

本课题采用的是 555 多谐振荡器，其连接电路如图 10.17 所示。

由数字电路分析可知，电容上的电压 *V*c 将在 $V_{T+}$和 $V_{T-}$之间往复振荡，*V*c 和 *V*o 的波形如图 10.18 所示。

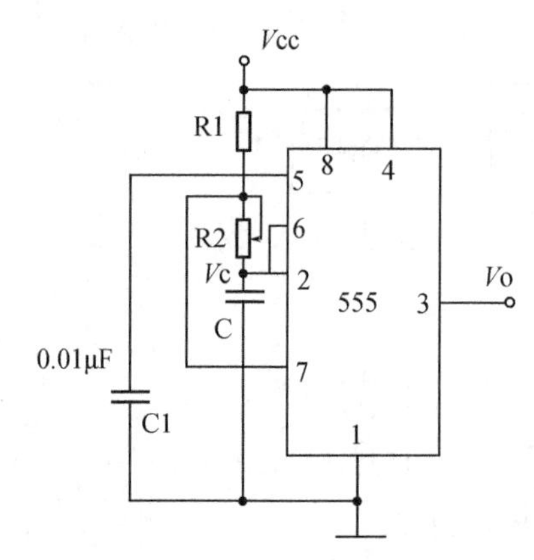

图 10.17　555 多谐振荡器

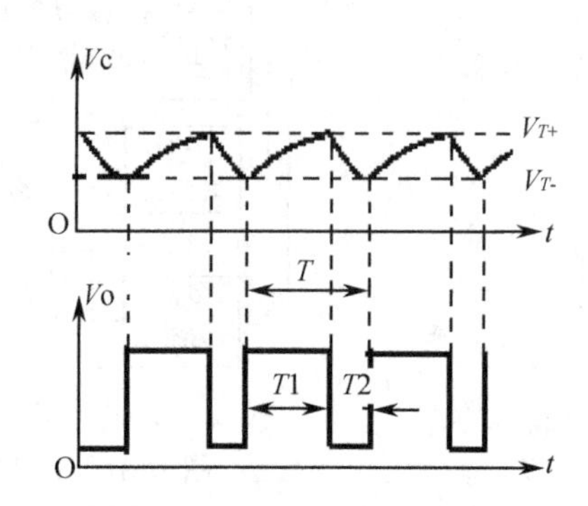

图 10.18　555 多谐振荡器的波形

由图 9 的波形求得电容 C 的充电时间 $T_1$ 和放电时间 $T_2$ 各为：

$$T_1 = (R_1 + R_2)\cdot C \cdot \ln\frac{V_{CC} - V_{T-}}{V_{CC} - V_{T+}} = (R_1 + R_2)\cdot C \cdot \ln 2 \qquad (10\text{-}1)$$

故电路的振荡周期为：

$$T = T_1 + T_2 = (R_1 + 2R_2)\cdot C \cdot \ln 2 \qquad (10\text{-}2)$$

$$T_2 = R_2 \cdot C \cdot \ln\frac{0 - V_{T+}}{0 - V_{T-}} = R_2 \cdot C \cdot \ln 2 \qquad (10\text{-}3)$$

振荡频率为：

$$f = \frac{1}{T} + \frac{1}{(R_1 + 2R_2)\cdot C \cdot \ln 2} \qquad (10\text{-}4)$$

通过改变电阻和电容的参数即可改变振荡频率。用 CB555 组成的多谐振荡器的最高振荡频率达

500kHz，用 CB7555 组成的多谐振荡器的最高振荡频率可达 1MHz。

在本例中，$C$ 是随压力变化而变化的参数，因此，改变图 8 中的电阻 R2 的数值，即可得到一组压力-频率变化曲线。

在新型 FR1151 的设计中，C 就是膜盒中的电容 C1 或 C2，外界压力的变化，引起 C1 和 C2 发生变化，即而，频率发生变化。因此，外界压力每次的变化，都会有一个对应的频率值，这就是该研究课题具有的突破性的技术。

同时，为保证测量精度，在确定该模块的电路连接前，我们做了两组实验:（1）判断 C2 带来的频率 $f$ 的变化大于 C1。测量数据对应的曲线，如图 10.19 所示。

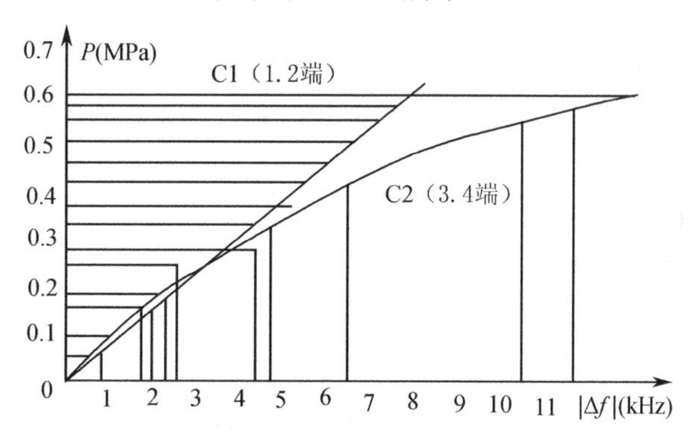


图 10.19　C1 与 C2 的容值与 $f$ 的变化曲线

将 R2 设计为一滑动变阻器，为的是可以通过电阻的调节，确定一个最佳的 R2，使得 $f$ 的变化范围最大。为此，我们也根据不同的电阻值采集了若干组 $P$—$f$ 数据，所对应的曲线，如图 10.20 所示。

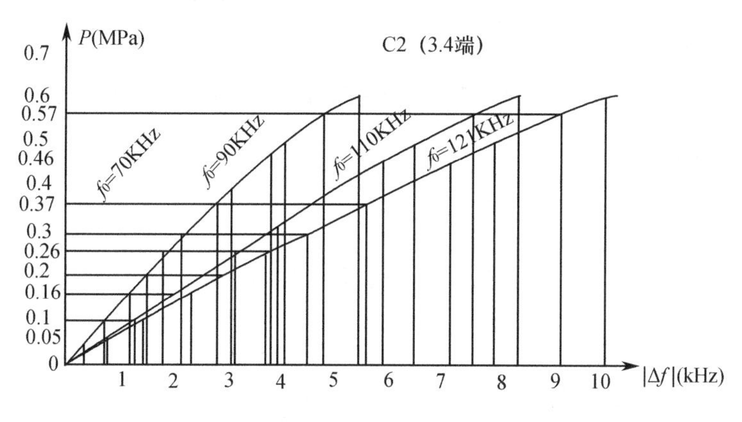


图 10.20　不同 $R$ 值与 $f$ 的变化曲线

通过实验分析，我们对影响频率变化范围的两个因素进行了确定。由于 C2 带来的频率 $f$ 的变化要大于 C1，因此，决定在测量压力参数时，选择 C2 作为测量电容；同时 R2 也有一个最佳取值，使数字滤波后的频率变化范围最大。所以，选择 C2 和最佳的 R2 能保证测量精度。更重要的是我们发现了 P—f 虽然是一条非线性的曲线，但变化的过程总的来讲还算平滑，同时，如果将其分成若干段（即在曲线中插入的点）来看，每一段都很近似直线。在曲线中插入的点越多，每一段就越接近直线。这为我们今后的数据处理确定算法提供了可靠的依据。

从图 10.20 中可以看出，基准频率 $f_0$ 的大小直接影响到量程频率的变化范围，$f_0$ 越大，其频率的变化范围也大。当 $f_0 = 110$kHz 时，其变化范围可达到 8～10kHz 左右，而单片机计数器的计数误差小于 1Hz，由此可计算出这种数字传感器的精度可达±0.000125～0.0001。当然，这里的误差仅就数字传感器而言，整个变送器的误差是由多方面因素引起的，但我们可以肯定，该传感器的误差满足±0.005～0.001 是不成问题的。

在本系统中，由于压力变送器中的 C1、C2 的中点是接地的，所以不能采用带有接地的非对称式多谐振荡器。而是采用 555 多谐振荡器。而使用热敏电阻的温度补偿电路则两种振荡电路都可以。本系统经多次实验确定如下：压力测量采用 555 多谐振荡器，温度补偿采用非对称式多谐振荡器。

### 2. LCD 显示电路

本系统采用 LCD 液晶显示模块 MGLS-12864。该显示模块内置两片 HD16202 液晶显示模块。

（1）HD61202 简介

HD61202 是一种带有列驱动输出的液晶显示控制器，它可以与行驱动器 HD61203 配合使用，组成液晶显示驱动控制系统。

（2）MGLS-12864 液晶模块电路特点

在 MGLS-12864 中，两片 HD61202 的 ADC 均接高电平，RST 也接高电平。$\overline{CSA}$，$\overline{CSB}$=01 时选通①号片；$\overline{CSA}$，$\overline{CSB}$=10 时选通②号片。

（3）MGLS-12864 与 8051 系列 CPU 的连接

本系统采用了直接连接方式将 MGLS-12864 与 CPU 相连，如图 10.21 所示。

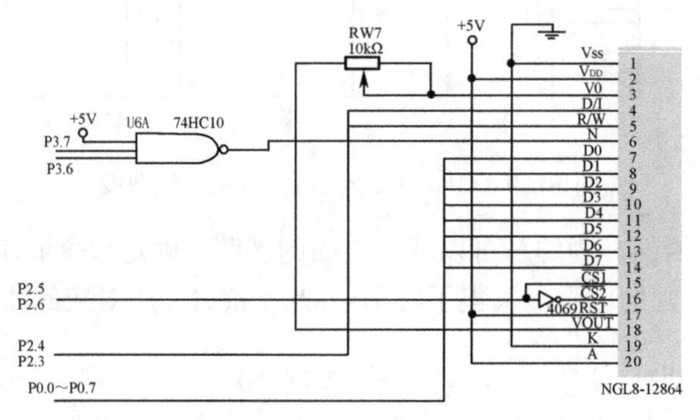


图 10.21　MGLS-12864 与 8051 系列 CPU 的连接图

关于 MGLS-12864 液晶模块的详细内容请参看本书 3.5 节。

### 3. 键盘接口电路

本系统由于受仪表空间所限，仅设置 3 个功能键 K1、K2 和 K3，采用中断方式接口。其原理电路如图 10.22 所示。

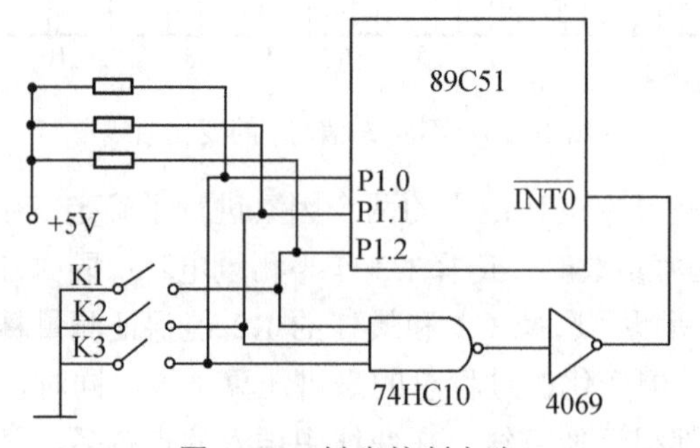


图 10.22　键盘控制电路

K1、K2、K3 分别是 3 个功能键，它们分别与 P1 口中的 P1.0、P1.1、P1.2 3 根 I/O 线连接，各个键的工作状态互不影响。当按键被按下时，开关装置闭合，与之相连的输入线为低电平；当松开按键时，开关装置断开，与之相连的输入线为高电平。图中还有 3 条纵向的连线使 K1、K2、K3 同一个连有反相器的与非门相连，反相器的另一端与 AN89C51 的 $\overline{INT0}$ 相连。当 K1、K2、K3 全部打开的时候，对应的各 I/O 口线全为高电平，经与非门和反相器之后成为高电平，不会产生中断请求；当 K1、K2、K3 中的任意按键被按下时，该键对应的各 I/O 口线将变为低电平，经过与非门后变为高电平，随后经过反相器到达 $\overline{INT0}$ 时为低电平，于是向 CPU 申请中断。CPU 响应后，用查询的方法检测 P1.0、P1.1、P1.2 的值，通过软件分析键盘传入的信息进行相应的处理。由于按键数量有限，且为了满足调整功能的需要，把每个键设置为双功能键，用于设定量程等级和进行量程迁移，其具体功能如下。

（1）K1——加 1 键

当首次按下的键是该键时，进入等级设置界面，以后每按一下，量程等级画面的等级单元加 1，并在下面显示该等级所对应的量程。量程等级加到最大值时，再按下 K1 键，量程等级将回到最小值，即实现自动循环选择。

当在量程迁移界面中按下该键时，则作为量程迁移加 1 键，即每按一次 K1 键，在上限单元加 1，与之对应的下限也加 1，并且具有自动循环功能。

（2）K2——减 1 键

当首次按下的键是该键时，进入等级设置界面，以后每按一下，量程等级减 1，并在下面显示该等级所代表的量程。量程等级减到最小值时，再按下 K2 键，量程等级将回到最大值，即实现自动循环选择。

当在量程迁移画面中按下该键时，则作为量程迁移减 1 键，即每按一次 K2 键，在上限单元减 1，与之对应的下限也减 1。

（3）K3——确认键

当第一次按下 K3 键时，进入量程调整界面，对参数进行初始化设置。当 K3 不是第一次按下时，则为界面确认键，实现界面间的切换。键盘功能及操作方法示意如图 10.23 所示。

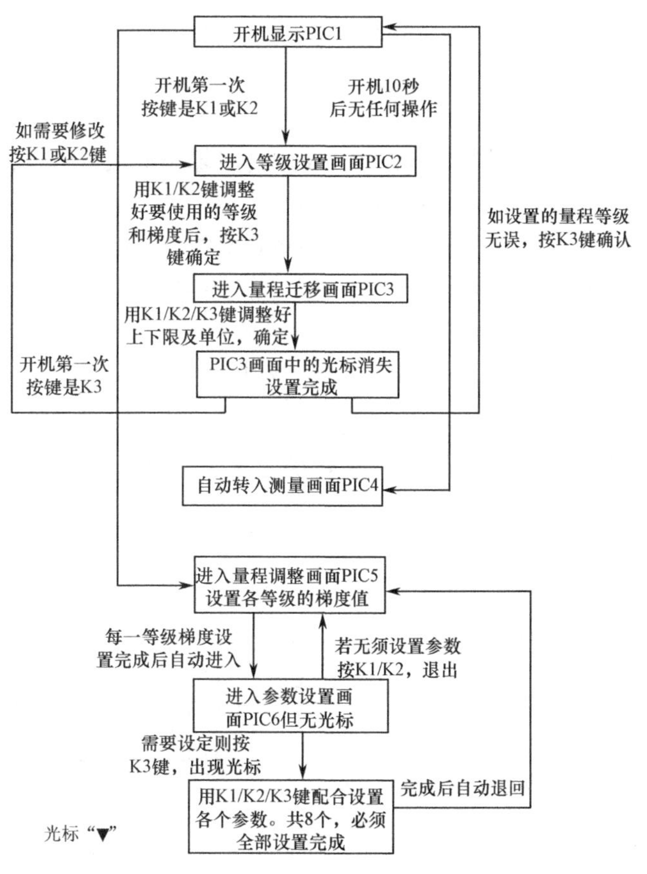


图 10.23　键盘处理流程图

量程等级的设置过程：第一次按下 K1 键，将显示上一次的测量范围，此后每按下一次 K1 键，量程等级将加 1，并且屏幕显示所选量程的等级和该量程默认的上下限。量程等级加到最大值时，再按下

K1 键，量程等级将回到最小值。如果选定等级的默认上下限满足用户要求，按下 K3 键以结束测量范围的设置。

量程迁移的设置过程：在整个测量范围的设置过程中，首次按下 K3 键，屏幕显示当前量程等级和量程的上下限，并在屏幕的下方显示 UP 字样，表示已经进入量程迁移设置过程。此后，每按下 K1 键量程上下限将同时加 1，即量程向上迁移一个单位，屏幕显示新的量程上下限；每按下 K2 键量程上下限将同时减 1，即量程向下迁移一个单位，屏幕显示新的量程上下限。如果选定的测量范围的上下限满足用户要求，按下 K3 键以示设置结束测量范围，UP 字样从屏幕上消失。

系统中使用的 6 幅画面如图 10.24 所示，其对应位置如表 10.1。

**表 10.1　显示画面位置对照表**

| PIC1 开机画面显示上次使用的设置 | PIC2 等级设置画面 | PIC3 量程迁移画面 |
|---|---|---|
| PIC4 测量画面 | PIC5 量程调整画面 | PIC6 参数设置画面 |

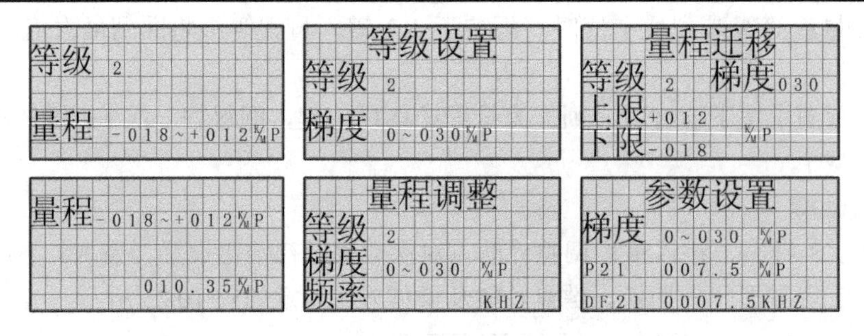


图 10.24　显示的 6 幅画面

#### 4. D/A 转换电路

本系统采用 12 位串行 D/A 转换器 MAX5352，将单片机输出的数字信号转化为模拟信号。

MAX5253 是一个输出电压的数字/模拟转换器（DAC），每一个芯片都包括一个 12 位的移位寄存器，还包括一个带有一个输入寄存器和一个数字/模拟转换寄存器的双缓冲输入装置。MAX5352D/A 转换器是一个反相的梯形网络，它将输入的数字信号转换为同等的参考电压信号输出。输入端的电压范围 0～1.4V，输出端电压根据如下的数学公式来计算：

$$V_{\text{out}} = \left(V_{\text{ref}} \times \text{NB}/4096\right) \times \text{Gain} \tag{10-5}$$

式中，NB 是 DAC 的二进制输入代码的数字量（0～4095），$V_{\text{ref}}$ 是参考电压，Gain 是外设的电压增量。由 MAX5253 构成的输出为 4～20mA 的 D/A 转换电路如图 10.25 所示。

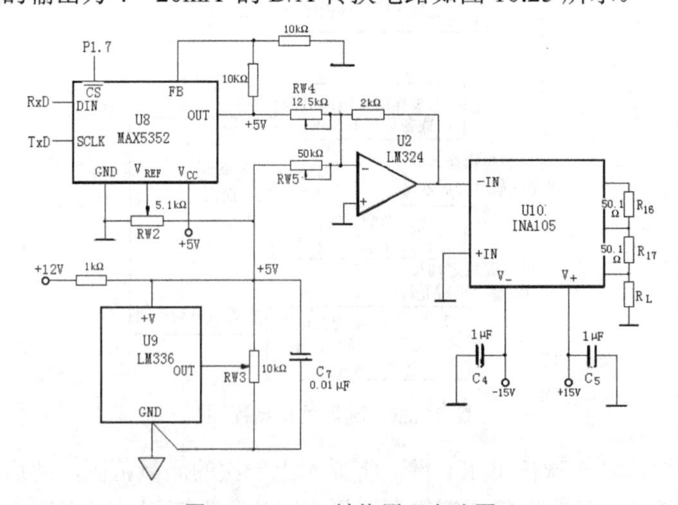


图 10.25　D/A 转换原理电路图

在图 10.25 所示的电路中，由串行口将数字信号经 D/A 转换器转换为标准电压信号（0～5V）后，采用电压/电流变换器 INA105 将 0~5V 的电压信号转换为 4～20mA 的标准电流信号。

为了适应 12 位串行 D/A 转换器 MAX5352 的需要，使用 89C51 来模拟 SPI 总线。在功能上类似于 MCS-51 系列单片机串行接口中的方式 0，数据由 RxD（P3.0）输出到 MAX5352D/A 转换器的 DIN 引脚，同步移位时钟是由 TxD（P3.1）输出到 MAX5352D/A 转换器的 SCLK 引脚中。MAX5352D/A 转换器的 OUT 引脚为 DAC 电压输出口，然后经运算放大器 LM324 进入到电压电流转换器 INA105，最终输出的是 4~20mA 电流，这样做的好处是可以把此信号传送到更远端的控制室。关于如何用单片机模拟 SPI 总线本书第 6 章已经讲过，这里不再赘述。

**5. 数据存储模块**

为了保存采集的数据和仪表量程设置数据，系统采用一片 24C02 串行 $E^2$PROM 存储器。其原理接线如图 10.26 所示。

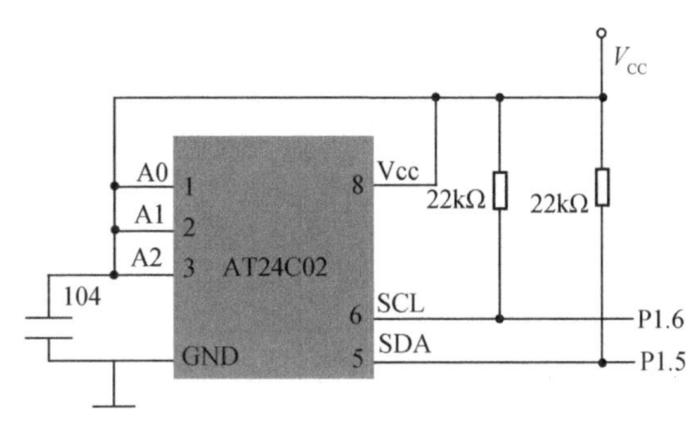


图 10.26　$E^2$PROM24C02 接线图

AT24C02 是串行 $E^2$PROM，容量为 2KB。值得注意的是，在本课题中 FR1151 压力变送器中采用的是模拟 $I^2C$ 总线技术。这是因为在 FR1151 压力变送器中，为了使成本进一步减少，采用的 $E^2$PROM 是现在市场上较少使用的 AT24C02，之所以在市场上较少使用是因为它需要 $I^2C$ 总线与之相连。但是，使用 $I^2C$ 总线的微处理器价格昂贵，且不便于使用，因此使用 89C51 单片机的输入输出口来模拟 $I^2C$ 总线。这样，即做到使用价格便宜的 AT24C02，又不影响整个系统的使用。

采用串行总线大大简化了系统的硬件设计，特别是当需要改变系统的外围设备时，只需更改串行总线上的设备品种和数量即可，而不必更改过多的连线。但串行总线系统要用很少几根线完成数据的传送，还必须依靠一定的通信协议，如设备的选通、数据的格式、传送的启动和停止、多主机时总线控制权的裁决等。在数据传送率比较低的应用场合，串行存储器比并行存储器要优越得多。除所占空间比较少外，串行器件可节省微控制器的 I/O 线。本系统在实时应用时传送数据并不多，只需要在其中存储相应的几组频率值、压力值、K 值，大部分数据都是在参数设置时进行存储的。特别是我们希望本系统所占空间越小越好，因此采用 AT2402 是非常合适的。在图 10.26 中，A0、A1、A2 全部接 $V$cc，故该从器件的地址为 111。时钟信号 SCL 由 P1.6 来控制，模拟 $I^2C$ 总线上的主机产生时钟脉冲。在 $SE^2$PROM 中，SDA 是一根双向数据线，正是通过它与其他设备相连传送数据。在 FR1151 压力变送器的设计中，我们通过 P1.5 口与 SDA 相连，模拟 $I^2C$ 总线传送数据。关于如何用单片机模拟 $I^2C$ 总线本书第 6 章已经讲过，这里不再赘述。

## 10.3.3　FR1151 系统的软件设计

本系统软件采用模块化结构，根据功能划分为 7 个模块。

（1）主程序模块。

（2）压力脉冲自动采集模块。

（3）量程的自动选择及线性化处理模块。

（4）键盘处理模块。

（5）显示模块。

（6）D/A 转换模块。

（7）数据存储模块。

下面介绍几个主要软件模块的设计思想。

### 1. 主程序模块

主程序主要用来进行初始化，然后等待键盘按下。如果在 10ms 内没有键按下，则系统自动进入运行状态。否则，系统将进入参数设置状态。其程序流程图如图 10.27 所示。

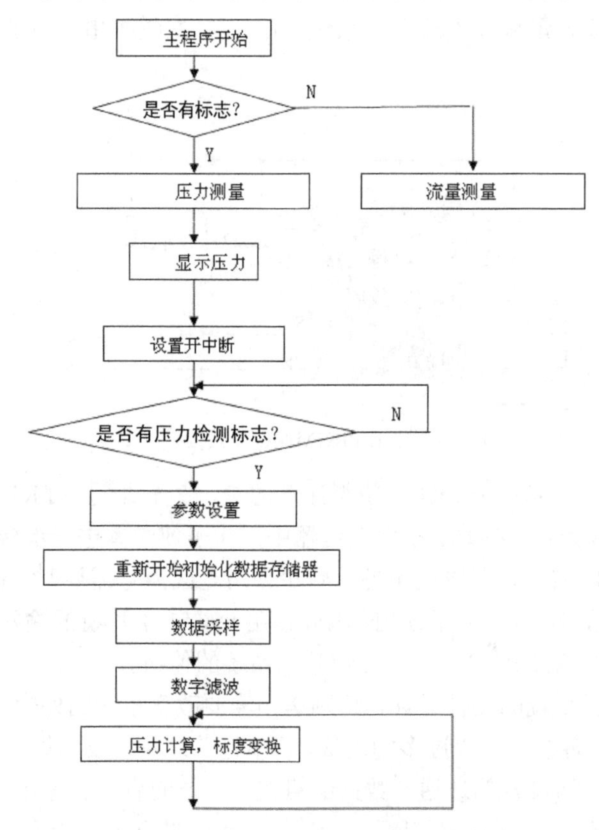


图 10.27 FR1151 压力变送器主程序流程图

### 2. 键盘处理模块

（1）独立式按键接口

在单片机控制系统中，由于其控制对象比较专一，往往只需要几个功能键，特别是在智能化仪表中更是如此。对于少量功能键，多采用相互独立的接口方法，即每个按键接一根输入线，各键的工作状态互不影响。采用硬件中断或软件查询办法均可实现其键盘接口。

键的闭合与否，取决于机械弹性开关的闭合、断开状态，反映在电压上就呈现出低电平或高电平，若高电平表示断开，则低电平表示闭合。所以，通过电平状态（高或低）的检测，便可确定相应按键是否已被按下。

由于本系统是在改进原来的电容式变送器的基础上研究设计的，所以要基于旧的硬件装置，而以前的系统规模较小，所以在设计单片机应用系统中，为了缩小整个系统的规模，简化硬件线路，只设置了 3 个按键，来获得更多的控制功能。这就涉及到双功能键和多功能键的设计。在本系统中，使用了多功能键。也就是说，我们选择一个 RAM 单元，对某一个键按下的次数进行计数，同时配合一个启动键，当启动键按下后，当前计数值有效，根据不同的计数值转入相应的功能程序。

在键盘使用中，会遇到重键与连击的现象，解决该问题主要是通过软件设计实现的。由于单片机系统毕竟资源有限，交互能力不强，在这里采用单键按下有效、多键同时按下无效的原则。

同时准确无误地辨认每个键的动作及其所处的状态，是系统能否正常工作的关键。大多数键盘的按键均采用机械弹性开关。一个电信号通过机械触点的断开、闭合过程，完成高、低电平的切换。由于机械触点的弹性作用，一个按键开关在闭合及断开的瞬间必然伴随有一连串的抖动。抖动过程的长短由按键的机械特性决定，一般为 10～20ms。为了使 CPU 对一次按键动作只确认一次，必须排除抖动的影响。排除抖动的方法有硬件消抖和软件消抖两种，在本系统中采用软件消抖的方法，即检测到第一次有键按下时，先用软件延时（10ms），然后再确认该键电平是否仍维持闭合状态电平。若保持闭合状态电平，则确认此键已按下，从而消除了抖动的影响。对键盘的响应，通过中断服务程序来完成。

受仪表空间的限制，在系统中只设置 3 个功能键 K1（加 1 键）、K2（减 1 键）和 K3（确认键），采用边沿外部中断方式接口。MCS-51 系列的大部分芯片有 4 个口，共 32 根 I/O 线，在这里把准双向口 P1 口做通用 I/O 口用，其连线如图 10.22 所示。P1 口的 P1.0、P1.1、P1.2 分别与 K1、K2、K3 3 个控制开关相连，是 3 个输入控制信号。按键处于按下状态时，开关装置闭合，与之相连的输入线为低电平；按键松开时，开关断开，与之相连的输入线为高电平。其中，K1、K2、K3 都与同一个连有反相器的与非门相连，反相器的输出端与 89C51 的 $\overline{\text{INT0}}$ 相连。当 K1、K2、K3 均未按下时，对应的各条列线全为高电平，经与非门和反相器之后成为高电平，不会产生中断请求；当 K1、K2、K3 中的任意一个键被按下时，该键对应的列将变为低电平，经过与非门后变为高电平，随后经过反相器到达 INT0 时为低电平，于是向 CPU 申请中断。CPU 响应后，检测 P1.0、P1.1、P1.2 的值，分析键盘传入的状态信息，进行相应的处理。

本系统采用外部中断边沿触发方式，该方式通过 TCON 寄存器中的中断方式位 IT1、IT0 来控制。当 ITx=1（x 为 0 或 1），采用边沿触发方式：在相继的两个周期中，对 ITx 引脚进行两次采样，若第一次采样值为高，第二次采样值为低，则 TCON 寄存器中的中断请求标志 IEx 被置 1，请求中断。由于外部中断引脚每个机器周期被采样一次，为确保采样，由引脚 INTx 输入的信号应至少保持一个机器周期，即 12 个振荡器周期才能确保 CPU 检测到电平的跳变，而把中断请求标志置 1。该中断方式，要求外部中断源一直保持中断请求有效，直至所请求的中断得到响应时为止。CPU 响应某中断请求后，在中断返回（RETI）前，该中断请求应该撤除，否则会引起另一次中断。对于边沿激活的外部中断，CPU 在响应硬件后，也用硬件清除了有关的中断请求标志 TE0（TCON.1）、TE1（TCON.3），自动撤除了请求。

（2）键盘中断子程序

如图 10.22 所示，键盘使用的 0 号中断，中断子程序如下。

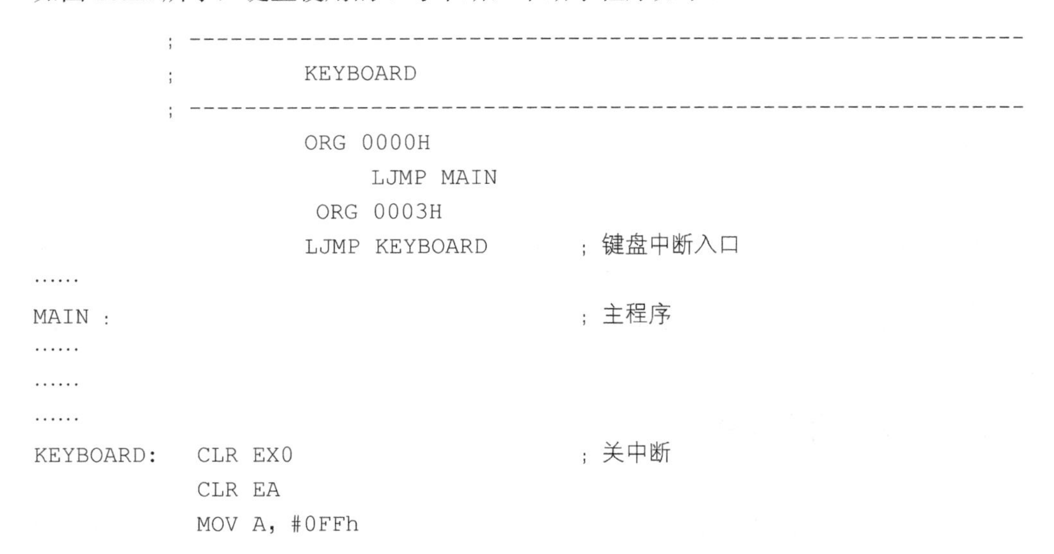

```
; -------------------------------------------------------------
;         KEYBOARD
; -------------------------------------------------------------
          ORG 0000H
              LJMP MAIN
           ORG 0003H
          LJMP KEYBOARD          ; 键盘中断入口
......
MAIN :                           ; 主程序
......
......
......
KEYBOARD:   CLR EX0              ; 关中断
            CLR EA
            MOV A, #0FFh
```

```
            MOV P1, A                  ; 将 P1 口置成输入方式
            MOV A, P1                  ; 读 P1 值
            ANL A, #07H
            CJNE A, #07H, ABBB
            LJMP FINISH
ABBB:       MOV 20H, A
            MOV R0, #0FFh              ; 延时 10ms，去抖再读
DL1:        MOV R1, #0FFH
DL2:        DJNZ R1, DL2
            DJNZ R0, DL1
            MOV A, #0FFh
            MOV P1, A
            MOV A, P1
            ANL A, #07H
            CJNE A, 20H, FINISH        ; 判断是否有键按下，20H.0~20H.2 为 KK1~KK3 标志位
            MOV 20H, A
            JB KK1, KEY1               ; 键盘分析，按下为 0
            LJMP K1
KEY1:       JB KK2, KEY2
            LJMP K2
KEY2:       JB KK3, FINISH             ; 3 个键都不是，开中断
            LJMP K3
FINISH:     SETB EX0                   ; 开中断
            SETB EA
            RETI                       ; 返回
            ……
; ---------------------------------------------------------------
K1:         ……                        ; K1 键的服务子程序
            ……
            RETI
; ---------------------------------------------------------------
K2:         ……                        ; K2 键的服务子程序
            ……
            RETI
; ---------------------------------------------------------------
K3:         ……                        ; K3 键的服务子程序
            ……
            RETI
; ---------------------------------------------------------------
```

#### 3. 数据显示模块

HD61202 控制驱动器的硬件原理

HD61202 液晶显示控制驱动器是一种带有输出驱动的图形液晶显示控制器，它可直接与 8 位微处理器相连，对液晶屏进行行、列驱动。本课题采用内置 HD61202 的液晶显示模块 MGLS-12864（128 列×64 行），关于 MGLS-12864 的原理和应用在本书 3.4 节 LCD 的显示接口技术已经讲过，这里不再赘述。

## 10.4 加热炉温度控制系统

温度是工业对象中一种重要的参数，特别在冶金、化工、机械各类工业中，广泛使用各种加热炉、

热处理炉和反应炉等。由于炉子的种类不同，因此所采用的加热方法及燃料也不同，如煤气、天然气、油和电等。但是就其控制系统本身的动态特性来说，基本上都属一阶纯滞后环节，因而在控制算法上亦基本相同。

实践证明，用微型计算机对炉窑进行控制，无论在提高产品质量和数量，节约能源，还是在改善劳动条件等方面都显示出无比的优越性。

本节主要介绍由 89C51 单片机组成的温度控制系统的组成原理及程序设计方法。

## 10.4.1　温度控制系统的组成

该系统被控对象为用燃烧天然气加热的 8 座退火炉。天然气烧嘴选用自带空气形式。退火炉用于钢材的热处理，以改变钢材的物理性能。被测参数主要是温度，测量范围为 0℃～1 000℃。为此，采用 89C51 单片机作为主机，其原理如图 10.28 所示。

在图 10.28 中，被测参数温度值由热电偶 T-1 测量后得到 mV 信号，经变送器转换成 0～5V 的电压信号；由多路开关把 8 座退火炉的温度测量信号分时地送到采样-保持器和 A/D 转换器，进行模拟/数字转换；转换后的数字量通过 I/O 接口传入到处理器。在 CPU 中进行数据处理（数字滤波、标度变换和数字控制计算）后，一方面送去显示，并判断是否需要报警；另一方面与给定值进行比较，然后根据偏差值进行控制计算。控制器输出经 D/A 转换器转换成 4～20mA 电流信号，以带动电动执行机构动作。当采样值（温度）大于给定值时，把天然气阀门关小，反之将开大阀门。这样，通过改变进入退火炉的天然气的流量，达到控制温度的目的。本系统不但可以进行恒温控制，而且可以通过软件设计按照一定的升温曲线控制。

当系统中某座退火炉发生超低（或高）限报警时，将发出声光报警信号，提醒操作人员注意，并采取相应措施。

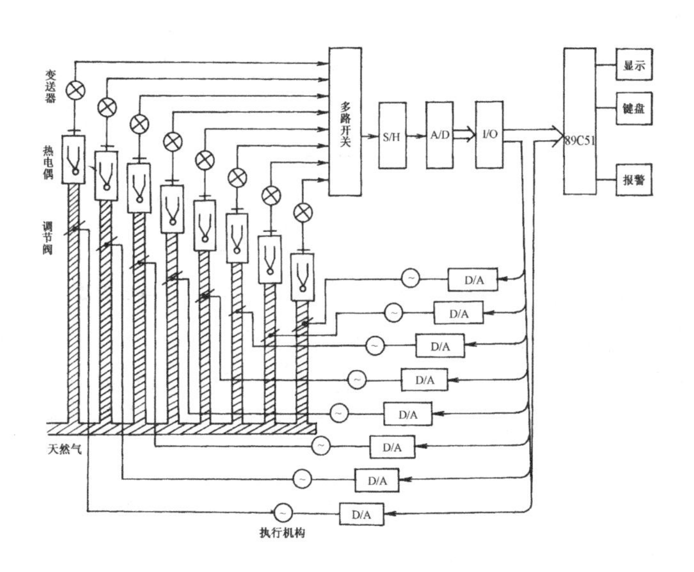


图 10.28　退火炉微机控制系统原理图

## 10.4.2　温度控制系统的硬件设计

控制系统的硬件设计是系统设计的基础，具有重要意义。主要设计内容包括温度测量、A/D 转换、单片机系统、键盘操作系统、温度显示电路、报警电路、D/A 转换等部分。下面分步介绍硬件电路设计方法。

### 1. 检测元件及温度变送器

因为退火炉的温度测量范围为 0℃～1000℃，所以检测元件选用镍铬-镍铝热电偶（分度号为 K），其对应输出信号为 0～41.2643mV。温度变送器选用集成一体化变送器，在 0℃～1010℃时对应输出为 0～5V。本系统使用 12 位 A/D 转换器，故采样分辨度为 1010/4096≈0.25℃/LSB。其温度－数字量对照，如表 10.2 所示。

表 10.2　温度—数字量对照表

| 温度（℃） | 0 | 100 | 200 | 300 | 400 | 500 | 600 | 700 | 800 | 900 | 1010 |
|---|---|---|---|---|---|---|---|---|---|---|---|
| 热电偶输出（mV） | 0 | 4.10 | 8.14 | 12.21 | 16.40 | 20.65 | 24.90 | 210.13 | 33.29 | 37.33 | 41.66 |
| 变送器输出（V） | 0 | 0.49 | 0.98 | 1.47 | 1.97 | 2.48 | 2.99 | 3.50 | 4.00 | 4.48 | 5.00 |
| A/D 输出（H） | 000 | 191 | 322 | 4B3 | 64E | 7F0 | 991 | B33 | CCD | E56 | FFF |

### 2. A/D 转换器及数据采样

系统采用 12 位 A/D 转换器 AD574（详见第 2 章的 2.3 节）与 8031 的接口电路，如图 10.29 所示。

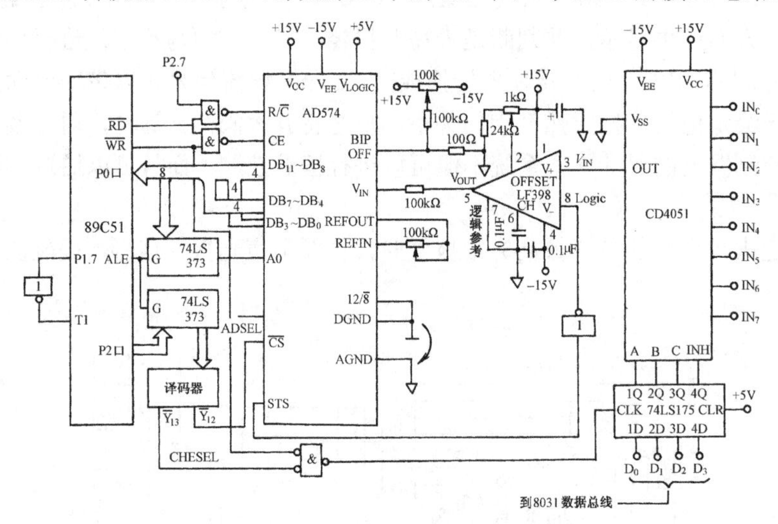


图 10.29　数据采集系统原理图

如图 10.29 所示，被测参数经多路开关 CD4051 选通后，送到采样-保持器的输入端。到底哪一路被选中，由多路开关的选择控制端 C、B、A 及禁止锁存端 INH 控制。采样-保持器的工作状态由 A/D 转换器的转换结束标志 STS 的状态控制。当 A/D 转换正在进行时，STS 输出为高电平，经反相后，变为低电平，送到 S/H 的逻辑控制端（Logic），使 S/H 处于保持状态，此时即可开始 A/D 转换。转换后的数字量由 8031 的数据总线分两次读到 CPU 寄存器。

转换结束后，STS 由高电平变为低电平，反相后呈高电平，因而使 S/H 进入采样状态。这种方法不必单独送 S/H 控制信号，所以使系统运行速度加快。

关于图 10.29 所示的读/写控制此处不再赘述，读者可自行分析。

### 3. 键盘/显示接口电路

为了使操作人员能够随时掌握每个炉子的温度变化情况，设计了 4 位 LED 显示器。设显示缓冲单元为 28H 和 29H；第 1 位指示通道号；第 2～4 位用来显示温度，最大为 999℃。根据系统的需要，显示方法设计成两种方式：①自动循环显示，在这种方式下，计算机可自动地把采样的 1#～8# 退火炉的温度不间断地依次进行显示；②定点显示，即操作人员可随时任意查看某一座退火炉的温度，且两种显示方式可任意切换。

为了完成系统操作，系统设置了一个 4×4 矩阵键盘，其中 0～9 为数字键，A～F 为功能键。键盘的主要功能是完成参数设置、显示方式选择、自动/手动安排，以及系统的启动和停止。

键盘与显示电路通过可编程接口芯片 8255A 与单片机连接，其原理电路如图 10.30 所示。

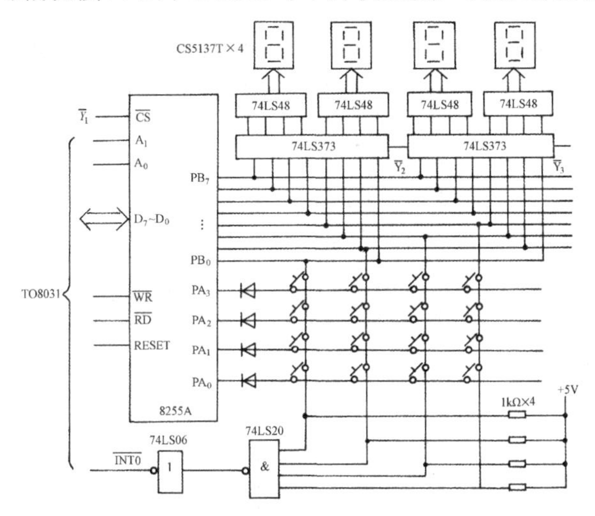


图 10.30　键盘/显示接口电路

从图 10.30 中可以看出，8255A 的 B 口作为显示接口。本系统采用静态显示，74LS373 为锁存器。74LS48 为共阴极译码/驱动器，LED 数码管采用 CS5137T。键盘为 4×4 矩阵键盘，8255A 口的 $PA_3$～$PA_0$ 为行扫描接口，从 B 口的 $PB_3$～$PB_0$ 读入列值，该系统键盘处理为中断方式。由此可见，8255A 的 B 口工作在两种方式下：在显示状态下为输出方式，在键盘中断服务程序处理过程中为输入方式。为此，只需在相应操作前重新设置 8255A 的工作方式即可。

### 4. 报警电路

除了显示电路之外，为了安全生产，系统设计有报警电路，如图 10.31 所示。

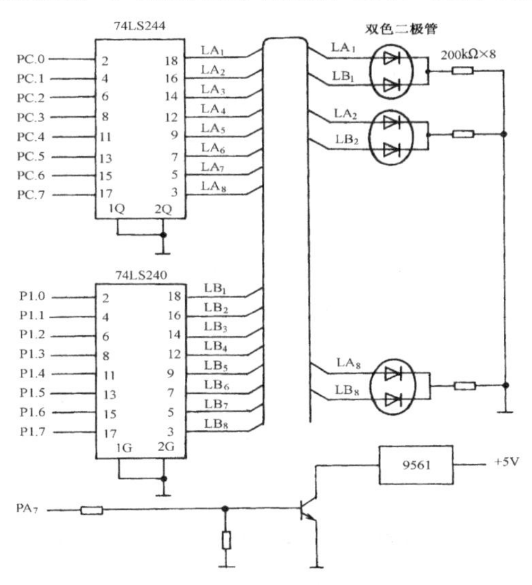


图 10.31　报警接口电路

如图 10.31 所示，采用双色发光二极管进行显示。当 $LA_i$ 为高电平，而 $LB_i$ 为低电平时，发光二极管显示绿色；反之，$LA_i$ 为低电平，$LB_i$ 为高电平时，发光二极管显示红色；若两者均为高电平时，显示黄色。系统每个发光二极管指示一座退火炉，温度正常时显示绿色，高于上限值时呈红色，低于下降值时为黄色。这样，操作人员可随时根据双色发光二极管的显示颜色，了解每座退火炉的工作是否正常。显示颜色的控制分别由 8255A 的 C 口（$PC_7$～$PC_0$）和 8031 的 P1 口（P1.7～P1.0）来完成。

为了引起操作人员注意，系统还设计一个声音报警电路（如图 10.31 的下部所示），用 8255A 的 $PA_7$ 驱动晶体管 8050，控制语音芯片 9561 带动喇叭发音（详见第 4.1 节）。

**5. 译码电路**

为了使各个接口能正常工作，系统需要对所有端口进行地址分配。根据系统中接口的数量，采用 74LS154（4-16 译码器），可译出 16 个地址。其接口电路，如图 10.32 所示。

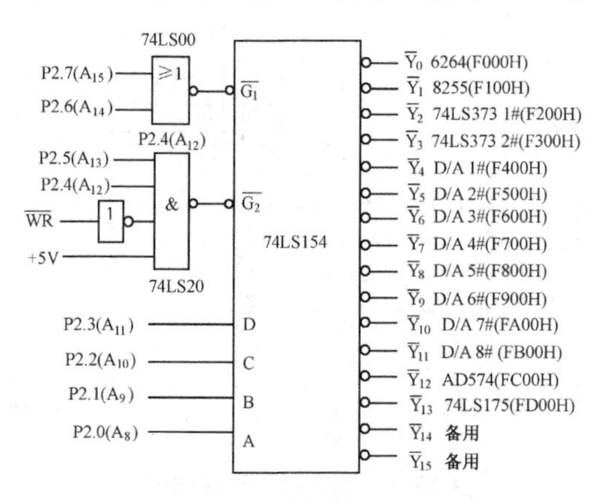


图 10.32 地址译码器接口电路

如图 10.32 所示，地址总线 $A_{15}$、$A_{14}$ 控制译码器的控制端 $\overline{G_1}$。$A_{13}$、$A_{12}$ 控制译码器的控制端 $\overline{G_2}$。$A_8$～$A_{11}$ 接译码器选择控制端 A、B、C、D。译码器输出与各端口之间的关系，如图 10.32 所示。由此可分析出各端口地址如下。

| $A_{15}$ | $A_{14}$ | $A_{13}$ | $A_{12}$ | $A_{11}$ | $A_{10}$ | $A_9$ | $A_8$ | $A_7$～$A_0$ | | |
|---|---|---|---|---|---|---|---|---|---|---|
| 1 | 1 | 1 | 1 | 0 | 0 | 0 | 0 | 0 ～0 | $\overline{Y}_0$ | F000H |
| 1 | 1 | 1 | 1 | 0 | 0 | 0 | 1 | 0 ～0 | $\overline{Y}_1$ | F100H |
| 1 | 1 | 1 | 1 | 0 | 0 | 1 | 0 | 0 ～0 | $\overline{Y}_2$ | F200H |
| 1 | 1 | 1 | 1 | 0 | 0 | 1 | 1 | 0 ～0 | $\overline{Y}_3$ | F300H |
| 1 | 1 | 1 | 1 | 0 | 1 | 0 | 0 | 0 ～0 | $\overline{Y}_4$ | F400H |
| 1 | 1 | 1 | 1 | 0 | 1 | 0 | 1 | 0 ～0 | $\overline{Y}_5$ | F500H |
| 1 | 1 | 1 | 1 | 0 | 1 | 1 | 0 | 0 ～0 | $\overline{Y}_6$ | F600H |
| 1 | 1 | 1 | 1 | 0 | 1 | 1 | 1 | 0 ～0 | $\overline{Y}_7$ | F700H |
| 1 | 1 | 1 | 1 | 1 | 0 | 0 | 0 | 0 ～0 | $\overline{Y}_8$ | F800H |
| 1 | 1 | 1 | 1 | 1 | 0 | 0 | 1 | 0 ～0 | $\overline{Y}_9$ | F900H |
| 1 | 1 | 1 | 1 | 1 | 0 | 1 | 0 | 0 ～0 | $\overline{Y}_{10}$ | FA00H |
| 1 | 1 | 1 | 1 | 1 | 0 | 1 | 1 | 0 ～0 | $\overline{Y}_{11}$ | FB00H |
| 1 | 1 | 1 | 1 | 1 | 1 | 0 | 0 | 0 ～0 | $\overline{Y}_{12}$ | FC00H |
| 1 | 1 | 1 | 1 | 1 | 1 | 0 | 1 | 0 ～0 | $\overline{Y}_{13}$ | FD00H |

此外，本系统还设有 8 个 D/A 转换电路，分别将处理器输出给各路的控制量转换成模拟量，送至对应的执行机构。采用 DAC0832，输出为 4～20mA。关于 D/A 转换接口，此处不再重复，详见第 2 章的 2.2 节。

## 10.4.3 数字控制器的设计

众所周知，在温度调节系统中，由于炉子温度的时间常数很大（相对于采样周期而言），所以其闭环调节系统可以用一个一阶滞后环节来近似。可以采用直接数字控制见参考文献[2]，也可以采用本书讲的模糊控制和 PID 控制，这里我们采用 PID 控制，如图 10.33 所示。

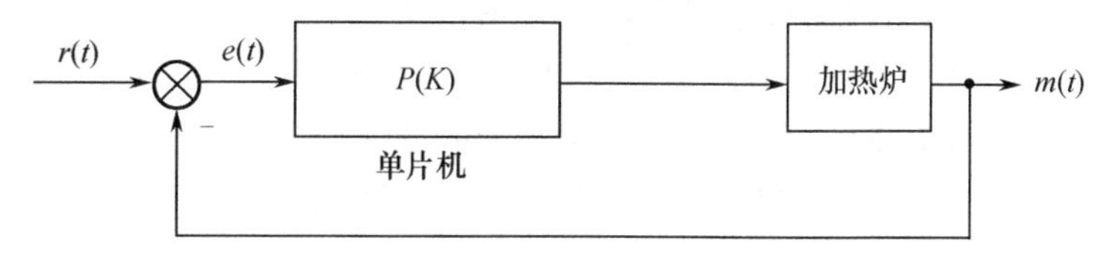


图 10.33　退火炉温度控制系统的调节原理

根据本书第 8 章的 8.2 节所介绍的 PID 算法来设计数字控制器。由式（8-14）可写出 PID 表达式：

$$P(k) = P_{\mathrm{P}}(k) + P_{\mathrm{I}}(k) + P_{\mathrm{D}}(k) \tag{10-5}$$

其中，

$$P_{\mathrm{P}}(k) = K_{\mathrm{P}}E(k)$$

$$\begin{aligned} P_{\mathrm{I}}(k) &= K_{\mathrm{I}}\sum_{j=0}^{k}E(j) \\ &= K_{\mathrm{I}}E(k) + K_{\mathrm{I}}\sum_{j=0}^{k-1}E(j) \\ &= K_{\mathrm{I}}E(k) + P_{\mathrm{I}}(k-1) \end{aligned}$$

$$P_{\mathrm{D}}(k) = K_{\mathrm{D}}\left[E(k) - E(k-1)\right]$$

根据式（10-5）即可设计出图 10.33 加热炉温度调节系统的 PID 控制程序。

## 10.4.4　温度控制系统软件设计

在完成系统硬件设计及求出 PID 数字算法之后，即可着手进行控制系统的软件设计。

该系统软件设计采用模块式结构。主要分 3 部分：第 1 部分为主程序；第 2 部分为键盘中断服务程序；第 3 部分是定时采样及处理程序。

关于键盘处理程序，本书第 3 章的 3.1 节已做详细介绍，这里不再赘述。读者可参照该部分设计。

下面重点讲一下主程序、定时采样程序及 PID 数字控制器程序的设计方法。

### 1. 控制系统主程序

主程序主要进行初始化，分配内存单元及设置定时器参数，以便为系统正常工作创造条件。由于本系统数据通道比较多，而且采样数据为 12 位（双字节），加上一些给定值，如温度上、下限报警给定值，控制曲线设定值等，所占内存单元较多，故本系统将同时使用内部 RAM 及外部 RAM。这两种 RAM 传送数据方法不同，读者在阅读程序时应予以注意。该系统的采样周期为 5s，对于这样长的定时时间只用一个定时器是不够的。因此，采用两个定时器串联的方法，即设 $T_0$ 为定时方式，设 $T_1$ 为计数方式。也可以采用软件、硬件相结合的方式，即设 $T_0$ 为定时方式，然后用软件对其计数的方式。本系统采用 $T_0$ 和 $T_1$ 串联的纯硬件定时方式。设 $T_0$ 为定时方式 1，定时的时间间隔为 100ms，时钟频率选 6MHz。代入公式 $T=(2^{16}-X)\times 12\times 1/f_{\mathrm{osc}}$，可得出 $T_0$ 应装入的时间常数 $X$=3CB0H，可分别装入 $TH_0$ 和 $TL_0$。设 $T_1$ 为计数方式 2，计数值为 50（即 32H）。为了能对 $T_0$ 定时中断次数进行比较，用 P1.7 引脚通过一个反相器接到 $T_1$ 引脚。当定时时间到，将 P1.7 反相后，加到 $T_1$ 引脚作为计数脉冲，需要定时两次才能构成一个完整的计数脉冲。因此，设 $T_1$ 的计数值为 25，因此 $T_1$ 的计数常数为 231（E7H）。这里，定时器 0、定时器 1 均允许中断。这样，当计数器 $T_1$ 计满后，即可产生一个 5s 的中断申请。

完成上述主程序流程如图10.34所示。

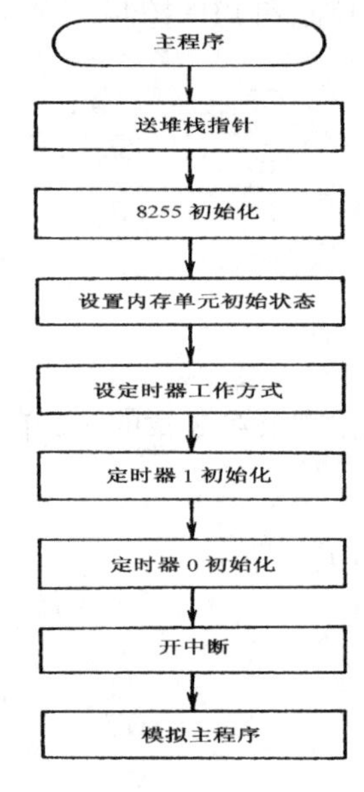


图10.34 温度控制系统的主程序流程

设 DATA 为采样数据存放区域首地址。每次采样值占两个单元；每个通道采样5次，共8个通道，共占外部存储单元80个；显示缓冲区占两个单元，存放BCD码数据；第一字节中的高4位为通道号，低4位为百位数；第二个字节高低4位分别为十位数和个位数。给定值存放在内部RAM中，占16个字节。报警标志单元安排在内部RAM的20H和21H单元中；位地址从00H开始，其中20H为上限报警标志位，21H单元为下限报警标志位。堆栈设在内部RAM中，指针为69H。据此可写出初始化程序如下。

```
        ；温度控制系统主程序
        ；微型机温度控制系统译码器地址分配
        PCTL8255    EQU 0F103H
        PC8255      EQU 0F102H
        PB8255      EQU 0F101H
        PA8255      EQU 0F100H
        LS3731      EQU 0F200H
        LS3732      EQU 0F300H
        DA1         EQU 0F400H
        DA2         EQU 0F500H
        DA3         EQU 0F600H
        DA4         EQU 0F700H
        DA5         EQU 0F800H
        DA6         EQU 0F900H
        DA7         EQU 0FA00H
        DA8         EQU 0FB00H
        AD574       EQU 0FC00H
        LS175       EQU 0FD00H
；外部RAM地址分配
        CDATA       EQU 00H                   ；数据采集单元首地址
        FDATA       EQU 50H                   ；数字滤波后数据首地址
        SDATA       EQU 60H                   ；标度变换后数据首地址
        SETTEMP     EQU 70H                   ；设定温度首地址
        TEMPMAX     EQU 80H                   ；报警上限给定值首地址
        TEMPMIN     EQU 90H                   ；报警下限给定值首地址
        FFDATA      EQU 0A0H                  ；采样温度值首地址（浮点数）
；内部RAM地址分配
        ALARMAX     EQU 00H                   ；上限报警标志位首地址
        ALARMIN     EQU 08H                   ；下限报警标志位首地址
        COUNT       EQU 22H                   ；采样次数单元
        CHADDR      EQU 23H                   ；采样通道号单元
        BUFF        EQU 24H                   ；采样数据缓冲区
        DPLBUFF     EQU 25H                   ；显示缓冲区
        FSETTEMP    EQU 26H                   ；设定温度首地址（浮点数）
        COEF        EQU 3EH                   ；数字控制器系数及缓冲单元

                    ORG  0000H
                    LJMP MAIN
                    ORG  0003H
                    LJMP INT0
                    ORG  000BH
                    LJMP INTT0
                    ORG  001BH
                    LJMP INTT1
；主程序
```

```
                ORG     0100H
MAIN:           MOV     SP,#69H
                MOV     A,#80H               ; 设置 8255A 工作方式
                MOV     DPTR,#PCTL8255
                MOVX    @DPTR,A
                MOV     20H,#00H             ; 清上、下限报警标志单元
                MOV     21H,#00H
; 清数据采集单元
                MOV     R0,#00H
                MOV     R1,#50H
                MOV     A,#00H
                MOV     P2,#0F0H
CLEAR2:         MOVX    @R0,A
                INC     R0
                DJNZ    R1,CLEAR2
; 清中间结果单元
                MOV     R0,#4DH              ; 清 E(k) 和 U(k),见表 10.2
                MOV     R1,#1EH
                MOV     A,#00H
CLEAR2:         MOV     @R0,A
                INC     R0
                DJNZ    R1,CLEAR2
; 清显示及缓冲区
                MOV     A,#00H           ; 清显示缓冲单元
                MOV     CHADDR,A
                MOV     COUNT,A
                MOV     BUFF,A
                MOV     TMOD,#61H            ; 设 T0,T1 工作方式
                SETB    P1.7
                MOV     TH1,#0E7H            ; 装入 T1 时间常数
                MOV     TL1,#0E7H
                SETB    TR1
                MOV     TH0,#3CH             ; 装入 T0 时间常数
                MOV     TL0,#0B0H

                LCALL   DESPLAY              ; 调显示子程序
                LCALL   ALARM                ; 输出报警指示灯
                SETB    TR0
                SETB    ET0
                SETB    ET1
                SETB    EA
                                             ; 调用数据传送及转换子程序
                  ⋮                          ; 把 ROM 中存放的 a0、a1,
                                             ; b1、b2 3 字节浮点数传送
                                             ; 到相应的 RAM 单元中
HERE:           AJMP    HERE
```

### 2. 定时采样处理中断服务程序

定时采样处理中断服务程序即 5s 定时中断服务程序。它是本系统的主要部分，其主要任务如下。

（1）数据采集。

（2）数字滤波。

（3）标度变换。

（4）报警处理。

（5）显示通道号及温度。

（6）PID 数字计算。

（7）PID 控制输出等。

完成上述任务的定时中断服务程序流程图如图 10.35 所示。

为了使程序设计简单，每一个功能设计成一个模块形式。本程序的基本思想是 8 个通道按功能模块一个一个地处理。如先采样全部数据，再完成各个通道的数字滤波，……，直到控制输出。这种方式一是比较简单，二是采集的数据存放、处理均比较方便。程序中每个模块用一个子程序代替。因此，在中断服务程序中，只需按顺序调用各功能模块子程序即可，程序可读性强。

下面介绍几个常用模块。

（1）数据采集模块

数据采集程序的主要任务是巡回检测 8 个退火炉的温度参数，并把它们存放在外部 RAM 指定单元 00H～4FH 中。巡回检测的方法是先把 8 个通道各采样一次，然后再采第 2 次，第 3 次，……直到每个通道均采样 5 次为止。为简化电路，本系统使用延时方式进行采样。采样程序流程如图 10.36 所示。

根据图 10.36 所示可写出数据采集程序如下。

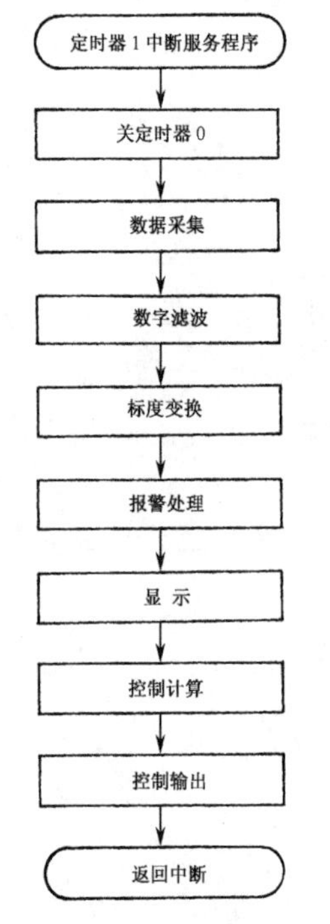


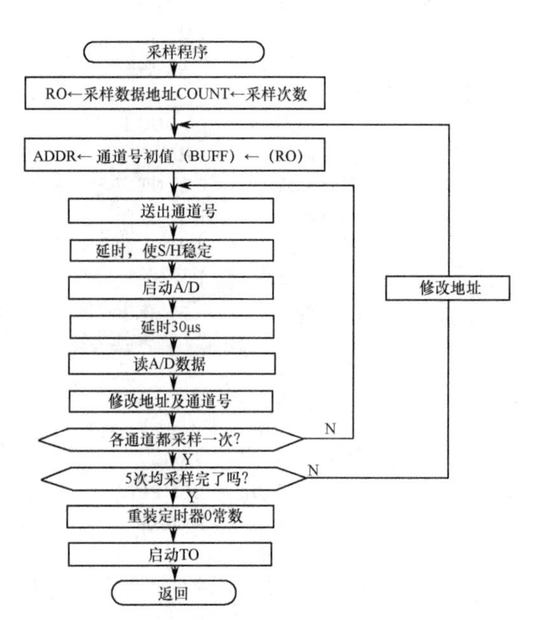


图 10.35　定时采样中断服务程序的流程

图 10.36　采样程序的流程

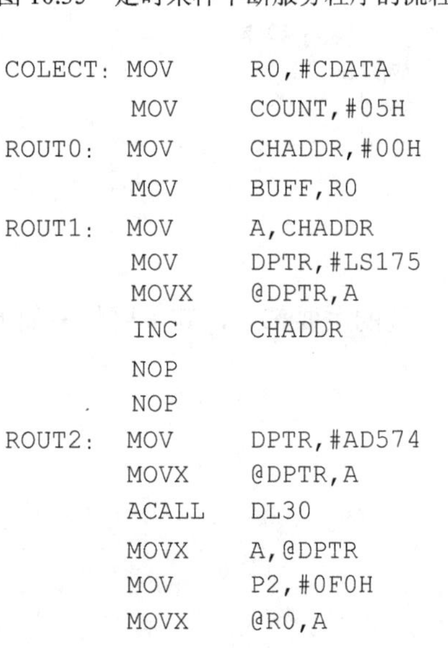

```
COLECT: MOV     R0,#CDATA          ; 取采样数据首地址
        MOV     COUNT,#05H         ; 送采样次数
ROUT0:  MOV     CHADDR,#00H        ; 设通道号初值
        MOV     BUFF,R0            ; 保护通道号
ROUT1:  MOV     A,CHADDR           ; 送通道号
        MOV     DPTR,#LS175
        MOVX    @DPTR,A
        INC     CHADDR             ; 通道号加 1
        NOP                        ; 延时,使 S/H 稳定
        NOP
ROUT2:  MOV     DPTR,#AD574        ; 启动 A/D
        MOVX    @DPTR,A
        ACALL   DL30               ; 延时,等待 A/D 转换结束
        MOVX    A,@DPTR            ; 读入高 8 位
        MOV     P2,#0F0H
        MOVX    @R0,A              ; 存放高 8 位
```

```
        INC     DPTR                        ; 使 A0=1
        INC     R0                          ; 求低 4 位存放地址
        MOVX    A,@DPTR                     ; 读低 4 位
        MOVX    @R0,A                       ; 存放低 4 位
        MOV     A,R0                        ; 求存放下一个通道数据地址
        ADD     A,#09H
        MOV     R0,A
        MOV     A,CHADDR
        CJNE    A,#08H,ROUT1                ; 判断 8 个通道是否各采样一次
        DJNZ    COUNT,BRANCH                ; 判断是否采样 5 次
        MOV     TH0,#3CH                    ; 重新装入定时器 0 时间常数
        MOV     TL0,#0B0H
        SETB    TR0
        RET
BRANCH: MOV     R0,BUFF                     ; 计算第 0#通道下一次采样地址
        INC     R0
        INC     R0
        AJMP    ROUT0
DL30:   （延时子程序，略）
```

说明：

本程序为 8 个通道，每个通道采样 5 次。其具体做法是：先将各通道分别采样，直到每个通道 5 次全采完。其采样数据在 RAM 中的存放方法如图 10.37 所示。

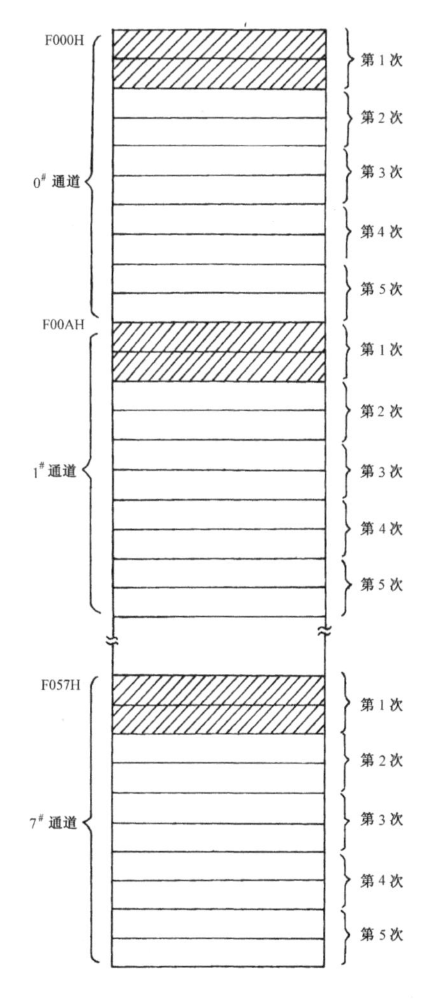


图 10.37　采样数据在 RAM 中的存放方法

本程序 A/D 转换采用延时方法，也可采用查询的方法。

（2）报警处理模块

根据图 10.37 所示及本系统对报警的要求，可画出报警流程图，如图 10.38 所示。

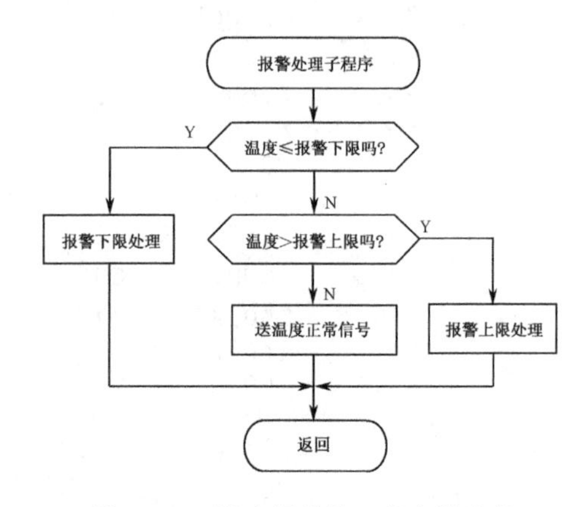

图 10.38　温度报警处理程序的流程

设 8 座退火炉上限报警值存放在以 TEMPMAX 为首地址的内存单元中，下限报警值存放在以 TEMPMIN 为首地址的内存单元中。然后分别与检测值（在 SDATA）比较，并将相应的报警标志位置位（上限报警在 20H 单元中，下限报警在 21H 单元中）。

正如图 10.31 所示的报警电路部分所叙述的那样，下限报警信号必须待两个控制信号 $LA_1$ 和 $LB_1$ 同时为高电平时才能是黄色。因此，本程序在输出报警模型之前必须先做一些处理，即把下限报警模型及正常信号模型合并后再由 8031 的 P1 口和 8255A 的 C 口分别输出。

由图 10.38 可写出报警程序如下。

```
ALARM:  LCALL   TMAXCOMP                ；温度上限报警检查
        LCALL   TMINCOMP                ；温度下限报警检查
        MOV     A,20H
        ORL     A,21H
        MOV     P1,A                    ；输出温度上限、下限报警信
                                        ；号模型
        MOV     A,20H
        CPL     A                       ；求正常信号模型
        ORL     A,21H
        MOV     DPTR,#PC8255
        MOVX    @DPTR,A                 ；输出温度下限报警及正常信
                                        ；号模型
        RET
；上限报警比较子程序
TMAXCOMP:   MOV     R0,#TEMPMAX         ；取上限报警首地址
            MOV     R1,#SDATA           ；取采样数据首地址
            MOV     R3,#08H             ；设通道数
            MOV     R2,#02H
COMP1:      MOVX    A,@R1
            MOV     BUFF,A
            MOVX    A,@R0
            CJNE    A,BUFF,COMP2        ；判断上限报警值与采样值高 8 位是否相等
            INC     R0                  ；求低 8 位数地址
            INC     R1
            DJNZ    R2,COMP1
            SETB    ALARMAX             ；相等，置报警标志
COMP4:      MOV     A,20H
            RL      A
            MOV     20H,A               ；存入报警标志单元
            DJNZ    R3,COMP1            ；检查 8 路是否比较完成
            RET                         ；清报警标志位
COMP3:      CLR     ALARMAX
```

```
            AJMP     COMP4
COMP2:      JNC      COMP3                ；置报警标志位
            SETB     ALARMAX
AJMP                 COMP4
；下限报警比较子程序
TMINCOMP:   MOV      R0,#TEMPMIN
            MOV      R1,#SDATA
            MOV      R3,#08H
            MOV      R2,#02H
COMP11:     MOVX     A,@R1
            MOV      BUFF,A
            MOVX     A,@R0
            CJNE     A,BUFF,COMP22
            INC      R0
            INC      R1
            DJNZ     R2,COMP11
            SETB     ALARMIN
COMP44:     MOV      A,20H
            RL       A
            MOV      20H,A
            DJNZ     R3,COMP11
            RET
COMP33:     CLR      ALARMIN
            AJMP     COMP44
COMP22:     JC       COMP33
            SETB     ALARMIN
            AJMP     COMP44
```

**3. 数字控制器的程序设计**

数字控制器是本控制系统的核心，用它对被测参数进行自动调节，这里采用 PID 程序设计法进行设计。

根据式（10-5）可画出 PID 数字控制器程序的流程，如图 10.39 所示。

本程序仍采用 3 字节浮点运算方法，依照第 8.2 节 PID 程序设计方法，即可写出如图 10.40 所示的 PID 数字控制程序。

限于本书篇幅，其他一些程序，如 LED 显示键盘处理程序、数字滤波程序及标度变换程序等，这些不再一一述及，读者可参照本书前面各有关章节自行编写。这里要提醒读者注意的是有关二进制、BCD 码及 3 字节浮点数转换问题，大家可参照本书参考文献[3]。

## 10.4.5　手动后援问题

除了上面讲的自动控制工作模式外，为了保证系统安全可靠工作，特别是在系统控制器发生故障时，系统不至于影响生产，系统专门增加手动后援操作。所谓手动后援就是一旦系统自动状态发生故障，就可转入手动状态。手动后援有两种方法实现，一种方法是在系统中增设手动操作器，如 DDZ-Ⅲ型电动组成仪表中的手动操作器 DTQ-3110 型（输出 1～5V DC）和 DTQ-3200 型（4～20mA DC）；另一种方法也可以采用简单的电位器电路。手动后援电路，如图 10.40 所示。

如图 10.40 所示，当开关 K 在自动位置时，数字调节器的输出经 D/A 转换器输出，然后再经过 V/I

变换器把电压转换成 4～20mA 的电流信号，用来控制阀门。否则，当开关在手动位置时，改变电位器 $R_W$ 的大小（或用手动操作器操作），即可达到控制阀门的位置的目的。

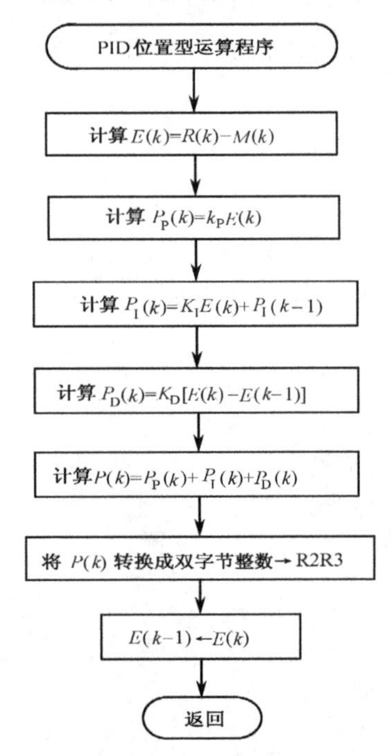


图 10.39　位置型 PID 运算程序流程图

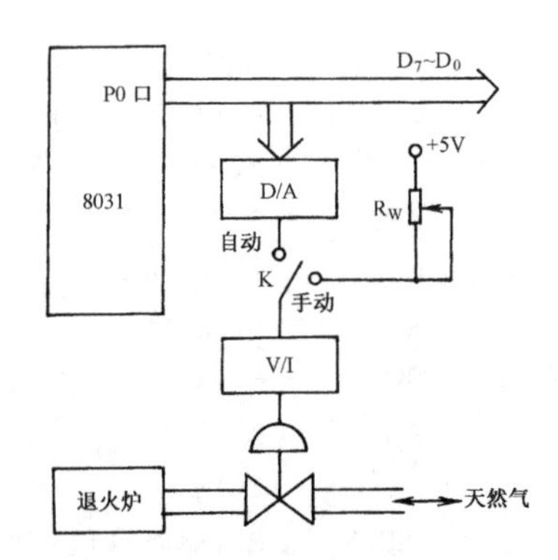


图 10.40　手动后援电路的原理

# 习　题　十

1．在微型机控制系统设计时，如何选择硬件和软件？

2．在做微型机控制系统总体方案时，主要考虑哪些问题？

3．试说明“分时采样，分时转换”与“同时采样，分时转换”两种多路模拟量输入通道的区别和用途。

4．多路模拟量输出通道有几种连接方式？在应用中各有什么特点？

5．设计图 10.10 中译码器 74LS138 的详细电路图（设 $\overline{Y0}$～$\overline{Y3}$ 的地址分别为 8 000H、8 400H、8 800H、8 C00H）。

6．试分析图 10.11 编码键盘中当 4 号键按下时，BCD 输出值和 KEYSTROBE 的电平，并画出电路中电流流动方向图。

7．采用 DAC0832、运算放大器、CD4051 与 89C51 单片机，设计一个 8 通道 D/A 输出系统，要求画出电路图并编写出程序。

8．试用计数器 T0 和 T1 分别代替软件计数方法设计一个自动装箱控制系统，并编写出相应的计数程序。

9．根据图 10.30，设计一个 LED 并行显示电路和子程序。

10．根据图 10.30，设计一个 4×4 矩阵键盘电路及编写处理程序。

# 第11章 微型机控制系统抗干扰技术

微型机控制系统设计是否成功，除了本书前边各章讲的诸项技术及总体方案设计、调试以外，还有一项起决定作用的因素，那就是抗干扰措施。因为微型机控制系统一般都安装在现场，与之相连的被控对象及待测参数往往遍布整个控制区域。这些控制现场环境比较恶劣，干扰源比较复杂，因此抗干扰设计必然成为微型机控制系统不可缺少的任务。

抗干扰问题是一切从事微型机控制系统设计的工程技术人员最感头痛的一大难题。因为干扰与每个具体系统的设计（包括硬件和软件）及具体应用环境密切相关，几乎没有任何两个系统的干扰是完全相同的。即使是对同一种干扰现象，在甲系统中奏效，在乙系统中就不一定有效，也就是说，抗干扰设计无一定之规。成功的设计固然需要一定的理论指导，但似乎更需要实践经验的积累。

干扰的主要来源有：电源电网的波动、大型用电设备（如天车、电炉、大电机、电焊机等）的启停、高压设备和电磁开关的电磁辐射、传输电缆的共模干扰等。所有这些干扰都会给微型机控制系统的正常运行带来致命的危害，它们轻则给系统检测数据带来误差，重则将使整个控制系统瘫痪。

如果说以上所述是来自外部干扰的话，微型机控制系统还有一种干扰，那就是来自内部的干扰，即软件干扰，这是微型机控制系统的特殊问题。不过软件干扰较之硬件干扰比较容易解决。

综上所述，微型机控制系统的干扰可以用图 11.1 来表示。

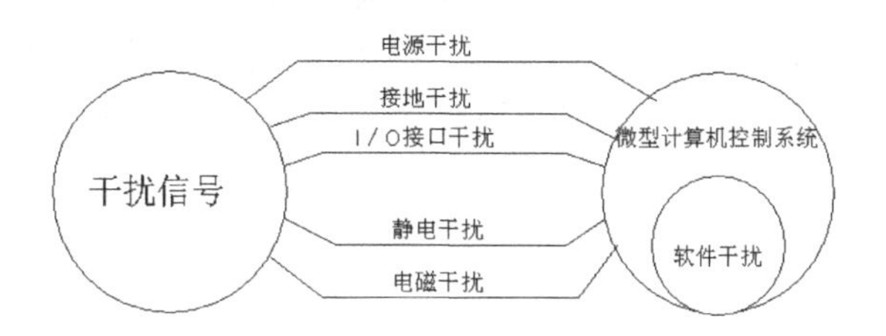


图 11.1 微型机控制系统的干扰源

解决微型机控制系统的抗干扰问题主要应从以下 3 方面着手，一是提高微型机控制系统本身的抗干扰能力，这一点应在系统设计时就给以足够的重视；二是找出强干扰源，采取相应的对策，使其不能“串入”系统，这主要是在现场调试时加以解决；三是在系统软件设计时要采用一定的方法，避免“死机”。

顺便讲一下，在一个系统中，要完全消除干扰是不可能的，只能尽量减少干扰，保证系统正常工作。只要不影响系统的正常工作及所要求的测量控制精度，就不必过于苛求。因此，下面讨论的抗干扰措施，并不是每个系统都需要，更不是一个系统中同时采用各种抗干扰措施，而是根据系统的具体情况，选用其中的一种或几种。

## 11.1 电源、地线、传输干扰及其对策

如上所述，微型机控制系统最感头痛的干扰来自控制系统的外部干扰，主要有电源干扰、I/O 接口的干扰，在这一节里，主要讨论这些干扰的来源及其抗干扰措施。

### 11.1.1 电源干扰及其对策

控制设备中很多干扰都来自电源系统。现在的微型机系统，大都使用市电（～220V，50Hz）。在工业现场中，由于生产负荷的变化、如大电机的启停、强电继电器的通断等，往往造成电源电压的波动，严重的可直接影响微型机的正常工作。因此，必须对交流供电采取一些措施，以抑制由电源引起的干扰。

#### 1. 交流电源干扰及其对策

现场的微型机控制系统，大都使用交流220V、50Hz工业用电。在工业现场中，由于生产负荷的变化，大型用电设备的启停，如大型交直流电机、电梯、电焊机、继电器和交流接触器、带有镇流器的照明灯等，往往造成电源电压的波动，有时还会产生尖峰脉冲，如图11.2所示。

这种高能尖峰的幅度约在50～4000V之间，持续时间为几个毫秒或微秒，它对系统的危害最为严重，很容易使系统造成“飞程序”或“死机”。因此，除了“远离”这些干扰源以外，还可以采用专用的抗尖峰干扰抑制器。这种干扰抑制器是按频谱均衡原理设计的一种无源四端网络，目前已有成品出售。它的使用很简单，只要按图11.3所示连接即可。

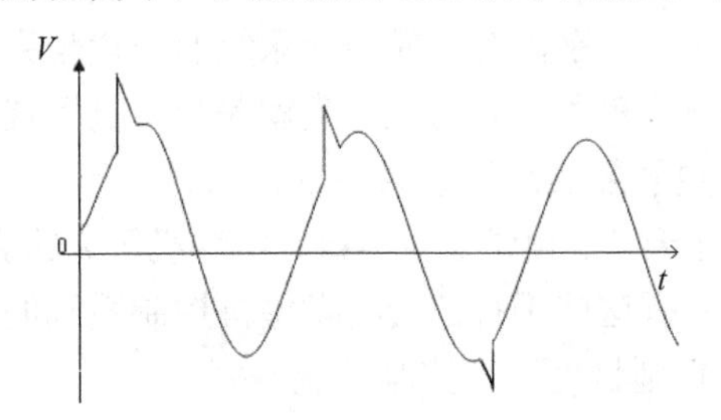


图11.2 电网正弦波上的尖峰干扰

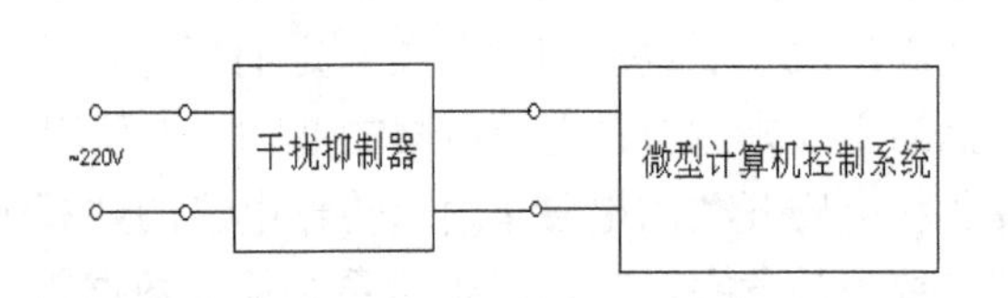


图11.3 干扰抑制器在系统中的连接方法

对于要求更高的控制系统，如控制不间隔生产设备的DDC系统或分布式控制系统等，可以采用不间断电源（Uninterrupted Power Supply），简称UPS电源。这种电源在正常时作为负载电源直接向负载供电。即使临时停电，UPS仍能照常供电。因此，采用UPS后，即使供电系统临时断电，系统仍能正常工作。根据UPS的容量不同，有的可供几十分钟，也有的可供几个小时。现在已有很多专业厂家专门生产UPS电源，使用时主要根据控制系统的功率进行选用。

#### 2. 直流电源抗干扰措施

由于微型机控制系统的直流电源都是由交流电源变换而来的，因此，直流电源也存在着

干扰和波动。为了消除直流电源的干扰，可采取如下措施。

（1）采用集成稳压块单独供电

在微型机控制系统中，常常需要各种不同规格的直流电源，如±5V、±12V、±24V等。为此，在微型机控制系统的电源中经常采用三端稳压块，如7805、7905、7812、7912、7824等，利用它们组成稳压电源，如图11.4所示。在这种电路中，由于每个稳压模块单独对电压过载进行保护，因此不会因某个稳压模块出现故障而使整个系统遭到破坏，而且也减少了公共阻抗的互相耦合及公共电源的互相耦合，大大提高了供电的可靠性。

为了进一步提高微型机电源的可靠性及其抗干扰能力，现在又研制出一种低漏电流的电压线性调整器，简称LDO（Low-Dropout），如MAX8863T/S/R、MAX8864T/S/R、MAX8865T/S/R、MAX8866T/S/R及MAX1705/1706等。它们与7805等的主要区别是电压可调性，7805等的输出是固定的，而LDO则是可调的，因而能提供更精确的直流电源。

（2）开关电源

开关电源是一种采用20kHz～70kHz脉宽的调制型电源，它甩掉了传统的工频变压器，具有体积小、重量轻、效率高、电网电压范围宽、变化时不易输出过电压或欠电压等优点，因而在微型机系统中得到

了广泛的应用。现在各电源厂家已经推出了适合各种场合使用的开关电源。这种电源大都有几个独立的电源，如±5V、±12V、±24V 等，其电网波动范围一般可达~220V 的+10%，-20%，效率>70%，输入调制<1%，使用环境温度在-10℃～+40℃。

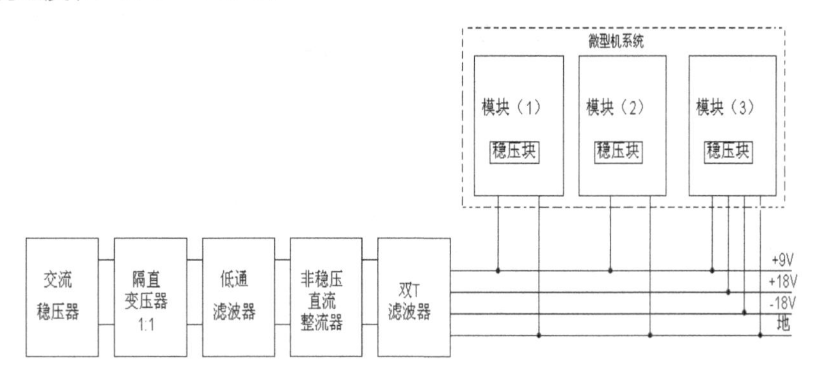


图 11.4 微型机控制系统抗干扰供电配置

尽管开关电源自身引起的脉冲干扰较大，但一般具有较好的初-次边隔离，对存在于交流电网上的高频脉冲干扰有较强的隔离能力。一般普通规格的廉价开关电源，如随处可见的兼容机电源，在初次边之间有一个电容连接，用于改善系统的稳定度。在实际选用时应针对应用特性加以选择。

（3）DC-DC 变换器

以上两种供电方法对于一般系统来讲基本上能满足要求，但是如果系统供电电网波动较大，或者精度要求高，再采用上述方法就很难达到满意的效果。为解决直流电源变化问题，美国 MAXIM 公司专门研制了适合各种场合的系列 DC-DC 变换器。它们有升压型（step-up）、降压型（step-down），还有升压/降压可调整型等。也有无电感，可节省空间与成本的充电泵（Charge Pumps），还有适用于手提式仪器使用的各种电池组的 DC-DC 变换器。它们的共同特点是：输入电压范围大（可从 1 个电池单元的 0.9V 到几十伏），输出电压稳定，且可调整（3.3V、5V 或线性可调整），适应环境温度范围广（0℃～70℃或-55℃～+125℃），采用脉冲宽度调制（PWM）或脉冲频率调制（PFM）控制（最高频率可达 1MHz），效率高达 90% 。DC-DC 变换器具有体积小、性能价格比高等特点。采用的封装形式有：DIP（双列直插封装）、SO（小型表贴）、SSOP（紧缩的小型表贴）、μMax（微型 Max）等。正因如此，DC-DC 变换器近年来得到了广泛的应用，如手提式仪器，自动检测系统及微型机控制系统。

下边以 MAX1626/MAX1627 为例讲一下 DC-DC 变换器的原理及应用。

MAX1626/MAX1627 是一种降压型 DC-DC 变换器，其输出电流可从 10 mA～2A，效率达 90%，电源消耗电流仅 1μA。该芯片具有程控停机方式，其关断时的最大电流为 1μA，采用 300 kHz 限流脉冲跳序方式频率调制（PFM）。MAX1626 输出为 3.3～5V，MAX1627 为可调输出。图 11.5 所示为 MAX1626/MAX1627 原理结构图。

图中，反馈输入（FB）仅为 MAX1627 所有，图中虚线部分仅为 MAX1626 所有。

①PWM 控制原理

在 MAX1626/MAX1627 中，采用了 Idle Mode$^{TM}$控制方案，根据负载电流自动改变工作方式来延长电池的寿命。在重载与中等负载情况下，采用脉冲宽度调制（PWM）。在轻负载时，它们采用脉冲频率调制（PFM），减少开关动作次数，因而减少了静态电源电流。

当输出电压很小时，误差比较器产生一个比较信号，使外部 P 沟道场效应管（MOSFET）导通并开始一个开关脉冲，正如图 11.6 所示，电流通过电感线性上升，使电容充电以便供给负载。当 MOSFET 断开时，磁场消失，二极管 D1 导通，电流通过电感下降，把存储的能量转换到输出电容和负载。当电感电流高于负载电流时，一部分能量将储存到输出部分的电容中。而当电感电流低于负载电流时，则由输出部分的电容输出其存储能量。

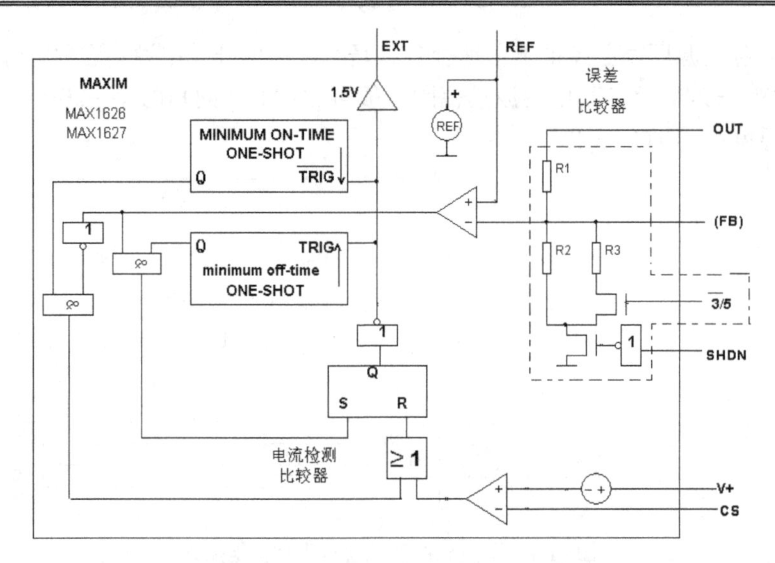


图 11.5　MAX1626/1627 原理框图

②MAX1626/MAX1627 的管脚功能

- OUT 输出。把输入的电压转换成固定的 3.3V 或 5V 电压输出。对于 MAX1626OUT 管脚在芯片内被接到电压分配器上，它不能提供电流。对于 MAX1627，在可调输出方式时，OUT 管脚不用连接。
- $\overline{3}$/5 或 FB。此管脚在 MAX1626/1627 中有不同的作用。在 MAX1626 中，此管脚为$\overline{3}$/5，用来完成输出电压 3.3V 或 5V 电压的选择。当其为低电平时，输出为 3.3V；当其为高电平时，输出为 5V。但在 MAX1627 中，此管脚为用于调整输出方式的反馈输入端。通常将其接到外部输出端与地端的两个分压电阻上（见图 11.6 所示）。
- SHDN 关断输入，高电平有效。当 SHDN 为高电平时，该芯片为关断状态。在这种方式下，参考输入（REF）、输出（OUT）和外部场效应管都是断开的。在正常操作时，此管脚应接低电平（或地）。
- REF：1.3V 参考输出。输出电流为 100μA，通过 0.1μF 的电容旁路。
- V+：正电源输入，用 0.47μF 电容旁路。
- CS：电流检测输入。在 V+和地之间连接一个电流检测电阻。当电阻上的电压等于极限电流触发电平（约 100mV ）时，外部场效应管断开。
- EXT：用于外部 P 沟道场效应管（MOSFET）的栅极驱动。EXT 的幅值介于 V+和 GND 之间。
- GND：地。

③MAX1626/MAX1627 的应用

MAX1626/MAX1627 的典型应用电路如图 11.6 所示。

从图 11.6 可以看出，在应用中应注意下列几点。

- 输出电压的设置

对于 MAX1626 其输出电压由管脚$\overline{3}$/5 控制。当该管脚为低电平（小于 0.5V）时，输出为 3.3V；当$\overline{3}$/5 为高电平（大于 V+-0.5）时，输出为 5V。

对于可调电压型 MAX1627 其输出电压由分压电阻 R2、R3 来决定。R2 的电阻可由式（11-1）求出：

$$R2 = R3 \times \left( \frac{V_{\mathrm{OUT}}}{V_{\mathrm{REF}}} - 1 \right) \tag{11-1}$$

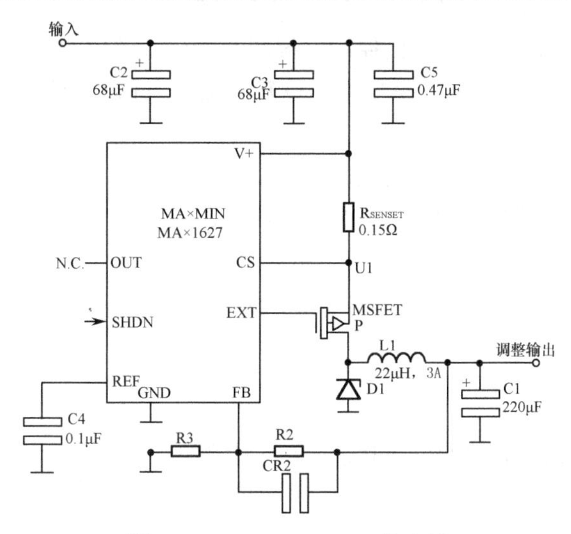


图 11.6　MAX1626/1627 的应用

式中，$V_{REF}$ =1.3V。由于 FB 上的输入偏置电流最大值为 50nA ，在不损失精度的前提下，R3 可取 10kΩ 到 200kΩ。当误差为 1%时，通过 R2 的电流至少是 FB 输入偏置电流的 100 倍。补偿电容 $C_{R2}$ 用于在不同负载设计时保证内部开关稳定工作。通常电容的值为 0 pF～330pF。

- 电流检测电压的选择

电流检测比较器限制峰值开关电流到 $V_{CS}/R_{SENSE}$，这里 $R_{SENSE}$ 是电流检测电阻的值，$V_{CS}$ 是电流检测门限电压，其典型值为 100mV，实际范围在 85mV～115mV 之间。较小的峰值电流设计可增加效率、使用小尺寸外部元件及降低成本。所能采用的最低峰值电流与负载电流有关。

设峰值电流大约为最大负载电流的 1.3 倍，则电流检测电阻为

$$R_{CS} = \frac{V_{CS(MIN)}}{1.3 \times I_{OUT(MAX)}} \tag{11-2}$$

- 电感的选择

选择电感的最重要的参数是电感量和其电流指标。MAX1626/1627 所使用的电感值是很宽的，在大多数应用中，其值在 10μH 和 68μH 之间。电感的最小值可用式（11-3）计算：

$$L_{(MIN)} = \frac{(V+_{(MAX)} - V_{OUT}) \times 2\mu s}{\dfrac{V_{CS(MIN)}}{R_{CS}}} \tag{11-3}$$

式中，2μ*s* 是最小接通时间。通常电感的推荐值为 $L_{(MIN)}$的 2～6 倍。

- 其他元器件的选择

图 11.6 中的场效应管为 P 沟道耗尽型 MOSFET，其漏极电流为：

$$I_{D(MAX)} \geqslant I_{LIM(MAX)} = \frac{V_{CS(MAX)}}{R_{SENSE}} \tag{11-4}$$

图 11.6 中的二极管应具有良好的高频特性，一般可选用 IN5817-IN5822 即可。

## 11.1.2　地线干扰及其对策

在微型机控制系统中，接地问题是一个非常重要的问题，接地问题处理得正确与否，将直接影响系统的正常工作。这里包含两方面的内容，一个是接地点正确与否，另一个是接地是否牢固。前者用来防止控制系统各部分的串扰，后者尽量使各接地点处于良好连接，以防止接地线上的电压降。

在微型机控制系统及智能化仪器中，地线的种类繁多，归纳起来大致有如下几种。

（1）数字地，也叫逻辑地。它是微型机控制系统和智能化仪器中数字电路的零电位。

（2）模拟地，它是放大器、采样-保持器及 A/D 转换器输入信号的零电位。

（3）信号地，传感器的地。

（4）功率地，指大电流网络部件的零电位。

（5）交流地，交流 50Hz 电源的地线，这种地是噪声地。

（6）直流地，作为直流电源的地线。

（7）屏蔽地，为防止静电感应和电磁感应而设计的，有时也称机壳地。

下边介绍几种常用的接地方法。

### 1. 一点接地和多点接地的应用

从电子技术常识可知，在低频电路中，布线和元件间的寄生电感影响不大，因而常采用一点接地，以减少地线造成的地环路。

在高频电路中，布线和元件间的寄生电感及分布电容将造成各接地线间的耦合，影响比较突出，故一般采用多点入地。通常，频率小于 1MHz 时，可采用一点接地，高于 10MHz 时，应采用多点接地。当频率处于 1MHz～10MHz 之间时，若采用一点接地，其地线长度不应超过波长的 1/20；否则，应采用多点接地。

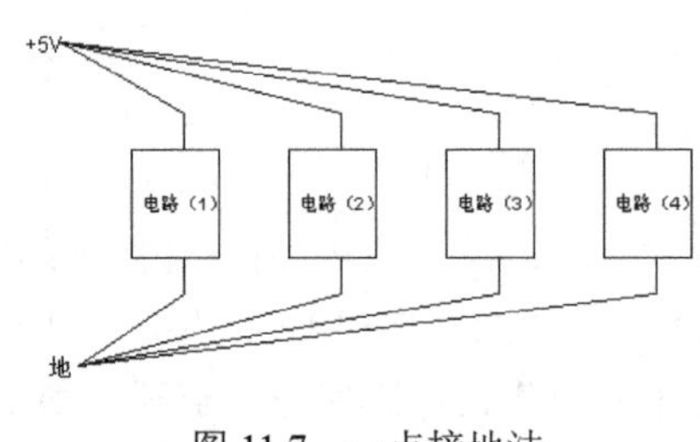


图 11.7　一点接地法

由于在工业过程控制系统中，信号频率大都小于 1MHz，所以通常采用一点接地法，如图 11.7 所示。

### 2. 数字地和模拟地的连接原则

数字地主要是指 TTL 或 CMOS 芯片、I/O 接口芯片、CPU 芯片等数字逻辑电路的地端，以及 A/D、D/A 转换器的数字地。而模拟地则是指放大器、采样-保持器和 A/D、D/A 中模拟信号的接地端。在微型机控制系统中，数字地和模拟地必须分别接地。即使是一个芯片上有两种地（如 A/D、D/A 或 S/H）也要分别接地，然后仅在一点处把两种地连起来，否则，数字回路通过模拟电路的地线再返回到数字电源，将会对模拟信号产生影响。其连接线路如图 11.8 所示。

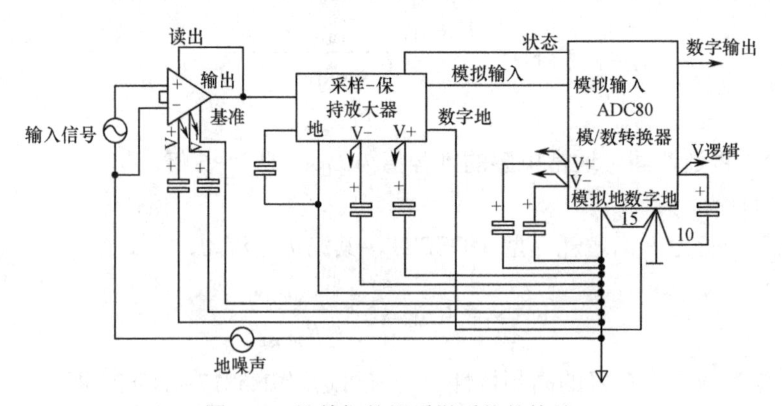


图 11.8　计算机数据采样系统的接地

图 11.8 中，A/D 转换器 ADC80 芯片上的端子 15、10 之间的连线，即为模拟地和数字地之间的连线。

### 3. 印刷电路板的地线分布问题

为了防止系统内部地线干扰问题，在设计印刷线路板时应遵循下列原则。

（1）TTL、CMOS 器件的地线要呈辐射网状，避免环形。

（2）印刷电路板上的地线要根据通过电流的大小决定其宽度，最好不小于 3mm。在可能的情况下，地线尽量加宽。

（3）旁路电容的地线不要太长。

（4）功率地通过电流信号较大，地线应较宽，且必须与小信号地分开。

### 4. 微型机控制系统接地方法

在一个完整的微机控制系统中，一般存在着 3 种类型的地，一种是低电平电路地线，如数字地、模拟地等；一种是电机、继电器、电磁开关等强电设备的地（我们暂且称其为噪声地）；再一种是机壳、控制柜的外壳地（称为金属件地）。若设备使用交流电源，则电源地应与金属件地相连。在系统连接时，应把这 3 种地线在一点接地，如图 11.9 所示。使用这种接地方法，可解决微型机控制系统大部分接地问题。

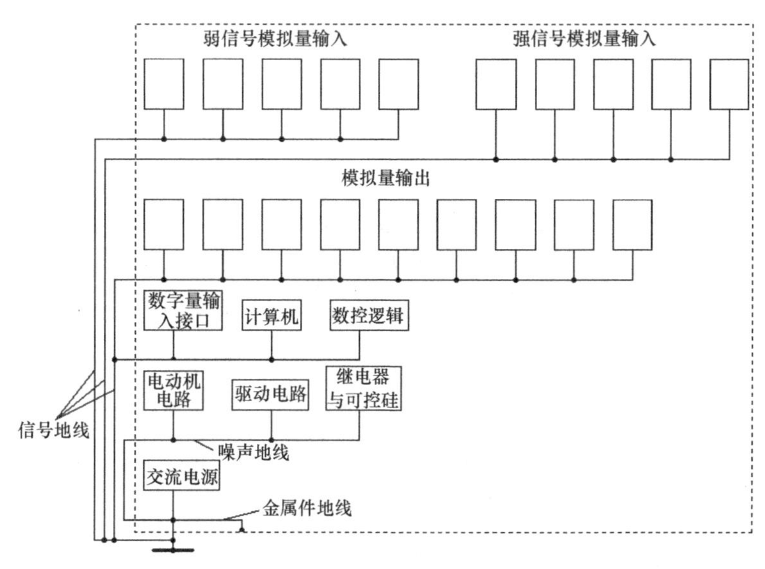


图 11.9　微型机测控装置地线连接示意图

图 11.9 表示一台微型机控制系统的地线系统，其中有 3 条信号地线，一条噪声地线和一条金属件地线，该图为示意图，并不代表各设备的实际位置。

## 11.1.3　传输线的干扰及其对策

在微型机过程控制系统中，要将现场被测参数的信号引到中央处理机做相应处理，经计算机处理后的信号又要送到现场的执行机构中。另外，变送器及执行机构上都有电源，而且它们到主机的距离都比较长，如何布置这些信号线、逻辑控制线，将是微型机控制系统安装调试中应当注意的问题。否则，由于电磁场的干扰，将会给系统造成严重的影响。下边介绍几种布线方法及应注意的问题。

1. 一定要把模拟信号线、数字线，以及电源线分开。尽量避免并行敷设，若无法分开时，要保持一定的距离（如 20～30 cm）。

2. 信号线尽量使用双绞线或屏蔽线，而且屏蔽线一定要把屏蔽层良好地接地。

3. 信号线的敷设要尽量远离干扰源（如大的动力设备，以及大变压器等），以防止电磁干扰。有条件的要单独穿管配线。

4. 对于长传输线，为了减少信号失真，要注意阻抗匹配。阻抗匹配常用的方法有：

（1）终端并联阻抗匹配，见图 11.10（a）；（2）始端串联匹配，见图 11.10（b）；（3）终端并联隔直阻抗匹配，见图 11.10（c）；（4）终端接钳位二极管匹配，见图 11.10（d）。

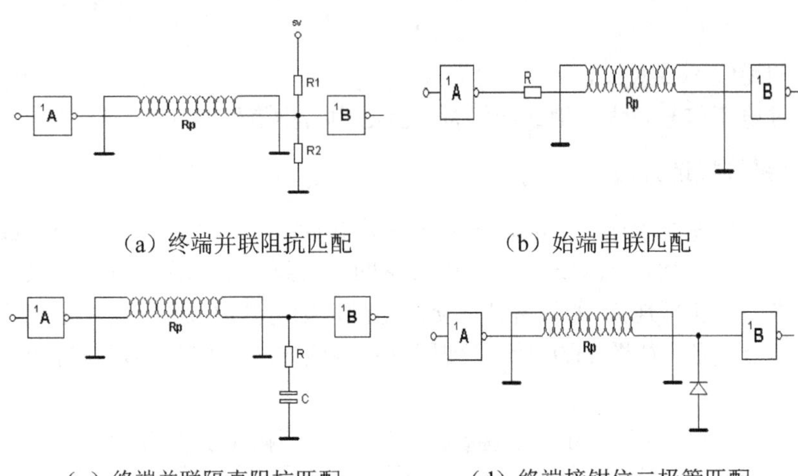


（a）终端并联阻抗匹配　（b）始端串联匹配

（c）终端并联隔直阻抗匹配　（d）终端接钳位二极管匹配

图 11.10　传输线的阻抗匹配

在用长线传送信号时应注意。

（1）在输出端接长线后，近处不应再接其他负载，如图 11.11 所示。

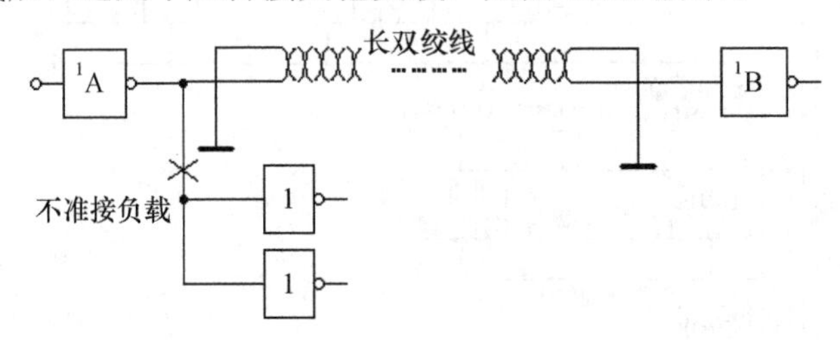


图 11.11　A 门输出端不准接负载

（2）触发器输出需要加隔离门，如图 11.12 所示。

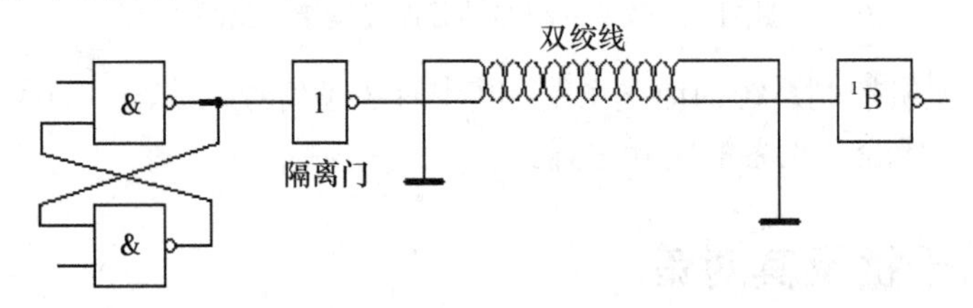


图 11.12　带隔离门的传输系统

5．在总线传输系统中，为了抑制干扰或把主机与现场隔离开，也可以采用光电隔离技术，把中央处理机与较远的现场隔离开，两边不共地，抑制由于地环路所产生的干扰，如图 11.13 所示。

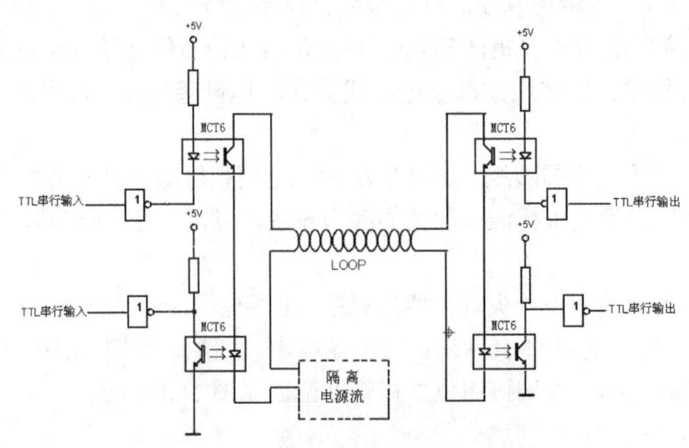


图 11.13　长传输线间的光电隔离技术

# 11.2　微型机控制系统硬件抗干扰措施

为了提高系统的可靠性，除了第一节讲述的系统供电、地线及传输过程中的抗干扰以外，在系统硬件设计时也应根据不同的干扰采用相应的对策。

## 11.2.1　模拟量输入通道的干扰及其对策

模拟量输入通道的干扰主要有串模干扰和共模干扰两种，下边分别介绍这两种干扰的抑制方法。

### 1. 串模干扰的抑制

所谓串模干扰是指叠加到测量信号上的干扰噪声，这种干扰信号一般均为变化较快的杂乱无章的交变信号。干扰可能来自传感器信号源的内部，如图 11.14（a）所示，也可能产生于外部引线，如图 11.14（b）所示。

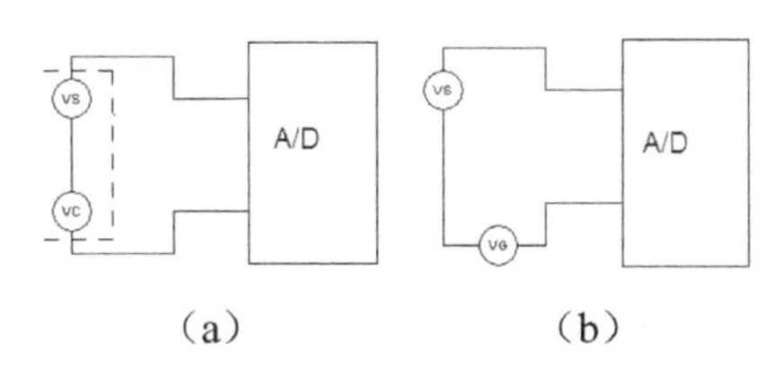


（a）　　　　（b）

图 11.14　串模干扰示意图

消除串模干扰的方法如下。

（1）在输入回路中接入模拟滤波器。如果干扰信号频率比被测信号频率高，可采用低通滤波器；如果干扰频率比被测信号频率低，则采用高通滤波器。当串模干扰信号落在被测信号频率的两侧时，需采用带通滤波器。

（2）当尖峰型串模干扰为主要干扰时，使用双积分式 A/D 转换器，或在软件上采用判断滤波的方法加以消除。

（3）若串模干扰和被测信号的频率相当，则很难用滤波的办法消除。此时，必须采用其他措施，消除干扰源。通常可在信号源到计算机之间选用带屏蔽层的双绞线或同轴电缆，并确保接地正确、可靠。

（4）当传感器距离控制室较远时，可采用 4～20mA 的电流传输代替电压传输。在进入 A/D 转换器时，再并联一个 250Ω的电阻，使电流转换成 1～5V 的直流电压，如图 11.15 所示。

### 2. 共模干扰的抑制

所谓共模干扰是指 A/D 转换器的两个输入端上共有的干扰电压，它可以是直流的，也可以是交流的。共模电压主要是由于被测信号端的接地端与主机的地线之间存在着一定的电位差，如图 11.16 所示。

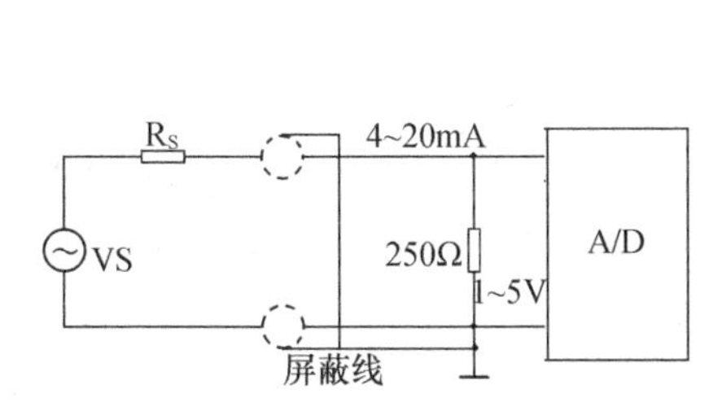


图 11.15　电流传输线路原理图

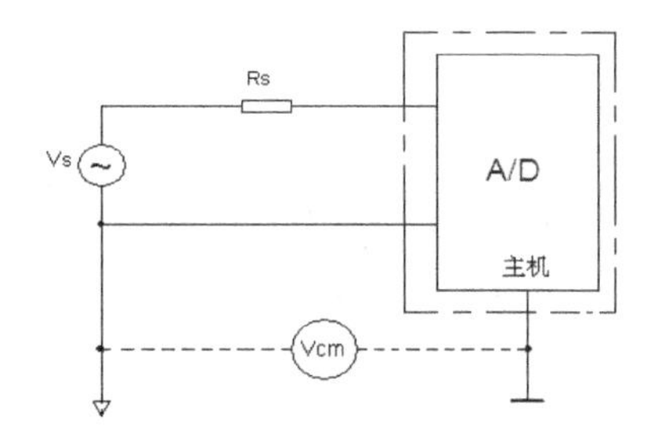


图 11.16　共模干扰示意图

消除共模干扰的方法如下。

（1）采用具有高共模抑制比的差动放大器、仪器用放大器、可编程放大器作为输入放大器。特别是后面两种放大器，由于它们具有输入阻抗高、零漂低、增益可调等特点，对抑制共模干扰有良好的效果，详见第4章第2节。

（2）传感器的输出信号不可避免地混杂着各种干扰信号，而这些干扰信号大都通过地回路、静电耦合及电磁耦合进来的。为了消除这些干扰，在检测系统中除了将模拟信号先经过低通滤波器滤掉部分高频干扰外，还必须合理地处理接地问题，将放大器加上静电和电磁屏蔽并浮置起来。

能够完成上述任务的放大器叫隔离放大器，或叫隔离器，其输入和输出电路与电源没有直接的电路耦合。目前国外已经生产出许多专用的隔离放大器，如277、288、289等，详见第4章第2节。

典型的隔离放大器电路，如图11.17所示。

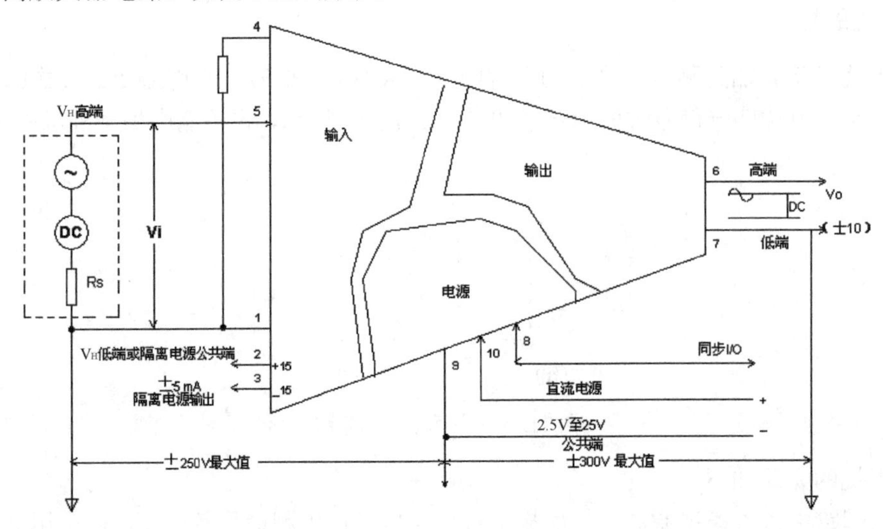


图11.17 典型隔离放大器原理图

从图11.17中可以看出，模拟量从 $V_i$ 端输入，通过电磁隔离器，把输出 $V_o$ 和输入 $V_i$ 隔离开（一般为隔离变压器或光电隔离器），这样将有较强的抗干扰能力[2]。

（3）为了使共模电压减至最低，可以采用三线采样双层屏蔽浮空技术，如图11.18所示。

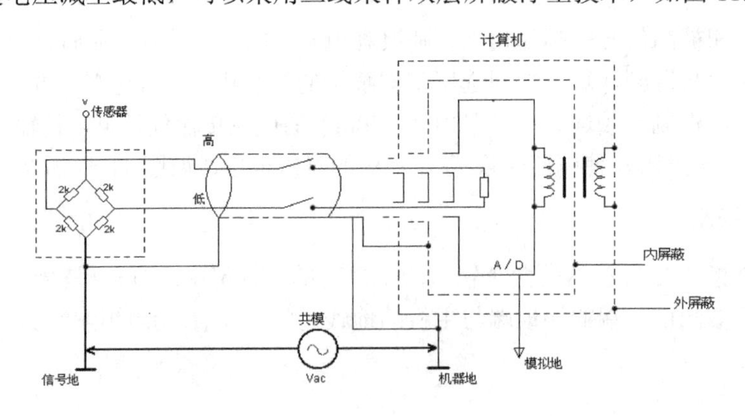


图11.18 采用三线采样双层屏蔽技术接线图

图中，利用双层屏蔽方法使输入信号的模拟地浮空。除此之外，再用一个屏蔽盒将模拟量输入部分屏蔽起来。所谓三线采样，实际上就是将信号线与地线一同采样。实践证明，这种双层屏蔽浮空技术，可以很好地抑制共模干扰。由于传感器和机壳之间会引起共模干扰，因此A/D转换器的模拟地一般都采用浮空接地方式。

（4）以上介绍的3种方法都是从抑制模拟信号干扰出发的。由于微型机控制系统是一个模拟/数字混合系统，所以，也可以采用数字隔离技术，即光电隔离技术，它比图11.17所示的采用隔离放大器的方法既简单又便宜。由于光电耦合器具有很高的输入阻抗和输出绝缘电阻，抗干扰能力强，因此在微型机控制系统中得到了广泛的应用。采用这种隔离技术，不但可以将主机与输入通道进行隔离，而且还可以将主机与输出通道进行隔离，即构成所谓的全浮空系统，如图 11.19 所示。

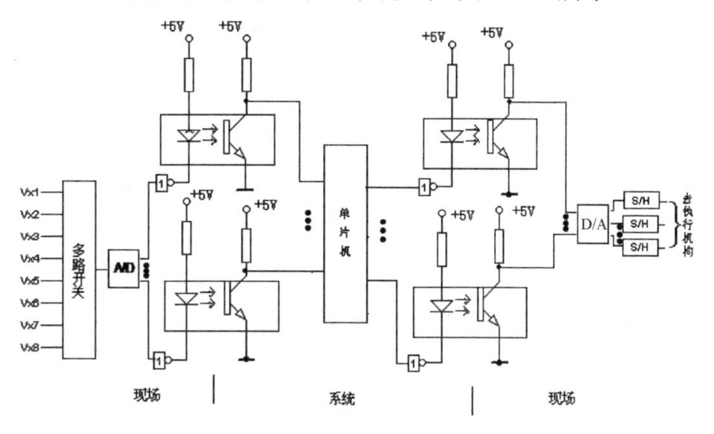


图 11.19　模拟通道的数字隔离技术

（5）在图 11.19 所示的数字隔离技术中，由于每一位数字量都需要一个光电隔离器，因此使线路复杂，同时也增加了设备成本，特别是当 A/D 转换器位数多时尤其是这样。为此，可以利用 V/F 变换器，将模拟量电压转换成频率信号，然后再经光电隔离器送到单片机的定时/计数器，这样只需一个光电隔离器，从而大大简化了电路。其原理电路，如图 11.20 所示。

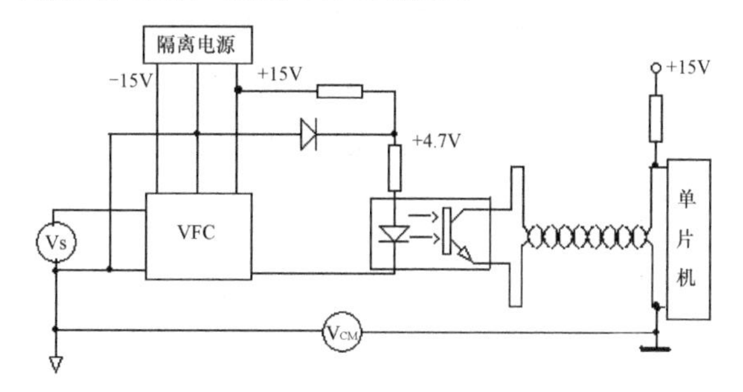


图 11.20　采用 V/F 变换器的光电隔离技术

（6）对于周围电磁干扰比较大的系统可以采用光导纤维进行传送，如图 11.21 所示。在图 11.21 中，用光导纤维做介质传送数字脉冲，传输过程可以不受任何形式的电磁干扰。此外，光纤还具有很高的绝缘强度（200kV/m）和极低的损耗。因此，只要根据隔离电压和传输距离的需要，适当选用光纤长度就能达到令人满意的隔离效果。

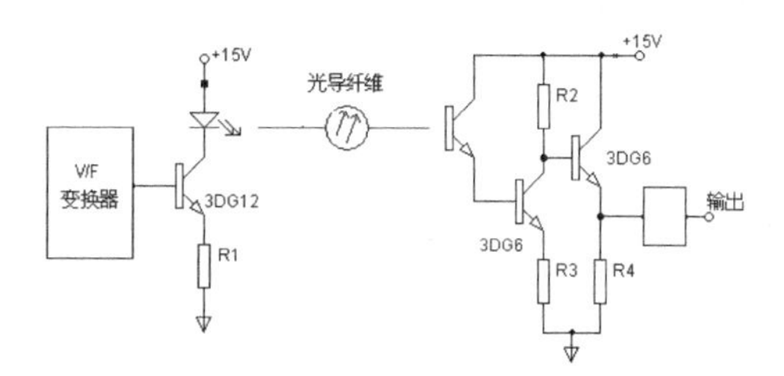


图 11.21　光导纤维传送系统

## 11.2.2　μP 监控电路

在微型机工业控制系统中，虽然采用了上述一些抗干扰措施，但由于各种原因，仍然难以保证“万无一失”，μP（microprocessor）监控算是最后一道防线，以确保系统的可靠性。

μP 监控电路有很多种类和规格，如美国 MAXIM 公司生产的μP 监控电路具有下列功能：（1）上电复位；（2）监控电压变化，可从 1.6V 到 5V；（3）Watchdog 功能；（4）片使能；（5）备份电池切换开关等。精度有±1.5%和小于±2.5%各挡。复位方式有高电平有效和低电平有效两种。封装形式根据功能不同，有 3pin、4pin、5pin、8pin 和 16pin 多种。因此，可以满足各种用户的要求。

下面举例讲一下μP 监控电路的原理及应用。

### 1. MAX809/810

MAX809/810 是最简单的微处理器（μP）监控电路，专门用于监控μP 和数字电路的电源。用于 5V 和 3V 电源电路时，不用外接元件即可完成电源监控任务，且具有很高的可靠性。它只有 3 个管脚，是一个只有单一功能的最简单的μP 监控电路。每当电源电压 $V_{CC}$ 下降到低于阈值时，它们就产生一个复位信号；当 $V_{CC}$ 已经升到超过复位阈值后，该信号至少保持 140ms。这两种芯片的差别仅仅是 MAX809 复位时为低电平，而 MAX810 则为高电平。由于它们耗电很低，所以可用在手提式设备中，其管脚和应用电路如图 11.22 所示。

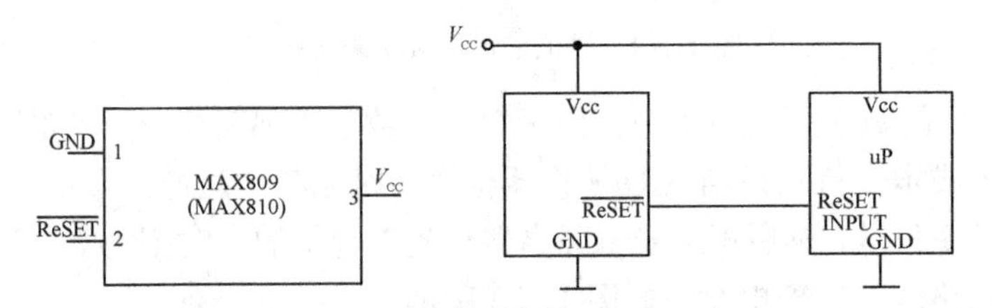


图 11.22　MAX809/810 的引脚及应用

在某些系统中，有时需要手动复位，为此 MAXIM 还生产一种 4 脚的μP 监控电路—MAX811/812。该电路的原理与 MAX809/810 的基本相同，只是 MAX811/812 多了一个手动复位管脚 $\overline{MR}$，如图 11.23 所示。

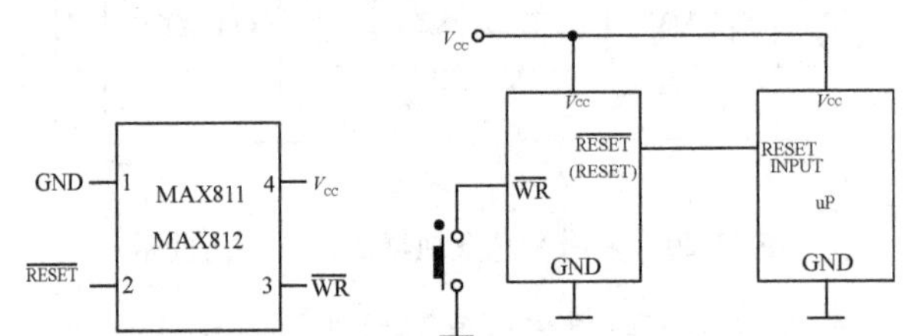


图 11.23　MAX811/812 管脚及应用

值得说明的是，管脚 $\overline{MR}$ 虽然是个手动复位端子，但在实际应用中，既可以用微型计算机的 I/O 线来控制，也可以由某些报警信号控制。这样，用它们可以构成报警监控系统。

### 2. 带 Watchdog 的μP 监控电路

Watchdog 有如下特点。

第一，本身能独立工作，基本上不依赖于 CPU。CPU 只在一个固定的时间间隔内与之打一次交道，表明系统工作正常。

第二，当 CPU 落入“死循环”后，能及时发现并使整个系统恢复正常。

现在有很多带 Watchdog 的μP 监控电路。如 MAX815、MAX795、MAX807、MAX705 等，下面以 MAX815 为例讲一下这种电路的原理及应用。

（1）MAX815 的结构

MAX815 是一个高精度（±1%）低电源μP 监控电路，它不但具有上电复位功能，而且还具有 Watchdog（看门狗）和低电压检测功能，主要用于高精度复位信号及高可靠性的系统中。MAX815 内部结构如图 11.24 所示。

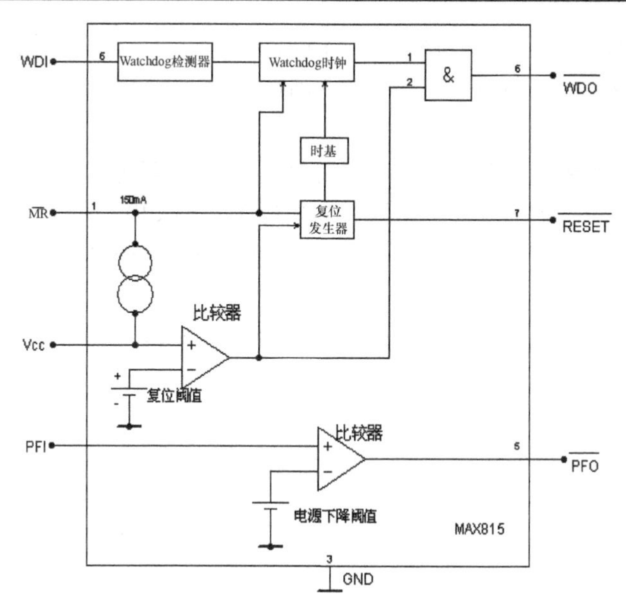


图 11.24　MAX815 原理结构图

从图 11.24 中可以看出，MAX815 有 8 个引脚，其内部主要由 3 部分组成：（1）Watchdog 监测，（2）电源复位电路，（3）低电压检测。

①Watchdog 监测

Watchdog 用来监视μP 的工作状态，如果在 Watchdog 时钟输出周期（$t_{WP}$）内，μP 不能触发 Watchdog 的输入端（WDI），则 $\overline{WDO}$ 输出低电平（见图 11.25）。当复位条件满足时，$\overline{WDO}$ 也变低。无论什么时候只要 $V_{CC}$ 低于复位阈值，$\overline{WDO}$ 都为低电平。但是，与 RESET 不同的是，$\overline{WDO}$ 没有一个最小脉冲宽度。一旦 $V_{CC}$ 上升到高于 RESET 阈值，$\overline{WDO}$ 立即上升为高电平而不延迟（见图 11.26）。把 $\overline{WDO}$ 连到 AT89C51 中断管脚 INT0 端子上。当 $V_{CC}$ 低于复位阈值时，不管 Watchdog 时钟输出是什么，$\overline{WDO}$ 都变低电平，于是 AT89C51 产生中断。但 RESET 同时变为低电平，也可用它产生中断。如果把 $\overline{WDO}$ 与 MR 相连，在 MAX815 中，将允许 Watchdog 的时间输出复位。

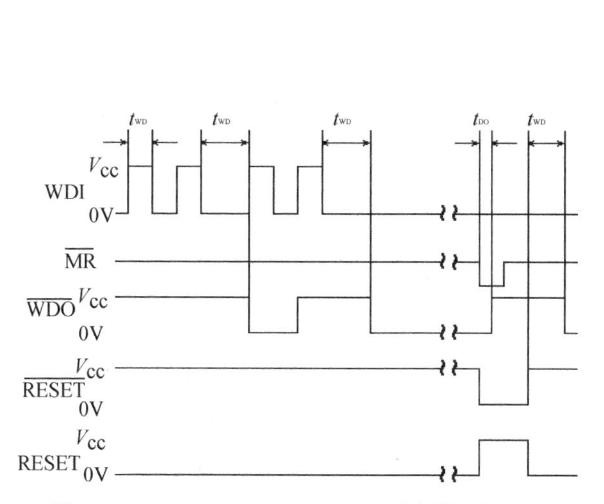


图 11.25　MAX815　Watchdog　时序图（之一）

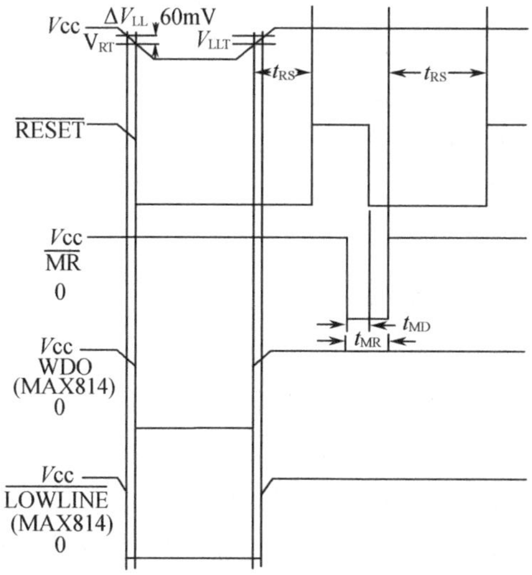

图 11.26　MAX815　Watchdog　时序图（之二）

② 电源复位电路

复位电路是用来监测电源 $V_{CC}$ 的，一旦它低于复位阈值，则通过比较-复位发生器，产生一个复位信号 $\overline{RESET}$（详细应用见图 11.27）。

复位阈值在出厂时已经设定好，如 MAX815/MAX815K 出厂时最小复位阈值被设定为 4.75V，有些产品可以由用户通过改变外接电阻来调整，如 MAX816。

③ 电源下降检测

在 MAX815 中，除了监视主电源 $V_{CC}$ 之外，也可以再监控其他辅助电源，如在微型机控制系统中常用的+12V 等。这时，只要把被监控的电压通过分压电阻接到 PFI 端，则当被测电压低于规定的电源下降阈值电压，则产生 $\overline{\text{PFO}}$（低电平有效）信号，此信号可以接到μP 的中断端口，微型机响应中断后，可根据需要设计一些必要的处理。

此外，MAX815 还有一个手动复位控制端，其作用与 MAX809/910 的相同。

（2）MAX815 的应用

MAX815 的典型应用如图 11.27 所示。

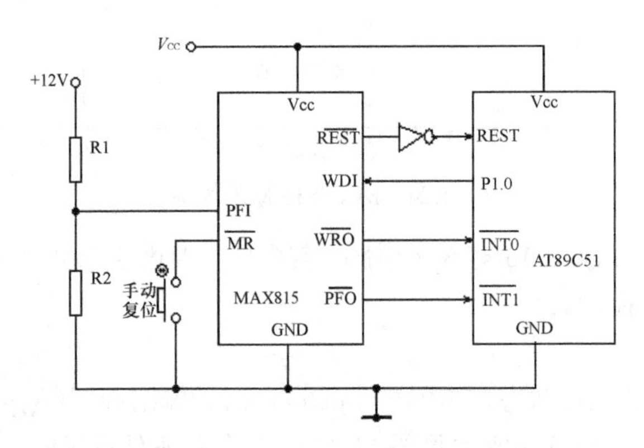


图 11.27　MAX815 的典型应用

在图 11.27 中，用 AT89C51 单片机的 P1.0 来控制 Watchdog 的输入端 WDI，即当μP 正常运行时，通过软件 P1.0 将不断地向 WDI 发脉冲，因而 $\overline{\text{WDO}}$ 输出为高电平。一旦μP 工作不正常，如飞程序或“死循环”，则μP 不能向 WDI 发脉冲，若此间隔超过 Watchdog 时钟的脉宽 $t_{\text{WP}}$，则 $\overline{\text{WDO}}$ 输出为低电平，此电平使 AT89C51 产生一个 $\overline{\text{INT0}}$ 中断。在 $\overline{\text{INT0}}$ 中断服务程序中，将对系统做相应的处理，如停机或复位等。也可把 $\overline{\text{WDO}}$ 接到 $\overline{\text{MR}}$，直接产生一个复位信号，使“飞掉”的程序重新运行，从而保证系统重新工作，大大提高了系统的可靠性，这就是系统采用 Watchdog 的主要作用。以前，Watchdog 多用定时器和软件组成，但这种所谓“软件”Watchdog 的方法是靠执行程序写入定时器/计数器的工作方式控制字来实现的，如果电磁干扰恰好改变了方式字或控制字，可能导致不产生溢出，从而使 Watchdog 失效。但用上述讲的硬件方法实现 Watchdog，就不会产生失效。因此，硬件 Watchdog 越来越被人们所接受。其应用也越来越广泛。

### 3. 掉电保护

众所周知，由于微型机使用 RAM，一旦停电，其内部信息将全部丢失，因而影响系统的工作。为此，在微型机（或单片机）系统中，经常使用镍电池，对 RAM 数据进行掉电保护。现在已经设计出各种各样的掉电保护电路。图 11.28 所示即为某 STD 总线工业控制机 64KB 存储板上所用的掉电保护电路。

在图 11.28 中，系统电源正常工作时，①、②两端均为+5V。此时，A 点电位高于备用电池（3.6V）的电压，所以 $VD_2$ 截止，存储器 6264 由主电源（+5V）供电。当系统停电时，A 点电位低于备用电池的电压，$VD_1$ 截止，$VD_2$ 导通，将备用电池的电压加到 RAM 上，以保护 RAM 中的数据。当系统恢复供电时，$VD_1$ 重新导通，$VD_2$ 截止，又恢复主电源供电。

除了上述方法外，一些专业厂家还专门生产出一些带有备用电池切换开关的掉电保护电路。如，MAXIM 公司生产的 MAX793/794/795 就是集μP 监控、Watchdog 和掉电保护于一体的μP 监控电路。

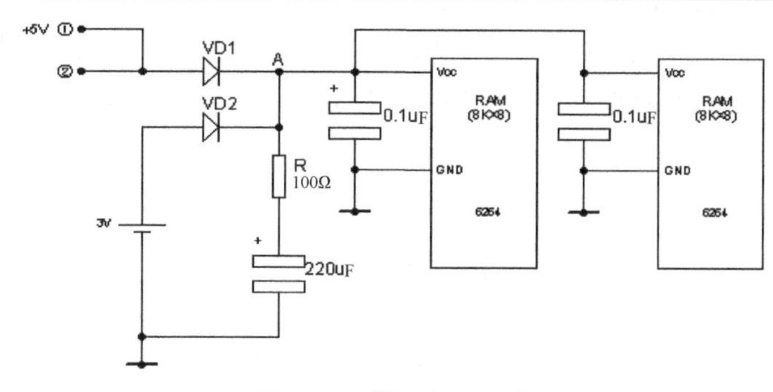


图 11.28　掉电保护电路

MAX793/794/795 与 MAX815 的主要区别是，它们不但可以产生复位、电压检测及 Watchdog 功能，而且还能在电源电压 $V_{CC}$ 下降或断电时，把备用电池（3.6V 锂电池）切换到系统中，以便保证 RAM 的信息不丢失。MAX793 的应用电路如图 11.29 所示。

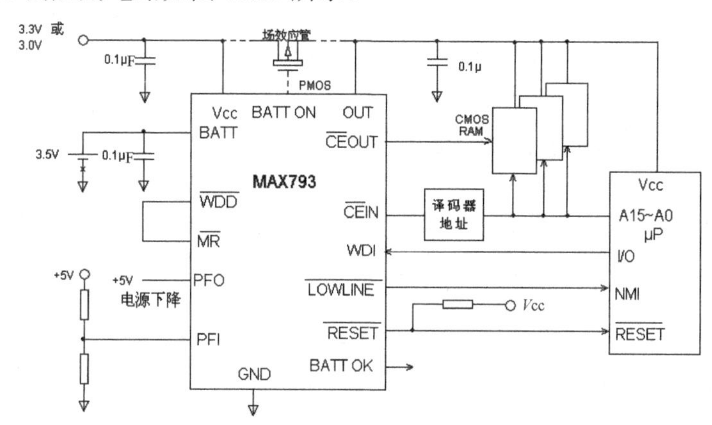


图 11.29　MAX793 的应用

在图 11.29 中可以看出，管脚 BATT 接备用电池，管脚 BATT ON 外接一个 PMOS 场效应管开关。OUT 管脚用来给 CMOS RAM 提供电源。当 $V_{CC}$ 高于复位阈值或备用电池电压（$V_{BATT}$）时，则 OUT 管脚通过场效应管开关与 $\mathrm{V_{CC}}$ 相连，由 $\mathrm{V_{CC}}$ 供电；当 $V_{CC}$ 下降低于 $V_{SW}$ 和 $V_{BATT}$ 时，则 BATT 与 OUT 相连，由备用电池供电。管脚 BATT ON 是输出管脚，用来控制和驱动外接场效应管开关，当其为高电平时，管脚 OUT 和 BATT 相连；当其为低电平时，OUT 与 $\mathrm{V_{CC}}$ 相连。这种掉电保护电路由于它是和 Watchdog 及复位融为一体的，所以使用起来非常方便。

## 11.3　微型机控制系统软件抗干扰措施

在提高硬件系统抗干扰能力的同时，软件抗干扰以其设计灵活、节省硬件资源、可靠性高的优点越来越受到重视。

软件对系统的危害主要表现在以下几个方面。

### 1. 数据采集不可靠

在数据采集通道中，尽管我们采取了一些必要的抗干扰措施，但在数据传输过程中仍然会有一些干扰侵入系统，造成采集的数据不准确，造成误差。

### 2. 控制失灵

一般情况下，控制状态的输出是通过微型机控制系统的输出通道实现的。由于控制信号输出功率较大，不易直接受外界干扰，但在微型机控制系统中，控制状态的输出常常取决于某些条件状态的输入和条件状态的逻辑处理结果。而在这些环节中，由于干扰的侵入，命令造成条件状态偏差、失误，致使输出控制误差加大，甚至控制失灵。

3. 程序运行失常

微型计算机系统引入强干扰后，程序计数器 PC 的值可能被改变，因此会破坏程序的正常运行。被干扰后的 PC 值是随机的，这将引起程序执行一系列毫无意义的指令，最终导致程序“死循环”。

在工程实践中，软件抗干扰研究的内容主要是：一、消除模拟输入信号的噪声（如数字滤波技术）；二、程序运行混乱时使程序重入正轨的方法。本节针对后者提出了几种有效的软件抗干扰方法。

## 11.3.1 提高数据采集可靠性的方法

数字滤波是提高数据采集系统可靠性最有效的方法，因此在采样系统中一般都要进行数字滤波。关于数字滤波程序的设计方法在本书第 7 章第 1 节已经进行了详细的论述，这里不再赘述。

## 11.3.2 输入/输出软件抗干扰措施

在微型机控制系统中，过程控制需要频繁读入数据或状态，而且要不断地发出各种控制命令到执行机构，如继电器、电磁阀及调节阀等执行机构。为了提高输入/输出的可靠性，在软件上要采取相应的措施。

1. 开关量输入处理方法

为了确保信息准确无误，在软件上可采取多次读入的方法（至少读两次），认为无误后再行输入，如图 11.30 所示。开关量输出时，应将输出量回读（这要有硬件配合），以便进行比较，确认无误后再输出。为了提高系统的可靠性，有时可以在程序中设置采样成功和采样失败标志位。如果对同一开关量进行多次采样，采样结果完全一致，则标志位置位（1），否则该标志位复位（0）。后续程序可通过判别标志位来决定程序的走向。完成上述功能的程序流程图如图 11.31 所示。

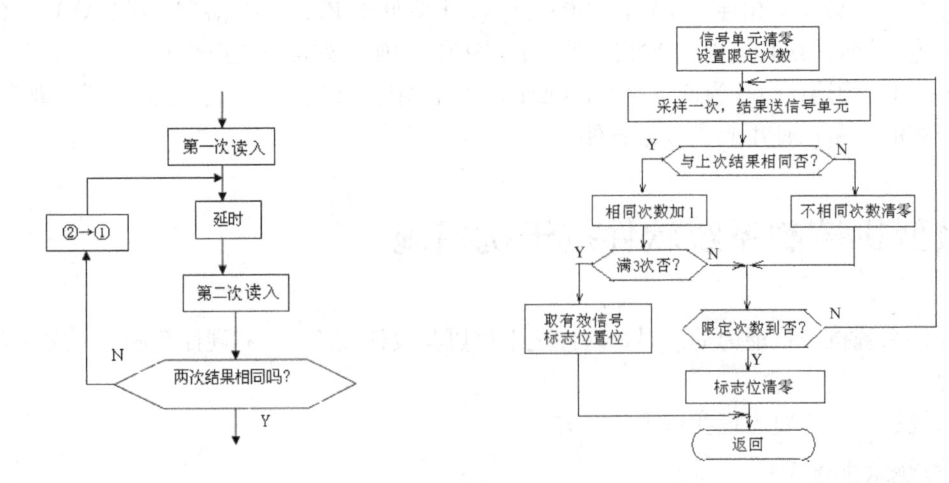


图 11.30　多次读入流程图（之一）　　图 11.31　多次读入流程图（之二）

当计算机读入按钮及开关状态时，由于机械触点的抖动，可能造成读入错误，消除这种干扰除通过硬件防止抖动外，也可采用软件延时程序。

2. 开关量的输出处理方法

当计算机输出开关量控制闸门、料斗等执行机构动作时，为了防止这些执行机构由于外界干扰而误动作，比如已关的闸门、料斗可能中途打开，已开的闸门、料斗可能中途突然关闭。对付这些误动作，可以在应用程序中每隔一段时间（比如几个毫秒）发出一次输出命令，不断地关闭闸门或者开闸门。这样，输出系统在得到一个被干扰的信号后，还来不及反应，一个正确的信号就到了，因此可以较好地消除由于扰动而引起的误动作（开或关）。

3．软件冗余。在条件控制中，对于条件控制的一次采样、处理、控制输出改为循环地采样、处理、控制输出。这种方法对于惯性放大器系统具有很好的抗偶然干扰作用。

4．在某些系统中，对于可能酿成重大事故的输出控制，要有充分的人工干预措施。例如，在中央控制室设一脱机按钮，以解除计算机控制（即手动后援）。这样，一方面使已发出的信号和现场脱离，另一方面，则向计算机输入一个“脱机”控制字，使计算机停止对现场的控制，而只能采集现场的数据。但要求能使用命令恢复控制。

5．当计算机输出一个控制命令时，相应的执行机构便会工作。但在执行机构动作的瞬间，往往伴随着火花、电弧等干扰信号，这些干扰信号有时会通过公共线路返回到接口中，改变状态寄存器的内容，因而使系统产生误动作。再者，当命令发出后，程序立即转移到检测返回信号的程序段。一般执行机构动作时间较长（从几十毫秒到几秒不等），在这段时间内也会产生干扰。

为防止这种现象发生，可以采用一种所谓软件保护的方法。其基本思想是：输出命令发出后，立即修改输出状态表。执行机构动作前，程序已调用此保护程序。该保护程序不断地把输出状态表的内容传输到各输出接口中的端口寄存器中，以维持正确的输出控制。在这种情况下，虽然有时执行机构的动作有可能破坏状态寄存器的内容，但由于不断地执行保护程序，而使得状态寄存器的内容不变，从而达到正确控制的目的。

保护的时间长短，要根据执行机构的动作时间来设定。现给出保护子程序 PRTRUT，它适用于端口地址是连续的，输出状态表的各项地址也是连续的场合。设输出端口的起始地址为 PORT，输出状态表的首地址为 STATBL，输出端口的个数放在 NUMB 单元中，则可写出 MCS-51 单片机控制系统的保护程序如下。

```
                ORG 8000H
                MOV     R3,NUMBL            ；取保护次数
PRTRUT:         MOV     R2,NUMB             ；取端口个数
                MOV     DPTR,#8100H         ；送输出端口地址指针
                MOV     A,#00H
                ADD     A,#0AH
LOOP:           PUSH    A
                MOVC    A,@A+PC             ；取输出状态码
                MOVX    @DPTR,A             ；输出状态码到端口
                INC     DPTR                ；端口地址加 1
                POP     A
                INC     A                   ；状态码加 1
                DJNZ    R2,LOOP             ；判断所有端口是否输出一次
                DJNZ    R3,PRTRUT           ；判断保护次数是否完成
                RET
STATBL:         DB      09H,08H,07H,06H,…
PORT            EQU     9000H
NUMBL           EQU     30H
NUMB            EQU     32H
```

## 11.3.3　防止“死机”的对策

为了防止“死机”，人们研制出各种各样的办法，其基本思想是发现失常状态后及时引导程序恢复

原始状态。

### 1. 指令冗余

CPU取指令过程是先取操作码，再取操作数。当程序计数器PC受干扰出现错误，程序便脱离正常轨道“乱飞”，当乱飞到某双字节指令，若取指令时刻落在操作数上，误将操作数当做操作码，程序将出错。若“飞” 到了三字节指令，出错几率更大。这种情况对系统来说，比某个数据出错造成的危害要严重得多。数据出错只涉及某个功能不能实现或者产生偏差，而“乱飞”则会使整个系统造成“瘫痪”。造成程序失控的原因并非程序本身的设计问题，而是由于外部的干扰或机器内部硬件瞬间故障，使得程序计数器偏离了原定的值。例如，当执行一条指令时，程序计数器PC应加3，但由于上述某种原因，使PC实际上加2，这样，程序将会把操作码和操作数混淆起来，造成后边一系列的错误。

为了防止上述情况发生，在软件设计时，可以采用“指令冗余”的方法加以克服。

其具体做法是：在ROM或RAM中，每隔一些指令（通常为十几条指令即可），把连续的几个单元置成“00”（空操作）。这样，当出现程序失控时，只要失控的单片机进入这众多的冗余指令中的任何一组，都会被捕获，连续进行几个空操作。执行这些空操作后，程序会自动恢复正常，继续执行后面的程序。这种方法虽然浪费了一些内存单元，但可以保证程序不会飞掉。这种方法对用户是不透明的，亦即用户根本感觉不到程序是否发生错误操作。通常把程序不用的地方也都置为“00”。另一种做法是在一些对程序起关键作用的指令前插入两条NOP指令，这些指令有RET、RETI、SJMP、AJMP、LJMP、JMP、JZ、JNZ、JC、JNC、JB、JNB、JBC、CJNE、DJNZ、ACALL、LCALL等。在某些对系统工作状态至关重要的指令（如SETB EA之类）前也可插入两条NOP指令，以保证重要命令被正确执行。

值得说明的是，一个系统的“指令冗余”不能过多，否则会降低程序的执行速度。

### 2. 设立软件陷阱

采用“指令冗余”，使“乱飞”的程序回到正常的轨道上来是有条件的，首先，“乱飞”的程序必须落到程序区，其次是必须执行到所设置的“冗余指令”。如果“乱飞”的程序落到非程序区（如EPROM中的空闲区和数据表格中），或在执行到冗余指令之前已经形成一个“死循环”，则“指令冗余”措施就不能使“乱飞”的程序恢复正常了。这时可采用另一种软件抗干扰措施，即所谓的“软件陷阱”。“软件陷阱”是一条引导指令，强行将捕捉的程序引向一个指定的地址，再进行出错处理。通常“软件陷阱”是用来将捕获的“乱飞”程序引向复位入口地址0000H的指令。设这段处理程序的地址为ADDRERR，则下面3条指令即组成一个“软件陷阱”：

```
        NOP
        NOP
        LJMP ADDRERR
ADDRERR EQU 0000H
```

“软件陷阱”一般安排在下列3种地方。

（1）未使用的中断向量区

众所周知，MCS-51系列单片机的向量区为0000H～002FH，如果系统程序未使用完向量区，可在不用的部分放置“软件陷阱”，以便能捕捉到错误的中断。设某系统使用的中断为INT0和T1，它们的中断入口程序地址为FUNINT0和FUNT1，即可按下面的方法设置中断向量区。

```
                ORG 0000H
0000H START:    LJMP MAIN         ; 转到主程序入口
0003H           LJMP FUNINT0      ; INT0 中断服务程序入口
0006H           NOP               ; 冗余指令
0007H           NOP
0008H           LJMP ADDRERR      ; 陷阱
```

```
000BH          LJMP ADDRERR       ; 未使用 T0 中断，设陷阱
000EH          NOP                ; 冗余指令
000FH          NOP
0010H          LJMP ADDRERR       ; 陷阱
0013H          LJMP ADDRERR       ; 未使用 INT1 中断，设陷阱
0016H          NOP                ; 冗余指令
0017H          NOP
0018H          LJMP ADDRERR       ; 陷阱
001BH          LJMP FUNT1         ; T1 中断服务程序入口
001EH          NOP                ; 冗余指令
001FH          NOP
0020H          LJMP ADDRERR       ; 陷阱
0023H          LJMP FUNINT0       ; 未使用串口中断，设陷阱
0026H          NOP                ; 冗余指令
0027H          NOP
0028H          LJMP ADDRERR       ; 陷阱
002BH          LJMP ADDRERR       ; 未使用 T2 中断，设陷阱
002EH          NOP                ; 冗余指令
002FH          NOP ..
0030H MAIN:    …                  ; 主程序
```

（2）未使用的大片 EPROM 空间

在一个单片机系统中，一般程序是不会占满 EPROM 空间的，对于剩下的未编程的 EPROM 空间，通常可维持原状，保持 0FFH。0FFH 对于 MCS-51 系列单片机来说是一条单字节指令，即 MOV R7，A。如果程序“乱飞”到这里，它会一条一条地执行下去，我们只要在适当的位置放入一些“软件陷阱”，程序就可以回到正常运行状态。

（3）表格

在单片机系统中，有两种表格。一种是数据表格，供 MOVC A，@A+PC 指令或 MOVX A，@A+DPTR 指令使用，其内容完全不是指令；另一种是散转指令，供 JMP @A+DPTR 指令使用，其内容是一些三字节 AJMP 和二字节 AJMP 指令。由于表格的内容与检索值有一一对应关系，在表格中安排陷阱会破坏其连续性和对应关系，因此，只能在表格的最后安排陷阱程序。如果表格较长，在指令还未执行到这些陷阱时就已经“飞了”，那就只有等它遇到别的“软件陷阱”了。

### 3. 加“看门狗”（Watchdog）

当程序“乱飞”到一个临时构成的死循环中时，冗余指令和软件陷阱就无能为力了，系统将完全陷入瘫痪。正如上一节所述，Watchdog 可以使陷入“死机”的系统产生复位，重新启动程序运行。这是防止系统“死机”最有效的方法之一，近来得到了广泛的应用。关于硬件构成的“看门狗”详见第 11.2 节。下面主要介绍一种软件“看门狗”。

软件“看门狗”的设计思想是采用定时器 T0 来做看门狗，将 T0 的中断定义成高级中断，系统中的其他中断设为低级中断。可在初始化时这样建立看门狗。

```
MOV     TMOD,#01H
SETB    ET0
SETB    PT0
MOV     TH0,#××H
MOV     TL0,#××H
SETB    TR0
SETB    EA
```

以上初始化程序可和系统中其他初始化程序一块儿进行。其中，TH0 和 TL0 中的时间常数××H 根

据系统要求而定。看门狗启动后，系统必须及时刷新T0的时间常数。只有这样，T0中断才永远不会发生；一旦程序由于干扰进入某个死循环区间时，T0将产生高级中断。T0中断可直接转向出错处理程序，由出错处理程序来完成善后处理工作，使系统程序重新正确运行。

#### 4. 软件复位

软件复位就是用一系列指令来模仿硬件复位功能。软件复位是软件陷阱和软件看门狗后续必须做的工作。在软件复位时，首先要清除中断激活标志。在所有指令中，只有RETI能清除中断激活标志。中断激活标志程序如下。

```
ADDRERR:    CLR     EA
            MOV     DPTR, #ERR1
            PUSH    DPL
            PUSH    DPH
            RETI
ERR1:       MOV     A,#××H
            PUSH    ACC
            MOV     A,#××H
            PUSH    ACC
            RETI
```

这段程序先关中断，以便后续程序能顺利进行。然后用两个RETI指令代替两个LJMP指令，从而清除了全部中断激活标志。其中累加器A中的××H是出错程序入口地址。

总之，干扰无一定之规，解决的方法也是多种多样的，一般可按下述原则解决：硬件隔离，软件排除，必要时软硬兼施。首先解决电源干扰，系统安装时注意接地，采样通道规范化设计，输出通道遇强电加光电隔离，再辅之以软件抗干扰措施，一般即能消除干扰，使系统正常运行。现场调试时一旦遇到问题，要认真仔细地分析造成干扰的原因，采用相应对策，问题总是可以解决的。

值得说明的是，以上所介绍的各种抗干扰措施，在某一个系统中并不需要全部采用，到底采用何种抗干扰措施，要具体问题具体分析，并不是措施越多越好。特别是硬件抗干扰措施都是以提高系统的造价为代价的。因此，本章所提到的一些隔离技术的应用应慎之又慎，正常的指导思想是只要能满足系统要求，越简单越好。一个好的微型机控制系统都是在不断的调试过程中完善的。

经验在于积累，只要我们不断地总结经验，不断探索，还会总结出许多更加行之有效的抗干扰方法。

## 习 题 十 一

1．微型计算机控制系统的干扰有哪几部分？如何消除这些干扰？

2．微型计算机控制系统的电源干扰有几种？请说出抑制方法。

3．模拟信号线、数字信号线如何抗干扰？

4．传输线如何抗干扰？它们之间有何区别和联系？

5．交流电源干扰是如何产生的？如何抑制？

6．微型计算机控制系统地线如何连接？

7．模拟信号的干扰如何抑制？

8．数字模拟信号的干扰如何抑制？

9．举例说明μP监控电路的原理？

10．说明Watchdog监控原理。

11．为什么要使用掉电保护？画图说明掉电保护的实现方法。

12．软件抗干扰有什么特点？

13．软件抗干扰有哪些方法？并说明各种抗干扰方法的作用？

# 附录A　微型计算机控制技术课程设计任务书

（选例）

## 一、步进电机控制系统

### 1. 设计目的

（1）熟悉和掌握步进电机控制系统的原理及设计方法。

（2）培养同学综合运用知识的能力。

### 2. 设计内容

设计一个单片机三相步进电机控制系统，要求系统具有如下功能。

- 用K0～K2作为通电方式选择键，K0为单三拍，K1为双三拍，K2为三相六拍。
- K3、K4分别为启动和方向控制。
- 正转时红色指示灯亮，反转时黄色指示灯亮，不转时绿色指示灯亮。
- 用SA0～SA7作为步进电机步数的给定值。
- 用3位LED数码管显示剩余工作步数。

### 3. 设计要求

（1）完成硬件设计（内容包括原理系统图、地址译码（设8155（或8255）地址为8000~8300H，各显示位地址自己确定，并画出详细接线图）。

（2）系统的启动和停止由一个开关控制。

（3）画出系统总体流程图、步进电机完成单三拍、双三拍、三相六拍各模块流程图、显示模块流程图等。

（4）编写出能够完成上述任务的程序（尽量采用子程序方式）。

（5）以上内容要求用Prutues仿真软件实现。

（6）写出完整的设计说明书。

（设8255的端口地址为8000～8300H）。

### 4. 系统工作原理

系统首先检测开关，如果开关处于启动状态，则系统开始工作，否则将等待。

- 启动后，系统能按照要求控制步进电机转动。
- 同时指示灯指示步进电机工作方式（单三拍、双三拍、三相六拍）。
- 要求系统不停地工作，并可随时启动或停止，以及调节它的步数。
- 在LED显示器上显示剩余工作步数。

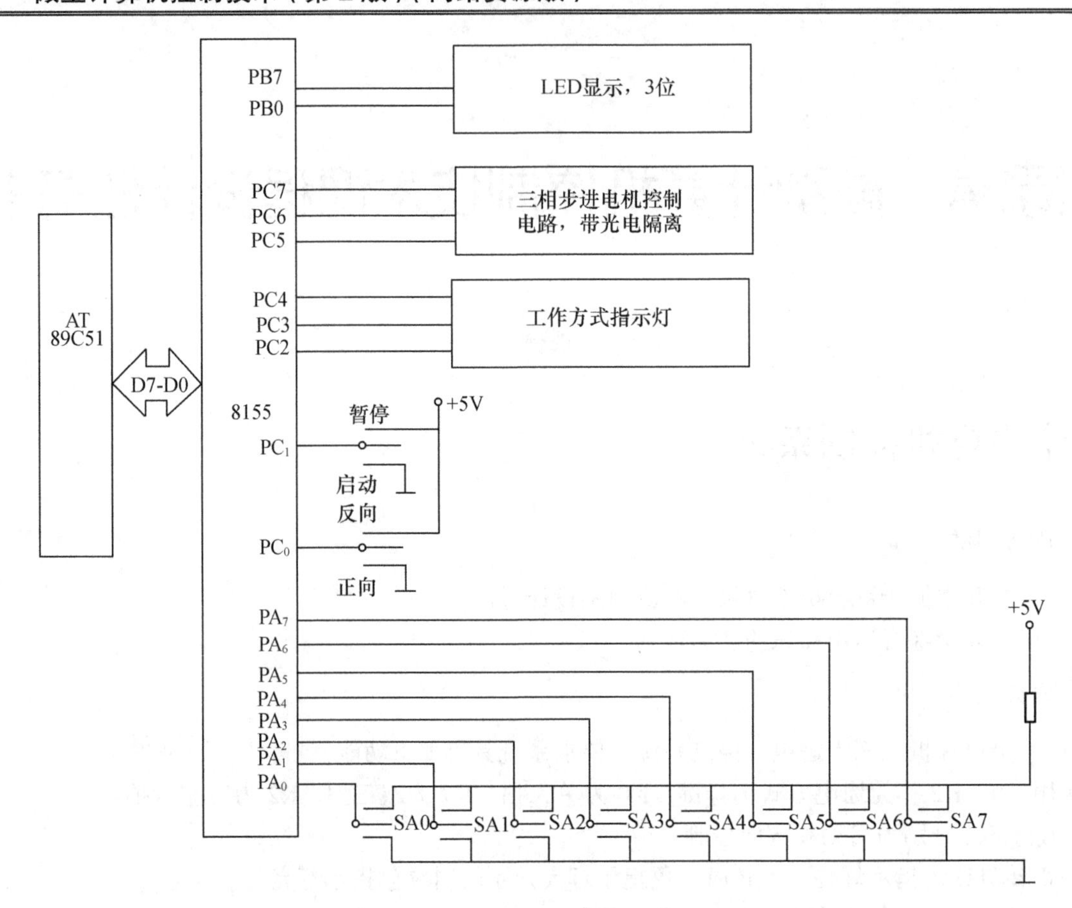


## 二、单片机温度控制系统

### 1. 设计目的

（1）熟悉温度控制系统的整体运行过程和总体布局。

（2）掌握该硬件电路的设计方法。

（3）掌握温度控制系统程序的设计和调试。

### 2. 项目要求

用 AT89552 控制一个电烤箱，要求满足下列要求。

（1）数码管能实时地显示电炉当前的温度。

（2）在不超过最高温度的情况下能够通过按键来设置想要的温度并显示。

键 K1～K4 的功能分别如下。

K1——设置键（按下后开始设置相当于选位）。

K2——加 1 键（对选中位的数加 1）。

K3——减 1 键（对选中位的数减 1）。

K4——启动/复位键（启动功能：设置完 3 位的值后确认并转去实时显示当前的温度值；复位功能：报警消除）。

（3）DS18B20 温度采集。

（4）超过设置值-5℃～+5℃时能发出超限报警。

（5）恒温控制，误差在-2℃～+2℃。

### 3. 原理框图

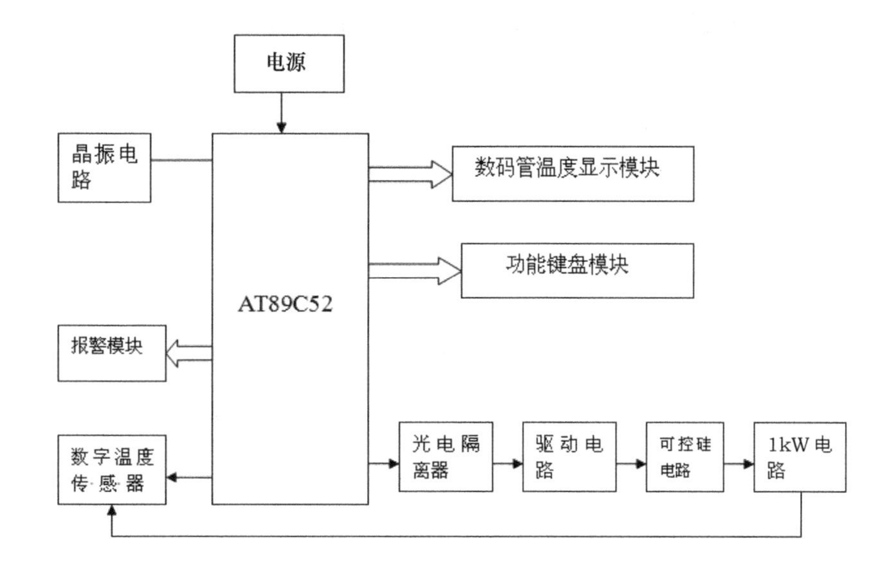


### 4. 提示

（1）温度传感器建议用 AD590（测量范围为–55℃～+150℃），如果不可控可用电位器代替。

（2）加热时显示实时温度，停止加热时显示给定值。

（3）放大器可采用 μA741。

（4）键 K1～K4 功能：

K0——确认键（设定时移位用）。

K1——设置百位给定值。

K2——设置十位给定值。

K3——设置个位给定值。

K4——启动/停止键。

建议：1．报警采用声光报警，红灯——上限报警，黄灯——下限报警，绿灯——正常。

## 三、单片机交通灯控制系统

### 1. 设计目的

（1）熟悉温度控制系统的整体运行过程和总体布局。

（2）掌握该硬件电路的设计方法。

（3）掌握温度控制系统程序的设计和调试。

### 2. 项目要求

整个十字路口分 A 道和 B 道路，A 为主道，B 为支道。

设计要求如下。

（1）晶振采用 12MHz。

（2）用发光二极管模拟交通信号灯，共 4 组，每组有红、黄、绿 3 个灯，如下图所示。

（3）正常情况下，A、B 两车道轮流放行，A 车道放行 30s，其中要用 5s 用于警告，B 车道放行 20s，其中 5s 用于警告。

（4）在交通繁忙时，交通灯控制子系统应有手动开关，可人为地改变支道灯的状态，以缓解交通的拥挤状况。在B车道放行期间，若A道有车而B道无车，按下开关K供A车道放行15s。在A车道放行期间，若A道有车而B道无车，按下开关K2供B车道放行15s。

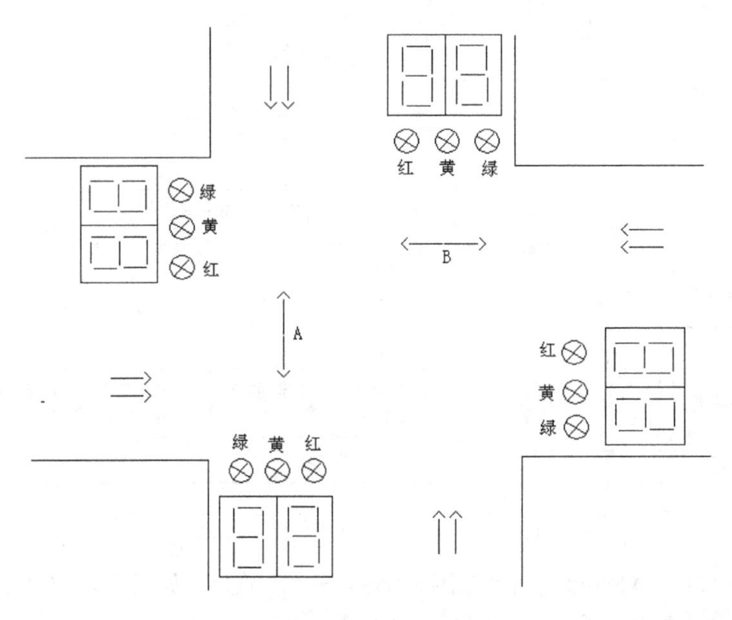


路口交通灯摆放图

（5）在紧急车辆通过时，按下开关K3，使A、B车道均为红灯，放行20s。

（6）A道或B道路放行时有倒计时LED显示（两位）。

### 3. 原理框图

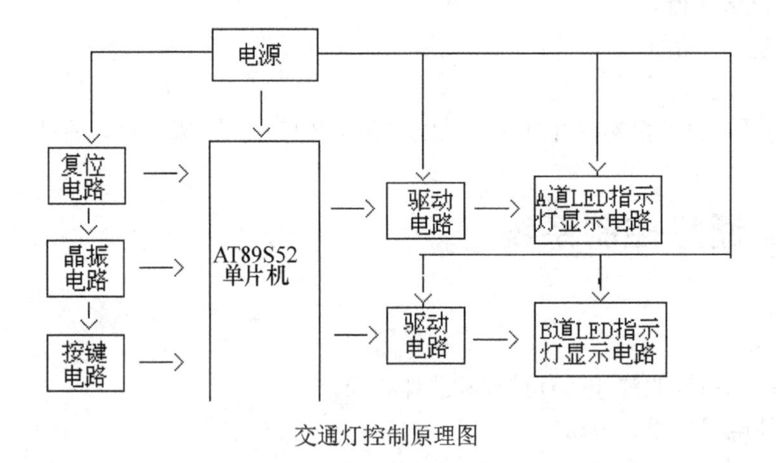


交通灯控制原理图

## 四、单片机竞赛抢答器系统

### 1. 设计目的

### 2. 项目要求

（1）设计一个智力竞赛抢答器，晶振12MHz，可同时提供8路选手或8个代表对参加比赛，编号为1、2、3、4、5、6、7、8并各用一个按钮。

（2）节目主持人有5个控制开关，用来控制清零和抢答开始、计时开始，以及抢答时间和限时时间的调节。

（3）抢答器具有数字锁存功能，显示功能和声音提示功能。抢答开始，若有选手按下抢答器按钮，编号立即锁存，并在 LED 上显示选手的编号，同时灯亮且伴有声音提示。此外，要封锁输入电路，禁止其他选手抢答。

（4）最先抢答的选手编号一直保持到主持人将系统清零。

（5）显示器和功能键分配。

① 4 位 LED 分功如下。

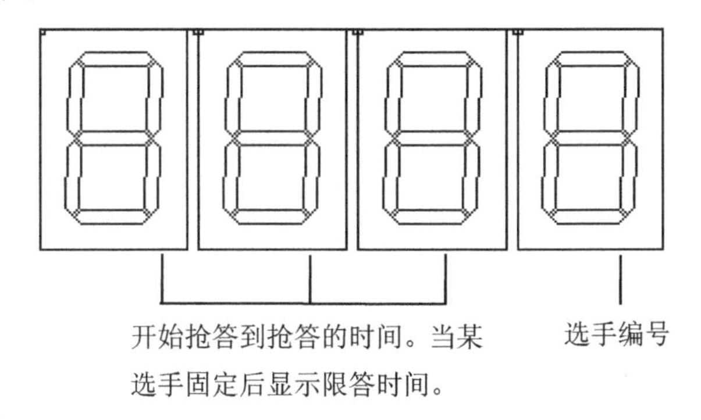


② 主持人功能键

- K1——选手加 10 分。
- K2——选手加 5 分。
- K3——回答时间设置（+50s）限时开始。
- K4——回答时间设置（+10s）。
- K5——抢答开始。
- K6——RST 键，清零。
- K7——回答开始。

### 3. 原理框图

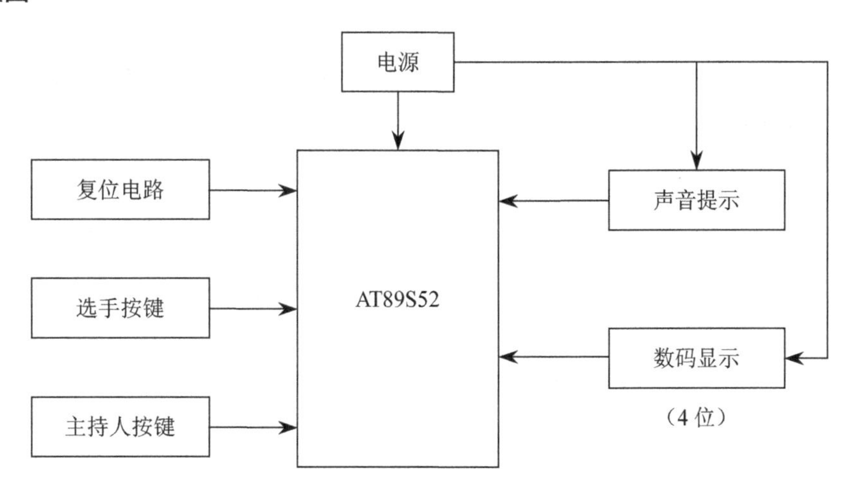


## 五、课程设计报告的编写格式规范（供参考）

### 1. 封面

在封面（封面格式有统一规定）中应有专业、班级、姓名、学号和课程设计日期等。

同学们可发挥自己的特长进行设计。

### 2. 目录（至少3级）（以下仅供参考，同学们可根据具体内容决定）

**一、系统概述**

1.

（1）

**二、系统硬件设计**

1．总体设计

2．步进电机控制电路

3．显示电路

（要求图、公式、表格分别统一编号）

**三、系统软件设计**

1．总体设计（思想、框图及说明）

2．关键模块设计（框图、程序、说明）

**四、结束语（感想、体会、收获等）**

### 3. 系统详细原理接线图

主要是指硬件接线图，最好用 Proteus 软件画，都要有尽量详细的说明。（可参考书中设计样例）。

### 4. 参考文献

### 5. 附录（程序）

### 6. 程序一定要加上注释

### 7. 一律用电子版提交

【成绩评定】

1．由指导教师根据检查学生程序的情况、课程设计报告的质量和课程设计过程中的工作态度等综合打分。成绩评定实行优秀、良好、中等、及格和不及格5个等级。

2．独立按时完成规定的工作任务，不得弄虚作假，不准抄袭他人内容，否则成绩以不及格计。若发现课程设计报告基本雷同，一律不及格。

# 附录B　选择题参考答案

**习题一**

15. D　16. B　17. C　18. B　19. D

**习题二**

14. A　15. A　16. C　17. D　18. B　19. A　20. D　21. A　22. C　23. D

**习题三**

16. C　17. C　18. A　19. A　20. B　21. A　22. A　23. C　24. D　25. A　26. D

**习题四**

8.D　9. A　10. B　11. A　12. D　13. A　14. A　15. B　16. D　17. C

**习题五**

18. D　19. B　20. A　21. C　22. B　23. C

**习题六**

12. C　13. C　14. A　15. C　16. D　17. B

**习题七**

12. D　13. B　14. D　15. B　16. C　17. A

**习题八**

9. C　10. B　11. A　12. A　13. D　14. D　15. B　16. D　17. B

# 附录 C　微型计算机控制技术网络资源资料索引

说明：以下各部分程序均使用目前广为流行的 Proteus 软件开发，因此运行下列系统必须在 Proteus 环境下才能运行。关于 Proteus 的使用方法可参考有关书籍或登录 http://www.windway.cn 网站学习。

## 一、课程设计

1. 智能交通灯控制系统
2. 竞赛抢答器系统
3. 多机通信系统
4. 遥控器系统
5. 温度控制系统
6. 智能密码锁系统

## 二、虚拟实验系统

1. 实验 1　8 位 D/A 转换
2. 实验 2　12 位 D/A 转换
3. 实验 3　8 位 A/D 转换
4. 实验 4　12 位 A/D 转换
5. 实验 5　报警系统
6. 实验 6　键盘控制系统
7. 实验 7　步进电机控制系统
8. 实验 8　LED 动态、静态显示
9. 实验 9　LED 点阵显示
10. 实验 10　LCD12864 显示系统

## 三、书中部分章节 C 语言程序

以下内容仅供喜欢使用 C 语言编写程序的读者参考。

1. 第 2 章 图 2.10，图 2.12，图 2.20，图 2.21，图 2.25
2. 第 3 章 图 3.4，图 3.5，图 3.34，图 3.36，图 3.37，图 3.43，图 3.44，图 3.61。
3. 第 4 章 图 4.4，图 4.6，图 4.9，图 4.36，图 4.49。
4. 第 6 章 图 6.6，图 6.7，图 6.30，6.4.8 节。
5. 第 7 章

（1）限速滤波。

（2）算术平均值滤波。

（3）线性参数标度变换。

（4）插值法在流量测量中的应用。

## 四、微型计算机控制技术教学大纲

## 五、微型计算机控制技术教学进度表

# 参 考 文 献


[1] 潘新民，王燕芳.微型计算机控制技术.北京：人民邮电出版社，1999

[2] 潘新民，王燕芳.微型计算机控制技术实用教程.北京：电子工业出版社，2006

[3] 潘新民，王燕芳.微型计算机控制技术.北京：电子工业出版社，2003

[4] 张洪润等.单片机应用设计 200 例上册.北京：北京航空航天大学出版社，2006

[5] 张洪润等.单片机应用设计 200 例下册.北京：北京航空航天大学出版社，2006

[6] 雷伏容等.51 单片机常用模块设计查询手册.北京：清华大学出版社，2010

[7] 刘瑞新.单片机原理及应用教程.北京：机械工业出版社，2005

[8] 汪世明.基于 PRODEUS 的单片机应用技术.北京：电子工业出版社，2009

[9] 宋戈等.51 单片机应用开发范例大全.北京：人民邮电出版社，2010

[10] 张健等.EDA 技术与应用.北京：科学技术出版社，2008

[11] MAXIM New Releases Data Book.Volume,2008

[12] 方佩敏，张国华.最新集成电路应用指南.北京：电子工业出版社，1996

[13] NEURON CHIP Distributed Communication and Control Processors. MOTOLORA Inc，1994

[14] 龙一鸣等.单片机总线扩展技术.北京：北京航空航天大学出版社，1993

[15] MC68HC705 MC68HSC705C8A TECHNICAL DATA.Rev.1.MOTOLORA

[16] 李伯成.基于 MCS-51 系列单片机的嵌入式系统设计.北京：电子工业出版社，2004

[17] 张雄伟，曹铁勇.DSP 的原理与开发应用（第 2 版）.北京：电子工业出版社，2002

[18] 陆永宁.非接触 IC 卡原理与应用. 北京：电子工业出版社，2006

[19] 单承赣等.射频识别（RFID）原理与应用. 北京：电子工业出版社，2008

[20] 王志达等.嵌入式系统基础设计实验与实践教程.北京：清华大学出版社，2008

[21] 田径，储海兵.RFID 读写器的设计.北京：现代电子技术，2009.04.20

[22] 李军民，黎亚元.基于 E5550 卡的智能水表读卡控制器的研究.中国一卡通网，2009.02.27

[23] 王卓人等.IC 卡的技术与应用.北京：电子工业出版社，1999

[24] 邹继军，饶运涛.TEMIC RFID 卡原理及应用，2006.11.8

[25] E5550, DATA SHEET. TEMIC Semiconductors, May 1997.

[26] U2270B, DATA SHEET. TEMIC Semiconductors, Sec 1996.

[27] MCRF355/360, Microchip DATA SHEET. 2002

[28] MF RC500 Highly Integrated ISO 14443A Reader IC, DATA SHEET. Philips Semiconductors, January 2001.

# 博文视点诚邀精锐作者加盟

十载耕耘奠定专业地位

以书为证彰显卓越品质

《C++Primer（中文版）（第5版）》、《淘宝技术这十年》、《代码大全》、《Windows内核情景分析》、《加密与解密》、《编程之美》、《VC++深入详解》、《SEO实战密码》、《PPT演义》……

**"圣经"级图书**光耀夺目，被无数读者朋友奉为案头手册传世经典。

潘爱民、毛德操、张亚勤、张宏江、昝辉Zac、李刚、曹江华……

**"明星"级作者**济济一堂，他们的名字熠熠生辉，与IT业的蓬勃发展紧密相连。

十年的开拓、探索和励精图治，成就**博**古通今、**文**圆质方、**视**角独特、**点**石成金之计算机图书的风向标杆：博文视点。

"凤翱翔于千仞兮，非梧不栖"，博文视点欢迎更多才华横溢、锐意创新的作者朋友加盟，与大师并列于IT专业出版之巅。

## 英雄帖

**江湖风云起，代有才人出。**
**IT界群雄并起，逐鹿中原。**
**博文视点诚邀天下技术英豪加入，**
**指点江山，激扬文字**
**传播信息技术，分享IT心得**

## • 专业的作者服务 •

博文视点自成立以来一直专注于IT专业技术图书的出版，拥有丰富的与技术图书作者合作的经验，并参照IT技术图书的特点，打造了一支高效运转、富有服务意识的编辑出版团队。我们始终坚持：

**善待作者**——我们会把出版流程整理得清晰简明，为作者提供优厚的稿酬服务，解除作者的顾虑，安心写作，展现出最好的作品。

**尊重作者**——我们尊重每一位作者的技术实力和生活习惯，并会参照作者实际的工作、生活节奏，量身制定写作计划，确保合作顺利进行。

**提升作者**——我们打造精品图书，更要打造知名作者。博文视点致力于通过图书提升作者的个人品牌和技术影响力，为作者的事业开拓带来更多的机会。

## 联系我们

博文视点官网：http://www.broadview.com.cn CSDN官方博客：http://blog.csdn.net/broadview2006/

投稿电话：010-51260888 88254368 投稿邮箱：jsj@phei.com.cn

@博文视点Broadview

電子工業出版社 PUBLISHING HOUSE OF ELECTRONICS INDUSTRY http://www.phei.com.cn Broadview® WWW.BROADVIEW.COM.CN

博文视点 · IT出版旗舰品牌

# 博文视点精品图书展台

## 专业典藏

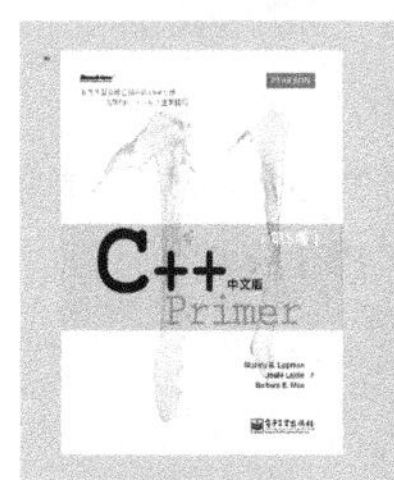

## 移动开发

## 大数据 · 云计算 · 物联网

## 数据库

## Web开发

## 程序设计

## 软件工程

## 办公精品

## 网络营销